光电检测技术及系统

（第2版）

刘铁根　主编

内 容 提 要

利用光学原理进行精密检测的光学检测技术与光电变换相结合构成光电检测技术。光电检测技术是对光学量及大量非光学物理量转换成光学量进行测量的重要手段。本书从光电检测的角度编写，主要强调光电检测方法和系统，如各种光电检测方法、系统选择、系统构成、系统实现及系统应用等。

本书以应用光学和物理光学为基础，介绍了光电检测技术与系统的主要知识体系，共分9章。主要内容包括：光电检测技术与系统的基本概念、发展现状及常用的检测方法；光电检测系统的发光光源和光电接收系统；各类光电检测领域的基本知识、检测方法、检测系统构成及应用。每章后面均附有本章参考文献，以便读者查阅。

本书内容新颖、全面，论述翔实，深入浅出，理论与实践相结合，实用性强，可作为光学工程、光科学与技术、光电子技术、测控技术专业的本科生、研究生的教材，也可供相关专业的科研及工程技术人员在工作中学习和参考。

图书在版编目(CIP)数据

光电检测技术及系统 / 刘铁根主编. —2 版. — 天津 : 天津大学出版社, 2017.8
ISBN 978-7-5618-5903-2

Ⅰ.①光… Ⅱ.①刘… Ⅲ.①光电检测 Ⅳ.①TP274

中国版本图书馆 CIP 数据核字(2017)第 202587 号

出版发行 天津大学出版社
地　　址 天津市卫津路 92 号天津大学内(邮编:300072)
电　　话 发行部:022-27403647
网　　址 publish.tju.edu.cn
印　　刷 天津泰宇印务有限公司
经　　销 全国各地新华书店
开　　本 185mm×260mm
印　　张 23.5
字　　数 618 千
版　　次 2017 年 8 月第 1 版
印　　次 2017 年 8 月第 1 次
印　　数 1－3 000
定　　价 49.00 元

前　言

随着现代科学技术、工业技术以及信息处理技术的发展,光电检测技术与系统作为一门研究光与物质相互作用发展起来的新兴学科,已经成为现代信息科学的一个极为重要的组成部分。光电检测技术利用光学原理和光电变换技术进行精密检测,具有精度高、速度快、非接触、信息量大、自动化程度高等突出特点,发展十分迅速,并推动着信息科学技术的发展。其广泛应用于工业、农业、国防、科教等领域以及家庭、医疗等社会生活的各个方面,是研究和应用的热点。本书是作者在近年来从事光电检测技术研究的基础上,吸收了国内外同人相关研究成果,根据教学与科研工作的需要,从光电检测系统的角度编写而成的。

本书首先以光学知识为基础,系统地讲解了光电检测技术与系统的主要知识体系。第1章介绍了光电检测技术与系统的基本概念、发展现状和常用的检测方法,使读者对光电检测技术与系统有基本的了解。第2章介绍了光电检测系统的关键器件。第3章主要介绍了像传感技术和光信息处理技术。第4章重点介绍了基于PC的图像检测系统的原理及应用,基于DSP和FPGA的嵌入式图像检测系统。第5章主要介绍了光干涉的基本理论、典型的光干涉检测技术与系统及其应用。第6章重点介绍了激光衍射检测技术、激光衍射检测系统及其应用。第7章介绍了光电扫描检测技术与系统及其应用。第8章详细介绍了光纤传感检测理论和典型的光纤传感检测系统。第9章主要介绍了光谱检测技术和新型的激光光谱检测技术及其应用。

本书由刘铁根教授主编,江俊峰教授、胡浩丰副教授、刘琨副教授、丁振扬、陈信伟、马春宇、郑文杰、冯博文、田苗、刘芳超、黄柄菁、陈文杰、周永涵、张伟航、王涛、吴航、潘亮、闫金玲、陈耀飞、姚蕴致参与了编写。在编写过程中得到了天津大学出版社的大力帮助,在此表示衷心感谢。在编写中我们努力使本书所有的内容都是最新的和实用的,在理论方面力求简明易懂,力求紧跟技术发展方向,以激发学生的学习兴趣,培养学生的实际应用能力。

由于编写的时间仓促以及光电检测技术的不断发展,书中难免有不足或者错误之处,诚恳希望读者给予批评和指正,以便提高水平,把更好、更新的内容呈献给大家。

作者

2017 年 8 月

目　　录

第1章　综述 ……………………………………………………………… (1)
1.1　光电检测的领域与特点 ……………………………………………… (2)
1.1.1　研究领域 ……………………………………………………… (2)
1.1.2　技术特点 ……………………………………………………… (3)
1.2　光电检测技术发展现状 ……………………………………………… (4)
1.3　光电检测方法 ………………………………………………………… (5)
1.4　学习要求 ……………………………………………………………… (7)
第2章　光电检测系统的关键器件 ……………………………………… (8)
2.1　光源 …………………………………………………………………… (8)
2.1.1　概述 …………………………………………………………… (8)
2.1.2　非相干光源 …………………………………………………… (9)
2.1.3　相干光源 ……………………………………………………… (15)
2.1.4　宽带低相干光源 ……………………………………………… (37)
2.2　光电接收器件 ………………………………………………………… (47)
2.2.1　光电效应 ……………………………………………………… (47)
2.2.2　光电接收器件的特性参数 …………………………………… (49)
2.2.3　常用光电接收器件 …………………………………………… (54)
2.3　光电检测技术工程中的数模转换和数据采集 ……………………… (86)
2.3.1　模数转换 ……………………………………………………… (86)
2.3.2　数模转换 ……………………………………………………… (98)
2.3.3　数据采集 ……………………………………………………… (103)
2.3.4　基于LabVIEW的数据采集 …………………………………… (105)
2.4　光电检测技术工程中的数据处理单元 ……………………………… (105)
2.4.1　数据处理简介 ………………………………………………… (105)
2.4.2　数字信号处理器(DSP) ……………………………………… (107)
2.4.3　计算机在光电检测技术中的应用 …………………………… (109)
2.4.4　可编程逻辑器件 ……………………………………………… (111)
第3章　光电信息检测技术与系统 ……………………………………… (118)
3.1　概述 …………………………………………………………………… (118)
3.1.1　光电信息检测系统的基本组成 ……………………………… (118)
3.1.2　光电信息检测技术的主要用途 ……………………………… (119)
3.1.3　光电信息检测技术的发展趋势 ……………………………… (120)

3.2 像传感检测技术 …… (120)
3.2.1 像传感检测技术的基本原理 …… (120)
3.2.2 像传感检测技术的应用 …… (121)
3.3 光信息处理检测技术 …… (125)
3.3.1 概述 …… (125)
3.3.2 光信息处理技术基础 …… (125)
3.3.3 光信息处理技术应用 …… (132)
第4章 光电图像检测技术与系统 …… (145)
4.1 光电图像检测系统 …… (145)
4.1.1 光电图像检测系统的概述 …… (145)
4.1.2 光电图像检测技术的发展 …… (147)
4.1.3 光电图像检测系统的分类 …… (148)
4.2 基于PC的光电图像检测系统 …… (148)
4.2.1 计算机视觉图像检测系统的原理 …… (150)
4.2.2 计算机视觉图像检测系统的应用 …… (154)
4.3 嵌入式光电图像检测系统 …… (160)
4.3.1 嵌入式图像检测技术的原理 …… (160)
4.3.2 嵌入式图像检测系统应用实例 …… (166)
第5章 光电干涉检测技术与系统 …… (176)
5.1 光干涉基本理论 …… (176)
5.1.1 光波干涉基本公式 …… (176)
5.1.2 部分相干理论 …… (178)
5.2 光电干涉检测技术与系统的应用 …… (182)
5.2.1 概述 …… (182)
5.2.2 激光散斑干涉测量技术工程 …… (183)
5.2.3 低相干光干涉技术 …… (187)
5.2.4 干涉光谱仪 …… (193)
5.2.5 激光偏振干涉仪 …… (200)
5.2.6 微表面形貌检测技术 …… (202)
5.2.7 激光瞬态干涉仪 …… (209)
第6章 光电衍射检测技术与系统 …… (216)
6.1 激光衍射检测原理 …… (216)
6.2 激光衍射计量技术 …… (217)
6.2.1 激光衍射计量技术基本方案及其分析 …… (217)
6.2.2 激光衍射计量技术具体方法及其分析 …… (219)
6.3 激光衍射检测系统 …… (232)
6.3.1 概述 …… (232)

6.3.2　激光衍射技术与系统的实际应用 ……（234）
第7章　光电扫描技术工程 ……（240）
7.1　概述 ……（240）
7.2　光电扫描关键器件 ……（240）
7.2.1　光学扫描镜 ……（240）
7.2.2　光电扫描器件 ……（247）
7.3　激光扫描检测技术工程 ……（250）
7.3.1　表面特征检测扫描技术 ……（250）
7.3.2　三维激光扫描技术的工程应用 ……（252）
7.4　激光三维打印技术工程 ……（255）
7.4.1　激光三维打印技术基本原理 ……（255）
7.4.2　激光三维打印技术工程应用 ……（258）
7.4.3　激光三维打印相关实例 ……（260）
7.5　激光三维加工技术工程 ……（262）
第8章　光纤传感检测技术与系统 ……（269）
8.1　概述 ……（269）
8.2　光纤的传输理论 ……（271）
8.2.1　光纤的结构和分类 ……（271）
8.2.2　光纤中光的传输及性质 ……（274）
8.3　光纤传感检测技术 ……（279）
8.3.1　光纤传感检测原理 ……（279）
8.3.2　光纤无源器件 ……（281）
8.4　分立式光纤传感检测系统 ……（285）
8.4.1　半导体吸收光纤温度传感检测系统 ……（285）
8.4.2　光纤光栅传感检测系统 ……（288）
8.4.3　光纤法珀传感检测系统 ……（296）
8.4.4　光纤陀螺传感检测系统 ……（302）
8.5　分布式光纤传感检测系统 ……（303）
8.5.1　光纤拉曼温度传感检测系统 ……（303）
8.5.2　光纤布里渊应变传感检测系统 ……（306）
8.6　典型应用 ……（308）
8.6.1　电力应用 ……（308）
8.6.2　航空航天应用 ……（313）
第9章　光谱检测技术与系统 ……（323）
9.1　激光拉曼光谱检测技术 ……（323）
9.1.1　激光拉曼光谱原理 ……（323）
9.1.2　典型激光拉曼光谱技术 ……（325）

9.1.3 激光拉曼光谱技术应用 …… (333)
9.2 荧光光谱检测技术 …… (338)
9.2.1 荧光光谱的基本原理 …… (338)
9.2.2 X射线荧光光谱检测技术 …… (339)
9.2.3 激光原子荧光光谱检测 …… (341)
9.2.4 激光离子荧光光谱检测 …… (343)
9.3 THz光谱检测技术 …… (348)
9.3.1 THz辐射 …… (348)
9.3.2 THz时域光谱探测技术 …… (351)
9.3.3 THz相关探测技术 …… (354)
9.3.4 THz技术展望 …… (356)
9.4 其他光谱技术 …… (357)
9.4.1 激光光声光谱技术 …… (357)
9.4.2 超短光脉冲光谱技术 …… (358)
9.4.3 光电流光谱技术 …… (360)
9.5 激光光谱在大气污染监测中的应用 …… (361)

第 1 章　综述

所谓光电检测技术与系统，是指对待测光学量或由非光学待测物理量转换成的光学量，通过光电转换和电路处理的方法进行检测的技术与系统。光电检测技术是各种检测技术的重要组成部分。自动化程度越高，越依赖于非接触测量。20 世纪 70 年代传统光学仪器（照相、光谱、色度、计量、计测）已发展到光、机、电、算一体的智能仪器、光电信息技术，而且从强调仪器设计转变为强调技术研究。在信息时代，光电检测更是不可或缺的，它关系到信息的提取（获得）。特别是近年来，各种新型光电探测器件的出现以及电子技术和微电脑技术的发展，使光电检测系统的内容越加丰富，应用越来越广，目前已渗透到几乎所有工业和科研部门。

图 1－1 是光电检测系统的组成结构示意图。

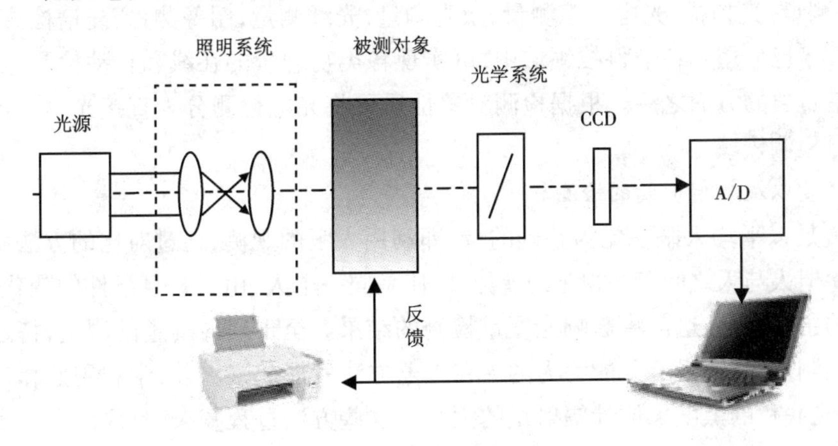

图 1－1　光电检测系统的组成结构示意图

由图 1－1 可以看出，光电检测系统基本组成的机理主要是：光源以及照明系统一起获得测量所需的光载波，如激光、平行光照明乃至均匀光照明等；光载波与被测对象相互作用而将被测量载荷到光载波上，称为光学变换，光学变换可用各种调制方法实现；光载波上载荷的各种被测信息经光电器件实现光向电的转换，称为光电转换；被测信息通过各种电信号处理的方法实现解调、滤波、整形、判向、细分等，送到计算机或 PC 机进一步运算处理，最后直接显示或存储被测量，或者控制相应的装置。图 1－2 是光电检测系统功能框图。本书将要阐述的不是某个局部而是一个整体，即强调光电检测的技术与系统，侧重整体的功能，各部分更进一步的原理或器件介绍可参看专门的书籍。

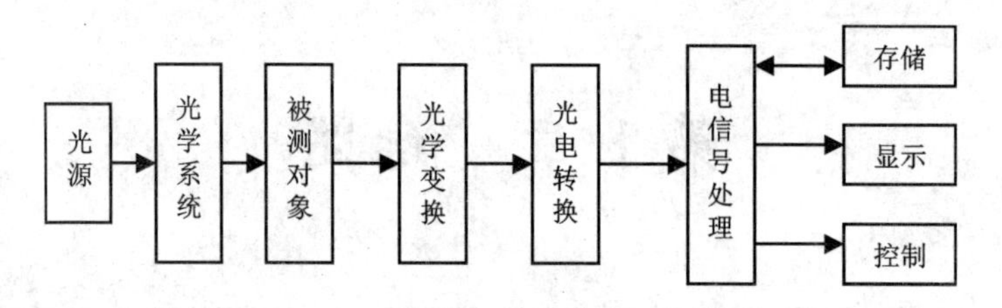

图1－2 光电检测系统功能框图

1.1 光电检测的领域与特点

1.1.1 研究领域

光电检测技术是光电信息技术之一,主要包括光电转换技术、光信息获取与光信息测量技术以及测量信息的光电处理技术等,如用光电方法实现各种物理量的测量,微光、弱光探测,红外测量,光扫描、光电跟踪测量,激光测量,光纤测量,图像测量,光谱检测等方面。光电检测技术已应用到各个科技领域中,可实现各类物理量的在线和自动检测,是近代科技发展中最重要的方面之一。根据检测对象性质可将光电检测分为直接光学量检测领域和非光学量检测领域。

1. 光度量以及辐射度量的检测

光度量是以平均人眼视觉为基础的量,即利用人眼的观测,通过对比的方法确定光度量的大小。但人与人之间存在视觉的差异,即使是同一个人,由于自身条件的变化,也会产生视觉上的主观误差,这都将影响光度量检测的结果。至于辐射度量的测量,特别是不可见光辐射的测量,是人眼所无能为力的。在光电方法发展起来之前,常利用照相底片感光法,根据感光底片的黑度来估计辐射量的大小。这些方法过程复杂,且局限在一定光谱范围内,效率低、精度差。

目前,大多采用光电检测的方法来测定光度量和辐射度量。该方法十分方便,能消除主观因素带来的误差,而且经计量标定后,可以达到很高的精度。目前常用的这类仪器有光强度计、光亮度计、辐射计以及光测高温计、辐射测温仪等。

2. 光电元器件及光电成像系统特性的检测

光电元器件包括各种类型的光电、热电探测器和各种光电成像器件。它们本身就是光电转换器件,其使用性能由表征它们特性的参量决定,如光谱特性、光灵敏度、亮度增益等。这些参量的具体数值必须通过检测来获得。实际上,每个特性参量的检测系统都是一个光电检测系统,只是这时被检测的对象是光电元器件本身罢了。

光电成像系统包括各种方式的光电成像装置,如直视近红外成像仪、立视微光成像仪、微光电视、热释电电视、CCD 成像系统以及热成像系统等。在这些系统中都有一个实现光电图像转换的核心器件。这些系统的性能也是由表征系统的若干特性参量确定的,如系统的亮度增益、最小可分辨温差等。这些光电参量的检测也是由光电检测系统来完成的。

3. 光学材料、元件及系统特性的检测

光学仪器及测量技术中所涉及的材料、元件和系统的检测，过去大多采用目视检测仪器来完成，它们以手工操作和目视为基础。这些方法有的仍有很大的作用，有的存在效率低和精度差的缺点。这就要求用光电检测的方法来代替，以提高检测性能。随着工程光学系统的发展，有一些特征检测很难用手工操作和目视方法来完成。例如：材料、元件的光谱特性；光学系统的调制传递函数；大倍率的减光计等。这些都需要通过光电检测的方法来实现测量。此外，随着光学系统光谱工作范围的拓宽，紫外、红外系统的广泛使用，对这些系统的性能及其元件、材料等的特性也不可能用目视的方法检测，而只能借助于光电检测系统来实现。

光电检测技术被引入光学测量的领域后，许多古典光学的测量仪器得到改造，如光电自准直仪、光电瞄准器、激光导向仪等，使这一领域发生了深刻的变化。

4. 非光物理量的光电检测

非光物理量的光电检测是光电检测技术当前应用最广、发展最快的领域。这类检测技术的核心是如何把非光物理量转换为光信号。其主要方法有两种：①将非光量转换为光量，通过对光量的检测，实现对非光物理量的检测；②使光束通过被检测对象，让其携带待测物理量的信息，通过对带有待测信息的光信号进行光电检测，实现对待测非光物理量的检测。

这类光电检测所能适用的检测对象十分广泛，如各种射线的检测；各种几何量的检测，其中包括长、宽、高、面积等参量；各种物理量的检测，其中包括重量、应力、压强、位移、速度、加速度、转速、振动、流量以及材料的硬度、强度等参量；各种电量与磁量的检测；还有温度、湿度、材料浓度及成分等参量的检测。

光电检测技术的出现适应近代科学和工业技术提出的高灵敏度、高效率、自动化的测试要求，实现了计量上的三维性、实时性和相关性。进入20世纪80年代，又提出了亚微米、纳米级灵敏度的测试要求，产生了无损检测、在线光学诊断等新技术。

1.1.2 技术特点

利用光学进行精密测试是计量测试技术领域中的主要方法。光学测试方法由于具有非接触性、高灵敏性和高精度性，在近代科学研究、工业生产、空间技术、国防技术等方面得到广泛应用，成为一种无法取代的技术。特别是激光技术、微电子技术与计算机技术的发展，使光电检测技术飞速发展。光电检测技术将光学技术与电子技术相结合实现各种量的测量，具有如下特点。

(1)高精度。光电检测是各种检测中精度最高的一种，如用激光干涉法检测长度的精度可达0.05 μm/m，用光栅莫尔条纹法测角的精度可达0.04″，用激光测距法测量地球和月球之间距离的分辨率可达1 m。

(2)高速度。光电检测以光为媒介，而光是各种物质中传播速度最快的，无疑用光学的方法获取和传递信息是最快的。

(3)远距离，大量程。光是最便于远距离传播的介质，尤其适用于遥控和遥测，如武器制导、光电跟踪、电视遥控等。

(4)非接触检测。光照到被测物体上可以认为是没有测量力的，因此也没有摩擦，可以实现动态测量，是各种检测方法中效率最高的一种。

(5)寿命长。理论上光波是永不磨损的，只要复现性做得好，就可以永久使用。

(6)具有很强的信息处理和运算能力，可以将复杂信息并行处理。用光电方法便于信息的控制和存储，易于实现自动化，易于与计算机连接，易于实现智能化。

(7)高灵敏度。光电检测可以达到波长及亚波长级以下的灵敏度，实时监测微变形、微振动、微位移、微应变等超精密测量、在线检测和纳米测量。

(8)三维性。利用光电技术可检测任意距离、任意表面状态以及真实的或模拟的空间，可进行3D测量。

(9)实时性。光电检测可通过数字方式或反馈控制进行质量监控，实现生产的自动化。

(10)微弱信号检测。

光电检测是现代科学、国家现代化建设和人民生活中不可缺少的新技术，是光、机、电、计算机相结合的新技术，是最具有应用潜力的技术之一。随着二元光学及微光学的发展，光学系统向微型化、集成化、经济化方向发展，促使近代光学测试技术更上一个层次，成为近代科学技术、近代工业生产的眼睛，是保证科学技术、工业生产日新月异发展的主要高新技术之一。

1.2 光电检测技术发展现状

光电检测技术不仅是现代检测技术的重要组成部分，而且随着发展其重要性越来越明显。主要原因是光电检测技术的特点完全适应现代检测技术发展的方向和需要。

(1)现代检测技术要求向非接触化方向发展，这就可以在不改变被测物体性质的条件下进行检测。光电检测的最大优点就是非接触检测。

(2)现代检测技术要求获得尽可能多的信息。光电检测中的光电成像型检测系统恰能提供待测对象信息含量最多的图像信息，从逐点测量发展成为全场测量。

(3)现代检测技术所用电子元件及电路向集成化发展，检测技术向自动化发展，检测结果向数字化发展，检测系统向智能化发展。所有这些发展方向也正是光电检测技术的发展方向。

(4)光电检测技术的应用面不断扩大，使其能检测更多的被测对象，这就要求光电传感器的品种不断增多，同时要求检测光信号的获得方式不断增加。

(5)光电检测技术的另一个重要发展方向是各种微机在系统中的应用，这不仅可以极大地提高检测效率，也使十分复杂的计算、修正和控制关系变得轻而易举。调节和执行机构的发展使控制方式变得多种多样，可以完成许多高难度的控制过程。

总之，光电检测技术的发展离不开现代科技的发展，光电检测技术的发展必将进一步促进现代科技的发展。

总的来说，光电检测系统可与人的操作功能相比较，其对应关系如图1-3所示。光电传感部分相当于人的感觉器官；将传感部分获得的信息经微机处理这一功能相当于人脑的分析、判断过程；微机输出的控制信号驱动执行机构，使之完成所要求的动作或控制被测对象，该过程相当于手控。

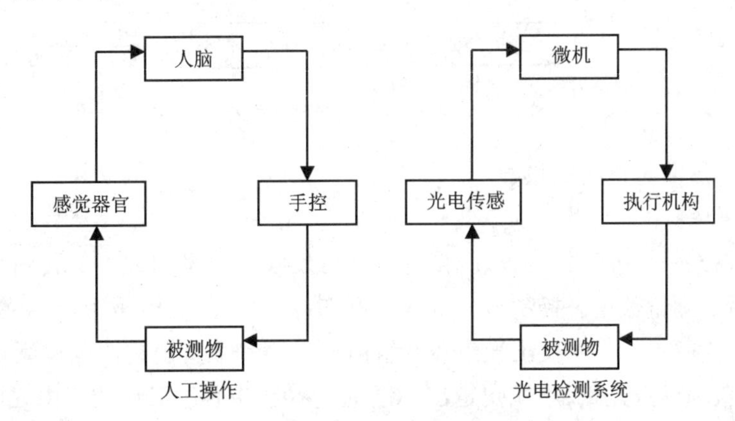

图 1－3　功能比较

1.3　光电检测方法

光电检测系统包含十分丰富的内容，从光信息的获得、光电转换到电信号处理、智能化控制等方面，都有很大的差异。光电检测没有固定的模式，同一目的的检测也可用不同的方法实现。关键是根据具体要求，设计并选择能满足检测精度、检测范围、使用场合、操作难易、自动化水平等诸方面要求的最廉价的方案。

根据光信息携带物理量的方式不同，大致可分为光强型、频率型、相位型、脉冲型、偏振型和其他型。脉冲型可利用脉冲信号的脉冲数、脉冲频率和脉冲宽度等变化携带信息。各种类型之间有关系，有的是几种类型的结合。

根据所应用的光学现象可分为衍射计量、干涉计量、全息法、散斑检测法、光谱检测法、莫尔与拓扑法、光扫描法以及纳米计量等。

根据检测系统的基本原理，光电检测的基本方法有直接测量法、差动测量法、补偿测量法。下面主要从系统角度作简要叙述。

1. 直接测量法

受被测物理量控制的光通量经光电接收器转换成电量以后可由检测机构直接得到所求被测物理量，图 1－4 为其系统框图。图中，定标是指用基准量调整系统的放大倍数或比例系数，使输出值与基准量相同。

直接测量法的最大优点是简单方便，仪器设备造价低廉。其缺点是各环节的误差均直接计入总误差中。也就是说，检测结果受参数、环境、电压波动等影响较大，精度及稳定性较差。为克服或减弱这些影响，必须认真设计每个环节，选用稳定性好的元器件和电路方案。直接测量法的另一个缺点是光电探测的线性范围和测量机构限制了它的量程，可通过光衰减器如光楔、光阑等来扩展量程，也可通过电衰减如改变电路的放大倍数、改变测量机

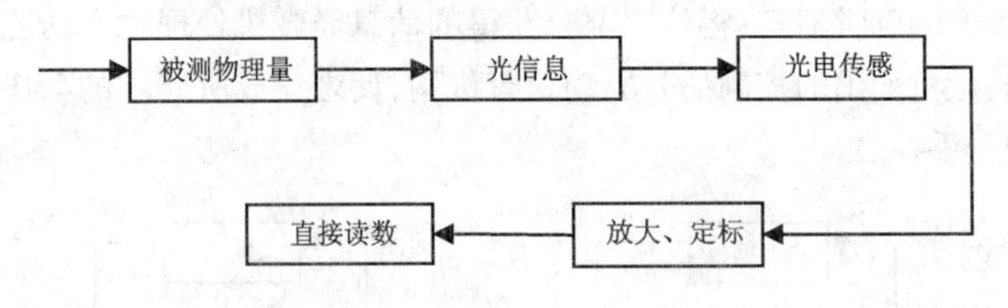

图1-4 直接检测法光电系统框图

械的灵敏度等扩展测量机构的量程。

2. 差动测量法

将被测量与某一标准量相比较，所得差或比可反映被测量的大小。利用它们之间的差或比，以放大后的测量数据去控制检测机构。例如，由双光路和电桥组成的光电差动装置，其原理如图1-5所示。光源发出光束经两组由反射镜和准直镜构成的镜组产生两束相同的平行光。一束为标准光路，用光楔定出标准通量 Φ_2，并通过汇聚透镜由光电探测器 VL_2 接收；另一束为待测光路，经待测物后获得光通量 Φ_1，由汇聚透镜将其送到光电探测器 VL_1 接收。接收电桥由 VL_1、VL_2、电阻 R_1、电位计 RP 组成。差值信号经放大后由测量电表读出。RP 是电桥平衡的调节电阻，即检测仪表的零位调节电阻。

双光路测量可以消除杂散光、光源波动、温度变化和电源电压波动带来的测量误差，使测量精度和灵敏度大大提高。

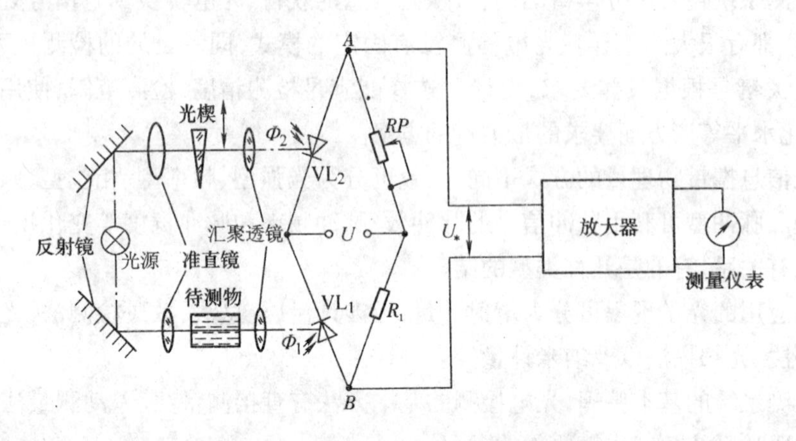

图1-5 双光路光电差动检测系统

3. 补偿测量法

用光或电的方法补偿由被测量变化而引起的光通量变化，补偿器的可动元件连接读数装置指示出补偿量值，补偿量值的大小反映了被测量变化的大小。补偿量读数与待测量的关系应预先标定。

在光电差动测量法中，光通量的相应变化不引起检测原理的误差，这恰是两束光路平衡光通量得到完全补偿的极限情况。因此，只要对光电差动装置作适当的改进就可以进行双通道光电补偿式测量。例如，把图1-5中的调整光楔作为光补偿器，并使补偿器的可动部分与相应的读数装置相联系，通过补偿器的补偿使测量仪表指零，达到平衡检测的目的。

这类装置中可用一个或两个光电探测器。采用一个光电探测器时,可以减小采用的两个光电探测器的不一致性所造成的误差。

双通道差动式测量和双通道补偿式测量都是通过比较两束光通量的大小进行检测,都可叫做比较法。差动式装置两束光通量不等,由测量仪表读出差值,所以是非平衡比较法。而补偿式装置是使测量仪表指零,由补偿器读出数据,所以是平衡比较法,或称“零”状态比较法。

双光路补偿测量法的优点是:①双光路可互相抵消光通量的波动及周围环境的影响;②受电源电压、放大器参数和探测器特性随时间变化的影响小;③不受光电探测器光特性非线性的影响,在光特性弯曲部分也可正常工作,但应注意不能在饱和区域工作。总的来说,该工作方式误差小、准确度高。

双光路补偿测量法的主要缺点是机构复杂、相对造价高,当调制补偿器有惯性时,对较快速变化量的测量不利。

1.4　学习要求

本书以应用光学和物理光学为基础,侧重于从系统角度介绍光电检测方法和技术,整体上强调光电检测方法和系统,如各种光电检测方法、系统选择、系统构成、系统实现及系统应用等。系统包括光源、光学系统、被检测对象、技术处理、光电接收以及信息处理等,即光接收前端、光探测器以及后续处理。

本书比较全面系统地介绍了光电检测系统的理论及应用基础,紧跟技术发展方向,富有启发性。据此,本门课程的学习要求如下:

(1)了解并掌握典型光电器件的原理及特点,学会正确选用光电器件;

(2)学会根据光电器件的特点选择和设计光电检测系统要求的有关参数;

(3)依据光学基础知识,学会各种光电检测方法、原理,掌握各种光电检测技术;

(4)能根据被测对象的具体要求,合理设计光电检测系统。

参考文献

[1]　郭培源,付扬.光电检测技术与应用[M].北京:北京航空航天大学出版社,2006.

[2]　浦昭邦.光电测试技术[M].北京:机械工业出版社,2005.

[3]　雷玉堂,王庆友,何加铭,等.光电检测技术[M].北京:中国计量出版社,1997.

[4]　高稚允,高岳.光电检测技术[M].北京:国防工业出版社,1995.

[5]　安毓英,曾晓东.光电探测原理[M].西安:西安电子科技大学出版社,2004.

第2章 光电检测系统的关键器件

2.1 光源

2.1.1 概述

所谓光源,就是一切能产生光辐射的辐射源,无论是天然的,还是人造的。天然光源是自然界中存在的,如太阳等。人造光源是人为将各种形式的能量(热能、电能、化学能)转化为光辐射能的器件,其中利用电能产生光辐射的器件称为电光源。在防伪标识的检测中,电光源是最常见的光源。

按照光波在时间、空间上的相位特征,一般将光源分成相干光源、非相干光源和低相干光源,如图2-1所示。

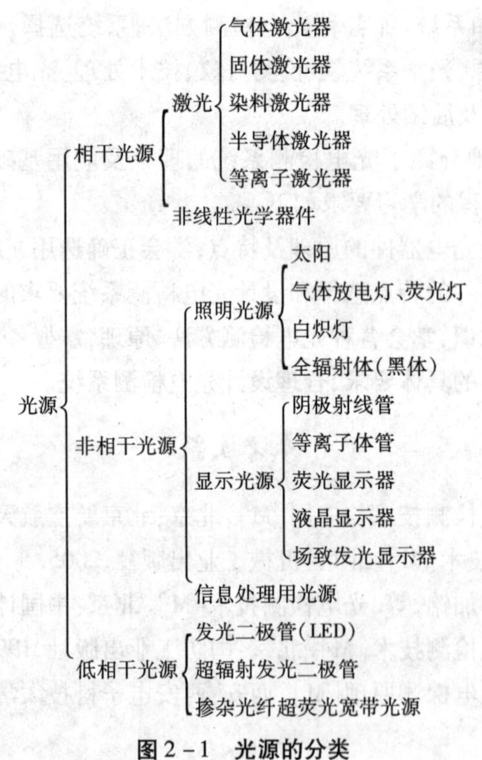

图2-1 光源的分类

按照发光机理,光源可以分成热辐射光源、气体发光光源、固体发光光源和激光器四种。

(1)热辐射光源:电流流经导电物体,使之在高温下辐射光能的光源,包括白炽灯和卤钨灯两种。

(2)气体发光光源:电流流经气体或金属蒸气,使之产生气体放电而发光的光源。气体放电有弧光放电和辉光放电两种。弧光放电光源包括荧光灯、钠灯、汞灯、金属卤化物灯以及碳弧灯、氙灯等。辉光放电光源包括利用负辉区辉光放电的辉光指示光源和利用正柱区辉光放电的霓虹灯。

(3)固体发光光源:在电场作用下,使固体物质发光的光源,电能直接转变为光能,包括场致发光光源和发光二极管(LED)两种。

(4)激光器:按工作物质分类,可分为气体激光器、固体激光器、燃料激光器和半导体激光器。气体激光器采用的工作物质很多,激励方式多样,发射波长范围也最宽。

2.1.2　非相干光源

若两个光源所发出的两束光波叠加能发生干涉,则这两个光源称为相干光源;否则,称为非相干光源。本节主要介绍两类典型的非相干光源,分别为气体放电光源和场致发光光源。

2.1.2.1　气体放电光源

利用气体放电原理制成的光源称为气体放电光源。制作时向灯中充入发光用的气体,如氦、氖、氙、氪或金属蒸气,如汞、钠、铊等,这些元素的原子在电场作用下电离出电子和离子。离子向阴极、电子向阳极运动时在电场中被加速,当它们与气体原子或分子高速碰撞时会激励出新的电子和离子。在碰撞过程中有些电子会跃迁到高能级,引起原子的激发。受激原子回到低能级时会发射出相应的辐射,这样的发光机制被称为气体放电原理。

气体放电光源具有以下共同特点:

(1)发光效率高,比同瓦数的白炽灯发光效率高 2 ~ 10 倍,因此具有节能的特点;

(2)由于不靠灯丝本身发光,电极可以做得牢固紧凑,耐震、抗冲击;

(3)寿命长,一般比白炽灯寿命长 2 ~ 10 倍;

(4)光色适应性强,可在很大范围内变化。

由于上述特点,气体放电光源具有很强的竞争力,在光电测量和照明中得到广泛使用。气体放电光源也称为气体灯。气体灯内可充不同的气体或金属蒸气,从而形成放电介质不同的多种光源。即使充同一种材料,由于结构不同也可构成多种气体灯。

气体放电光源种类很多,下面介绍几种常用的气体放电灯。

1. 脉冲灯

脉冲灯的特点是在极短的时间内发出很强的光辐射,其结构和工作电路原理如图 2 - 2 所示。直流电源电压 U_0 经充电电阻 R 使储能电容 C 充电到工作电压 U_C。U_C 一般低于脉冲灯的击穿电压 U_s,而高于灯的着火电压 U_z。脉冲灯的灯管外绕有触发丝,工作时在触发丝上施加高的脉冲电

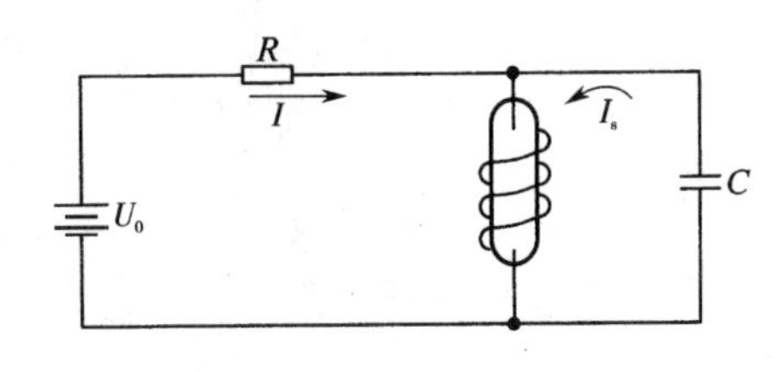

图 2 - 2　脉冲灯工作电路原理

压,使灯管内产生电离火花线,火花线大大减小了灯的内阻,使灯“着火”。电容 C 中储存着大量能量,可在极短的时间内通过脉冲灯,产生极强的闪光。除激光器外,脉冲灯是最亮的光源。

照相用的万次闪光灯就是一种脉冲氙灯,它的色温与日光接近,适于作彩色摄影的光源。氙灯内充有惰性气体——氙,由两个电极之间的电弧放电而发出强光。氙灯的辐射光谱是连续的,与日光的光谱能量分布相接近(见图 2-3),色温为 6 000 K 左右,显色指数在 90 以上,因此有“小太阳”之称。

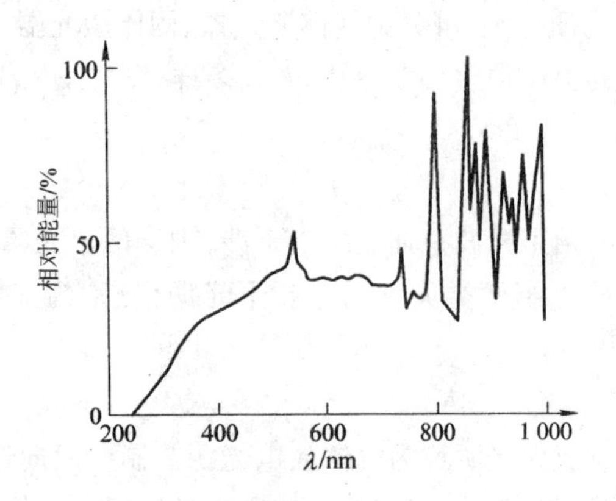

图 2-3 短弧氙灯光谱能量分布

氙灯分为长弧氙灯、短弧氙灯和脉冲氙灯三种。长弧氙灯的发光效率为 25 ~ 30 lm/W,发光时能量可达几千焦耳,而闪光时间只有几毫秒,可见有很大的瞬时功率。

常见的脉冲灯还有氘灯。氘灯内充有高纯度的氘气,是一种热阴极弧光放电灯。氘灯的阴极是直热式氧化物阴极,阳极用 0.5 mm 厚的钽皮做成,中心正对口,灯泡由紫外透射性能比较好的石英玻璃制成。工作时先加热灯丝,产生电子发射,当阳极加高压后,氘原子在灯内受高速电子的碰撞而激发,从阳极小圆孔中辐射出连续的紫外光谱(185 ~ 500 nm)。图 2-4 是氘灯的外形及其紫外光谱能量分布。氘灯的紫外线辐射强度大、稳定性好、寿命长,因此常用作各种紫外分光光度计的连续紫外光源。中国计量院用氘灯作为 200 ~ 250

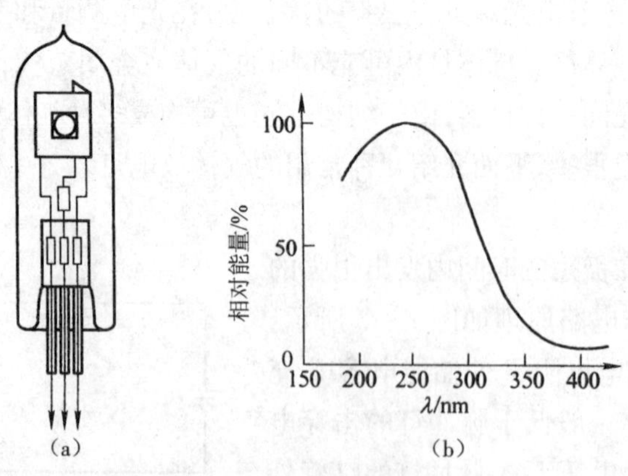

图 2-4 氘灯的外形和光谱能量分布

(a)外形 (b)光谱能量分布

nm 的标准辐射光源。

2. 原子光谱灯

原子光谱灯又称空心阴极灯，其结构如图2-5所示。阳极和圆筒阴极封在玻璃壳内，玻壳上部有一透明石英玻璃窗。工作时窗口透射出放电辉光，其中主要是阴极金属的原子光谱。空心阴极放电的电流密度比正常辉光大100倍以上，电流虽大但温度不高，因此发光的谱线不仅强度大，而且波长宽度小。如金属钙的原子光谱波长为422.7 nm时，光谱带宽为33 nm左右，且输出的光稳定。原子光谱灯可制成单元素型或多元素型。加之填充气体的不同，这种灯的品种有很多。

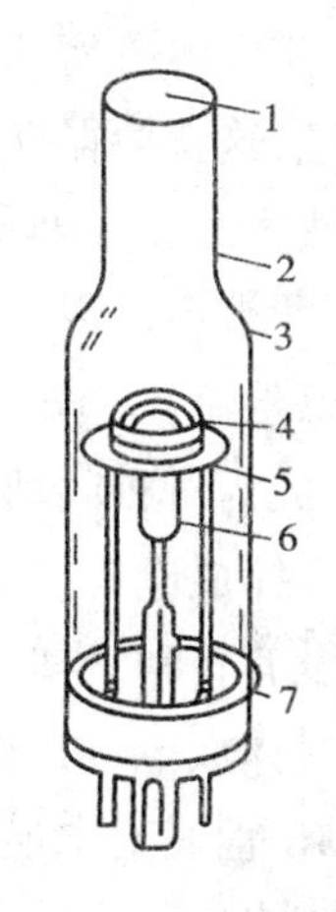

图2-5　原子光谱灯结构

1—石英玻璃窗；2—过渡玻璃；3—玻壳；4—阳极；5—云母片；6—阴极；7—灯脚

原子光谱灯的主要作用是引出标准谱线光束，确定标准谱线的分光位置以及确定吸收光谱的特征波长等。它主要用于元素，特别是微量元素光谱分析装置中。

3. 汞灯

常见的气体放电光源还有汞灯。汞灯可以分为低压汞灯、高压汞灯和超高压汞灯三类，它们的光谱能量分布如图2-6所示。

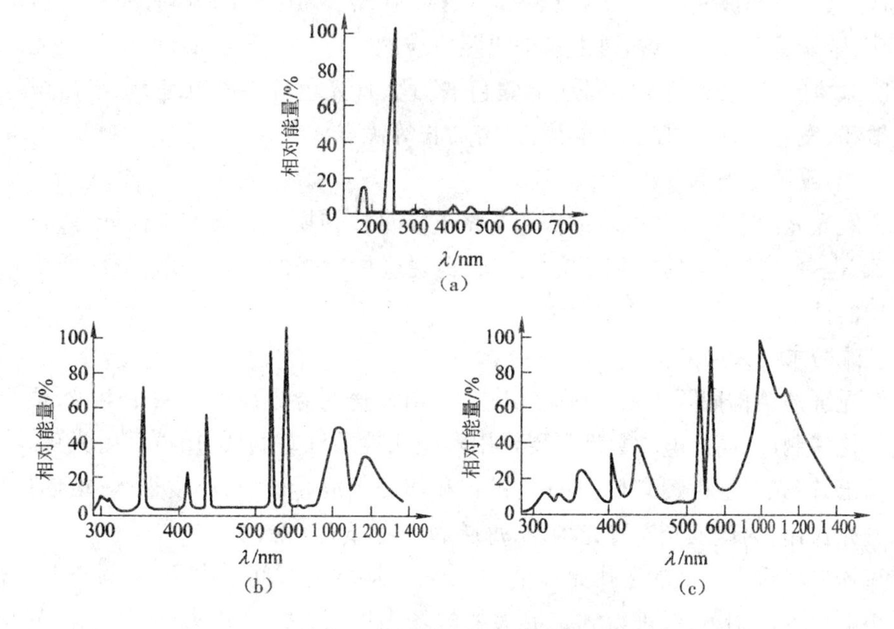

图2-6　汞灯光谱能量分布

(a)低压汞灯　(b)高压汞灯　(c)超高压汞灯

低压汞灯点燃时汞蒸气气压小于1个大气压，主要发射253.7 nm的紫外线。高压汞灯点燃时汞蒸气气压有2~5个大气压，发光效率约为64 lm/W，其中可见光成分较多。超高压汞灯点燃时汞蒸气气压大于10个大气压，辐射较强的长波紫外光和可见光。

气体放电灯也有一些不足之处。气体放电灯具有冷态阻抗大,启动后阻抗急剧变小的特点,其特性类似于电弧特性。因此,这类灯在启动时要设法产生一个脉冲高电压或采用启动电极,使气体游离导电。由于其启动后内阻太小,又不得不采取限流措施,即用镇流器来限制电流,这就使得灯具的接线较白炽灯麻烦得多。

气体放电灯由于具有非线性的内阻特性,在交流电路中,在限流电感和分布电容的作用下,灯具两端会出现高频振铃现象,严重干扰通信设备和其他电子设备的正常工作。由于采用电感限流,功率因数较小,谐波含量高,易对电网造成污染。另外,在电源过零点时,灯不发光,成为每秒闪动100次的光源,这对视力是极其有害的。值得注意的是,在工厂车间内使用气体放电灯,当机器转速达到某一特定值(光源闪烁频率的整数倍)时,在视觉上机器就和没有转动一样,这种错觉对安全生产来说是一种隐患。

由于气体放电灯具有上述缺点,有必要对其进行改进。现在已有用灯丝代替镇流器的自镇流汞灯,但其对电能的利用率较低。基于其灯丝的热惯性,部分补偿了灯芯的抖动光,但未彻底改变气体放电灯的性质。虽然荧光灯近年来采用电子镇流器,但只是提高了光源的抖动频率(38 kHz 左右),而且如果灯管接触不良或损坏,镇流器内产生的高压极易使其电子元件击穿损坏。

荧光灯主要是由汞放电产生的紫外线辐射激发荧光粉层而发光的低气压放电灯,电源输入后,电流会流过电极,钨丝温度上升,同时电子放射物质的温度也上升,大量的热电子被释放,热电子在两极间加压,由负极流向正极,造成管内电流的流动,在管内撞击水银原子,因而产生能量激发紫外线,再由紫外线照射玻璃管壁的荧光物质,产生可见光。由于荧光灯管所涂覆的荧光物质种类不同,有暖色、冷色、日光色等多种颜色,它与白炽灯相比具有灯光柔和、发光效率高、显色性能优良、寿命长等优点。

2.1.2.2 场致发光光源

场致发光光源是固体在电场的作用下将电能直接转换为光能的发光光源,也称为电致发光光源,也是一种常见的非相干光源。能实现这种发光的材料很多,下面介绍几种固体场致发光器件。

1. 交流粉末场致发光屏

该发光屏的结构如图2-7所示。其中,铝箔和透明导电层作为两个电极,透明导电层通常用氧化锡制成;高介电常数反射层常用陶瓷或钛酸钡等制成,用以反射光束,将光集中到上方输出;荧光粉层由荧光粉(ZnS)、树脂和陶瓷等混合而成,厚度很小;玻璃板起支撑、保护和透光作用,为使发光屏发光均匀,每层的厚度都应十分均匀。

交流粉末场致发光屏的工作原理是:由于发光屏两电极间距离很小,只有几十微米,所以在微小电压的作用下,就可得到足够大的电场强度,如 $E=10^4$ V/cm 以上。荧光粉层中自由电子在强电场作用下加速而获得很高的能量,它们撞击发光中心,受激发而处于激发态,当从激发态复原为基态时便产生复合发光。由于荧光粉层与电极之间有高介电常数的绝缘层,自由电子并不导走,而是被束缚在阳极附近,在交流电的负半周时,电极极性变换,自由电子在强电场作用下向新阳极的方向,也就是向与正半周时相反的方向加速,这样重复上述过程,不断发光。

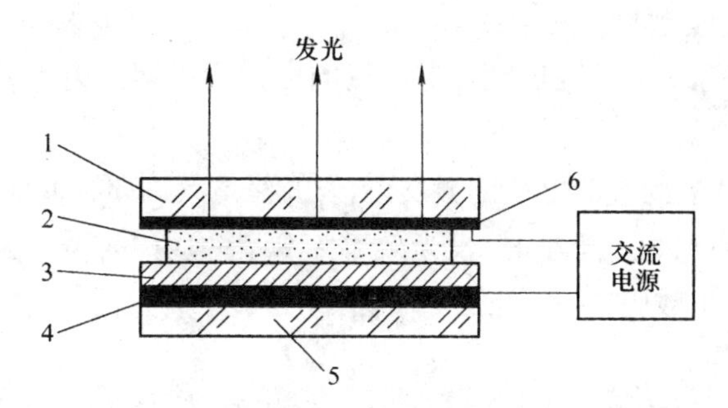

图 2－7　交流粉末场致发光屏结构

1—玻璃板；2—荧光粉层；3—高介电常数反射层；
4—铝箔；5—玻璃板；6—透明导电层

交流发光屏的工作特性与所加电压 U 和频率 f 有关，如图 2－8 所示。当 f 一定时，发光亮度的经验公式为

$$L = L_0 \cdot \exp\left[\left(\frac{U_0}{U}\right)^{1/2}\right] \tag{2-1}$$

式中：L_0 和 U_0 是发光屏最初的发光亮度和所加电压。

发光屏随工作时间 t 增加而老化，发光亮度下降，老化过程可表示为

$$L = \frac{L_0}{1 + t/t_0} \tag{2-2}$$

式中：t_0 是与工作频率有关的时间常数。

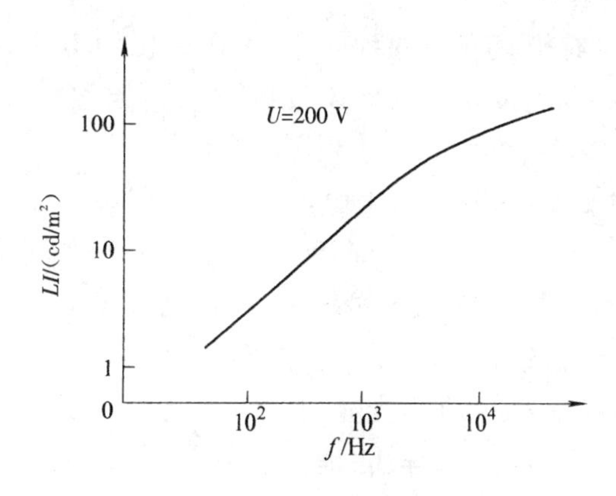

图 2－8　发光亮度与频率和电压的关系曲线

目前，交流粉末发光屏材料主要是硫化锌（ZnS），发绿色光，峰值波长在 0.48 ~ 0.52 μm，发光亮度下降到初始值的 1/4 ~ 1/3 所对应的寿命约为 3 000 h。

交流粉末场致发光屏的优点是光发射角大、光线柔和、寿命长、功耗小、发光响应速度快、不发热；缺点是发光亮度低、驱动电压高、老化快。

2. 直流粉末场致发光屏

这种发光屏结构与交流发光屏相似，依靠传导电流产生激光发光。常用的发光材料是

ZnS、Mn、Cu,发橙黄色的光。

直流发光屏亮度较高,而且亮度随传导电流的增大而迅速上升。其优点是驱动电路简单、制造工艺简单、成本低。

直流发光屏在100 V的直流电压的激发下,发光亮度约为30 cd/m^2,发光亮度下降到初始值1/2所对应的寿命约为上千小时,发光效率为0.2 ~0.5 lm/W。直流发光屏适宜在脉冲激发下工作,主要用于数码、字符和矩阵的显示。

3. 薄膜场致发光屏

薄膜场致发光屏与粉末场致发光屏在形式上很相似,但是很薄(1 μm左右),其结构如图2-9所示,在薄膜的两电极间施加适当的电压就可以发光。一般有交流和直流薄膜场致发光屏两种形式。

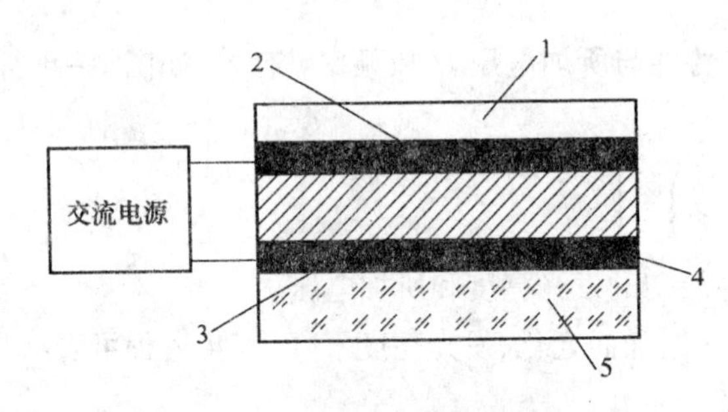

图2-9 薄膜场致发光屏结构

1—防潮层;2—第一电极;3—硫化锌薄膜;

4—透明导电层;5—玻璃基层

直流薄膜发光屏主要有橙黄和绿两种颜色,工作电压为10 ~30 V,电流密度为0.1 mA/mm^2,发光亮度为3 cd/m^2,发光效率为10^{-4} lm/W,寿命超过1 000 h,可直接用集成电路驱动。

交流薄膜发光屏有橙和绿两种颜色,工作电压为100 ~300 V,频率由几十到几千Hz,发光亮度可达几百cd/m^2,发光效率为10^{-3} lm/W,寿命达5 000 h以上。

薄膜发光屏的主要特点是均匀致密、分辨率高、对比度好、驱动电压低,可用于隐蔽照明、固体雷达屏幕显示和数码显示。

与其他光源相比,场致发光光源(发光屏)有以下优点:

(1)固体化、平板化,因而可靠、安全、占地小且易于安装;

(2)面积、形状几乎不受限制,因此可以通过光刻、透明导电膜和金属电极掩蔽镀膜的方法制成任意发光图形;

(3)属于无红外辐射的冷光源,因而隐蔽性好,对周围环境没有影响;

(4)视角大,光线柔和,易于观察;

(5)寿命长,可连续使用几千h,发光不会突然全部熄灭;

(6)功耗低,约几mW/cm^2;

(7)发光易于通过电压控制。

场致发光光源也存在一些缺点,主要是亮度较低(一般使用亮度约为50 cd/m^2)、驱动电压高(通常需上百 V)、老化快等。

场致发光光源在近几年得到多方面的应用和发展,主要应用于下述几个方面:

(1)特殊照明,如仪表表盘、飞机座舱、坑道等照明;

(2)数字、符号显示,如可以做成大型的数字钟、电子秤等显示;

(3)模拟显示,如显示生产工艺流程、大型设备的工作状态以及各种应急系统标志等;

(4)矩阵显示,又叫交叉电极场致发光显示,主要用于雷达、航迹显示及电视等;

(5)图像转换及图像增强,把场致发光屏与光导材料联合使用,可以做成显像器件,例如 X 光像增强与像转换器件。

2.1.3　相干光源

2.1.3.1　氦-氖激光器

氦-氖(He-Ne)激光器是 1961 年研制成功的气体激光器,是最典型的惰性气体原子激光器。它输出的是连续光,在可见光和红外波段可产生多条谱线,其中最强的谱线有 632.8 nm、1.15 μm、3.39 μm;近年来又向短波方向延伸,获得了橙光(612 nm,604 nm)、黄光(594 nm)和绿光(543 nm)等谱线。此类激光器的输出功率只有毫瓦级(最大到 1 W),但它们的光束质量很好,发散角小(1 mrad 以下),接近衍射极限;单色性好(带宽小于 20 Hz);稳定性高(频率稳定性最高达 5×10^{-15},频率重复性为 3×10^{-14},功率稳定度小于 ±2%);加之输出光是可见光,适于在精密计量、检测、准直、导向、水中照明、信息处理、医疗以及光学研究等方面应用,在防伪领域也有重要应用。

1. 氦-氖激光器的结构

氦-氖激光器的基本组成包括放电管、电极和谐振腔三部分。

放电管由放电毛细管、贮气管组成。放电毛细管是发生气体放电和产生激光的区域,管内直径为 1.2~1.3 mm。氖气管与放电毛细管同轴并相通。氖气管相当于增大了放电毛细管贮气的体积,可缓冲因氦气逃逸快而造成氦、氖气压比失调,并且对漏入的杂质气体起稀释作用。此外,因毛细管很细容易发生形变,从而造成共振腔形变,因而配置贮气管起加固共振腔的作用。

氦-氖激光器的电极对其寿命影响很大,电极有阳极和冷阴极。因为阴极材料应具有良好的发射电子能力和抗溅射能力且容易加工,因而冷阴极常用镍、铅、钼制成;阳极用一根钨杆,以减小对地的电容量,降低出现张弛振荡的概率,使输出稳定。

谐振腔由两块凹镜或球面镜组成,其中一块反射镜的反射率接近 100%,而另一块输出镜的反射率视激光器的增益大小而定,一般为 98.5%~99.5%。

激光电源一般可采用稳定的直流、工频或射频交流。在精密测量中,常采用直流稳压电源,以获得稳定的激光。

按谐振腔与放电管连接与否,He-Ne 激光器的谐振腔可分为内腔式、外腔式和半外腔式三种(见图 2-10)。

在半外腔及外腔结构中,要用到布儒斯特窗片。这种结构的激光器可输出线偏振光。当激光入射角 θ(窗片法线与放电管的轴所成的夹角)满足布儒斯特定理

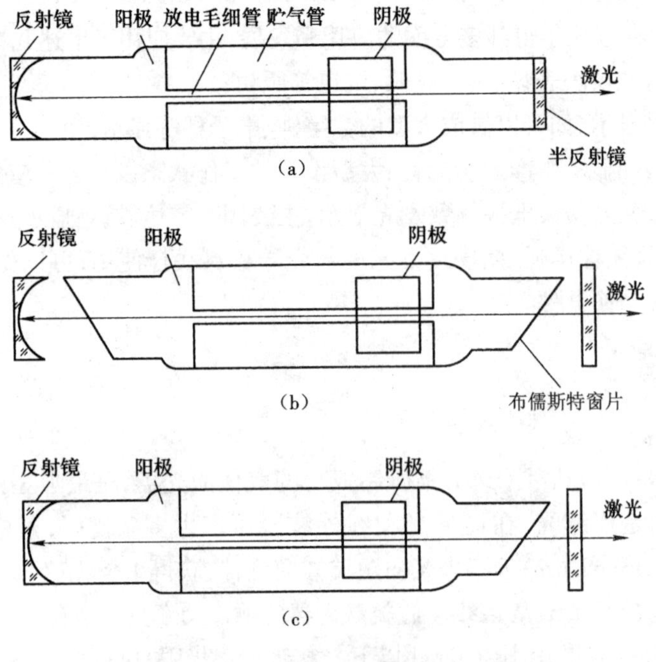

图 2-10　He-Ne 激光器的三种结构

(a)内腔式　(b)外腔式　(c)半外腔式

$$\tan\theta = n \tag{2-3}$$

时,窗片反射的全部是垂直偏振分量。由于激光在腔内来回振荡,因此最终垂直偏振分量将全部被反射出腔外,腔内只剩下水平偏振分量。其中,n 为窗片的折射率,满足布儒斯特定理的 θ 称为布儒斯特角。

内腔式激光器的两块反射镜直接贴在放电管两端。这种结构的优点是使用方便、不用调整;缺点是放电发热或受外界冲击发生形变导致谐振腔失调时无法校正,所以只适用于作短管的结构。

外腔式激光器的优点是谐振腔的两块反射境与放电管分开,放电管的两端用布儒斯特窗片密封构成反射最小的光通路。当工作过程中形变较大、需在腔内插入其他光学元件或需偏振光时,可用外腔式结构随时调整反射镜的位置到最佳振荡条件,适于作长管的结构。其缺点是腔易变动,需经常调整,使用不方便;由于有布儒斯特窗片,腔内损耗增大,会使功率有所下降。

半外腔式激光器一端采用内腔结构,另一端用布儒斯特窗片密封,放电管与反射镜分开。这种结构兼有前两者的优点,适于有特殊要求的小型激光器结构。

2. 氦-氖激光器的工作原理

He-Ne 激光器是在放电管内充有一定比例(He: Ne = 1: 10)和一定压力的 He、Ne 混合气体的器件,其中 Ne 为产生激光的物质,而 He 是提高其泵浦效率的辅助气体。He-Ne 激光器属典型的四能级工作系统,He 原子和 Ne 原子的简化能级如图 2-11 所示。

He 为原子序数为 2 的元素。基态时,其两个核外电子都处于最低能态,原子态为 1^1s_0。

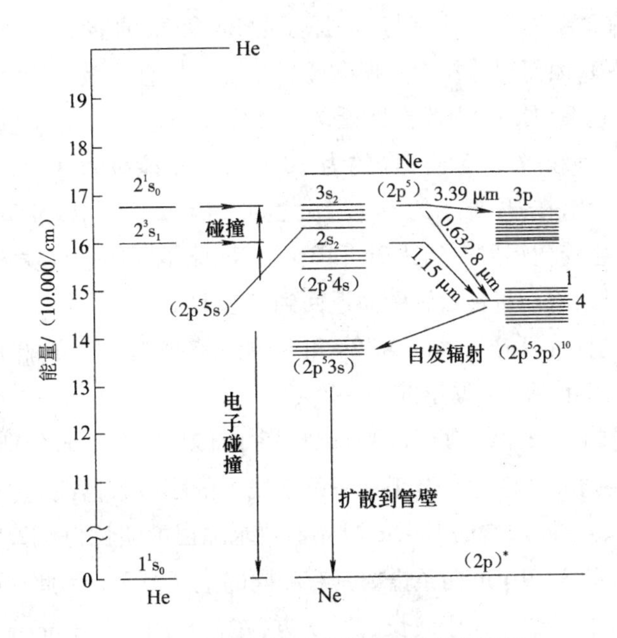

图 2-11　氦、氖原子简化能级及激光发射

当外界给 He 原子提供一定能量后,一个电子留在最低能态,而另一个电子则获能跃到较高能态,使 He 原子激发。与 He-Ne 激光有关的是 2^1s_0、2^3s_1 两个能级。这两个能级离基态最近,是高能级亚稳态。亚稳态原子的寿命比其他能级原子的寿命(10^{-8}s)要长,这为 Ne 原子激发上能级积累粒子提供了有利条件。

Ne 为原子序数为 10 的元素。基态时,其电子组态为 $1s^22s^22p^6$。受激时,最外层 $2p^6$ 中的一个电子获能跃到较高能态,其他电子仍维持原状形成激发态。与 He-Ne 激光有关的激发态有 $1s^22s^22p^53s$、$1s^22s^22p^53p$、$1s^22s^22p^54s$、$1s^22s^22p^55s$ 等。电子跃到 s 轨道的组态都由 4 个原子能级组成,而跃到 p 轨道的组态皆由 10 个原子能级组成。根据辐射选择定则,1s、2s、3s 能级中一些能级与基态之间允许辐射跃迁;而 2p、3p 能级是禁戒的,它们只能以辐射形式向较低的 1s 能级跃迁。

当放电管两端加上电源后,电子在电场的作用下从阴极向阳极加速运动,快速电子与基态 1^1s_0的 He 原子发生非弹性碰撞,将 He 原子激发到激发态 2^1s_0和 2^3s_1上,而自身减速。如果用 e 代表碰撞前的快速电子,用 e′ 代表碰撞后的慢速电子,可以用如下的方程式表示碰撞过程:

$$e + He(1^1s_0) \longrightarrow He^*(2^3s_1) + e' \tag{2-4}$$

$$e + He(1^1s_0) \longrightarrow He^*(2^1s_0) + e' \tag{2-4a}$$

如上所述,2^1s_0、2^3s_1 是亚稳态,能级寿命较长,可积累大量 He 原子。激发态 2^1s_0 和 2^3s_1 的 He 原子把能量全部传递给 Ne 原子,将 Ne 原子激发到激发态 2s 和 3s 上,而 He 原子回到基态 1^1s_0,这种交换能量的过程称为共振能量转移过程,可表示为

$$He^*(2^3s_1) + Ne(1^1s_0) \longrightarrow He(1^1s_0) + Ne^*(2s) \tag{2-5}$$

$$He^*(2^1s_0) + Ne(1^1s_0) \longrightarrow He(1^1s_0) + Ne^*(3s) \tag{2-5a}$$

由于 He 原子的 2^3s_1 和 2^1s_0 分别与 Ne 原子的 2s 和 3s 的能量十分接近(仅分别相差 0.04 eV 和 0.048 eV),因而很容易因共振激励发生能量转移。激光跃迁的上能级 2s 和 3s 是亚稳态,可积累大量 Ne 原子;而激光跃迁的下能级 2p 和 3p 上的 Ne 原子仅来源于电子碰撞激发和高能级的串级激发,其寿命(约为 10^{-8} s)比上能级 2s 和 3s 的寿命(约为 10^{-7} s)小一个数量级。因此,在 Ne 原子的 3s 和 2p 之间、2s 和 2p 之间以及 3s 和 3p 之间很容易实现粒子数反转,产生受激辐射。到达 2p 和 3p 的 Ne 原子则通过自发辐射很快达到 1s 能级,再通过与管壁碰撞,将能量传给管壁而返回到基态 1^1s_0。

在 Ne 原子中,与激光跃迁有关的 3s、2s 和 1s 能级各含有 4 个子能级,3p 和 2p 能级各含有 10 个子能级。因此,在 Ne 原子的 3s→2p、2s→2p 和 3s→3p 的许多能级间可获得 100 多条谱线,其中最强的三条谱线为 632.8 nm、1.15 μm 和 3.39 μm,分别对应于能级 $3s_2 \to 2p_4$、$2s_2 \to 2p_4$ 和 $3s_2 \to 3p_4$ 的跃迁。至于这三条谱线中的哪一条谱线起振,则取决于谐振腔介质膜反射镜的波长选择,通常的 He-Ne 激光器要求输出的波长为 632.8 nm。由图 2－11 可以看出,632.8 nm 和 3.39 μm 两条谱线具有相同的上能级 $3s_2$,因此这两条谱线之间存在强烈的竞争。由于增益系数正比于波长的三次方,在较长的 632.8 nm He-Ne 激光器中,虽然介质膜反射镜对 632.8 nm 波长的光具有较高的反射率,仍然会产生较强的 3.39 μm 波长的放大的自发辐射和激光,这将使上能级粒子数减少,从而导致 632.8 nm 激光功率下降。为了获得较强的 632.8 nm 激光输出,可采用以下方法抑制 3.39 μm 辐射的产生:借助腔内棱镜色散使 3.39 μm 激光不能起振;在腔内插入对 3.39 μm 波长的光吸收元件(如甲烷吸收盒);借助轴向非均匀磁场使 3.39 μm 谱线线宽增大,从而使其增益下降。

3. 氦－氖激光器的输出谱线及输出功率

氦－氖激光器可以输出从可见光波段至红外波段中许多波长的激光,其中最强的谱线为 632.8 nm、1.15 μm、3.39 μm。氦－氖激光器常用波长及相应能级跃迁列于表 2－1。

表 2－1　氦－氖激光器常用波长及相应能级跃迁

激光波长/nm	激光跃迁
543	$3s_2 \to 2p_{10}$
612	$3s_2 \to 2p_6$
633	$3s_2 \to 2p_4$
640	$3s_2 \to 2p_2$
1 150	$2s_2 \to 2p_4$
1 620	$2s_2 \to 2p_1$
3 390	$3s_2 \to 3p_4$

氦－氖激光器输出光束的单色性非常强,居各类激光器首位;当采用严格的稳频措施后,线宽可以减到 20 Hz 或者更小;对 632.8 nm 的谱线,相干长度可达几十千米以上。

氦－氖激光器是综合加宽激光器,其输出功率的计算公式有以下两种。

(1)单纵模基横模情况：

$$P_{\mathrm{W}} = ATI_{+} \tag{2-6}$$

式中：A 为光束的有效面积，通常取 $A = 1/5\pi\ (D/2)^2$；T 为输出镜投射率；I_{+} 为沿轴方向传播的光强。

(2)多纵模基横模情况：

$$P_{\mathrm{W}} = ATKI_{\mathrm{S}}\left(\frac{2G_0 l}{\alpha + T} - 1\right) \tag{2-7}$$

式中：K 为比例系数；I_{S} 为饱和光强，是与激光跃迁能级的弛豫振荡速度和跃迁谱线宽度有关的常数，对 632.8 nm 的激光来说，$KI_{\mathrm{S}} = (30 \pm 3)$ W/cm；G_0 为小信号增益系数；T 为腔镜的透射率；α 为除 T 以外各种光学损耗的总和（包括衍射、布氏窗片反射、吸收、散射以及腔反射镜表面的吸收与散射损失）；l 为有效放电长度。

氦 - 氖激光器的输出功率不大，一般连续输出功率从数毫瓦到数十毫瓦，最大为瓦级，脉冲功率为数十瓦。激光器的性能与放电管长度及直径、气压、氦和氖的混合比、放电电流和气体温度等有关。在达到最佳设计情况时输出功率并不随电流密度的增大而单调增大，而是有一个最大值。氦 - 氖激光器的输出功率幅度随机波动，或缓慢变化，或迅速变化。输出功率幅度波动频率低于 1 Hz 的称为漂移，高于 1 Hz 的称为噪声。降低漂移的方法是控制谐振腔长度不受温度的影响，并稳定放电电流。降低噪声的方法是消除直流纹波电压和选择放电电流的最佳区。设计得比较好的氦 - 氖激光器，放电电流在 3 ~ 9 mA 内无固定频率噪声，白噪声也小。

几种氦 - 氖激光器的激光波长以及功率范围见表 2 - 2。

表 2 - 2　几种氦 - 氖激光器的激光波长以及功率范围

激光波长/nm	功率范围/mW	偏振态
632.8 红光	0.5 ~ 17 17 ~ 35	线
	0.5 ~ 17	圆
	0.5 ~ 1	线
	0.5 ~ 1	线
	0.5 ~ 1	线
543.5 绿光	0.2 ~ 1	线
	0.2 ~ 2	圆
594.1 黄光	0.2 ~ 1	线
	0.2 ~ 2	圆
611.9 橙光	0.2 ~ 1	线
	0.2 ~ 2	圆
1 523 红外光	0.2 ~ 1	线
	0.2 ~ 2	圆

4. 氦－氖激光器激光束的空间分布

氦－氖激光器的工作物质光学均匀性很好，而且在激光器工作过程中由热效应引起的光学畸变也很小。所以，激光发散角与由下面公式决定的值一致：

$$\theta = \lambda/(\pi\omega_0) \tag{2-8}$$

式中：λ 是光波波长；ω_0 是激光束腰半径。

氦－氖激光器输出光束的方向性很强，对 632.8 nm 的谱线，光束发散角为 1 mrad。

2.1.3.2 半导体激光器

半导体激光器是实用中最重要的一类激光器。相较于其他种类的激光器，半导体激光器具有突出的优点，如体积小、寿命长、转换效率高，而且制造工艺与半导体电子器件和集成电路的生产工艺兼容，便于与其他器件实现单片光电子集成，并且还可以用频率高达 GHz 的电流进行直接调制而获得高速调制的激光输出。由于这些优点，半导体激光器在光学测量、激光通信、光存储、光陀螺、激光打印、激光测距以及激光雷达等方面获得了广泛的应用。

半导体激光器的分类方法很多，其中主要包括按结构分类、按波导机制分类、按性能参数分类和按波长分类。在按结构分类中，可以将半导体激光器分为法布里－珀罗（F-P）型激光器、分布反馈式（DFB）激光器、分布布拉格反射式（DBR）激光器、量子阱（QW）激光器和垂直腔面发射激光器（VCSEL）；在按波导机制分类中，可分为增益导引激光器和折射率导引激光器；在按性能参数分类中，可分为低阈值激光器、高特征温度激光器、超高速激光器、动态单模激光器、大功率激光器等；在按波长分类中，可分为可见光激光器、短波长激光器、长波长激光器和超长波长激光器（包括中、远红外波段）。在诸多分类方法中，最基本的是按结构分类。

1. Fabry-Perot 型半导体激光器

F-P 型半导体激光器的基本结构如图 2－12 所示。两个反射面通常为自然解理面，每个反射面与另外一个发射面平行，与有源层垂直，这样的结构形成了 F-P 型激光谐振腔，这种激光器就称为 F-P 型激光器。双异质结半导体激光器的基本结构如图 2－13 所示。AlGaAs/GaAs 和 InGaAsP/InP 激光器是使用这种结构的典型例子。在前向偏置条件下，少数载流子通过 PN 结被注入有源层。由于电荷平衡的要求，实际上发生的是双向注射，多数载流子也被注入有源层。

对于受激辐射来说，需要一个很大密度的载流子注射（超过 $10^{-18}/cm^3$）来形成粒子反转分布条件。使有源层厚度小于 150 nm，可以实现如此大的载流子密度。如果想在低注入功率和大密度的载流子下，利用受激辐射发射出高效率的激光，注入的载流子和光子需要被限制在有源层。载流子和光子的限制可以通过设置有源层和邻近层（称为覆盖层）的折射率系数实现，如图 2－13 所示。发射光在高折射率的区域中传播，就像在光纤中传播一样（中心折射率高于边缘折射率）。GaAs（或者 AlGaAs）和 AlGaAs 的化合物，InGaAs（P）和 InP 的化合物是这种组合材料折射率渐变的典型例子。由 GaAs（或 AlGaAs）或 InGaAs（P）构成的有源层的折射率比由 AlGaAs 或 InP 构成的覆盖层的折射率高一些，因此发射光被限制在有源层中，光场如图 2－13（e）所示分布在有源层中。

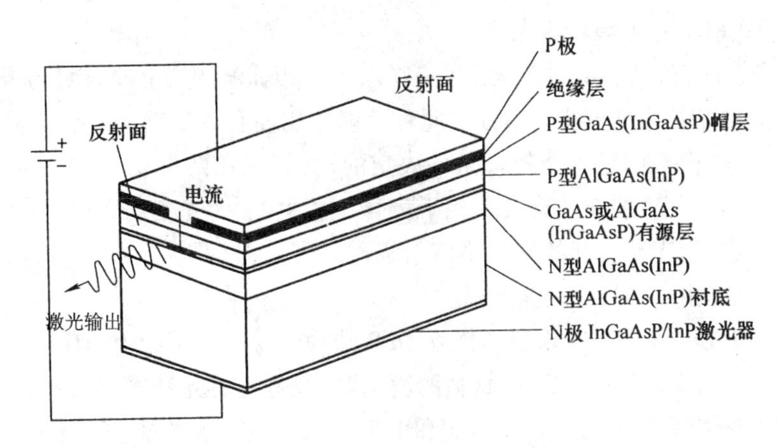

图2-12 F-P型半导体激光器的基本结构

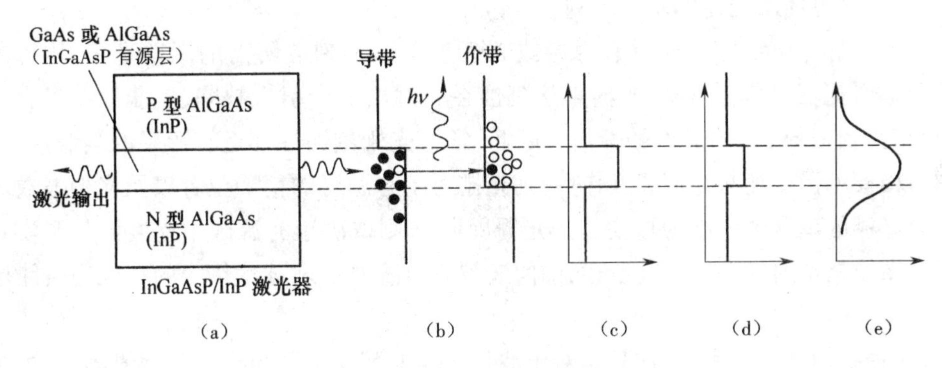

图2-13 双异质结半导体激光器的基本结构

(a)结构 (b)能带图 (c)载流子密度 (d)折射率 (e)光场

2. 单纵模半导体激光器

普通半导体激光器很难实现单波长或单纵模工作,在高速调制下工作时会发生光谱展宽。在光纤系统中,由于存在光纤色散,光谱展宽会减小光纤的光谱带宽,从而严重限制信息传输速率。因此,研制在高速调制下保持单纵模工作的激光器是十分重要的。这类激光器称为动态单模(DSM)激光器。它们不仅在建立大容量、低损耗单模光纤通信系统中极为重要,而且还在更宽的工作温度和工作电流范围内抑制了在普通半导体激光器中常见的模式跳变,并具有低噪声的优良特性。

普通F-P型半导体激光器的光反馈由端面的光反射实现,纵模的选择则由增益谱决定。增益谱通常比纵模间隔宽得多,很难实现单纵模工作。为此,需要改进选模方法,以便激光器在高速调制下仍能使纵模、横模保持固定模式。从原理上说,可选用一种具有波长选择性的谐振腔来实现对模式的控制。分布反馈结构和耦合腔结构主要是通过使光反馈与激光频率相关,从而使不同的纵模具有不同的腔损耗来实现选模的。

其中,采用周期光栅选模的两种激光器,即分布反馈式激光器(DFB LD)和分布布拉格反射式激光器(DBR LD)备受重视。它们激射时所需光反馈不由激光器端面的集中反射提供,而是在整个腔长上靠光栅的分布反射提供。

1)分布反馈式(DFB)半导体激光器

就 DFB 激光器而言,是靠刻蚀在激光器有源层或其相邻波导层上的周期光栅形成的折射率微扰,通过后向布拉格散射提供反馈。此种反馈作用使有源层前向和后向的波发生耦合。该激光器中的选模机构是由布拉格条件决定的,就是说在两束反向波之间,只有满足了布拉格条件 $\Lambda=m(\lambda/2)$ 的波才会发生相干耦合。其中,Λ 为光栅周期;λ 为有源介质中的光波长;m 是整数,为光栅引起的布拉格衍射级次。可见,只要选择恰当的 Λ 值,便可制出只在选定波长上提供分布反馈的激光器。

早在 1971 年 Kogelnik 和 Shank 就首次在 DFB 结构中观察到了激射作用。虽然早期的研究工作大部分是针对有源层为 GaAs 材料的激光器,但是随着光纤通信系统的发展,对有源层为 InGaAsP 材料、发射波长为 1.55 μm 和 1.3 μm 的 DFB 激光器也进行了广泛深入研究和开发应用。

Ⅰ. DFB 半导体激光器的基本结构

在任何一种异质结构激光器有源层或邻近波导层上刻蚀所需的周期光栅,均可制成 DFB 半导体激光器。研究表明,光栅直接刻蚀在有源层上会引入缺陷,使非辐射复合速率增大、阈值电流升高,影响器件的性能。因此,常把光栅刻蚀在邻近有源层的限制层上,这样就只有横模的消逝场与光栅相互作用,则光栅对于有源层的精确位置以及光栅波纹深度对于确定光栅的耦合效率极为重要。而光栅周期 Λ 则取决于有源区中光波波长和实现分布反馈的布拉格衍射级次。如前所述,前向波与后向波之间第 m 次耦合的布拉格条件是

$$\Lambda=m\lambda_0/(2n_M) \tag{2-9}$$

式中:n_M为模折射率;λ_0为真空波长。对于波长 $\lambda_0=1.55$ μm 的 InGaAsP 激光器,n_M的典型值为 3.4,若采用一级光栅($m=1$),则光栅周期 $\Lambda\approx0.23$ μm;若采用二级光栅($m=2$),则 Λ 应为一级光栅的两倍,约为 0.46 μm。

在亚微米周期光栅的制备中,普遍采用以下两种技术。

(1)全息光刻技术,常用 He-Cd 激光光源,并用分束器将激光分成两束,使之在涂有光致抗蚀剂的半导体芯片上形成干涉条纹,之后再用干法——离子刻蚀或湿法——化学腐蚀将条纹刻蚀在半导体芯片上。在制备过程中,可以通过改变两光束间的角度来调整光栅周期的长短。

(2)电子束刻蚀技术,用电子束在涂有电子束抗蚀剂的半导体芯片表面进行扫描,以“写”上所需要的花纹,并用化学腐蚀的方法在芯片上制成光栅波纹。

以上两种方法均可用来制备 DFB 和 DBR 激光器中所需要的光栅结构。

如前所述,激光器中的光栅是与有源波导层中的消逝场发生耦合的。光栅作用在上限制层较好,光栅周期 Λ 可以按照确定的模折射率 n_M 和对应于增益峰值的波长 λ_0 来进行调整,只不过在工艺上必须进行二次外延。

半导体激光器的侧向模式导引机构有增益导引型和折射率导引型。大量研究工作表明,强折射率导引机制,如掩埋异质结构(BH)型,非常适用于分布反馈器件。例如,激射波长为 1.55 μm 的 InGaAsP BH-DFB 激光器就属于这一类强折射率导引型器件。此外,按弱折射率导引机制,也研制成功了脊型波导(RWC)DFB 激光器等。下面给出两个典型例子。

图 2－14 所示是波长为 1.55 μm 的 InGaAsP 双沟道平面掩埋异质结构分布反馈(DC-PBH-DFB)激光器示意图及扫描电镜照片(显微照片)。这类器件的性能,诸如阈值电流、输出功率、高温特性等,与普通 F-P 型半导体激光器相当,而且还有极好的纵模选择性,其边模抑制比(*SMSR*)可达到 30 dB 以上。

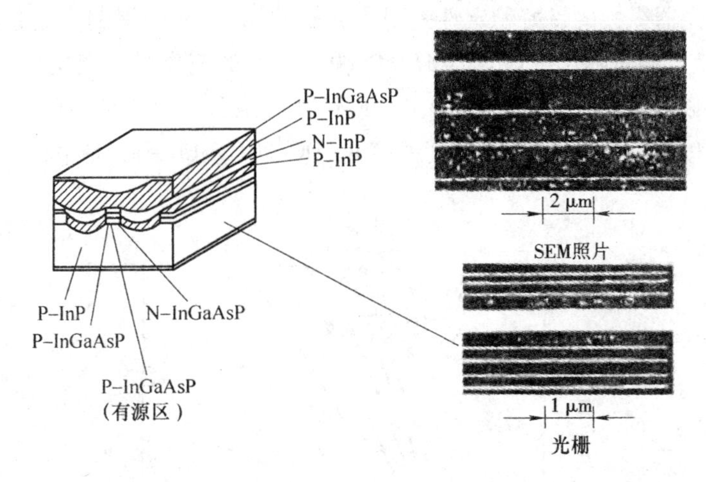

图 2－14　InGaAsP DC-PBH-DFB 激光器示意图及扫描电镜照片

图 2－15 所示的是波长为 1.55 μm 的 InGaAsP RWG-DFB 激光器示意图。这类激光器也显示出边模抑制比优于 30 dB,但其阈值电流比 DC-PBH-DFB 高。这主要是由于这类激光器具有较大的模体积以及电流和载流子的扩展。然而,这类激光器有极高的频率调制性能。

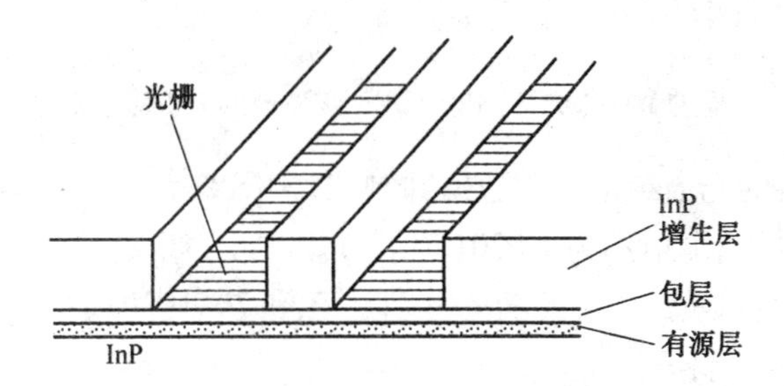

图 2－15　InGaAsP RWG-DFB 激光器示意图

(器件中,光栅制作在上面的 P 型包层上)

Ⅱ. DFB 半导体激光器的输出特性

Ⅰ)连续工作特性

不同温度下的光－电(*P-I*)特性曲线标志着半导体激光器的性能,显示出阈值电流 I_{th} 和微量子效率 η_d 随温度变化的特性。图 2－16 给出了发射波长 1.55 μm 的 InGaAsP DC-PBH-DFB 激光器的 *P-I* 曲线。该器件采用一级光栅(Λ =240 nm),波纹深度为 30 nm,具有两个解理面。从图 2－16 可见,室温时的阈值电流约为 30 mA,两端面的输出光功率与注入电流呈线性关系,随注入电流的增大,输出光功率可达 10 mW 以上。两端面的微分量子效率为 30% ~40% 。从 *P-I* 特性来看,此种激光器的性能可以与 DC-PBH-FP 激光器相比拟。

从图2-16可以看出,DC-PBH-DFB激光器的光谱纯度比普通F-P型激光器好。图2-17给出了在不同温度下,DC-PBH-DFB激光器的纵模谱,相应的注入电流I是阈值电流I_{th}的1.5倍。图2-17表明,在20~108 ℃的温度范围内都保持单一纵模。相反,在F-P型激光器中,由于温度变化导致增益值位移,在温度变化的范围内将出现不同模式的跳动。DC-PBH-DFB激光器纵模的良好稳定性是引入光栅的结果,光栅周期决定着激射波长。从图2-17可见,激射波长随温度以$d\lambda_0/dT \approx 0.09$ nm/℃的速率微小变化,此变化是由式(2-9)中模折射率随温度的变化造成的。比F-P型激光器的$d\lambda_0/dT \approx 0.5$ nm/℃小得多。即使计入载流子浓度引起的折射率随温度的变化,DC-PBH-DFB激光器$d\lambda_0/dT$的值也只有0.1 nm/℃左右。

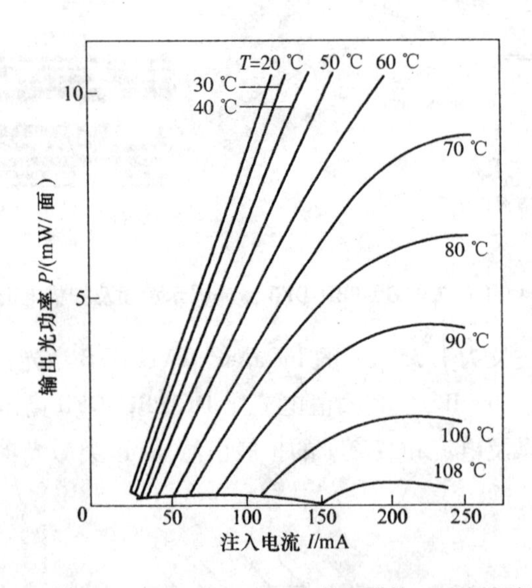

图2-16 1.55 μm的InGaAsP DC-PBH-DFB激光器的P-I特性随温度变化的关系

如前所述,激光器的光谱纯度可用边模抑制比(*SMSR*)表征。从实验知,激光器在数毫瓦输出功率下,*SMSR*的实测值约为1 000(30 dB)。

若设激光器的主模和最强边模的功率分别是P_0和P_1,则边模抑制比可写成

$$SMSR = P_0/P_1 = \frac{\gamma_1 - G_1}{\gamma_0 - G_0} \tag{2-10}$$

式中

$$\gamma_i = v_g(\alpha_{int} + g_{mi}) \quad (i=0,1) \tag{2-11}$$

是光子衰弱速率,

$$G_i = \Gamma v_g g(\bar{n}, \omega_i) \quad (i=0,1) \tag{2-12}$$

是角频率为ω_i的激射模的净受激发射率。其中,v_g为群速度;Γ为限制因子。

与F-P型激光器不同,DFB激光器由于光栅提供的频率反馈有选择性,因此不同模式有着不同的光子衰减速率。若用$\Delta\gamma = \gamma_1 - \gamma_0$和$\Delta G = G_0 - G_1$表示,则式(2-10)表示的*SMSR*又可写成

$$SMSR = 1 + \frac{\Delta\gamma + \Delta G}{\gamma_0 \delta} \tag{2-13}$$

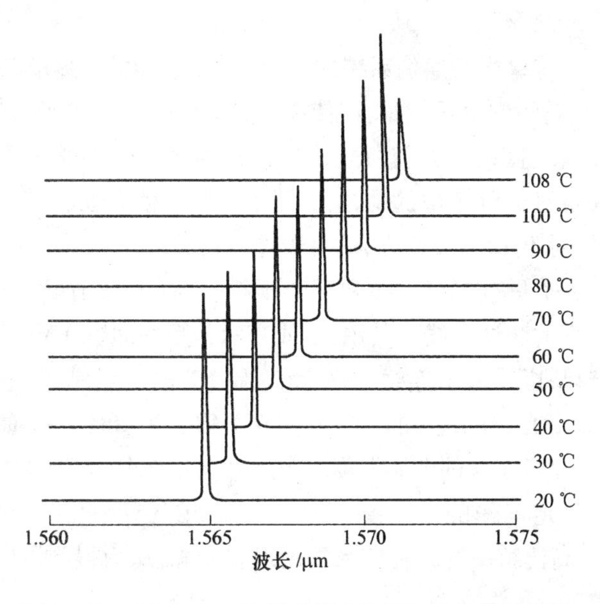

图 2 – 17　DC-PBH-DFB 激光器在不同温度下的纵模谱

式中：$\delta = 1 - G_0/\gamma_0$ 是一个无量纲的参数，其值约为 10^{-4}，并随主模功率增大而减小。

对于 F-P 型激光器，$\Delta\gamma = 0$，只有 ΔG（即只有增益起伏）提供模的分辨。但是，两相邻纵模的 $\Delta G/G_0$ 值甚小，一般小于 0.5%，故 $SMS \leqslant R50$。然而，对于 DFB 激光器，通过适当设计，可使其光子衰减速率的相对变化 $\Delta\gamma/\gamma_0 \approx 10\%$，这样 $SMSR$ 值就可达 1 000 以上。所需的损耗裕度由 δ 值决定，当 $\delta = 5 \times 10^{-5}$ 时，其损耗裕度为(4 ~ 5)/cm。

采用一级光栅可以达到如图 2 – 16 和图 2 – 17 所示的 DC-PBH-DFB 激光器的性能。当然，采用二级光栅也可获得高性能的 DFB 激光器，只不过二级光栅相应的耦合系数较小，最低增益的 DFB 模和 F-P 模（最接近增益峰值）间分辨较弱。除非使增益峰值与布拉格波长接近于重合，才会有所改善。这可在增益峰值与布拉格谐振波长偏大时，由式（2 – 13）中令 $\Delta G < 0$ 来理解。不仅如此，由于增益峰值随注入电流和温度漂移，使得这样的激光器只在有限的电流和温度范围内才呈现出高的边模抑制比。改善器件性能的一种方法是在器件上制作一个或两个低反射的端面（如利用刻蚀、掩埋或端面镀制抗反膜，以减小端面反射率来实现）以增大 F-P 模的损耗，使式（2 – 13）中的 $\Delta\gamma$ 增大。具有二级光栅、一个解理面和一个低反射率端面，在 1.3 μm 和 1.55 μm 波长上工作的两种高性能 DC-PBH-DFB 激光器，其阈值电流的典型值为 50 ~ 60 mA。1.3 μm 器件的室温连续输出光功率高达 55 mW，从室温直到 105 ℃均保持单纵模工作；1.55 μm 器件的阈值电流为 20 mA，到 75 ℃仍连续运转。

由于弱折射率引起 DFB 激光器的性能可与强折射率导引器件相比拟，也引起了人们关注。弱折射率导引 DFB 激光器有较高的阈值电流，温度特性较差。但是，只要能设计出合适的结构（如 RWG 结构），就可以将连续工作电流降至 45 mA，微分量子效率达到 40%，且在保持单频工作的情况下，最大输出功率可达 10 ~ 15 mW。这类激光器具有最佳高频调制特性。

Ⅱ)调制特性

DFB 激光器在高比特率光纤通信系统的应用中,最令人感兴趣的是它在高频直接调制下的性能。F-P 型激光器的致命弱点是,即使在连续工作中边模得到适当抑制的情况下,在直接调制下又会变成多模振荡。如前所述,要改善这种情况,除非选用色散渐变光纤。光源的宽光谱与 1.55 μm 处光纤色散的结合,会严重限制光信号在石英光纤中长距离传输所要求的比特率。但是,对于 DFB 激光器,利用器件的设计可以克服这种限制。

图 2-18 所示是一个具有二级光栅和一个倾斜端面(非反射面)的 BH-DFB 激光器主模功率和最强边模功率的测试曲线。其中,实线表示在频率为 500 MHz、峰值为 14 mA 电流正弦调制下的测量结果;虚线表示连续工作(无调制)时的测量结果。从图可见,在 75 mA 以上电流范围内,DFB 激光器的边模抑制比(*SMSR*)都在 30 dB 以上;最低的 *SMSR* ≈ 16 dB 出现在 67 mA 处,对应于 100% 的调制深度。类似性能也在其他 DFB 激光器中得到过。以目前的工艺水平制出稳定工作的单纵模 DFB 激光器,在 GHz 直接调制下,*SMSR* > 30 dB。这使 DFB 激光器成为高比特率光纤通信系统的理想光源,从而得到了广泛的应用。

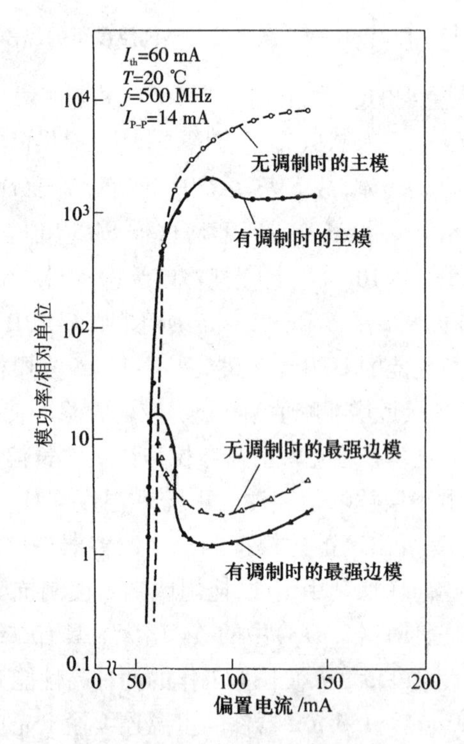

图 2-18　DFB 激光器在有调制(实线示)和无调制(虚线示)两种情况下,主模功率和最强边模功率与偏置电流的关系

直接高频调制会出现频率啁啾,在每一个调制周期内使激射波长漂移一定的范围,此波段范围就称为啁啾。在实际情况中,其典型值约为 0.1 nm,实验已表明啁啾会导致光纤通信的良好性能受到限制。出现频率啁啾的起因与载流子引起的折射率使增益发生变化相关。

DFB 激光器的另一个重要特性是调制带宽 v_B。在理想条件下,v_B 由弛豫振荡频率 v_R

决定，而v_R可随偏置电流的增大而增大。实际上，对于恰好处于v_R以下的频率，其电的寄生振荡有可能使调制响应降低3 dB以上，从而减小调制带宽。这种情况对于一般的掩埋异质结构器件影响特别严重，因为在它们的有源区外通常有一个反向偏置的PN结。图2－19所示是这种激光器的调制响应曲线，90 mA处3 dB调制带宽v_B的减小显然是v_R增大造成的，这就表明器件中存在固有寄生振荡，且因外加的高偏置而变得更加严重。

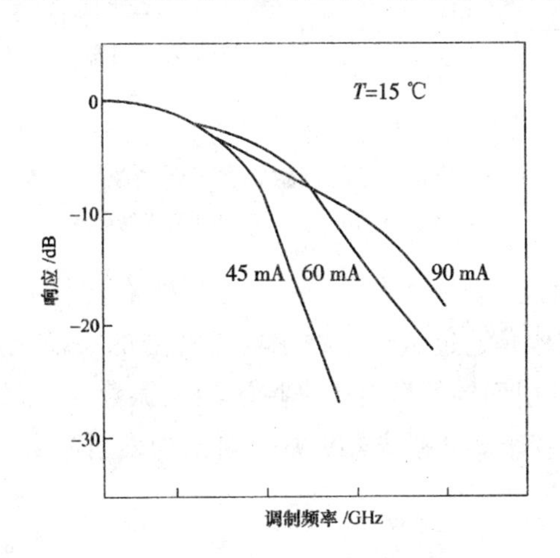

图2－19　DFB激光器在1.1倍、1.5倍和2.2倍阈值电流和小信号调制下的功率响应曲线

2）分布布拉格反射式（DBR）半导体激光器

DBR激光器的腔体结构与F-P型激光器不同，其基本原理是基于布拉格反射，如图2－20所示。布拉格反射是指在两种不同介质的交界面上，具有周期性的反射点，当光入射时，将产生周期性的反射。交界面可以取不同的形状，包括正弦波形或非正弦波形（如方波、三角波等）。

在图2－20中，若

$$A + B = m\lambda_n \tag{2-14}$$

式中：m为整数；$\lambda_n = \lambda/\bar{n}$，为介质中的光波长，其中$\lambda$为空气中的光波长，$\bar{n}$为等效折射率。根据图2－20中所示关系，可得

$$A(1 + \sin\theta) = m\lambda_n \tag{2-15}$$

在满足式（2－15）时，图2－20中1、2、3的反射光发生干涉，其相位差为λ_n的整数倍。式（2－15）即称为布拉格条件，其物理意义是：对特定的A和θ，有一个λ_n与之对应，具有λ_n波长的光所产生的各个反射光将发生干涉。

图2－20（b）所示为DBR激光器的典型结构，激光器的右侧为有源部分，左侧为布拉格光栅反射器，只有满足布拉格反射条件的波长被选择，才能获得单纵模输出。

3. 面发射半导体激光器

相对于一般的端面发射半导体激光器而言，光从垂直于结平面的表面发射构成半导体激光器的另一种基本结构。20世纪70年代末发展起来的这种激光器越来越显示出其优越性。最早考虑表面发射是基于这种发射方式便于制成二维阵列，容易得到有利于与光纤高效率耦合的圆对称的远场特性。最初采取与通常的双异质结类似的结构，光子振荡方向平

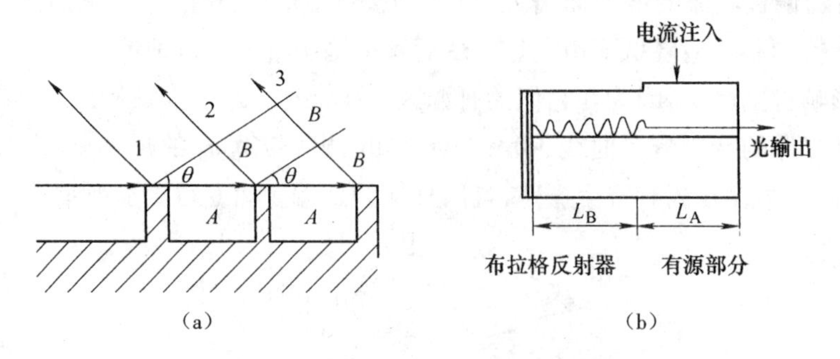

图2-20 分布布拉格反射式激光器的原理及结构

(a)DBR 激光器原理 (b)DBR 激光器结构

行于衬底(因而称为平面腔)。一种结构是采取布拉格光栅从有源区耦合激光,如图2-21(a)所示。另一种结构是通过微加工技术在有源层的一端制成45°反射面镜,反射光从表面输出,通过控制该反射面镜的反射率来控制激光振荡强度,如图2-21(b)所示。这类平面腔结构只是简单地变半导体激光器的端面输出为表面输出。

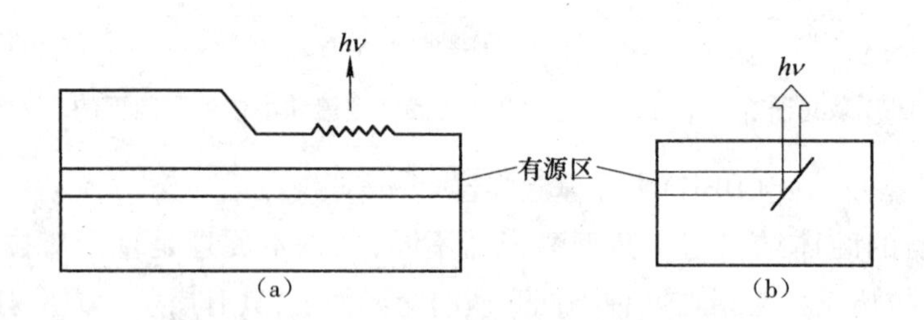

图2-21 平面腔表面发射激光器

(a)光栅耦合 (b)45°镜结构

随着并行光通信、大容量光存储、光计算与光互联等信息技术的迅猛发展,迫切要求获得均匀一致的二维阵列激光束,以进行并行的光信息存储、传输、处理与控制。20世纪70年代末,日本的Iga等人开始研究垂直于腔面的发射激光器(VCSEL)。所谓垂直腔是指激光器的方向(光子振荡方向)垂直于半导体芯片的衬底,有源层的厚度即为谐振腔的长度。由于有源层很薄,要在如此短的腔长下实现低阈值的激光振荡,除要求有高增益系数的有源介质外,还需要有高的腔面反射率,这直到20世纪80年代出现能精确控制膜厚的外延膜生长技术(如MBE和MOCVD)后才成为可能。Iga等人在1979年和1988年分别实现了VCSEL在室温下脉冲和连续工作。随着超薄层薄膜生长技术的不断完善,VCSEL的性能正在迅猛提高。与边发射激光二极管相比,其具有以下明显的特点。

(1)它的谐振腔不是依靠解理面而是通过单片生长多层介质膜形成的,从而避免了边发射中解理腔由于解理本身的机械损伤、表面氧化和玷污等引起激光器性能退化。因为谐振腔由多层介质膜组成,可望有较高的光损伤阈值。

(2)由于激光器是单片外延生长形成的,因此可高密度地形成二维阵列激光器,同时便于对生长材料进行质量检查和筛选。

(3)由于能大面积、高密度地形成激光单元,故芯片的成本低。

(4)容易模块化和封装。

(5)由于在 VCSEL 中谐振腔长很短,而纵模间隔很大,故容易实现动态单纵模工作。

(6)可实现极低的阈值电流(亚毫安量级)工作。

(7)与边发射激光器的像散光束、远场呈椭圆状相比,VCSEL 发射圆对称且无像散的高斯光束,因而无须对光束进行整形就能方便地与普通圆透镜或经过类透镜处理的光纤高效率耦合;同时可用于与 VCSEL 对应的二维光纤(或透镜)耦合系统和适当的定位装置实现列阵激光的同时耦合。

(8)可实现与其他光电子器件(如调制器、开关等)的三维堆积集成,其与大规模集成电路在工艺上的兼容性对光电子集成和光子集成均有利。

1)VCSEL

VCSEL 的结构如图 2－22 所示。它是由高与低折射率材料介质交替长成的分布布拉格反射器(DBR)之间连续生长单个或多个量子阱有源区所形成的。在顶部还镀有金属反射层以减弱上部 DBR 的反馈作用,激光束可以从透明的衬底输出,也可以从带有环形电极的顶部表面输出。

对 VCSEL 的设计集中在高反射率、低损耗的 DBR 和有源区在腔内的位置。

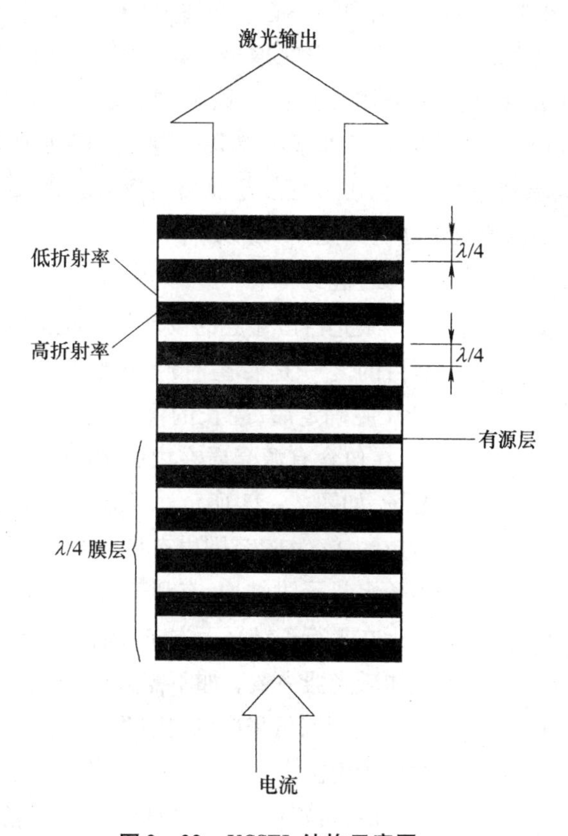

图 2－22　VCSEL 结构示意图

2)DBR 的设计

高反射率的 DBR 可由高折射率 $\bar{n}_H$ 和低折射率 $\bar{n}_L$ 两种材料介质交替生长 $\lambda/4$ 厚度的多层介质膜形成,所得到的反射率为

$$R_{2p+1}=\left(\frac{\bar{n}_0-\frac{\bar{n}_H^2}{\bar{n}_s}\left(\frac{\bar{n}_H}{\bar{n}_L}\right)^{2p}}{\bar{n}_0+\frac{\bar{n}_H^2}{\bar{n}_s}\left(\frac{\bar{n}_H}{\bar{n}_L}\right)^{2p}}\right)^2 \tag{2-16}$$

式中:$\bar{n}_0$ 和$\bar{n}_s$ 分别为入射端介质和衬底的折射率;$\bar{n}_H$ 和$\bar{n}_L$ 分别为交替生长的两种材料介质的高折射率和低折射率;指数 p 为高的和低的折射率膜层对的数目。(为得到高反射系数,p 是一个很大的数字,$\bar{n}_H$ 与$\bar{n}_L$ 的差值越大,则达到的所需反射率(例如 $R>90\%$)的 p 值就越小。)例如,对激射波长为 980 nm 的 VCSEL 底部的 DBR,GaAs 衬底的折射率为$\bar{n}_{GaAs}=3.52$,在其上生长的 DBR 以 GaAs 作为高折射率材料,AlAs 作为低折射率材料,$\bar{n}_{AlAs}=2.95$,取 $p=28.5$ 得到场反射系数为 0.997 2,功率反射率为 0.994 0,因为增益长度较小,输出端 DBR 的反射率也应在 0.97 以上。如所选的 DBR 材料的$\bar{n}_H$ 与$\bar{n}_L$ 差值过大,会造成各薄层间晶格失配过大,难以得到生长质量好、损耗小的 DBR。

然而,由如此多层的高、低折射率材料交替生长的半导体薄膜所形成的 DBR 虽不是量子阱结构(因 $\lambda/4$ 的膜厚对电子来说相当于块状晶体),但仍类似于超晶格,各膜层的带隙周期性地交替变化。由此形成的一系列势垒必然会增大 VCSEL 的工作电压和串联电阻,这等效于在有源介质两侧生成了加热体,因此采取措施减小串联电阻已成为多年来 VCSEL 研究的重点之一。一种方法是充分利用前述量子阱构成,以减小激光器的阈值电流,予以 DBR 各层高掺杂浓度(约为 $10^{18}/\mathrm{cm}^3$),以减小串联电阻。另一种有效的方法是在 DBR 中每一个高和低折射率层之间生长占空比可变的超晶格渐变区。采取这些措施后,串联电阻已从 20 世纪 80 年代中期的数千欧姆降至 40 Ω 以下。

3)腔结构

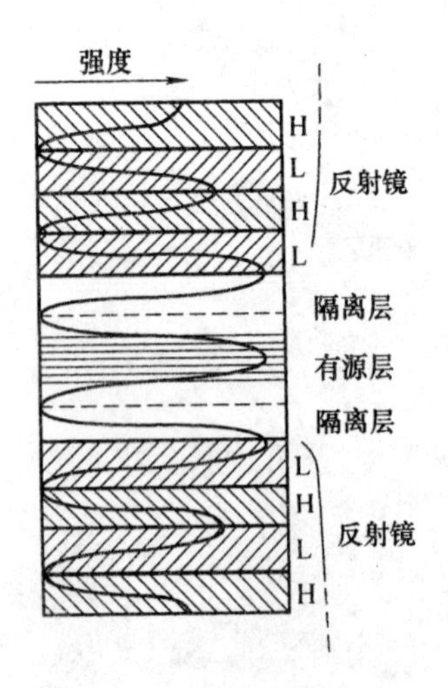

图 2-23 在 VCSEL 中心区的驻波场强度分布

激光器谐振腔的设计包括腔型的选择与腔长的优化等,其目的之一是希望有源介质获得尽可能大的模体积。在 DBR 腔确定后,腔长的优化是一个重要问题。激光器工作时,在包含有源介质在内的 DBR 谐振腔内将形成稳定的驻波场,如图 2-23 所示。在有源层应与驻波场中心峰值强度对应的 $\lambda/(4\bar{n})$ 范围内有最大的重叠。在 $\lambda/(4\bar{n})$ 的厚度内生长多量子阱结构,有利于获得大的功率输出。

在平行于结平面方向对电子与光子限制的考虑与一般半导体激光器一致。如不需太低的阈值,则可取有源层直径为 10 μm,因而可采取侧向增益波导。例如可通过在有源层外进行质子轰击实现。如有源区直径很小,则侧向需要强的光波导效应,否则将因衍射损耗太大使阈值很高,甚至不能激射。

考虑到必须使有源层与腔内驻波场有很大的重叠,同

时，适当增大腔长有利于增大基膜直径，从而有利于提高输出功率，为此在有源区两边生长出宽于有源层带隙的所谓衬层（spacer）来调整腔长。同时，考虑到与通常反射镜面只在表面对光子进行反射不同，DBR是光渗入期内产生分布反馈所致，故其有效腔长为

$$L_{eff}=\frac{\tanh(k_{top}L_{top})}{2k_{top}}+\frac{\tanh(k_{bot}L_{bot})}{2k_{bot}}+L_c \tag{2-17}$$

式中：k_{top}和k_{bot}分别为顶部与底部分布布拉格反射区内光的耦合常数；L_{top}与L_{bot}分别为顶部和底部DBR的长度；L_c为包括有源层与衬层在内的腔长。

激光器的阈值增益g_{th}满足下式：

$$\Gamma L_g g_{th}=L_{eff}\alpha_i+\ln\frac{1}{R} \tag{2-18}$$

式中：Γ为有源层与驻波场的重叠因子；L_g为总的有源层厚度；α_i为腔内部损耗；$R=\sqrt{R_{top}R_{bot}}$，为平均功率反射率。

如果激光从底部输出，只要$(1-R_{bot})\leq 1$和$(1-R_{top})\ll(1-R_{bot})$，则外微分量子效率

$$\eta_D=\eta_i\frac{1-R_{bot}}{2L_{eff}\alpha_i+1-R_{bot}} \tag{2-19}$$

式中：η_i为量子效率。

降低输出DBR的反射率将使阈值升高，因此不能用该方法提高外微分量子效率和输出功率。为提高VCSEL的输出功率，需提高功率效率。

$$\eta_p=\eta_D\frac{I_{op}-I_{th}}{I_{op}}\frac{E_g/e}{E_g/e+I_{op}R_s} \tag{2-20}$$

式中：I_{op}为工作电流；I_{th}为阈值电流；e为电子电荷量；E_g为有源材料的带隙；R_s为串联电阻，主要来自于接触层与有源层之间的电阻。

提高功率效率需要高的微分量子效率，需要远大于阈值的工作电流，因此减小串联电阻是最重要的，特别要采取措施减小P型DBR的电阻。例如，可以通过生长各层非突变DBR间的界面来实现低的R_s。只要有足够高的功率效率，就可以通过增大内部光强和增大基膜截面来提高输出功率。例如，若能使内部光强达到10^7 W/cm^2，基膜面积为200 μm^2，取输出端DBR透过率为1%，则输出功率可达200 mW。

若腔长为波长λ量级（常称微腔或λ腔），则VCSEL将出现由自发发射所控制的新的效应。在微腔的情况下，自发发射因子增大，反而有更多的受激发射“种子”，从而导致阈值电流降低。在阈值以上，给定注入速率下的载流子寿命随阈值电流降低而成比例地减少，从而使调制带宽增大。对自发发射因子为1的微腔激光器，即使在阈值以下，也能达到100%的量子效率。这就能实现无阈值、P-I曲线无扭曲的理想的激光器。

2.1.3.3　可调谐激光器

1. 可调谐激光器的基本结构

可调谐激光器主要由三个基本部分组成：具有有源增益区和谐振腔的半导体二极管激光器；改变和选择波长的调谐装置（如光栅、反射镜）；稳定输出波长的装置（如波长锁定器或标准具）。二极管激光器一般采用各种法布里-珀罗（F-P）腔，腔长、温度、能隙、增益、载

流子浓度、折射率等均可影响其发射波长。

2. 可调谐激光器的原理和特点

可调谐激光器从实现技术上看，主要分为电流控制技术、温度控制技术和机械控制技术等类型。其中，电控技术是通过改变注入电流实现波长的调谐，具有纳秒级调谐速度，较宽的调谐带宽，但输出功率较小，基于电控技术的激光器主要有采样光栅 DBR(SG-DBR)激光器和辅助光栅定向耦合背向取样反射(GCSR)激光器。温控技术是通过改变激光器有源区折射率，从而改变激光器输出波长。该技术简单，但速度慢，可调带宽窄，只有几纳米。基于温控技术的激光器主要有 DFB(分布反馈)激光器和 DBR(分布布拉格反射)激光器。机械控制技术主要是基于 MEMS(微机电系统)技术完成波长的选择，具有较大的可调带宽、较大的输出功率。基于机械控制技术的激光器主要有 DFB(分布反馈)激光器、ECL(外腔激光器)和 VCSEL(垂直腔表面发射激光器)等结构。下面对基于以上三种控制技术的可调谐激光器的原理进行说明。

1)基于电流控制技术

基于电流控制技术的一般原理是通过改变可调谐激光器内不同位置的光纤光栅和相位控制部分的电流，从而使光纤光栅的相对折射率发生变化，产生不同的光谱，通过不同区域光纤光栅产生的不同光谱的叠加进行特定波长的选择，从而产生需要的特定波长的激光。一种基于电流控制技术的可调谐激光器采用 SGDBR(Sampled Grating Distributed Bragg Reflector)结构。该类型的激光器主要分为半导体放大区、前布拉格光栅区、激活区、相位调整区和后布拉格光栅区。其中，前布拉格光栅区、相位调整区和后布拉格光栅区分别通过不同的电流来改变该区域的分子分布结构，从而改变布拉格光栅的周期特性。

在激活区(Active)产生的光谱，分别在前布拉格光栅区和后布拉格光栅区形成频率分布有较小差异的光谱。对于需要的特定波长的激光，可调谐激光器分别对前布拉格光栅和后布拉格光栅施加不同的电流，使得在这两个区域产生只有此特定波长重叠而其他波长不重叠的光谱，从而使需要的特定波长能够输出。同时，该类型的激光器还包含半导体放大器区，使输出的特定波长的激光光功率达到 100 mW 或者 20 mW。

2)基于机械控制技术

基于机械控制技术一般采用 MEMS 来实现。一种基于机械控制技术的可调谐激光器采用 MEMS-DFB 结构。可调谐激光器主要包括 DFB 激光器阵列、可倾斜的 MEMS 镜片和其他控制与辅助部分。

DFB 激光器阵列区存在若干个 DFB 激光器阵列，每个阵列可以产生带宽约为 1.0 nm 内的间隔为 25 GHz 的特定波长的激光。通过控制 MEMS 镜片的旋转角度来对需要的特定波长进行选择，从而输出需要的特定波长的光。

另一种基于 VCSEL 结构的 ML 系列可调谐激光器，其设计基于光泵浦垂直腔面发射激光器，采用半对称腔技术，利用 MEMS 实现连续的波长调谐。通过此方法可以得到大的输出光功率和宽的光谱调谐范围，热敏电阻和温度控制器(TEC)封装在一起，以便在宽的温度范围内具有稳定的输出。为了精确控制频率，一个宽带波长控制器被集成在同一管壳内，前端分接光功率检测器及光隔离器，用于提供稳定的输出功率。这种可调增激光器可以在

C 波段和 L 波段提供 10 mW 和 20 mW 的光功率。

基于这种原理的可调谐激光器的主要缺点是调谐时间比较长，一般需要几秒的调谐稳定时间。

3）基于温度控制技术

基于温度控制技术主要应用在 DFB 结构中，其原理在于调整激光腔内的温度，从而使之发射不同波长的激光。一种基于该技术的可调谐激光器的波长调节是通过控制 InGaAs PDFB 激光器工作在 -50 ~ -5 ℃的变化实现的。模块内置有 FP 标准具和光功率检测，连续光输出的激光可被锁定在 ITU 规定的 50 GHz 间隔的栅格上。模块内有两个独立的 TEC，一个用来控制激光器的波长，另一个用来保证模块内的波长锁定器和功率检测探测器恒温工作。模块还内置有半导体光放大器（SOA），用来放大输出光功率。

这种控制技术的缺点是单个模块的调谐宽度不宽，一般只有几纳米，而且调谐时间比较长，一般需要几秒的调谐稳定时间。

目前，可调谐激光器基本上均采用电流控制技术、温度控制技术或机械控制技术，有的供应商可能会采用这些技术的一种或两种。当然，随着技术的发展，也可能出现其他新的可调谐激光器控制技术。

3. 波长可调谐激光器

波长可调谐激光器可任意控制信道波长，便于准确地控制频道间隔。波长可调谐激光器从 20 世纪 80 年代起就开始进行研发，已经获得很大发展。目前，国际上已开发出种类繁多的可调谐激光器，如表 2 -3 所示。其中，采用 MEMS 的可调谐激光器是最有希望的一种，属于机械调节，可获得大范围调谐的激光器，近几年已成为开发热点。

表 2 -3　可调谐激光器技术与特点比较

调谐方式	典型结构	调谐范围	波段与间隔	线宽	输出功率	边模抑制比	调谐速度	技术特点
电调谐	DBR	较宽（>100 nm）	C 或 L 波段（50 GHz 间隔）	较窄	较小	高	快（1 ~ 10 ns）	制作较复杂
热调谐	DFB；DBR	窄（几 nm）			较小	高	较慢（几 ms）	技术简单
机械调谐	MEMS - DFB 及其阵列；MEMS - VCSEL	较宽（50 nm）	C 或 L 波段（25 GHz 间隔）	窄	较大	较高	较慢（1 ~ 10 ms）	可批量生产

基于 MEMS 控制波长选择的激光器是通过控制 MEMS 倾斜的反射镜的旋转角度选择波长的，具有较大的可调带宽、较高的输出功率，但一般需要几秒的调谐稳定时间。激光器的主要结构有 DFB 激光器及其阵列和 VCSEL 等，如果增益区采用非对称量子阱结构，可实现 240 nm 的调谐范围（1.3 ~ 1.54 μm 波长）。表 2 -4 为不同波长和结构激光器的机械调谐范围。

表 2－4 不同波长和结构激光器的机械调谐范围

波长和结构	调谐范围/nm	调谐速度/ms
短波长	10～30	1～10
长波长	60～120	
量子阱器件	100～240	

下面简要介绍三种波长可调谐激光器。

1）基于闪耀光栅的 MEMS 可调谐激光器

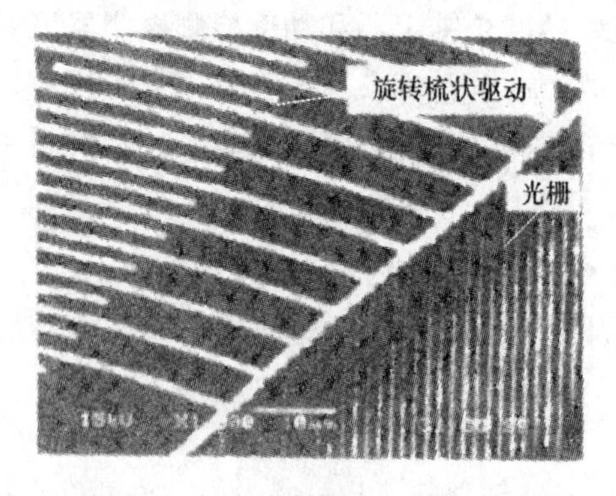

图 2－24 光栅的闭合和旋转梳状驱动

基于闪耀光栅的 MEMS 可调谐激光器采用深腐蚀的旋转闪耀光栅作为外反射器，这种 MEMS 可调谐激光器的一个重要特点是涂覆光栅，而不是涂覆微透镜。此外，通过微透镜的侧面阻挡激光。该光栅的闭合和旋转梳状驱动器如图 2－24 所示。在具有 0.3 μm 厚 Au 层的 Si 层（3 μm 厚）上形成光栅。该光栅有 3 μm 的间距，15°的闪耀角，并以一级衍射工作。在负载下，当驱动电压从 0 增大到 15 V 时，可连续旋转角度达 16°，精度可达到 0.05°。该可调谐激光器以接近单纵模工作，通过选择适当的光栅参数解决跳模问题。

2）阵列集成的 MEMS 可调谐 DFB 激光器

扩大 DFB 激光器调谐范围的一种有效技术是组合多个 DFB 激光器形成 DFB 阵列，即通过将多个 DFB 谐振腔集成到一个阵列中扩大波长可调谐范围。Santur 公司采用 DFB 激光器阵列技术，将 12 个不同波长的 DFB 激光器阵列与透镜、简单的开关一起耦合，以便改变器件的输出波长。图 2－25 为阵列集成的可调谐激光器简图。其在 InP 芯片上以 10 μm 的物理间隔集成了具有 3 nm 波长间隔的 12 个 DFB 激光器阵列，在激射腔外边采用一个 MEMS 倾斜反射镜将来自特定激光器的光束耦合进光纤，再调节温度以便精细地调谐波长。因为所有器件都是 DFB 激光器，并采用相同的半导体层，集成非常简单。可采用相同的工艺同时制作该 DFB 激光器，不需要另外的掩模或工艺步骤。由于是采用电控制反射镜的精细对准，所以倾斜反射镜的封装偏差要求不太严格，从而使成本下降，可满足宽可调谐激光器的市场需求。

该可调谐 DFB 激光器阵列具有 20 mW 的功率、10 ms～1 s 的调谐速度和高可靠性与稳定性。DFB 激光器的材料折射率随温度而灵敏变化，当芯片温度为 20～50 ℃时，每个激光器单元可获得 3 nm 的调谐，整个阵列的调谐范围为 36 nm。光纤耦合输出功率为 10 dBm，每个信道的典型线宽为几 MHz，边模抑制比优于 50 dB，与固定波长 DFB 激光器性能相当，芯片的尺寸（0.5 mm×1 mm）也与固定波长 DFB 激光器大致相同。

3）VCSEL 基 MEMS 可调谐激光器

VCSEL 基可调谐激光器可把各种昂贵和复杂的元器件交错地封装在一起。一般采用

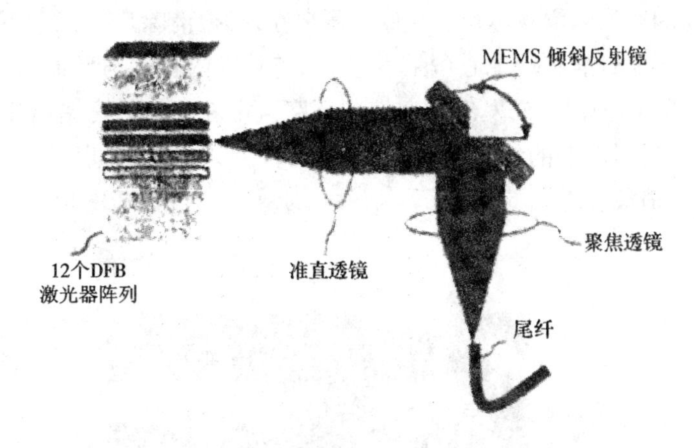

图 2-25　阵列集成的 1918 可调谐激光器简图

半对称腔技术，在垂直腔的上部安装一个活动的上反射镜，利用 MEMS 技术静电方式控制使谐振腔长度发生变化而改变激光波长，可获得 60 nm 的可调谐范围。可调谐 VCSEL 的优点是可以输出纯净、连续的光束，并可简单有效地耦合进光纤中，且成本低、易于集成和批量生产，故很有发展前途；但其输出功率低，调节速度为毫秒级，并且还有一个外加的移动反射器，如果再加一个光泵以提升其输出功率，不仅会提高器件整体复杂性，还会增加激光器的功耗和成本。

北电网络开发的 VCSEL 基可调谐激光器的基本构型是采用一个大功率、侧面发射的泵浦光激励 MEMS 基垂直可调腔，然后通过一个侧面发射的放大器提高其功率输出，如图 2-26 所示。该 VCSEL 基可调谐激光器工作波长为 1.55 μm，采用光泵浦，通过静电移动上膜片来调整其腔长和调谐激射波长，可调谐范围为 50 nm，输出功率在 7 mW 以上。将 3 个半导体激光器和光放大器集成在一起的 VCSEL 基可调谐激光器可将光输出功率提高到 20 mW。该 VCSEL 基可调谐激光器目前已达到较为成熟的先进水平。

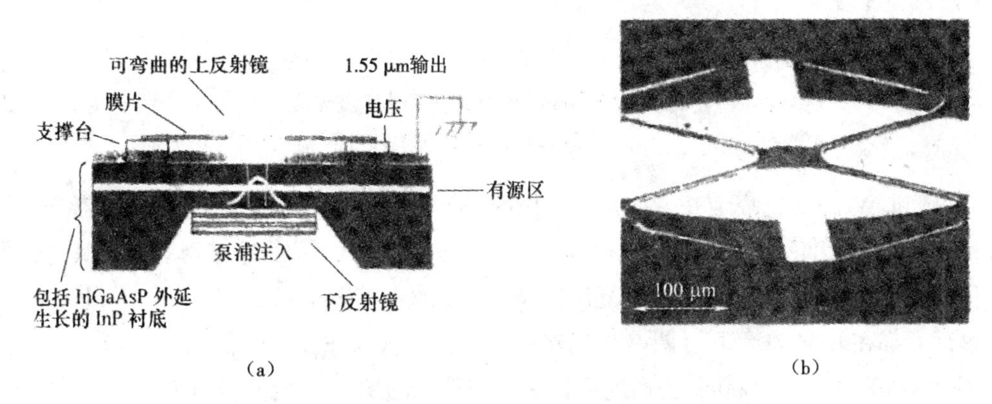

图 2-26　北电网络的微机械可调谐 VCSEL 简图

(a) 基本构型　(b) 俯视图

Iolon 公司的 VCSEL 基可调谐激光器采用了具有精密 MEMS 旋转台（图 2-27）的小型化外腔。光束通过一个小型的体光栅衍射，安装在该台架上的一个反射镜改变了该光束的角度,并反馈不同的波长到增益芯片。为保证稳定性,必须消除反射镜中不希望有的振动。为避免跳模,旋转台要对准旋转中心(轴)位置,以使外腔的长度与反馈波长以精确的尺寸一起变化。最近,Iolon 公司又研发出增加控制环路监视腔相位的可调谐激光器,可确保纵向光模式与从光栅反射回来的峰值波长对准;当器件老化时,还可以补偿纵向光模式与从光栅反射回来的峰值波长之间的偏移。

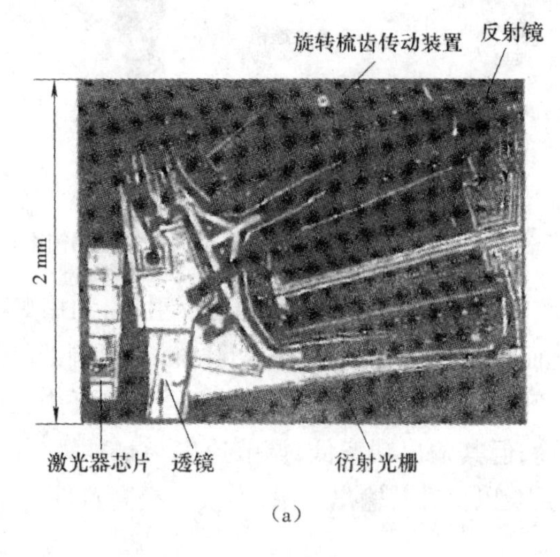

(a)

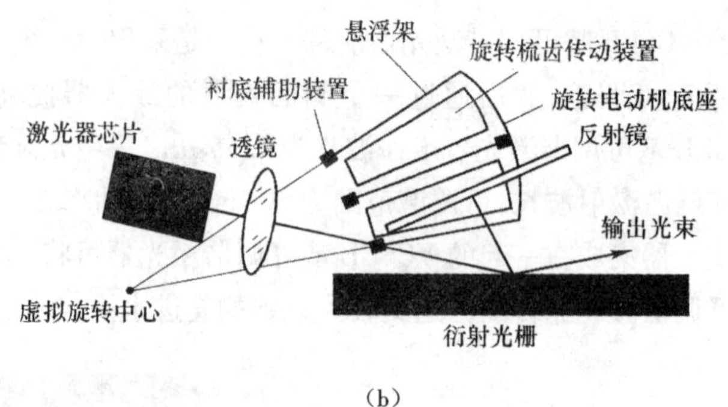

(b)

图 2-27 Iolon 的 MEMS 基外腔激光器

(a)SEM 照片 (b)构型

可调谐 VCSEL 已成为开发的重点。1 550 nm 波段的 MEMS-VCSEL 可调谐激光器进展很快,已接近实用化,在 1 528 ~ 1 560 nm 波长内实现了 43 nm 的连续可调谐,其边模抑制比优于 50 dB,并已用于密集波分复用(DWDM)系统。Cortek 公司以及 Bandwidth9 公司等多家厂商都在开发 VCSEL 可调谐激光器,并已有 1 550 nm 波段的低损耗窗口与低色散的可调谐 VCSEL 产品。Cortek 公司的可调谐 VCSEL 已实现了 1 514 ~ 1 620 nm 波长调谐,可调谐范围高达 106 nm,单模光纤输出为 2 mW。Nortel 和 Bandwidth9 采用 VCSEL 与 MEMS 反射镜单片集成光源的波长调谐范围达 20 ~ 30 nm。1 310 nm 波段的产品也已出现,Bandwidth9 的首个产品是集成宽带可调谐激光器、掺铒光纤放大器(EDFA)、可编程逻辑电路的线路卡,调谐范围覆盖了整个 C 和 L 波段,可以直接配合系统设备使用。目前,业界正在改进 VCSEL 的性能,研发具有较大谐振腔和发射孔径的器件,以提高功率,并开发与电子或光电子器件集成的多功能可调谐 VCSEL 模块。

2.1.4　宽带低相干光源

2.1.4.1　发光二极管(LED)

发光二极管(Light Emitting Diode,LED)是一种固态PN结器件,属冷光源。其发光机理是电致发光,如图2-28所示,当PN结上有正向电流时即可发光。它是直接把电能转换成光能的器件,没有热交换过程。由于它发光面小,故可视为点光源。

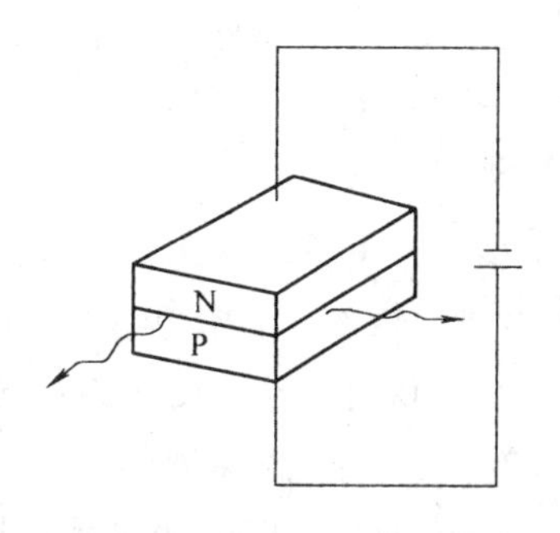

图2-28　发光二极管机理

发光二极管除用于数字、字符显示器件外,还被作为光源器件广泛用于光电检测技术领域。它有如下特点:

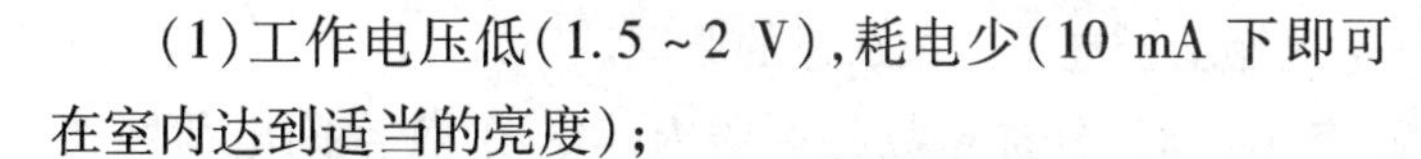
(1)工作电压低(1.5~2 V),耗电少(10 mA 下即可在室内达到适当的亮度);

(2)可通过调节电流(或电压)对发光亮度进行调节,响应速度快,并可直流驱动;

(3)比普通光源单色性好;

(4)发光亮度和发光效率均较高;

(5)容易与集成电路配合使用;

(6)体积小,质量轻,抗冲击,耐振动,寿命长。

1. LED 的分类

1)按发光管发光颜色分

按发光管发光颜色可分成红色、橙色、绿色(又细分为黄绿、标准绿和纯绿)、蓝色等。有的发光二极管中包含两种或三种颜色的芯片。

根据发光二极管出光处掺或不掺散射剂、有色还是无色,上述各种颜色的发光二极管还可分成有色透明、无色透明、有色散射和无色散射四种类型。散射型发光二极管可以作指示灯用。

2)按发光管出光面特征分

按发光管出光面特征可分成圆形灯、方形灯、矩形灯、面发光管、侧向管、表面安装用微型管等。圆形灯按直径分为 ϕ2 mm、ϕ4.4 mm、ϕ5 mm、ϕ8 mm、ϕ10 mm 及 ϕ20 mm 等。国外通常把 ϕ3 mm 的发光二极管记作 T-1,把 ϕ5 mm 的记作 T-1(3/4),把 ϕ4.4 mm 的记作 T-1(1/4)。

由半值角大小可以估计圆形灯发光强度角分布情况。按发光强度角分布来分有三类。

(1)高指向型:一般为尖头环氧封装,或是带金属反射腔封装,且不加散射剂,半角为5°~20°或更小,具有很高的指向性,可作局部照明光源用,或与光电探测器联用以组成自动检测系统。

(2)标准型:通常作指示灯用,半角为20°~45°。

(3)散射型:这是视角较大的指示灯,半角为45°~90°或更大,散射剂的量较大。

3）按发光二极管的结构分

按发光二极管的结构可分成全环氧包封、金属底座环氧封装、陶瓷底座环氧封装及玻璃封装等结构。

4）按发光强度和工作电流分

按发光强度和工作电流可分成普通亮度的LED（发光强度<10 mcd）、超高亮度的LED（发光强度>100 mcd）、高亮度的LED（发光强度在10～100 mcd）。

一般LED的工作电流在十几至几十毫安，而低电流LED的工作电流在2 mA以下（亮度与普通发光管相同）。改变电流可以改变颜色，可方便地通过化学修饰方法调整材料的能带结构和带隙，实现红、黄、绿、蓝、橙多色发光。如小电流时为红色的LED，随着电流的增大，可以依次变为橙色、黄色，最后为绿色。

2. LED的工作原理及发光光谱

1）LED的工作原理

在电场的作用下，半导体材料发光是基于电子能级跃迁的原理。

当给发光二极管的PN结加正向电压时，外加电场将削弱内建电场，使空间电荷区变窄，载流子的扩散运动加强。由于电子迁移率总是远大于空穴迁移率，因此电子由N区扩散到P区是载流子扩散运动的主体。由半导体的能带理论可知，当导带中的电子与价带中的空穴复合时，电子由高能级跃迁到低能级，电子将多余的能量以发射光子的形式释放出来，产生电致发光现象。这就是LED的发光机理。可见，结型发光二极管的发光区为P区。

电子和空穴复合时放出的能量即光子的能量，它取决于半导体材料的禁带宽度E_g，释放出的能量越大，发出的光辐射波长就越短，即

$$\lambda=\frac{hc}{E_g} \tag{2-21}$$

式中：c为光速；h为普朗克常数。

例如GaAs材料的禁带宽度$E_g=1.43$ eV，电子由导带跌到价带与空穴复合时发出的光辐射波长λ为

$$\lambda=\frac{hc}{E_g}=\frac{4.13\times10^{-15}\times3\times10^{14}}{1.43}=0.87\ \mu\text{m} \tag{2-22}$$

电子直接从导带跃到价带，同那里的空穴相复合，同时发射出光子。这种典型带间复合称为本征复合。由于这种跃迁在两个能带之间进行，所以起始点均有一定范围，因而发光具有一定的谱带。实际上，半导体体内电子与空穴的复合是复杂的，并不只是存在本征复合，还会因为半导体内存在微量杂质而发生导带与杂质能级、杂质能级与价带以及杂质能级之间的跃迁等。这些跃迁的距离均小于导带到价带的禁带宽度，并在禁带宽度附近的能级区域，如图2－29所示。这样，就造成了发光二极管发射出来的光谱有一定的宽度。

由上可知，发光二极管发出光的波长和谱宽主要取决于发光二极管的半导体材料及其掺杂材料。各种发光二极管峰值波长主要分布在可见光区和红外光区。目前，发光二极管的主要类型见表2－5。

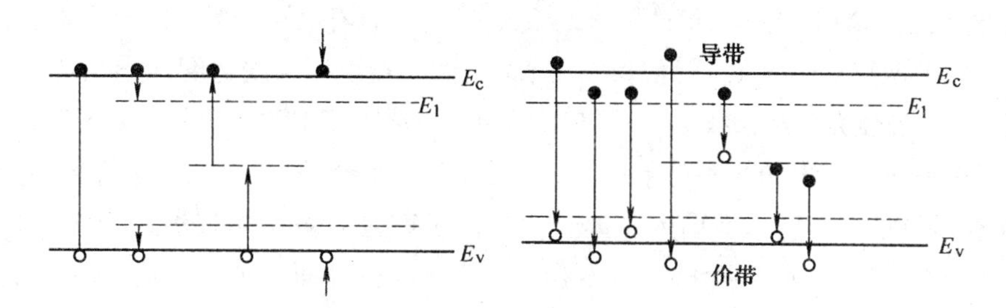

图 2－29　电子跃迁示意

表 2－5　几种半导体发光二极管

二极管材料	峰值波长/μm	二极管材料	峰值波长/μm
GaAs	0.84	InGaAsP/InP	1.3
GaAlAs/GaAs	0.8	GaAsP	0.65
GaAlAs	0.89	GaP	0.7
GaAlInP	红光、黄光	GaInN	绿光、蓝光

2）LED 的光谱曲线

LED 发光强度或光功率输出随着波长变化而不同，可绘成一条分布曲线——光谱分布曲线。当此曲线确定之后，器件的主波长、纯度等相关色度学参数也随之而定。LED 的光谱分布与制备所用化合物半导体种类、性质及 PN 结结构（外延层厚度、掺杂杂质）等有关，而与器件的几何形状和封装方式无关。

图 2－30 所示为几种不同颜色 LED 的光谱曲线。

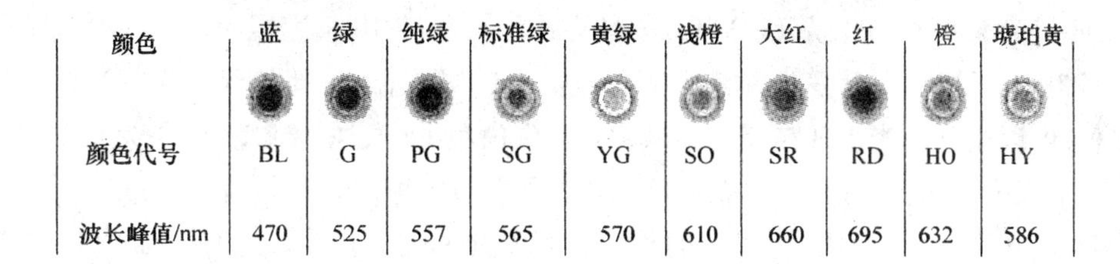

颜色	蓝	绿	纯绿	标准绿	黄绿	浅橙	大红	红	橙	琥珀黄
颜色代号	BL	G	PG	SG	YG	SO	SR	RD	HO	HY
波长峰值/nm	470	525	557	565	570	610	660	695	632	586

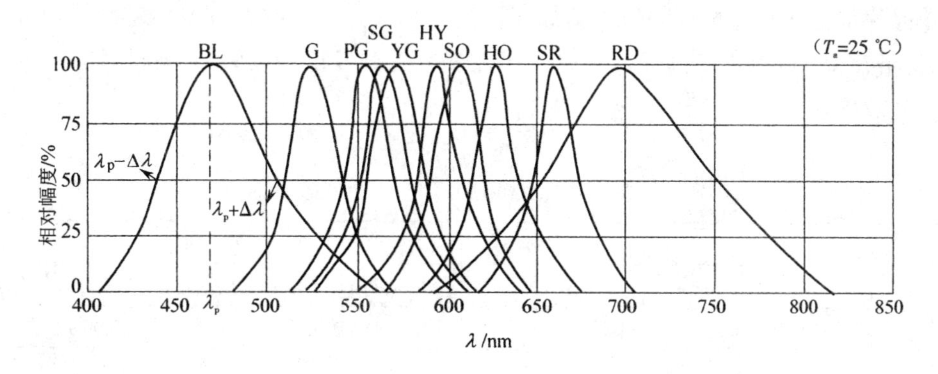

图 2－30　几种不同颜色 LED 的光谱曲线

谱线宽度:在 LED 谱线的峰值两侧 $\pm\Delta\lambda$(图 2-30)处,存在两个光强等于峰值(最大光强度)一半的点,此两点对应的 $\lambda_p-\Delta\lambda$ 和 $\lambda_p+\Delta\lambda$ 之间的宽度叫谱线宽度,也称半功率宽度或半高宽度。半高宽度是反映谱线宽窄,即 LED 单色性的参数,LED 的谱线宽度小于 40 nm。

主波长:有的 LED 发的光不是单一色,即不只有一个峰值,甚至有多个峰值,并非单色光。为描述 LED 的色度特性而引入主波长。主波长就是人眼所能观察到的,由 LED 发出的主要单色光的波长。如 GaP 材料可发出多个峰值波长,而主波长只有一个,它会随着 LED 长期工作、结温升高而偏向长波。

3)单色 LED

最早应用半导体 PN 结发光原理制成的 LED 光源问世于 20 世纪 60 年代初。当时所用的材料是 GaAsP,发红光($\lambda_p=650$ nm),在驱动电流为 20 mA 时,光通量只有千分之几流明,相应的发光效率约为 0.1 lm/W。

20 世纪 70 年代中期,引入元素 In 和 N,使 LED 产生绿光($\lambda_p=555$ nm)、黄光($\lambda_p=590$ nm)和橙光($\lambda_p=610$ nm),发光效率也提高到 1 lm/W。到了 20 世纪 80 年代初,出现了 GaAlAs 的 LED 光源,使得红色 LED 的发光效率达到 10 lm/W。20 世纪 90 年代初,发红光、黄光的 GaAlInP 和发绿光、蓝光的 GaInN 两种新材料开发成功,使 LED 的发光效率得到大幅度提高。到 2000 年,前者做成的 LED 在红、橙区域($\lambda_p=615$ nm)的发光效率达到 100 lm/W,而后者制成的 LED 在绿色区域($\lambda_p=530$ nm)的发光效率可以达到 50 lm/W。

4)白色 LED

对于一般照明而言,人们更需要白色的光源。1998 年,发白光的 LED 开发成功。这种 LED 是将 GaN 芯片和钇铝石榴石(YAG)封装在一起做成的。GaN 芯片发蓝光($\lambda_p=465$ nm,W_d(谱线宽度)$=30$ nm),高温烧结制成的含 Ce^{3+} 的 YAG 荧光粉受此蓝光激发后发出黄光,峰值为 550 nm。蓝光 LED 基片安装在碗形反射腔中,覆盖混有 YAG 的树脂薄层,厚 200~500 nm。LED 基片发出的蓝光部分被荧光粉吸收,另一部分蓝光与荧光粉发出的黄光混合,可以得到白光。现在,对于 InGaN/YAG 白色 LED,通过改变 YAG 荧光粉的化学组成和调节荧光粉层的厚度,可以获得色温在 3 500~10 000 K 的各色白光。

表 2-6 列出了目前白色 LED 的种类及其发光原理。目前,已商品化的第一种产品为蓝光单晶片加上 YAG 黄色荧光粉,其最高发光效率约为 25 lm/W,YAG 多为日本日亚公司进口,价格在 2 000 元/千克;第二种是日本住友电工开发出的以 ZnSe 为材料的白色 LED,不过发光效率较低。

表 2-6 白色 LED 的种类和原理

芯片数	激发源	发光材料	发光原理
1	蓝色 LED	InGaN/YAG	InGaN 的蓝光与 YAG 的黄光混合成白光
	蓝色 LED	InGaN/荧光粉	InGaN 的蓝光激发红、绿、蓝三基色荧光粉发白光
	蓝色 LED	ZnSe	由薄膜层发出的蓝光和在基板上激发出的黄光混合成白光
	紫外 LED	InGaN/荧光粉	InGaN 的紫外光激发红、绿、蓝三基色荧光粉发白光

续表

芯片数	激发源	发光材料	发光原理
2	蓝色 LED 黄绿 LED	InGaN GaP	将具有补色关系的两种芯片封装在一起，构成白色 LED
3	蓝色 LED、绿色 LED、红色 LED	InGaN AlInGaP	将发三基色光的三种小片封装在一起，构成白色 LED
多个	多种光色的 LED	InGaN、GaP、AlInGaP	将遍布可见光区的多种光芯片封装在一起，构成白色 LED

从表中可以看出，某些种类的白色 LED 光源离不开四种荧光粉，即三基色稀土红、绿、蓝粉和石榴石结构的黄色粉，在未来较被看好的是三波长光，即以无机紫外光晶片加红、绿、蓝三颜色荧光粉，用于封装 LED 白光。但此处三基色荧光粉的粒度要求比较小、稳定性要求也高，具体应用方面还在探索之中。

3. LED 的基本结构

LED 可以分为面发光二极管和边发光二极管。

双异质结 GaAs/AlGaAs 面发光二极管是波长在 0.8～0.9 μm 的短波长面发光二极管。它的有源发光区是圆形平面，直径约为 50 μm，厚度小于 2.5 μm。一段光纤（尾纤）穿过衬底上的小圆孔从有源发光区平面垂直接入，周围用结合材料加以固定，用以接收有源发光区平面射出的光，光从尾纤输出。有源发光区光束的水平、垂直发散角均为 120°。

双异质结 InGaAsP/InP 边发光型 LED 的波长为 1.3 μm，它的核心部分是一个 N-AlGaAs 有源层及其两边的 P-IGaAs 和 N-AlGaAs 导光层（限制层）。导光层的折射率比有源层小，但比其他周围材料的折射率大，从而构成以有源层为芯层的光波导，有源层产生的光波从其端面射出。为了和光纤纤芯的尺寸相配合，有源层射出光端面的宽度通常为 50～70 μm，长度为 100～150 μm。边发光型 LED 的方向性比面发光型 LED 好，其发散角水平方向为 25°～35°。

4. LED 的驱动电路

发光二极管的驱动电路如图 2－31 所示。

发光二极管可工作在直流状态、交流状态和脉冲状态，交变频率可达 1 MHz。LED 的驱动电路中一般要加限流电阻以限定其最大工作电流。图 2－31(a)为直流供电，二极管出射光强度不变。图 2－31(b)为交流供电，由于二极管的发光特性，其出射光强如图 2－31(c)所示，呈半波形，其中 R 为限流电阻，D_1 为普通二极管，对发光二极管做反向保护。图 2－31(d)为发光二极管出射脉冲光强，此时发光二极管接入开关电路中，输入信号为交变信号，晶体三极管 G 在截止、导通状态间交替变化。图 2－31(e)为发光二极管接在线性放大电路中，此时输入模拟信号，发光二极管输出光强随输入模拟电压的变化呈线性变化。处于直流工作状态和脉冲工作状态下的发光二极管在光学防伪技术中都有广泛应用。

5. 发光二极管与照明

发光二极管已得到广泛的重视与迅速的发展，这是与其本身所具有的优点分不开的，如工作电压低、功耗小、驱动简单、小型化、寿命长、耐冲击和性能稳定等。因此，LED 绿色

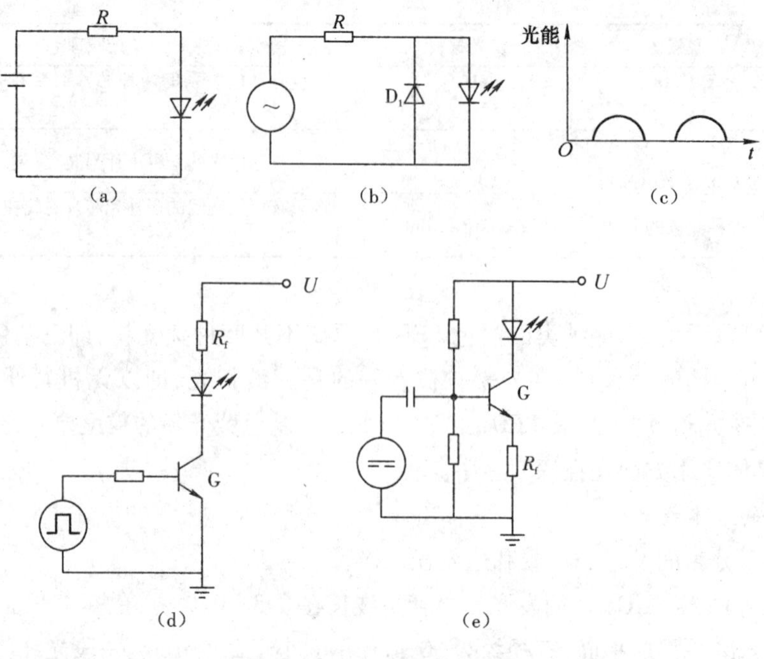

图 2-31 LED 驱动电路

(a)直流供电 (b)交流供电 (c)交流供电出射光强
(d)出射脉冲光强 (e)接在线性放大电路中

照明产业的发展前景十分光明,但仍然存在着诸多的实际问题有待解决。虽然 LED 的发光效率逐步提高,已接近白炽灯的水平,但仍存在以下问题。

(1)LED 照明光源的光通量有待进一步提高。

(2)LED 照明光源发出的光与自然光仍有一定的差距,白炽灯具有非常强的黄光成分,给人一种温暖的感觉;而白光 LED 发出的白光带有蓝光的成分,在这种光的照明下,人们的视觉会不自然。

(3)LED 照明光源的价格仍然偏高。价格过高是影响 LED 照明光源普及推广的主要因素之一。随着半导体工艺的不断进步,LED 的制造成本正在急剧下降,最近三年 LED 的价格已下降了近50%,正朝着高效率、低成本的方向发展,为 LED 照明光源在照明领域的应用提供了有利条件。

(4)目前半导体照明产业尚未建立国际标准,要加快建立半导体照明产业标准,形成我国的自主知识产权,避免重蹈集成电路产业的覆辙。

2.1.4.2 超辐射发光二极管

超辐射发光二极管(SLD)是 20 世纪 70 年代初发展起来的一种半导体光电器件。自 1971 年 Kurbativ 等人首次制备出半导体 SLD 以来,SLD 得到了惊人的发展。特别是近年来,由于其在光纤陀螺仪(FOG)、光时域反射仪(OTDR)以及光纤传感等方面的重要应用,SLD 的研制和开发已成为人们相当感兴趣的研究课题。

SLD 作为一种具有内增益的非相干光光源,光学特性介于半导体激光器(LD)和发光二极管(LED)之间。与半导体激光器相比,SLD 有短的相干长度,可以显著降低由光纤圈中的瑞利背向散射和非线性克尔效应等引起的噪声以及光纤传输中的模式分配噪声等；与一般发光二极管相比，SLD输出功率高、耦合效率高、光束发散角小，提高了耦合入尾纤的功率和系统的信噪比。正是由于SLD的这些特有性能，超辐射发光二极管成为高灵敏光纤陀螺应用的标准光源。随着超辐射发光二极管性能的提高，其在中短距离光通信、光存储读出和光学相干层析成像技术中也得到了广泛的应用。

1. SLD的工作原理和基本结构

SLD的工作原理基本上和LED相似。在正向电流的注入下，有源层内反转分布的电子从导带跃迁到价带或杂质能级时，与空穴复合而释放出光子。这种自发辐射的光子在给定腔体中传播时受增益作用而得到放大。在普通半导体激光器中，由于腔体两端面的反射作用而形成法布里-珀罗谐振，当注入电流高于阈值时，端面输出突然增大而形成激光。显然，光反馈产生谐振是形成激光的必要条件。而在SLD中，通过人为的处理和工作条件的保证，在器件的后端面处存在一定的反射，但反射强度不足以提供光的反馈，在输出端面理想的情况下端面反射率$R=0$。因此，在理想情况下不存在光的反馈谐振，输出的是非相干光。但是，由于光在传播过程中受到增益的作用，使得实际发射光谱和发散角变窄，调制带宽增大。

随着光纤陀螺技术的发展，对宽光谱光源性能的要求也不断提高，即在对其功率指标有较高要求的同时，也希望其光谱宽度越宽越好。因此，提高光谱宽度成为超辐射器件研究的另外一个目标。叠加具有不同发光中心波长的有源层，级联各种具有不同发光中心波长的有源层，利用量子阱不同子能级之间跃迁发射光谱的叠加来增大谱宽，采用不同阱宽双量子阱结构等，这些方法的基本思想都是利用不同发光波长介质的叠合来增大光谱宽度。

超辐射发光二极管发展至今已提出了各种结构，报道了各自的特性。研究表明，实现超辐射发光二极管的关键是有效抑制F-P振荡作用和减少光反馈。其主要技术大致可分为三种：导入光吸收区；降低介质膜引起的器件端面的反射率；调整器件端面的反射角度。由此，可把超辐射发光二极管的结构分为三种类型：波导吸收区超辐射发光二极管、防反射(AR)涂层超辐射发光二极管及角度条形超辐射发光二极管。

1)波导吸收区超辐射发光二极管

Ⅰ. 直波导吸收区超辐射发光二极管

直波导吸收区超辐射发光二极管是超辐射发光二极管的主要结构之一，现已趋于成熟。器件采用半导体激光器结构，吸收区主要有两种形式：质子轰击形成的高阻隔离吸收区和常规光刻技术制作的非泵浦吸收区。质子轰击吸收区SLD的结构如图2-32所示。质子轰击被用来产生靠近激光器后反射面的吸收区，并在器件端面上蒸镀SiO_2减反射涂层，以进一步抑制F-P振荡作用。

Ⅱ. 弯波导吸收区超辐射发光二极管

直波导吸收区超辐射发光二极管由于吸收区易实现且特性较好而备受人们青睐。然而，这种结构吸收区较长，并且是在一定的电流范围内实现超辐射的，当驱动电流增大到一定数值时，吸收区就会失去抑制F-P振荡的作用，而使超辐射发光二极管转换成激光器的工作方式,驱动电流小,输出功率又无法提高。为了提高输出功率,必须增大超辐射发光二极管的工作电流范围。后来人们开发研究了一种新型的超辐射吸收区波导结构——弯波导吸收区超辐射发光二极管,结构如图2-33所示。在泵浦区内传播的光在吸收区内传播时,由于入射角大于全反射的临界角,在光波到达弯形区的端面时,几乎所有的光都被透射出去,被反射回并向有源区波导界面传播的光很少,因此即使在很大的驱动电流和短的吸收区条件下,也能十分有效地抑制F-P振荡作用,实现超辐射。

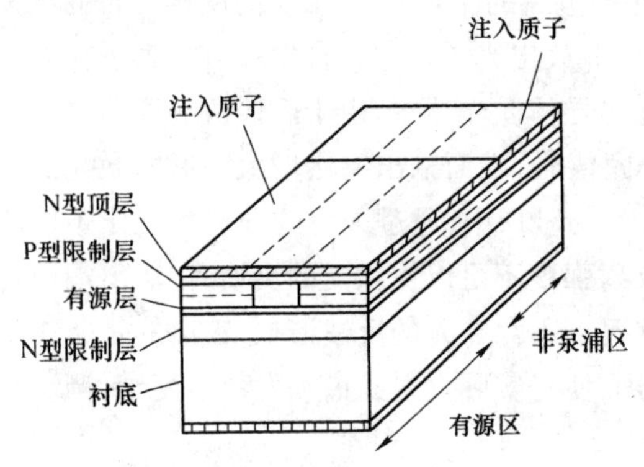

图2-32 质子轰击直波导吸收区SLD的结构

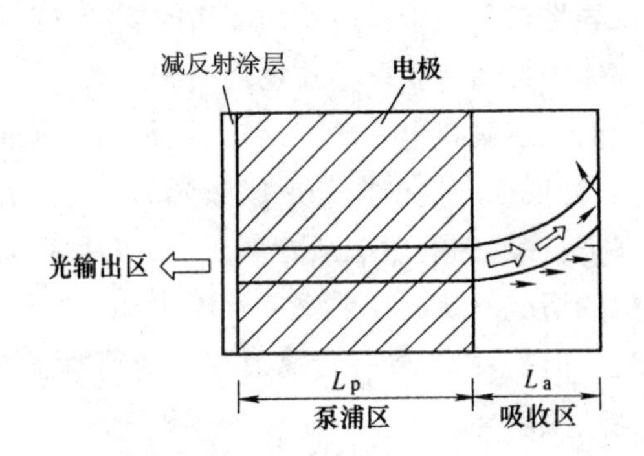

图2-33 弯波导吸收区SLD的结构

2)防反射涂层超辐射发光二极管

光学薄膜在半导体光电器件应用中的作用越来越重要。其用作半导体激光器的保护膜可以提高器件的可靠性;对探测器的光敏面增透后能提高其探测灵敏度;行波半导体激光放大器也是对半导体激光器的两解理面增透实现光信号的放大。如果在半导体激光器两端面上蒸镀高效防反射涂层,同样可实现超辐射发光二极管,其结构如图2-34所示。在脊波导激光器前端面蒸镀防反射涂层,为了提高输出功率,在它的后端面蒸镀一层高反射金膜。

蒸镀防反射涂层虽然同样可实现性能较好的超辐射发光二极管,但由于半导体激光器自身的特点,给高效防反射涂层的镀制带来一些困难;另外,在防反射涂层的蒸镀过程中,还需对膜厚进行监测,故满足不了批量生产的要求。

3)角度条形超辐射发光二极管

有效降低端面反射率,不但可以实现高功率超辐射发光二极管,而且还可以获得较低的F-P调制深度。研究者开发了如图2-35所示的角度条形超辐射发光二极管。该结构是在激光器上使用5°倾角的5 μm条宽有源层制作而成的。为了提高输出功率,又在前端面上蒸镀了1/4波长的防反射涂层。实现角度条形超辐射发光二极管的关键是必须选择合适的倾斜角度。一般情况下,倾斜角度要大于全反射的临界角。

2. 超辐射发光二极管的特性

1)电流-电压(I-U)特性

图2-36所示为典型的1.3 μm波长InGaAsP/InP超辐射发光二极管的I-U特性曲线。由图可见,在正向电流为1 mA时,器件导通电压为0.7~0.8 V;在反向电流为0.1 mA时,

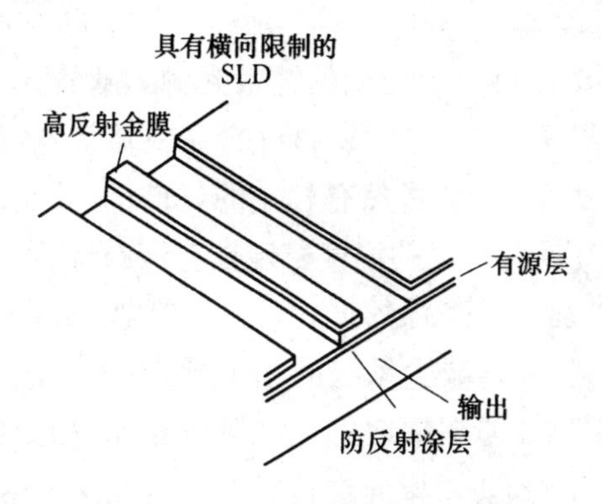

图 2-34　防反射涂层 SLD 的结构

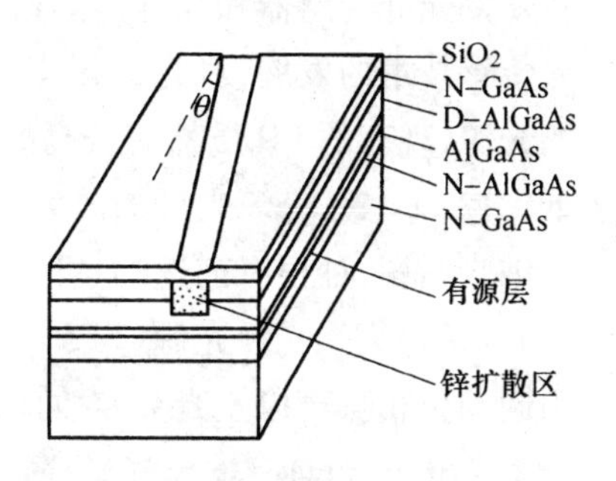

图 2-35　角度条形 SLD 的结构

反向击穿电压大于或等于 2 V。

2) 光功率 - 电流（P-I）特性

图 2-37 所示为典型的超辐射发光二极管在室温连续工作条件下的 P-I 特性曲线。当注入电流大于某一值后，随着注入电流的增大，输出光功率呈线性增大。

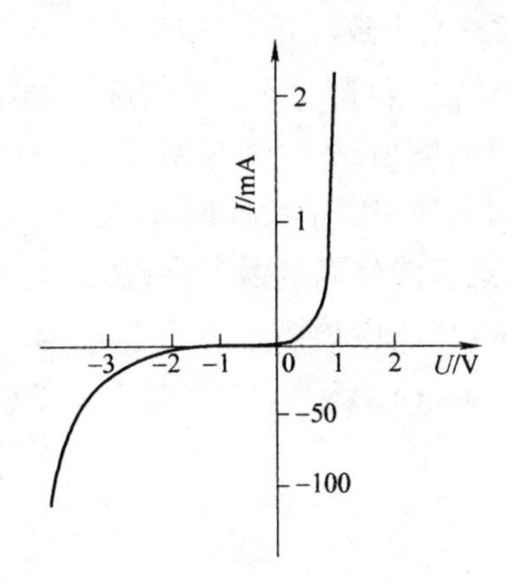

图 2-36　SLD 的典型 I-U 特性曲线

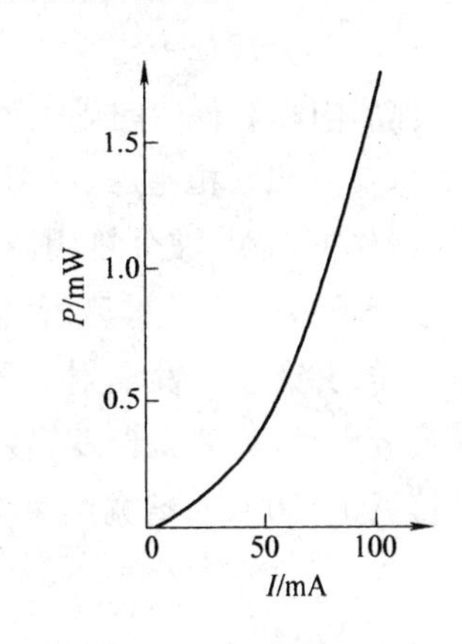

图 2-37　SLD 的典型 P-I 特性曲线

3) SLD 组件的光谱特性

图 2-38 所示为典型的 SLD 组件的光谱特性曲线，组件峰值工作波长典型值为 1.3 μm，光谱宽度大于 30 nm。

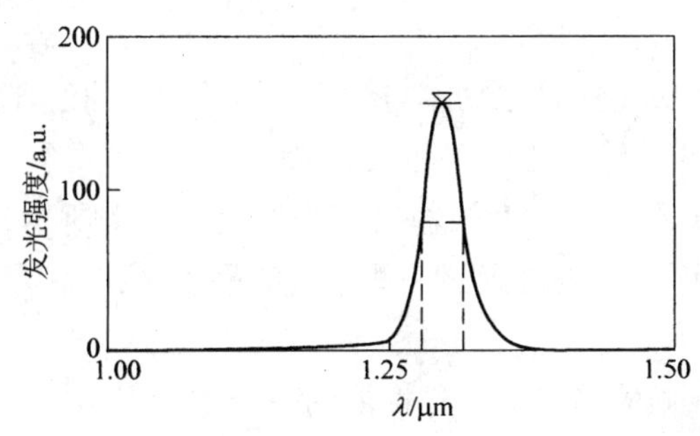

图 2-38　典型的 SLD 组件的光谱特性曲线

2.1.4.3 掺杂光纤超荧光宽带光源

在众多光纤传感器和光纤探测器中，一般都需要时间相干性低的宽带光源。随着光通信和光传感技术的发展，对光源提出了新的要求，尤其是波分复用网络，它需要宽带宽、高功率的光源，现有的 LD 虽然有较高的功率，但带宽太窄，LED 虽然有较宽的光谱，但其能量又太低。掺 Er^{3+} 或 Nd^{3+} 光纤的放大自发辐射(ASE)具有很好的温度稳定性，其荧光谱宽可达数十纳米，是一种很有前途的、可用于惯性导航级别光纤陀螺的低相干性、单横模宽带光源，称为宽带超荧光光纤光源(SFS)。由于光谱很宽，可以减少系统的相干噪声、光纤瑞利散射引起的位相噪声以及光克尔效应引起的位相漂移。与超辐射发光二极管相比，稀土掺杂光纤的 ASE 光源具有输出光谱稳定、受环境影响小、易于单模光纤传感系统耦合等优点。

1. 工作原理与结构

在目前商用的宽带光源中，掺铒超荧光光纤光源(Erbium-doped Superfluorescent Fiber Source)具有温度稳定性好、荧光谱线宽、输出功率高、使用寿命长等特点，在光纤传感、光纤陀螺、掺铒光纤放大器(EDFA) 测量、光纤探测器、光谱测试以及低成本接入网等很多领域得到广泛的应用。

Wysocki 等人已研究过掺 Er^{3+} 宽带超荧光光纤光源的结构，大致可分为单程后向、单程前向、双程后向和双程前向等类型。由于后向泵浦单程 SFS 结构可避免光反馈引起的附加噪声，即与其他 SFS 相比，光反馈引起的稳定性问题对其影响最小，故较为常用。用 1 480 nm 激光器作抽运源，波分复用器(WDM)将抽运光射入掺铒光纤中用于长程抽运(见图 2 - 39)，由于介质中的 Er^{3+} 被激发，使得电子从能量较低的基态跃向较高的激发态，从而出现粒子数反转，并产生自发辐射。随着光波在掺铒光纤(EDF)介质中传播距离的增大，该自发辐射被放大，称为放大自发辐射(Amplified Spontaneous Emission, ASE)。ASE 辐射谱的中心波长接近 1 550 nm，谱宽达 40 ~ 50 nm。

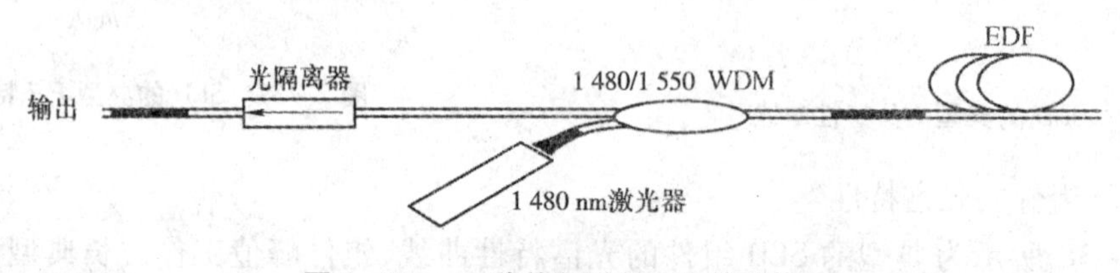

图 2 - 39 一种单程后向 SFS 的结构

2. 输出特性

宽带超荧光光纤光源典型的输出功率与泵浦电流的关系曲线如图 2 - 40 所示。当泵浦电流超过某一阈值后，SFS 的输出功率 P 与泵浦电流 I 呈线性关系。

掺 Er^{3+} 宽带超荧光光纤光源典型的输出光谱如图 2 - 41 所示，一般呈双峰结构，谱宽可达几十纳米。在实际应用中，往往通过一些改进的手段来拉近双峰的距离，拓展谱宽，以满足应用的要求。

荧光频谱的变化是影响宽带光源工作性能的一个重要因素。目前，国外对宽带光源的研究测试表明，掺 Er^{3+} 光纤宽带光源的稳定度已达 10^{-6} RMS(均方根值)，温度漂移数量级约为 10^{-6}/℃。

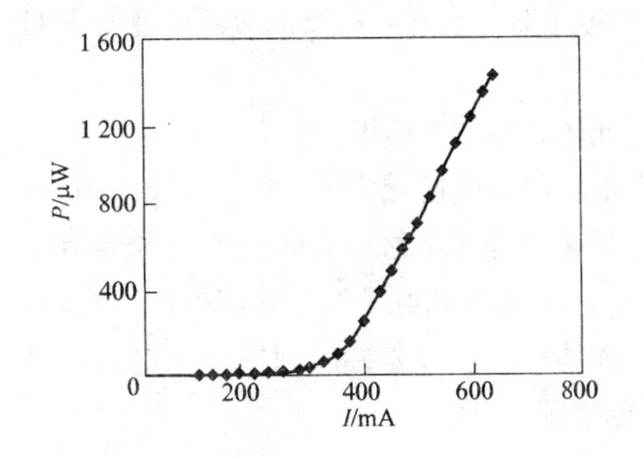

图2-40　SFS典型的输出功率与泵浦电流曲线

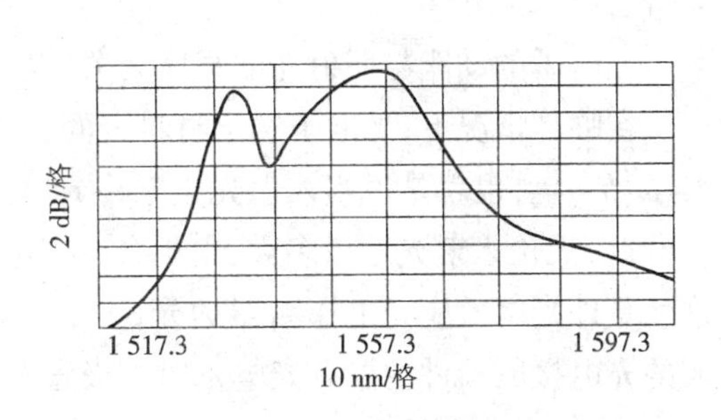

图2-41　SFS典型的输出光谱

2.2　光电接收器件

光电接收器件是能对光信号的变化作出迅速反应,并将光信号转变成电信号的器件。从原理上讲,光信号具有粒子性,由光子组成,具有一定的能量,也可以说光电接收器件是将光能转变为电能的装置,又称为光电式传感器。在光电检测系统中,光电接收器件占有重要的地位,其灵敏度、响应时间、响应波长等特性参数直接影响光电检测系统的总体性能。

本节将从光电检测的实际技术出发,阐述常用光电接收器件的原理和特性参数,并对实际应用中的有关问题进行介绍。

2.2.1　光电效应

光电接收器件利用材料的光电效应制成。在光辐射作用下,电子逸出材料表面,产生光电子发射,称为外光电效应或光电子发射效应;电子并不逸出材料表面,称为内光电效应,光电导效应、光生伏特效应及光磁电效应均属于内光电效应。

2.2.1.1　外光电效应

根据光的量子理论,频率为ν的光照到固体表面时,进入固体的光能总是以整个光子的能量$h\nu$起作用,固体中的电子吸收了能量$h\nu$后动能将增大。如果向表面运动的电子吸收的光能除能够满足途中电子与晶格或其他电子碰撞而损失的能量外,尚有一定的能量克服固体表面的势垒ω(或叫逸出功),那么这些电子就可以穿出材料表面,这些逸出表面的电子称光电子,这种现象叫光电子发射或外光电效应。

吸收光能的电子在向材料表面运动途中的能量损失无法计算。其能量损失显然与其到表面的距离有关,非常接近表面且运动方向合适的电子在逸出表面前的能量损失可能很小。逸出表面的光电子最大可能的动能由爱因斯坦方程描述:

$$E_k = h\nu - \omega \tag{2-23}$$

式中:$E_k = \frac{1}{2}mv^2$,是光电子的动能, 其中m是光电子的质量,v是光电子离开材料表面的速度;ω 是光电子发射材料的逸出功,表示产生一个光电子必须克服材料表面对其束缚所需的能量。

光电子的动能与照射光的强度无关,仅随入射光的频率增大而增大。

在临界情况下,光电子逸出材料表面后能量全部耗尽而速度减为零,即 $v=0$、$E_k=0$,则 $\nu=\omega/h=\nu_0$,也就是说当入射光频率为 ν_0 时,光电子刚刚能逸出材料表面;当入射光频率 $\nu<\nu_0$ 时,无论入射光通量多大,也不会有光电子产生。ν_0 称为光电子发射效应的低频极限。这就是外光电效应光电探测器的光谱响应表现出选择性的物理基础。利用外光电效应制成的光电接收器件主要有光电发射二极管和光电倍增管。

2.2.1.2 **内光电效应**

1. 光电导效应

若光照射到某些半导材料上,透射到材料内部的光子能量足够大,某些电子会吸收光子的能量,从原来的束缚态变成导电的自由态。这时在外电场的作用下,流过半导体的电流会增大,即半导体的电导增大。这种现象叫光电导效应,它是一种内光电效应。

光电导效应可分为本征型和杂质型两类,如图 2-42 所示。本征型光电导效应是指能量足够大的光子使电子离开价带跃入导带,价带中由于电子离开而产生空穴,在外电场作用下,电子和空穴参与导电,使电导增大,此时长波长限由半导体的禁带宽度 E_g 决定,即 $\lambda_0=hc/E_g$。杂质型光电导效应则是能量足够大的光子使施主能级中的电子或受主能级中的空穴跃迁到导带或价带,从而使电导增大,此时,长波长限由杂质的电离能 E_i 决定,即 $\lambda_0=hc/E_i$,因为 $E_i \ll E_g$,所以杂质型光电导的长波长限比本征型光电导的长波长限要大得多。利用光电导效应制成的光电接收器件主要有光敏电阻。

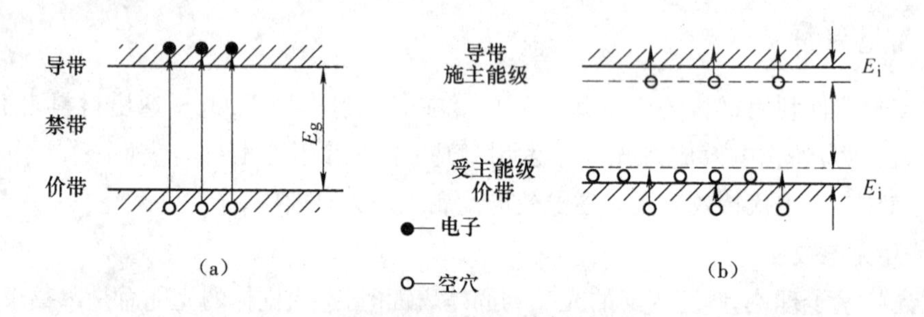

图 2-42 光电导原理示意

(a)本征型光电导 (b)杂质型光电导

2. 光生伏特效应

如图 2-43 所示,在无光照时,PN 结内存在内部自建电场 E,当光照射在 PN 结上及其附近时,这些载流子在能量足够大的光子作用下,在结区及其附近产生少数载流子(电子空穴对)。载流子在结区外时,靠扩散进入结区;在结区中时,因电场 E 的作用,电子漂移到 N 区,空穴漂移到 P 区,结果使 N 区带负电荷,P 区带正电荷,产生附加电动势。此电动势称为光生电动势,此现象称为光生伏特效应。通常,对 PN 结加反偏电压工作时,形成光电二极管。利用光生伏特效应制成的光电接收器件主要有光电二极管、光电三极管和光电池。

3. 光磁电效应

将半导体置于磁场中，用激光辐射线垂直照射其表面，当光子能量足够大时，在表面层内激发出光生载流子，在表面层和体内形成载流子的浓度梯度。于是光生载流子就向体内扩散，在扩散的过程中，由于磁场产生的洛伦兹力的作用，电子空穴对(载流子)偏向两端，产生电荷积累，形成电位差。这就是光磁电效应，如图2-44所示。

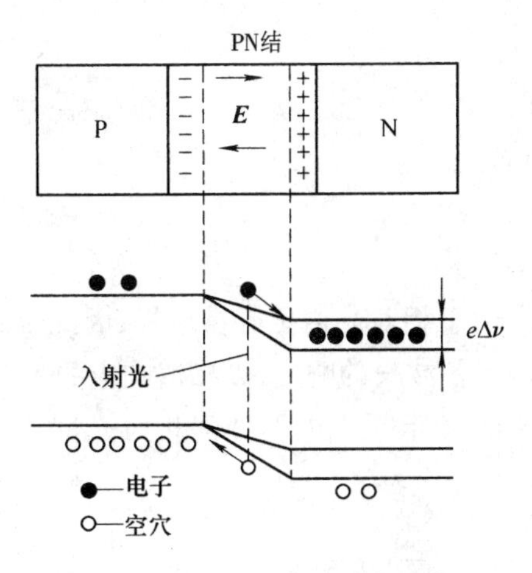

图2-43　光生伏特效应示意

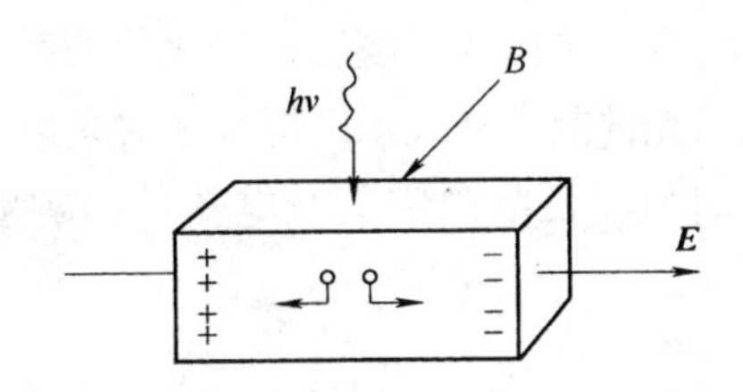

图2-44　光磁电效应示意

2.2.2　光电接收器件的特性参数

2.2.2.1　光电响应特性

光电器件的探测灵敏度又称为响应度，它定量描述光电器件输出的电信号和输入的光信号之间的关系。其定义为光电器件的输出均方根电压 U_s(或电流 I_s)与入射光通量 Φ(或光功率 P)之比，即

$$S_v = \frac{U_s}{\Phi} \tag{2-24}$$

或

$$S_i = \frac{I_s}{\Phi} \tag{2-24a}$$

S_v 和 S_i 称为光电器件的电压灵敏度和电流灵敏度。测量光电器件的灵敏度的光源一般为500 K的黑体。如果使用波长为 λ 的单色辐射源，则称为单色灵敏度，用 S_λ 表示。如果使用复色辐射源，则称为积分灵敏度。

单色灵敏度又称为光谱灵敏度，描述光电器件对单色辐射的响应能力。通常单色电流灵敏度用公式表示为

$$S_i(\lambda) = \frac{I(\lambda)}{\Phi(\lambda)} \tag{2-25}$$

积分灵敏度表示光电器件对连续入射光辐射的灵敏度。对包含各种波长的辐射光源，总的光通量为

$$\Phi = \int_0^\infty \Phi(\lambda)\mathrm{d}\lambda \tag{2-26}$$

光电器件的输出电压与入射光总的光辐射通量之比为积分灵敏度。由于光电器件输出电压是由不同的光辐射引起的，因此总的输出电流为

$$I_s = \int_{\lambda_1}^{\lambda_0} S(\lambda)\Phi(\lambda)\mathrm{d}\lambda \tag{2-27}$$

式中：λ_1 和 λ_0 分别为光电器件的长波长限和短波长限。

由式（2-26）和式（2-27）可得电压积分灵敏度为

$$S_v = \frac{\int_{\lambda_1}^{\lambda_0} S(\lambda)\Phi(\lambda)\mathrm{d}\lambda}{\int_0^\infty \Phi(\lambda)\mathrm{d}\lambda} \tag{2-28}$$

光谱响应度 S 随波长变化的关系称为光谱响应。由于相对光谱更容易测得，因此常用相对光谱响应来表示。即以最大光谱响应为基准来表示各波长的响应，以峰值响应的50%之间的波长范围定义光电器件的响应宽度。图 2-45 所示是光电器件的相对光谱响应曲线。

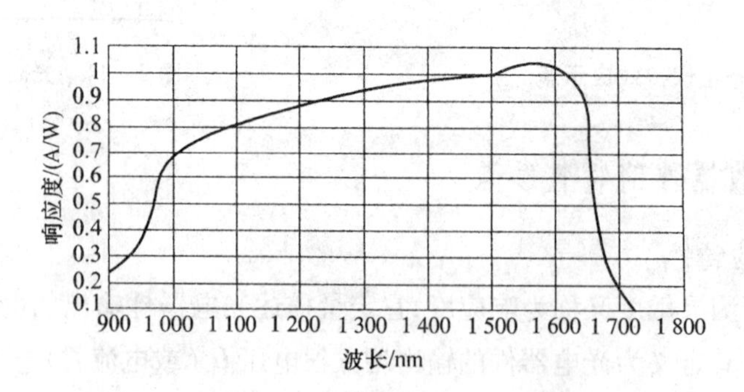

图 2-45 光电器件的相对光谱响应曲线

2.2.2.2 时间特性

通常光电器件输出的电信号都在时间上落后于作用在其上的光信号，即光电器件的电信号输出相对于光信号输入要发生时间上的扩展，其扩展特性可用响应时间来描述。光电器件的这种输出相应落后于作用在其上的光信号的特性称为惰性，会使先后作用在其上的光信号产生交叠，从而降低信号的调制度。如果接收器件测试的是随时间快速变化的物理量，则由于惰性的影响会使输出产生严重畸变。

如图 2-46 所示，上图为接收器件的输入光脉冲，下图为输出电信号。如果用阶跃光信号作用于光电器件，则光电器件的响应从稳态值的10%上升到90%所用的时间 t_r 称为器件的上升时间，下降时间 t_f 为光电器件的响应由稳态值的90%下降到10%所用的时间。如果测出了光电器件的单位冲激响应函数，即对 δ 函数光源的响应，则可直接用其半高全宽（FWHM）来表示器件的响应特性。δ 函数可选用脉冲式发光二极管等光源来实现。在通常的测试中，更方便的是采用具有单位阶跃函数形式亮度分布的光源，从而获得单位阶跃响应函数，进而确定器件的响应时间。

2.2.2.3　噪声特性

1. 光电探测器的噪声

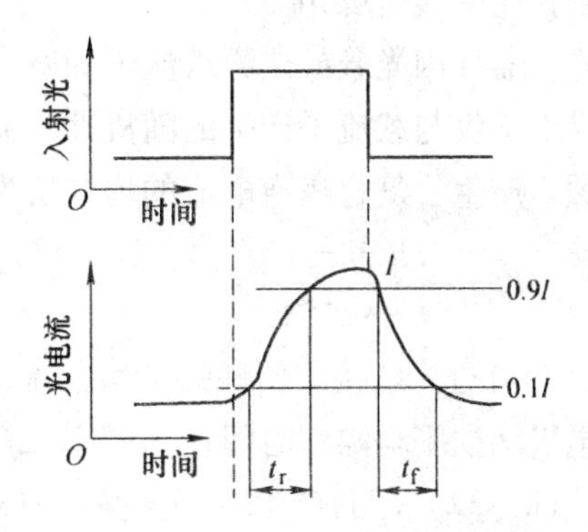

图 2-46　光电器件的脉冲响应特性

光电探测器是把辐射量转变成电量，在控制系统中作为光电转换器时，响应度表达了光电器件的效能，但是当光电器件作为微弱辐射信号的探测器使用时，响应度并不能表达光电器件探测微弱辐射的能力。因为当探测器与电子线路组合时，只要放大倍率足够高，即使没有辐射信号输入，也可观察到一些毫无规律和无法预测的电输出（电压或电流），称为噪声电压（或电流）。如果输入的弱辐射信号所转换的电输出很小而被噪声掩盖，就无法探知这一弱辐射信号的存在。因而，光电器件探测辐射的能力不仅与响应度有关，还依赖于探测器与电子线路的噪声。

光电探测器中的主要噪声有热噪声、散粒噪声、产生-复合噪声、$1/f$ 噪声等。

1）热噪声

温度高于绝对零度时，导体中每一个电子都携带着 1.59×10^{-10} C 的电量做随机运动，尽管其平均值为零，但瞬时电流扰动在导体两端产生噪声电压，称为热噪声电压。其表达式为

$$E_{NT}=\sqrt{4kTR\Delta f} \tag{2-29}$$

用热噪声电流表示为

$$I_{NT}=\sqrt{\frac{4kT\Delta f}{R}} \tag{2-30}$$

式中：R 为产生热噪声的导电物体的电阻；k 为玻尔兹曼常数；T 为导电物体的绝对温度；Δf 为测量系统的噪声带宽。

式（2-29）和式（2-30）表明热噪声与温度成正比，且与频率无关，即噪声由各种频率分量组成，就像白光由各种波长的光组成一样，所以热噪声又称为白噪声。

2）散粒噪声

光子随机到达光电探测器所引起的光电流的随机起伏称为散粒噪声。散粒噪声电流的表达式为

$$I_{NS}=\sqrt{2eI\Delta f} \tag{2-31}$$

式中：I 为流过光电探测器的电流直流分量；e 为电子电荷。

散粒噪声也是白噪声，且与频率无关，但是它与热噪声存在根本不同。热噪声起源于热平衡条件下电子的粒子性，即电荷的随机运动，依赖于 kT；而散粒噪声直接起源于光的粒子性。因此，热噪声属电路中电阻的一项特性，设计者可对其进行某些控制；而散粒噪声是光电探测器的固有特性，因此散粒噪声不可能被消除。对大多数光电探测器来说，散粒噪声具有支配地位。

3)产生-复合噪声

光电器件因光激或热激载流子和寿命的随机性所引起的电流起伏叫产生-复合噪声。这种噪声不仅与载流子产生的随机性有关,而且与载流子的复合时间即载流子寿命的随机性有关。产生-复合噪声电流的均方值为

$$I_{Ng}^2=\frac{4eI(\tau/\tau_c)\Delta f}{I+4\pi^2f^2\tau^2} \tag{2-32}$$

式中:I 为流过光电接收器件的平均电流;τ 为载流子的平均寿命;τ_c 为载流子在光电探测器件两电极间的平均漂移时间;f 为频率;Δf 为带宽。

式(2-32)表明,产生-复合噪声与频率有关,不是白噪声。如果频率低,满足条件 $\omega\tau\ll 1$ 时,式(2-32)可简化为

$$I_{Ng}^2=4eI(\tau/\tau_c)\Delta f \tag{2-33}$$

此时,产生-复合噪声是白噪声。

4)$1/f$ 噪声

因光敏层的微粒不均匀或存在不必要的微量杂质,当电流流过时在微粒间发生微火花放电而引起的微电脉冲就是 $1/f$ 噪声的起源。其经验公式为

$$I_{N/f}=\frac{KI^{\alpha}\Delta f}{f^{\beta}} \tag{2-34}$$

式中:K 为比例系数,与元件制造工艺、电极接触情况、表面状态及尺寸有关;I 为流过光电探测器的电流直流分量;α 与流过元件的电流有关,通常 $\alpha=2$;β 与元件材料的性质有关,其值为0.8~1.3,大部分材料的 β 值为1。

由于这种噪声与频率 f 有近似倒数的关系,故被称为 $1/f$ 噪声,它在低频区较大,固有时称为低频噪声。

2. 噪声等效功率 *NEP* 和探测率 D^*

光信号入射到光电接收器件时,其输出中不仅有信号电流 I,还有噪声电流 I_N。当入射功率小到使 $I=I_N$ 时,信号与噪声就难于分辨,器件便失去了探测辐射的功能。因此,在评价光电接收器件的性能时,需要同时考虑器件的噪声,通常用噪声等效功率 *NEP* 和探测率 D^* 这两个参数来描述光电接收器件的极限探测本领。

1)噪声等效功率

光电探测器件的输出既有信号辐射产生的光电流 I,又有背景辐射噪声和器件固有噪声等产生的噪声电流 I_N。它们在负载电阻 R_L 上产生的功率分别为 $S=I^2R_L$,$N=I_N^2R_L$。功率比定义为器件的信噪比 *SNR*,即

$$SNR=\frac{I^2R_L}{I_N^2R_L}=\frac{I^2}{I_N^2} \tag{2-35}$$

I 和 I_N 均为有效值。若用分贝表示,则

$$(SNR)_{dB}=10\lg\frac{I^2}{I_N^2}=20\lg\frac{I}{I_N} \tag{2-36}$$

利用式(2-36)来评价两种光电器件的性能时,必须在信号辐射功率相同的环境下才

能比较。对于单个光电器件,信噪比的大小与入射信号辐射功率及接收面积有关。如果入射信号辐射强、接收面积大,信噪比就大,但性能不一定就好。因此,用信噪比评价器件的性能有一定的局限性。而噪声等效功率可以作为光电探测器件极限探测能力的标志,它等于输出中信号功率 S 与噪声功率 N 相等时的入射功率,用符号 NEP 表示,即

$$NEP = \Phi \Big|_{\frac{S}{N}=1} \tag{2-37}$$

由于 S 和 N 分别正比于 I^2 和 I_N^2,故式(2-37)等效于

$$NEP = \Phi \Big|_{I=I_N} \tag{2-38}$$

在器件响应与入射功率保持线性关系的条件下,可得

$$NEP = \frac{\Phi}{I/I_N} = \frac{I_N}{K} \tag{2-39}$$

由以上的讨论可以看出,NEP 小的器件比 NEP 大的器件更灵敏,即能检测出更弱的辐射。

2)探测率(探测度)

用 NEP 表示器件的性能时,数值越小,性能越好,即器件越灵敏,这与人们"越大越好"的心理习惯不一致,因而将 NEP 的倒数作为一个参数引入,这就是探测率或探测度,用符号 D 表示,即

$$D = \frac{1}{NEP} = \frac{K}{I_N} \tag{2-40}$$

这样,探测率越大,器件性能越好。但是实践还证明,噪声电流(或电压)与器件的接收面积 A 及测量带宽 Δf 乘积的平方根成正比。因此,用 $\sqrt{\Delta f A}$ 将探测率中的噪声电流归一化后,就可得到不依赖于器件面积 A 和测量带宽 Δf 的归一化探测率,用 D^* 表示,即

$$D^* = \frac{K}{I_N/\sqrt{\Delta f A}} = D\sqrt{\Delta f A} = \frac{\sqrt{\Delta f A}}{NEP} \tag{2-41}$$

将 D^* 称为器件的比探测率。

综上所述,噪声等效功率和探测率是光电接收器件受噪声限制的极限探测能力的两种描述方式,物理意义是相同的。一般而言,器件制造者用 NEP 值作为设计仪器的依据,而器件使用者需要用 D^* 来比较各个探测器的优劣。还应注意,光电探测器件的实际探测极限还与探测技术有关,NEP 并非器件实际能探测到的最小辐射功率,而只是探测能力的一种标志。

2.2.2.4　温度特性

光电接收器件的工作温度不同时,性能会有变化。例如,像 HgCdTe 探测器一类的器件在低温(77 K)工作时有较大的信噪比,而锗掺铜光电器件在 4 K 左右时有较大的信噪比,如果工作时的温度升高,它们的性能会逐渐变差,以致无法使用。例如 InSb 器件,工作在 300 K 时,长波长极限为 7.5 μm,峰值波长为 6 μm;而工作在 77 K 时,长波长极限为 5.5 μm,峰值波长为 5 μm,变化很明显。对于热接收器件,由于测试环境变化会使响应度和探测率随噪声变化,所以工作温度就是光电接收器件处于最佳工作状态时的温度,它是光电接收器件的性能参数之一。

2.2.3 常用光电接收器件

光电接收器件按响应的方式不同,或者说器件的探测机理不同,一般分为光电效应器件和红外热释电器件两大类。

光电效应器件是应用光敏材料的光电效应制成的光敏器件。光照射在物体上使物体发出电子,或电导率发生变化,或产生光生电动势,这些因光照使物体电学特性改变的现象称为光电效应。光电效应可以分为外光电效应和内光电效应,相应的器件可分为外光电效应器件(光电发射二极管和光电倍增管)和内光电效应器件(光敏电阻、光电池和光电三极管)。

红外热释电器件是对红外光敏感的器件,主要是利用辐射的红外光照射在材料上引起材料的电学性质发生变化或产生热电动势的原理制成的器件,反映的是入射光能量或功率和输出电量的函数关系。

光电探测器可分为单元器件、阵列器件和成像器件。单元器件只是把投射在其光接收面元上的平均光能量变为电信号,而阵列器件或成像器件可测出物面上的光强分布。光电接收器件还可按用途分为用于检测微弱信号的存在及其强弱的接收器,这时主要考虑的是器件探测微弱信号的能力,要求器件输出灵敏度高、噪声低;用于控制系统的光电接收器,这时主要考虑的是光电转换的效率。

2.2.3.1 外光电效应器件

1. 光电发射二极管

光电发射二极管是利用外光电效应制成的器件。光电发射二极管按外形和电极结构的不同可分为多种类型。从外形上,按接收入射光的位置可以分为侧面受光型和顶部受光型。从电极结构上,可以分为半透明型和不透明型。半透明型是把光电面蒸镀在玻璃管壳内壁上,属于管壁型结构。这种结构可使阳极的设计容易,在低阳极电压下也能得到高的灵敏度。不透明型又可分为管壁型和板极型(把光电面蒸镀在管内的金属板上),按阳极的类型分为棒状、圆锥状、板状、圆盘状、盒状、圆柱体状、网格状、框状。图2-47所示为光电发射二极管的形状和两种电极结构。

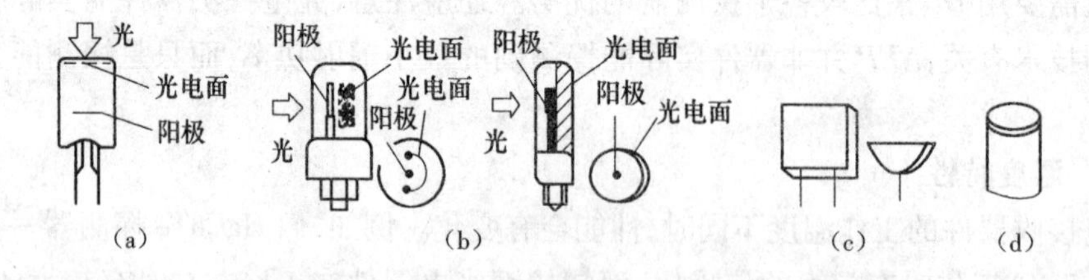

图2-47 光电发射二极管的形状和两种电极结构

(a)半透明型 (b)不透明型 (c)板状 (d)圆柱体状

光电发射二极管由光电阴极和阳极构成。它实质上就是一个二极管,光照射光电阴极而发射电子,电子在阳极电场的作用下形成光电流。在光电发射二极管内充进气体,利用气体的电离作用放大电流,即为充气光电发射二极管。所充气体一般为电离电位低的惰性气体，如氖气和氦气，以保护阴极的性能。

在充气光电发射二极管内，当阴极发出的光电子向阳极运动时，就与气体分子发生碰撞，使气体电离成电子和正离子，电子在电场的作用下加入光电子行进的行列，再次使气体分子电离，这种连锁反应的结果是产生一种雪崩过程，使光电发射二极管的有效电流增大；正离子在电场的作用下向阴极运动，构成离子电流，同时正离子还会碰撞阴极产生二次电子发射，因此它比一般真空光电发射二极管的电流大10倍以上。图2-48所示是充气光电发射二极管。

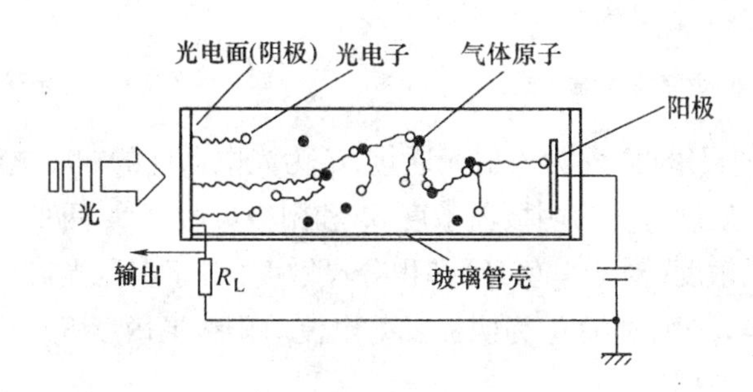

图2-48　充气光电发射二极管示意

2. 光电倍增管

1）光电倍增管的基本结构与原理

光电倍增管由光电阴极、电子光学输入系统（光电阴极到第一个倍增极之间的系统）、二次发射倍增系统和阳极等构成。光电阴极可根据设计需要采用不同的光电发射材料制成。阳极目前一般采用栅网状阳极，其结构如图2-49所示。

典型的电子光学系统的结构如图2-50所示。系统形成的电场能很好地把来自光电阴极的光电子汇聚成束并通过膜孔打到第一倍增极上，收集率可达85%以上，渡越时间的离散性 Δt 约为10 ns。全部倍增极构成了光电倍增管的倍增器。根据结构可分为聚焦型和非聚焦型。聚焦型就是由前一倍增极来的电子被加速，汇聚在下一倍增极上，在两个倍增极之间可能发生电子束交叉的结构。而非聚焦型形成的电场只能使电子加速，电子轨迹是平行的。光电倍增管的基本工作过程是：光照射到光电阴极上，光电阴极激发出的光电子在电场的加速作用下被打到第一倍增极（二次发射极）上，由于光电子能量很大，在倍增极上激发出若干二次电子，这些二次电子在电场的作用下被打到第二倍增极上，引起二次电子发射，直到阳极收集为止。若经过一个倍增极电子数增加 δ 倍，如果有 n 个倍增极，阳极收集的电子数就是原来的 δ^n 倍。δ 为二次电子发射系数，即一个入射电子所产生的二次电子的平均数。不同的光电倍增管由于材料、结构和电场设计不同，δ 的数值也不同。

2）光电倍增管的基本特性参数

Ⅰ. 灵敏度

灵敏度描述光电器件对入射光信号的响应能力，其定义为光电器件在单位入射光通量下的输出电流，用公式表示为

$$S = \frac{I_p}{\Phi} \tag{2-42}$$

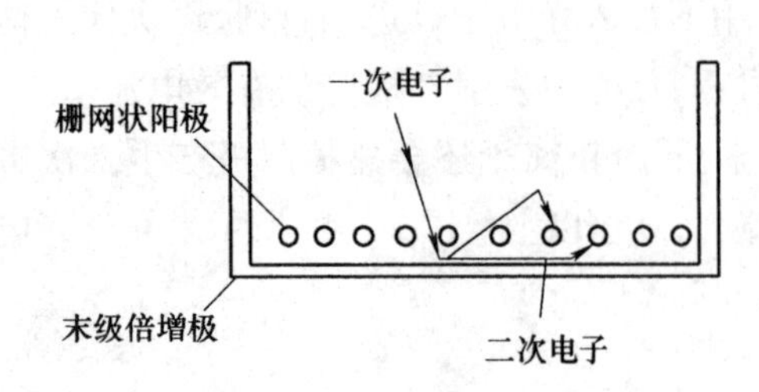

图 2-49 阳极结构示意

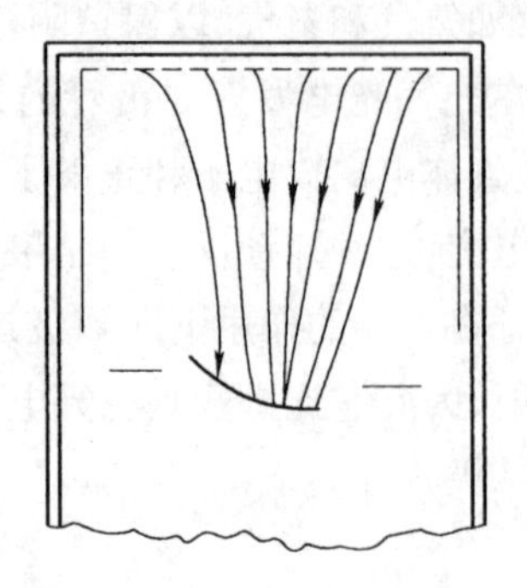
图 2-50 电子光学系统结构示意

式中：S 为光电器件的灵敏度；Φ 为入射光通量；I_p 为光电器件的响应电流。

光电倍增管的灵敏度可分为阴极灵敏度 S_k 和阳极灵敏度 S_a 两种。每一种灵敏度对于入射光又都有光谱灵敏度（对于单色光）和积分灵敏度（对于多色光或全色光）之分。

阴极灵敏度 $S_k = I_k/\Phi$，其中 I_k 为阴极发射电流。阳极灵敏度 $S_a = I_a/\Phi$，其中 I_a 为阳极发射电流。

一般还应标出在峰值响应波长下的量子效率，在特定波长下的量子效率能比灵敏度更准确地描述管子的性能。

Ⅱ. 放大倍数

在一定的工作电压下，光电倍增管的阳极电流和阴极电流之比称为管子的放大倍数 M，即

$$M = I_a/I_k \tag{2-43}$$

式中：I_a 为阳极电流；I_k 为阴极电流。

放大倍数也可以由一定工作电压下阳极响应度和阴极响应度的比值来确定。

图 2-51 所示是某光电倍增管阳极灵敏度和放大倍数随工作电压变化的函数关系曲线。

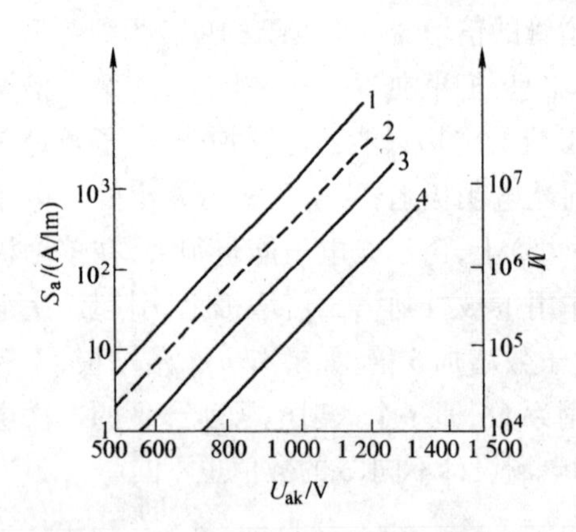

图 2-51 光电倍增管阳极灵敏度和放大倍数随工作电压变化的函数关系曲线

1—最大灵敏度；2—典型放大倍数；3—典型灵敏度；4—最小灵敏度

Ⅲ. 暗电流

光电倍增管的暗电流 I_d 是指无光照时光电倍增管的输出电流。

引起暗电流的因素有如下几点。

(1) 光电阴极和第一倍增极的热电子发射。在室温下即使无光照也会有部分电子逸出表面，经放大到达阳极成为暗电流，为光电倍增管的主要暗电流。

(2) 极间漏电流。由于光电倍增管各级绝缘强度不够或极间灰尘放电引起漏电流。

(3) 离子和光的反馈作用。由于抽真空

技术的限制,管内总存在一些残余气体,它们被运动电子碰撞电离,电离的电子经放大形成暗电流。这些离子打在管壁上产生荧光,再反射至阴极造成光反馈,形成暗电流。

(4)场致发射。场致发射是一种自持放电,是电极上的尖端、棱角、粗糙边缘在高电压作用下发生的。

(5)放射性同位素和宇宙射线的影响。因光电倍增管的光窗材料含 K^{40}(钾),其衰变会产生一种发光的 β 粒子;宇宙射线中的 μ 介子穿过光窗会产生一种暗电流,可采用无钾的石英窗来大大减弱两者的影响。

减小暗电流 I_d 的方法主要是选好光电倍增管的极间电压。有了合适的极间电压即可避开光反馈、场致发射及宇宙射线等造成的不稳定状态的影响。还可按下述方法来减小暗电流:

(1)在阳极回路中加上与暗电流相反的直流成分来补偿;

(2)在倍增输出电路中加一选频或锁相放大滤掉暗电流;

(3)利用冷却法减少热电子发射等。

2.2.3.2 光电导效应器件

1. 光敏电阻的原理与结构

光敏电阻是光电导型器件,其工作原理如图 2-52 所示。在光敏电阻的两极间加上一定电压 U,当光照射在光敏电阻上时,其内部被束缚的电子吸收光子能量成为自由电子,并留下空穴。光激发的电子空穴对在外电场的作用下同时参与导电,从而改变了光敏电阻的导电性能。随着光强的增大,其导电性能变好,即光敏电阻的电导率增大,流过其内的光电流增大,其本身的电阻值减小。随着光强的减小,其导电性能变坏,即光敏电阻的电导率减小,流过其内的光电流减小,其本身的电阻值增大。

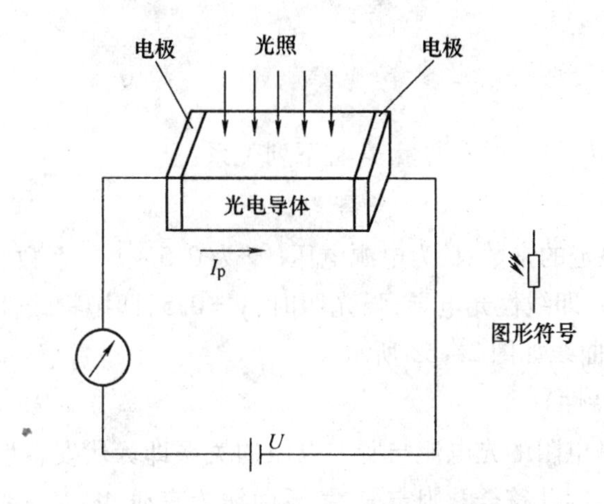

图 2-52 光敏电阻的工作原理

2. 光敏电阻的基本特性

1）增益 G

光敏电阻的增益表达式为

$$G=\beta\tau\mu\frac{U}{l^2} \tag{2-44}$$

式中：β 为量子效率；τ 为载流子的寿命；μ 为迁移率（选 N 型半导体）；U 为外加电压；l 为光敏电阻两极间距。

由此看出，只要 μ 和 τ 的乘积足够大或电极间距足够小（l 和 U 要兼顾考虑）即可使 G 较大。

2）灵敏度

除了常用的电流灵敏度 S_i 与电压灵敏度 S_v 以外，光敏电阻还有下列几个灵敏度。

Ⅰ. 光电导灵敏度 S_g

光敏电阻的光电导 g 与输入光的照度 E 之比即为光电导灵敏度，即

$$S_g=\frac{g}{E}=\frac{gA}{\Phi} \tag{2-45}$$

式中：A 为光敏面积；Φ 为入射光通量。

由欧姆定律，电流 I 与电压 U 的关系为 $I=gU$，将式（2-45）$g=S_gE$ 代入得

$$I=S_gEU \tag{2-46}$$

此即弱光照时的线性关系。

Ⅱ. 比灵敏度 $S_{比}$

比灵敏度也称积分比灵敏度，指单位光通量与电压下所产生的光电流，即

$$S_{比}=\frac{I_{光}}{\Phi U}=\frac{S_i}{U} \tag{2-47}$$

3）光电特性

光敏电阻的光电流 I_p 与入射光通量 Φ 有下列关系：

$$I_p=AU\Phi^{\gamma} \tag{2-48}$$

式中：A 为由光敏材料决定的常数；U 为电源电压；γ 为 0.5～1 的系数。弱光照时，$\gamma=1$，I_p 与 Φ 有良好的线性关系，即线性光电导；强光照时，$\gamma=0.5$，即抛物线性光电导。以 CdS 光敏电阻为例的光电特性曲线如图 2-53 所示。

4）伏安特性（输出特性）

在一定光照下，光敏电阻的光电流与所加电压的关系即为伏安特性，如图 2-54 所示。光敏电阻是一个纯电阻，因此符合欧姆定律，关系曲线为直线，图中虚线为额定功耗线。使用时应不使电阻的实际功耗超过额定功耗。在设计负载电阻时应不使负载线与额定功耗线相交。

5）温度特性

光敏电阻的温度特性很复杂。图 2-55 所示为 CdS 和 CdSe 光敏电阻的温度特性。光敏特性受温度影响较大，为了提高性能的稳定性、降低噪声、提高探测率，采用专门的冷却

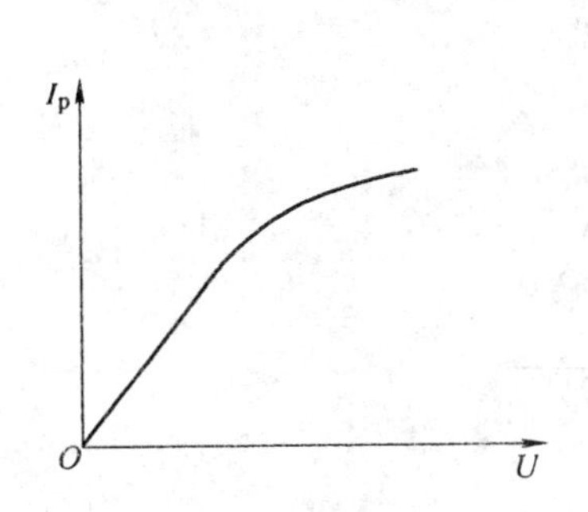

图 2－53　CdS 的光电特性曲线

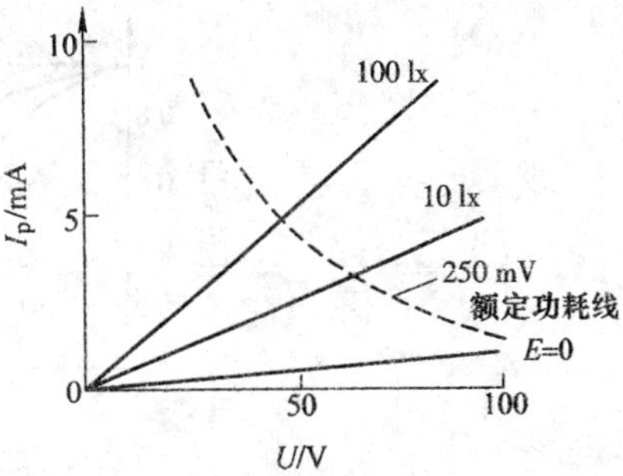

图 2－54　光敏电阻的伏安特性

装置冷却灵敏面是十分必要的。

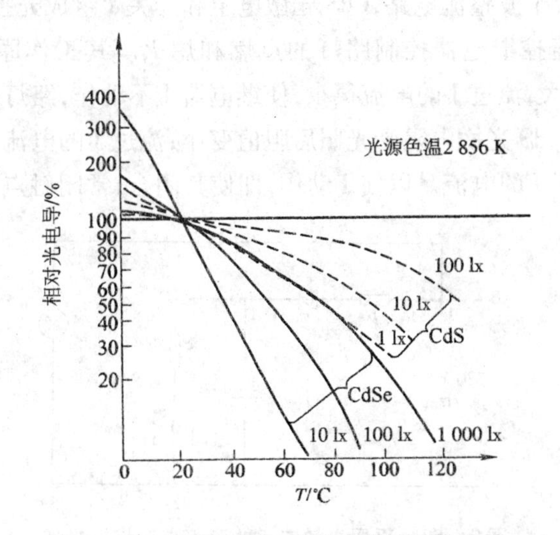

图 2－55　CdS 和 CdSe 光敏电阻的温度特性

6）前历效应

前历效应是光敏电阻的时间特性与工作前的历史有关的一种现象，即测试前光敏电阻所处状态对光敏电阻特性的影响，具体表现的为稳定光照下阻值有明显的漂移现象。一般变化的百分比 β 为

$$\beta = \frac{R_2 - R_1}{R_1} \times 100\% \qquad (2-49)$$

7）时间和频率响应

光敏电阻的时间常数比较大，所以其上限频率 $f_{上}$ 低。几种光敏电阻的频率特性曲线如图 2－56 所示，可知只有 PbS 光敏电阻的频率特性稍好些，可工作到几千赫兹。

光敏电阻的时间特性与输入光的照度、工作温度有明显的依赖关系。当照度 $E = 0.11$ lx 时，光敏电阻的上升时间 $t_r = 1.4$ s；当 $E = 10$ lx 时，$t_r = 66$ ms；当 $E = 1\ 000$ lx 时，$t_r = 6$ ms。

3. 光敏电阻的应用

图 2－57 所示是采用光敏电阻的路灯自动控制电路。该电路由两部分组成，电阻 R、电

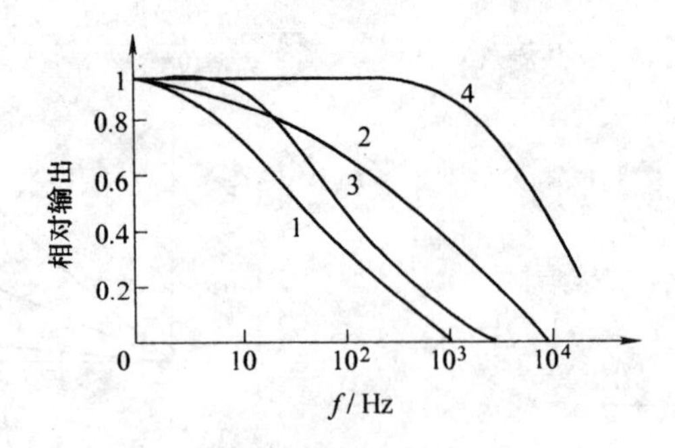

图 2 – 56 光敏电阻的频率特性曲线

1—硒;2—硫化硒;3—硫化铊;4—硫化铅

容 C 和二极管 D 组成半波整流电路,CdS 光敏电阻和开关 J 组成光控继电器。路灯接在继电器常闭触点上,由光控继电器控制路灯的点燃和熄灭。其工作原理是:晚上光线很暗,CdS 光敏电阻阻值很大,流过 J 的电流很小,使继电器 J 不动作,路灯被点亮;早上天渐渐变亮,即照度逐渐增大,CdS 光敏电阻受光照后阻值变小,流过 J 的电流逐渐增大,当照度达到一定值时,流过继电器 J 的电流足以使 J 动作,即使其闭合,常闭触点断开,路灯熄灭。

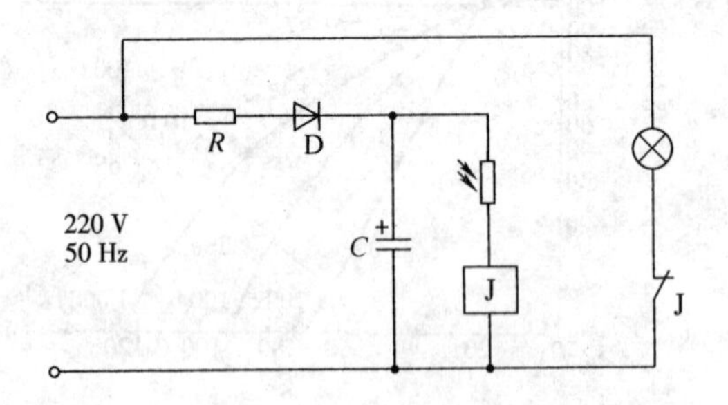

图 2 – 57 采用光敏电阻的路灯自动控制电路

2.2.3.3 光生伏特效应器件

1. 光生伏特效应器件的原理

如果固体内部存在一个电场,而且条件适当,则本征光吸收所产生的电子空穴对会被电场分离,电子趋向固体的一个部分,空穴趋向另一个部分,两部分之间产生电势差,这就是光生伏特效应,接通外电路就可以输出电流。目前,最重要的光生伏特效应是半导体 PN 结的光生伏特效应,基于光生伏特效应的器件统称为光生伏特效应器件,因此 PN 结光生伏特效应器件应用最广。

对一块半导体掺以不同导电类型的杂质,形成 P 型和 N 型平面接触的结构,称为 PN 结。由同种半导体材料构成的 PN 结结称为同质结,由不同种半导体材料构成的 PN 称为异质结,由金属与半导体接触形成的势垒称为肖特基势垒。因此,光生伏特效应器件按其结构形式,大体上有扩散型、肖特基型和异质结型等。PN 结光生伏特效应器件和普通半导体二极管的 PN 结特性很相似,在不加光照时它们的伏安特性基本一致。但是,在结构上它们之间有明显的区别,普通二极管的 PN 结都被遮蔽起来,使其不受光照射,以免影响其性能;而 PN 结光生伏特效应器件则相反,必须使其 PN 结受光照射。

2. 主要光生伏特效应器件

1)光电二极管

光电二极管是通常在外加反偏电压下工作的光伏效应探测器,这种器件的响应速度快、体积小、价格低,从而得到广泛应用。

Ⅰ. 结构及工作原理

由图2-58可见,外加反偏电压方向与PN结内的电场方向一致。当PN结及其附近被光照射时就产生光生载流子,光生载流子在势垒区电场作用下很快漂移过PN结,参与导电。当入射光强度变化时,光生载流子的浓度及通过外电路的光电流随之变化,这种变化特性在入射光强很大的范围内保持线性关系。

硅光电二极管有两种基本结构,如图2-59所示。其中,(a)图的结构采用N型单晶硅及硼扩散工艺,称为P+N结构;(b)图的结构采用P型单晶硅及磷扩散工艺,称为N+P结构,分别命名为2CU型及2DU型。硅光电二极管的入射窗口有透镜和平板玻璃两种。

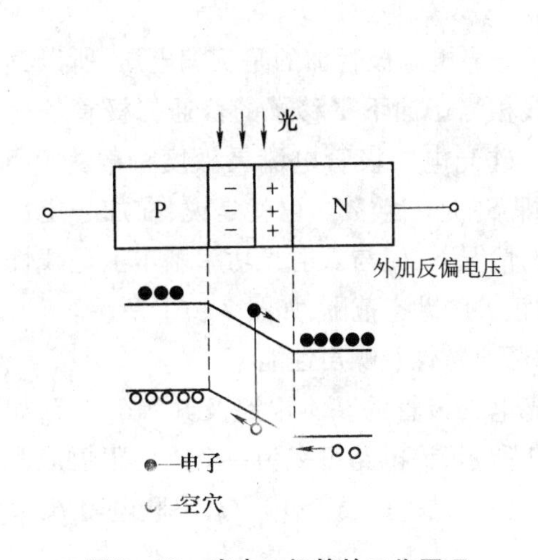

图2-58　光电二极管的工作原理

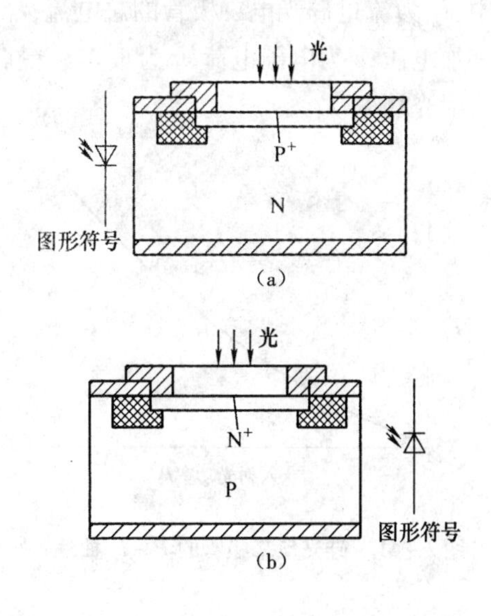

图2-59　硅光电二极管的两种基本结构

(a)P+N结构　(b)N+P结构

Ⅱ. 工作特性

Ⅰ)光谱响应特性

硅光电二极管的光谱响应特性主要由硅材料决定,响应波长范围一般是峰值响应波长,一般为0.8~1 μm。硅光电二极管对砷化镓激光波长的探测最佳,对氦氖激光及红宝石激光也有较高的探测灵敏度。普通硅光电二极管的光谱响应特性曲线如图2-60所示。

Ⅱ)伏安特性

硅光电二极管的伏安特性可表示为

$$I_{\varphi}=I_0\left[\exp\left(\frac{eu}{kT}\right)-1\right]+I_{\mathrm{p}} \tag{2-50}$$

$$I_{\mathrm{p}}=S_{\mathrm{d}}P \tag{2-50a}$$

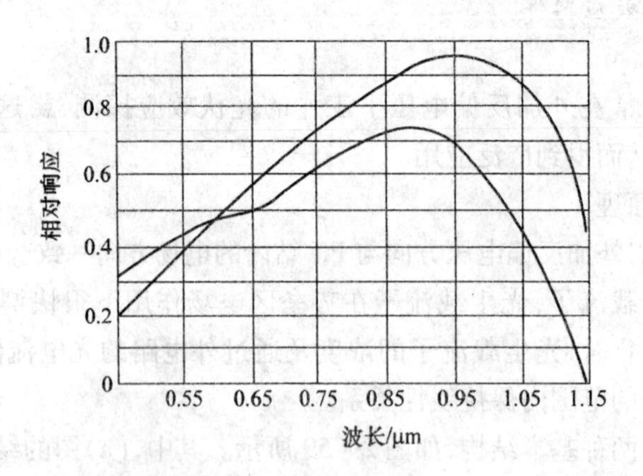

图 2-60 普通硅光电二极管的光谱响应特性曲线

式中：I_φ 为流过硅光电二极管的总电流；I_0 为无光照情况下的反向饱和电流；I_p 为光电流；u 为外加电压；e 为电子电荷；k 为玻尔兹曼常数；T 为绝对温度；S_d 为电流灵敏度（A/W）；P 为入射光功率。

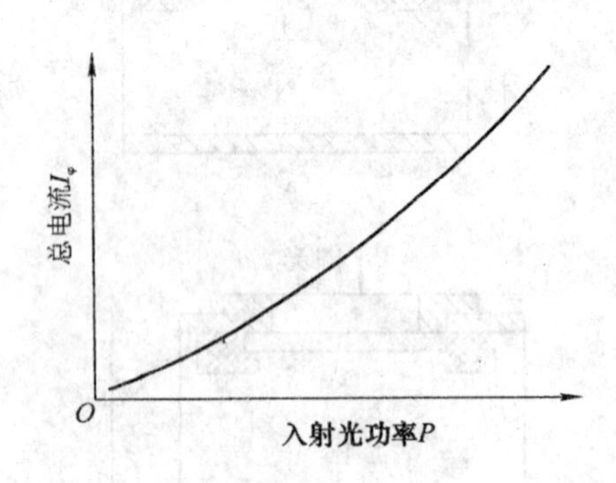

图 2-61 硅光电二极管的 $P-I_\varphi$ 曲线

由于硅光电二极管加的是反偏电压，所以其伏安曲线相当于向下平移了的普通二极管的伏安曲线。硅光电二极管电流灵敏度一般为 0.5 μA/W，即 S_d 是一常数。也就是说，在加一定反偏电压的情况下，I_φ 与入射光功率基本上呈线性关系，有很大的动态范围，如图 2-61 所示。

Ⅲ）频率特性及噪声性能

硅光电二极管的基本电路及其等效电路如图 2-62 所示，该电路可视为一个高内阻恒流源电路。一般其结电阻 $R_J > 10^7\ \Omega$，串联电阻 $R_S < 100\ \Omega$，C_J 是结电容，R_L 是负载电阻。

当有光照时，考虑到 $R_J \gg R_S$，负载电阻上的输出电压

$$U_L = I_p\left(\frac{R_J R_L}{R_J + R_L}\right) \tag{2-51}$$

由于 $R_J \gg R_L$，所以有

$$U_L \approx I_p R_L \tag{2-52}$$

式中：I_p 为光电流。

由于硅光电二极管的反偏电压 $U_0 > I_p R_L$，在任何辐射强度下，硅光电二极管都不会饱和，因而只处于线性工作范围。

如果入射光是调制的光信号，则负载上的信号电压亦随调制频率而变化。当调制频率很高时，输出电压会下降。影响频率响应的主要因素是：①光生载流子在 P^+ 区的扩散时间 τ_p^+；②在势垒区的漂移时间 τ_d；③由结电容和负载电阻决定的电路时间常数 τ_c。载流子的

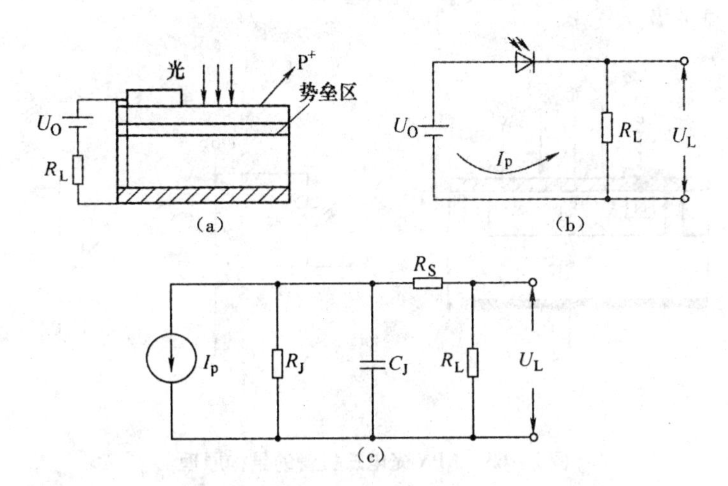

图 2 - 62　硅光电二极管的基本电路及其等效电路

(a)基本电路　(b)原理　(c)等效电路

总渡越时间 $\tau=\tau_p^+ +\tau_d+\tau_c$,其中 $\tau_p^+ +\tau_d$ 一般在 10^{-10} s,所以实际应用中决定硅光电二极管探测器频率响应的主要因素是 τ_c。由图 2 - 62(c)可知:

$$U_L=\frac{I_p}{\frac{1}{R_L}+\frac{1}{R_J}+j\omega C_J} \tag{2-53}$$

由于 $R_J \gg R_L$,所以

$$U_L=\frac{I_pR_L}{1-j\omega R_LC_J} \tag{2-54}$$

当 U_L 从峰值下降到 $1/\sqrt{2}$ 峰值时,响应频率为

$$\omega_c-\frac{1}{R_LC_J}=\frac{1}{\tau_c} \tag{2-55}$$

结电容 C_J 一般很小(约 10 pF),适当加大反偏电压,C_J 还可减小一些。最主要的是选择合适的负载电阻 R_L,选用 R_L 时必须考虑到噪声性能。硅光电二极管内阻热噪声可以忽略,仅考虑负载电阻热噪声及散粒噪声即可。所以,R_L 的选择要考虑频率响应及噪声两个因素。

除了广泛应用的硅光电二极管以外,还有一些能响应红外光波段的光电二极管。它们包括锗(Ge)光电二极管以及锑化铟(InSb)、砷化铟(InAs)、碲化铅(PbTe)、碲镉汞(HgCdTe)光电二极管等。

2)光电三极管

光电三极管原理上相当于在晶体三极管的基极和集电极间并联一个光电二极管,因而内增益大,并可输出较大的电流(毫安级)。目前,用得较多的是 NPN(3DU 型)和 PNP(3CU 型)两种平面硅光电三极管。

Ⅰ. 工作原理

NPN 光电三极管的结构原理如图 2 - 63 所示。使用时光电三极管的发射极接电源负极，集电极接电源正极。

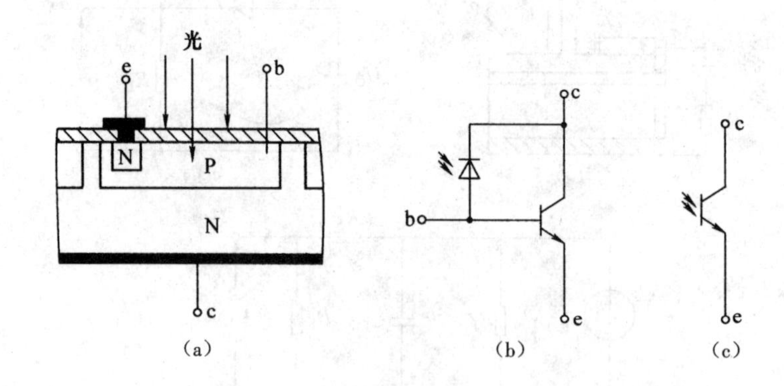

图 2-63 NPN 光电三极管的结构原理

(a)结构示意 (b)简化原理 (c)图形符号

如果光电三极管不受光，相当于普通二极管基极开路的状态：集电结（基-集结）反向偏置，基极电流 $I_b=0$，因而集电极电流 I_c 很小，此时 I_c 为光电三极管的暗电流。当光子入射到集电结时，就会被吸收而产生电子空穴对，反向偏置的集电结内建电场使电子漂移到集电极，空穴漂移到基极，形成光生电压，基极电位升高。如同普通三极管的发射结（基-发结）加上了正向偏置，$I_b \neq 0$。当基极没有引线时，集电极电流 I_c 等于发射极电流 I_e，即

$$I_c = I_e = (1+\beta)I_b \tag{2-56}$$

可见，光信号是在集电结进行光电变换后，在由集电极、基极和发射极构成的晶体三极管中放大而输出电信号。PNP 光电三极管的原理与 NPN 相同，只是 PNP 工作时集电极接电源负极，发射极接电源正极。

Ⅱ.工作特性

Ⅰ）光照特性与光照灵敏度

光电三极管的输出光电流 I_c 与光强的关系如图 2-64 所示，可知其线性度比光电二极管要差，光电流和灵敏度比光电二极管大几十倍；但在弱光时灵敏度低些，强光时出现饱和现象，这是由于电流放大倍数 β 的非线性所致，对弱信号检测不灵敏。

Ⅱ）伏安特性

如图 2-65 所示，光电三极管伏安特性的特点如下：

（1）在零偏置时，光电三极管没有电流输出，而光电二极管有电流输出，原因是虽然它们都能产生光生电动势，但光电三极管的集电结在无反向偏压时没有放大作用，所以没有电流输出（或仅有很小的漏电流）；

（2）工作电压较低时，输出光电流与入射光强呈非线性关系，所以光电三极管一般在电压较高或入射光强较大的场合作控制系统的开关元件使用。

Ⅲ）响应时间和频率特性

光电三极管常在开关状态下工作，所以响应时间和频率特性是其重要参数。

影响光电三极管的频率特性和响应时间的因素除大的集电结势垒电容外，还有正向偏置时发射结势垒电容的充放电过程，这个过程一般在微秒级，还与负载有关。使用时常在

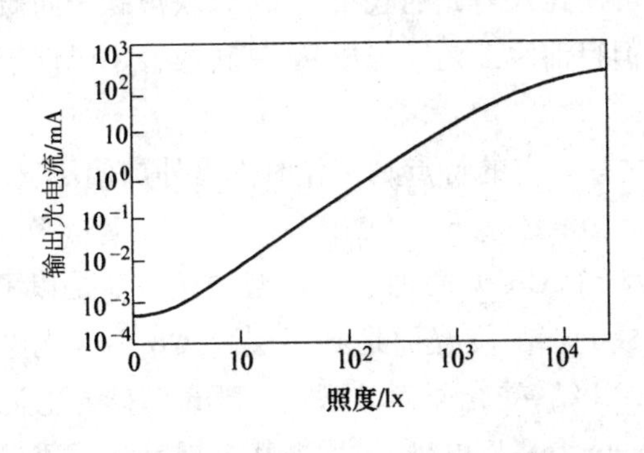

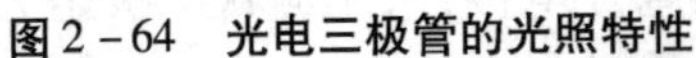
图2－64　光电三极管的光照特性

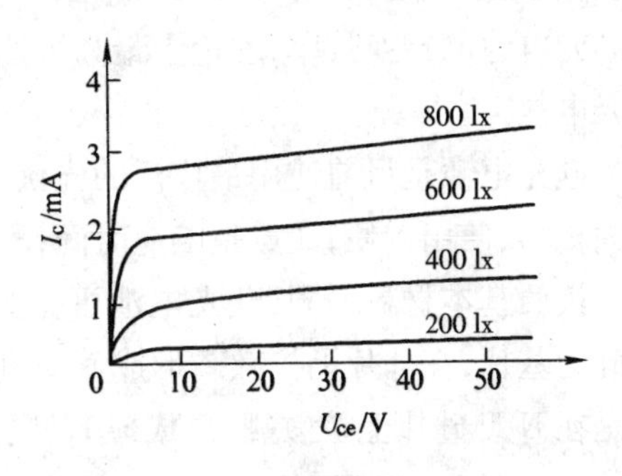

图2－65　光电三极管的伏安特性

外电路中采用高增益、低输入电抗的运算放大器，以改善其动态性能。光电三极管的频率特性曲线如图2－66所示。

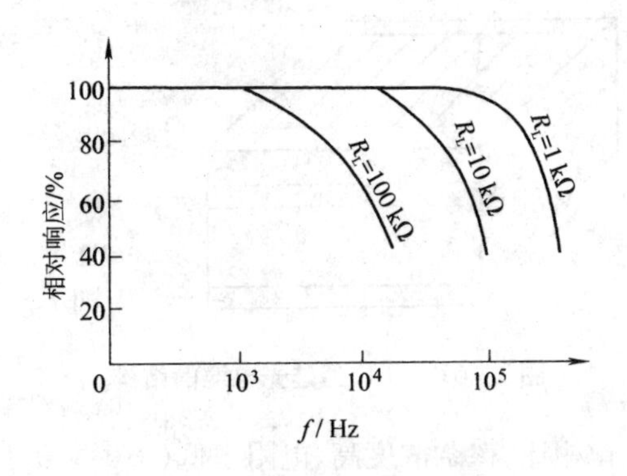

图2－66　光电三极管的频率特性曲线

由于光电三极管的电流放大系数β随温度升高而变大，使用时应考虑温度对其输出的影响。

光电三极管的光电流放大作用使其适用于各种光电控制。因其线性范围小，一般不作辐射探测使用。

3）光电池

光电池是根据光生伏特效应制成的将光能转变成电能的一种器件，其种类繁多。早期出现的氧化亚铜光电池因转换效率低已很少应用。目前，应用较多的是硒光电池和硅光电池。硒光电池因光谱特性与人眼视觉很相近、频谱较宽，多用于曝光表及照度计中。硅光电池与其他半导体光电池相比，是目前转换效率最高（达到17%），几乎接近理论极限的一种光电池。此外，还有薄膜光电池、紫光电池、异质结光电池等。薄膜光电池把硫化镉等材料制成薄膜结构，以减轻质量、简化阵列结构、提高抗辐射能力和降低成本。紫光电池把硅光电池的PN结减薄至结深为0.2～0.3 μm，光谱响应峰值移到600 nm左右，来提高短波响应，以适应外层空间使用。与上述同质结光电池不同，异质结光电池用不同禁带宽度的半导体材料做成异质PN结，入射光几乎全透过宽禁带材料的一侧而在结区窄禁带材料中被吸收，产生电子空穴对。利用这种“窗口”效应，可提高入射光的收集效率，以获得高于同质结硅光电池的转换效率，理论上最高可达30%，但目前因工艺尚未成熟，其转换效率仍低于硅光电池。

硅光电池是目前使用最广泛的光伏探测器之一。它的特点是工作时不需外加偏压、接收面积小、使用方便，缺点是响应时间长。

按照基本材料不同，硅光电池可分为2DR型和2CR型两种。2DR型硅光电池是以P型硅为基片，在基片上扩散磷形成N型薄膜，构成PN结，受光面是N型层。2CR型硅光电池是在N型硅片上扩散硼，形成薄P型层，构成PN结，受光面为P型层。2DR型硅光电池的结构如图2-67所示，上电极为栅状电极，下电极为基片电极，采用栅状电极是为了透光好并减小电极与光敏面的接触电阻，保护膜起增透(减少反射损失)和保护作用。

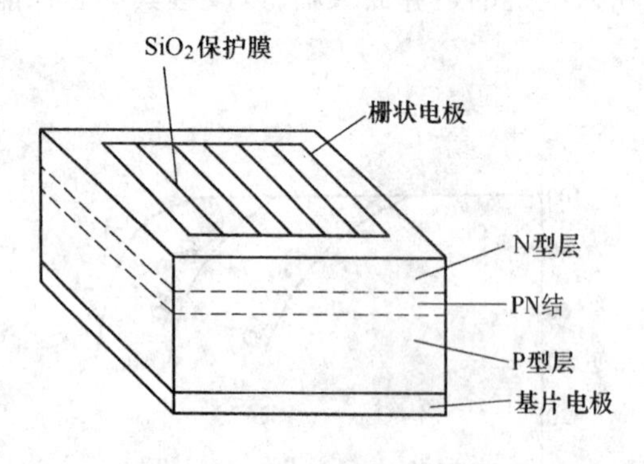

图2-67 2DR型硅光电池的结构

硅光电池与光电二极管相比，掺杂浓度高、电阻率低(0.01~0.1 Ω/cm)，易于输出光电流，短路光电流与入射光功率呈线性关系，开路光电压与入射光功率为对数关系，如图2-68所示。当光电池外接负载电阻 R_L 后，负载电阻 R_L 上的电压和电流如图2-69所示。R_L 应选在特性曲线的转弯点，此时电流和电压的乘积最大，光电池的输出功率最大。

为了使输出信号电压有较好的线性，由图2-69所示的伏安特性曲线可以看出：负载Ⅰ比负载Ⅱ有更好的线性。也就是说，负载电阻越小，光电池工作越接近短路状态，线性就较好。可以把图2-70等效为图2-71来解释，光电池对负载输出可等效于信号电压源 $U_s = I_s R_s$ 和源内阻 R_s，则运算放大器的输出电压 U_o 可表示为

$$\frac{U_o}{U_s}=\frac{U_o}{I_s R_s}=-\frac{R_f}{R_s} \tag{2-57}$$

于是得

$$U_o=-I_s R_f \tag{2-58}$$

可以看出：输出电压与光电流呈线性关系，也就是与入射光功率呈线性关系。硅光电池的长波长限由硅的禁带宽度决定，为1.15 μm，峰值波长约为0.8 μm。如果P型硅片上的N型扩散层做得很薄(小于0.5 μm)，峰值波长可向短波方向微移，对蓝紫光谱仍有响应。

硅光电池响应时间较长，由结电容和外接负载电阻的乘积决定，其参数范围见表2-7。

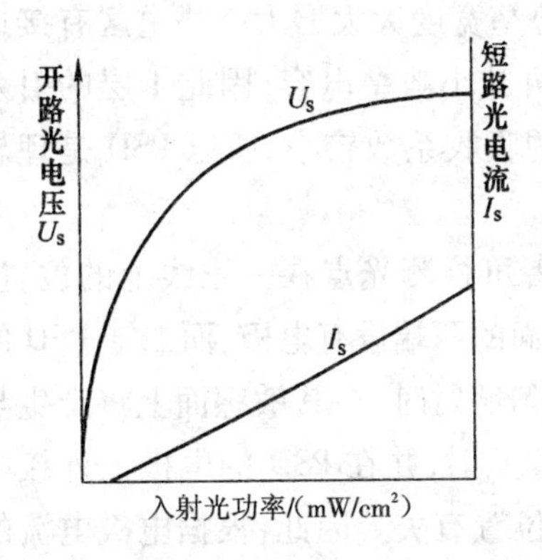

图2-68　硅光电池的光照特性

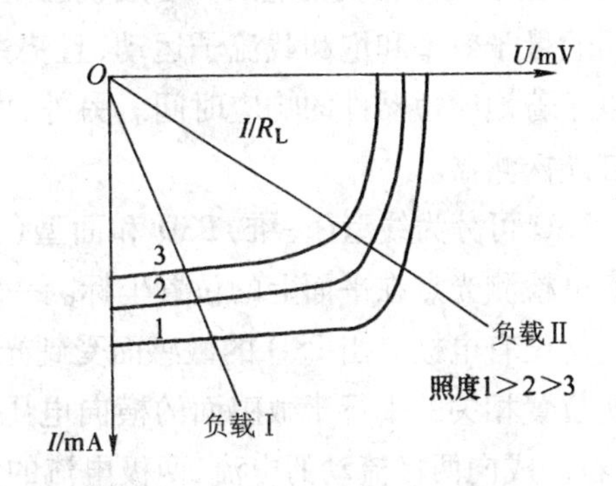

图2-69　硅光电池的伏安特性

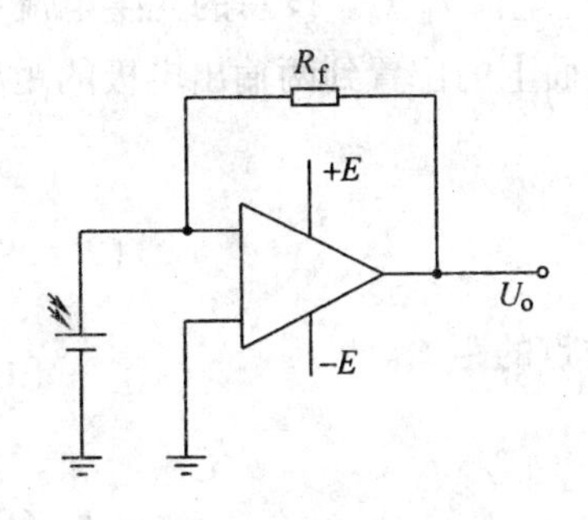

图2-70　光电池实用电路

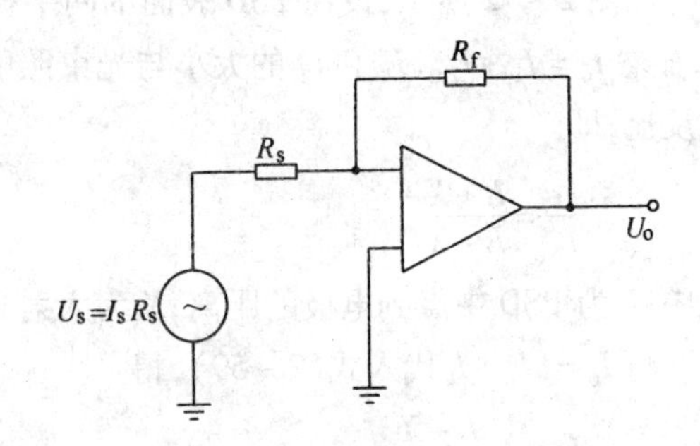

图2-71　光电池使用等效电路

硅光电池较广泛用于光度和色度测试方面。

表2-7　硅光电池主要参数范围

光谱范围/μm	峰值波长/μm	光电灵敏度/(μA/(mm²·lx))	响应时间/s	开路电压/mV	短路电压/mV
0.4~11	0.8~0.9	6~8	10^{-6}~10^{-5}	450~600	16~30

4)PSD位置敏感探测器(PSD)

Ⅰ.工作原理

PSD是一种基于非均匀半导体横向光电效应的、对入射光或粒子位置敏感的光电器件。它的PN结结构、工作状态、光电转换原理等与普通光电二极管类似,但它的工作原理与普通光电二极管完全不同。普通光电二极管是基于PN结或肖特基结的纵向光电效应,而PSD是基于PN结或肖特基结的横向光电效应,事实上是纵向光电效应和横向光电效应的综合。普通光电二极管通过光电流的大小反映入射光的强弱,是光电转换器件和控制器件。而PSD位置敏感探测器(PSD)不仅是光电转换器件,更重要的是光电流分配器件,通过合理设置分流层和收集电流的电极,根据各电极上收集到的电流信号的比例确定入射光的位置。从这个意义上说,PSD是普通光电二极管进一步细化的产品。

基于PIN二极管的PSD相当于在PN结结构的P层与N层之间插入高阻本征层(I

层),当加不太大的反偏电压时Ⅰ层就已全部耗尽,于是势垒宽度大大增大。势垒区有接近Ⅰ层的量子效率和饱和载流子运动,且势垒区宽度增大可减小势垒电容,因此Ⅰ层的引入可以显著地缩短器件的响应时间。另外,由于其红外光的吸收系数较小,所以 PSD 是理想的红外探测器。

PSD 可分为线型(一维)PSD 和面型(二维)PSD,前者可检测光点在一维线上的位置,后者可检测光点在平面上的位置坐标。一维 PSD 在敏感面的两端设有电极,而二维 PSD 的四边均设有电极。当 PSD 的敏感面受到光斑局部的非均匀照射时,在其敏感面上将产生与光斑位置相关的平行于敏感面的横向电压,如果光斑持续照射,并在 PSD 的电极上外接电路,将形成向两极流动的电流,两极电流的大小与光斑的位置有关。因此,根据电极电流的大小即可算出光斑的位置。下面对一维 PSD 的计算公式作简要介绍。

如图 2-72 所示,设在 PSD 表面的两平行电极上产生光电流 I_1、I_2。设总的光生电流为 I_0,显然 $I_0 = I_1 + I_2$。I_1 和 I_2 的大小与光束照射到 PSD 光敏面上的位置到两输出电极的距离成反比,即

$$\frac{I_1}{I_2} = \frac{L+X}{L-X} \tag{2-59}$$

式中:L 为 PSD 中点到电极的距离;X 为入射光点距 PSD 中点的距离。

将 $I_0 = I_1 + I_2$ 代入式(2-59),得

$$I_2 = I_0 \frac{L-X}{2L} \tag{2-60}$$

$$I_1 = I_0 \frac{L+X}{2L} \tag{2-61}$$

则

$$X = \frac{I_2 - I_1}{I_2 + I_1} L \tag{2-62}$$

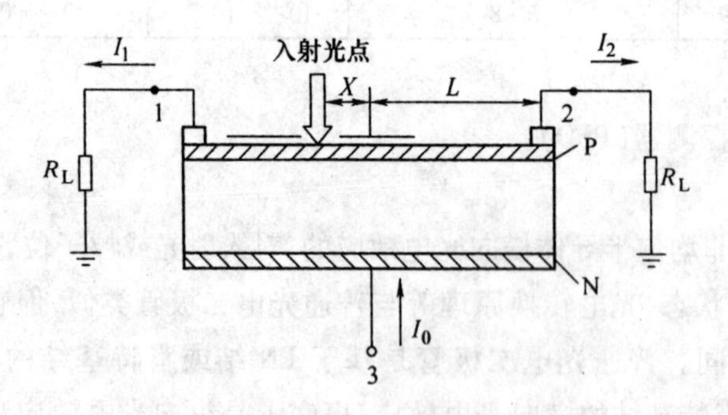

图 2-72 一维 PSD 的断面

Ⅱ. 性能参数分析

PSD 的主要性能参数有受光面积、光谱响应范围、位置检测误差、位置分辨率、线性度等。

Ⅰ)受光面积

在理想情况下,PSD 是检测光敏面上光点中心(照度中心)位置的光电检测元件。因此,通常在 PSD 前面设置聚光透镜,使受光面上的光点较小。选择受光面积合适的 PSD,以确保光点进入受光面。对于位移、距离等测量系统,当被测物移动时,光点在 PSD 上移动。所以,传感器的测量范围与 PSD 的长度密切相关。

Ⅱ)光谱响应范围

在单位光功率的单色光照射下,PSD 的输出电流随入射光波长变化而变化的关系称为光谱响应范围。用不同波长的光源照射,PSD 输出的电流大小不同。设计时,为了达到最佳效果,通常选用峰值响应较高的光源。在外部有遮挡的情况下,由于周围的光不能进入 PSD,在一定的敏感波长范围内采用任何光源都不会有问题。然而,在有其他混合光源的场合,如白炽光、荧光、水银光、太阳光等入射到 PSD 上,信号光源的光就被淹没了。这时,PSD 的窗口材料要采用可见光截止型的。

Ⅲ)位置检测误差

位置检测误差是光点的实际移动量与用 PSD 两极的电流计算出的移动量之间的差值,即实际的光点位置与检测的光点位置的差值,最大为全受光长的 2% ~3%,PSD 的位置检测精度也就在此程度。若要求更高的检测精度,可应用查表补偿或调整增益法。一维 PSD 的位置测量误差 $\Delta X=|X-X_c|$(X 是理论值,X_c 是测量值)。如果是二维 PSD,则分为 X 方向误差 ΔX、Y 方向误差 ΔY 和总误差 Δr,且 $\Delta r=\sqrt{\Delta X^2+\Delta Y^2}$。

Ⅳ)位置分辨率

位置分辨率是 PSD 的光敏面能检测到的最小位置变化,用受光面上的距离表示。由式(2-62)可得

$$\frac{I_2-I_1}{I_2+I_1}=\frac{X}{L} \tag{2-63}$$

由微小变化 ΔX 引起的位置变化量为

$$\Delta\left(\frac{I_2-I_1}{I_2+I_1}\right)=\frac{\Delta(I_2-I_1)}{I_2+I_1}=\frac{1}{L}\Delta X \tag{2-64}$$

所以

$$\Delta X=\frac{\Delta(I_2-I_1)}{I_2+I_1}L \tag{2-65}$$

若电流差无限小,则电流 I_1 和 I_2 中包含的噪声分量决定了位置分辨率。电路中含有的噪声电流分量主要有三种:电流中含有的散粒噪声电流;电极间电阻产生的热噪声电流;运算放大器的输入换算噪声电压除以电极间电阻的电流。

由式(2-65)可知,器件尺寸越大,即 L 越大,PSD 的位置分辨率越高。现实中为了提高 PSD 的位置分辨率,就必须增大 PSD 的分流层电阻,减小暗电流,此外还需要选择低噪声的运算放大器以及分辨率足够高的测试仪表。

Ⅴ)线性度

位置误差是指 PSD 测量的位置与实际位置之间的绝对误差,即 $\Delta X=X_i-X_{ti}$,其中 X_i

为实际位置,X_{ti}为测量位置。均方根位置误差

$$\delta=\sqrt{\sum_{i=1}^{n}(X_i-X_{ti})^2/n} \tag{2-66}$$

PSD 的线性度是输出电信号与实际位置之间的线性关系程度,即 PSD 测量的位置与实际位置之间的线性关系程度,线性度一般用均方根非线性误差来衡量。均方根非线性误差为 $\delta/L\times100\%$。

3. 光生伏特效应器件的应用

1)光电二极管在核信息测量中的应用

核信息测量系统通常由核辐射探测器和核电子学测量系统两部分组成。我们拟采用的测量系统如图 2-73 所示,其中虚线框 1 为闪烁体和光电二极管耦合组成的核辐射探测器,用于接收放射源发出的 γ 射线,闪烁体将 γ 射线激发产生的荧光传递给光电二极管,从而将高能量的 γ 光子转变为可为光电二极管接收的低能量的荧光(可见光),完成能量的转换,向后级电路输出相应的电子信号;虚线框 2 为核电子学测量系统,一般的电子学测量系统包括模拟信号获取或处理、模数变换以及数据量的获取或处理等三部分,前置放大器主要将光电二极管的电压(或电流)信号加以放大,以满足信号传输的需要,以计算机为核心的运算处理系统是信号的主处理系统,对预放大的信号进行分析和处理。以计算机为核心的运算处理系统内部一般应具有如图 2-74 所示的功能模块。

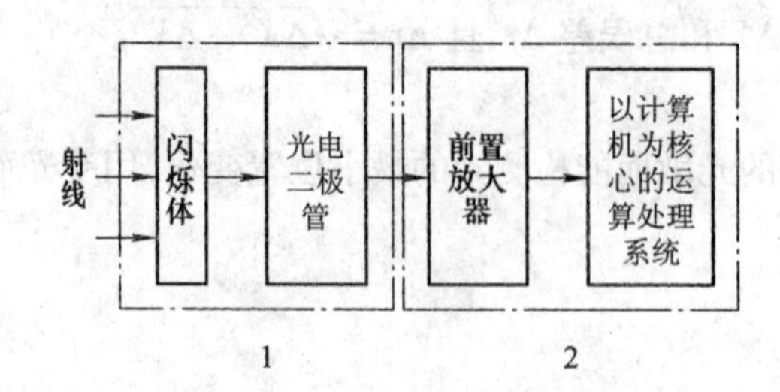

图 2-73 核信息测量系统

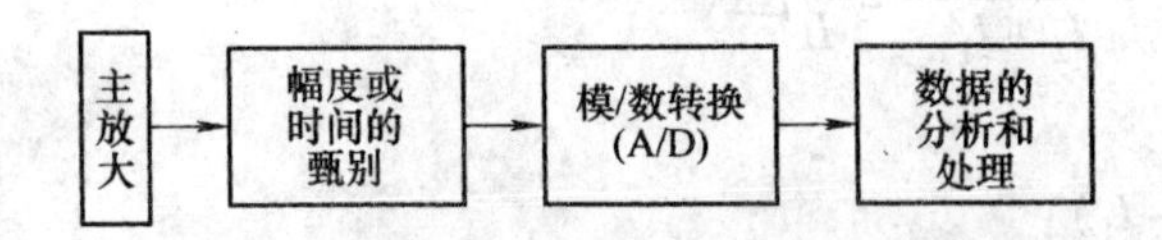

图 2-74 以计算计为核心的运算处理系统

2)光电池在定位瞄准技术中的应用

基于硅光电池的光电自动跟踪系统的结构框图如图 2-75 所示。整个光电自动跟踪系统由光电传感器、步进电机、微处理和微控制系统以及机械部分构成。它用步进电机控制光电传感器,可以实现在半球面大范围内活动并跟踪在其指向范围内的光源。光电自动跟踪系统能够指向并跟踪光源的原理是:光电传感器接收的光强作为由单片机和步进电机构成的伺服装置的反馈量,与理论值比较后得到的差值作为控制步进电机的输入。因此,这是一个由光电器件和机械部件组成的负反馈伺服系统,其处理核心是由单片机和 CPLD(复

杂可编程逻辑器件)构成的数据快速处理与数字控制模块。

整个光电自动跟踪系统可以分为两大部分:光电转换部分和单片机控制部分。光电转换部分包括前置放大器、选通逻辑、A/D 转换器等,将系统接收的光信号转换成为可以与单片机通信的数字信号;单片机接收数字信号,采用反馈原理控制步进电机旋转,使整个系统的中心始终指向光源所在。

光电自动跟踪系统采用硅光电池作为光电传感器,四个硅光电池分别连接四个前置放大器,然后连接去除工频干扰的陷波电路,再经过选通逻辑与 A/D 转换器相连,将光信号转换成数字量送入单片机进行运算,单片机将处理的数据送至 CPLD,由 CPLD 控制步进电机转动。这种设计既排除了光线波动造成的对比较输出的干扰,又有效减少了光电转换部分占用的单片机 I/O 口,优势十分明显。

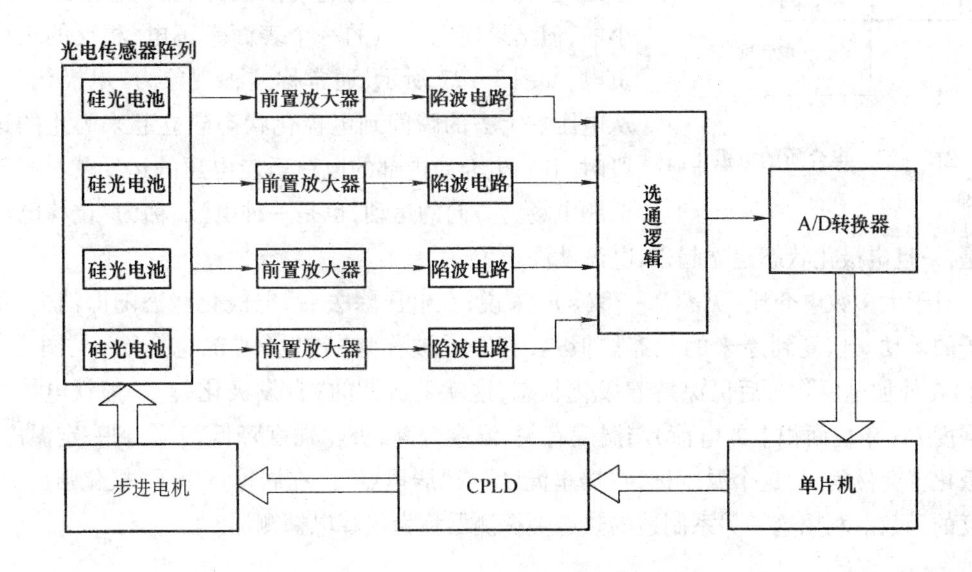

图 2-75 基于硅光电池的光电自动跟踪系统的结构框图

3)PSD 在火炮射击性能测试中的应用

火炮射击时的稳定性测试系统为光电非接触位置测量系统,由脉冲激光器、光学系统、PSD 及其适配电路、数据采集卡、数据处理软件和计算机等部分组成。具体测试方法是将脉冲激光器固定在火炮上,以一定的频率发射时,激光光点经光学系统成像于 PSD 上,PSD 输出的微弱电流信号经过预处理及位置信号提取电路,获得光点的精确位置,经单片机采集和通信,微机接收到入射光点的位置数据,实时地显示在显示器上。当激光器随火炮运动时,激光光点在测量靶上的运动轨迹与火炮的运动轨迹完全一致,通过软件处理不仅可以得到火炮被测点的运动轨迹,还可以获得其运动速度及加速度等参数。该测试系统的结构框图如图 2-76 所示。

图 2－76　测试系统的结构框图

2.2.3.4　红外热释电器件

1. 红外热释电器件的原理与结构

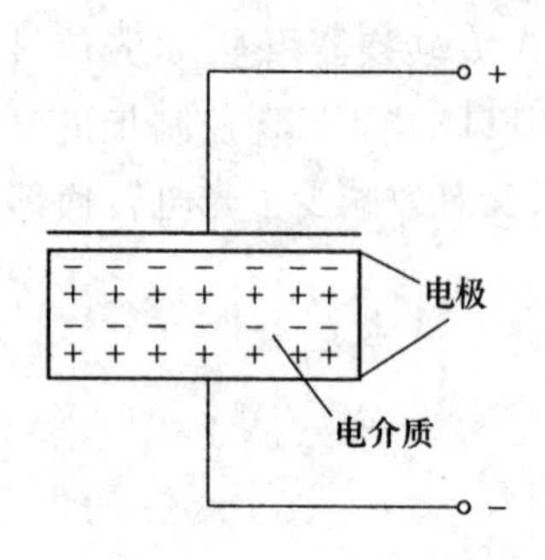

图 2－77　电介质的电极化

电介质的内部没有载流子，所以没有导电能力，但是它是由带电的粒子——电子、原子核等组成的。在外加电场的情况下，带电的粒子要受到电场力的作用，它们的运动会发生一些变化。例如，加上电压后，正电荷平均来讲总是趋向阴极，而负电荷趋向阳极，虽然其移动距离是很小的，但结果使电介质的一个表面带正电，相反的表面带负电，如图 2－77 所示，通常称这种现象为"电极化"。在从电压加上去的瞬间到电极化状态建立起来为止的这一段时间内，电介质内部的电荷适应电压的运动就相当于电荷顺电场力方向的运动，也是一种电流，称为"位移电流"。但是，一旦电极化状态建立起来，电流就停止了。

对于大多数电介质（见图 2－78（a））来说，在电压除去后，电极化状态随即消失，带电粒子的运动又恢复到原来的状态。但是，有一类被称为"铁电体"的电介质（见图 2－78（b））在外加电压除去后仍保持着极化状态，这就是所谓的"自发极化"。一般铁电体的极化强度 P_s（单位面积上的电荷）与温度有关，温度升高，极化强度降低，升高到一定温度，自发极化就突然消失，这个温度称为"居里温度"或"居里点"。在居里点以下，极化强度 P_s 是温度的函数。利用这一关系制造的热敏类探测器称为热释电探测器。

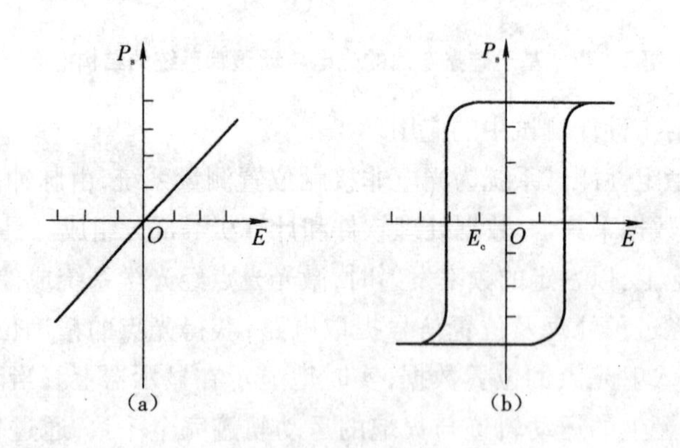

图 2－78　电介质的极化矢量与所加电场的关系

（a）一般电介质　（b）铁电体电介质

当红外辐射照射到已经极化了的铁电薄片上时，会引起薄片的温度升高，因而表面电荷减少，这相当于"释放"了一部分电荷，释放的电荷可用放大器转变成输出电压，如果红外辐射继续照射，使铁电薄片的温度升高到新的平衡值，表面电荷就达到新的平衡浓度而不再释放电荷，也就不再有输出信号。这与上面所介绍的各种类型的探测器存在根本不同。上面介绍的各种探测器，不管是光电类还是热敏类，在受辐照后都是经过一定的响应时间到达另一个稳定状态，这时输出信号最大。而热释电探测器则与此相反，在稳定状态下，输出信号下降到零，只在薄片温度升降的过程中才有输出信号。因此，在设计、制造和应用热释电探测器时，要设法使铁电薄片具有最有利的温度变化。

下面具体介绍一下热释电探测器对材料性能的要求。

由于热释电晶体具有自发极化，晶体的表面应该出现束缚电荷。在与极轴（即 P_s 方向）垂直的表面内，面束缚电荷密度等于 P_s。但通常这些面束缚电荷被晶体内部的外来自由电荷所中和，因此觉察不出来，晶体内部自由电荷起中和作用的平均时间为 $\tau=\varepsilon/\delta$，其中 ε 为晶体的介电常数，δ 为晶体的电导率。多数热释电晶体的 τ 值在 1 ~1 000 s。图 2－79 所示为热释电探测器的工作原理，用调制频率为 f 的红外辐射照射热释电晶体，就会使晶体的温度、晶体的自发极化以及由此引起的面束缚电荷均随频率 f 发生变化。如果频率较低，$f<1/\tau$，面束缚电荷将始终被体内自由电荷所中和，因此显不出变化来；但若 $f>1/\tau$，体内自由电荷就来不及中和面束缚电荷的变化，结果使晶体在垂直于 P_s 的两端面间出现开路的交流电压，如果在两端面附以电极，并接上负载 R_L，就会有电流流过负载。总之，当有 $f>1/\tau$ 的调制辐射照射到晶体上时，负载 R_L 的两端就会产生交流信号电压，这就是热释电探测器的工作原理。若温度对时间的变化率为 dT/dt，P_s 对时间的变化率为 dP_s/dt，它相当于外电路中流动的电流，设电极面积为 A，则信号电压的大小为

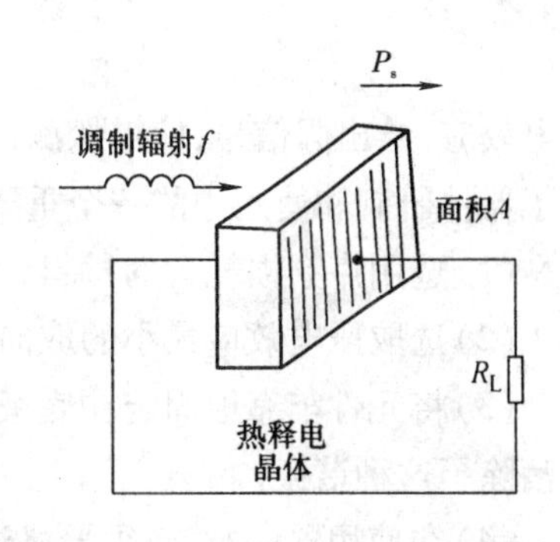

图 2－79　热释电探测器的工作原理

$$\Delta U=AR_L\frac{dP_s}{dt}=AR_L\left(\frac{dP_s}{dt}\right)\left(\frac{dT}{dt}\right) \tag{2-67}$$

式中：$\frac{dP_s}{dt}$是热释电系数，当 ΔT 比较小时，$\frac{dP_s}{dt}$可以看成常数。

输出信号 ΔU 正比于温度变化的速度，而不取决于晶体与辐射是否达到热平衡。

晶体管型热释电探测器的结构如图 2－80 所示。把已完成电极工艺的铁电体硫酸三甘氨酸 TGS 热敏元件连同衬底贴于普通晶体管管座上，上下电极通过导电胶、铟环或细钢丝过渡到管脚，加窗口封装之后即成为完整的 TGS 热释电探测器。由于晶体本身阻抗很高，因此整个封装工艺过程必须严格清洁处理，以提高电极间的漏电阻抗，降低噪声。

为了降低元件的总热导，一般使用热导率较低的衬底，管内抽真空或充氪等热导性很差的气体。许多热释电材料有特定的透射曲线。为了获得均匀的光谱响应，一般在热释电探测器灵敏层的表面涂以特殊的漆，增加对入射辐射的吸收。

所有的热释电晶体同时又是压电晶体，因此对声频振动很敏感，入射辐射脉冲的热冲击会激发热释电晶体的机械振荡，从而产生压电谐振。这就意味着在热释电效应上叠加了

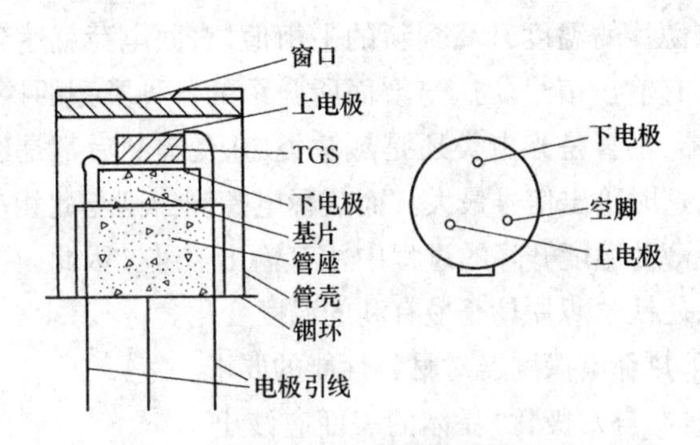

图 2-80 晶体管型热释电探测器的结构

压电效应，给出假信号，使得探测器在高频下使用受到限制。因此，热释电探测器的防谐振成了器件研制和使用中的一个重要问题。一般来说，防止压电谐振的办法有：

(1)选用声频损耗大的材料，如铌酸锶钡 SBN 在很高的频率下没有发现谐振现象；

(2)选取压电效应最小的取向；

(3)将元件牢靠地固定在底板上，例如用环氧树脂固定在玻璃片上，再封装成管就有效地消除了这种谐振；

(4)在使用器件时，必须严格注意防震。

但是前两种方法限制了广泛选材的可能性，第三种方法则降低了响应率和探测率。

2. 红外热释电器件的基本特性

1)电压响应率 R_v（也称为灵敏度）

经过调制的红外线光源照射到元件表面，元件输出的电压与输入的红外辐射功率的比值称为电压响应率 R_v，即

$$R_v = V_s P A_d \tag{2-68}$$

式中：V_s 为红外线检测元件的输出电压；P 为照射到元件单位面积上的辐射功率；A_d 为元件的面积。

R_v 的数值越大，其灵敏度就越高。

2)噪声等效功率 NEP

红外线检测元件的输出电压较低，因此在评价其性能指标时应特别注意噪声的影响。噪声等效功率（NEP）值是输出信号的信噪比（S/N）为 1 时所对应的红外线入射功率值，即

$$NEP = V_N / R_v \tag{2-69}$$

式中：V_N 为元件输出噪声电平；R_v 为电压响应率。

NEP 值越小，则元件越灵敏。

3)检测度 D 及特定检测度 D^*

检测度 D 是 NEP 的倒数，D 值越大，说明该元件检测信号的能力越强，受噪声影响越小。特定检测度 D^* 是将元件的受光面积 A_d 及测量放大器的频带宽度 Δf 特定和规格化的 D 值，即

$$D^* = D\,(A_d \times \Delta f)^{\frac{1}{2}} \tag{2-70}$$

D^* 参数能较确切地反映该元件的品质，因此应用更为广泛。

3. 红外热释电器件的应用

热释电红外传感器除了用于遥感、制导、夜视、主动雷达、热成像、气体分析、辐射计、测温等军事和工业场合外，近些年来在消费电子电器产品中的应用正迅猛增长。由于其具有不发生任何辐射、器件功耗很小、隐蔽性好、价格低廉等特点，故广泛用于防盗报警系统、房间自动开灯控制、自动门和其他安全及自动化装置中。一种典型的热释电红外报警系统如图2－81所示，其系统电路可由分立元件组合而成。其中，电压比较器起到鉴别有无人体进入检测区的作用，同时也可消除环境温度变化所产生的干扰；温度补偿电路使输出稳定；延时电路为防止传感器上电后约有1 min的不稳定时间而产生误报警信号而增设，以防止误报警。另外，在开启报警系统后，人员有充分的时间离开检测区。

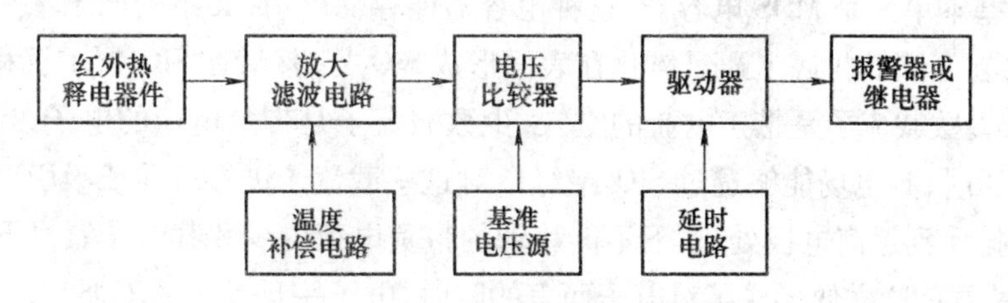

图2－81 热释电红外报警系统框图

该报警电路的工作原理为：主人开启报警系统后约1 min系统上电开始检测，当有人进入报警区域后，热释电红外传感器将检测到的信号放大比较确认，发出报警信号进行报警。

2.2.3.5 固态图像传感器件

1. CCD光电传感器

CCD光电传感器是一种新型光电转换器件，它能存储由光产生的信号电荷。当对它施加特定时序的脉冲时，其存储的信号电荷便可在CCD内做定向传输而实现自扫描。一个完整的CCD器件由光敏单元、转移栅、移位寄存器及一些辅助输入、输出电路组成。CCD工作时，在设定的积分时间内由光敏单元对光信号进行取样，将光的强弱转换为各光敏单元电荷的多少。取样结束后，各光敏单元电荷由转移栅转移到移位寄存器的相应单元中。移位寄存器在驱动时钟的作用下，将信号电荷顺次转移到输出端。将输出信号接到示波器、图像显示器或其他信号存储、处理设备中，就可对信号再现或进行存储处理。由于CCD光敏单元可做得很小（约10 μm），所以它的图像分辨率很高，而且集成度高、功耗小，已经在摄像、信号处理和存储三大领域中得到广泛的应用。

CCD按工作光谱可分为可见、红外和紫外三大类，在民用领域主要用的是可见光CCD光电传感器。

1）CCD的基本结构

CCD的基本结构是在P型硅衬底上形成一层约100 μm厚的二氧化硅绝缘层，再在绝缘层上按一定的次序沉积出细小金属或多晶硅电极，形成金属－氧化物－半导体机构的有序阵列，再加上输入和输出电路就构成了CCD的基本结构。图2－82所示是CCD线列的剖面图。CCD是由MOS矩阵组成的电荷耦合器件，图像的形成经历了信号电荷的积累、转移和读出的工作过程。

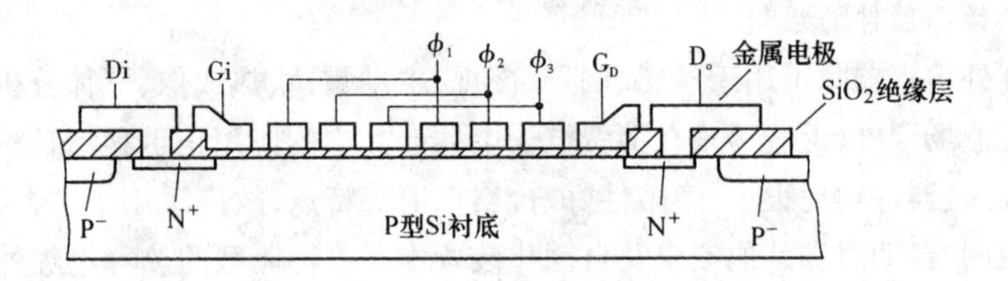

图 2-82 CCD 的基本结构

2) CCD 的基本工作原理

Ⅰ. CCD 的存储电荷原理

CCD 的基本单元是 MOS 电容器，这种电容器能存储电荷，其结构如图 2-83 所示。以 P 型硅为例，在 P 型硅衬底上通过氧化在表面形成 SiO_2层，然后在 SiO_2层上沉积一层金属为栅极，P 型硅多数载流子是带正电荷的空穴，少数载流子是带负电荷的电子，当在金属电极上施加正电压时，其电场能够透过 SiO_2绝缘层对这些载流子进行排斥或吸引。于是带正电荷的空穴被排斥到远离电极处，剩下不能移动的带负电荷的少数载流子紧靠 SiO_2层形成负电荷层（耗尽层），这样便形成了对电子而言的陷阱，电子一旦进入就不能复出，故又称为电子势阱。

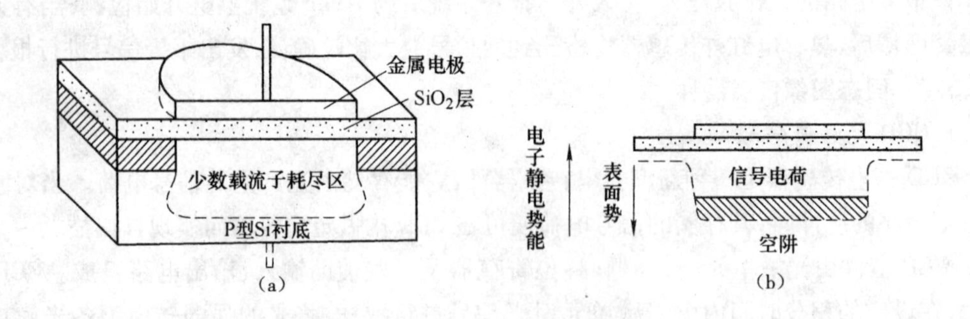

图 2-83 CCD 结构和工作原理

(a) 用作少数载流子存储单元的 MOS 电容器的剖面 (b) 有信号电荷的势阱（图中用阱底的液体代表）

当器件受到光照时（光可从各电极的缝隙间经过 SiO_2层射入，或经衬底的薄 P 型硅射入），光子的能量被半导体吸收，产生电子空穴对。这时出现的电子被吸引存储在势阱中，这些电子是可以传导的。光越强，势阱中收集的电子越多，光越弱则反之，这样就把光的强弱变成了电荷数量的多少，实现了光和电的转换，而势阱中收集的电子处于被存储状态，即使停止光照一定时间内也不会损失，这就实现了对光照的记忆。

总之，上述结构实质上是个微小的 MOS 电容器，用它构成像素既可"感光"又可留下"潜影"，感光作用是靠光强产生的电子积累电荷，潜影是由于各个像素留在各个电容里的电荷不等而形成的，若能设法把各个电容里的电荷依次传送到别处，再组成行和帧并"显影"，就实现了图像的传递。

Ⅱ. 电荷的转移与传输

CCD 的移位寄存器是一列排列紧密的 MOS 电容器，它的表面被不透光的铝层覆盖，以实现光屏蔽。由上面的讨论可知,MOS 电容器上的电压越高,产生的势阱越深,当外加电压一定时,势阱深度随阱中的电荷量增加而线性减小。利用这一特性,通过控制相邻 MOS 电容器栅极电压的高低来调节势阱深浅。制造时将 MOS 电容紧密排列,使相邻的 MOS 电容器势阱相互“沟通”。认为相邻的 MOS 电容器两电极之间的间隙足够小(目前工艺可做到 0.2 μm),在信号电荷自感生电场的库仑力推动下,就可使信号电荷由浅处流向深处,实现信号电荷定向转移。

为了实现这种定向转移,将 CCD 的 MOS 阵列划分成以几个相邻 MOS 电容器为一单元的无限循环结构。每两个单元称为一位,将每一位中对应位置上的电容栅极分别连到各自的共同电极上,此共同电极称为相线。例如把 MOS 线列电容划分成相邻三个 MOS 电容器为一单元,其中第 1、4、7……电容的栅极连接到第一根共同相线上,第 2、5、8……连接到第二根共同相线上,第 3、6、9……则连接到第三根共同相线上。显然,一位 CCD 中含的电容个数即为 CCD 的相数,每相电极连接的电容个数一般来说即为 CCD 的位数。通常 CCD 有二相、三相、四相等几种结构,它们所施加的时钟脉冲也分别为二相、三相、四相等。二相脉冲的两路脉冲相位相差 180°;三相脉冲及四相脉冲的相位差分别为 120°及 90°。当这种时序脉冲加到 CCD 的无限循环结构上时,将实现信号电荷的定向转移。

简单的三相 CCD 结构如图 2－84 所示。每一级也叫一个像元,有三个相邻电极,每隔两个电极的所有电极都接在一起,由三个相位相差 120°的时钟脉冲 ϕ_1、ϕ_2、ϕ_3 来驱动,故称三相 CCD。在 t_1 时刻,第一相时钟 ϕ_1 处于高电压,ϕ_2、ϕ_3 处于低电压,这时第一组电极 1、4、7……下面形成深势阱,这些势阱可以储存信号电荷形成“电荷包”,如图 2－84(c)所示。在 t_2 时刻,ϕ_1 电压线性减小,ϕ_2 为高电压,在第一组电极下的势阱变浅,而第二组电极 2、5、8……下面形成深势阱,信号电荷从第一组电极下面向第二组电极转移,直到 t_3 时刻,ϕ_2 为高电压,ϕ_1、ϕ_3 为低电压,信号电荷全部转移到第二组电极下面。重复上述类似过程,信号电荷可从 ϕ_2 转移到 ϕ_3,然后从 ϕ_3 转移到 ϕ_1 电极下的势阱中,三相时钟电压循环一个时钟周期,“电荷包”向右转移一级(一个像元),依次类推,信号电荷一直由电极 1、2、3……向右转移,直到输出。

Ⅲ. 电荷读出方法

CCD 的信号电荷读出方法有两种:输出二极管电流法和浮置栅 MOS 放大器电压法。

图 2－85(a)是在线列阵末端衬底上扩散形成输出二极管,当二极管加反向偏置时,在 PN 结区产生耗尽层,当信号电荷通过输出栅 OG 转移到二极管耗尽区时,将作为二极管的少数载流子而形成反向电流输出。输出电流的大小与信号电荷的大小成正比,并通过负载电阻 R_L变为信号电压 U_0输出。

图 2－85(b)是一种浮置栅 MOS 放大器读取信号电荷的方法。MOS 放大器实际是一个源极跟随器,其栅极由浮置扩散结收集到的信号电荷控制,所以源极输出随信号电荷变化。为了接收下一个“电荷包”,必须将浮置栅的电压恢复到初始状态,故在 MOS 输出管栅极上加一个 MOS 复位管。在复位管栅极上加复位脉冲 ϕ_R,使复位管开启,将信号电荷抽走,使浮置扩散结复位。

图 2－85(c)为输出极原理电路,由于采用硅栅工艺制作浮置栅输出管,可使栅极等效

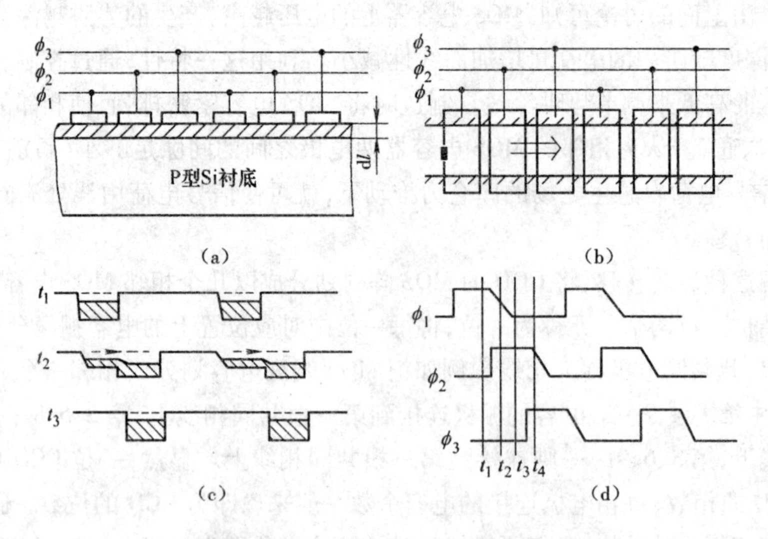

图 2-84 三相 CCD 的传输原理

(a)断面图 (b)俯视图 (c)势阱变化 (d)三相时钟的变化

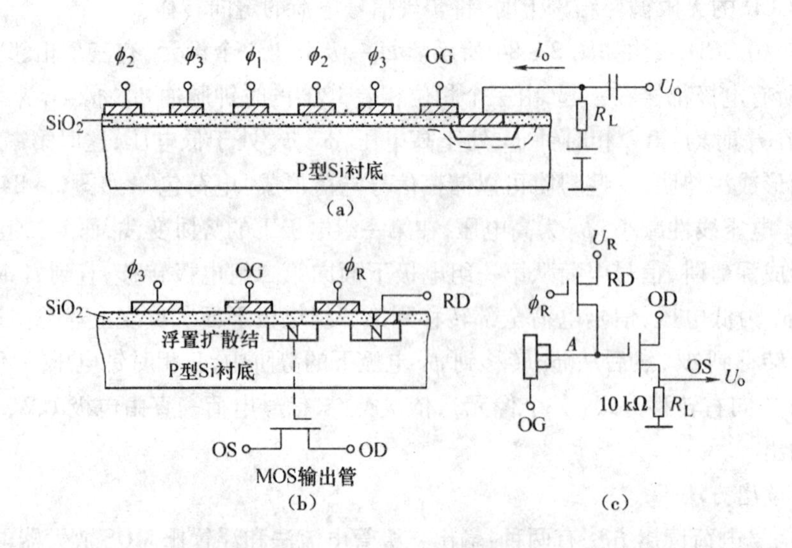

图 2-85 电荷读出方法

(a)输出二极管电流法 (b)浮置栅 MOS 放大器电压法 (c)输出极原理电路

电容 C 很小。如果“电荷包”的电荷为 Q,A 点等效电容为 C,输出电压为 U,A 点的电位变化 $\Delta U=-\dfrac{Q}{C}$,因而可以得到比较大的输出信号,起到放大器的作用,故称为浮置栅 MOS 放大器电压法。

3)面阵 CCD 的结构与工作过程

常见的面阵 CCD 光电传感器有行间转移和帧转移两种结构。

Ⅰ.行间转移结构(IL)

行间转移 CCD 的结构如图 2-86 所示。行间转移面阵 CCD 采用光区与转移区相间排列的方式，相当于将若干 CCD 线列沿垂直方向并排，再在垂直阵列尽头设置一条水平线列。水平 CCD 线列的列与垂直 CCD 相应的位一一对应，相互衔接。工作时，水平 CCD 的传输速度是垂直 CCD 的 M 倍（M 是垂直 CCD 的列数）。水平 CCD 每驱动 M 次，一行信息读完，同时垂直 CCD 读出一位信号，水平 CCD 处于消隐状态。接着垂直 CCD 又向上传输一位，水平 CCD 又开始将新的一行信号读出。如此循环，直至整个一场信号读完，进场消隐。在场消隐期间，又将产生一场新的光信号电荷，然后又进行新的一场信号的逐行读出。在拍摄时，组成一幅照片的可能是一场信号，也可能是数场信号，这要看入射光的强弱和曝光时间的长短。

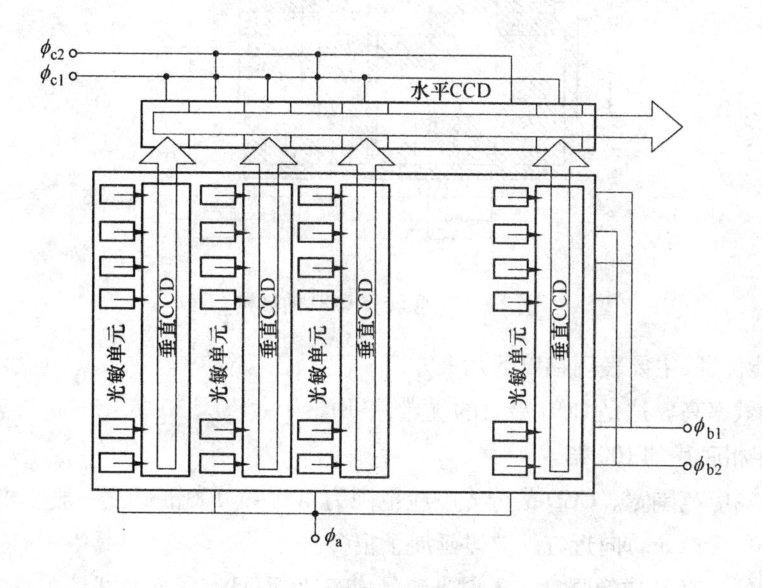

图 2－86　行间转移 CCD 的结构

Ⅱ. 帧转移结构（FT）

帧转移 CCD 的结构如图 2－87 所示。帧转移结构的面阵 CCD 光电传感由成像区（光敏区）、暂存区和水平读出寄存器三部分组成。每个成像单元为一个像素，假定有 M 个转移沟道，每个沟道有 N 个成像单元，那么整个成像区共有 $M \times N$ 个像素。暂存区的结构和单元数与成像区相同，暂存区与水平读出寄存器均作遮光处理。工作时，图像经物镜到达光敏区，光敏区上面的电极加有适当的偏置时，光生电荷被收集到电极下方的势阱里，这样就将光学图像变成了电荷包图像。当光积分周期结束时，加到成像区和暂存区电极上的时钟脉冲使所有收集到的信号电荷迅速转移到暂存区中，再经由水平读出寄存器，在时钟脉冲的控制下，经输出极逐行输出一帧信息。在读出第一帧的同时，第二帧信息又被通过光积分收集到势阱中，这样可以一帧一帧连续地读出。

FT 结构面阵 CCD 具有感光灵敏度高的特点，但是若光敏区和存储区中的一个 MOS 损坏，则整个线列都无法输出，最后得到的是一个不完全影像。因此，其在数码相机中采用的比较少，多数相机使用 IL 结构的 CCD。

4）CCD 的主要性能指标

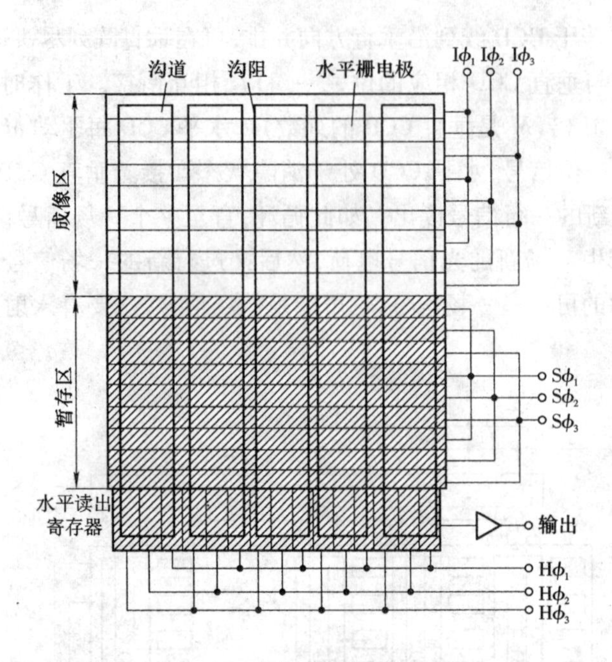

图 2-87 帧转移 CCD 的结构

CCD 性能优良,主要表现在以下几个方面。

(1)量子效率高。这是 CCD 最大的优点,平均量子效率为 30% ~50%,最高可达 90%,大约是一般照相底片的 100 倍。

(2)分光响应范围宽。CCD 的分光响应范围为 400 ~1 100 nm,比一般照相乳剂的灵敏波段范围(350 ~700 nm)向近红外波段延展了很多。

(3)线性好。CCD 成像强度与入射光流量成正比,而且有很好的线性关系。

(4)动态范围宽。CCD 的动态范围是指可探测的最暗星与最亮星的星等差。CCD 的动态范围可达 10^5,远远优于照相底片。

(5)分辨本领高。像素的尺度越小,分辨率越高。目前生产的 CCD 像素尺度为 9 ~25 μm,这与细颗粒的底片分辨本领相当。

CCD 在使用中也存在一些需要注意和解决的问题和困难。

(1)CCD 成像面积越大制造越困难,采用小面积拼接的办法需要尖端技术的支持。

(2)在不漏光的情况下,存在由于栅偏压而引起的电子潜像,称为零秒漏光,也称为 Bais(基底),在 CCD 的观测资料处理中要扣除 Bais。

(3)CCD 与光电倍增管一样也有暗电流,即在无光照时也有输出。暗电流随温度而改变,一般每降低 5 ~7 ℃,暗电流就减小一半。所以,应将器件冷却到足够低的温度。专业应用的 CCD 常用液氮(装在杜瓦瓶内)制冷,使其温度低于 -110 ℃;业余观测使用的 CCD 系统多采用半导体制冷。观测时需要单独测定暗电流,并在资料处理中加以扣除。

(4)CCD 器件各个像素的量子效率不一,这种基底(也叫"平场")的不均匀性会造成成像失真。因此,观测天体之后通常要测定平场,即用一均匀光源照射或对天空背景进行单独观测,存储其图像,然后在资料处理中加以扣除(天体的图像除以平场)。

2. CMOS 光电传感器

CMOS 工艺是超大规模集成电路的主流工艺，集成度高，可以根据需要将多种功能集成在一块芯片上，单芯片就可以完成摄像机的全部电学功能，且体积小、功耗低、价格便宜。随着近年来 CMOS 集成电路工艺的不断进步和完善，CMOS 光电传感器芯片获得了迅速的发展和广泛应用。

CMOS 光电传感器是固体图像传感器中最重要的一个分支，它具有体积小、质量轻、功耗低、集成度高、价格低等 CCD 光电传感器不具备的优点。近年来，由于亚微米工艺技术的发展和器件结构不断改进，大大改善了 CMOS 光电传感器的图像质量，使其明显优于 CCD 光电传感器的图像质量。因而，可以预期在不久的将来 CMOS 光电传感器会在许多领域取代 CCD 光电传感器。

CMOS 图像传感器的总体结构框图如图 2 - 88 所示。它一般由光敏单元阵列、行选通逻辑、列选通逻辑、定时和控制电路、在片模拟信号处理器(ASP)构成。更高级的 CMOS 图像传感器还集成有在片模/数转换器(ADC)。

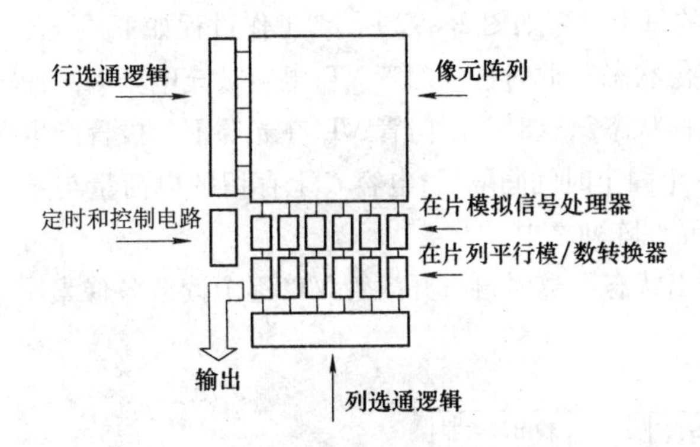

图 2 - 88　CMOS 图像传感器的总体结构框图

1) CMOS 图像传感器的像元结构

CMOS 图像传感器有两种基本类型，即无源像素图像传感器(PPS)和有源像素图像传感器(APS)。

PPS 像元结构简单，没有信号放大作用，只有单一的光点二极管(MOS 或 PN 结二极管)，其结构原理如图 2 - 89 所示。光电二极管将入射光信号变为电信号，光生电信号通过一个晶体管(开关)传输到像元阵列外围的放大电路。

由于 PPS 像元结构简单，所以在给定的单元尺寸下，可设计出最大的填充系数(有效光敏面积与单元面积之比)；在给定的填充系数下，单元尺寸可设计得最小。但是，PPS 的致命弱点是读出噪声大，主要是固定图形噪声，一般有 250 个均方根电子。由于多路传输线寄生电容及读出速率的限制，PPS 难以向大型阵列发展(难超过 1 000 像元 ×1 000 像元)。

APS 像元结构内引入了至少一个(一般为几个)晶体管，具有信号放大和缓冲作用，其结构原理如图 2 - 90 所示。在像元内设置放大元件改善了像元结构的噪声性能。APS 像元结构复杂，与 PPS 相比填充系数减小，因而需要较大的单元尺寸。随着 CMOS 技术的发展，几何尺寸日益减小，填充系数不再是限制 APS 潜在性能的因素。由于 APS 潜在的性能，目前主要在发展 CMOS 有源像素图像传感器。

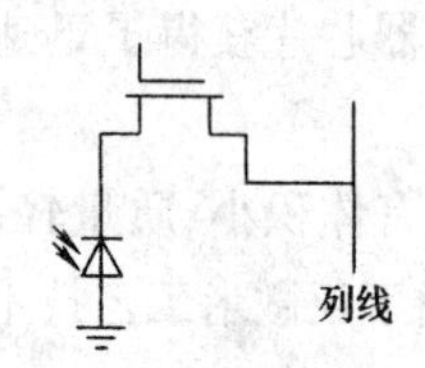

图 2-89 PPS 像元结构原理

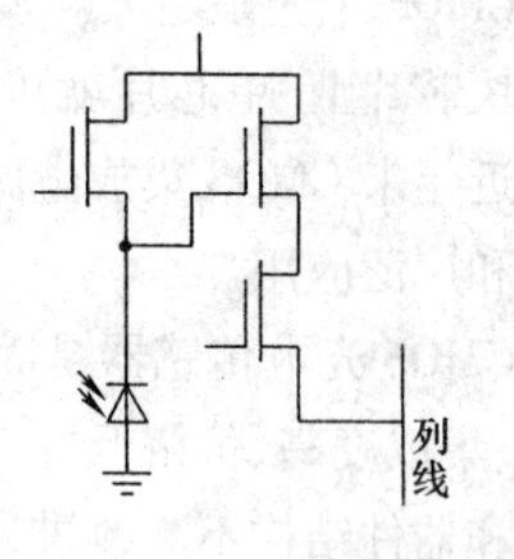

图 2-90 APS 像元结构原理

2)CMOS 图像传感器的基本原理

完整的 CMOS 摄像器件包含如图 2-91 所示的各功能块。下面分别介绍各功能块的作用。

Ⅰ. 敏感元件阵列

敏感元件阵列中的每个像素如图 2-92 所示,工作过程如下。

(1)首先进入“复位状态”,此时打开门管 VT,电容被充电至 U,二极管处于反向状态。

(2)然后进入“取样状态”,这时关闭门管 VT,在光照下二极管产生光电流,使电容上存储的电荷放电,经过一个固定时间间隔后,电容 C 上存留的电荷量与光照成正比,这时就将一幅图像摄入了敏感元件阵列之中。

(3)最后进入“读出状态”,这时再打开门管 VT,逐个读取各像素中电容 C 上存储的电荷电压。

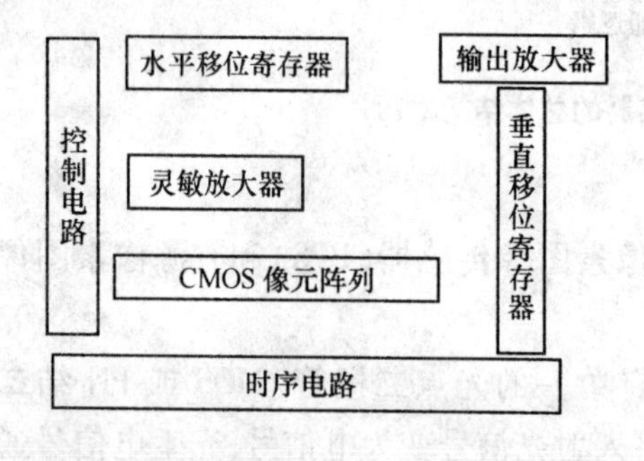

图 2-91 CMOS 光电传感器框图

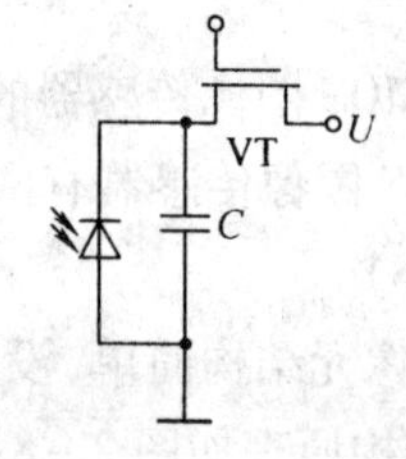

图 2-92 单个像素

Ⅱ. 灵敏放大器

在敏感元件阵列中,各像素反映光强的电荷量(电压信号)是一个很弱的电信号,必须进行放大,所以要求放大器不仅要十分灵敏,而且具有低的噪声。

Ⅲ. 阵列扫描电路

水平移位寄存器可完成水平方向的扫描,利用它可以实现从左向右或从右向左依次读出每列各像素中的电信号;垂直移位寄存器可完成垂直方向的扫描,利用它可以实现从上向下依次读出每行各像素中的电信号,从而实现对一幅图像信息的扫描。为了输出到外电路,还要通过输出放大器,以提高驱动能力。

Ⅳ.控制电路

为了获得质量合格的实用摄像头，芯片中必须包含各种控制电路，如曝光时间控制、自动增益控制及γ校正等。

Ⅴ.时序电路

为了使芯片中各部分电路按规定的节拍动作，必须使用多个时序控制信号。为了便于摄像头的应用，还要求该芯片能输出一些时序信号，如同步信号、行起始信号、场起始信号等。

3）CMOS 的主要性能指标

表征 CMOS 图像传感器的性能指标参数与表征 CCD 的性能指标参数基本上是一致的。近年来，CMOS 成像器件取得重大进展，其性能指标已与 CCD 接近。

Ⅰ.光谱性能与量子效率

CMOS 成像器件的光谱性能和量子效率取决于其像敏单元（光电二极管）。CMOS 光谱范围为 350～1 100 nm，峰值响应波长在 700 nm 附近，峰值波长响应度达到 0.4 A/W。

器件的光谱响应特性与器件的量子效率受器件表面光反射、光干涉、光透过表面层的透过率的差异和光电子复合等因素影响，量子效率总是低于 100%。此外，由于上述影响会随波长而变化，所以量子效率也是随波长而变化的。例如在波长 400 nm 处的量子效率约为 50%，700 nm 处达到峰值时的量子效率约为 70%，而 1 000 nm 处的量子效率仅为 8% 左右。

Ⅱ.填充因子

填充因子是光敏面积对全部像敏面积之比，它对器件的有效灵敏度、噪声、时间响应、模传递函数（MTF）等的影响很大。

因为 CMOS 图像传感器包含驱动、放大和处理电路，会占据一定的表面面积，因而降低了器件的填充因子。被动像敏单元结构的器件具有的附加电路少，其填充因子会大些；大面积的图像传感器结构，光敏面积所占比例会大一些。提高填充因子，使光敏面积占据更大的表面面积，是充分利用半导体制造大光敏面图像传感器的关键。一般而言，提高填充因子的方法有以下两种。

（1）采用微透镜法。在 CMOS 成像器件的上方安装一层矩形的面阵微透镜，它将入射到像敏单元的全部光线都汇聚到各个面积很小的光敏元件上，所以填充因子可以提高 90%。此外，由于光敏元件面积减小，提高了灵敏度，降低了噪声，减小了结电容，提高了器件的响应速度，所以这是一种很好的提高填充因子的方法，它在 CCD 上已得到成功应用。

（2）采用特殊的像敏单元结构。一种填充率较高的 CMOS 图像传感器的像敏单元结构表面有光电二极管和其他电路，且二者是隔离的。在光电二极管的 N^+ 区下面增加了 N 区，用于接收扩散的光电子；在电路 N 的下面设置了一个 P^+ 静电阻挡层，用于阻挡光电子进入其他电路中。

Ⅲ.输出特性与动态范围

CMOS 成像器件有四种输出模式：线性输出模式、双斜率输出模式、对数输出模式和γ校正模式。它们的动态范围相差很大，特性也有较大的区别。

Ⅰ）线性输出模式

线性输出模式的输出与光强度成正比,适用于要求进行连续测量的场合。它的动态范围最小,而且在线性范围的最高端信噪比最大;在信号小时,因噪声的影响大,信噪比很小。

Ⅱ)双斜率输出模式

双斜率输出模式是一种扩大动态范围的方法。它采用两种曝光时间,当信号很弱时采用长时间曝光,输出信号曲线的斜率很大;而当信号很强时改用短时间曝光,曲线斜率便会减小,从而可以扩大动态范围。为了改善输出的平滑性,还可以采用多种曝光时间,这样输出曲线是由多段直线拟合而成的,自然会平滑很多。

Ⅲ)对数输出模式

对数输出模式的动态范围非常大,可达几个数量级,无须对照相机的曝光时间进行控制,也无须对镜头的光圈进行调节。此外,在 CMOS 成像器件中,可以方便地设计出具有对数响应的电路,实现起来也很容易。还应说明的是,人眼对光的响应也接近对数规律,因此这种输出模式具有良好的使用性能。

Ⅳ)γ 校正模式

γ 校正模式的输出规律如下:

$$U = k\mathrm{e}^{\gamma E} \tag{2-71}$$

式中:U 为信号输出电压;E 是输入光强;k 为常数;γ 为小于 1 的系数。

可见这种模式也使输出信号的增长速度逐渐减缓。

Ⅳ. 噪声

CMOS 图像传感器的噪声来源于其中的光敏、像敏单元的光电二极管、用于放大器的场效应管和行、列选择等开关的场效应管。这些噪声既有相似之处也有很大差别。此外,由光电二极管阵列和场效应电路构成的 CMOS 图像传感器还可以产生新的噪声,这里就不详细讨论了。

Ⅴ. 空间传递函数

利用像素尺寸 b 和像素间隔 S 等参数很容易推导出 CMOS 成像器件的理论空间传递函数,即

$$T(f) = \mathrm{sinc}(bf) \tag{2-72}$$

式中:f 是空间频率。

$T(f) = 0$ 时的空间频率称为奈奎斯特(Nyquist)频率 f_N。由式(2-72)可求得

$$f_N = \frac{1}{2b} \tag{2-73}$$

由于 CMOS 成像器件中存在空间噪声和窜音,实际的空间传递函数特性会降低些。

3. CCD 器件的应用

1)CCD 在自动测量中的应用

使用线型固态图像传感器测量物体尺寸的基本原理如图 2-93 所示。利用几何光学知识很容易推导出被测对象的长度 L 与系统诸参数之间的关系为

$$L = \frac{1}{M} \cdot np = \left(\frac{a}{f} - 1\right) \cdot np \tag{2-74}$$

式中:M 为倍率;n 为线型传感器的像素数;p 为像素间距;f 为所用透镜的焦距;a 为物距。

固态图像传感器所感知的光像的光强是被测对象与背景光强之差。因此,就具体测量技术而言,测量精度与两者比较基准值的选定有关,并取决于传感器像素数与透镜视场的比值。为提高测量精度,应当选用像素高的传感器,并且应当尽量缩短视场。

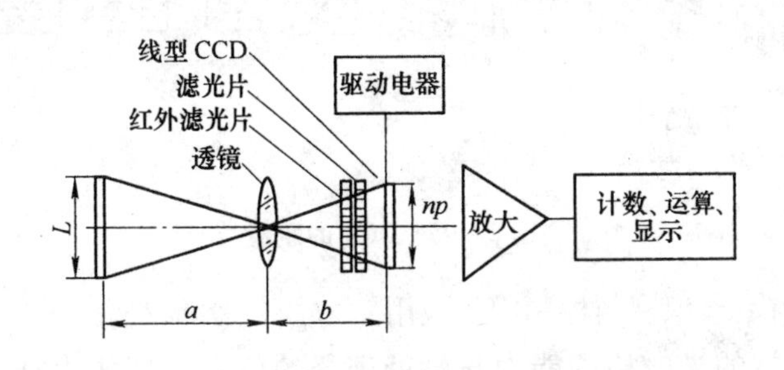

图 2-93　尺寸测量的基本原理

图 2-94 所示是尺寸测量的一个实例,所测对象为热轧板宽度。因为两个 CCD 线型传感器只各测量板端的一部分,就相当于缩短了视场。当要求更高的测量精度时,可同时并用多个传感器取其平均值,也可以根据所测板宽的变化将 d 做成可调的形式。图 2-94 所示的 CCD 传感器是用来摄取激光器在板上的反射光像的,其输出信号用来补偿由于板厚度变化而造成的测量误差。整个系统由微处理机控制,这样可做到在线实时检测热轧板宽度。对于 2 m 宽的热轧板,最终测量精度可达 ±0.025%。工件伤痕及表面污垢测试检测原理基本上与尺寸测量相同。

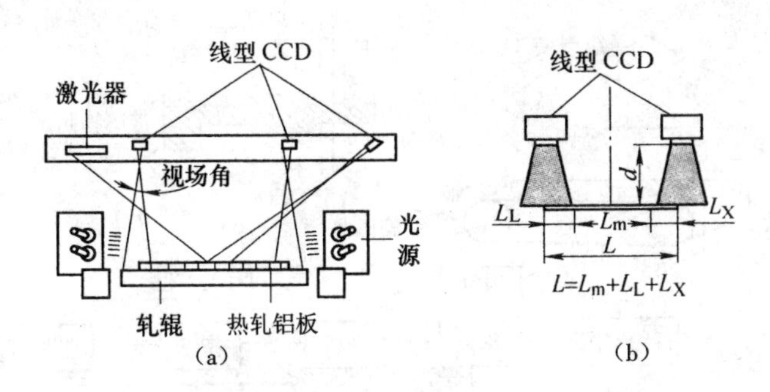

图 2-94　热轧板宽度自动测量系统

(a)系统基本组成　(b)测量原理

2)CCD 在文字识别中的应用

CCD 还可用作光学文字识别装置的“读取头”。光学文字识别装置(OCR)的光源可用卤素灯。光源与透镜间设置红外滤光片,以消除红外光的影响。每次扫描时间为 300 μs,因此可做到高速文字识别。图 2-95 所示是 OCR 的原理图。经 A/D 转换的二进制信号通过特别滤光片后,文字更加清晰。然后把文字逐个断切出来。以上处理称为“前置处理”。在前置处理后,以固定方式对各个文字进行特征抽取。最后,将抽取所得特征与预先置入的诸文字特征相比较,以判断与识别输入的文字。

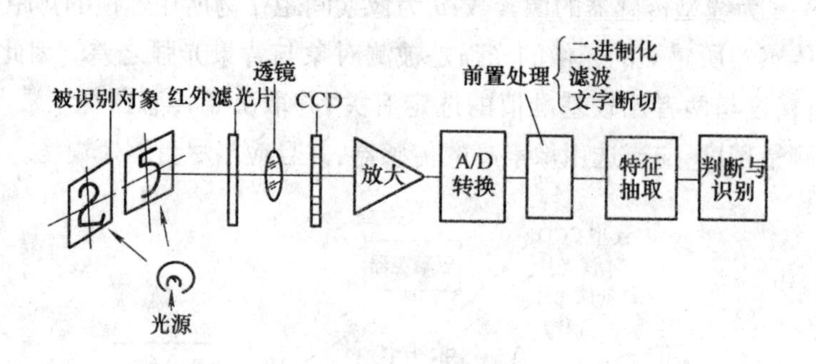

图 2-95 OCR 的原理

3)CCD 在在线检查、识别与控制中的应用

CCD 光电传感器的光电检测能力与微处理器的信号处理能力结合起来能大大扩展 CCD 的应用前景,例如用来对在线零件的图形进行检查和识别,从而提高生产自动化的水平和产品质量。图 2-96 所示是一个线型 CCD 光电传感器对机械零件进行图形识别的例子。被测物是一个轴类零件,它在传输线上作等速运动。在光源的照射下,它的阴影依次扫过光电阵列,从而使传感器输出与阴影相对应的信号。将 CCD 输出的信号与传输线的运动速度信息同时输入微型计算机,对输入信号进行处理和编译,再与微型计算机内存的标准图形信息进行比较,便可以计算出偏差信息,并由微型计算机依据偏差大小作出判断,发出指令对零件进行选择。CCD 光电传感器和微型计算机的配合目前已被用来识别大规模集成(LSI)电路的焊点图案,不仅提高了自动化程度,也使 LSI 电路的成品率大大提高。

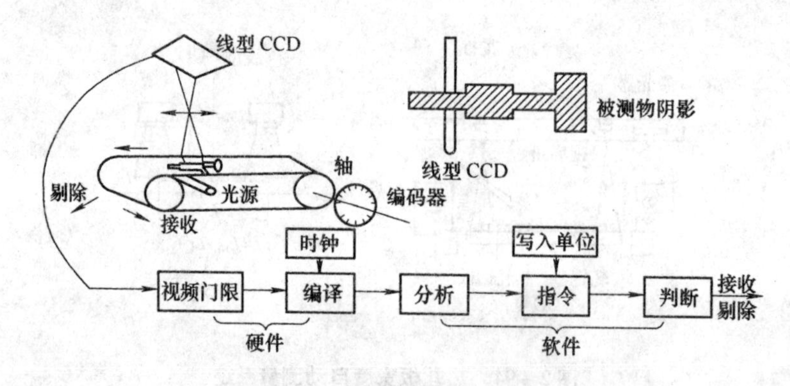

图 2-96 图形识别的工作原理

2.3 光电检测技术工程中的数模转换和数据采集

2.3.1 模数转换

可以把模拟量转变为数字量的器件叫模拟—数字转换器(简称 A/D 转换器),可以把数字量转变为模拟量的器件叫数字—模拟转换器(简称 D/A 转换器)。在光电检测中,经

过光电探测器，光信号转化为电信号，电信号需要经过A/D转换才可以被相关数据处理单元和程序处理。所以，在光电检测技术中A/D转换显得尤为重要。

2.3.1.1　取样定理简述

A/D转换是通过取样、保持、量化和编码这四个步骤完成的。在A/D转换过程中，输入的模拟信号在时间上是连续的，而输出的数字信号却是离散的，所以进行转换时需要在时间轴上对输入的模拟信号进行取样，然后把这些取样值经过量化和编码转化为输出的数字量，如图2-97所示。

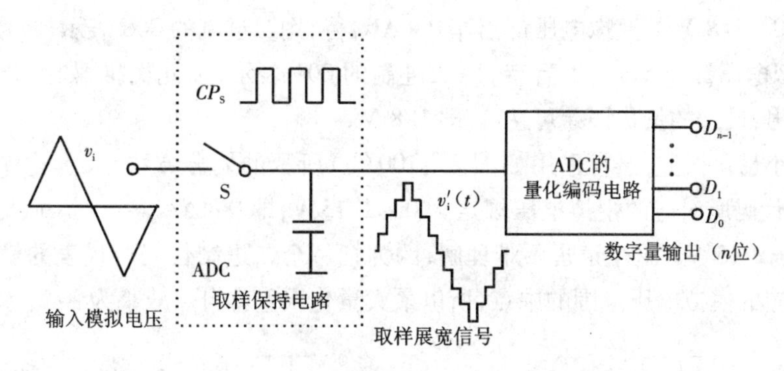

图2-97　模拟量到数字量的转换过程

1. 取样定理

在模拟/数字信号的转换过程中，当采样频率f_s大于信号最高频率f_{imax}的2倍时($f_s \geqslant 2f_{imax}$)，采样之后的数字信号完整地保留了原始信号中的信息，如图2-98所示，一般在实际应用中保证采样频率为信号最高频率的5~10倍。取样定理又称奈奎斯特定理。因此，取样定理规定了A/D转换的频率下限，如图2-99所示。

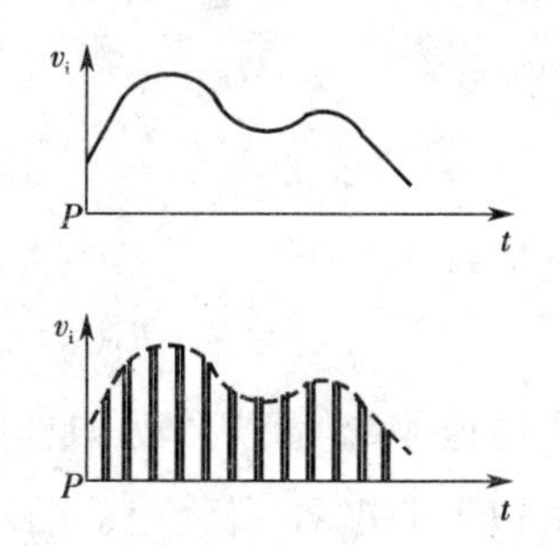

图2-98　对输入模拟信号的采样

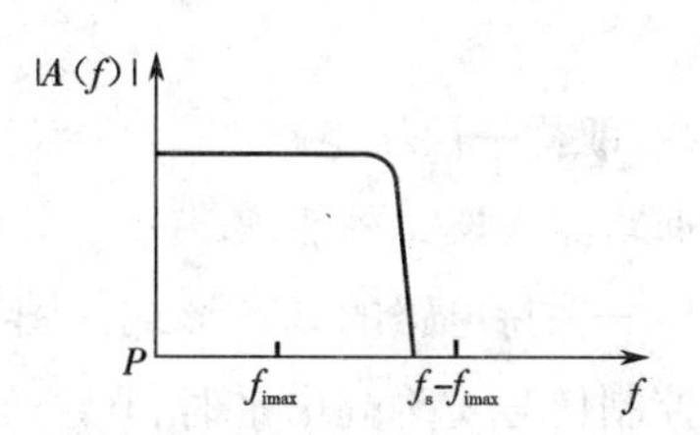

图2-99　还原取样信号所用滤波器的频率特性

因为每次把取样电压转换为相应的数字量都需要一定的时间，所以在每次取样以后，必须把取样电压保持一段时间。可见，进行A/D转换时所用的输入电压实际上是每次取样结束时的v_i值。

2. 量化和编码

数字信号不仅在时间上是离散的，而且在数值上的变化也不是连续的。这就是说，任何一个数字量的大小都是以某个最小数量单位的整倍数来表示的。因此，在用数字量表示取样电压时也必须把它变成这个最小数量单位的整数倍，这个转化过程就称为量化。

所规定的最小数量单位称为量化单位，用Δ表示。显然，数字信号最低有效位中的1表示的数量大小就等于Δ。把量化的数值用二进制代码表示称为编码。这个二进制代码就是A/D转换的输出信号。

模拟电压是连续的，它不一定能被Δ整除，因而在量化过程中会不可避免地引入误差，这种误差称为量化误差。在把模拟信号划分为不同的量化等级时，用不同的划分方法可以得到不同的量化误差。

假定需要把0~1 V的模拟电压信号转换成3位二进制代码，便可以取$\Delta=1/8$ V，并规定凡数值在0~1/8 V的模拟电压都当作$0\times\Delta$看待，用二进制的000表示；凡数值在1/8~2/8 V的模拟电压都当作$1\times\Delta$看待，用二进制的001表示，以此类推，如图2-100(a)所示。不难看出，最大的量化误差可达Δ，即1/8 V。

为了减小量化误差，通常采用如图2-100(b)所示的划分方法，取量化单位$\Delta=2/15$ V，并将000代码所对应的模拟电压规定为0~1/15 V，即0~$\Delta/2$。这时，最大量化误差将减小为$\Delta/2=1/15$ V。这个道理不难理解，因为把每个二进制代码所代表的模拟电压值规定为它所对应的模拟电压范围的中点，所以最大量化误差就自然减小为$\Delta/2$。

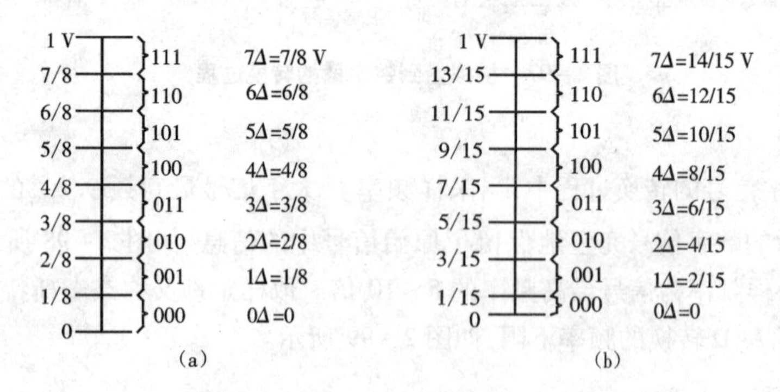

图2-100 划分量化电平的两种方法

(a)$\Delta=1/8$ V (b)$\Delta=2/15$ V

2.3.1.2 取样—保持电路

1. 电路组成及工作原理

取样—保持电路的基本形式如图2-101所示。其中，N沟道MOS管T作为取样开关用。当控制信号v_L为高电平时，T导通，输入信号v_i经电阻R_i和T向电容C_h充电。若取$R_i=R_f$，则充电结束后$v_o=-v_i=v_C$。当控制信号返回低电平时，T截止。由于C_h无放电回路，所以v_o的数值被保存下来。

该电路的缺点是在取样过程中需要通过R_i和T向C_h充电，所以取样速度受到了限制。同时，R_i的数值又不允许取得很小，否则会进一步减小取样电路的输入电阻。

2. 改进电路及工作原理

图2-102所示是单片集成取样—保持电路LE198的电路原理及符号，它是一个经过改进的取样—保持电路。图中A_1、A_2是两个运算放大器，S是电子开关，L是开关的驱动电路，当逻辑输入v_L为1，即v_L为高电平时，S闭合；当v_L为0，即低电平时，S断开。

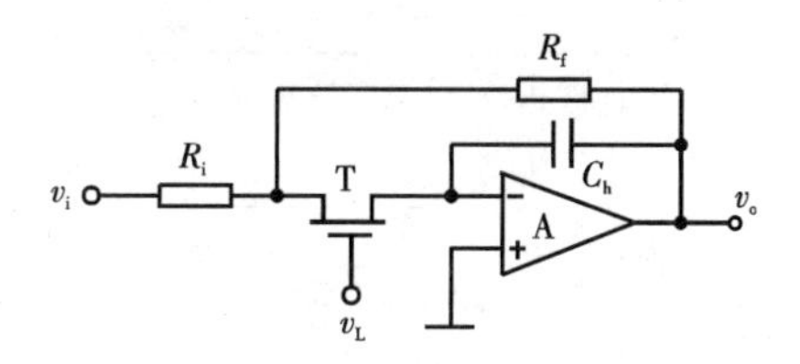

图 2－101　取样—保持电路的基本形式

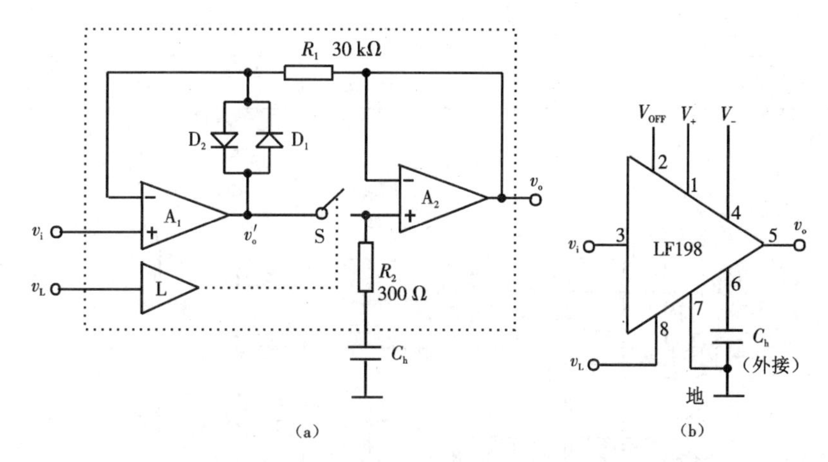

图 2－102　单片集成取样—保持电路 LE198 的电路原理及符号

(a)电路原理　(b)符号

当 S 闭合时，A_1、A_2均工作在单位增益的电压跟随器状态，所以 $v_o = v'_o = v_i$。如果将电容 C_h接到 R_2的引出端和地之间，则电容上的电压也等于 v_i。v_L返回低电平以后，虽然 S 断开了，但由于 C_h上的电压不变，所以输出电压 v_o的数值得以保持下来。

在 S 再次闭合以前的这段时间里，如果 v_i发生变化，v'_o可能变化得非常大，甚至超过开关电路所能承受的电压，因此需要增加 D_1和 D_2构成保护电路。当 v'_o比 v_o所保持的电压高（或低）一个二极管的压降时，D_1（或 D_2）导通，从而将 v'_o限制在 $v_i + v_D$以内。而在开关 S 闭合的情况下，v'_o和 v_o相等，故 D_1和 D_2均不导通，保护电路不起作用。

2.3.1.3　并行比较型 A/D 转换器

三位并行比较型 A/D 转换器的原理电路如图 2－103 所示，它由电压比较器、寄存器和代码转换器三部分组成。其输入与输出转换关系见表 2－8。

表 2－8　三位并行比较型 A/D 转换器输入与输出转换关系对照表

输入模拟电压 v_i	寄存器状态（代码转换器输入）							数字量输出（代码转换器输出）		
	Q_7	Q_6	Q_5	Q_4	Q_3	Q_2	Q_1	D_1	D_2	D_0
$\left(0 \sim \frac{1}{15}\right)V_{REF}$	0	0	0	0	0	0	0	0	0	0
$\left(\frac{1}{15} \sim \frac{3}{15}\right)V_{REF}$	0	0	0	0	0	0	1	0	0	1
$\left(\frac{3}{15} \sim \frac{5}{15}\right)V_{REF}$	0	0	0	0	0	1	1	0	1	0

续表

输入模拟电压 v_i	寄存器状态(代码转换器输入)							数字量输出(代码转换器输出)		
	Q_7	Q_6	Q_5	Q_4	Q_3	Q_2	Q_1	D_1	D_2	D_0
$\left(\frac{5}{15}\sim\frac{7}{15}\right)V_{REF}$	0	0	0	0	1	1	1	0	1	1
$\left(\frac{7}{15}\sim\frac{9}{15}\right)V_{REF}$	0	0	0	1	1	1	1	1	0	0
$\left(\frac{9}{15}\sim\frac{11}{15}\right)V_{REF}$	0	0	1	1	1	1	1	1	0	1
$\left(\frac{11}{15}\sim\frac{13}{15}\right)V_{REF}$	0	1	1	1	1	1	1	1	1	0
$\left(\frac{13}{15}\sim\frac{15}{15}\right)V_{REF}$	1	1	1	1	1	1	1	1	1	1

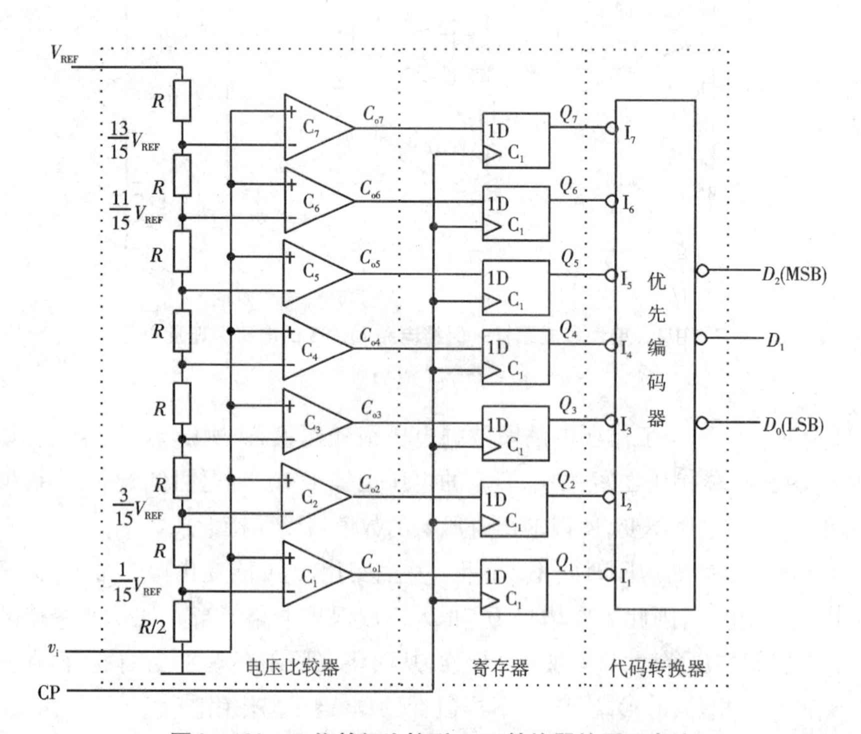

图 2-103 三位并行比较型 A/D 转换器的原理电路

电压比较器中量化电平的划分采用图 2-100(b)所示的方式,用电阻链把参考电压 V_{REF}分压,得到从$\frac{1}{15}V_{REF}$到$\frac{13}{15}V_{REF}$的 7 个比较电平,量化单位 $\Delta=\frac{2}{15}V_{REF}$。然后,把这 7 个比较电平分别接到 7 个比较器 $C_1\sim C_7$的输入端作为比较基准。同时,将输入的模拟电压加到每个比较器的另一个输入端上,与这 7 个比较基准进行比较。

单片集成并行比较型 A/D 转换器的产品较多,如 AD 公司的 AD9012(TTL 工艺,8 位)、AD9002(ECL 工艺,8 位)和 AD9020(TTL 工艺,10 位)等。

并行 A/D 转换器具有如下特点。

(1)由于转换是并行的,其转换时间只受比较器、触发器和编码电路延迟时间限制,因此转换速度最快。

(2)随着分辨率的提高,元件数目按几何级数增加。一个 n 位转换器所用的比较器个数为 2^n-1,如 8 位的并行 A/D 转换器就需要 $2^8-1=255$ 个比较器。由于位数越多,电路越复杂,因此制成分辨率较高的集成并行 A/D 转换器是比较困难的。

(3)使用含有寄存器的并行 A/D 转换电路时,可以不附加取样—保持电路,因为比较器和寄存器这两部分兼有取样和保持功能。这也是该电路的一个优点。

2.3.1.4　逐次比较型 A/D 转换器

逐次逼近转换过程与用天平称物重非常相似。按照天平称重的思路,逐次比较型 A/D 转换器是将输入模拟信号与不同的参考电压多次比较,使转换所得的数字量在数值上逐次逼近输入模拟量的对应值。

四位逐次比较型 A/D 转换器的逻辑电路如图 2-104 所示。其中,存储器可进行并入/并出或串入/串出操作,其输入端 F 为并行置数使能端,高电平有效;其输入端 S 为高位串行数据输入端;数据寄存器由 D 边沿触发器组成,数字量从 $Q_4\sim Q_1$输出。

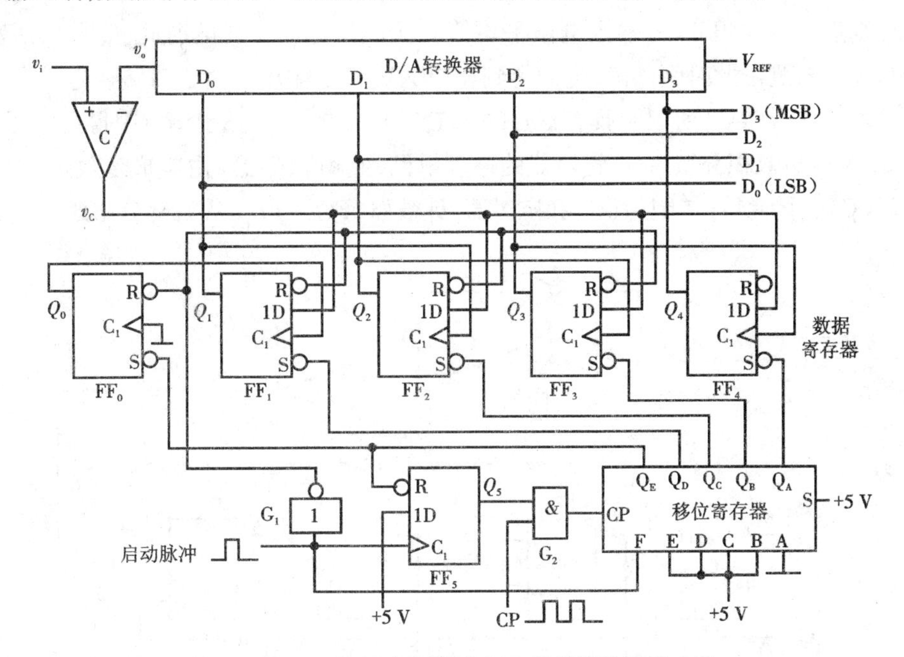

图 2-104　四位逐次比较型 A/D 转换器的逻辑电路

电路工作过程如下:当启动脉冲上升沿到达后,$FF_0\sim FF_4$被清零,Q_5置 1,Q_5的高电平开启与门 G_2,时钟脉冲 CP 进入移位寄存器。在第一个 CP 脉冲的作用下,由于移位寄存器的置数使能端 F 已由 0 变为 1,并行输入数据 ABCDE 置入,$Q_AQ_BQ_CQ_DQ_E=01111$,Q_A的低电平使数据寄存器的最高位(Q_4)置 1,即 $Q_4Q_3Q_2Q_1=1000$。D/A 转换器将数字量 1000 转换为模拟电压 v_o',送入比较器 C 与输入模拟电压 v_i比较,若 $v_i>v_o'$,则比较器 C 输出 v_C为 1,否则为 0,比较结果送 $D_3\sim D_0$。

第二个 CP 脉冲到来后,移位寄存器的串行输入端 S 为高电平,Q_A由 0 变为 1,同时最高位 Q_A的 0 移至次高位 Q_B。于是数据寄存器的 Q_3由 0 变为 1,这个正跳变作为有效触发信号加到 FF_4的 CP 端,使 v_C的电平得以在 Q_4保存下来。此时,由于其他触发器无正跳变触发脉冲，v_C的信号对它们不起作用。Q_3变为1后，建立了新的D/A转换器的数据，输入电压再与其输出电压v_o'进行比较，比较结果在第三个CP脉冲的作用下存于Q_3中……如此进行，直到Q_E由1变为0时，触发器FF_0的输出端Q_0产生由0到1的正跳变，作触发器FF_1的CP脉冲，使上一次A/D转换后的v_C电平保存于Q_1中。同时Q_5由1变为0后将G_2封锁，一次A/D转换过程结束。于是电路的输出端$D_3D_2D_1D_0$得到与输入电压v_i成正比的数字量。

由以上分析可见，逐次比较型A/D转换器完成一次转换所需的时间与其位数和时钟脉冲频率有关，位数越少，时钟脉冲频率越高，转换所需的时间越短。这种A/D转换器具有转换速度快、精度高的特点。

常用的集成逐次比较型A/D转换器有ADC0808/0809系列（8位）、AD575（10位）、AD574A（12位）等。

2.3.1.5 双积分型A/D转换器

双积分型A/D转换器是一种间接A/D转换器。它的基本原理是对输入模拟电压和参考电压分别进行两次积分，将输入电压平均值变换成与之成正比的时间间隔，然后利用时钟脉冲和计数器测出此时间间隔，进而得到相应的数字量输出。由于该转换电路是对输入电压的平均值进行转换，所以它具有很强的抗工频干扰能力，在数字测量中得到广泛应用。

图2-105是双积分型A/D转换器的原理电路，它由积分器（由集成运放A组成）、过零比较器（C）、时钟脉冲控制门（G）和定时器/计数器（$FF_0 \sim FF_n$）等几部分组成。

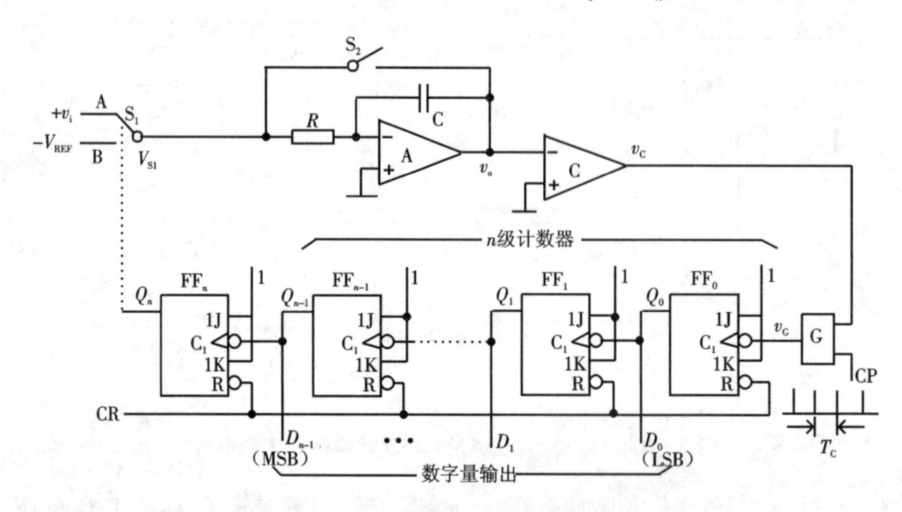

图2-105 双积分型A/D转换器的原理电路

（1）积分器。积分器是转换器的核心部分，它的输入端所接开关S_1由定时信号Q_n控制。当Q_n为不同电平时，极性相反的输入电压v_i和参考电压V_{REF}分别加到积分器的两个输入端，进行两次方向相反的积分，积分时间常数$\tau = RC$。

（2）过零比较器。过零比较器用来确定积分器输出电压v_o的过零时刻。当$v_o \geqslant 0$时，比较器的输出v_C为低电平；当$v_o < 0$时，v_C为高电平。比较器的输出信号接至时钟脉冲控制门（G）作为关门和开门信号。

（3）计数器和定时器。它由$n+1$个计数型的触发器$FF_0 \sim FF_n$串联组成。触发器FF_0

$\sim FF_{n-1}$组成 n 级计数器，对输入时钟脉冲 CP 计数，以便把与输入电压平均值成正比的时间间隔转变成数字信号输出。当计数到 2^n个时钟脉冲时，$FF_0 \sim FF_{n-1}$均回到 0 状态，而 FF_n反转为 1 态，$Q_n = 1$ 后，开关 S_1从位置 A 转接到 B。

(4)时钟脉冲控制门。时钟脉冲源标准周期 T_C作为测量时间间隔的标准时间。当 $v_C = 1$ 时，与门打开，时钟脉冲通过与门加到触发器 FF_0的输入端。

下面以输入正极性的直流电压 v_i为例，所图 2－106 所示，说明电路将模拟电压转换为数字量的基本原理。电路工作过程分为以下几个阶段进行。

(1)准备阶段。首先控制电路提供 CR 信号使计数器清零，同时使开关 S_2闭合，待积分电容放电完毕再使 S_2断开。

(2)第一次积分阶段。在转换过程开始时($t=0$)，开关 S_1与 A 端接通，正的输入电压 v_i加到积分器的输入端。积分器从 0 开始对 v_i积分：

$$v_o = -\frac{1}{\tau}\int_0^t v_i \mathrm{d}t \tag{2-75}$$

由于 $v_o < 0$，过零比较器的输出端 v_C为高电平，时钟脉冲控制门 G 被打开，于是计数器在 CP 的作用下从 0 开始计数。经过 2^n个时钟脉冲后，触发器 $FF_0 \sim FF_{n-1}$都翻转到 0 态，而 $Q_n = 1$，开关 S_1由 A 位置转到 B 位置，第一次积分结束。第一次积分时间为

$$t = T_1 = 2^n T_C$$

在第一次积分结束时积分器的输出电压 V_p为

$$V_p = -\frac{T_1}{\tau}V_i = -\frac{2^n T_C}{\tau}V_i \tag{2-76}$$

(3)第二次积分阶段。当 $t = t_1$时，S_1转接到 B 位置，与 v_i极性相反的基准电压 $-V_{REF}$加到积分器的输入端，积分器开始向相反方向进行第二次积分；当 $t = t_2$时，积分器输出电压 $v_o > 0$，比较器输出 $v_C = 0$，时钟脉冲控制门 G 被关闭，计数停止。在此阶段结束时，v_o的表达式可写为

$$v_o(t_2) = V_p - \frac{1}{\tau}\int_{t_1}^{t_2}(-V_{REF})\mathrm{d}t = 0 \tag{2-77}$$

设 $T_2 = t_2 - t_1$，于是有

$$\frac{V_{REF}T_2}{\tau} = \frac{2^n T_C}{\tau}v_i \tag{2-78}$$

设在此期间计数器所累计的时钟脉冲个数为 λ，则

$$T_2 = \lambda T_C \tag{2-79}$$

$$T_2 = \frac{2^n T_C}{V_{REF}}v_i \tag{2-80}$$

可见，T_2与 v_i成正比，T_2就是双积分型 A/D 转换过程的中间变量。

$$\lambda = \frac{T_2}{T_C} = \frac{2^n}{V_{REF}}v_i \tag{2-81}$$

上式表明，在计数器中所计得的数 λ($\lambda = Q_{n-1}\cdots Q_1 Q_0$)与在取样时间 T_1内输入电压的

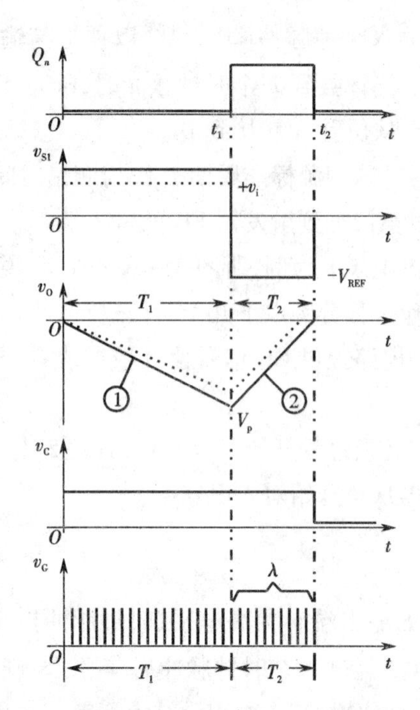

图 2-106 双积分型 A/D 转换器各点的工作波形

平均值 v_i成正比。只要 $v_i < V_{REF}$,转换器就能将输入电压转换为数字量,并能从计数器中读取转换结果。如果取 $V_{REF} = 2^n$ V,则 $\lambda = v_i$,计数器所计的数在数值上就等于被测电压。

由于双积分型 A/D 转换器在 T_1时间内采得的是输入电压的平均值,因此具有很强的抗工频干扰能力。尤其对周期等于 T_1或几分之一 T_1的对称干扰(所谓对称干扰,是指整个周期内平均值为零的干扰),从理论上来说,有无穷大的抑制能力。即使工频干扰幅度大于被测直流信号,输入信号正负变化时,仍有良好的抑制能力。在工业系统中经常碰到的是工频(50 Hz)或工频的倍频干扰,故通常选定采样时间 T_1等于工频电源周期的倍数,如 20 ms 或 40 ms 等。另一方面,由于在转换过程中,前后两次积分所采用的是同一积分器。因此,在两次积分期间(一般在几十至数百毫秒之间),R、C 和脉冲源等元器件参数的变化对转换精度的影响均可以忽略。

最后必须指出,在第二次积分阶段结束后,控制电路又使开关 S_2闭合,电容 C 放电,积分器回零。电路再次进入准备阶段,等待下一次转换开始。

单片集成双积分型 A/D 转换器有 ADC-EK8B(8 位,二进制码)、ADC-EK10B(10 位,二进制码)、MC14433$\left(3\frac{1}{2}\text{位,BCD 码}\right)$等。

2.3.1.6 A/D 转换器的主要技术指标

1. 转换精度

单片集成 A/D 转换器的转换精度是用分辨率和转换误差来描述的。

(1)分辨率:说明 A/D 转换器对输入信号的分辨能力。A/D 转换器的分辨率以输出二进制(或十进制)数的位数表示。从理论上讲,n 位输出的 A/D 转换器能区分 2^n个不同等级的输入模拟电压,能区分输入电压的最小值为满量程输入的 $1/2^n$。在最大输入电压一定时,输出位数越多,量化单位越小,分辨率越高。例如某 A/D 转换器输出为 8 位二进制数,输入信号最大值为 5 V,那么这个转换器能区分输入信号的最小电压为 19.53 mV。

(2)转换误差:表示 A/D 转换器实际输出的数字量和理论上输出的数字量之间的差别,常用最低有效位的倍数表示。例如给出相对误差≤±LSB/2,就表明实际输出的数字量和理论上应得到的输出数字量之间的误差小于最低位的半个字。

2. 转换时间

转换时间指 A/D 转换器从转换控制信号到来开始,到输出端得到稳定的数字信号所经过的时间。

不同类型的转换器转换速度相差甚远。其中,并行比较型 A/D 转换器转换速度最快,8 位二进制输出的单片集成 A/D 转换器转换时间可达 50 ns 以内;逐次比较型 A/D 转换器次之,多数转换时间在 10~50 μs,也有达几百纳秒的;间接 A/D 转换器的速度最慢,如双积分型 A/D 转换器的转换时间大都在几十毫秒至几百毫秒之间。在实际应用中,应从系统数据总的位数、精度要求、输入模拟信号的范围及输入信号的极性等方面综合考虑 A/D 转换器的选用。

例如某信号采集系统要求用一片 A/D 转换集成芯片在 1 s 内对 16 个热电偶的输出电压分时进行 A/D 转换。已知热电偶输出电压范围为 0~0.025 V(对应于 0~450 ℃温度范围),需要分辨的温度为 0.1 ℃,试问应选择多少位的 A/D 转换器,其转换时间为多少?

对于 0~450 ℃温度范围,信号电压范围为 0~0.025 V,分辨的温度为 0.1℃,这相当于 $\frac{0.1}{450}=\frac{1}{4\,500}$的分辨率。12 位 A/D 转换器的分辨率为$\frac{1}{2^{12}}=\frac{1}{4\,096}$,所以必须选用 13 位的 A/D 转换器。

系统的取样速率为每秒 16 次,取样时间为 62.5 ms。对于这样慢的取样,任何一个 A/D 转换器都可以达到。选用带有取样—保持(S/H)的逐次比较型 A/D 转换器或不带 S/H 的双积分型 A/D 转换器均可。

2.3.1.7　集成 A/D 转换器及其应用

在单片集成 A/D 转换器中,逐次比较型使用较多,下面以 ADC0804 为例介绍 A/D 转换器及其应用。

1. ADC0804 的引脚及使用说明

ADC0804 是采用 CMOS 集成工艺制成的逐次比较型 A/D 转换器芯片,分辨率为 8 位,转换时间为 100 μs,输出电压范围为 0~5 V,增加某些外部电路后,输入模拟电压为 ±5 V。该芯片内有输出数据锁存器,当与计算机连接时,转换电路的输出可以直接连接到 CPU 的数据总线上,无须附加逻辑接口电路。图 2-107 所示为 ADC0804 引脚。

1) ADC0804 引脚的名称及意义

(1) V_{IN+}、V_{IN-}:ADC0804 的两模拟信号输入端,用以接收单极性、双极性和差模输入信号。

(2) D_7 ~ D_0:A/D 转换器的数据输出端,该输出端具有三态特性,能与微机总线相连接。

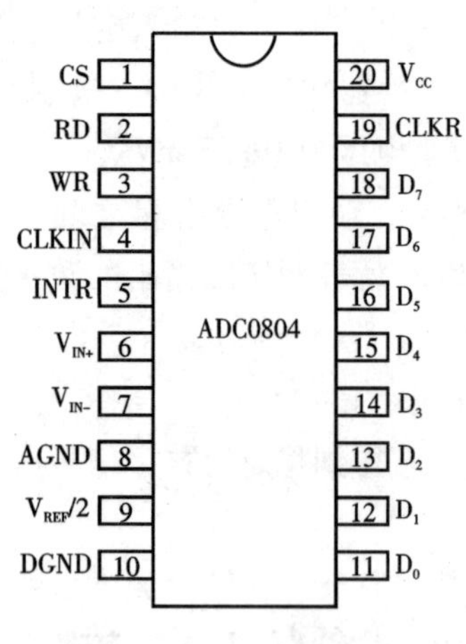

图 2-107 ADC0804 引脚

(3)AGND:模拟信号地。

(4)DGND:数字信号地。

(5)CLKIN:外电路提供时钟脉冲输入端。

(6)CLKR:内部时钟发生器外接电阻端,与 CLKIN 端配合,可由芯片自身产生时钟脉冲。

(7)CS:片选信号输入端,低电平有效,一旦 CS 有效,表明 A/D 转换器被选中,可启动工作。

(8)WR:写信号输入,接收微机系统或其他数字系统控制芯片的启动输入端,低电平有效,当 CS、WR 同时为低电平时,启动转换。

(9)RD:读信号输入,低电平有效,当 CS、RD 同时为低电平时,可读取转换输出数据。

(10)INTR:转换结束输出信号,低电平有效,输出低电平表示本次转换已经完成。该信号常作为向微机系统发出的中断请求信号。

2)使用时的注意事项

(1)转换时序。ADC0804 控制信号的时序如图 2-108 所示。由图可见,各控制信号时序关系为:当 CS 与 WR 同为低电平时,A/D 转换器被启动,且在 WR 上升沿后 100 μs 模数转换完成,转换结果存入数据锁存器,同时 INTR 自动变为低电平,表示本次转换已结束;如 CS 与 RD 同时为低电平,则数据锁存器三态门打开,数据信号送出,在 RD 高电平到来后三态门处于高阻状态。

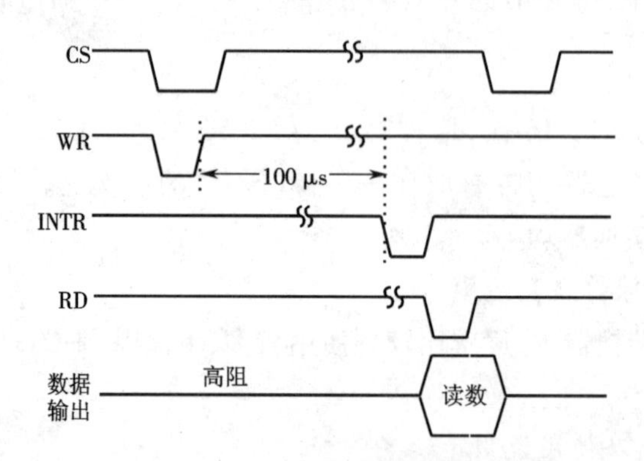

图 2-108 ADC0804 控制信号的时序

(2)零点和满刻度调节。ADC0804 的零点无须调整。满刻度调整时,先给输入端加上电压 V_{IN+},使满刻度所对应的电压值是 $V_{IN+}=V_{max}-1.5\left(\frac{V_{max}-V_{min}}{256}\right)$,其中 V_{max} 是输入电压的最大值,V_{min} 是输入电压的最小值。当输入电压与 V_{IN+} 值相当时,调整 $V_{REF}/2$ 端电压值使输出码为 FEH 或 FFH。

(3)参考电压的调节。在使用 A/D 转换器时,为保证其转换精度,要求输入电压满量程使用。如输入电压动态范围较小,则可调节参考电压 V_{REF},以保证小信号输入时

ADC0804芯片8位的转换精度。

(4)接地。模数、数模转换电路中要特别注意地线的正确连接,否则干扰很严重,以致影响转换结果的准确性。A/D、D/A及取样—保持芯片上都提供了独立的模拟地(AGND)和数字地(DGND)。在线路设计中,必须将所有器件的模拟地和数字地分别相连,然后使模拟地与数字地仅在一点上相连接。地线的正确连接方法如图2-109所示。

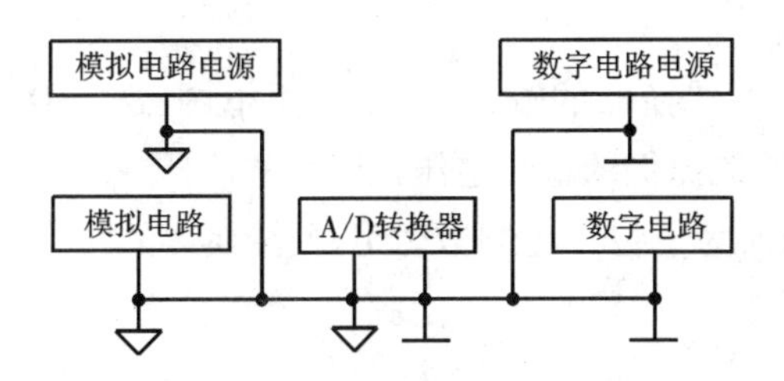

图2-109　地线的正确连接方法

2. ADC0804的典型应用

在现代过程控制及各种智能仪器和仪表中,为采集被控(被测)对象的数据以达到由计算机进行实时检测、控制的目的,常用微处理器和A/D转换器组成数据采集系统。单通道微机化数据采集系统如图2-110所示。

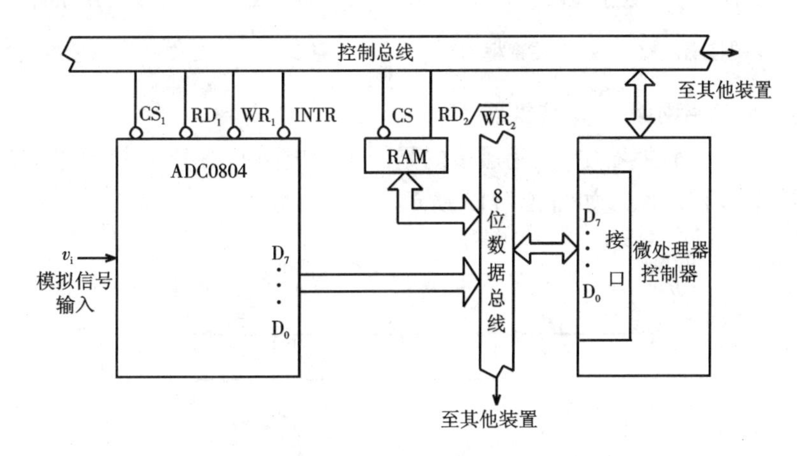

图2-110　单通道微机化数据采集系统示意

系统由微处理器、存储器和A/D转换器组成,它们之间通过数据总线(DBUS)和控制总线(CBUS)连接,系统信号采用总线传送方式。

现以程序查询方式为例,说明ADC0804在数据采集系统中的应用。采集数据时,首先微处理器执行一条传送指令,在指令执行过程中,微处理器在控制总线的同时产生CS_1、WR_1低电平信号,启动A/D转换器工作,ADC0804经100 μs后将输入模拟信号转换为数字信号存于输出锁存器,在INTR端产生低电平表示转换结束,并通知微处理器可来取数。当微处理器通过总线查询到INTR为低电平时,立即执行输入指令,以产生CS、RD_2低电平信号到ADC0804相应引脚,将数据取出并存入存储器中。整个数据采集过程由微处理器有序地执行若干指令完成。

2.3.2 数模转换

数字量是用代码按数位组合起来表示的,对于有权码,每位代码都有一定的权。为了将数字量转换成模拟量,必须将每一位的代码按其权的大小转换成相应的模拟量,然后将这些模拟量相加,即可得到与数字量成正比的总模拟量,从而实现数字—模拟转换。这就是D/A转换器的基本思路。

图2-111所示是D/A转换器的输入、输出关系框图,$D_0 \sim D_{n-1}$是输入的n位二进制数,v_o是与输入的二进制数成比例的输出电压。

图2-112所示是输入为三位二进制数时D/A转换器的转换特性,具体而形象地反映了D/A转换器的基本功能。

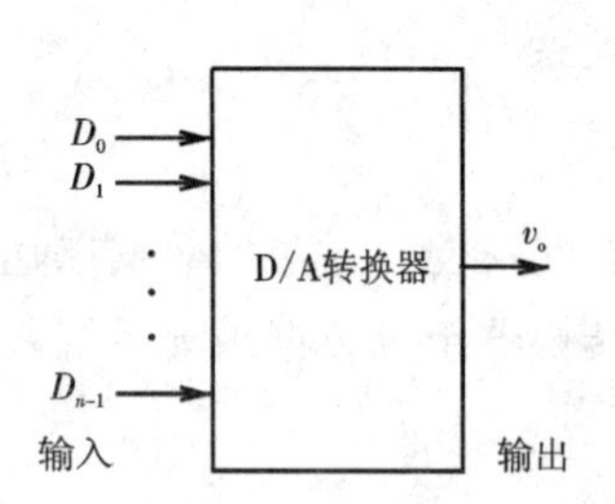

图2-111 D/A转换器的输入、输出关系框图

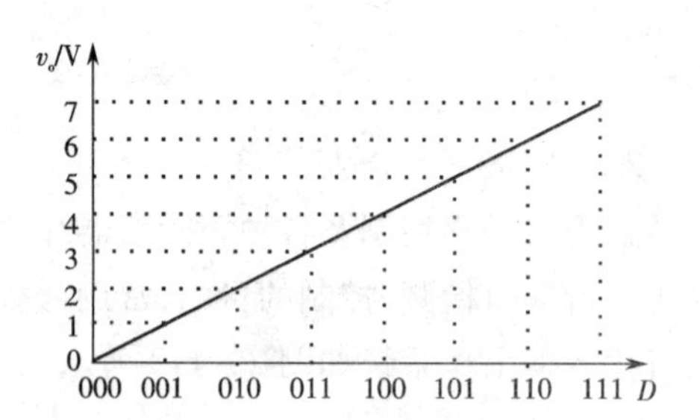

图2-112 三位D/A转换器的转换特性

2.3.2.1 倒T形电阻网络D/A转换器

在单片集成D/A转换器中,使用最多的是倒T形电阻网络D/A转换器。四位倒T形电阻网络D/A转换器的原理如图2-113所示。

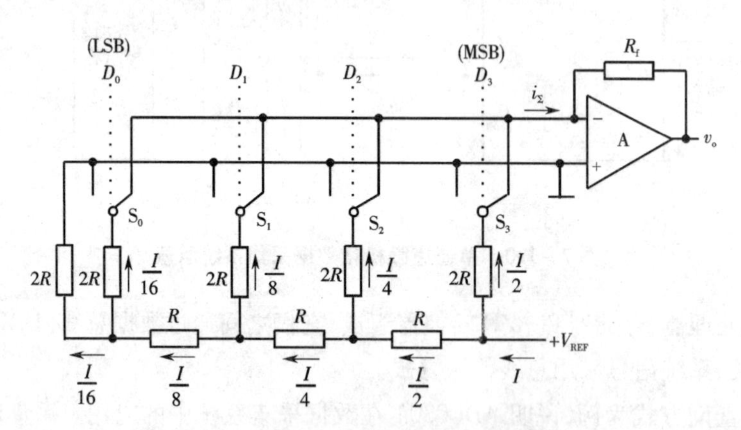

图2-113 四位倒T形电阻网络D/A转换器

$S_0 \sim S_3$为模拟开关,R和$2R$电阻解码网络呈倒T形,运算放大器A构成求和电路。S_i由输入数码D_i控制,当$D_i=1$时,S_i接运放反相输入端("虚地"),I_i流入求和电路;当$D_i=0$时,S_i将$2R$电阻接地。

无论模拟开关S_i处于何种位置,与S_i相连的$2R$电阻均等效接"地"(地或虚地)。这样流经$2R$电阻的电流与开关位置无关,为确定值。

分析 R 和 $2R$ 电阻解码网络不难发现，从每个接点向左看的二端网络等效电阻均为 R，流入每个 $2R$ 电阻的电流从高位到低位按2的整倍数递减。设由基准电压源提供的总电流为 $I(I=V_{REF}/R)$，则流过各开关支路（从右到左）的电流分别为 $I/2$、$I/4$、$I/8$ 和 $I/16$。

于是可得总电流

$$i_{\Sigma}=\frac{V_{REF}}{R}\left(\frac{D_0}{2^4}+\frac{D_1}{2^3}+\frac{D_2}{2^2}+\frac{D_3}{2^1}\right)$$

$$=\frac{V_{REF}}{2^4\times R}\sum_{i=0}^{3}(D_i\cdot 2^i) \tag{2-82}$$

输出电压

$$v_o=-i_{\Sigma}R_f$$

$$=-\frac{R_f}{R}\cdot\frac{V_{REF}}{2^4}\sum_{i=0}^{3}(D_i\cdot 2^i) \tag{2-83}$$

将输入数字量扩展到 n 位，可得 n 位倒T形电阻网络D/A转换器输出模拟量与输入数字量之间的一般关系式如下：

$$v_o=-\frac{R_f}{R}\cdot\frac{V_{REF}}{2^n}\left[\sum_{i=0}^{n-1}(D_i\cdot 2^i)\right] \tag{2-84}$$

设 $K=\frac{R_f}{R}\cdot\frac{V_{REF}}{2^n}$，$N_B$ 表示括号中的 n 位二进制数，则

$$v_o=-KN_B \tag{2-85}$$

要使D/A转换器具有较高的精度，对电路中的参数有以下要求：

(1) 基准电压稳定性好；

(2) 倒T形电阻网络中 R 和 $2R$ 电阻的比值精度要高；

(3) 每个模拟开关的开关电压降要相等，为实现电流从高位到低位按2的整倍数递减，模拟开关的导通电阻也相应地按2的整倍数递增。

由于在倒T形电阻网络D/A转换器中，各支路电流直接流入运算放大器的输入端，它们之间不存在传输上的时间差。电路的这一特点不仅提高了转换速度，而且也减少了动态过程中输出端可能出现的尖脉冲。它是目前广泛使用的D/A转换器中速度较快的一种。常用的CMOS开关倒T形电阻网络D/A转换器的集成电路有AD7520（10位）、DAC1210（12位）和AK7546（16位高精度）等。

2.3.2.2　权电流型D/A转换器

尽管倒T形电阻网络D/A转换器具有较快的转换速度，但由于电路中存在模拟开关电压降，当流过各支路的电流稍有变化时，就会产生转换误差。为进一步提高D/A转换器的转换精度，可采用权电流型D/A转换器。

1. 原理电路

图2-114所示为权电流型D/A转换器的原理电路。这组恒流源从高位到低位电流的大小依次为 $I/2$、$I/4$、$I/8$、$I/16$。

当输入数字量的某一位代码 $D_i=1$ 时，开关 S_i 接运算放大器的反相输入端，相应的权电

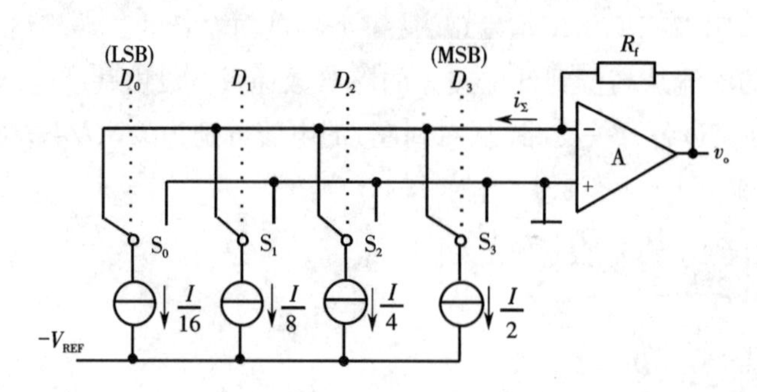

图 2-114 权电流型 D/A 转换器的原理电路

流流入求和电路；当 $D_i=0$ 时，开关 S_i 接地。分析该电路可得出

$$\begin{aligned}v_o&=i_\Sigma R_f\\&=R_f\left(\frac{I}{2}D_3+\frac{I}{4}D_2+\frac{I}{8}D_1+\frac{I}{16}D_0\right)\\&=\frac{I}{2^4}\cdot R_f(D_3\cdot 2^3+D_2\cdot 2^2+D_1\cdot 2^1+D_0\cdot 2^0)\\&=\frac{I}{2^4}\cdot R_f\sum_{i=0}^{3}(D_i\cdot 2^i)\end{aligned} \tag{2-86}$$

采用了恒流源电路之后，各支路权电流的大小均不受开关导通电阻和压降的影响，这就降低了对开关电路的要求，提高了转换精度。

2. 采用具有电流负反馈的 BJT 恒流源电路的权电流型 D/A 转换器

图 2-115 所示为权电流型 D/A 转换器的实际电路。为了消除各 BJT 发射极电压 V_{BE} 的不一致性对 D/A 转换器精度的影响，$T_3\sim T_0$ 均采用了多发射极晶体管，其发射极个数是 8、4、2、1，即 $T_3\sim T_0$ 发射极面积之比为 8∶4∶2∶1。这样，在各 BJT 电流比值为 8∶4∶2∶1的情况下，$T_3\sim T_0$ 发射极电流密度相等，可使各发射极电压 V_{BE} 相同。由于 $T_3\sim T_0$ 的基极电压相同，所以它们的发射极 E_3、E_2、E_1、E_0 就为等电位点。在计算各支路电流时将它们等效连接后，可看出倒 T 形电阻网络与图 2-113 中工作状态完全相同，流入每个 $2R$ 电阻的电流从高位到低位依次减小 1/2，各支路电流分配比例满足 8∶4∶2∶1的要求。

基准电流 I_{REF} 产生电路由运算放大器 A_2、R_1、T_r、R 和 $-V_{EE}$ 组成，A_2 和 R_1、T_r 的集基结组成电压并联负反馈电路，以稳定输出电压，即 T_r 的基极电压。T_r 的集基结，电阻 R 到 $-V_{EE}$ 为反馈电路的负载，由于电路处于深度负反馈，根据虚短的原理，其基准电流为

$$I_{REF}=\frac{V_{REF}}{R_1}=2I_{E3} \tag{2-87}$$

由倒 T 形电阻网络的分析可知，$I_{E3}=I/2$，$I_{E2}=I/4$，$I_{E1}=I/8$，$I_{E0}=I/16$，于是可得输出电压为

$$\begin{aligned}v_o&=i_\Sigma R_f\\&=\frac{R_f V_{REF}}{2^4 R_1}(D_3\cdot 2^3+D_2\cdot 2^2+D_1\cdot 2^1+D_0\cdot 2^0)\end{aligned} \tag{2-88}$$

可推得 n 位倒 T 形权电流 D/A 转换器的输出电压

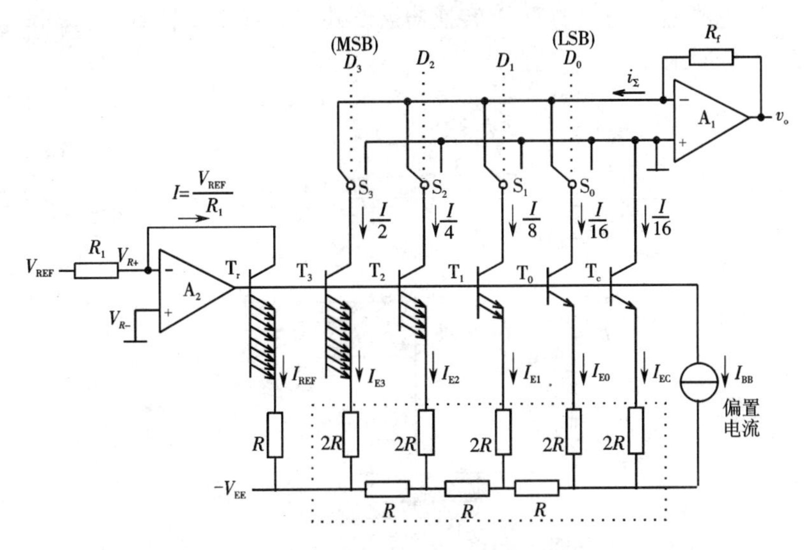

图 2－115　权电流型 D/A 转换器的实际电路

$$v_o = \frac{V_{REF}}{R_1} \cdot \frac{R_f}{2^n} \sum_{i=0}^{n-1} (D_i \cdot 2^i) \tag{2-89}$$

该电路特点为基准电流仅与基准电压 V_{REF} 和电阻 R_1 有关，而与 BJT，R、$2R$ 电阻无关。这样，电路降低了对 BJT 参数及 R、$2R$ 取值的要求，对于集成化十分有利。

由于这种权电流型 D/A 转换器采用了高速电子开关，电路还具有较快的转换速度。采用这种权电流型 D/A 转换电路生产的单片集成 D/A 转换器有 AD1408、DAC0806、DAC0808 等。这些器件都采用双极型工艺制作，工作速度较快。

2.3.2.3　权电流型 D/A 转换器应用举例

图 2－116 是权电流型 D/A 转换器 DAC0808 的电路结构框图，图中 $D_0 \sim D_7$ 是 8 位数字量输入端，I_o 是求和电流的输出端，V_{REF+} 和 V_{REF-} 接基准电流发生电路中运算放大器的反相输入端和同相输入端，COMP 供外接补偿电容之用，V_{CC} 和 V_{EE} 为正负电源输入端。

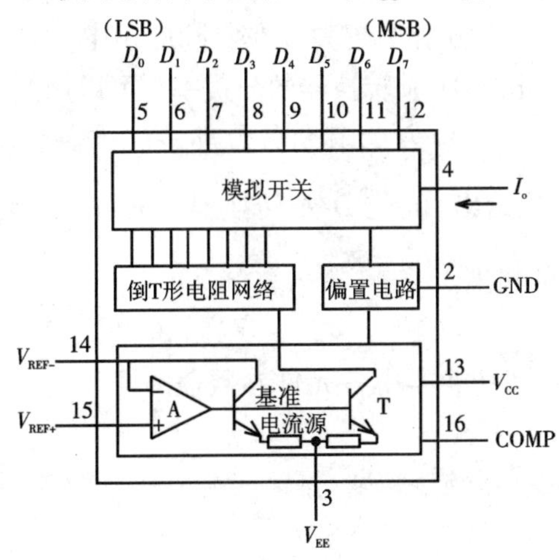

图 2－116　权电流型 D/A 转换器 DAC0808 的电路结构框图

由 DAC0808 这类器件构成的 D/A 转换器需要外接运算放大器和产生基准电流用的电阻 R_1，如图 2－117 所示。

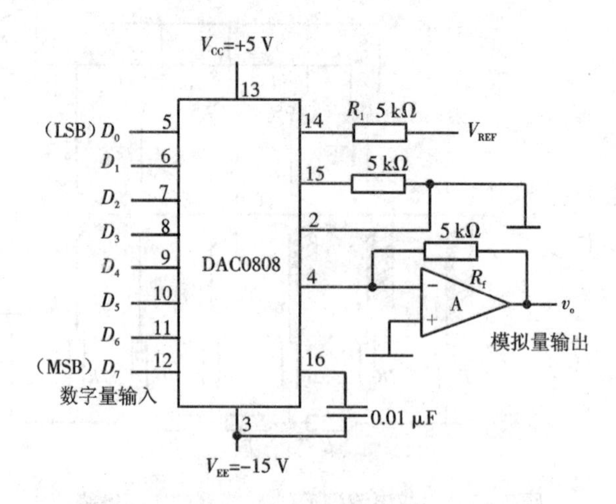

图 2－117　DAC0808 D/A 转换器的典型应用

在 $V_{REF}=10$ V、$R_1=5$ kΩ、$R_f=5$ kΩ 的情况下，输出电压为

$$v_o=\frac{R_f V_{REF}}{2^8 R_1}\sum_{i=0}^{7}(D_i\cdot 2^i)$$

$$=\frac{10}{2^8}\sum_{i=0}^{7}(D_i\cdot 2^i) \tag{2-90}$$

当输入的数字量在全 0 和全 1 之间变化时，输出模拟电压的变化范围为 0～9.96 V。

2.3.2.4　D/A 转换器的主要技术指标

1. 转换精度

D/A 转换器的转换精度通常用分辨率和转换误差来描述。

1）分辨率

分辨率指 D/A 转换器的模拟输出电压可能被分离的等级数。输入数字量位数越多，输出电压可被分离的等级越多，即分辨率越高。在实际应用中，往往用输入数字量的位数表示 D/A 转换器的分辨率。此外，D/A 转换器的分辨率也可以用能分辨的最小输出电压（此时输入的数字代码只有最低有效位为 1，其余各位都是 0）与最大输出电压（此时输入的数字代码各有效位全为 1）之比给出。n 位 D/A 转换器的分辨率可表示为 $\frac{1}{2^n-1}$，它表示 D/A 转换器在理论上可以达到的精度。

2）转换误差

转换误差的来源很多，如转换器中各元件参数值的误差、基准电源不够稳定和运算放大器零漂的影响等。

D/A 转换器的绝对误差（或绝对精度）是输入端加最大数字量（全 1）时，D/A 转换器的理论值与实际值之差。该误差值应低于 LSB/2。

例如一个 8 位的 D/A 转换器，对应最大数字量（FFH）的模拟理论输出值为 $\frac{255}{256}V_{REF}$，

$\frac{1}{2}\text{LSB}=\frac{1}{512}V_{\text{REF}}$，所以实际值不应超过$\left(\frac{255}{256}\pm\frac{1}{512}\right)V_{\text{REF}}$。

2. 转换速度

(1)建立时间(t_{set})：指输入数字量变化时，输出电压变化到相应稳定的电压值所需的时间，一般用 D/A 转换器输入的数字量从全 0 变为全 1 时，输出电压达到规定的误差范围($\pm$LSB/2)时所需的时间表示。D/A 转换器的建立时间较短，单片集成 D/A 转换器建立时间最短可达 0.1 μs 以内。

(2)转换速率(SR)：大信号工作状态下模拟电压的变化率。

3. 温度系数

温度系数指在输入不变的情况下，输出模拟电压随温度变化产生的变化量。一般用满刻度输出条件下温度每升高 1 ℃输出电压变化的百分数作为温度系数。

2.3.3　数据采集

2.3.3.1　数据采集概述

数据采集(DAQ)是指从传感器和其他待测设备等的模拟和数字被测单元中自动采集非电量或者电量信号，送到上位机中进行分析处理。

数据采集系统结合基于计算机或者其他专用测试平台的测量软硬件产品来实现灵活的、用户自定义的测量系统。数据采集技术广泛应用在各个领域，如摄像头、麦克风都是数据采集工具。

被采集数据是已被转换为电信号的各种物理量，如温度、水位、风速、压力等，可以是模拟量，也可以是数字量。采集一般采取采样方式，即隔一定时间(称为采样周期)对同一点数据重复采集。采集的数据大多是瞬时值，也可以是某段时间内的一个特征值。准确的数据测量是数据采集的基础。数据测量方法有接触式和非接触式，检测元件多种多样。不论采用哪种方法和元件，均以不影响被测对象状态和测量环境为前提，以保证数据的正确性。在计算机辅助制图、测图、设计中，对图形或图像的数字化过程也可称为数据采集，此时被采集的是几何量(或包括物理量，如灰度)数据。

从传感器得到的信号大多要经过调理才能进入数据采集设备，信号调理的功能包括放大、隔离、滤波、激励、线性化等。由于具体电路不同，除了这些通用功能，还要根据具体所测电路的特性和要求来设计特殊的信号调理功能。下面仅介绍信号调理的通用功能。

(1)滤波：指从所测量的信号中除去不需要的成分。大多数信号调理模块都有低通滤波器，用来滤除噪声。为了滤除信号中最高频率以上的频率信号，还需要抗混叠滤波器。某些高性能的数据采集卡自身带有抗混叠滤波器。

(2)放大：微弱信号都要进行放大以提高分辨率和降低噪声，使调理后信号的电压范围和 A/D 的电压范围相匹配。信号调理模块应尽可能靠近信号源或传感器，使信号在受到传输信号的环境噪声影响之前已被放大，信噪比得到改善。

(3)隔离：指使用变压器、光或电容耦合等方法在被测系统和测试系统之间传递信号，避免直接的电连接。使用隔离的原因有两个：一是从安全的角度考虑；二是隔离可使从数据采集卡读出的数据不受地电位和输入模式的影响,如果数据采集卡的地与信号地之间有电位差,而又不进行隔离,就有可能形成接地回路,从而引起误差。

(4)激励:信号调理也能够为某些传感器提供所需的激励信号,如应变传感器、热敏电阻等需要外界电源或电流激励信号。很多信号调理模块都提供电流源和电压源,以便给传感器提供激励。

(5)线性化:许多传感器对被测量的响应是非线性的,因而需要对其输出信号进行线性化,以补偿传感器带来的误差。但目前的趋势是数据采集系统可以利用软件来解决这一问题。

(6)数字信号调理:即使传感器直接输出数字信号,有时也有进行调理的必要。其作用是对传感器输出的数字信号进行必要的整形或电平调整。大多数数字信号调理模块还提供一些其他电路模块,使得用户可以通过数据采集卡的数字I/O直接控制电磁阀、电灯、电动机等外部设备。

2.3.3.2 数据采集的指标

1. 采样速率

采样速率决定了每秒钟进行模数转换的次数。采用高采样速率可以在给定时间内采集更多数据,因此能更好地反映原始信号。

2. 多路复用

多路复用是使用单个模数转换器来测量多个信号的一种常用技术。模拟信号的信号调理硬件常对如温度这样缓慢变化的信号使用多路复用方式。ADC采集一个通道后,转换到另一个通道并进行采集,然后再转换到下一个通道,如此往复。由于同一个ADC可以采集多个通道而不是一个通道,每个通道的有效采样速率与所采样的通道数成反比。

3. 分辨率

模数转换器用来表示模拟信号的位数即分辨率。分辨率越高,信号范围被分割成的区间数目越多,因此能探测到的电压变量就越小。一个三位变换器可以把模拟范围分为2^3或8个区间。每一个区间都由在000至111内的一个二进制码来表示。很明显,用数字来表示原始模拟信号并不是一种很好的方法,这是由于在转换过程中会丢失信息。然而,当分辨率增加至16位时,模数转换器的编码数目从8增长至65 536,由此可见,在恰当地设计模拟输入电路其他部分的情况下,可以对模拟信号进行非常准确的数字化。

4. 量程

量程是模数转换器可以量化的最小和最大电压值。NI公司的多功能数据采集设备能对量程范围进行选择,可以在不同输入电压范围下进行配置。由于具有这种灵活性,可以使信号的范围匹配ADC的输入范围,从而充分利用测量的分辨率。

5. 转换速率

转换速率是数模转换器所产生的输出信号的最大变化速率。稳定时间和转换速率一起决定数模转换器改变输出信号值的速率。因此,一个数模转换器在一个短的稳定时间和一个高的转换速率下可产生高频率的信号,这是因为输出信号精确地改变至一个新的电压值这一过程所需要的时间极短。

6. 其他指标

其他指标包括数据总线接口类型、同步采样、模拟输出、数字输入输出、触发是否隔离、是否有标定等。

2.3.4　基于 LabVIEW 的数据采集

目前,常用的数据采集方式是基于 LabVIEW 的数据采集方式,该方式以其简便的程序编写、不同数据采集卡的支持、强大的数据处理、友好的人机界面而成为控制、开发数据采集卡的最佳软件。其数据采集部分能够对多路模拟信号进行数字化测量,从而获得大量的数据进行分析与处理。该系统的一般结构如图 2 - 118 所示。

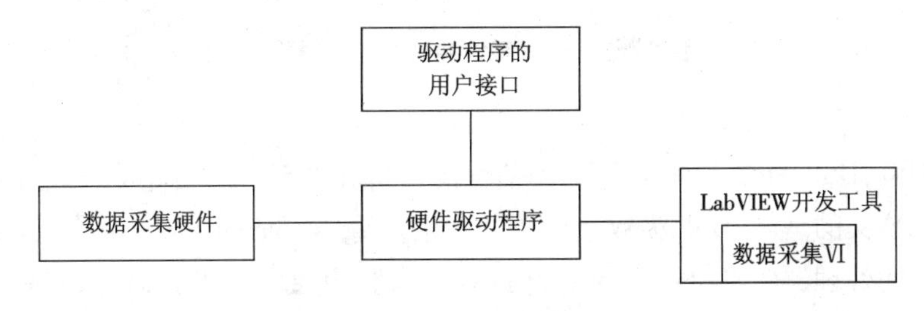

图 2 - 118　LabVIEW 数据采集结构

数据采集硬件有多种形式,数据采集硬件的选择要根据具体应用场合并考虑自己现有的技术资源确定。硬件驱动程序是应用软件对硬件的编程接口,它包含硬件的操作命令,完成与硬件之间的数据传递。依靠硬件驱动程序可以大大简化 LabVIEW 的编程工作,提高工作效率,降低开发成本。LabVIEW 开发环境安装时,会自动安装 NI-DAQ 软件,它包含 NI 公司各种数据采集硬件的驱动程序。在驱动程序的用户接口 Measurement & Automation Explore 中,用户可以对硬件进行各种必要的设置与测试,LabVIEW 中的数据采集 VI 按照 Measurement & Automation Explorer 设置采集数据。

数据采集是所有测试测量的首要工作,试验测试产生的物理量通过传感器转换为电压或者电流一类的电信号,然后通过数据采集卡将电信号采集传入 PC 机,借助软件控制数据采集卡进行数据分析、处理。数据采集系统按组成可分为两种:第一种是插入式 DAQ 卡,第二种是外接式 DAQ 系统。

与上位机或者 PC 机进行通信,主要是基于 PCI 或者 USB 总线的连接。

2.4　光电检测技术工程中的数据处理单元

2.4.1　数据处理简介

数字信号处理(Digital Signal Processing, DSP)是 20 世纪 60 年代前后发展起来并广泛应用于许多领域的学科。20 世纪 70 年代以来,随着大规模集成电路(LSI)、超大规模集成电路(VLSI)及微处理器技术的迅猛发展,数字信号处理的理论和技术得到长足发展,使其在数字通信、雷达、遥感、声呐、语音合成、图像处理、测量与控制、多媒体技术、生物医学工程及机器人等领域都得到广泛的应用。

图 2－119 是利用数字信号处理系统实现模拟信号分析与处理的简化框图。此系统先将模拟信号转化成数字信号，经数字信号处理后，再变换成模拟信号输出。模拟信号 $x(t)$ 首先经过抗混叠滤波器，然后经过 A/D 转换器转变成数字信号 $x[k]$。数字信号处理器对 $x[k]$ 进行处理，得到的输出信号 $y[k]$ 仍是数字信号，$y[k]$ 经 D/A 转换器变成模拟信号，再经低通滤波器，最后输出平滑的模拟信号 $y(t)$。

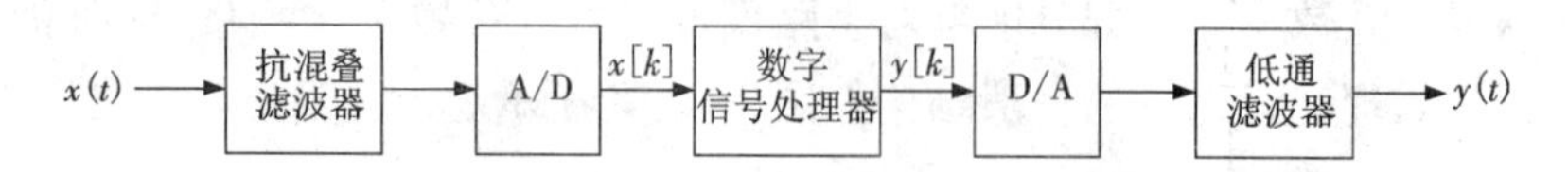

图 2－119　利用数字信号处理系统实现模拟信号分析与处理的框图

2.4.1.1　**数字信号处理概念**

广义的理解，DSP 为数字信号处理，即信号的分析和处理。通常此类处理过程需要大量的数学运算。狭义的理解，DSP 为数字信号处理器(Digital Signal Processor)，是专门用来作数字信号处理的处理器。本书所说的 DSP 技术是指利用通用 DSP 处理器或基于 DSP 核的专用器件实现数字信号处理的方法和技术，完成数字信号处理的任务。

自从 20 世纪 70 年代微处理器诞生以来，信号处理技术就沿着以计算机为代表的通用 CPU、以单片机为代表的微控制器 MCU 和 DSP 处理器这三个方向发展。这三类微处理器在发展过程中在技术上相互借鉴，又有各自的特点和应用领域。

DSP 技术的发展得益于以下两个方面。

(1)数字信号处理的理论和方法在近年得到迅速发展。以离散傅里叶变换和小波分析为代表的信号频谱分析、声音与图像处理技术、多媒体技术的发展为各种实时处理的应用提供了理论与算法上的基础。

(2)微电子科学与技术的进步使得数字信号处理的实现得到技术上的保障。随着大规模集成电路的发展，DSP 处理器的性能也在迅速提高，工艺水平、性能大幅度提高，功耗、体积和成本却大幅度下降。

2.4.1.2　**数字信号处理的优点**

虽然模拟信号处理在特定条件下是不可缺少的，但相比模拟信号处理，数字信号处理有许多明显的优越性。

(1)灵活性高。当模拟系统的功能改变，或元件参数需要调整时，则必须重新进行系统设计，然后重新装配和调试。对于以 DSP 处理器为核心的数字信号处理系统而言，硬件平台可以不改变，只通过改变软件设计来调整和执行各种各样的数字信号处理任务。

(2)稳定性好。模拟电路中的电容、电阻、电感和运算放大器等器件都会随环境的改变而改变，导致模拟系统的性能也发生改变。数字系统的稳定性好，受时间和环境的影响小。

(3)抗干扰能力强。信号在传输和处理过程中容易受到噪声等干扰。数字系统抗干扰性能大大优于模拟系统。以 0 和 1 所表征的数字信号也会受到噪声的干扰，但只要能正确地识别 0 和 1，并将其再生，则可以完全消除噪声的影响。如果是模拟系统，输入受到相同的干扰,输出会发生很大的变化。

(4)易于大规模集成。随着微电子技术的发展和工艺水平的提高,芯片集成度越来越高,数字系统可以实现大规模集成,便于小型化。如导弹的小型化,早期防空导弹由地面指挥中心引导导弹打击飞行目标,指挥中心易于暴露而成为打击对象,随着电子器件的集成度提高,现在多数防空导弹都把指挥中心直接放在导弹上,导弹发射后自行引导打击目标,实现了所谓的“打了不管”,导弹打击精度得到提高,地面安全得到保障。

2.4.1.3 数字信号处理的方法

数字信号处理可以通过软件、硬件或软硬结合的方法来实现,具体有以下几种。

(1)利用通用可编程 DSP 芯片进行软硬件实现。

(2)利用通用 PC 实现软件处理。在 PC 机上利用高级语言编写信号处理程序,或利用 MATLAB 进行信号处理,主要应用在需要实时操作的场合,如教学和仿真研究等。

(3)利用专用芯片进行硬件实现。利用 FPGA 等可编程逻辑阵列开发 ASIC 芯片,来实现数字算法,其优点是实时性好、易于集成等。

DSP 芯片由于具有改进的哈佛结构,允许并行地进行指令和数据处理;DSP 芯片内部有硬件乘法器,使乘法变得简单;采用流水线操作使得同一机器周期完成多个操作。DSP 芯片的优点是实时性好、灵活性大,广泛应用于军工、民用消费等领域。

2.4.2 数字信号处理器(DSP)

数字信号处理器是专门用来进行数字信号处理的,其特点是按照数字信号处理的算法结构域特点来设计,因而其运算速度快、编程方便、擅长实现数字信号处理。在数字信号处理的算法中,卷积运算、相关运算、级数运算等运算大约占 70% 以上。因此针对这些算法的特点,DSP 在结构和寻址模式等方面采用了相应的解决方法,见表 2-9。

表 2-9 算法的基本特点及 DSP 相应的解决办法

算法的基本特点	DSP 的主要解决办法
加法和乘法,并进行多次连加和连乘	使用硬件乘法器和乘加单元(MAC),单周期实现乘或乘加运算
在运算过程中需要连续、频繁地对数据进行存取访问	采用改进的哈佛结构,处理单元与存储器直接采用多条总线连接
在运算中对数据的访问不是随机的,而是按照固定模式有确定性地访问	采用专门的数据寻址单元,提供灵活高效的数据寻址模式
在运算过程中大量出现循环操作	“零开销”的循环制冷处理

DSP 芯片不同于一般微处理单元,DSP 芯片的特点决定了其适合于数字信号的实时处理。下面简要介绍 DSP 芯片的特点。

1. 哈佛结构

早期的微处理器内部大多采用冯·诺依曼(Von-Neumann)结构,其片内程序空间和数据空间混合使用,取指令和取操作数都是通过一条总线分时进行。当进行高速运算时,不但不能同时取指令和取操作数,还会造成传输通道上的瓶颈现象。而DSP内部采用的是程序空间和数据空间分开的哈佛(Havard)结构,允许同时取指令(来自程序寄存器)和取操作数(来自数据存储器)。为了进一步提高信号处理的效率,在哈佛结构的基础上又加以改善,使程序代码和数据存储空间之间可以进行数据的传送,即改进哈佛结构。

2. 多总线结构

DSP芯片内部采用多总线结构,可以在一个机器周期内多次访问程序空间和数据空间。例如,TMS320C54x内部有P、C、D、E等8条总线,每条总线又分为数据总线和地址总线,可以在一个机器周期内从程序存储空间取1条指令、从数据存储器中读2条操作数和向数据存储器中写1个操作数,大大提高了DSP的运行速度。

3. 流水线结构

DSP执行一条指令,需要经过取指、译码、取操作数和执行等几个阶段。在DSP中采用流水线结构,在程序的运行过程中这几个阶段可以重叠。在执行本条指令的同时,还依次完成了后面指令的取操作数、译码和取指令,使周期缩短到最小值。利用这种流水线结构加上执行重复操作,可以在单个指令周期内完成乘加运算。

4. 多处理单元

DSP内部一般都包括多个处理单元,如算数逻辑单元(ALU)、辅助寄存器运算单元(ARAU)、累加器(ACC)及硬件乘法器(MUL)等。它们可以在一个指令周期同时进行运算。例如,在执行依次乘法和累加的同时,辅助寄存器运算单元已经完成了下一个地址的寻址工作,为下一次乘法和累加运算做好了准备。因此,DSP在进行连续的乘加运算时,每一次乘加运算都是单周期完成的。这种DSP多处理单元结构特别适用于FIR和IIR滤波器。此外,DSP多处理单元结构还可以将一些特殊的算法,例如FFT的倒位寻址和取模运算等,在芯片内部用硬件实现,从而提高运行速度。

5. 特殊的DSP指令

在DSP的指令中,设计了一些特殊的DSP指令,以更好地满足数字信号处理的需要。例如,TMS320C54x中的FIRS和LMS指令专门用于系数对称的FIR滤波器和LMS算法。

6. 指令周期短

早期的DSP指令周期约为400 ns,采用4 μm NMOS制造工艺,运算速度为5 MIPS(Millions of Instructions Per Second)。随着集成电路工艺的发展,DSP广泛地采用亚微米CMOS制造工艺,运行速度越来越快。例如TMS320C54x运行速度可达100 MIPS;TMS320C6203时钟频率为300 MHz,运行速度可达2 400 MIPS;而TMS320C6416时钟频率超过1 GHz,运行速度可达8 000 MIPS。

7. 运算精度高

早期的DSP字长为8位,后来逐步提高到16位、24位、32位、40位。为了防止溢出,累加器长达40位。此外,浮点型DSP提供了更大的数据表达动态范围。

8. 硬件配置好

新一代DSP接口功能也越来越强,片上外设丰富,如串行口、主机接口(HPI)、DMA控制器、软件控制的等待状态寄存器、锁相环时钟控制器以及实现片内仿真的符合IEEE

1149.1 标准的测试访问口，更易于完成系统设计。许多 DSP 芯片都可以工作在节电模式，使得系统功耗降低。

DSP 芯片的上述特点使其在各个领域得到越来越广泛的应用。

2.4.3 计算机在光电检测技术中的应用

一个完整的计算机系统由硬件子系统和软件子系统两大部分组成，硬件包括中央处理器、存储器、输入设备和输出设备，软件包括系统软件和应用软件。计算机能够处理文本、图形、图像、视频、动画和音频等多种媒体信息，但所有信息在计算机内部都以二进制数据存在，数据以文件的形式存储，按层次组织文件以提高文件的管理效率和存储空间的利用率。本节对这些计算机基础知识作简要介绍。

2.4.3.1 计算机的基本组成及工作原理

计算机是一种能够按照程序对数据进行自动处理的电子设备。这里所说的计算机指存储程序式电子数字计算机，计算机硬件的主体是电子器件和电子线路，计算机存储和处理的是数字信息，存储在计算机中的程序通过控制器控制计算机的信息处理工作。按字面理解，计算机就是用于计算的机器，其实最初研制计算机的目的就是帮助人们完成复杂的计算任务，第一台电子计算机 ENIAC 就是为了计算弹道曲线而设计的。当然，现在计算机的功能已远远超出传统计算机的范畴，可以称之为信息处理机。

1. 计算机的基本组成

一个完整的计算机系统包括硬件子系统和软件子系统两大部分。组成一台计算机的物理设备总称为计算机硬件子系统，是看得见、摸得着的实体，是计算机工作的物质基础。驱动计算机工作的各种程序的集合称为计算机软件子系统，是计算机的灵魂，是控制和操作计算机工作的逻辑基础。计算机工作时，软硬件协同配合，缺一不可。没有高性能的软件，就不能充分发挥硬件的作用；没有高性能的硬件环境支持，就编写不出高性能的软件，即使有高性能的软件，也无法高效运行甚至根本无法运行。

从组成计算机的硬件部分来看，现在使用的计算机属于冯·诺依曼型计算机，其基本组成结构由冯·诺依曼等人在 1945 年完成的“关于电子计算装置逻辑结构设计”研究报告中给出。计算机由控制器、运算器、存储器、输入设备和输出设备五个部分组成，如图 2－120 所示，图中实线为数据线，虚线为控制线和反馈线。

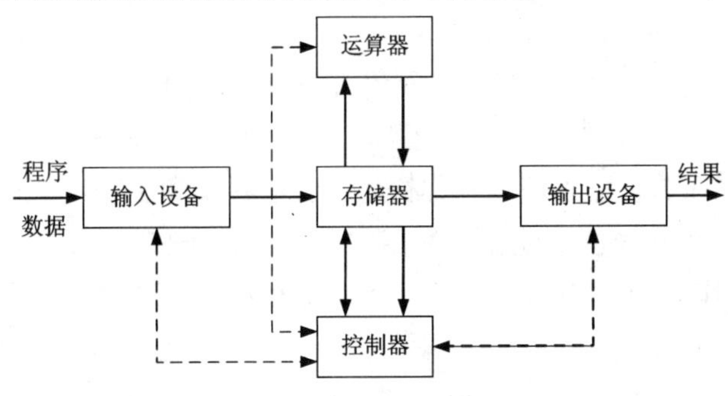

图 2－120　计算机的组成结构

计算机各组成部分的主要功能如下。

(1)运算器(arithmetic unit)用来完成算数运算和逻辑运算。

(2)存储器(memory unit)用来存放数据和程序。

(3)控制器(control unit)用来协调与控制程序和数据的输入、程序的执行以及运算结果的处理。控制器工作的依据是存储在存储器中的程序,即控制器是按程序的要求控制计算机各个部分协调一致地工作,完成程序规定的任务。

(4)输入设备(input device)用于将数据与程序输入计算机,常用输入设备有键盘、鼠标和扫描仪等。

(5)输出设备(output device)用于将程序执行结果输出,常用输出设备有显示器、打印机和绘图仪等。

2. 计算机的工作原理

要让计算机完成某一任务,大体上按如下步骤进行。

(1)根据要完成任务的详细工作步骤编写出相应的程序,程序由若干条指令组成,每条指令有一个特定的小功能,其实程序就是告诉计算机如何一步一步地完成所要完成的任务。

(2)通过键盘等输入设备把编好的程序输入计算机的存储器中,存储器是由大量的存储单元组成的,输入的程序按顺序存放在若干个存储单元中,一条指令根据其功能的不同,可能占用一个单元,也可能占用若干个单元。

(3)程序输入存储器就可以执行了,执行程序时,控制器从存储器中读出程序的第一条指令,然后分析该指令的功能,即该指令要求计算机做什么,根据指令的功能要求,控制器指挥计算机的其他部分完成相应的工作,如需要输入数据,就让键盘来做,如需要计算,就让运算器来做,如需要输出数据,就通知输出设备来完成。

(4)一条指令执行完,控制器读取下一条指令,按同样的方式分析指令的功能,指挥其他部分完成指令的功能,一直到把所有的指令执行完,让计算机完成的任务也就完成了。

2.4.3.2 基于计算机的数据信号处理软件

通常使用LabVIEW(Laboratory Virtual Instrument Engineering Workbench)和MATLAB这两款软件进行光电检测系统中的信号处理。LabVIEW是一种图形化的编程语言,它广泛地被工业界、学术界和研究实验室所接受,视为一个标准的数据采集和仪器控制软件。利用它可以方便地建立自己的虚拟仪器,其图形化的界面使得编程及使用过程都生动有趣。图形化的程序语言又称为"G"语言。使用这种语言编程时,基本上不写程序代码,取而代之的是流程图。它尽可能利用了技术人员、科学家、工程师所熟悉的术语、图标和概念,因此是一个面向最终用户的工具。它可以增强你构建自己的科学和工程系统的能力,提供了实现仪器编程和数据采集系统的便捷途径。使用它进行原理研究、设计、测试并实现仪器系统时,可以大大提高工作效率。MATLAB是一个集数值计算、符号分析、图像显示、文字处理于一体的大型集成化软件。它最初由美国的Cleve Moler博士所研制,目的是为线性代数等课程中的矩阵运算提供一种方便可行的实验手段。经过十几年的市场竞争和发展,MATLAB已发展成为在自动控制、生物医学工程、信号分析处理、语言处理、图像信号处理、雷达工程、统计分析、计算机技术、金融界和数学界等各行各业中都有极其广泛应用的数学软件。

LabVIEW和MATLAB都可以用于数据信号处理。MATLAB更多的是一种程序语言。它是一种很强大的科学计算工具,集成了大量的函数和工具箱(toolbox)。LabVIEW更像一种可视化编程工具,提供大量的模块,如按钮、LED等。它是一种虚拟仪器,与硬件连接非常方便,尤其擅长数据采集。

2.4.4　可编程逻辑器件

可编程逻辑器件(Programmable Logic Device,PLD)是新一代的数字器件。它不仅具有很高的速度和可靠性,而且具有用户可重复定义的逻辑功能,即具有可重复编程的特点。因此,可编程逻辑器件使数字电路系统的设计非常灵活,并且大大缩短了系统研制的周期,缩小了数字电路系统的体积和,减少了所用芯片的品种。

可编程逻辑器件(PLD)分类框图如图2-121所示。

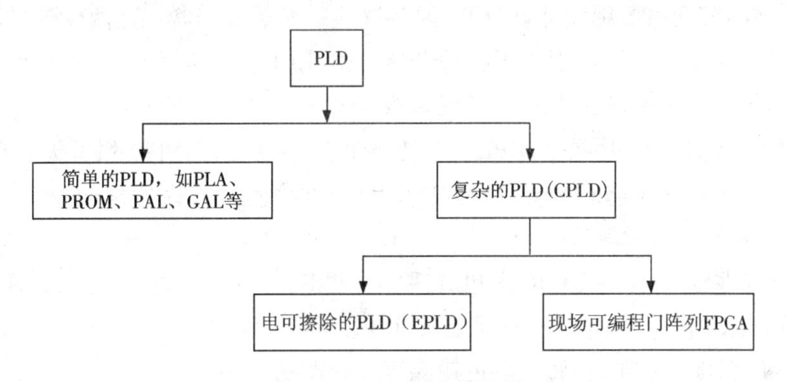

图2-121　PLD分类框图

2.4.4.1　简单的PLD

简单的PLD由“与”阵列和“或”阵列组成,能有效地以“积之和”的形式实现布尔逻辑函数。在技术实现上,输入PLD的信号必须首先通过一个“与”门阵列,在这里形成输入信号的组合。每组“与”的组合被称为布尔表达式的子项或PLD术语中的乘积线。这个乘积线在第二个“或”门阵列中被相加。简单PLD在“与”和“或”阵列的基础上有三种基本类型,可根据阵列能否编程来区分:①可编程只读存储器(Programmable Read-Only Memory),即PROM,它的“与”阵列固定,“或”阵列可编程;②可编程阵列逻辑(Programmable Array Logic),即PAL,它的“与”阵列可编程,“或”阵列固定;③可编程逻辑阵列(Programmable Logic Array),即PLA,它的“与”阵列和“或”阵列都可编程。

在可编程只读存储器(PROM)中,由于“与”阵列是固定的,输入信号的各种可能组合是由连接线连接好的,不管组合是否会被使用。因此,从某种意义上说,PROM十分类似于一个查找表,即根据用户要求在“表”中查找所需要的可能组合。

在可编程逻辑阵列(PLA)中,由于“与”阵列可编程而不需要包含输入信号各种可能的组合,所需包含的组合只是在逻辑功能中实际要求的那些组合。这不仅提供了在可编程器件中的高度灵活性，而且也不会出现在 PROM 器件中由于输入信号数量增加而使器件规模增大的问题。

通用阵列逻辑(Generic Array Logic，GAL)器件具有与 PAL 器件相同的内部结构，靠各种特性组合而被区别。这类器件综合了 PROM 器件编程的低成本、高速度、容易编程和 PLA 的灵活性，因此成为最早实现可编程 ASIC 的主要器件。尤其是 GAL 的可再编程特性，为开发提供了很大的方便。

2.4.4.2 复杂的 PLD

复杂的可编程逻辑器件(CPLD)是由 PAL 或 GAL 发展而来的，基本上是扩充原始的可编程逻辑器件。它通常由可编程逻辑的功能块围绕一个位于中心、延时固定的可编程互连矩阵构成。

为了增大电路密度而不使性能或功耗受到损失，CPLD 在机构上引入了各种特性。例如：引入分页系统，分页的目的在于仅使阵列的一部分在任何给定的时刻被加电；按备份模式放置阵列，或者靠变换检测自动控制加电，或者采用外部指令加以控制。在实现级上，“与”阵列及“或”阵列需要用缓冲器分开，因为这些一般是倒相器。在两个阵列中实际逻辑一般是相同的。某些公司已经引入了折叠 PLA，它仅用了一个实际阵列，但可以将乘积项反馈回阵列。这使得可以在单个器件中实现多级逻辑。

从目前的发展趋势可以看出，CPLD 又延伸出两大分支，即可擦除可编程的逻辑器件(Erasable Programmable Logic Device，EPLD)和现场可编程门阵列器件(Field Programmable Gate Array，FPGA)。

EPLD 分为两类：一类是 UV 可擦 PLD，称为 EPLD；另一类是电可擦 PLD，称为 EEPLD。ALTERA 公司自 20 世纪 80 年代中期推出 EPLD 以来，已经有多种产品推向市场，其中典型代表产品是 MAX7000 系列，它属于电可擦除可编程逻辑器件。

2.4.4.3 FPGA

现场可编程门阵列器件(FPGA)通常由布线资源围绕可编程单元(或宏单元)构成阵列，又由可编程 I/O 单元围绕阵列构成整个芯片，如图 2－122 所示。排成阵列的逻辑单元由布线通道中的可编程连线连接起来实现一定的逻辑功能。FPGA 可能包含静态存储单元，它们允许内连的模式在器件被制造以后再被加载或修改。

FPGA 是由掩膜可编程门阵列和可编程逻辑器件演变而来的，将它们的特性结合在一起，使得 FPGA 既有门阵列的高逻辑密度和通用性，又有可编程逻辑器件的用户可编程特性。目前，FPGA 的逻辑功能块在规模和实现逻辑功能的能力上存在很大差别。有的逻辑功能块规模十分小，仅含有只能实现倒相器的两个晶体管；而有的逻辑功能块则规模比较大，可以实现任何五输入逻辑函数的查找表结构。据此可把 FPGA 分成两大类，即细粒度(fine-grain)和粗粒度(coarse-grain)。细粒度逻辑块与半定制门阵列的基本单元相同，由可以用可编程互连来连接的少数晶体管组成，规模都较小，主要优点是可用的功能块可以完全被利用；缺点是采用它通常需要大量的连线和可编程开关，使相对速度较慢。由于近年来工艺不断改进，芯片集成度不断提高，加上引入硬件描述语言(HDL)的设计方法，不少厂家开发出了具有更高级的细粒度结构的 FPGA。例如，XILINX 公司采用 Micro Via 技术的依

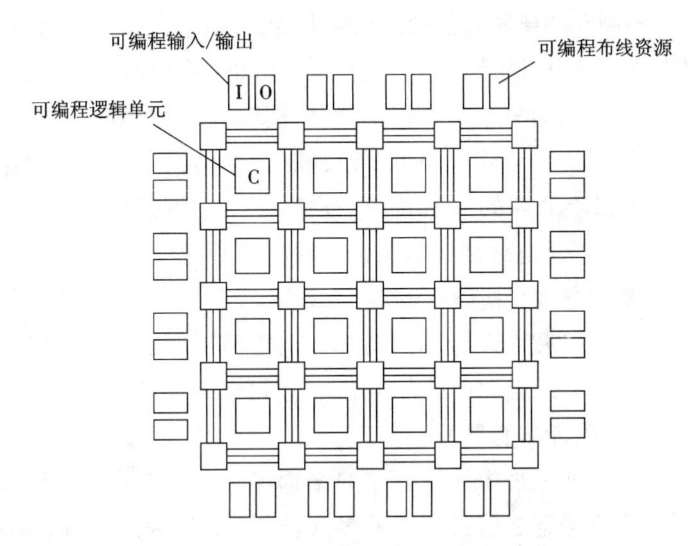

图2－122　FPGA芯片的构成

次编程反熔丝结构XC8100系列，它的逻辑功能块规模较小，而粗粒度功能块规模较大并且功能较强。从构成它的可编程逻辑块和可编程互连资源来看，主要有两类逻辑块的构造：一是查找表类型；二是多路开关类型，由此形成两种FPGA的结构。

第一种是具有可编程内连线的通道型门阵列。它采用分段互连线，利用不同长度的多种金属线经传输管将各种逻辑单元连接起来，布线延时是累加的、可变的，并且与通道有关。

第二种是具有类似PLD可编程逻辑块阵列的固定内连布线。它采用连续互连线，利用相同长度的金属线实现逻辑单元之间的互连，布线延时是固定的，并且可预测。

XILINX公司和ACTEL公司的FPGA属于第一种FPGA结构。从逻辑块构造看，XILINX公司的FPGA属于查找表类型，ACTEL公司的FPGA属于多路开关类型。而ALTERA公司的FPGA则由传统的PLD结构演变而来，因此属于具有类似PLD的可编程逻辑块阵列和连续分布线这一类，即FPGA结构逻辑块是基于“与”和“或”门电路构成的。

2.4.4.4　硬件编程语言简介

数字电路设计工程师一般都学过编程语言、数字逻辑基础、各种EDA软件工具的使用。就编程语言而言，国内外大多数学校都以C语言为标准，目前很少有学校使用Pascal和Fortran；而MATLAB是一个常用的数字计算软件包，有许多现成的数学函数可以利用，大大节省了复杂函数的编程时间，MATLAB也提供了可以与C程序模块方便连接的接口。因此，用MATLAB来作数学计算系统的行为仿真常常比直接用C语言方便，能很快生成有用的数据文件和表格，直接用于算法正确性的验证。

基础算法的描述和验证常用C语言来作。例如需要设计Reed Solomen编码/解码器，必须先深入了解Reed Solomen编码/解码的算法，再编写C语言的程序来验证算法的正确性。运行描述编码器的C语言程序，把数据文件中多组待编码的数据转换为相应的编码后将数据并入文件；再编写一个加干扰用的C语言程序，用于模拟信道。它能产生随机误码位(并把误码位个数控制在纠错能力范围内),将其加入编码后的数据文件中。运行该加干扰程序,产生带误码位的编码后的数据文件;然后再编写一个解码器的C语言程序,运行该程序把带误码位的编码解码为另一个数据文件。只要比较原始数据文件和生成的文件便可知道编码和解码的程序是否正确。如果要设计一个专门的电路来进行这种对速度有要求的实时数据处理,除以上介绍的C程序外,还需编写硬件描述语言(如Verilog HDL或VHDL)程序进行仿真,以便从电路结构上保证算法能在规定的时间内完成,并能通过前端和后端的设备接口正确无误地交换(输入/输出)数据。

用硬件描述语言(HDL)程序设计硬件的好处在于易于理解、易于维护、调试电路速度快,有许多易于掌握的仿真、综合和布局布线工具,还可以用C语言配合HDL来作逻辑设计的布线前和布线后仿真,验证功能是否正确。

在算法硬件电路的验证过程中计算电路的结构和芯片的工艺对运行速度有很大的影响。所以在电路结构完全确定之前必须进行多次仿真,即C语言的功能仿真、C语言的并行机构仿真、Verilog HDL的行为仿真、Verilog HDL RTL级仿真、综合后门级结构仿真、布局布线后仿真、电路实现验证。

下面介绍用C语言配合Verilog HDL设计算法的硬件电路块时考虑的三个主要问题。

(1)为什么选择C语言与Verilog HDL配合使用?首先,C语言很灵活,查错功能强,C语言是目前世界上应用最为广泛的一种编程语言,因而C程序的设计环节比Verilog HDL更完整。此外,C语言有可靠的编译环节、语法完备、缺陷较少,可应用于许多领域。而且Verilog的仿真、综合、查错工具等大部分软件都是商业软件,与C语言相比缺乏长期大量的使用,可靠性较差,亦有很多缺陷。所以,只有在C语言的配合下,Verilog才能更好地发挥作用。

(2)C语言与Verilog语言互相转换中存在的问题是混合语言设计流程往往会在两种语言的转换中遇到许多难题。C程序是一行接一行执行的,属于顺序结构;而Verilog描述的硬件是可以在同一时间同时运行的,属于并行结构,这两者之间有很大的冲突。而Verilog仿真软件也是顺序执行的,在时间关系上同Verilog描述的硬件是有差异的,可能出现一些无法发现的问题。

(3)如何利用C语言来加快硬件的设计和查错?表2-10中列出了常用的C语言与Verilog语言相对应的关键字与控制结构。

表2-10 C语言与Verilog语言的比较

C语言	Verilog语言
sub-function	module, function, task
if-then-else	if-then-else
case	case
{,}	begin, end
for	for

续表

C 语言	Verilog 语言
while	while
break	disable
define	define
int	int
printf	monitor, display, strobe

从上面的讨论可以总结如下:

(1)C 语言与 Verilog 硬件描述语言可以配合使用,辅助设计硬件;

(2)C 语言与 Verilog 硬件描述语言类似,只要稍加限制,C 语言的程序很容易转成 Verilog 的行为程序。

美国和中国台湾地区的逻辑电路设计和制造厂家大都以 Verilog HDL 为主,中国大陆地区目前学习使用 Verilog DHL 已超过 VHDL。从学习的角度来看,Verilog HDL 比较简单,也与 C 语言比较接近,容易掌握;而从使用的角度来看,支持 Verilog 硬件描述语言的半导体厂家较支持 VHDL 的多;从发展趋势看,Verilog DHL 有比 VHDL 更宽广的前途。

参考文献

[1] 刘铁根. 光学防伪检测技术[M]. 北京:电子工业出版社,2008.

[2] 曾光宇,张志伟,张存林. 光电检测技术[M]. 北京:清华大学出版社,北京交通大学出版社,2005.

[3] 李适民,黄维玲. 激光器件原理与设计[M]. 北京:国防工业出版社,2005.

[4] 王普杰. 气体放电光源的特点及其改进[J]. 光源与照明,2003(3):38,46.

[5] 罗雁横,张瑞君. MEMS 波长可调谐激光器及其进展[J]. 微纳电子技术,2006(5):214-218.

[6] 张瑞君. 波长可调谐激光器开发现状及应用市场前景[J]. 中国电子商情:基础电子,2008(7):52-55.

[7] 张国威. 可调谐激光技术[M]. 北京:国防工业出版社,2002.

[8] 马东阁,石家纬,刘明大,等. 超辐射发光二极管(SLD)[J]. 半导体情报,1993,30(6):12,38-42.

[9] 李金良,朱志文. 1.3 μm InGaAsP 低电流超辐射发光二极管组件[J]. 半导体光电,2001,22(5):343-346,350.

[10] 谢辉,郑云生,马宏. 超辐射发光二极管组件[J]. 光通信技术,2004,28(4):27-29.

[11] 马东阁,石家纬. 超辐射发光二极管的结构特性及其应用[J]. 激光技术,1994,18(4):214-219.

[12] 吴天伟,武斌. 1.3 μm 量子阱结构 SLD 的一次光刻工艺研究[J]. 半导体光电,2007,28(3):354-356.

[13] 李梅,李辉,王玉霞,等. GaAlAs/GaAs 非均匀阱宽多量子阱超辐射发光管材料制备及表征[J]. 发光学报,2007,28(6):885-889.
[14] 郭小东,乔学光,贾振安,等. 一种高功率掺铒光纤超荧光光源[J]. 光子学报,2004,33(11):1298-1300.
[15] 钱景仁,程旭,朱冰. 掺铒光纤超荧光宽带光源的实验研究[J]. 中国激光,1998,25(11):989-992.
[16] 余有龙,谭华耀,锺永康. 一种高功率宽带光源的研制[J]. 中国激光,2001,28(1):71-73.
[17] WYSOCKI P F, DIGONNET M J F, KIM B Y, et al. Characteristics of erbium-doped superfluorescent fiber sources for interferometric sensor applications [J]. Journal of Lightwave Technology, 1994, 12 (3): 550-567.
[18] HALL D C, BURNS W K, MOELLER R P. High-stability Er^{3+}-doped superfluorescent fiber sources[J]. Journal of Lightwave Technology, 1995, 13 (7): 1452-1460.
[19] 浦昭邦. 光电测试技术[M]. 北京:机械工业出版社,2004.
[20] 雷玉堂,王庆友,何加铭. 光电检测技术[M]. 北京:中国计量出版社,1997.
[21] 王庆友. 光电技术[M]. 北京:电子工业出版社,2005.
[22] 王雨三,张中华,林殿阳. 光电子原理与应用[M]. 哈尔滨:哈尔滨工业大学出版社,2005.
[23] 王雪文,张志勇. 传感器原理与应用[M]. 北京:北京航空航天大学出版社,2004.
[24] 曾光宇,张志伟,张存林. 光电检测技术[M]. 北京:清华大学出版社,2005.
[25] 钱浚霞,郑坚立. 光电检测技术[M]. 北京:机械工业出版社,1993.
[26] 高稚允,高岳. 光电检测技术[M]. 北京:国防工业出版社,1995.
[27] 罗先和,张广军,骆飞. 光电检测技术[M]. 北京:北京航空航天大学出版社,1995.
[28] 张广军. 光电测试技术[M]. 北京:中国计量出版社,2003.
[29] 王海科,吕云鹏. 光电倍增管特性及应用[J]. 仪器仪表与分析监测,2005(1):1-4.
[30] 宋吉江,牛轶霞. 光敏电阻的特性及应用[J]. 微电子技术,2000,28(1):55-57.
[31] 郭书立,李立军,谭定忠. 一维、二维 PSD 的检测原理及测量电路[J]. 佳木斯大学学报:自然科学版,2000, 18(3): 292-295.
[32] 曾超. 基于二维位置敏感探测器 PSD 的研究及应用[D]. 杭州:浙江大学,2003.
[33] 张燕,曾光宇,洪志刚. 硅 PIN 光电二极管探测系统的研究[J]. 电脑开发与应用,2008,20(2):7-8.
[34] 李翔. 基于硅光电池的光电自动跟踪系统的实现[J]. 湘潭师范学院学报:自然科学版,2008,28(4):51-54.
[35] 吴赛燕. PSD 的性能分析及其应用[J]. 机械工程与自动化,2007(2):109-111.
[36] 胡伟生,方佩敏. 热释电红外探测器的元器件(二):热释电红外传感器[J]. 电子世界,2004(9):40-41.
[37] 林雪梅. 热释电红外传感器及其应用[J]. 工业科技,2005,34(1):41-42.

[38] 程开富. CCD 图像传感器的原理及应用概述[J]. 集成电路通讯,2003,21(3):41-44.

[39] 赵春三. 数码照相机的 CCD 光电传感器[J]. 信息记录材料,2002,3(2):53-56.

[40] 饶睿坚,韩政. CMOS 有源光电传感器像素采集单元成像质量分析[J]. 半导体技术,2002(11):74-76.

[41] FOSSUM E R. CMOS image sensors: electronic camera-on-a-chip [J]. IEEE Transactions Devices, 1997, 44(10): 1689-1698.

[42] 程开富. CMOS 图像传感器及应用[J]. 半导体光电,2000,21(A03):25-28.

[43] 高海林,钱满义. DSP 技术及其应用[M]. 北京:清华大学出版社,北京交通大学出版社,2009.

[44] 纪宗南. DSP 实用技术和应用实例[M]. 北京:航空工业出版社,2006.

[45] 袁方,王兵,李继民. 计算机导论[M]. 北京:清华大学出版社,2014.

[46] 邹海林. 计算机科学导论[M]. 北京:科学出版社,2014.

[47] 夏宇闻. Verilog 数字系统设计教程[M]. 北京:北京航空航天大学出版社,2013.

[48] 葛亚明,彭永丰,薛冰. 零基础学 FPGA 基于 Altera FPGA 器件 &Verilog HDL 语言[M]. 北京:机械工业出版社,2010.

第3章 光电信息检测技术与系统

3.1 概述

光电信息检测技术是现代科学、国家现代化建设和人民生活中不可缺少的新技术，将光、机、电、算相结合，是最具有应用潜力的信息技术之一。所谓光电信息检测系统，是将待测光学量或非光学待测物理量转换成光学量，通过光电变换和电路处理的方法进行检测的系统。而且可以进一步依靠电子计算机来处理，这就是光传感器方法、图像扫描检测方法、光信息处理检测方法以及数字图像检测方法。这些方法的特点是信息检测的实时性、遥控性、快速性。光电信息检测技术是各种检测技术的重要组成部分。特别是近几年来，各种新型光电探测器件的出现以及电子技术、微电脑技术的发展，使得光电信息检测系统的内容愈加丰富，应用越来越广，目前已渗透到几乎所有的工业和科研部门。

3.1.1 光电信息检测系统的基本组成

光电信息检测系统的基本组成框图如图3－1所示。

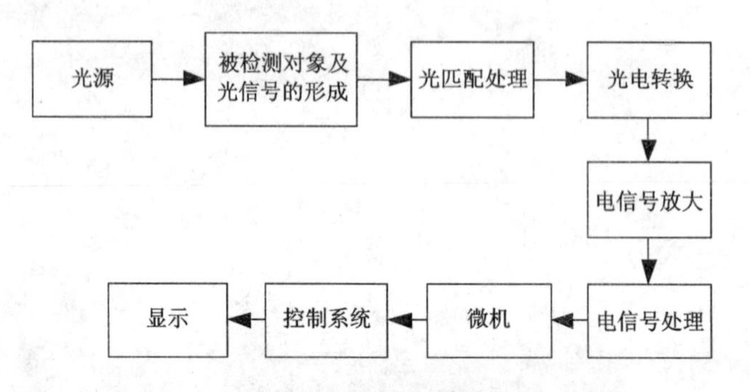

图3－1 光电信息检测系统的基本组成框图

（1）光源：光电信息检测系统中必不可少的一部分。在许多系统中按需要选择一定辐射功率、一定光谱范围和一定发光空间分布的光源。发出的光束为携带待测信息的物质。光源也可以是其他非光物理量，通过某些效应转换出来的发光体，例如利用荧光质完成将电子束或各种射线转换为光的过程。通过对发光功率等特性的测量，将达到对电子射线或各种射线进行特性检测的目的。这里的荧光质就是该系统的光源。

（2）被检测对象及光信号的形成：被检测对象即待测物理量，它们是千变万化的。这里所指的是光源所发出的光束在通过这一环节时，利用各种光学效应，如反射、吸收、折射、干涉、衍射、偏振等，使光束携带上被检测对象的特征信息，形成待检测的光信号。光通过被检测对象这一环节能否准确地带上所要检测的信息是决定所设计检测系统成败的关键。

(3)光信号的匹配处理:这一工作环节可以设置在被检测对象的前面,也可设在其后部,应按实际要求来决定。通常在检测中表征待测量的光信号可以是光强度的变化、光谱的变化、偏振性的变化、各种干涉和衍射条纹的变化以及脉宽或脉冲数等。要使光源发出的光或携带各种待测信号的光与光电探测器等环节实现合理的甚至是最良好的匹配,需要经常对光信号进行必要的处理。例如,利用光电探测器进行光度检测时,需要对探测器的光谱特性按人眼视觉函数进行校正;当光信号过强时,需要进行中性减光处理;当入射信号光束不均匀时,则需要进行均匀化处理;当进行交流检测时,需要对信号光束进行调制处理等。归纳起来可以说,光信号匹配处理的主要目的是更好地获得待测量的信息,以满足光电变换的需要。光信号的处理主要包括光信号的调制、变光度、光谱校正、光漫射以及汇聚、扩束、分束等。

以上讨论的三个环节往往紧密结合在一起,目的是把待测信息合理地转换为适合后续处理的光信息。

(4)光电转换:实现信息检测的核心部分。其主要作用是将光信号转换成电信号,以利于采用目前最为成熟的电子技术进行信号的放大、处理、测量和控制等。光电信息检测不同于其他光学检测的本质就在于此。完成这一转换工作主要依靠各种类型的光电和热电探测器。各类探测器的发展和新型探测器的出现为信息检测技术的发展提供了良好的基础。

(5)电信号的放大与处理:主要由各种电子线路所组成。为实现各种检测目的,可按需要采用不同功能的电路来完成,对具体系统进行具体分析。应当指出,虽然电路处理方法多种多样,但必须注意整个系统的一致性。也就是说,电路处理与光信号获得、光信号处理以及光电转换均应统一考虑和安排。

(6)微机及控制系统:通常显示系统也包括在这一环节当中。许多光电检测系统只要求给出待测信息量的具体值,即将处理好的待测量电信号直接经显示系统显示。在需要利用检测量进行反馈然后实施控制的系统中,就要附加控制部分。如果控制关系比较复杂,可采用微机系统给予分析、计算或判断等处理后,再由控制部分执行。这样的系统可称为智能化的光电检测系统。目前,随着单片机、单板机及小型微机的迅速发展,对稍复杂的光电检测系统都考虑尽可能实现智能化的检测。

3.1.2　光电信息检测技术的主要用途

信息与图像检测的主要用途如下。

(1)利用二维光传感器直接测定物体的形状、尺寸、位置。这是在生产线上实现自动检测的有效手段。

(2)利用扫描技术进行图像微细结构的测定。例如对显微镜图像、X射线图像、超声波图像、电子显微镜图像的测定,用于粒度分布、温度分布、光度分布的测定以及尺寸、位置、面积的测定。

(3)利用光学傅里叶变换把物体的空间域变换成频率域,用滤波与相关的方法抽取图像中信息检测所需的特定信息,从而判定被测表面的状态、尺寸以及位置变化。例如检查大规模集成块的缺陷以及力学中应变分布的测定等。

(4)将电视、固体摄像器件(如 CCD 等)与计算机技术结合,进行光学条纹的自动判读与显示。这适合于各种干涉条纹、莫尔条纹、散斑条纹的自动测量与实时显示,精度可达到 1/100 ~ 1/20,是目前获得效率最高、精度最高、显示最直观的测量方法。

3.1.3　光电信息检测技术的发展趋势

(1)发展纳米、亚纳米高精度的光电测量新技术。

(2)非接触、快速在线测量,以满足快速增长的商品经济的需要。

(3)发展小型的、快速的微型光、机、电信息检测系统。

(4)向微空间三维测量技术和大空间三维测量技术发展。

(5)发展闭环控制的光电信息检测系统,实现光电测量与光电控制一体化。

(6)向人们无法触及的领域发展。

(7)发展光电跟踪与光电扫描技术,如远距离的遥控、遥测技术及激光制导、飞行物自动跟踪、复杂形体自动扫描测量等。

3.2　像传感检测技术

利用物体的二维或三维信息的光强分布来检测物体的形状、尺寸与位置,是图像检测技术中最简单而直观的方法。这种方法不仅可用于可见光,更适用于 X 射线、紫外线、红外线、放射线以及超声波等一系列领域。将物体或其图像的光强信息通过光传感器变换成电信号,就可用于自动检测或驱动装置,实现生产线上的自动控制。

3.2.1　像传感检测技术的基本原理

光电传感器检测的原理,与眼睛和望远镜结合可以探测远方的物体以及眼睛和显微镜结合可以探测微小物体一样,只是用光电器件代替眼睛而已。光电传感器与光学系统组合就能自动测知视场中物体的尺寸、形状和位置。图 3-2 所示是最简单的光传感器检测原理,用于按产品尺寸进行自动分类。像传感检测是利用视场中成像的放大或缩小来获得不同的检测精度。

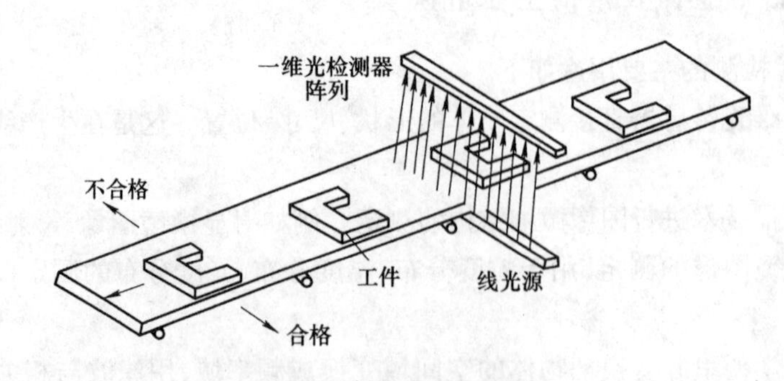

图 3-2　光传感器检测原理

像传感检测技术的特点如下。

(1)非接触:利用物体的二维或三维光信息来实现检测,完全是非接触测量,测量力为零,特别适合于橡胶、塑料等软工件的测量。

(2)高效率:快速测定高速移动的工件,这是人眼测量无法办到的。光传感器的响应速度已能达到 $10^{-9}\sim10^{-7}$ s,对外径为 20 mm 的工件,1 s 可测定 4 个。

(3)输入能量小:可以在微光下工作,也就是一般光传感器有很高的灵敏度。

(4)数据处理功能强:有可能直接与计算机组合来进行光电检测。

3.2.2　像传感检测技术的应用

下面介绍一些像传感检测技术的典型应用。

1. 线性光阵列检测系统

线性光阵列检测系统主要是利用线性光列阵(光电二极管列阵、CCD 等)测定被测工件像的尺寸,然后反求被测工件的尺寸。这种检测系统完全没有机械动作,以图像传感方式工作,可以取得快速而稳定的结果。

线性光阵列检测系统有两种基本形式,如图 3-3 所示。

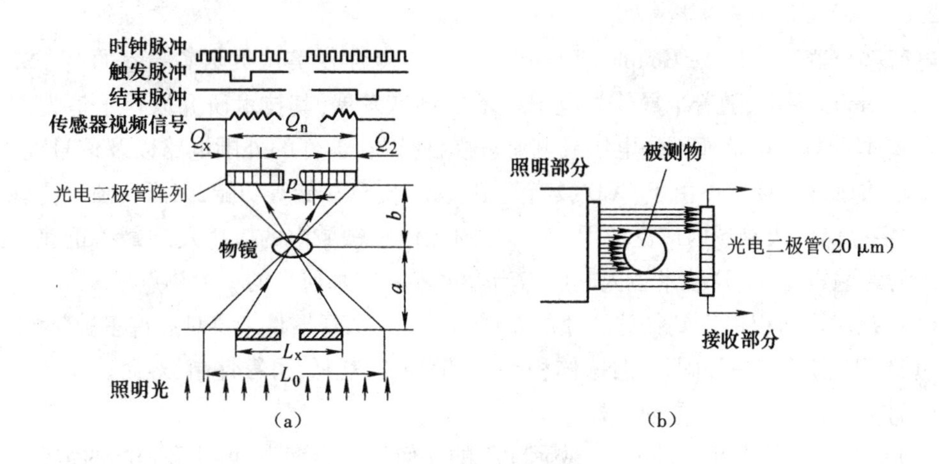

图 3-3　线性光阵列检测系统的两种基本形式

(a)成像型　(b)照明型

对成像型来说,被测物长为 L_x,通过物镜成放大像于光阵列上。设 Q_x 是暗电平的个数,即光阵列上不计数的阵列数,对二极管阵列就是无信号输出的光电二极管的个数;Q_n 是光阵列上光电二极管的总数;p 是光电二极管之间的间距(通常 $p=28$ μm),则有

$$ML_x=Q_xp \tag{3-1}$$

$$L_x=\frac{Q_x}{M}p \tag{3-1a}$$

测量范围

$$L_0=\frac{1}{M}Q_np \tag{3-2}$$

式中：$M = b/a$，a 为像距，b 为物距。

由式(3-1)测定 Q_x，就可自动换算出被测物尺寸 L_x。

对于照明型，由于没有成像物镜，所以必须用平行光来照明被测物体。被测物体的阴影大小由光阵列检出。一般以 500 mm/s 的速度扫描，经过处理就可以测定外形尺寸。图 3-4 所示是光阵列检测法的应用实例。

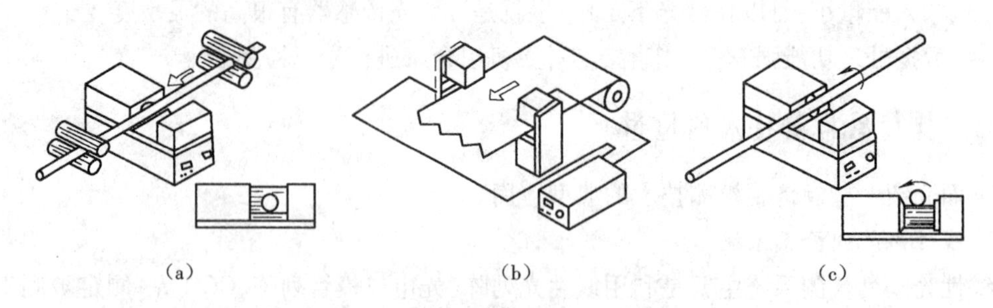

(a) (b) (c)

图 3-4 光阵列检测法的应用实例

(a)用于线材、棒材、管材外径的连续测定 (b)用于布、纸、金属板的宽度测定(也可用于纠偏)
(c)用于工件的位置和形状偏差的测定

2. CCD 图像传感器及其应用

电荷耦合器件(Charge Coupled Device，CCD)1970 年由美国贝尔实验室的 W. S. Boyle 和 G. E. Smith 提出，随着半导体微电子技术的迅猛发展，其技术研究取得了惊人的发展。CCD 的基本参数是电荷而不是电压或电流，这就使得在器件的外围电路以及信号处理方面引入了新的概念和技术。由于 CCD 具有光电转换、信息存储等功能，因而在图像传感、信号处理、数字存储三大领域内广泛应用，尤其在图像传感领域内的应用发展最为迅速，受到世界各国的普遍重视，CCD 技术也因此成为当今世界新技术研究的一大热点。

CCD 技术之所以能得到如此迅速的发展，是因为 CCD 器件本身具有许多独特的优点：

(1)CCD 器件是一种固化器件，体积小，质量轻，功耗低，可靠性高，寿命长；

(2)图像畸变小，尺寸重现性好；

(3)具有较高的空间分辨率，光敏元间距的几何尺寸精度高，可获得较高的定位精度；

(4)具有较高的光电灵敏度和较大的动态范围。

CCD 器件有线阵 CCD 和面阵 CCD 两类。其中，线阵 CCD 又可以分为单沟道和双沟道；而面阵 CCD 根据电荷转移和读出方式的不同，可以分为帧转移型 CCD 和行转移型 CCD。CCD 的工作过程为电荷存储、电荷转移和电荷输出。

下面简单介绍一下 CCD 用于检测石英管的几何尺寸。

石英管主要用作光纤外皮管，石英管的壁厚尺寸直接影响光纤的寿命和特性。所以，在石英管生产过程中，石英管的壁厚是一个重要的参数，必须实时监控这个参数并将其控制在公差范围内。石英管生产具有高温、红热、脆性大和不易采用接触法测量的特点，必须采用非接触在线检测技术实现壁厚尺寸的测量。通过检测系统实时在线检测，把测量结果转换为反馈控制信号，通过反馈控制系统控制石英管生产设备壁厚调整机构，从而达到生产石英管壁厚闭环控制与监测的目的。石英管壁厚测量原理如图 3-5 所示。

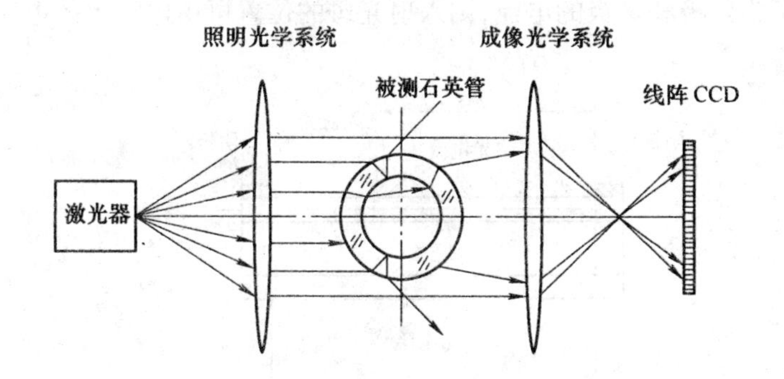

图3-5　CCD测量石英管壁厚的原理

激光器发出的光经过照明光学系统后变为平行光,照射在石英管上。被测石英管放置在平行光路中,根据光透过率分布的特性,经成像光学系统后,在CCD的光敏面上形成石英管的影像,输出的视频信号含有外径和壁厚的信息,经信号处理电路提取相应的特征量,计算出石英管的外径和壁厚尺寸。此法对轴向位置要求严格,会受到一定的限制。系统的组成框图如图3-6所示。

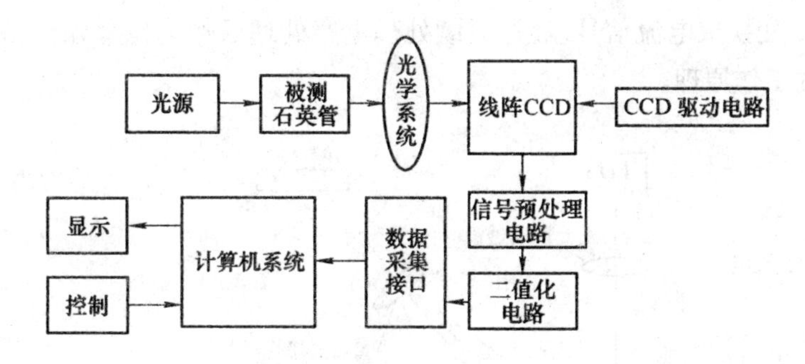

图3-6　系统的组成框图

3. PSD的原理及其应用

位置灵敏探测器(Position Sensitive Detector,PSD)是20世纪80年代初期发展起来的一种新型位置传感器,它是以光斑的位置为模拟信号而输出的半导体器件,可以获得与光斑的强度、分布、对称性、尺寸无关的精确定位信息,最大的应用是测量光点的位置。近几年来,PSD以其分辨率高、实时性强、后续处理电路结构简单等优点在位移和三维运动测量中得到越来越广泛的应用。

PSD是一种侧向效应硅光电器件,采用平面扩散制造工艺,由P、I、N三层构成,与象限探测器及电荷耦合器件不同,它只有一个完整的光敏面,一维PSD器件在光敏面两端有两个接触点,二维PSD器件则有四个接触点。图3-7所示为PSD的截面,正如其他P-I-N探测器那样,当入射光斑照射在光敏面的S处时,入射光子产生的光生载流子被电场分开,在外电路形成光电流。流过阳极和基极的电流分别为

$$I_1 = I_0(1 - S/L) \tag{3-3}$$

$$I_2 = I_0 - I_1 = I_0 S/L \tag{3-4}$$

式中：I_1 和 I_2 分别为阳极和基极的电流，则入射光斑的位置可由电极上的电流得到。

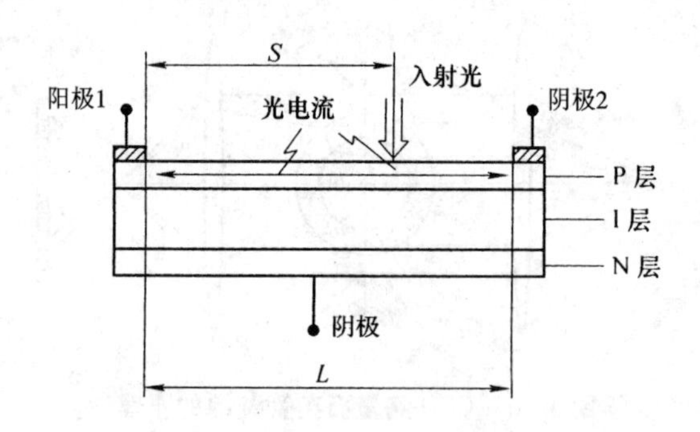

图3－7 PSD的截面

PSD应用于位移测量是根据光学三角测量原理，如图3－8所示。由半导体激光器发出的光束经照明透镜聚焦，光斑照射在被测物上，光斑的部分散射光通过设置在另一位置的接收透镜聚焦在PSD面上成像为一亮点，如果被测物从图中的基准位置移动到A处，则PSD上的像将移动到a点；反之，若反方向移动到B处，则PSD上的像将移动到b点。将此种移动量用PSD变换成电流信号，经过后续处理电路处理后作为位移输出信号，这就是用PSD测量位移的工作原理。

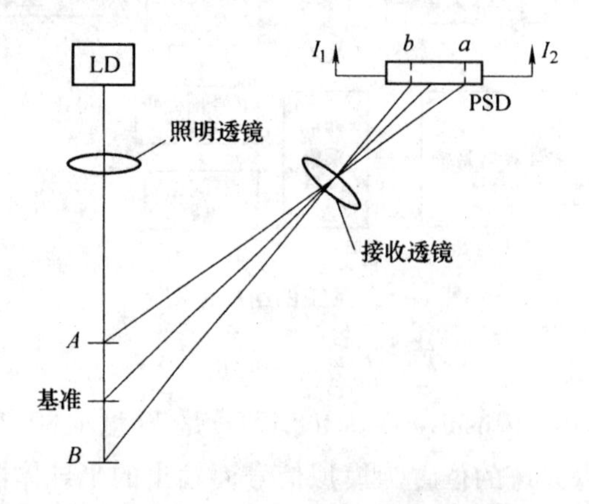

图3－8 PSD用于位移测量的光学原理

在实际应用中，PSD的电流信号与被测位移量之间的关系是非线性的，须经修正电路进行线性修正。另外，为使被测物体反射率改变时能够得到稳定的PSD输出信号，应将光量信号反馈到半导体激光器的驱动电流中，以改变半导体激光器的发光量。

应用PSD进行位移测量的上述测量方法除了可以直接测量位移外，还可以应用于物体厚度、物体起伏、液位、段差以及旋转盘台面垂直振摆等方面的测量，因此具有极广阔的应用前景。

3.3 光信息处理检测技术

3.3.1 概述

光信息处理检测技术是以信息光学为基础,用傅里叶分析的方法研究光学成像和光学变换的理论和技术。其主要的任务是研究以二维图像作为媒介来进行图像的识别、图像的增强与恢复、图像的传输与变换、功率谱分析以及全息术中的傅里叶全息存储等。

光信息处理检测技术的主要优势:①从图形复杂的被测物上检测出所需的信息;②发现淹没在噪声中的有用信息,并检测出来。

光信息处理检测的基本原理是用相干光照射被测物体,利用傅里叶变换面上图形的不同,即频谱分布的不同或通过适当滤波以及相关方法,抽取特定信息来判定被测物的尺寸、位置以及表面状态,达到检测的目的。

3.3.2 光信息处理技术基础

1. 傅里叶变换及其基本性质

二维傅里叶变换:

$$\mathscr{F}=\mathscr{F}\{f\}=\int_{-\infty}^{\infty}\int_{-\infty}^{\infty}f(x,y)\exp[-\mathrm{j}2\pi(f_x x+f_y y)]\mathrm{d}x\mathrm{d}y \tag{3-5}$$

二维傅里叶逆变换:

$$f=\mathscr{F}^{-1}\{f\}=\int_{-\infty}^{\infty}\int_{-\infty}^{\infty}f(f_x,f_y)\exp[\mathrm{j}2\pi(f_x x+f_y y)]\mathrm{d}f_x\mathrm{d}f_y \tag{3-6}$$

基本性质如下。

(1)线性定理:

$$\mathscr{F}\{af(x,y)+bg(x,y)\}=a\mathscr{F}\{f(x,y)\}+b\mathscr{F}\{g(x,y)\} \tag{3-7}$$

(2)缩放和反演定理:

$$\mathscr{F}\{f(ax,by)\}=\frac{1}{|ab|}\mathscr{F}\left(\frac{f_x}{a},\frac{f_y}{b}\right) \tag{3-8}$$

(3)位移定理:

$$\mathscr{F}\{f(x\pm a_0,y\pm b_0)\}=\mathscr{F}(f_x,f_y)\mathrm{e}^{\pm\mathrm{j}2\pi(f_x a+f_y b)} \tag{3-9}$$

$$\mathscr{F}\{f(x,y)\mathrm{e}^{\pm\mathrm{j}2\pi(\xi x+\eta y)}\}=\mathscr{F}(f_x\mp\xi,f_y\mp\eta) \tag{3-10}$$

(4)帕色渥定理:

$$\int_{-\infty}^{\infty}\int_{-\infty}^{\infty}|f(x,y)|^2\mathrm{d}x\mathrm{d}y=\int_{-\infty}^{\infty}\int_{-\infty}^{\infty}|F(f_x,f_y)|^2\mathrm{d}f_x\mathrm{d}f_y \tag{3-11}$$

(5)卷积定理:

$$\mathscr{F}\{f(x,y)*g(x,y)\}=F(f_x,f_y)G(f_x,f_y) \tag{3-12}$$

$$\mathscr{F}\{f(x,y)g(x,y)\}=F(f_x,f_y)*G(f_x,f_y) \tag{3-13}$$

(6)互相关定理:

$$\mathscr{F}\{f(x,y)\otimes g(x,y)\} = F^*(f_x,f_y)G(f_x,f_y) \tag{3-14}$$

$$\mathscr{F}\{f^*(x,y)g(x,y)\} = F^*(f_x,f_y)\otimes G(f_x,f_y) \tag{3-15}$$

2. 常用函数的傅里叶变换(表3-1)

表3-1 常用的傅里叶变换对

原函数	频谱函数
$\exp[-\pi(a^2x^2+b^2y^2)]$	$\frac{1}{\lvert ab\rvert}\exp\left[-\pi\left(\frac{f_x^2}{a^2}+\frac{f_y^2}{b^2}\right)\right]$
$\mathrm{rect}(ax)\mathrm{rect}(by)$	$\frac{1}{\lvert ab\rvert}\mathrm{sinc}(f_x/a)\mathrm{sinc}(f_y/b)$
$\Lambda(ax)\Lambda(by)$	$\frac{1}{\lvert ab\rvert}\mathrm{sinc}^2(f_x/a)\mathrm{sinc}^2(f_y/b)$
$\delta(ax,by)$	$\frac{1}{\lvert ab\rvert}$
$\exp[\mathrm{j}\pi(ax+by)]$	$\delta(f_x-a/2,f_y-b/2)$
$\mathrm{sgn}(ax)\mathrm{sgn}(by)$	$\frac{ab}{\lvert ab\rvert}\frac{1}{\mathrm{j}\pi f_x}\frac{1}{\mathrm{j}\pi f_y}$
$\mathrm{comb}(a_x)\mathrm{comb}(b_y)$	$\frac{1}{\lvert ab\rvert}\mathrm{comb}(f_x/a)\mathrm{comb}(f_y/b)$
$\exp[\mathrm{j}\pi(a^2x^2+b^2y^2)]$	$\frac{\mathrm{j}}{\lvert ab\rvert}\exp\left[-\mathrm{j}\pi\left(\frac{f_x^2}{a^2}+\frac{f_y^2}{b^2}\right)\right]$
$\exp[-(a\lvert x\rvert+b\lvert y\rvert)]$	$\frac{1}{\lvert ab\rvert}\frac{2}{1+(2\pi f_x/a)^2}\frac{2}{1+(2\pi f_y/b)^2}$

3. 抽样定理

在实现信息记录、存储、发送和处理时,由于物理器件的信息容量有限,一个连续函数往往要用它在一些分立的取样点上的函数值即抽样值来表示。例如用探测器阵列记录某平面的光强分布。如何选择探测器单元之间的间隔(抽样间隔),以不丢失信息,又不对探测器阵列本身提出过分的要求,是否能由这些抽样值恢复一个连续函数,是抽样定理回答的问题。

图3-9所示是抽样过程的原理,抽样是用一个探测器探测某点的函数值。如图3-9(a)所示,探测器的线宽为ΔX,在$X=0$处测得的函数平均值

$$\bar{g}(0)=\bar{g}(0)\delta(x)$$

$\Delta x\to 0$,$\bar{g}(0)\to 0$,以间隔T来抽样测得函数$g(x)$的第n个值,有

$$g(nT)=g(nT)\delta(x-nT)$$

一系列的抽样值可表达为

$$g_s(x)=\sum_{n=-\infty}^{+\infty}g(nT)\delta(x-nT)=g(x)\sum_{n=-\infty}^{+\infty}\delta(x-nT)=g(x)\left(\frac{1}{T}\right)\mathrm{comb}\left(\frac{x}{T}\right) \tag{3-16}$$

此过程如图3-9(c)和图3-9(e)所示。

从频率域来分析,利用卷积定理对式(3-16)作傅里叶变换,$g_s(x)$的频谱$G_s(v)$可以由函数$g_s(v)$的频谱与$\delta(x)$的频谱卷积求出,即

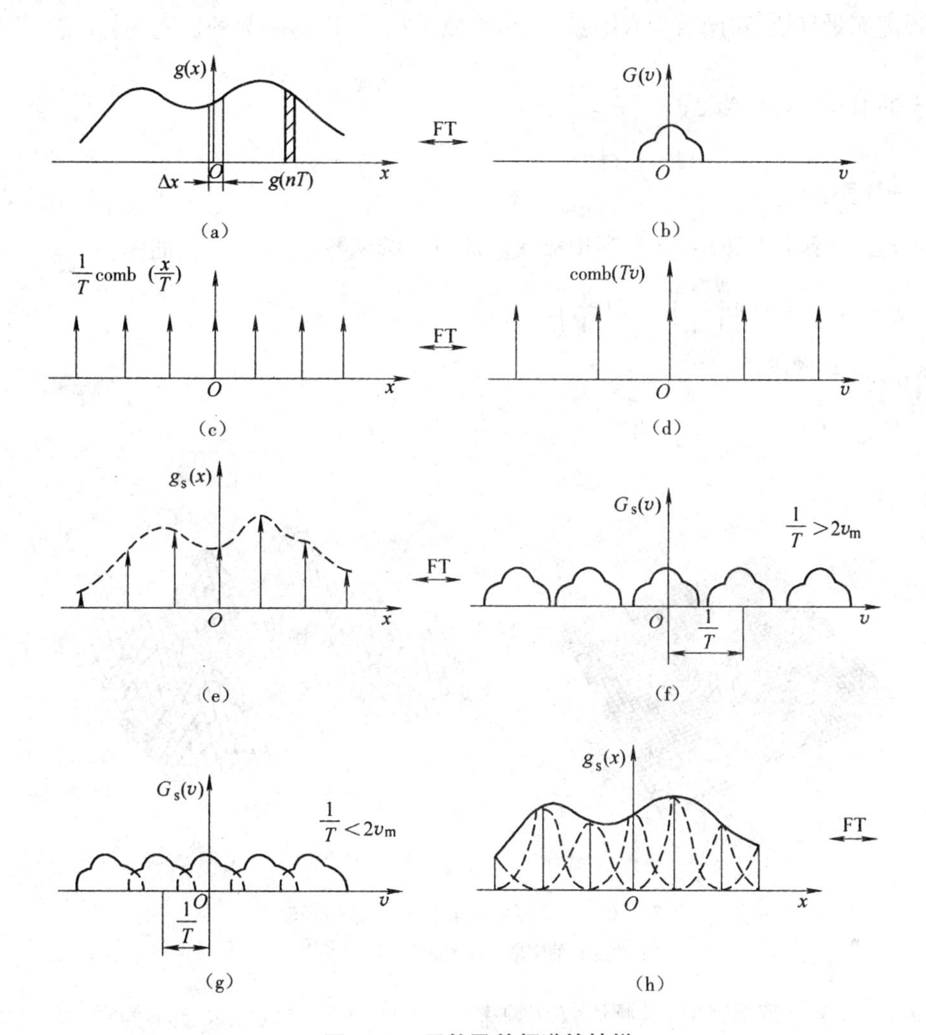

图 3-9　函数及其频谱的抽样

(a)原函数　(b)原函数的频谱　(c)抽样函数　(d)抽样函数的频谱

(e)对原函数进行抽样(抽样间隔大于 Nyquist 间隔)　(f)抽样后函数的频谱(抽样间隔大于 Nyquist 间隔)

(g)对原函数进行抽样(抽样间隔小于 Nyquist 间隔)　(h)抽样后函数的频谱(抽样间隔小于 Nyquist 间隔)

$$G_s(v)=G(v)*\mathrm{comb}(Tv)=G(v)*\frac{1}{T}\sum_{n=-\infty}^{+\infty}\delta\left(v-\frac{n}{T}\right) \tag{3-17}$$

式(3-17)的结果如图 3-9(f)所示。从图中看出,要从频谱中完整分析出 $g(x)$ 的频谱 $G(v)$,抽样的时间间隔必须满足

$$T\leqslant\frac{1}{2v_m} \tag{3-18}$$

式中:v_m 为物函数 $g(x)$ 的最高频率,也称截止频率。

当 $T=\frac{1}{2v_m}$ 时为最经济,这时刚好不丢失信息,又不引入误差。这个抽样间隔称为 Nyquist 间隔。

对频谱测量来说，物函数为有限宽，在频率域上抽样，设物函数的区间为$\left[-\frac{L}{2},\frac{L}{2}\right]$，则频谱面上的取样间隔应为$\Delta v=\frac{\Delta x_f}{\lambda f}=\frac{1}{L}$，即

$$\Delta x_f=\frac{\lambda f}{L} \tag{3-19}$$

如果是二维函数(图3-10)，利用梳状函数对连续函数$g(x,y)$进行抽样：

$$g_s(x,y)=\mathrm{comb}\left(\frac{x}{X}\right)\mathrm{comb}\left(\frac{y}{Y}\right)g(x,y) \tag{3-20}$$

$g(x,y)$的频谱函数

$$G_s(f_x,f_y)=\sum_{m=-\infty}^{\infty}\sum_{n=-\infty}^{\infty}G\left(f_x-\frac{m}{X},f_y-\frac{n}{Y}\right) \tag{3-21}$$

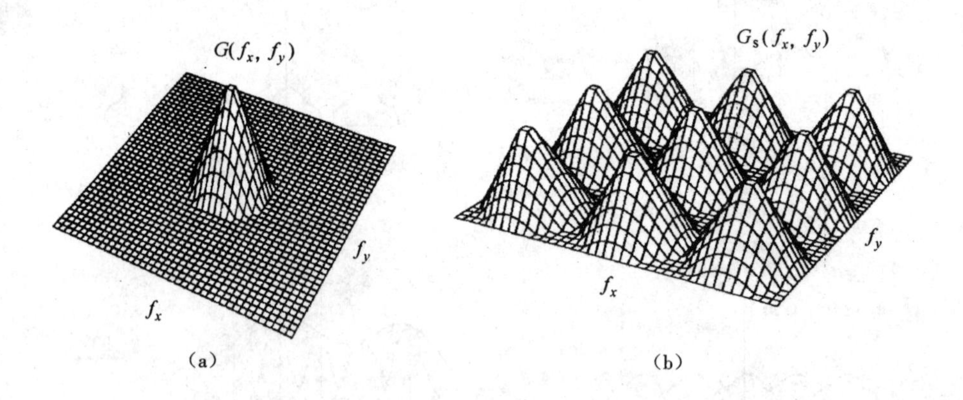

图3-10 二维函数及其抽样函数的频谱

(a)原函数的频谱 (b)抽样函数的频谱

当$g(x,y)$是限带函数时，其频谱仅在频率平面的一个有限区域R上不为零。若$2B_x$和$2B_y$分别表示包围R的最小矩形在f_x和f_y方向上的宽度，则只要$\frac{1}{X}\geqslant 2B_x$，$\frac{1}{Y}\geqslant 2B_y$，即$X\leqslant\frac{1}{2B_x}$，$Y\leqslant\frac{1}{2B_y}$，$G_s(f_x,f_y)$在频谱区域就不会出现混叠现象。这样就有可能用滤波的方法从$G_s(f_x,f_y)$中抽取出原函数G。

抽样点在x、y方向的最大允许间隔(Nyquist 间隔)为$\frac{1}{2B_x}$和$\frac{1}{2B_y}$。

假如选择矩形孔径的滤波器可以将函数还原，其传递函数为

$$H(f_x,f_y)=\mathrm{rect}\left(\frac{f_x}{2B_x},\frac{f_y}{2B_y}\right)=\begin{cases}1, & \left|\frac{f_x}{2B_x}\right|\leqslant\frac{1}{2},\left|\frac{f_y}{2B_y}\right|\leqslant\frac{1}{2}\\ 0, & 其他\end{cases} \tag{3-22}$$

相应的脉冲响应函数为

$$h(x,y)=F^{-1}\{H(f_x,f_y)\}=4B_xB_y\mathrm{sinc}(2B_xx,2B_yy) \tag{3-23}$$

则原函数为

$$f(x,y)=f(x,y)\mathrm{comb}\left(\frac{x}{X},\frac{y}{Y}\right)*4B_xB_y\mathrm{sinc}(2B_xx,2B_yy) \tag{3-24}$$

由抽样定理可得一个重要的结论：一个连续的限带函数可由其离散的抽样序列代替，而并不丢失任何信息。换句话说，这个连续函数具有的信息内容等效于一些离散的信息抽样。

4. 透镜的傅式变换性质

对于一个平面的透射物体进行傅里叶变换运算的物理手段是实现它的夫琅禾费衍射。为了能在较近的距离观察到物体的远场衍射图样，常用传统的光学元件——透镜。透镜可以实现物体的傅里叶变换。

透镜之所以能够用于傅里叶变换，根本原因在于它具有能在入射波前施加位相调制的能力。设f是透镜的焦距，则透镜位相调制为

$$t_1(x,y)=\exp\left[\mathrm{j}\frac{k}{2f}(x^2+y^2)\right]$$

在单色光照明的情况下，无论物体位于透镜的前方、后方，还是紧靠透镜，都可以在透镜的后焦面得到物体的频谱。

5. 4F 系统

4F 系统实现了空域到频域，又从频域还原到空域的两次傅里叶变换，可以通过在频谱面 P_2 上安装滤波器实现空间滤波，如图 3-11 和图 3-12 所示。其中，S 为相干点光源，L_c 为准直透镜，L_1、L_2 为傅里叶变换透镜。

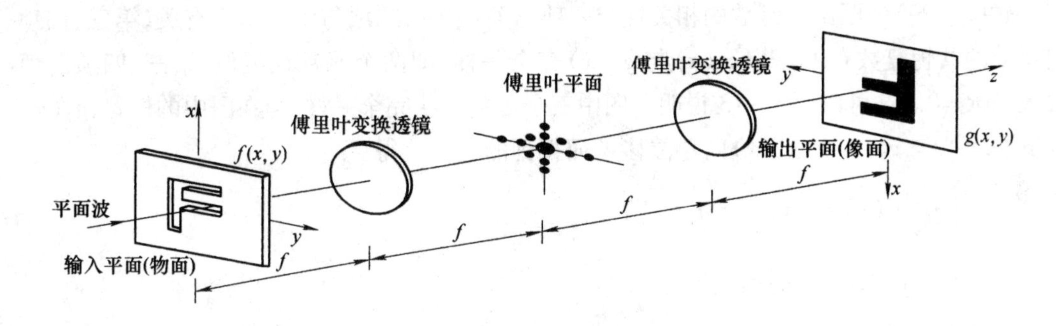

图 3-11　4F 系统示意

设原函数 $g(x_1,y_1)$ 在 P_2 面上的频谱函数为

$$G(f_x,f_y)=\mathscr{F}\{g(x_1,y_1)\} \tag{3-25}$$

滤波函数为

$$H(f_x,f_y)=H\left(\frac{x_2}{\lambda f},\frac{y_2}{\lambda f}\right)=F\{h(x_1,y_1)\} \tag{3-26}$$

在 y_3 平面上

$$g(x_3,y_3)=\mathscr{F}^{1}\{G(f_x,f_y)H(f_x,f_y)\}=g(x_3,y_3)*h(x_3,y_3) \tag{3-27}$$

光强函数为

$$I(x_3,y_3)=|g(x_3,y_3)*h(x_3,y_3)|^2 \tag{3-28}$$

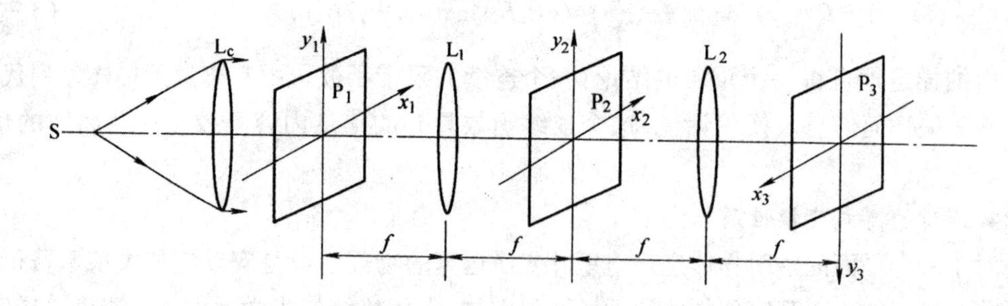

图 3－12 4F 系统的原理

6. 相关原理和基本方法

1）基本原理

相关是指两物体或两函数相似。相似的程度就是相关的程度，相关性用两个函数在区域$(-\infty,+\infty)$内的相似性来表示，用均方误差来衡量，通常的定义是

$$
\begin{aligned}
MR &= \int_{-\infty}^{+\infty} |g_1(x) - g_2(x)|^2 \mathrm{d}x \\
&= \int_{-\infty}^{+\infty} |g_1(x)|^2 \mathrm{d}x + \int_{-\infty}^{+\infty} |g_2(x)|^2 \mathrm{d}x - \int_{-\infty}^{+\infty} g_1(x) g_2^*(x) \mathrm{d}x - \\
&\quad \int_{-\infty}^{+\infty} g_2(x) g_1^*(x) \mathrm{d}x
\end{aligned}
\tag{3-29}
$$

式中：$g_1(x)$，$g_2(x)$是两个任意函数。

式(3－29)说明两个函数的相关性与四项有关：第一、二项与函数本身有关，第三、四项与函数的共轭复数有关。若$g_1(x)$与$g_2(x)$完全一样，即两个函数最近似，第三、四项的值最大，$MR=0$。这可由图 3－13 说明。图中三个函数形状完全一样，但在图中的位置，$g_1(x)$与$g_3(x)$一样，$g_2(x)$是$g_3(x)$向左位移X而得到的。由此得

$$\int_{-\infty}^{+\infty} g_1(x) g_3^*(x) \mathrm{d}x = a$$

$$\int_{-\infty}^{+\infty} g_1(x) g_2^*(x) \mathrm{d}x = 0$$

$$\int_{-\infty}^{+\infty} g_1(x) g_2^*(x - X) \mathrm{d}x = a$$

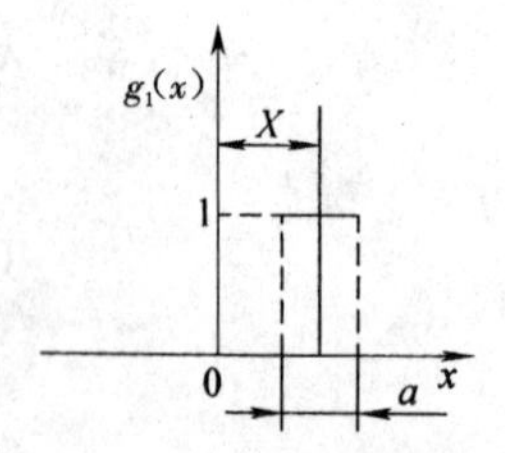

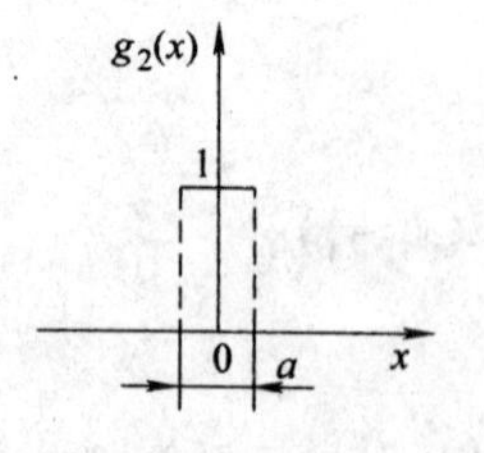

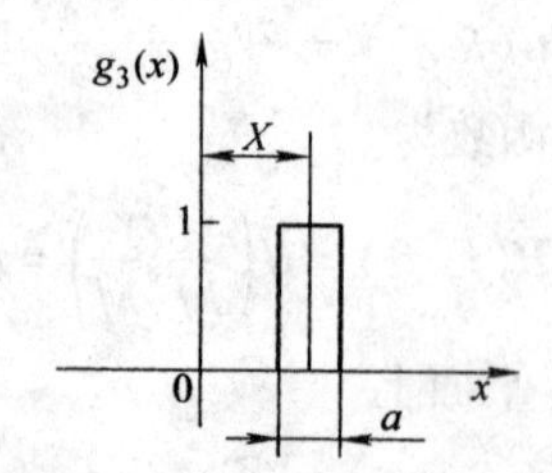

图 3－13 函数相似

可知,要表征两个函数 $g_1(x)$ 和 $g_2(x)$ 的相似性,除形状以外,还必须考虑相对位置。由于式(3-29)中第三、四项是互为共轭的,故可用其中一项来表征这种相似性,可定义相关函数为

$$\varphi(x)=g_1(x)*g_2(x)=\int_{-\infty}^{x}g_1(x)g_2^*(x-X)\mathrm{d}x \tag{3-30}$$

当式(3-30)出现最大值时,就表征两个函数相关。这样 $\varphi(x)$ 就是两个函数相似性的标志。

相关测量是利用上述原理,已知两个函数的形式和一个函数的位置,求出相关函数出现最大值时的相对位移量,判定另一个函数所在的位置,这就是相关测量的原理。

对于式(3-30),当 $g_1(x)=g_2(x)$ 时称为自相关函数,当 $g_1(x)\neq g_2(x)$ 时称为互相关函数。

2)基本测量方法

图3-13中的函数 $g_1(x)$ 及 $g_2(x)$ 的相关函数形式是一样的,可以想象是宽度相同的两个狭缝。当一个狭缝沿另一个狭缝移动时,在狭缝后面放置光电接收器,就可以获得相关函数的输出。这时所得为图3-14所示的三角函数。

$$\varphi(X)=\begin{cases}\left(1-\dfrac{X-X_0}{a}\right),(X-X_0)\leqslant a\\0,\text{其他}\end{cases} \tag{3-31}$$

由此相关函数可得到两个重要信息。

(1)相关峰值的位置 X 是 $g_1(x)$ 到 $g_2(x)$ 的间隔值。

(2)峰值半宽 $w=a$ 表示狭缝的宽度。当峰值有多个,呈随机分布,且宽度大小也随机时,峰值半宽表示狭缝的平均宽度。采用这种方法可有效地测定激光散斑的平均尺寸。当狭缝变小时,半宽度也变小,相关函数变成 δ 函数的形式,δ 函数有值的地方便是相关峰值的位置,称相关亮点。

测量相关函数 $\varphi(x)$ 的方法很多,最常用的方法是傅里叶变换后用光电接收的方法,如图3-15所示。将两张振幅投射率分别为 $g_1(x)$ 和 $g_2(x)$ 的投射照片 P_1 和 P_2 置于透镜 L_2 前作傅里叶变换,输出平面 P_3 上的光振幅分布为

$$\varphi(X,f_x)=\iint g_1(x)g_2(x-X)\mathrm{e}^{-\mathrm{j}2\pi f_x x}\mathrm{d}x \tag{3-32}$$

在 $x_f=0$ 处即 $f_x=0$ 处用光电接收器测量,得

$$\varphi(X,0)=\int g_1(x)g_2(x-X)\mathrm{d}x \tag{3-33}$$

7. 全息技术的基本原理

全息技术的概念最早由盖伯(Gabor)于1948年提出,1962年随着激光器的问世,利思和乌帕特尼克斯(Leith 和 Upatnieks)在盖伯的全息技术的基础上发明了离轴全息术。1969年本顿(Benton)发明了彩虹全息术,掀起以白光显示为特征的全息三维显示新高潮。

全息图的形成分为两个步骤:第一步骤为实物被相干光照明后,实物的散射光与参考光在感光干板上形成干涉条纹;第二步骤为在显影后的干板上用相同波长的光波照射,便

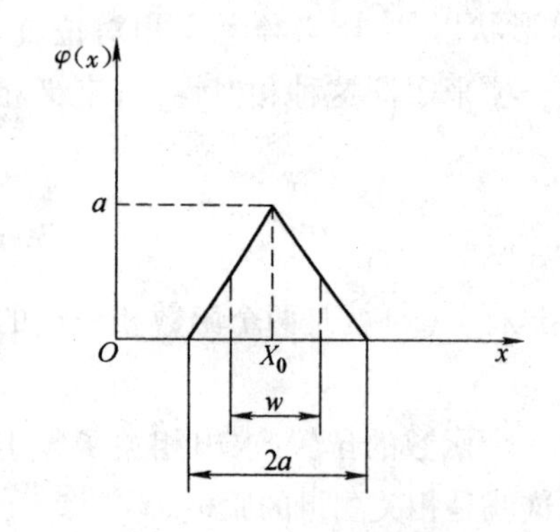

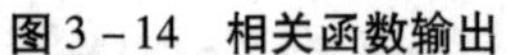

图 3－14　相关函数输出

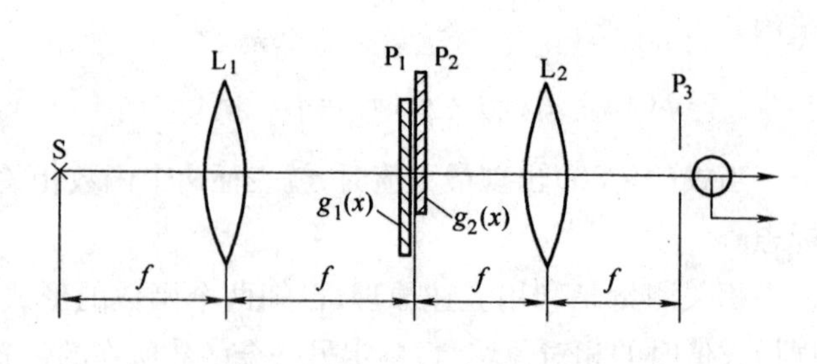

图 3－15　相关检测法原理

可以再现出原物体的三维图像。

3.3.3　光信息处理技术应用

光信息处理技术是一种新发展起来的，用电信号来处理光学相关的技术，在应用上已有不少例子，例如：

(1) 大规模集成电路的光掩模快速检查；

(2) 应变测量，不需要像全息法或莫尔法那样花时间去计算，可直接得到应变分量分布图；

(3) 医学上，利用两张底片可检测病变及早期诊断；

(4) 地质上，用相关法可探测矿物分布；

(5) 军事上，可发现及识别目标，进行测定。

下面按检测原理，对通常所用的方法——取样法、滤波法、相关测量法、匹配滤波法、全息法分别进行叙述。光信息检测在遥感测量上还有不少应用，例如海浪、冰层的分布测定以及地球资源测定等，因原理基本相同，就不一一叙述了。

1. 取样法

取样法是通过频谱测量来识别和测量物体的一种直接而简单的方法，是光信息处理检测的基础。取样法通常是将被测物体置于傅里叶变换镜头的前焦面上，当用单色平面波(激光)垂直照射物体时，在此镜头的后焦面上获得光强的傅里叶变换，即物体的频谱，测量此频谱就可识别和测量物体。

对物体进行频谱测量的最简单例子是微孔，设圆孔的直径为 a，圆孔的傅里叶变换的频谱是

$$\mathscr{F}(f_x, f_y) = \mathscr{F}(\rho) \propto \frac{J_1(\pi\alpha\rho)}{\alpha\rho} \tag{3-34}$$

式中：$J_1(\pi\alpha\rho)$ 是一阶贝塞尔函数，且

$$\rho = \sqrt{f_x^2 + f_y^2} = \frac{1}{\lambda f}\sqrt{x_f^2 + y_f^2} = \frac{r_0}{\lambda f} \tag{3-35}$$

测频谱图上第一暗环之值为

$$r_0 = \frac{1.22\lambda f}{a}$$

可得

$$a = \frac{1.22\lambda f}{r_0}$$

测定r_0值,就可由上式计算圆孔直径,用这种方法可以测定100 μm左右的小孔尺寸。当小孔尺寸有2.5 μm的变化时,输出信号将有10倍左右的变化,因此可精确测定1 μm以下的直径变化,适用于各种加工缺陷的检查。

利用傅里叶变换进行图形检测的实例还有磁区宽度测定,这种测定用于控制磁性缓冲存储器的制造质量。测定方法和原理如图3-16所示。磁性存储器是在GDGa拓榴石上加一层厚度为2~5 μm的单晶磁性薄膜,这种薄膜在垂直于膜面的方向上具有强的磁各向异性,如图3-16(a)所示,磁性膜内有磁化方向向上的区域,也有向下的区域,当外部磁场为零时,这两个区域相等,称为迷路磁区畴。当用线偏振光照射时,激光通过磁区时产生法拉第效应,偏振面就出现旋转。因此,用图3-16(b)所示的光学系统转动偏光器就可以知道磁区的性质。磁区宽度的正确测定对磁区缓冲的发生起重要的作用。一般磁区宽度在2~5 μm,是很细的,对比度很低,不能用显微镜放大测定,而用傅里叶变换方法可以测定。这时试件置于单透镜(f=30 mm)的前焦点上,后焦点位于电子摄像机的摄像面上,在摄像面上获得傅里叶频谱。当磁区方向是随机的,而节距又大致相等时,傅里叶变换像大致呈圆环状,如图3-16(c)所示。

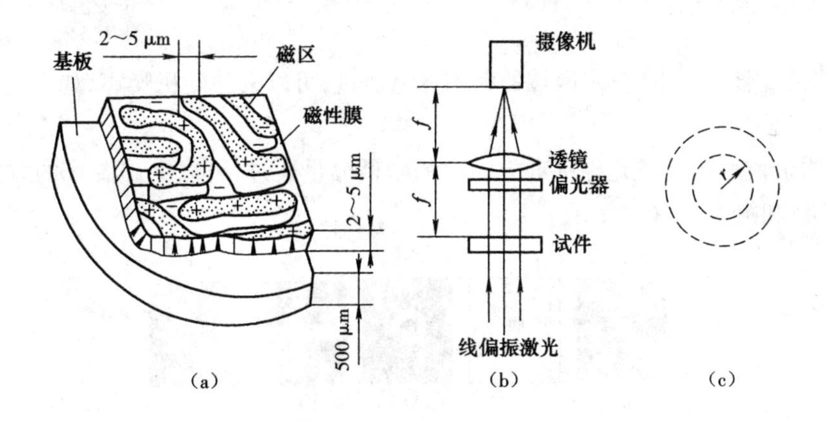

图3-16　磁区宽度测定

(a)磁性膜内的磁区　(b)检测光学系统　(c)傅里叶变换像

取样法一般只适合于细小物体,即高频分量物体的测量,例如注射针孔、喷头孔、细丝、狭缝等以微米为单位的形状对称的工件。因为其频谱间隔宽,易于获得较高的测量精度。对于一般的面状二维物体,频谱测量可用光电阵列来实现,光电阵列上光电器件的布置,即间隔与个数应符合抽样定理。

图3-17所示是取样法的一个实际应用。这是一种高精度的线宽测定方法,先将被测图即线宽为w的大规模集成电路掩模置于输入面,进行傅里叶变换,然后用光电阵列检出

频谱的光强分布，将检出的数据进行快速逆傅里叶变换（FFT^{-1}），得到自相关函数的三角波。三角波的宽度为线宽 w 的2倍，对1.5 μm的线宽，测量精度为±0.8%；对2.5 μm的线宽，测定精度为±0.3%，即±0.01 μm。

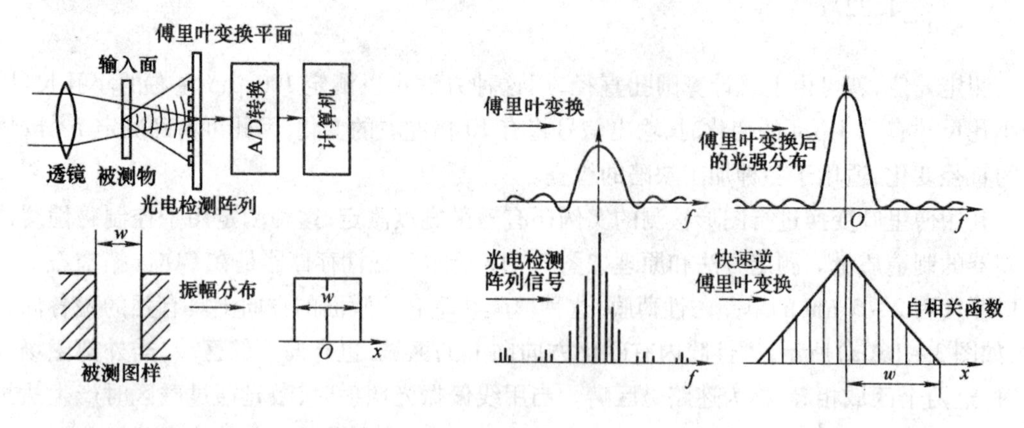

图3－17 线宽测定

2. 滤波法

1）振幅滤波法

（1）低通滤波：只允许位于频谱面中心及附近的低频分量通过，可以滤掉高频噪声，如图3－18（a）所示。

（2）高通滤波：阻挡低频分量而让高频分量通过，可以实现图像边缘增强，如图3－18（b）所示。

（3）带通滤波：只允许特定区域的频谱分量通过，可以去除随机噪声，如图3－18（c）所示。

（4）方向滤波：阻挡或允许特定方向上的频谱分量通过，可以突出图像的方向特征，如图3－18（d）和图3－18（e）所示。

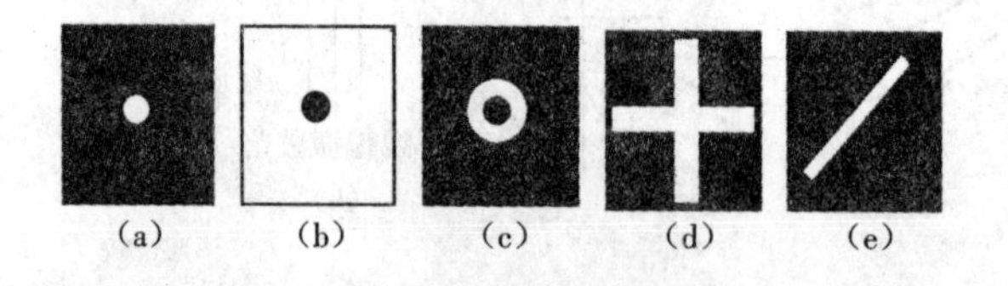

图3－18 各种振幅滤波器

（a）低通滤波器 （b）高通滤波器 （c）带通滤波器 （d）（e）方向滤波器

在快速检测大规模集成电路光掩模上的差错与缺陷上，振幅滤波法是一种简单的方法。图3－19所示是振幅滤波法的光路原理，制作时在傅里叶变换透镜 L_2 的焦面上即频谱面上用照相底片记录输入。

图形 P_1 的衍射像的负片就是振幅滤波器。负片上的振幅透射率是 $\{1-\alpha[F(v_x,v_y)]^2\}$，其中 α 是与光学系统与底片有关的常数。振幅滤波器是一张频谱图。把这张负片置于图3－19（b）中 P_2 的位置，由于振幅滤波器是物体在输入面上频谱图的负片，

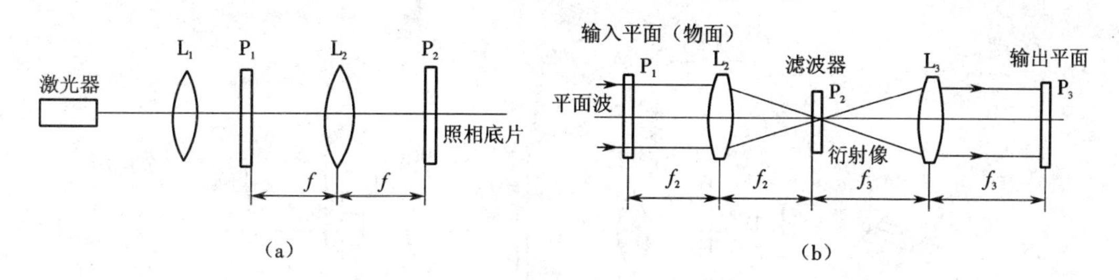

图3-19　振幅滤波法

(a)制作振幅滤波器的光路　(b)使用振幅滤波器的光路

起光的遮断效应，因此当被测物体没有任何变动，即与原物一模一样时，在P_3面上就没有任何光强输出。当物体图形的线条增减时，在输出像面P_3上就能抽出此变动的特定信息。检测原理如图3-20所示。当图3-20(b)和图3-20(c)重叠时，消去了图像而突出了差错信息(见图3-20(d))，从而可找到差错线条及其位置。这种方法特别适合于快速检测大规模集成电路光掩模上的差错与缺陷。

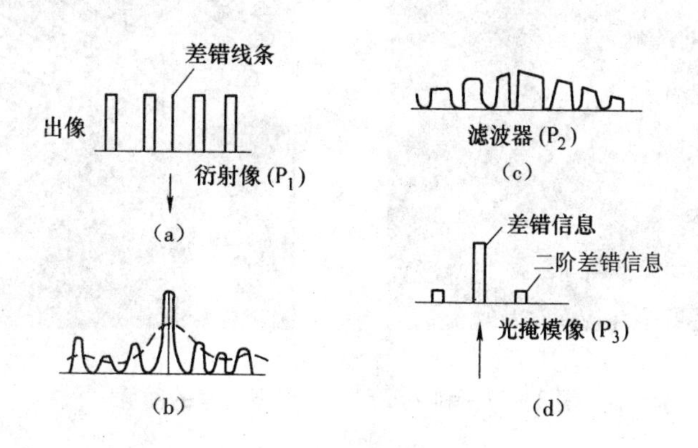

图3-20　检测原理

(a)输入图形　(b)差错图形的频谱图

(c)在平面P_2上放置振幅滤波器(正确图形的负片)的光强分布　(d)差错信息

图3-21所示是一种实际应用的光路系统。对LSI电路进行光刻时所用掩模通常在50 mm×50 mm的面积内至少有1 500个形状相同、排列不规则的微小电路，这种高密度、无规则线条的检查用一般方法是十分麻烦的，但用光信息滤波法却快速、灵敏。用$f/9.5$的傅里叶透镜，输入图像大小为40 mm×40 mm时，差错计测的灵敏度是10 μm。

2)相位滤波法

相位滤波法改变各种频率成分的相对相位分布，不改变相对振幅分布。其滤波函数可以表示为

$$H(f_x,f_y)=A_0\exp[-\mathrm{j}\varphi(f_x,f_y)] \tag{3-36}$$

相位滤波法1935年由泽尼克(Zernike)提出，因为大多数细菌为透明的相位物体，要观察细菌往往要染色，这样细菌将被杀死。在显微镜物镜的焦平面上加一个相位滤波器就可以将相位变化转化为强度变化，从而可以利用显微镜直接看到活的细菌，如图3-22所示。

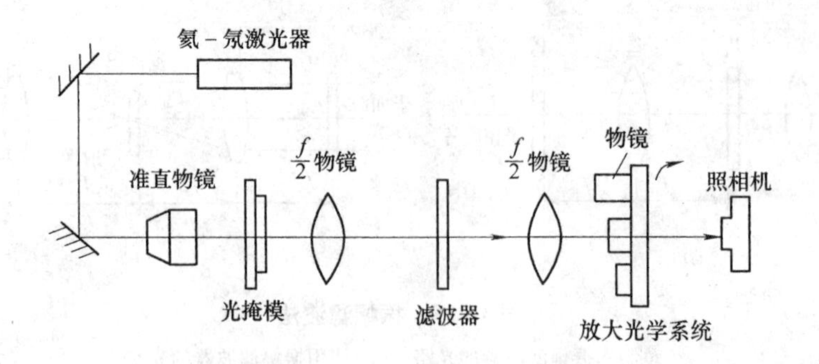

图 3－21　快速检查光掩模的装置

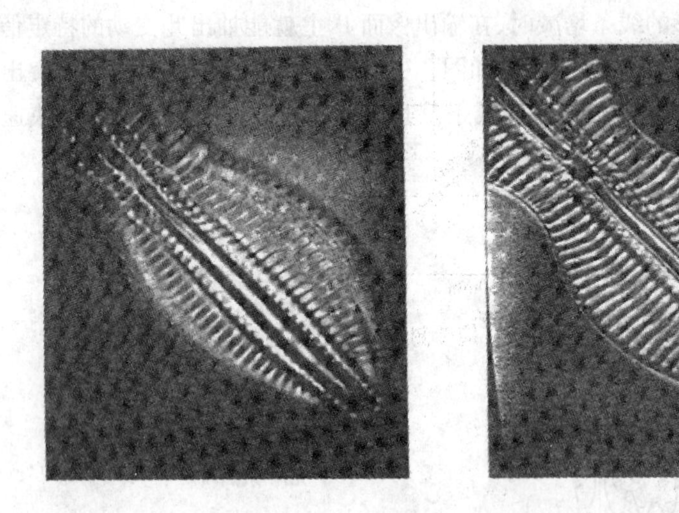

图 3－22　利用泽尼克显微镜观察的图像

这个发明使泽尼克获得 1935 年的诺贝尔奖。

对于弱相位物体，其透过率函数为

$$t=\exp[\mathrm{i}\varphi(x,y)]\approx 1+\mathrm{i}\varphi(x,y) \tag{3-37}$$

在普通显微镜中加入相位滤波器，即在显微镜物镜的频谱面中心涂一小滴透明的电解质，其厚度为 h，折射率为 n，则有

$$\Delta=2\pi nh/\lambda \tag{3-38}$$

频谱面上原相位物体的频谱为

$$\begin{aligned}&\mathscr{F}\{t\}=\delta+\mathrm{i}\Phi\\&\Phi=\mathscr{F}\{\varphi\}\end{aligned} \tag{3-39}$$

经过相位滤波器后

$$\delta\exp[\mathrm{i}\Delta]+\mathrm{i}\Phi \tag{3-40}$$

在像平面上得到复振幅和光强分别为

$$\begin{aligned}&U'=\mathscr{F}[\delta\exp(\mathrm{i}\Delta)+\mathrm{i}\Phi]=\exp(\mathrm{i}\Delta)+\mathrm{i}\varphi\\&I=U'U'^{*}=1+2(\sin\Delta)\varphi\end{aligned} \tag{3-41}$$

$$\Delta=(2m+1)\frac{\pi}{2}\begin{cases}m=0,\pm2,\pm4,\cdots & I=1+2\varphi\quad 正相衬\\ m=\pm1,\pm3,\pm5,\cdots & I=1-2\varphi\quad 负相衬\end{cases}\tag{3-42}$$

由于存在光强变化,人眼就可以观察到透明物体。

3)微分滤波法

微分滤波法是利用傅里叶变换对的微分特性。若物函数 $g(x)$ 的频谱为 $G(v)$,则

$$\mathscr{F}[vG(v)]=\frac{1}{2\pi i}\frac{dg(x)}{dx}\tag{3-43}$$

微分滤波器是一种放置在频谱面上的线性滤波器,滤波器的振幅透射率函数是

$$s(f_x,f_y)=kf_x+h\tag{3-44}$$

微分滤波法的处理原理如图3-23所示。利用二次傅里叶变换及微分性获得光强轮廓的脉冲函数,用测微光度计在输出平面 P_3 上测量光强分布就得到输出图形在一个方向上的变动量;转动滤波器 $\frac{\pi}{2}$ 或 $\frac{\pi}{4}$,就可测得对应方向上的变动量。

采用这种方法可以很灵敏地测定平板平面上的二维应变分布,比较直观,如图3-24和图3-25所示。另外,其还有如下优点:

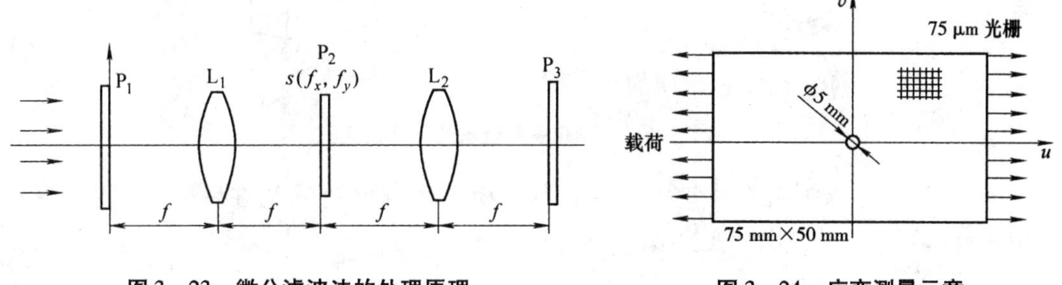

图3-23　微分滤波法的处理原理　　图3-24　应变测量示意

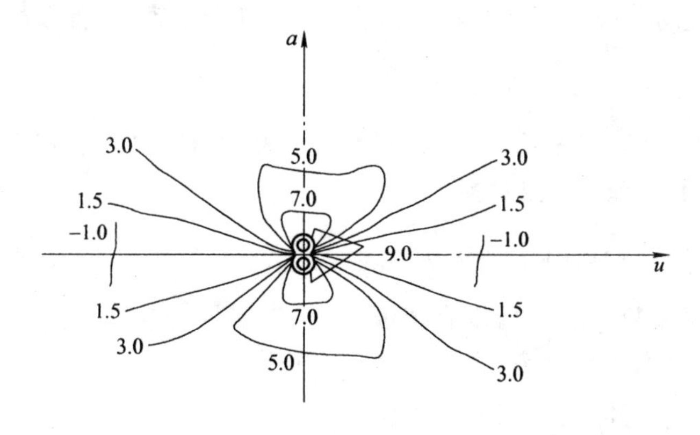

图3-25　二维应变的分布

(1)每个应变分量都直接测定,不像全息法或莫尔法那样要花时间去计算;

(2)应变信号(伸长或缩短)由光强来反映,只要比 $\varepsilon=0$ 的光强 I_0 高或低就可以测定出来,比较灵敏;

(3)不必像光测弹性法那样要做按实物比例缩放的模型;

(4)测量范围比较大,应变值从弹性变形到塑性变形都可测定,即形变量为 0.5% ~ 50%都可测定,在这个范围内精度达 ±2%。

3. 相关测量法

光学相关测量法的光路系统如图 3-26 所示。图中,透镜 L_1 是准直系统,将点光源的球面波变换成平面波均匀照射物面 $g_1(x)$。这时,点光源放在透镜 L_1 的前焦面上。当物面 $g_1(x)$ 放在透镜 L_2 的前焦面上时,在透镜 L_2 的后焦面上产生衍射图样,此图样就是物面 $g_1(x)$ 的振幅函数的傅里叶变换。若此变换平面又在透镜 L_3 的前焦面上,就构成一个光学滤波器,进行滤波。在透镜 L_3 的后焦面上就是振幅函数 $g_1(x)$ 的二次傅里叶变换。在参考平面上重新恢复事物振幅函数 $g_1(x)$,此时参考平面上的振幅分布可写为

$$A(x)=A_0g_1(x)$$

式中:A_0 为入射在物面上的平面波振幅,设光学系统放大率为 1。

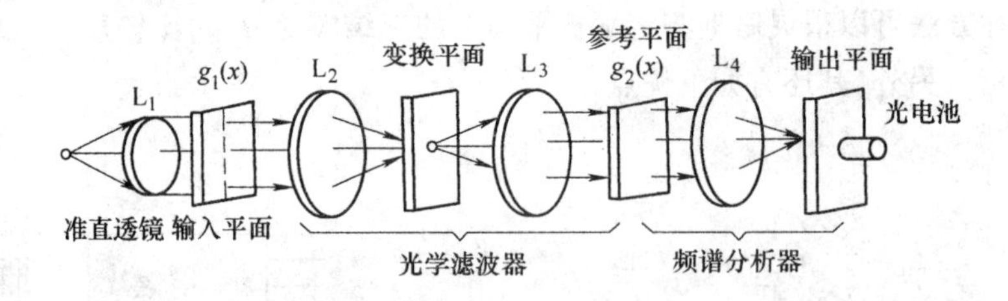

图 3-26 光学相关测量法的光路系统

当参考平面上有振幅透射率为 $g_2(x)$ 的另一物面时,则经透镜 L_4 在后焦面上的振幅分布由 $A_0g_1(x)g_2(x)$ 的傅里叶变换给出,即

$$\mathscr{F}[A_0g_1(x)g_2(x)]=A_0\int_{x_1}^{x_2}g_1(x)g_2(x)\mathrm{e}^{-2\pi f_x x}\mathrm{d}x \tag{3-45}$$

移动参考平面上的 $g_2(x)$ 一段距离 τ,且在透镜 L_4 的后焦面上取值,则

$$\mathscr{F}[A_0g_1(x)g_2(x+\tau)]_{f_x=0}=A_0\int_{x_1}^{x_2}g_1(x)g_2(x-\tau)\mathrm{d}x \tag{3-46}$$

式(3-46)中因子 A_0 是无关紧要的,因为只考虑相对强度,所以可以去掉。这样式(3-46)就变成了相关函数的形式:

$$\varphi_{21}(\tau)=\int_{x_2}^{x_1}g_1(x)g_2(x-\tau)\mathrm{d}x \tag{3-47}$$

实际应用中透射函数只有正值没有负值,而作为信号,振幅是有负值的。两个信号 $f_1(x)$ 及 $f_2(x)$ 的相关函数可定义为

$$\varphi'_{12}(\tau)=\int_{x_1}^{x_2}f_1(x)f_2(x+\tau)\mathrm{d}x \tag{3-48}$$

要测定式(3-48)的相关函数,先把信号 $f_1(x)$,$f_2(x)$ 分别变换成透射函数 $g_1(x)$,$g_2(x)$,即

$$g_1(x)=f_1(x)+B_1$$
$$g_2(x)=f_2(x)+B_2$$

式中：B_1和B_2是直流分量。

透射函数$g_1(x)$，$g_2(x)$的相关函数为

$$
\begin{aligned}
\varphi_{12}(\tau) &= \int_{x_1}^{x_2} g_1(x) g_2(x+\tau) \mathrm{d}x \\
&= \int_{x_1}^{x_2} [f_1(x) + B_1][f_2(x) + B_2] \mathrm{d}x \\
&= \varphi'_{12}(\tau) + B_1 \int_{x_1}^{x_2} f_2(x+\tau) \mathrm{d}x + B_1 B_2 + B_2 \int_{x_1}^{x_2} f_1(x) \mathrm{d}x
\end{aligned}
\tag{3-49}
$$

由式(3－49)可看出，要求得两信号的相关函数$\varphi'_{12}(\tau)$，必须消去式(3－49)中后面三项。B_1是$g_1(x)$的直流分量，是汇聚于变换平面上的直流点，如果用光阑挡住直流点，不计光线通过，则式(3－49)中$B_1=0$，这样后三项中的前两项就均为0。而第三项$\int_{x_1}^{x_2} f_1(x)\mathrm{d}x$是常数，它对应于信号$f_1(x)$的直流分量，由于直流点上光阑的使用，直流分量被消除。这样便在输出平面的轴上得到信号相关函数$\varphi'_{12}(\tau)$。光电器件测得的是光强度，因此相关函数值是强度的平方根值。

4. 匹配滤波法

上面叙述的相关测量是从空间域考虑的，从频率的角度讨论相关测量主要是匹配滤波。

先讨论频域的相关定理，设$g_1(x)$，$g_2(x)$的傅里叶变换分别是$G_1(v)$，$G_2(v)$，那么$g_1(x)$，$g_2(x)$的互相关函数$\varphi_{12}(x)$的傅里叶变换为

$$
\begin{aligned}
\mathscr{F}[\varphi_{12}(x)] &= \xi\left[\int_{-\infty}^{+\infty} g_1(x) g_2^*(x-X)\mathrm{d}x\right] \int_{-\infty}^{+\infty}\int g_1(x) g_2^*(x-X)\mathrm{d}x \mathrm{e}^{-\mathrm{j}2\pi vX}\mathrm{d}X \\
&= G_1(v) G_2^*(v)
\end{aligned}
\tag{3-50}
$$

式(3－50)说明，相关函数的频谱是此函数频谱的共轭复数的乘积。因此，作相关测量时可先将两函数的频谱相乘，然后作傅里叶逆变换，回到空间域，在输出平面上得到相关峰值及其位置。

匹配滤波技术是用一个传递函数正好为输出信号频谱的共轭复数的滤波片进行滤波的相关测量系统，如图3－27所示。输入函数在P_1平面上$x=x_0$附近为$g_1(x-x_0)$，频谱平面P_2上的振幅透射率$t(v)\propto G_1^*(v)$时，称匹配滤波。在匹配滤波的情况下，函数$g_1(x-x_0)$经透镜L_1的傅里叶变换，在频率平面上的光振幅分布为

$$
\mathscr{F}[g_1(x-x_0)] = G_1(v)\mathrm{e}^{-\mathrm{j}2\pi v x_0} \tag{3-51}
$$

透过频谱平面上滤波器后的光振幅分布正比于$|G_1(v)|^2\mathrm{e}^{-\mathrm{j}2\pi v x_0}$，除相位因子$\mathrm{e}^{-\mathrm{j}2\pi v x_0}$外，振幅$|G_1(v)|^2$为实数，所以$G_1(v)$的相位畸变经滤波后得到校正。透射波是振幅变化的平面波，它汇聚于输出平面的$x_{30}=x_0$点上，形成相关亮点。根据相关亮点在输出平面上的位置可以确定与频谱面的振幅透射率$G^*(v)$相匹配的信号$g_1(x)$在输入平面上的位置，这就是匹配滤波技术。

匹配滤波技术的重要器件是匹配滤波器，它是许多光学信息处理的基本工具，它与计算全息结合起来可以实现种类繁多的处理算法。

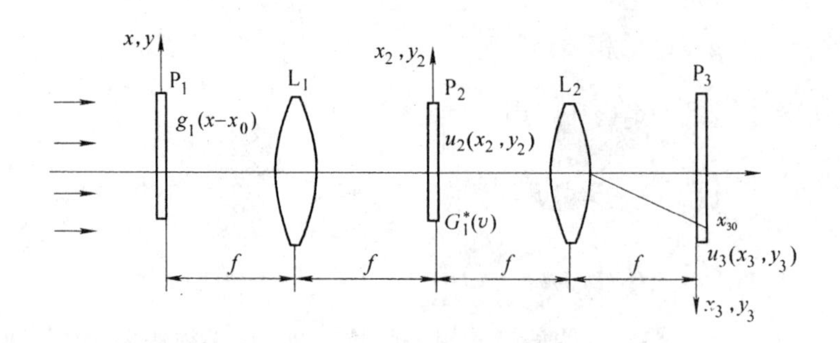

图3-27 匹配滤波法原理

匹配滤波器具有抑制输入信号带外高频噪声的能力,因为放在 P_2 平面上的滤波器通常类似于低通滤波器。

当被测目标的图像在 P_1 平面内旋转了某个角度 α,或按比例放大或缩小后,在 P_3 平面上将找不到相关峰。因此,虽然出现了目标物体,由于旋转畸变和比例畸变,匹配滤波器会丧失辨认和识别目标的能力。许多应用场合要求模式识别装置具有适应目标物体遭受各种畸变的能力,这些问题将在下面讨论。

与滤波器完全匹配的图像 $f(x,y)$ 存在偏差称为畸变。把滤波器设计得对某种畸变不敏感,称为具有某种不变性。最基本的不变性包括空间位移不变性、旋转不变性和比例不变性。在识别三维物体时还必须考虑由于视角变化而造成的姿态畸变不变性。此外,还需考虑光度不变性和噪声不变性。空间位移不变性是匹配滤波器所固有的。其他不变性分别讨论如下。

1)旋转不变性

物体旋转在数学上相当于在极坐标系中沿角度坐标位移,因此旋转不变性似乎可用坐标变换实现,但这很难用光学方法做到。在光学上常用圆谐函数展开的方法(CH)来实现旋转不变性。圆谐展开可用下式表示:

$$f(r,\theta) = \sum_{-\infty}^{\infty} F_m(r) \cdot \exp(jm\theta) \tag{3-52}$$

式中:$f(r,\theta)$ 为用极坐标表示的原图像;$F_m(r)$ 是 m 项展开的权因子,即

$$F_m(r) = \int_0^{2\pi} f(r,\theta) \cdot \exp(jm\theta)\,d\theta \tag{3-53}$$

如果展开式中只取一项作匹配滤波器的传递函数,则点扩散函数可写成

$$h(r,\theta) = F_m(r) \cdot \exp(jm\theta) \tag{3-54}$$

可见它的模与旋转角无关,但相位与旋转角有关。因此,它与旋转了 θ 角的图像相关的输出幅值不变,仅改变了相位 $\exp(jm\theta)$。只取一个展开项的圆谐滤波器使用效果不佳,当物体旋转时相关峰波形变差。包含多个展开项的圆谐滤波器称为组合圆谐滤波器(CHC),它的使用效果较好。

2)比例不变性

实现比例不变性比实现旋转不变性困难得多,因为旋转畸变是线性的,而比例畸变是

非线性的。从理论上说,比例不变性可用梅林变换解决。但实际上,用光学方法只能实现一维的梅林变换。目前看来,光学上实现比例不变性的最佳方法为矩变换。

3)姿态畸变不变性

三维物体随视角不同而有不同视图的现象称为姿态畸变,后面要讨论的是用合成分辨函数法把姿态畸变看成类内模式问题予以解决,这是一个可行的办法。

4)光度不变性或对比度不变性

当被测物体受照明影响或对比度差很多时,匹配滤波器输出的相关峰会低于阈值而无法辨认,典型的匹配滤波器在缺乏有关对比度光学检测知识的前提下,无法解决光度不变问题,但组合圆谐滤波和矩变换都对消除对比度畸变有好处。

5)噪声不变性

匹配滤波器本质上可以免受相加噪声的影响,但实际上图像还有非线性噪声或非常复杂的噪声图形,这时匹配滤波器的滤波效果将急速下降,目前这方面的研究还不完善。

空间光调制器和光电混合处理是两个非常重要的匹配滤波手段。即使在最简单的不需考虑畸变的印刷字符识别场合,经典的匹配滤波器也不能付诸使用,因为这时要识别的不是一个字符而是一个数量相当大的字符集,必须依次改变滤波器才能逐个识别印刷页上所包含的全部字符。为了实时改变滤波器,需要给匹配滤波器加上各种电寻址或光寻址的空间光调制器。图 3-27 所示就是一个典型的光电混合处理系统,在面 P_1 上放置了一个光寻址的空间光调制器,使照射物体的光由非相干光转换为相干光,在像面 P_3 上放置了一个电寻址的 CCD 空间光调制器,电荷量改变了反射光的强度,二维电荷图像对应于字符的频谱,可以通过计算机予以改变,频谱相乘后通过 L_2 在 P_3 平面得到两者的相关峰,如果 P_3 平面上的 CCD 检测到的相关峰超过阈值,则说明相应的频谱即该字符对应的频谱,对应于该频谱的字符即输入的字符。

匹配滤波技术主要应用如下:

(1)医学诊断——发现病变,分辨出细胞与癌细胞,进行早期诊断;

(2)地质勘探——用相关法勘探石油及矿物;

(3)指纹辨认;

(4)字符辨认——辨认一组字符中的一个字符,并确定其实际位置;

(5)体视对的测量——适用于航测照片的内业测量。

5. 全息法

近 30 年来,全息技术发展极为迅速,已渗透到国民经济的各个领域。全息与艺术的结合已经迈出了坚实的一步,种类繁多的全息艺术制品早已走进市场,走入寻常百姓的生活中。作为一种高技术,全息技术在工业、国防、医学、航空航天等领域已无所不用,甚至在光学计算、光学互连等前沿学科的研究中也已占有一席之地。全息应用方面的内容极为丰富,涉及面很广,在检测领域有以下几点应用。

1)全息干涉计量术

用全息干涉的方法进行精密测量,称为全息干涉计量术,它与普通干涉计量的区别在于获得相干光的方法不同。普通干涉法获得相干光的方法有分振幅法和分波阵面法,而全息干涉法是由时间分割法获得相干光。它将同一束光在不同的时间先后记录于同一张全息干板上,然后通过全息再现手段同时再现出两个波面进行干涉。由于前后两次的光束来自于同一光学系统,所以可消除系统误差,这样对光学元件的精度要求不必过高,这便是全息干涉计量术的优点。

2)激光超声全息

将全息技术从光波段推广到超声波段,同样可以得到理想的全息图,这种技术称为超声全息。由于再现仍在光波段进行,而且借助于激光,因而称为激光超声全息。这项技术可用于对光不透明而对超声波“透明”的物体,使它以三维的形象显示出来。激光超声全息可用于金属部件内伤的三维探测,还可进行水下、地下的监视和探测,医学上可以利用它对人体的内脏作全面检查,这对于早期癌症的诊断有重要意义。

3)激光全息防伪标识

防伪全息产品常常被制成防伪标识,用于产品的安全防伪中。由于激光全息图的色彩神奇、图像逼真、信息含量高,并且可进行大批量压膜复制,因而在防伪领域得到了广泛的关注和应用。随着全息技术的不断创新和发展,出现了许多以全息图为载体的新技术,如动态全息技术、2D/3D 技术、点阵全息技术、微缩加密技术、合成加密技术、光化浮雕技术、机器识别信息技术等,使全息防伪技术兼具一线防伪和二线防伪的特性,成为应用最为广泛、防伪力度最强的防伪技术之一,并以其独特的艺术效果和防伪性能,在印刷包装领域中得到大规模应用。

光信息处理检测法还有很多应用,例如轮廓测量,精密机械零件的正确轮廓及其变形测定,大规模集成电块的线宽和缺陷测定,模糊照片的清晰化等。最近还有利用快速傅里叶变换(FFT)作三维测定的例子。这种方法利用计算机对干涉图作自动处理,在灵敏度及精度上有很多优点,精度可达 λ。

习题

1. 已知本征硅材料的禁带宽度 E_g 为 1.2 eV,试计算本征硅半导体的本征吸收长波长。

2. 光电发射材料 K_2CsSb 的光电发射长波长为 650 nm,试求该材料的光电发射阈值。

3. 已知某种光电器件的本征吸收长波长为 1.2 μm,试计算该材料的禁带宽度。

4. 试说明为什么本征光电导器件在越微弱的辐射作用下,时间响应越大,灵敏度越高。

5. 设光敏电阻在 100 lx 的光照条件下阻值为 2 kΩ,且已知它在 90 ~ 120 lx 范围内的 $\gamma=0.9$,试求该光敏电阻在 110 lx 光照下的阻值。

6. 试鉴别下列结论,正确的在括号里填“T”,错误的填“F”。

(1)光电导器件在方波辐射作用下,其上升时间长于下降时间。(　)

(2)在测量某光电导器件的 γ 值时,背景光照越强,其 γ 值越小。(　)

(3)光敏电阻的恒压偏置电路比光敏电阻的横流偏置电路的电压灵敏度要高一些。(　)

(4)光敏电阻的阻值与环境温度有关,温度升高,光敏电阻的阻值也随之增大。(　)

7. 为什么常把真空光电倍增管的光电阴极做成球面?有什么优越性?(　)

8. 何谓光电倍增管的增益特性？光电倍增管的各倍增极的发射系数 δ 与哪些因素有关？最主要的因素是什么？

9. 光电倍增管产生暗电流的原因有哪些？如何减小暗电流？

10. 光电倍增管的主要噪声是什么？什么情况下的热噪声可以被忽略？

11. 试比较硅整流二极管与硅光敏二极管的伏安特性曲线，说明它们的差异。

12. 何谓 PSD 器件？PSD 器件有几种基本类型？请设计出用一维 PSD 探测光点在被测体位置的方法。

13. 为什么热释电器件不能工作在居里点？当工作稳定、远离居里点时，热释电器件的电压灵敏度会怎样？工作温度接近居里点时又会怎样？

14. 试说明为什么在栅极电压相同的情况下，不同氧化层厚度的 MOS 结构所形成的势阱存储电荷的容量不同，氧化层厚度越薄，电荷存储容量越大。

15. 为什么二相线阵 CCD 电极结构中的信号电荷能在二相驱动脉冲的驱动下进行定向转移，而三相线阵 CCD 必须在三相交叠脉冲的作用下才能定向转移？

16. 试说明电流输出方式中复位脉冲 RS 的作用，并分析当复位脉冲 RS 没有加上时 CCD 的输出信号将会怎样。

17. 若二相线阵 CCD 器件 TCD1251D 相敏单元为 2 700 个，器件的总转移效率为 0.92，试计算它每个转移单元最低的转移效率为多少？

18. CMOS 图像传感器的像元信号是通过什么方式输出的？CMOS 图像传感器的地址译码器的作用是什么？

19. CMOS 图像传感器能够像线阵 CCD 那样只输出一行信号吗？它的限制因素是什么？

参考文献

[1] 高稚允. 光电检测技术[M]. 北京:国防工业出版社,1995.

[2] 吕海宝. 激光光电检测[M]. 长沙:国防科技大学出版社,2000.

[3] 包佳旗. 基于 CCD 的石英管壁厚检测系统的研究[D]. 长春:长春理工大学,2006.

[4] 张广军. PSD 器件及其在精密测量中的应用[J]. 北京航空航天大学学报,1994,20(3):260-262.

[5] 吕乃光. 傅里叶光学[M]. 2 版. 北京:机械工业出版社,2006.

[6] 苏显渝,李继陶. 信息光学[M]. 北京:科学出版社,1999.

[7] JAVIDI B, SERQENT A, GUANSHEN ZHANG, et al. Fault tolerance properties of a double phase encoding encryption technique[J]. Optical Engineering, 1997, 36(4): 992-998.

[8] REFREQIER P, JAVIDI B. Optical image encryption based on input plane and Fourier plane random encoding[J]. Optics Letters,1995, 20(7):767-769.

[9] 宋菲君, JUTAMULIA S. 近代光学信息处理[M]. 北京: 北京大学出版社, 1998.

[10] 许蕾,张肇群. 激光全息技术在防伪中的应用及发展趋势[J]. 激光与红外,1995,25

(6):49-51.

[11] 王睿.激光全息技术的发展[J].印刷杂志,2004(12):15-16.

[12] 李明.激光全息技术的发展及应用趋势研究[J].激光杂志,2005,26(6):13-15.

第4章　光电图像检测技术与系统

4.1　光电图像检测系统

4.1.1　光电图像检测系统的概述

光电图像检测系统的知识涉及面广，在工业、农业、军事、航空航天以及日常生活中皆有着非常广泛的应用，是现代工科学生必须掌握的一门知识。光电图像检测系统以其非接触、高灵敏度、高精度、快速、实时等特点成为现代检测技术重要的手段和方法之一。光电图像检测系统内容多、涉及知识面广，包括光学、光电子学、电子学、计算机、机械结构等学科内容。

所谓光电图像检测系统，是利用光学原理进行精密检测的技术，通过光电图像转换、电路处理以及后期数据分析等，能够完成某种特定检测工作的系统，通常由光源（发射光学系统）、接收系统及数据处理三部分组成。光电图像检测系统为非接触检测，具有无损、远距离、抗干扰能力强、受环境影响小、检测速度快、灵敏度高、电路简单、价格低廉、测量精度高等优越性，因而应用十分广泛，尤其在高速自动化生产中，在生产过程的在线检测、安全运行保护等方面起到重要作用。特别是近年来，各种新型光电探测器件的出现以及电子技术和微电脑技术的发展，使光电图像检测系统的内容愈加丰富，应用越来越广，目前已渗透到几乎所有工业和科研部门，是当今检测技术发展的主要方向。

图像信息是人类获得外界信息的主要来源，图像中蕴藏着对事物本质的描述，也是人类最易接受的表达形式。随着计算机硬件性能的提高和软件技术的发展，将计算机应用于近代光学测试领域，进行光学图像信息的数字化处理、分析和表示，是测试技术向自动化、实时化、高精度、高效率发展的一个重要方向。光电图像检测系统是以现代光学为基础，融光电子学、计算机图形/图像学、信息处理、计算机视觉等科学技术为一体的现代测量技术。它以光学系统所成图像为信息载体，经过 A/D（D/A）转换，利用计算机来分析采样信号并从中提取可用信息，所得结果再以模拟或数字方式输出。光电图像检测系统测量离不开光学成像下获取的视频、图像信号，图像信息与被测量间关系的确定也需要通过其他仪器的标定。

光电图像检测系统从硬件上包含了照明光源、光学系统（含光学镜头）、光电传感器及控制电路、视频图像采集处理、计算机及接口技术、显示输出设备、光具座、载物台及其他各类附属设备；从软件角度，则是根据测量原理，设计适应操作系统的图像分析算法。综合而言，光电图像检测系统实际由光学成像、视频信号处理、数字图像处理、结果输出、机械结构调节等五个环节构成。对于动态测量,还应包括精密的伺服反馈控制环节。图4-1给出了光电图像检测系统原理及构成环节框图。

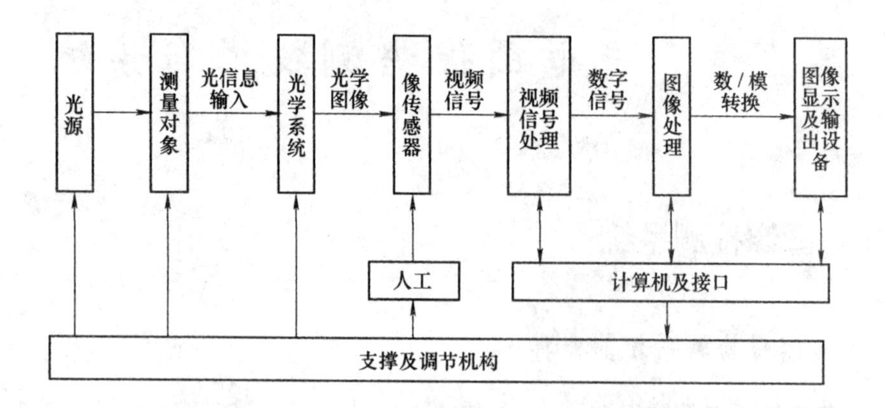

图4-1 光电图像检测系统原理及构成环节框图

在光电图像检测系统中,光学成像环节是基础,决定物像的表现形式和质量,并影响后续环节的信息处理方式。照明装置、成像物镜、光阑、固体成像传感器及其控制电路是其重要组成部分。测量对象、测量要求、环境条件是设计光学环节要考虑的三个要素。

光源是光电图像检测系统中不可缺少的一部分。在光电图像检测系统中可以按实际需要选择具有一定辐射功率、一定光谱范围和一定发光空间分布的光源,以此发出的光束作为携带待测信息的物质。有时光源本身就是待测对象,这里的光源是广义的,可以是人工光源,也可以是自然光源。传输场是光传播的介质,如大气、水、光波导等,要考虑衰减系数、背景噪声等因素。接收系统的功能是实现光信号到电信号的转换,而光电探测器是接收系统中的核心部件,光电探测系统的探测能力及探测精度很大程度上依赖于光电探测器的性能。

视频信号处理环节完成由模拟量到数字量的转换以及对数字信号的前期处理。经过信号整形和转换,原来连续的电信号在空间区域上被采样成为由整数表示的离散值,并形成可由计算机表达和显示的数据结构。这一环节是光学信息进行数字处理的接口,它影响数字图像的空间分辨率和精度,也影响图像数据的大小和计算复杂程度。

图像处理环节在某种意义上比获取图像更为重要。利用图像处理与分析技术,从数字图像数据中提取有用信息,并对其进行存储和显示;利用人工智能、神经网络等技术,还可以实现某种程度上的自学习、自判断功能。计算机是光电图像检测系统的控制核心——完成对图像的获取、存储和再现,同时又是处理核心——通过程序完成对图像的各种处理,如图像的增强处理、图像的叠加和相减、图像的拼接等。这一环节影响到系统处理速度以及获得信息的准确性和可靠性。

图像输出设备有以下功能:再现从摄像机获得的图像或以更直观的方式表达图像所记载的信息,如数字化显示、多角度三维显示等;作为人机接口工具,提供用户观察、判断、操作的窗口;对处理结果及相关数据进行判别并存储。最常用的图像输出设备是图像显示器、打印机、传真机、磁盘存储阵列等。

在该系统中,光是信息传递的媒介,它由光源产生。光源与照明用光学系统一起获得测量所需的光载波,如点照明、平行光照明等。光波载与被测对象相互作用而将被测量载荷到光载波上,称为光学变换。光学变换是用各种调制的方法来实现的。光学变换后的光载波上载荷有各种被测信息,称为光信息。光信息经光电器件实现由光向电的信息转换,称为光电转换。然后被测信息就可用各种电信号处理的方法实现解调、滤波、整形、判向、细分等,或送到计算机进行进一步的运算,直接显示被测量,或者存储,或者控制相应的装置。

当然,根据测量目标和具体要求的不同,光电图像检测系统的组成部分也随之不同。

光电图像检测系统将光学技术与电子技术相结合实现各种量的检测,具有如下特点。

(1)高精度。光电检测是各种检测技术中精度最高的一种。如用激光干涉法检测长度的精度可达 0.05 μm/m;光栅莫尔条纹法测角分辨率可达 0.04″;用激光测距法测量地球与月球之间距离的分辨率可达 1 m。

(2)高速度。光电检测以光为媒介,而光是各种物质中传播速度最快的,无疑用光学的方法获取和传递信息也是最快的。

(3)远距离、大量程。光是最便于远距离传播的介质,尤其适用于遥控和遥测,如武器制导、光电跟踪、电视遥测等。

(4)非接触检测。光照到被测物体上可以认为是没有测量力的,因此也无摩擦,可以实现动态测量,是各种检测方法中效率最高的一种。

(5)寿命长。在理论上,光波是永不磨损的,只要复现性做得好,就可以永久使用。

(6)具有很强的信息处理和运算能力,可将复杂信息并行处理。用光电方法还便于信息的控制和存储,易于实现自动化,易于与计算机连接,易于实现智能化等。

光电图像检测系统是现代科学、国家现代化建设和人民生活中不可缺少的新技术,是光、机、电、算相结合的新技术,是最具有应用潜力的信息技术之一。

4.1.2　光电图像检测技术的发展

光电图像检测系统的发展与新型光源、新型光电器件、微电子技术、计算机技术的发展密不可分,自从 1960 年第一台红宝石激光器与氦－氖激光器问世以来,由于激光光源单色性、方向性、相干性和稳定性极好,人们在很短时间内就研制出各种激光干涉仪、激光测距仪、激光准直仪、激光雷达等,大大推动了光电图像检测系统的发展。迅速发展的半导体集成电路技术,可以将探测器件与电路集成在一个整体中,也可以将具有多个检测功能的器件集成在一个整体中。例如,将图形、物体等具有二维分布的光学图像转换成电信号的检测器件是把基本的光电探测器件组成许多网状阵列结构,即在一片半导体单片上形成几十万个光电探测器件。1970 年贝尔实验室研制出第一个固体摄像器件——CCD(Charge Coupled Device),这是一种将阵列化的光电探测与扫描功能一体化的固态图像检测器。它是把一维或二维光学图像转换成时序电信号的集成器件,能广泛应用于自动检测、自动控制,尤其是图像识别技术。CCD 的小巧、坚固、功耗低、失真小、工作电压低、质量轻、抗震性好、动态范围大和光谱范围宽等特点,使得视觉检测进入一个新的阶段,它不仅可以完成人的视觉触及区域的图像测量,而且对于人眼无法涉及的红外和紫外波段的图像测量也变成了现实,从而把光学测量的主观性(靠人眼瞄准与测量)发展成客观的光电图像检测。今后光电图像检测技术的发展,将通过更高程度的集成化不断向着具有二维或三维空间图形,甚至包含时序在内的四维功能探测器件发展。应用这些器件就可实现机器人视觉和人工智能。

光电图像检测系统的发展,从原理上来看具有以下三个特点:

(1)从主观光学发展成为客观光学,也就是用光电探测器来取代人眼,提高了测试准确度与测试效率;

(2)用单色性、方向性、相干性和稳定性都远远优于传统光源的新光源——激光,获得方向性和稳定性极好的光束,用于各种光电测试;

(3)从光机结合的模式向光、机、电、算一体化的模式转换,充分利用计算机技术,实现测量及控制的一体化。

光电图像检测系统的发展,从功能上来看具有以下三个特点:

(1)从静态测量向动态测量发展;

(2)从逐点测量向全场测量发展;

(3)从低速测量向高速测量发展,同时具有存储和记录功能。

4.1.3 光电图像检测系统的分类

目前的光电检测系统主要分为两类:一类是基于 PC 的光电图像检测系统,也称为计算机视觉图像检测系统;另一类是嵌入式光电图像检测系统。这两类图像检测系统因其自身不同的特点在不同的领域发挥着重要的作用,本章后两节将对这两种光电图像检测系统进行详细介绍。

4.2 基于 PC 的光电图像检测系统

随着计算机硬件性能的提高和软件技术的发展,将计算机应用于近代光学测试领域,进行光学图像信息的数字化处理、分析和表示,是测试技术向自动化、实时化、高精度、高效率发展的一个重要方向。图像检测技术是以现代光学为基础,融光电子学、计算机图形/图像学、信息处理、计算机视觉等科学技术为一体的现代测量技术。它以光学系统所成图像为信息载体,经过 A/D(D/A)转换,利用计算机来分析采样信号并从中提取可用信息,所得结果再以模拟或数字方式输出。

在 20 世纪 90 年代初,多媒体技术蓬勃发展起来。早期的计算机终端只能显示文本信息,随着微机技术的发展,如今也可以作为图像终端。在计算机屏幕上看电视,在计算机屏幕上显示电视会议的现场,在计算机屏幕上进行各种各样的图像处理。总之,如今在计算机屏幕上所显示的图像丰富多彩。在当今的信息高速公路中,和网络图像通信一起,计算机图像检测系统起着举足轻重的作用。

随着模式识别、人工智能、神经网络等技术的引入和计算机技术、数字图像处理技术的提高,图像测量技术不仅将具有更高的测量精度、测量速度和更宽的应用范围,而且在自动识别、分析方面也会做得更好。

在计算机信息处理中,图像信息处理占有十分重要的地位。图像包含着大量的信息,计算机对这些信息进行各种加工处理,由此形成了不同领域的实际应用。由于现在的信息处理量大,处理结果的精度要求高,所以对信号分析与结果输出部分的要求越来越高。由于计算机性能的大幅度提高,其成本逐年降低,而且使用极其方便,不需要特殊的培训,一般人都可以很快学会其使用方法,这就使基于 PC 的光电图像检测系统成为未来应用的一种主要趋势。

基于 PC 的光电图像检测系统在生物识别的应用有两个突出的成果,即指纹的查询和识别以及人像组合、查询和识别。由于人的指纹具有唯一性,因此可用来作为身份的鉴别。把现场收集到的指纹录入计算机,提取指纹的特征后再和指纹库里的指纹进行比对,就可以提供破案的线索。指纹识别也可用于出入海关的身份检验及指纹密码锁等方面,指纹印鉴已用于银行业。随着科学技术的进步,还出现了计算机人像组合技术,用模拟画像协助破案,它是根据目击者的描述,由计算机用不同的人面像部件(脸形、眼睛、嘴巴、头发等)来组合出嫌疑人的画像进而协助破案。随着网络和数据库技术的发展,利用由目击者的记忆组合出的嫌疑人人面像,可以实现本地的查询识别,也可以实现异地的查询识别。清华大学和北京大学分别独立研制的指纹识别系统以及清华大学研制的计算机人像组合、识别系统都已成功地用于公安刑侦,都有很多成功破案的实例。

在现代战争里,基于 PC 的光电图像检测系统极为重要。例如将来自卫星的图像用于军事侦察,以地形匹配实现精确轰炸,以相关运算实现目标跟踪等。其中,除了对算法本身有很高的要求以外,图像处理的速度也是至关重要的,对于现在的计算机组或者计算机群,其处理速度的高速性,已经成为基于 PC 的光电图像检测系统一大优势。对温度敏感的红外图像,军事部门是高度重视的,其应用也是多种多样的。

图 4－2 给出了一般的基于 PC 的光电图像检测系统的结构。这个结构是非常简洁的,硬件代价极低,由于借用了计算机的显卡和显示器,图像系统可以不设置 D/A 电路,也不再添加昂贵的监视器、高速图像处理机,甚至不另设置图像帧存,随着高档计算机的普及,这种结构已经非常流行。早期的计算机接口采用的是 ISA 总线,利用这种总线不能把一幅中等分辨率的不经压缩的活动图像直接送入计算机,新型的 PCI 总线问世以后,立刻受到了图像界的欢迎。不过,由于现在 USB 接口技术已经成为一种主流趋势,所以很多系统也正向 USB 总线发展。采用图 4－2 的硬件结构,再采用微机的 MMX 技术,可以形成一个高性价比的计算机图像处理系统。

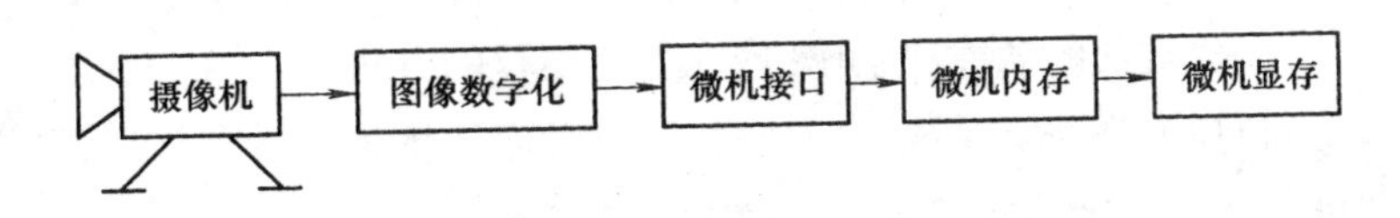

图 4－2　基于 PC 的光电图像检测系统结构

面向计算机内存的图像硬件系统结构也有多种形式,一种是带硬件处理的面向计算机内存的图像硬件系统结构。图 4－3 中的硬件处理常常包括卷积、分割、图像加减、灰度变换等。这种硬件结构可取得快于单纯使用 MMX 技术的处理速度,因此可在一些对处理速度有更高要求的场合使用。

图 4-3 带硬件处理的基于 PC 的光电图像检测系统

基于 PC 的光电图像检测系统的运用,一种非常重要的硬件孕育而生,那就是图像采集卡。图像采集卡是用来采集 DV 或其他视频信号到计算机进行编辑、刻录的板卡硬件。在采集过程中,由于采集卡传送数据采用 PCI Master Burst 方式,图像传送速度高达 33 MB/s,可实现摄像机图像到计算机内存的可靠实时传送,并且几乎不占用 CPU 时间,留给 CPU 更多的时间去做图像的运算与处理。

图 4-4 Morphis DVR 采集压缩一体卡

加拿大 Matrox 公司的系列图像采集卡,如图 4-4 所示为 Morphis DVR 采集压缩一体卡,使用传统的 PCI 插槽和 x1 PCIe TM 短卡插槽,同时采集 16 路独立 CVBS 视频资源,支持采集 NTSC、PAL、RS-170 和 CCIR 标准视频,实时多通道 MPEG-4 编码器,16 路的视频输入,20 路 TTL I/O 辅助接口和 RS-485 串行接口,支持 Microsoft Windows XP 操作系统。

4.2.1 计算机视觉图像检测系统的原理

1. 计算机视觉图像检测系统的概述与原理

视觉是人类观察世界、认知世界的重要手段。人类从外界获得的信息约有 75% 来自视觉系统,这既说明视觉信息量巨大,也表明人类对视觉信息有较高的利用率。人类视觉过程可看作是一个复杂的从感觉(感受到的是对 3D 世界的 2D 投影得到的图像)到知觉(由 2D 图像认知 3D 世界内容和含义)的过程。视觉的最终目的从狭义上说是要对场景作出对观察者有意义的解释和描述,从广义上讲还有基于这些解释和描述并根据周围环境和观察者的意愿制定出行为规划。

计算机视觉是指用计算机实现人的视觉功能——对客观世界的三维场景的感知、识别和理解。这里主要有两类方法;一类是仿生学的方法,参照人类视觉系统的结构原理,建立相应的处理模块,完成类似的功能和工作;另一类是工程的方法,从分析人类视觉过程的功能着手,不去刻意模拟人类视觉系统内部结构,而仅考虑系统的输入和输出,采用任何现有的可行的手段实现系统功能。本节主要讨论第二种方法。

计算机视觉的主要研究目标可归纳成两个,它们互相联系补充。第一个目标是建成计算机视觉系统,完成各种视觉任务。换句话说,要使计算机能借助各种视觉传感器(如 CCD、CMOS 摄像器件等)获取场景的图像,感知和恢复 3D 环境中物体的几何性质、姿态结构、运动情况、相互位置等,并对客观场景进行识别、描述、解释,进而作出决断。这里主要研究的是技术机理。目前,这方面的工作集中在建成各种专用系统、完成在各种实际场合提出的专门视觉任务,而从长远来说则要建成通用的系统。

第二个研究目标是把该研究作为探索人脑视觉工作机理的手段,进一步加深对人脑视觉的掌握和理解(如计算神经科学)。这里主要研究的是生物学机理。长期以来,对人脑视觉系统已从生理、心理、神经、认知等方面进行了大量的研究,远没有揭开视觉过程的全部奥秘,可以说对视觉机理的研究还远落后于对视觉信息处理的研究和掌握。需要指出,对人脑视觉的充分理解也将促进计算机视觉的深入研究。

图像理解和计算机视觉与计算机科学有密切的联系,它是随着计算机技术的发展和深入研究而获得突飞猛进发展的。一些计算机学科,如模式识别、人工智能、计算机图形学等都对这个发展起到了并将继续起到重要的影响和作用。

计算机图形学研究如何从给定的描述生成"图像",与计算机视觉也有密切关系。某些图形可以认为是图像分析结果的可视化,而计算机真实感景物的生成又可以认为是图像分析的逆过程。另外,图形学技术在视觉系统的人机交互和建模等过程中也起很大作用。近期两相结合的一个研究热点——基于图像的绘制(Image Based Rendering)就是一个很好的例子。需要注意,与图像理解和计算机视觉中存在许多不确定性对比,计算机图形学处理的多是确定性问题,是通过数学途径可以解决的问题。许多实际情况下要在图形生成的速度和精度,即实时性和逼真度之间取得某种妥协。

图像理解和计算机视觉要用工程方法解决生物的问题,完成生物固有的功能,所以与生物学、生理学、心理学、神经学等学科也有着互相学习、互为依赖的关系。图像理解和计算机视觉属于工程应用科学,与电子学、集成电路设计、通信工程等密不可分。一方面图像理解和计算机视觉的研究充分利用了这些学科的成果;另一方面图像理解和计算机视觉的应用也极大地推动了这些学科的深入研究和发展。目前,图像理解和计算机视觉研究与视觉心理、生理研究的互相结合就是一例。

图像理解与计算机视觉近年来已在许多领域得到广泛应用,下面是一些典型的例子。

(1)工业视觉:如工业检测、工业探伤、自动生产流水线、邮政自动化、计算机辅助外科手术、显微医学操作以及各种危险场合工作的机器人等。将图像和视觉技术用于生产自动化,可以加快生产速度,保证质量的一致性,还可以避免人的疲劳、注意力不集中等带来的误判。

(2)人机交互:如人脸识别、智能代理等,让计算机可借助人的手势动作(手语)、嘴唇动作(唇读)、躯干运动(步频)、表情测定等了解人的愿望要求而执行指令,这既符合人类的交互习惯,也可增加交互方便性和临场感等。

(3)视觉导航:如巡航导弹制导、无人驾驶飞机飞行、自动行驶车辆、移动机器人、精确制导等,既可避免人的参与及由此带来的危险,也可提高精度和速度。

(4)虚拟现实:如飞机驾驶员训练、医学手术模拟、场景建模、战场环境表示等,可帮助人们超越生理极限,"亲临其境",提高工作效率。

(5)图像自动解释:包括对放射图像、显微图像、遥感多波段图像、合成孔径雷达图像、航天航空测图等的自动判读理解。由于近年来技术的发展,图像的种类和数量飞速增长,图像的自动理解已成为解决信息膨胀问题的重要手段。

(6)对人类视觉系统和机理、人脑心理和生理的研究等。

2. 计算机视觉图像检测系统的基本结构

一个典型的计算机视觉系统框图如图4-5所示。

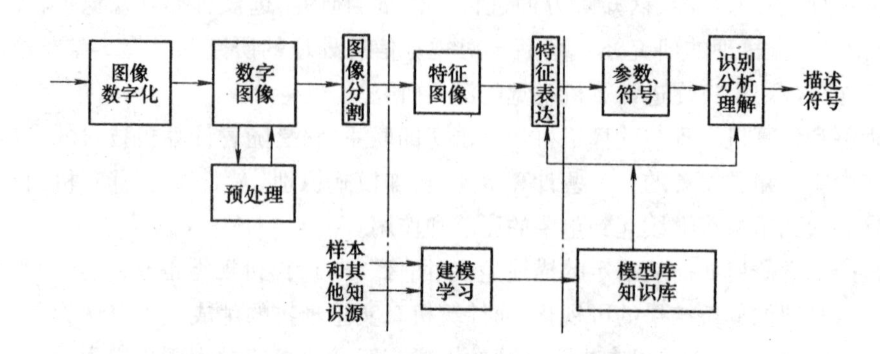

图4-5 典型的计算机视觉系统框图

在图4-5中,图像获取一般采用摄像机,它能实时地摄取运动的图像,把客观世界的光学特性转变成二维信息的电视信号,然后用A/D转换器转换成数字存放在图像缓冲器中。预处理是由一系列算法组成,对数字图像进行处理,去除噪声,纠正畸变,强化特征。注意预处理虽然能改善图像的质量、增强视觉效果,但是它常常会改变图像的原始信息,因此在许多视觉系统中预处理操作比较简单。图像分割也是一组算法,分割的图像仍为二维的数字图像形式,需要进一步用各种算法转换成参数、符号,称为特征的表达或符号化操作。识别分析等操作,把参数、符号转变成能正确描述视觉空间中物体的类型、位置和关系的符号,作为整个系统的最后结果。该框图较清楚地显示了视觉过程中的低、中、高三个层次的分界。其中,在中、高层需要先验知识库作为指导,它们是由数学模型、符号规则组成,通过从样本和其他知识源进行学习、建模而获得的。

应该指出,在许多实用系统中,常常根据应用目的不同对某些模块的功能适当加强,而某些模块则有所删除。例如有的视觉系统增加了摄像装置的方向、焦点、光照等调节控制机构等。

一个计算机视觉系统所需要的计算机支撑系统可以从十分简单的PC系统到大型昂贵的专用处理机。图4-6所示为一个最简单的计算机视觉系统,它由一个内装图像板的PC系统和一台摄像机组成,该系统表明一个计算机视觉系统的最小配置,它们包括:

(1)图像获取系统,一般是由具有数字化功能的摄像机组成;

(2)图像显示系统,可借用具有256级灰度显示的普通终端屏幕来实现;

(3)图像的内存(VRAM)和外存;

(4)处理系统,即CPU和内存,一般内存要相当大。

在PC系统中,所有的图像处理均用软件实现。用软件进行处理的最大缺点是速度慢,由于图像是二维分布,它的数据随尺寸增大呈平方关系增加。例如大小为256像素的图像

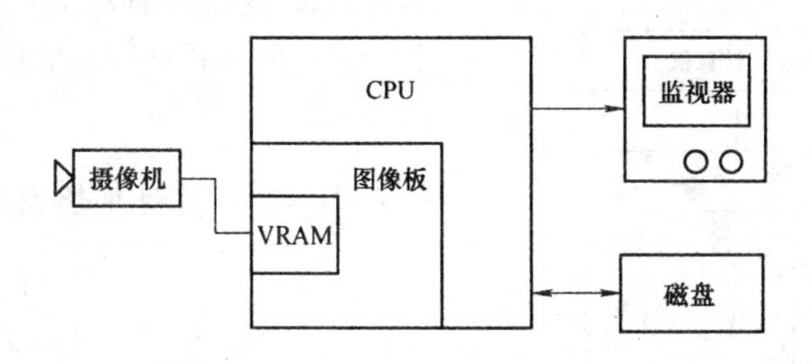

图 4-6　基于 PC 的视觉系统

数据为 64 KB,而尺寸增加 1 倍,它的数据量增加到 256 KB。在许多实时系统中,软件处理的速度跟不上实时的需要,因此需要专用硬件设备。专用硬件设备可以分为通用机专用插件和平行处理机。

(1)通用机专用插件。在这种系统中,一些计算量大的处理环节采用专用插件,而其余的仍由计算机软件完成。图 4-7 所示为通用机专用插件的典型框图。图像经数字化之后,沿着专用高速总线通向宿主计算机,沿途安排若干专用部件,每一专用部件完成一项图像的操作。操作由硬件执行,可在一个很短的时间内(例如一个图像采样周期 40 ms)完成。因此,每当该插件被选中,数字图像流过该系统,就算完成了一种操作。宿主计算机根据需要控制专用模块的选通。这种方式在宿主计算机之前可进行实时图像处理,但与实际的图像采样时刻比较,最后的输出会延迟一些。

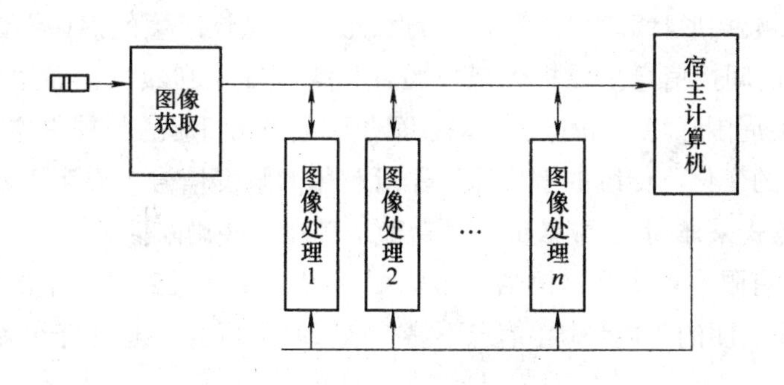

图 4-7　流水线插件式视觉系统

(2)平行处理机。计算机系统由能平行工作的多个处理机组成。这些处理机按照一定的阵列形式对图像的各部分同时处理操作,相当于把图像数据划分成许多块同时处理。由于每个处理机有较高的处理速度,对于小块图像可以在极短的时间内完成,从而总体上保证高速实时的处理。当然许多图像处理算法并不是可以简单地划分成小块分而治之的,还需要算法设计者开发适于平行处理的算法。阵列机的处理单元大概从几十个 CPU 到几万个 CPU,价格比较昂贵。图 4-8 所示为一种脉动式(Systolic)阵列机的结构示意图。它由若干个称为 Warpcell 的计算单元组成。每个计算单元有独立的处理器、内存,它可通过 x,y 通道与相邻的单元进行数据交换。宿主计算机通过接口单元对 x,y 通道进行数据交流控制,其中 x 对应数据的横向传送(x 方向),而 y 可进行纵向数据传送(y 方向),这样 x,y 综

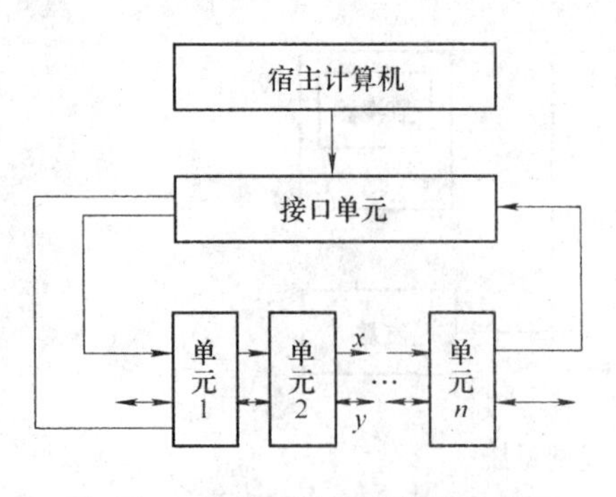

图4-8　脉动式并行计算机示意图

合起来起到图像平面的x,y方向处理作用。这种计算机可达到每秒几十亿次的浮点处理能力。

4.2.2　计算机视觉图像检测系统的应用

计算机视觉是一项理论意义与实际价值兼备的重要课题，对烟火事故的消防安全具有重要的实际意义。随着火焰视觉特征模型的不断完善，火焰检测方法的研究得到发展。

目前，火灾自动报警装置主要是基于传感器检测技术设计的，通常采用常规的火灾探测方法，即利用感烟、感温、感光等传感器对火焰的烟雾、温度、光等信息进行采集，并利用这些特性来对火灾进行探测。这种基于传统检测方法的火灾探测装置存在一定的缺陷。一方面，它利用传感器对监控现场烟雾浓度、温度、火焰等敏感现象的实时变化进行检测，提取实时参数，因此传感器的性能优劣会直接影响火灾自动报警的准确度和可靠性。另一方面，在室外仓库和大型室内仓库等大空间场合中，火灾初期产生的热量和烟雾难以到达很高的空间，传感器信号由于空间的巨大而变得十分微弱，即使是高精度的传感器也会由于种种干扰噪声而无法工作，因此无法进行火灾的早期探测及准确报警。

与燃烧有关的可感知信息可分为直接的和间接的两类。直接信息指火焰现象本身，主要是火焰的亮度、颜色、形状和变化等可见特性，也包括燃烧产生的热（温度）和紫外、红外等不可见辐射特性；间接信息主要指燃烧中燃料与空气发生剧烈氧化而生成的附属物（如烟雾），或燃烧促使周围环境（如附近物体表面的温度、色度和光强，周围空气的温度、湿度和透明度等）发生的变化。传统的烟火监测器所利用的触发信号主要源于对间接信息的近距离或接触性的点式采样，其监测效能不可避免地存在一些局限性。

(1)适用空间有限。点采样检测器一般需要安置在接近火源的较小的空间范围内，监测场所一般是相对封闭的室内环境（信息不易扩散或被稀释），不适用于开阔的室外空间或大面积场所。

(2)可靠性较弱。间接采样不能最直接、最真实地获取火焰本身的存在线索，容易受到能量扩散或相似目标（如阳光、雾）与环境变化（如光照）的干扰，可靠性需要单纯稳定的条件支持。

(3)缺失过程信息。点采样器一般不能记录和包含火焰发生及发展的时空过程和状态信息，不利于对事件的后期回放、分析和检索。

(4)快反能力有限。颗粒度、温度、湿度等采样信息只有在燃烧发生后并发展到一定程度或空间范围时才能触发点式感应器而生成报警信号，在反应时间上存在一定的物理延迟。

(5)成本、通用和扩展能力。点传感器的单价可能较低，但形成规模的系统需要大量的设备单元，光电仪器的单价就很贵，安装和维护的成本也较高；同时，操作的专业性也制约着系统通用性,软件支持力较弱也不利于系统升级和扩展。

近年来,视频监视设备的日益普及与视频图像处理技术的发展极大地推动了视频火焰检测(Video Fire Detection,VFD)系统的研究和应用。

光电设备的发展促进了光电烟火监测系统的开发,远红外光谱仪和红外摄像机可以检测到火焰核心的位置及其热量变化,但对场地和监测距离的选择、相似颜色和光照(特别是阳光)变化等比较敏感,且费用昂贵,可操作性不强,难以实时。而对于视觉信息,人们可以直接利用标准的视频相机实现场景图像的实时采集和在线监视,在燃烧生成的热和烟等发展到足以触发常规检测器之前,通过计算机视觉的处理方法尽早地探测潜在的火源。近年来,随着各种监视相机在室内外公共场所的普及,VFD备受关注,VFD系统具有许多常规检测器不具备的优势和特点。

(1)直观主动的探测能力。基于摄像机平台的VFD系统不需接触性的采样或变化检测就可触发报警,通过相机人为或自动地远程监视燃烧的发生和发展,具有主动可控的遥测能力。

(2)空间场所的普适性。VFD系统基本不存在场地条件的限制,可用在礼堂、隧道、正厅、机场、停车场等户外空间或开阔场所。同时,通过获取的丰富的可视信息和先进的图像分析手段可以应付场景光照、空气流动和监测距离的一般变化,并抑制其他非燃烧烟雾等因素的干扰。

(3)远程实时的在线快速反应与离线分析能力。集相机、闭路电视、有/无线通信网络、Internet连接、海量存储器、计算处理机、显示终端和视频分析软件于一体的VFD系统不仅具备实时报警和远程监视能力,还能在线获知燃烧发生的具体位置(辐射方法只能探知邻近范围)和发展过程,并可以对入库的视频记录进行离线回放和检索,从而支持事后调查和分析。

(4)廉价、通用和可扩能力的兼备。视频监视系统在各种公共或私人场所的普及和兼容为VFD系统的成本降低和通用性提供了良好条件,模块化设计也使系统的某些软/硬件单元的局部维护和更新及整体性能的升级和扩展变得方便。

(5)对其他传感器的融合性支持。VFD系统不仅可以引入烟雾等可见信息,也可以融合热、近红外/紫外、温度、湿度、透明度甚至声音等非可视信息来增强视觉信息的可靠度。相反,在特定条件下,借助视频图像检测(VID)技术也可以为已有的其他类型检测系统提供可视化支持。

燃烧的火是一种发热发光,并伴有火焰的迅速和持续的氧化现象,具有辐射、空气、视觉和声音等多方面的特征。火焰是燃着的气体或蒸气的发热、发光部分,本节将分类讨论视频火焰检测中可能利用的可见的火焰视觉特征。不难看出,火焰视觉特征有静态与动态之分,两者都比较显著,也都具有复杂的多样性,但它们又共存互补,存在紧密的相关性。这对火焰特性的分析与建模构成了不少困难,必须对两者综合考虑,才能全面有效地鉴别火燃事件。

VFD属于一种针对随机视觉现象中的特殊光谱区域及其形状演化的建模和识别问题。近年来,VFD方法的研究逐渐得到重视,并取得进展。VFD方法研究的主要驱动力是视频监视系统的普及应用和机器视觉技术的日臻成熟。但出于实用和商业利益的考虑，目前介绍相关算法的专题文献还很少。已有的方法都是基于火焰特征的分析和建模展开的，可归纳出图4-9所示的一种常规的层次化VFD框架，依据火焰特征的层级描述，整个框架分为信号特征层、空间结构层、时序变化层和目标事件层四个层次，这是认知驱动的检测流程，从低级到高级的各层处理都需要关于火焰的理论模型的支持，如颜色模型、区域模型、运动模型和时频状态模型等。

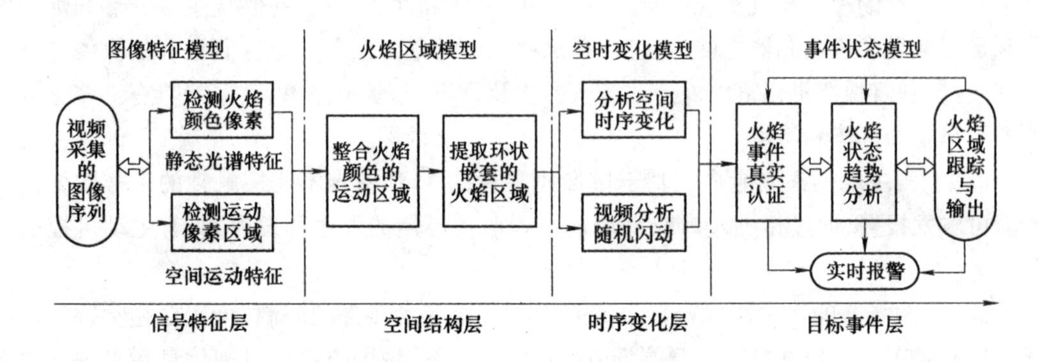

图4-9 一种常规的层次化视频火焰检测(VFD)框架

1.基于像素颜色的VFD方法

早期VFD方法主要依据的是火焰的颜色和亮度。首先出现的是灰度图像处理方法，包括单固定黑白相机的和多黑白相机的。这类方法通常利用对比法或帧差法从背景中提取较亮的火焰，但性能受监测距离的影响比较严重。Plumb等人通过黑白相机监测不同位置的点传感器的亮度变化，利用热能转移流模型反向求解火源的位置、尺寸和强度。该方法虽能较精确地检测火焰位置，但需要热传感器和预设采样点位置。可见，用黑白相机检测火焰的适用性和可靠性明显不足。基于火焰颜色的彩色图像处理方法可以明显抑制亮度条件(如背景光照)变化所导致的误检。为提高夜间检测能力，Cappellini等人提出一种利用彩色视频从烟雾中识别火焰的方法。Healey和Foo等人利用高速相机采集视频，结合颜色与运动信息来区分火焰区域，但相机必须固定，且需要依据监视距离人为设置视窗，复杂的统计计算也使其难以实时。Yamagishi等人利用HSV空间的火焰颜色模型来削弱环境光、风动、火焰尺寸和探测距离等方面的影响，依据火焰颜色区域的色调和饱和度的连续变化来分割火焰区域，再用边缘算子和极坐标变换提取区域轮廓，用傅里叶变换提取轮廓的频域特征，通过神经网络区分真实火焰。Phillips面向更多的常规场景，不需配置静态相机，支持实时监测。固定的彩色模型可能忽略材料不同所导致的颜色异常，所以该方法借助机器学习方法来对火焰颜色建模，通过训练人工检测的火焰样本得到火焰颜色的查找表，并生成彩色直方图，以提高模型的可靠性和对场景的适应力，但其计算复杂度较高，难以达到实时效率。为此，Horng等人选择了接近人类视觉感知的HSI空间模型来描述火焰颜色，利用分解法提取火焰颜色区域，通过序列差分和颜色掩模滤除具有火焰颜色的其他运动目标或火光反射区。然而，以上方法都集中关注火焰的存在性，不能提供燃烧的状态和过程信息(面对火灾的经济损失，这些信息往往至关重要)，需要人工估计误检率。Chen等人采用了一种二阶决策机制,先用颜色检测火焰的存在,再判断火焰的蔓延或消减状态。该方法引入了 HSI 模型,用 R 通道的亮度和饱和度判断火焰像素的真实性,通过比较 RGB 之间亮度分量的比例来估计烟雾的存在,再利用运动特征反复校验燃烧的状态变化趋势。

2. 基于火焰颜色运动区域的 VFD 方法

不管是亮度还是颜色,仅靠静态光谱特征不足以全面描述和鉴别火焰。相对于真实火焰复杂多变的嵌套结构,单用火焰颜色的像素集合来描述火焰区域过于简陋,甚至于像素颜色的层次变化也不足以反映火焰复杂的时变性。所以,人们开始将颜色、结构和运动特征结合起来改进火焰区域模型及其检测算法。Phillips 等人综合了火焰像素的颜色及其时变特性,并引入了火焰区域的形状识别。静态形状分析的研究已经很多,而火焰区域的形状检测与变形目标的形状建模和识别更相关,但这类方法在识别前要先完成检测,而火焰的持续变化取决于燃料或空气流动等周围因素,其随机性很可能导致形状识别的失败。所以,常规的形状分析方法很难有效描述火焰的形状及其演化。Phillips 等人对火焰区域的建模包括:①与周围环境形成强烈对比;②具有环状嵌套的颜色分布结构;③运动中仍保持相对稳定的宏观形状(与燃料形状相关),而边缘轮廓却处于不断的快速变化中。该方法用帧间像素的亮度差分来计算火焰的连续闪动,为削弱全局运动的误导,还要减去非火焰颜色的像素微分。Horng 则以帧间火焰颜色区域的掩模差来定义火焰的时序运动。Chen 等人认为火焰区域的动态特征包括火苗闪动、区域变形、整体蔓延和红外抖动等,可利用像素变化判别火焰的闪动,以面积变化检测火焰的生长,虽效率较高,但模型过于简单,可靠性差。Fastcom 开始利用 FFT 的峰值来描述和检测时变的火焰边缘像素。Liu 等人则先用光谱和结构模型来提取火焰的候选区域,并用傅里叶系数描述这些区域的边缘轮廓,然后通过帧间前向估计获得各区域的自回归(AR)模型参数,最后以傅里叶系数和 AR 模型参数为特征对火焰区域进行分类。其中,候选区的检测只涉及光谱和结构特征,选择疑似焰核的高亮部分作为种子,沿梯度方向生长,将火焰颜色概率(HSV 高斯混合模型)较高的邻域像素引入区域,再用阈值校验区域边缘上具有内部颜色的像素比例,滤除接近纯色的区域。形状检测中,Liu 等人构建了图 4－10 所示的环状嵌套的火焰区域结构模型,以 1D 傅里叶系数描述其区域的 2D 轮廓,再用 AR 模型(可以描述不同频率等级的时序变化)描述火焰边缘运动。袁宏永等人也讨论了基于图像的火焰检测技术,但漏警或误警率较高,适应性差。袁非牛等人提出了一种基于规格化傅里叶描述的轮廓波动距离模型,用来度量火焰的时空闪烁特征。但这些对火焰形状变化的频域描述存在缺陷:①火焰闪动不属于纯正弦周期运动,很难用 FFT 检测其时序峰值;②傅里叶变换不能承载时间信息,必须利用时窗检测,时窗尺寸的选择显得重要而困难,过长或过短都可能失去周期或峰值。所以,人们不得不从小波变换和随机过程理论中寻求更好的关于火焰时空变化的分析方法。

3. 基于时频与状态分析的 VFD 方法

一方面,燃烧时的火焰具有与燃料和燃具无关的高频特性(图 4－11(a))。通过分析这种高频的时序变化能有效地减少误检。Toreyin 等人在提取运动的火焰颜色区域的基础上,利用小波变换来分析该区域运动的时频特性,并估计火苗闪动的存在。作为有效的时频分析工具,小波可以探测整个频带而不失时间信息,小波变换可以利用子带分解滤波器

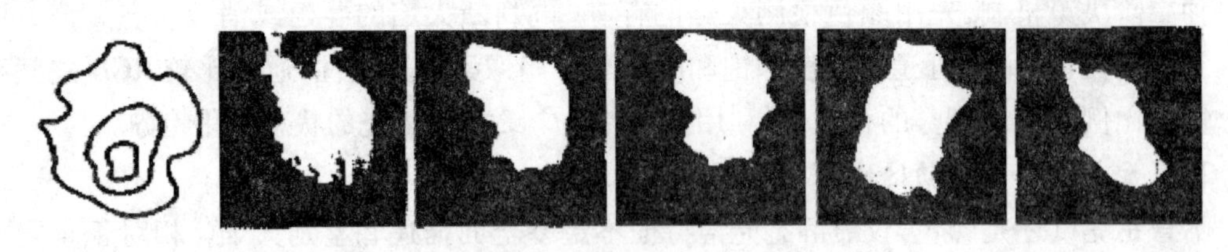

图 4-10 环状嵌套的火焰区域结构模型及其变化

组来完成而不需任何批处理。另外，混乱的高频活动不仅存在于火焰边缘也存在于火焰内部，Toreyin 等人不仅用时间小波系数的零界点来判定火焰边缘颜色的高频时变，还利用空间小波来分析火焰内部空间的颜色变化。Fastcom 虽没有利用颜色时变性，却利用了空间小波系数的能量变化来检测火焰内部的时频运动，因为其他具有火焰颜色的运动目标的内部颜色一般没有变化，也就不存在小波系数幅度的变化(图 4-11(b))。Dedeoglu 等人还引入了目标边缘的周期性分析来减少相似颜色的运动目标的干扰。

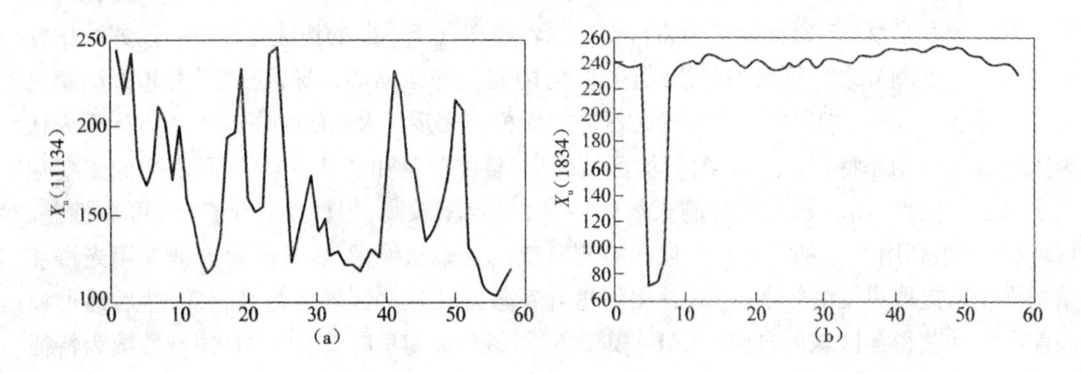

图 4-11 火焰颜色频谱特性比较(采样区域中图像像素红色通道时序变换)

(a)真实火焰 (b)穿红色体恤的小孩

另一方面，真实火焰的闪动频率不是连续一致的，可以认为是一种随机过程。Markov 模型已被广泛用于语音识别系统，最近也被用到计算机视觉中。基于 Markov 模型对火焰闪动过程进行建模比频域分析法更具鲁棒性。如果目标的轮廓呈现快速的时变就表明场景中很可能存在火焰，这种时序行为可直接体现在被考查像素颜色分量的变化中。Markov 模型可以描述彩色空间中像素位置的相对状态，通过离线训练火焰像素可以模拟火焰的时空特性，当然也要对非火焰像素进行学习，以区别真实火焰和其他火焰颜色的运动目标。同时，Markov 模型还可以描述火焰颜色分布的空间变化。火焰区域的时序生长在空间上表现为一种接近周期变化的运动，却不能被周期性检测。沿着贯穿火焰区域的线，彩色空间中像素位置的变化接近于周期内所观察到火焰像素的位置变化，Markov 模型可以获取相关火焰边缘的时序变化的线索。为此，Toreyin 等人采用了一种三状态 Markov 模型来时序训练火焰和非火焰像素，像素状态之间的转移概率在火焰边缘的预测周期时间内被离线估计。

目前，国内外已投入使用的监测产品中，单纯的 VID 系统还很少，多数是对原有常规系统的可视化改造。随着计算机视觉技术的优越性日益突现，越来越多的烟火监测器向以视频监视为平台，以机器视觉为核心，融合多源探测信息，智能化远程监控与早期预警相结合的综合性系统发展。从图 4－12 不难了解基本的火焰监测 VFD 系统一般包括视频采集、火燃监测与决策、实时报警、信息分析和鉴定、监视显示终端和控制工作站等组成单元。下面简单介绍一种比较典型的实际监测系统及其 VID 解决方案。

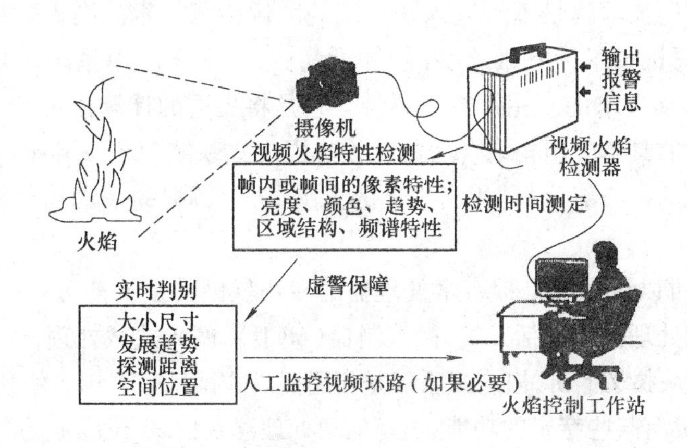

图 4－12　视频火焰监测(VFD)系统组成示意图

SigniFire 系统是 Axonx LLC 公司开发的烟火和入侵事件早期安全监测系统，主要应用在车站、港口，博物馆、图书馆，数据、电信中心，发电场，化工厂，交通枢纽，高危材料库，机关，医院和学校等公共场所或企业机构的建筑场所。系统基于先进的 FSM－8DVR 视频平台构建，采用标准 CCTV 相机，有 8 个模拟视频通道和覆盖全局的多单元 IP 网络，还能通过 Internet 实时传送警报，实现远程监视和事件回放。系统中的计算机单元配置了 3.0 GHz Pentium 4 处理器，HT 512 MB 内存，400 GB 硬盘；采集输出的视频分辨率达到 320 × 240；可利用 TCP/IP 输出监测事件；监测范围(30°倾角)可覆盖距离 200 in 内的 3 in × 3 in 面积的火焰；对突发火焰的反应时间可达到 4 s，运动目标为 1 s 内；可由用户定义监测事件，如监测区域和时间表等，单个区域可对应多个时间表，重复事件以天、周、月、年为周期，支持超过 21 整天的单事件记录。

SigniFire 系统支持的监测事件包括可见火焰、超视野火焰、生成烟雾或环境烟雾以及运动目标等；VFD 算法中，用亮核和闪动环冠的火焰特征模式监测可见火焰；利用反映在邻近物体表面上的火光闪动元素监测不可见火焰。SigniFire 系统是目前世界上最先进的烟火 VID 系统之一。2003—2004 年美国海军的一项测试表明，该系统的检测率与离子烟检测器相当，比光学烟检测器等其他多种检测器反应更快，且能检测到更多种火焰事件，包括无烟闷燃。

4.3 嵌入式光电图像检测系统

4.3.1 嵌入式图像检测技术的原理

嵌入式图像检测技术就是基于嵌入式系统的图像检测技术。嵌入式系统被定义为以应用为中心、以计算机技术为基础、软件硬件可裁剪,适用于应用系统对功能、可靠性、成本、体积、功耗有严格要求的专用计算机系统。它是将先进的计算机技术、半导体技术、电子技术和各个行业的具体应用相结合后的产物。嵌入式系统(Embedded System)是嵌入式光电图像检测系统的核心部分,它相当于人的大脑,对于数据的采集和分析处理具有不可取代的作用。

从广义上讲,可以认为凡是带有微处理器的专用软硬件系统都可以称为嵌入式系统。作为系统核心的微处理器又包括三类:微控制器(MCU)、嵌入式微处理器(MPU)和数字信号处理器(DSP)。从狭义上讲,嵌入式系统是指用嵌入式微处理器构成的独立系统,具有自己的操作系统,并具有某些特定的功能,这里的微处理器专指32位以上的微处理器。

嵌入式系统具有如下特点。

(1)与通用计算机行业的垄断性相比,嵌入式系统工业具有不可垄断性,它是一个分散的工业,充满了竞争、机遇与创新,没有哪一个系列的处理器和操作系统能够垄断全部市场。即便在体系结构上存在主流,但各不相同的应用领域决定了不可能由少数公司、少数产品垄断全部市场。因此,嵌入式系统领域的产品和技术,必然是高度分散的,留给各个行业的中小规模高技术公司的创新余地很大。另外,社会上的各个应用领域是在不断向前发展的,要求其中的嵌入式处理器核心也同步发展,这也构成了推动嵌入式工业发展的强大动力。嵌入式系统工业的基础是以应用为中心的"芯片"设计和面向应用的软件产品开发。

(2)嵌入式系统是面向用户、面向产品、面向应用的,如果独立于应用自行发展,则会失去市场。嵌入式处理器的功耗、体积、成本、可靠性、速度、处理能力、电磁兼容性等方面均受到应用要求的制约,这些也是各个半导体厂商之间竞争的热点。

(3)与通用计算机不同,嵌入式系统的硬件和软件都必须高效率地设计,量体裁衣、去除冗余,力争在同样的硅片面积上实现更高的性能,这样才能在具体应用对处理器的选择面前更具有竞争力。嵌入式处理器要针对用户的具体需求,对芯片配置进行裁剪和添加才能达到理想的性能,但同时还受用户订货量的制约。因此,不同的处理器面向的用户是不一样的,可能是一般用户、行业用户或单一用户。

(4)嵌入式系统和具体应用有机结合在一起,它的升级换代也是和具体产品同步进行的,因此嵌入式系统产品一旦进入市场,具有较长的生命周期。嵌入式系统中的软件,一般都固化在只读存储器中,而不是以磁盘为载体,可以随意更换,所以嵌入式系统的应用软件生命周期等同于嵌入式产品的使用寿命。同时,由于大部分嵌入式系统必须具有较高的实时性,因此对程序的质量,特别是可靠性,有着较高的要求。另外,各个行业的应用系统与通用计算机软件不同,很少发生突然性的跳跃,嵌入式系统中的软件也因此更强调可继承性和技术衔接性,发展比较稳定。

(5)嵌入式系统本身并不具备在其上进行进一步开发的能力。在设计完成以后,用户如果需要修改其中的程序功能,也必须借助于一套开发工具和环境。

(6)通用计算机的开发人员通常是计算机科学或者计算机工程方面的专业人士,而嵌入式系统开发人员却往往是各个应用领域中的专家,这就要求嵌入式系统所支持的开发工具易学、易用、可靠、高效。

嵌入式系统是将先进的计算机技术、半导体技术和电子技术等各种技术相结合的产物,这一点就决定了它必然是一个技术密集、资金密集、高度分散、不断创新的知识集成系统。嵌入式光电图像检测系统具有以下特点。

(1)系统面向特定应用。嵌入式光电图像检测系统是面向用户、面向应用的,一般会与用户和应用相结合,以其中的某个专用系统或模块出现。嵌入式系统和具体应用有机结合在一起,它的升级换代也是和具体产品同步进行的,因此嵌入式系统产品一旦进入市场,就具有较长的生命周期。

(2)处理器受到应用要求的制约。嵌入式光电图像检测系统的硬件和软件都必须高效率地设计,量体裁衣、去除冗余,力争在同样的硅片面积上实现更高的性能,这样才能在具体应用中更具有竞争力。与通用型处理器相比,嵌入式处理器的最大不同是将大部分工作集中在为特定用户群设计的系统中,它通常都具有功耗低、体积小、集成度高等特点,能够把很多任务集成在芯片内部,从而有利于系统设计趋于小型化。移动能力大大增强,跟网络的联系也越来越紧密。嵌入式光电图像检测系统处理器的功耗、体积、成本、可靠性、速度、处理能力、电磁兼容性等均受到应用要求的制约。例如微处理器就具备以下4个特点:①对实时多任务有很强的支持能力,能完成多任务并且有较短的中断响应时间,从而使内部的代码和实时内核的执行时间减少到最低限度;②具有功能很强的存储区保护功能,这是由于系统的软件结构已模块化,而为了避免在软件模块之间出现错误的交叉作用,需要设计强大的存储区保护功能,同时也有利于软件诊断;③可扩展的处理器结构,能迅速开发出满足应用的最高性能微处理器;④微处理器必须功耗很低,尤其是用于便携式的无线及移动的计算和通信设备中靠电池供电的嵌入式系统更是如此,功耗只有毫瓦甚至微瓦级。

(3)软件要求固化、可靠。应用软件是系统功能的关键,为了提高执行速度和系统可靠性,软件一般都固化在存储器芯片或单片机本身中,而不是存储于磁盘等载体中,软件代码要求高质量、高可靠性和高实时性。

嵌入式光电图像检测系统本身不具备自举开发能力,即使设计完成以后用户通常也不能对其中的程序功能进行修改,必须有一套开发工具和环境才能进行开发。

4.3.1.1　嵌入式系统硬件基础

嵌入式系统的核心就是嵌入式处理器,据不完全统计,全世界嵌入式处理器的品种已有上千种之多。实际上,几十年来,各种4、8、16和32位的处理器在嵌入式系统中都有广泛应用。常用的微处理器分为以下几类。

1. 嵌入式微处理器(Embedded Microprocessor Unit,EMPU)

嵌入式微处理器采用“增强型”通用微处理器。由于嵌入式系统通常应用于比较恶劣的环境中,因而嵌入式微处理器在工作温度、电磁兼容性以及可靠性方面的要求较通用的标准微处理器高。但是,嵌入式微处理器在功能方面与标准的微处理器基本上是一样的。根据实际嵌入式应用要求,将嵌入式微处理器装配在专门设计的主板上,只保留和嵌入式应用有关的主板功能,这样可以大幅度减小系统的体积和功耗。与工业控制计算机相比,嵌入式微处理器组成的系统具有体积小、质量轻、成本低、可靠性高的优点,但在其电路板上必须包括ROM、RAM、总线接口、各种外设等器件,从而降低了系统的可靠性,技术保密性也较差。将嵌入式微处理器及其存储器、总线、外设等安装在一块电路主板上构成一个通常所说的单板机系统。目前,在嵌入式领域主要有以下几个系列的嵌入式微处理器。

(1)ARM系列:通常是由世界各大半导体生产厂商从ARM公司购买ARM核,然后根据各自不同的需要,针对不同的应用领域添加适当的外围电路,从而生产出自己的ARM微处理器系列芯片。

(2)X86系列:是运行Windows操作系统的最佳平台。比如微软公司的Windows CE就可以很稳定的运行在X86结构上。因此,可以说X86结构借助微软的强大影响力,也将会在嵌入式系统领域占有举足轻重的地位。

(3)MIPS系列:MIPS公司也是一家从事嵌入式处理器设计的厂商,它主要设计高性能的32位和64位处理器。

(4)Motorola系列:PowerPC内核被摩托罗拉公司广泛应用于嵌入式领域,已经成为通信领域中使用最为广泛的处理器内核。

2. 嵌入式微控制器(Embedded Microcontroller Unit,EMCU)

嵌入式微控制器又称单片机,它将整个计算机系统集成到一块芯片中。嵌入式微控制器一般以某种微处理器内核为核心,根据某些典型的应用,在芯片内部集成了ROM/EPROM、RAM、总线、总线逻辑、定时器、计数器、看门狗、I/O、串行口、脉宽调制输出、A/D、D/A、Flash RAM、E^2PROM等各种必要功能部件和外设。自1976年9月INTEL公司的MCS-48系列单片机问世以来,随着微电子工艺水平的不断提高,嵌入式系统获得突飞猛进的发展。它除了在军用领域获得了广泛应用之外,在人们的日常生活中也几乎达到了无孔不入的地步。实际上,单片机是嵌入式微控制器(Embedded Microcontroller)和嵌入式微处理器(Embedded Microprocessor)的统称。二者的主要区别是后者较前者缺少存储器。按其数据字的宽度分类,单片机经历了4位、8位、16位、32位字长的发展里程,随后出现的新一代以RISC处理器为核心的高档嵌入式控制系统,获得了飞速发展。为适应不同的应用需求,对功能的设置和外设的配置进行必要的修改和裁减定制,使得一个系列的单片机具有多种衍生产品,每种衍生产品的处理器内核都相同,不同的是存储器和外设的配置及功能的设置。这样可以使单片机最大限度地和应用需求相匹配,从而减少整个系统的功耗和成本。与嵌入式微处理器相比,微控制器的单片化使应用系统的体积大大减小,从而使功耗和成本大幅度下降、可靠性提高。由于嵌入式微控制器目前在产品的品种和数量上是所有种类嵌入式处理器中最多的,而且上述诸多优点决定了微控制器是嵌入式系统应用的主流。微控制器的片上外设资源一般比较丰富,适合于控制,因此称为微控制器。通常,嵌入式微处理器可分为通用和半通用两类。比较有代表性的通用系列包括8051、P51XA、MCS-251、

MCS-96/196/296、C166/167、68300等。而比较有代表性的半通用系列，如支持USB接口的MCU 8XC930/931、C540、C541；支持I^2C、CAN总线、LCD等的众多专用MCU和兼容系列。目前，MCU约占嵌入式系统市场份额的70%。单片机亦可称作单片微型计算机(Single-chip Microcomputer)，它在一块芯片上集成了中央处理器单元(CPU)、随机存储器(RAM)、定时器、计数器、串行I/O、并行I/O以及程序存储器(ROM、EPROM、E^2PROM或Flash RAM)等，有的还集成了A/D、D/A、PWM、看门狗定时器以及其他逻辑功能。

3. 嵌入式DSP(Embedded Digital Signal Processor，EDSP)

所谓DSP嵌入式系统，实际上就是把DSP系统嵌入到应用电子系统中的一种通用系统。这种系统具有DSP系统的所有技术特征，同时还具有应用目标所需要的技术特征。DSP嵌入式系统不再是一个专用的DSP系统，而是一个完整的、具有多任务和实时操作系统的计算机系统，以这个计算机系统为基础，可以十分方便地开发出用户所需要的应用系统。

DSP器件是一种特别适合于进行数字信号处理运算的微处理器，其主要应用是实时快速地实现各种数字信号算法处理。按数据格式划分，DSP器件可以分为定点和浮点两种。

DSP芯片具有以下主要技术特性：

(1)硬件上采用多总线哈佛(Harvard)结构，提高了数据的处理能力和速度；

(2)指令执行采用流水作业(Pipeline)，具有较高的指令执行速度；

(3)采用独立的硬件乘法/加法器(MAC)，极大地提高了数据处理速度；

(4)设置有循环寻址(Circular Addressing)、位倒序(Bit-reversed)等特殊指令，有利于实现高健壮性的实时系统；

(5)内部具有独立的DMA总线控制器，通过DSP器件中一组或多组独立的DMA总线，可以实现程序执行与数据传输并行工作，目前在不影响CPU工作的条件下，片内DMA速度已达1 600 MB/s以上；

(6)提供了多处理器接口，可以十分方便地实现多个处理器并行或串行工作，不仅可以提高数据处理速度，还为使用嵌入式子系统实现大型和复杂嵌入式系统提供了技术基础；

(7)提供了JTAG(Joint Test Action Group)标准测试接口(IEEE 1149标准接口)，便于DSP作片上的在线仿真和多DSP条件下的调试。

由于DSP器件的上述技术特性，使得以DSP器件为核心的DSP系统具有以下主要技术特点：

(1)数据处理速度快，具有良好的可编程实时特性；

(2)硬件、软件接口方便，可以十分方便地与其他数字系统或设备相互兼容；

(3)开发方便，可以灵活地通过软件对系统的特性和应用目标进行修改和升级；

(4)具有良好的系统健壮性，受环境温度以及噪声的影响较小，可靠性高；

(5)易于实现系统集成或使用SOC技术，可以提供高度的规范性。

4.3.1.2　嵌入式系统软件基础

早期的嵌入式系统中没有操作系统的概念，程序员编写嵌入式程序通常直接面对裸机及裸设备。在这种情况下，通常把嵌入式程序分成两部分，即前台程序和后台程序。前台程序通过中断来处理事件,其结构一般为无限循环;后台程序则掌管整个嵌入式系统软硬件资源的分配、管理以及任务的调度,是一个系统管理调度程序。这就是通常所说的前后台系统。一般情况下,后台程序也叫任务级程序,前台程序也叫事件处理级程序。在程序运行时,后台程序检查每个任务是否具备运行条件,通过一定的调度算法来完成相应的操作。对于实时性要求特别严格的操作通常由中断来完成,仅在中断服务程序中标记事件的发生,不再做任何工作就退出中断,经过后台程序的调度,转由前台程序完成事件的处理,这样就不会造成在中断服务程序中处理费时的事件而影响后续和其他中断。

实际上,前后台系统的实时性比预计的要差。这是因为前后台系统认为所有的任务具有相同的优先级别,即是平等的,而且任务的执行又是按队列排队,因而那些实时性要求高的任务不可能立刻得到处理。另外,由于前台程序是一个无限循环的结构,一旦在这个循环体中正在处理的任务崩溃,整个任务队列中的其他任务将得不到机会被处理,从而造成整个系统的崩溃。由于这类系统结构简单,几乎不需要 RAM/ROM 的额外开销,因而在简单的嵌入式应用中被广泛使用。

现在许多嵌入式系统要胜任的工作越来越复杂,需要采用 32 位的嵌入式处理器,这样嵌入式操作系统就成为嵌入式系统设计中必不可少的一个环节。众所周知,通用操作系统(如 Microsoft Windows 系列的操作系统)并不适合直接应用在嵌入式系统上,为了适应嵌入式系统的需要,必须在整个系统的软件架构中引入嵌入式操作系统。

在嵌入式系统应用中,早期的 16 位及 16 位以下的微处理器计算能力有限,要处理的任务一般比较简单,因而程序员可以在应用程序中自己管理微处理器的工作流程,很少需要用到嵌入式操作系统。当系统变得较为复杂后,对系统中断的处理以及多个功能模块之间的协调需要由程序员自己来控制和解决,这样做的结果是随着程序内部的逻辑关系变得越来越复杂,软件开发小组对于驾驭复杂的功能模块逐渐显得力不从心,为了保证中断相关处理的正确性和完整性,为了保证不同模块之间对硬件资源的共享和互斥,为了保证系统能定期执行各种任务,软件开发小组不得不编写和维护一个复杂的专用操作系统和应用程序的结合体,这样做使得系统的开发和维护成本加大,也不利于系统的升级。所以,在逐渐变得复杂的嵌入式系统中采用成熟的嵌入式操作系统成为更好的解决方案,如嵌入式 Linux、VxWorks、pSOS、WinCE、DeltaOS、uCOS、TinyOS 等。

实现一个支持各种硬件体系结构、运行稳定高效的嵌入式操作系统需要付出很多的心血,嵌入式操作系统本身包含大量的代码,而且这些代码非常精巧,相应的数据结构非常复杂,即使是读懂这些代码也要花费很多时间。比如最简单的 uCOS 嵌入式操作系统的最小实现也需近千行代码,而普通的嵌入式 Linux 内核则有近百万行代码。在嵌入式开发中推荐采用一种通用的嵌入式操作系统,而不是自己从头编写一个专用的嵌入式操作系统。因为通用的嵌入式操作系统经过多年的发展,一般来说稳定性、性能、功能等各方面都会比自己重写一个专用的操作系统要好,而且购买它们的成本也比自己从头开发要低得多;另外,通用嵌入式操作系统一般都遵循操作系统接口标准——POSIX,使用这些系统调用接口进行开发可以大大方便上层应用软件在不同嵌入式操作系统、不同操作系统版本之间的移植,系统升级换代方便、成本低、速度快。

总体来说，采用嵌入式操作系统的原因包括：解决多任务所带来的复杂性；提高应用程序的可移植性；降低系统开发和维护成本。

嵌入式操作系统中的关键技术是在一个完整的嵌入式系统中，嵌入式操作系统介于底层硬件和上层应用程序之间，它是整个系统中不可缺少的重要组成部分。嵌入式操作系统与传统操作系统的基本功能是一致的，即首先嵌入式操作系统必须能正确、高效地访问和管理底层的各种硬件资源，很好地处理资源管理中的冲突；其次嵌入式操作系统要能为应用程序提供功能完备、使用方便、与底层硬件细节无关的系统调用接口。但嵌入式操作系统也有其独特的需求和技术特点，主要包括：

(1)许多嵌入式系统应用有实时性要求，因此多数嵌入式操作系统都具备实时性的技术指标，能保障系统的实时响应速度；

(2)为适应嵌入式系统计算资源的限制，嵌入式操作系统核心部分的体积必须尽可能地小；

(3)为了适应各种应用需求的变化，嵌入式操作系统还应该具有可裁减性、可伸缩性、易移植性的特点，让开发人员可以根据需要对嵌入式操作系统进行剪裁和移植；

(4)嵌入式操作系统往往是长期连续运行的，因此要求有很高的可靠性，不能“死机”；

(5)针对特定的应用需求，嵌入式操作系统往往还要对某些模块做特别的性能优化和功能增强。

许多应用场合对嵌入式操作系统有实时性的要求，比如汽车的安全气囊要求能在一个极短的时间内侦测到汽车碰撞事件的发生并控制打开安全气囊。为了实现上述目标，一方面硬件的传感器和安全气囊要有足够快的响应速度，另一方面就是微处理器、嵌入式操作系统和相应的事件响应程序要能处理得足够快。

普通操作系统为了实现在多进程并发执行时进行正确的资源管理，往往会对某段代码通过关中断的方式进行保护，由于多个进程并发执行后情况变得异常复杂，关中断的时间可能被拖得很长且不确定，中断的关闭会使得实时请求不能通过中断信号迅速告知 CPU，因此系统可能出现的最长关中断时间决定着操作系统的实时性指标。嵌入式操作系统为了提高实时性能，必须尽量缩短操作系统代码中的关闭中断过程，并通过精心的设计确定关中断的时间长短。这些设计包括以下 4 方面内容。

(1)操作系统中的进程必须是具有严格优先级差异的，而且应该是抢占式的操作系统内核，即最高优先级的进程即使是最后出现，也应该最先获得运行，而且是无条件立即停止当前的运行来切换到具有最高优先级的进程。

(2)与实时处理相关的函数应尽量都是可重入的，即函数中均使用局部变量。如果使用全局变量，为保证程序的正确性必须对全局变量的访问加锁，而这样的保护措施有可能导致进程堵塞，从而影响操作系统的实时性。

(3)高效地克服优先级反转问题，防止高优先级的进程由于等待某些被低优先级进程已占用的资源，被其他低优先级的进程抢先运行，影响系统的实时性。

(4)其他实时操作系统内核的设计，如解决周期性任务的调度和时间抖动问题等。

在实时性方面，VxWorks、uCOS-II、QNX 以及国内的 DeltaOS 等操作系统都具有较好的实时性能，其中 VxWorks 是性能稳定的商用实时操作系统，有较长的使用历史和广泛的用户群；uCOS-II 操作系统是开放源码的小型实验性操作系统，实时性强，代码简单，便于分析、学习和改造，应用范围也很广；DeltaOS 是国内自主研发的实时操作系统，被广泛地应用于工业、军事等领域；普通的 Linux 操作系统在经过实时性改造后也可以具有较强的实时性，而成为实时操作系统，如 RTAI Linux 等。

当然，需要说明的是并不是所有的嵌入式操作系统都有实时性的要求，因此也并不是所有的嵌入式操作系统都必须是实时操作系统，在智能手机、PDA 等嵌入式应用中就广泛地采用了嵌入式 Linux、WinCE 等非实时的操作系统。

可配置性是嵌入式操作系统的又一个重要特征，也是区别于通用操作系统的一个重要特点。在嵌入式领域，底层硬件和应用需求往往变化多端，有的系统需要存储管理单元在虚拟地址空间上运行程序；有的嵌入式系统希望具有优先级抢先调度机制；有的嵌入式系统希望实时时钟的周期为 20 ms，有的希望是 1 ms；有的嵌入式系统的底层硬件有多级中断，有的只有一级中断，等等。所有这些变化使一个嵌入式操作系统要想占据更大的市场份额，就必须自身具备可配置性，并且配置功能方便易用，使同一个嵌入式操作系统的代码在经过较为方便的配置后，可以在特定的硬件平台和应用需求下获得最佳的性能。eCOS 嵌入式操作系统是可配置性的典型代表，它在操作系统内部设计了大量可以调节操作系统特性和性能的参数，并为配置这些参数设计了专门的配置工具，该工具有 Windows 和 Linux 等多种版本，可以在开发主机（Host 机）上方便地进行配置，除 eCOS 操作系统外，其他嵌入式操作系统如 OSKit、Linux、VxWorks、WinCE 等也具备不同程度的可配置性。

可移植性是指同一个嵌入式操作系统在进行适当修改后可以在不同的硬件平台上成功运行。由于移植的目的是希望在不同的底层硬件平台（或者说是不同的嵌入式处理器）上运行，因此嵌入式操作系统为了获得良好的可移植性，一般都将移植时需要修改的代码集中在少数几个与硬件操作相关的 C 程序或汇编程序中，或者将相关代码独立成外设驱动程序，以方便系统开发人员的移植工作。譬如嵌入式操作系统中提到的硬件抽象层（HA）、板级支持包（BSP）等概念都是为加快移植工作效率而提出的。为方便移植，嵌入式操作系统的开发和维护团队还应该提供完整的文档来详细说明移植的过程和步骤，帮助系统设计人员完成移植工作。此外，虽然嵌入式处理器多种多样，但同一系列的处理器还是非常相近的，通过提供尽可能多的已有硬件平台上的移植结果，或者由系统开发人员在 Internet 上搜索尽可能多的已有工作成果，也是加快移植速度、提高嵌入式操作系统可移植性的有效途径。

未来随着嵌入式系统的应用需求越来越多样化、越来越复杂，嵌入式操作系统必将在上述这些特点上（如实时性、可配置性、可移植性等）越来越具有特色，适应不同的嵌入式应用需求，不断加快嵌入式系统的开发周期，降低嵌入式系统的研发和生产成本。

4.3.2 嵌入式图像检测系统应用实例

4.3.2.1 基于 ARM 的火灾探测系统

随着大空间建筑（如大型公共娱乐场所、大型仓库、大型集贸市场、车库、油库、候机大厅等)及地下建筑(如地下隧道、地铁站、地下大型停车场和地下商业街等)数量的不断增加,由于此类建筑内部举架高、跨度大、火灾初期烟扩散受建筑内部安装的空调和通风系统影响较大,同时这些场所人员比较密集,易燃品多,致使火灾隐患多。此类建筑一旦发生火灾将迅速蔓延,人员疏散及火灾扑救比较困难,往往造成很大的经济损失和恶劣的社会影响。因此,对此类建筑的火灾自动报警系统设计提出了更严格的要求。准确探测火灾并实现早期报警是保卫此类建筑消防安全的积极手段。

1. 火灾图像检测原理

图像是人类视觉的延伸,通过图像能立即准确地发现火灾,这是不争的事实,图像信息的丰富和直观为早期火灾的辨识和判断奠定了基础,其他任何火灾探测技术均不能提供如此丰富和直观的信息。可燃物在燃烧时会释放出频率范围从紫外到红外的光波,在可见光波段,火焰图像具有独特的色谱、纹理等方面的特征,使之在图像上与背景有明显的区别。针对火焰的这些特征,利用红外成像的原理获取燃烧所发出的红外图像进行图像处理,对火灾进行识别,从而达到监控火灾的目的。

2. 系统体系结构

基于火灾图像检测的原理,利用带有红外滤光片的摄像头来采集实时火灾图像的信息,利用红外成像的原理获取燃烧初期所发出的红外图像进行图像识别处理。借助 ARM 微处理器的强大处理功能,在 Windows CE 系统中运行应用程序不停地采集实时图像,同时对采集到的图像数据进行特征提取,然后利用红外图像识别算法进行处理,一旦发现有火灾的迹象,则通过 GSM 模块自动进行电话报警,同时通过系统的以太网口将报警信息传输到远程服务器上显示,实现远程报警。基于 ARM 的火灾探测系统体系结构如图 4-13 所示。

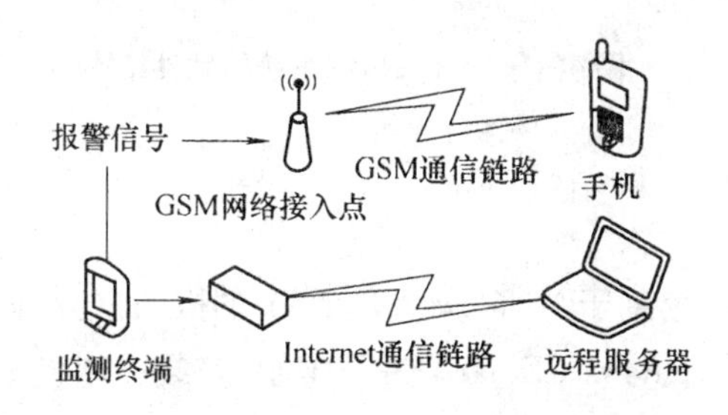

图 4-13　基于 ARM 的火灾探测系统体系结构

3. 系统硬件设计

基于 ARM 处理平台的火灾探测系统由 3 个部分组成,分别是 ARM 微处理器平台、USB 摄像头图像采集模块、GSM 远程报警模块。每个模块在系统中扮演的角色各不相同,其中 ARM 平台相当于“大脑”,起着神经中枢的作用,地位最重要;而 USB 摄像头和报警模块则相当于它的“眼睛”和“四肢”,对它负责,听它指挥。如果从控制系统的角度来讲,ARM 平台是控制器,USB 摄像头是传感器,报警模块为执行器,作用对象就是可能发生火灾的环境或设备。

作为火灾探测终端,在设计时应充分考虑其体积小、功耗低、存储容量大和处理速度高的要求,因此在处理器的选择上要十分慎重。经过资料的收集和反复的比较,最终选择了Samsung 公司推出的基于 ARM920T 内核的 S3C2440A 处理器。S3C2440A 处理器是基于ARM920T 处理器核,采用 0.18 μm 制造工艺的 32 位微控制器,采用 5 级流水线和哈佛结构,最高运行频率为 400 MHz。S3C2440A 提供了一套较完整的通用外围设备,且使整个系统的功耗低,从而免去了添加、配置附加外围接口的麻烦,有效地缩小了线路板的面积。在存储器设计方面以 S3C2440A 为核心,外扩了 16 MB 的 NOR Flash、64 MB 的 NAND Flash 以及 64 MB 的 SDRAM 等存储芯片,通过 GPIO 口扩展了键盘、LCD 和蜂鸣器等人机接口单元,对外提供 USB、以太网和 UART 等通信接口。火灾探测系统的硬件结构如图 4-14 所示。

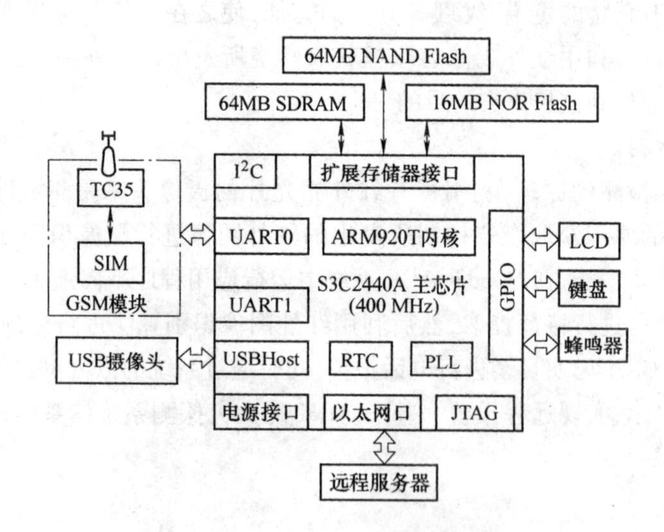

图 4-14 火灾探测系统的硬件结构

4. 系统软件设计

1)定制操作系统

在主控制器上创建一个基于 Windows CE. NET 的嵌入式操作系统平台,首先需要根据目标设备的硬件配置对 Windows CE. NET 进行定制,安装或创建设备驱动程序,生成一个基于目标设备的硬件配置的操作系统映像文件。Platform Builder 是开发基于 Windows CE 嵌入式操作系统的开发工具,它提供了将定制的操作系统下载到目标平台的工具。本系统利用 Platform Builder4.2 并根据目标平台的硬件配置对 WindowsCE 操作系统进行定制,删除了所开发的系统中不需要的功能模块,以流接口驱动的模式在 Platform Builder 下开发了ZC301PLH 摄像头的 wincE 驱动,生成 WinCE 映像文件,移植到硬件平台。同时,利用 Platform Builder 导出了在该平台上开发应用程序所需的 SDK。操作系统的定制流程如图 4-15所示。

2)图像采集子系统

图像采集子系统的功能主要是采集火灾图像并将图像送至 ARM 处理器平台分析处

理。系统的图像采集原理就是把摄像头所拍摄到的图像读取到内存中，取得图像数据区首地址指针，提供给后续的图像处理程序使用。在本系统中图像采集是通过摄像头驱动程序中的CAMLINK. LIB文件所提供的输出接口函数CAMLINK GetDIBFile()将拍摄到的图像保存成BMP位图文件，然后对原始图像集进行标准化，即将图像的亮度、饱和度等参数进行归一化，以消除由于图像采集设备的误差造成的图像差别。最后将位图文件装载入存储器，取得图像数据，并返回指向数据区指针，以便后续的图像处理和报警。图像采集的流程如图4-16所示。

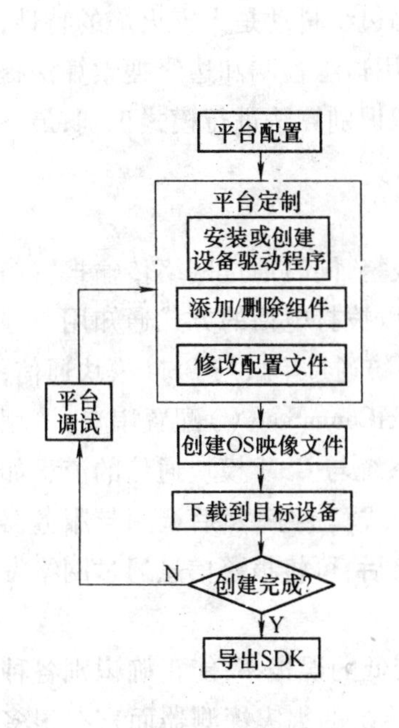

图4-15 操作系统的定制流程

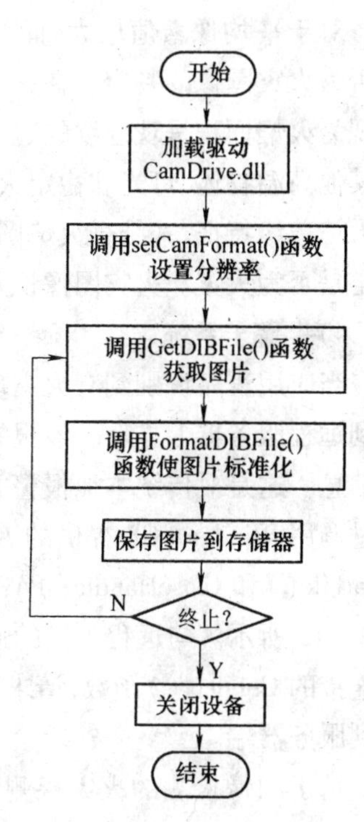

图4-16 图像采集的流程

3)图像识别算法

为了提高火灾检测算法的执行效率和可靠度，在火灾图像识别时设计了图像预处理算法进一步减少干扰。图像预处理主要根据火灾发生时火焰的热辐射面积不断扩大，导致连续两帧图像比较像素有变化这一火灾信号特征来设计。利用这种方法，可以滤掉一部分干扰。如果是稳定火焰(如蜡烛)干扰，则其热辐射面积不会变化，经滤光片之后采集到的图像就不会变化。如果是吸烟者在监测区域走动，虽然图像中显示有变化，但是采集到的图像平均像素值是不变的，因为烟头的热辐射面积大小没有变化，同样的道理可以排除一些其他的类似干扰。图像的预处理对火灾发生进行进一步判断，减少了系统的复杂运算，提高了系统处理的效率。

系统对采集到的火灾初期的红外图像，用图像预处理算法对每两个连续帧作比较，如果图像没有很大变化，系统将放弃这两帧图像，继续进行检测。如果有火灾发生，则连续两帧图像会有一定的像素变化，如果发现有这种变化，那么就继续采集图像，对接下来的连续

5 帧图像作比较,如果每次图像都有一定的变化,则可能有火灾现象,此时再次进入检验运算检测。由于系统在 USB 摄像头前加红外滤光片,并对采集的图像进行了预处理,因此火灾识别算法处理的图像是滤除了大部分干扰的红外图像,而红外图像反映的是某一温度下光谱的辐射度。由光谱辐射理论知,如果温度越高,则同一波长对应的辐射度越大,反映在图像上就是纵坐标数值越大。通过实时图像,可以计算出每幅图像的像素值,通过实验可测得每个温度所对应的图像像素值大小,将此值作为火灾发生的阈值,在进行识别的时候,如果检测到有像素值大于这个阈值,则立即判定有火灾,启动报警程序。

对于平均像素值增大,而又没超过阈值的红外图像,系统采用智能图像识别算法进行是否为火灾图像的判定。在火灾发生的初期,随着火势扩大,火焰会不断增强,火焰的图像表现为火焰面积呈现连续的、扩展性的增加趋势。同时,火焰边缘抖动是火灾火焰的特性,而其他高温物体、灯光和稳定火焰的边缘比较稳定。可以利用边缘检测和边缘搜索算法提取火焰边缘特征,并结合火焰图像面积的特征,采用智能图像识别算法进行模式识别,最终判定是否为火灾。火灾图像识别算法的流程如图 4-17 所示。

4)报警子系统

当应用程序识别到有火灾现象时,通过 GSM 模块实施报警,同时通过网络传输报警信号到远程服务器上显示。该报警系统能实现远程网络报警,以拨打电话的方式通知用户报警信息。这是对传统本地报警方式的一种概念上的创新。系统通过串口与 GSM 模块通信,通过调用 Windows CE 提供的 API 函数 GetCommState()和 SetCommState()配置串口,调用 CreatFile()和 CloseHandle()API 函数实现与串口的通信。系统与 GSM 模块通信的流程如图 4-18 所示。与远程主机的通信是通过调用 Socket 建立流式套接字,然后调用与服务器端连接的 Connect()函数,请求与服务器 TCP 连接,成功连接后,可将报警信息通过网络发送到服务器端。

基于图像检测的火灾探测系统,具有较高的灵敏度和较低的误报率,能正确识别各种非火灾干扰的复杂情况。采用图像来识别火灾迹象相对于传统的火灾探测器而言有很多优点:首先,摄像头是非接触式的,不受环境温度的影响,也不受空间的限制;其次,可在大空间、大面积的环境以及多粉尘、高湿度的场所中使用。

4.3.2.2 基于 DSP 的空瓶图像检测系统

灌装是啤酒的三大生产工序之一。目前,在啤酒工业中大多采用玻璃瓶包装,而绝大多数啤酒厂均重复使用回收的啤酒瓶。旧瓶在回收以后,必须经过洗瓶及验瓶这两道工序,以确保其符合生产标准后才进行灌装。我国所采用的洗瓶程序大致分为 3 种:人工洗瓶、人工洗瓶后再经洗瓶机清洗和直接用洗瓶机清洗。验瓶方面则采用人工灯光验瓶,或采用传感器技术的空瓶验瓶机和摄像技术的全方位空瓶验瓶机。现今灌装速度每小时达 20 000 瓶以上的灌装机在我国已相当普遍,单靠人眼在如此高速下进行检测,已不能百分之百保证洗瓶后空瓶的清洁度。因此,空瓶验瓶机逐渐为啤酒厂所接受。然而,我国啤酒瓶的质量尚未完全过关,也没有统一的标准规定,如瓶高、瓶底和瓶壁的厚度以及瓶子的垂直度等都有较大的差异,使用进口空瓶验瓶机效果不理想。因此,设计出符合我国国情的验瓶机对我国啤酒生产的装备国产化具有重要的社会效益和经济效益。

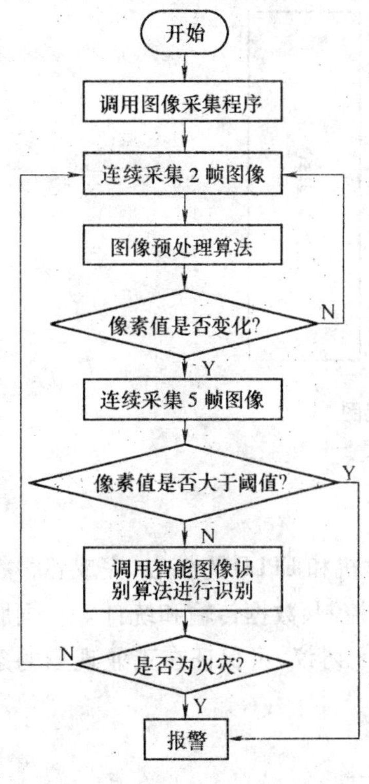

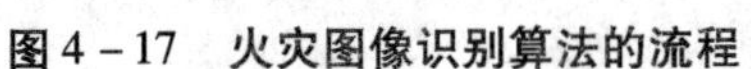

图 4 - 17　火灾图像识别算法的流程

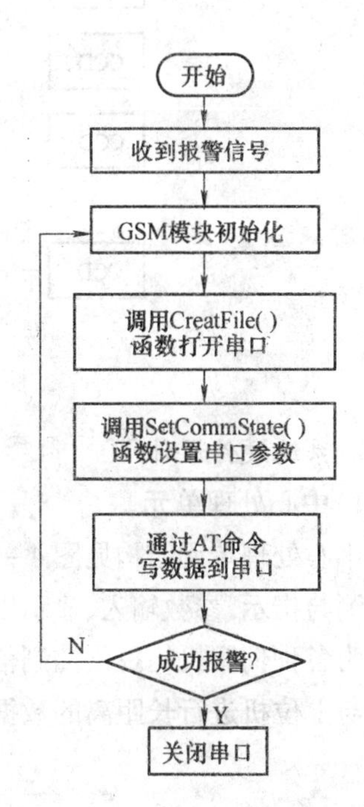

图 4 - 18　系统与 GSM 模块通信的流程

结合当前电子技术和图像处理技术的最新发展,采用 DSP 数字信号处理器为核心设计空瓶图像检测系统,系统采用了分布式高速、高精度的多通道模拟及视频信号实时采集与处理方法,能很好地完成空瓶的各个检测项目。

1. 系统体系结构

空瓶检测系统硬件包括 CCD 摄像头、多个图像检测单元和一个中心处理单元,如图 4 - 19 所示。具有精密镜头的高速固态 CCD 摄像头用来捕捉空瓶的图像信号,利用摄像头的"电子快门"将运动中的空瓶图像"冻结",先进的具有高分辨率的 CCD 摄像技术可大大提高检测精度和降低因误判被拒绝使用的空瓶数量。

在该系统中,啤酒灌装线检测速度可高达 700 瓶/min,一个瓶子又有多种检测项目(如瓶底、瓶口、瓶壁、瓶口螺纹线、瓶内残液等)。为了提高检测速度,每个检测项目分别由一个检测单元完成,通过总线与中心处理单元相连。中心处理单元通过接口向各个图像检测单元发送检测启动命令及各种检测参数指标,同时检测单元将图像检测处理结果送还给中心处理单元来统计、显示或剔除。中心处理单元与各个图像检测单元的通信采用 PCI 总线或 USB 接口(可选)。检测单元可根据实际需要增减。这样,各个图像检测单元就可以做成一个嵌入式的应用系统,不但大大提高了数据的处理速度,而且为以后的系统扩展提供了方便。

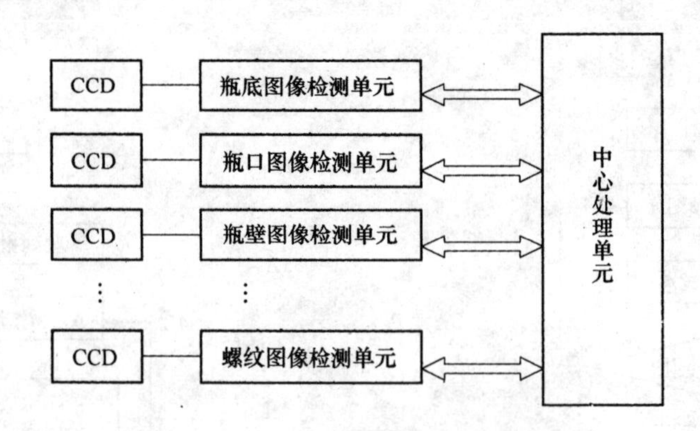

图 4-19 空瓶检测系统总体框架图

2. 系统硬件设计

1) 中心处理单元

中心处理单元结构见图 4-20 中虚线部分，主要以单片机和 EPLD 为核心，完成各种状态检测与指示、参数输入、显示以及实现对各个检测单元的控制、数据传输和统计等。伺服驱动为各种伺服机构提供控制信号；串行通信满足 RS-485 协议，可保证在工业现场的条件下与上位机进行长距离的数据交换。

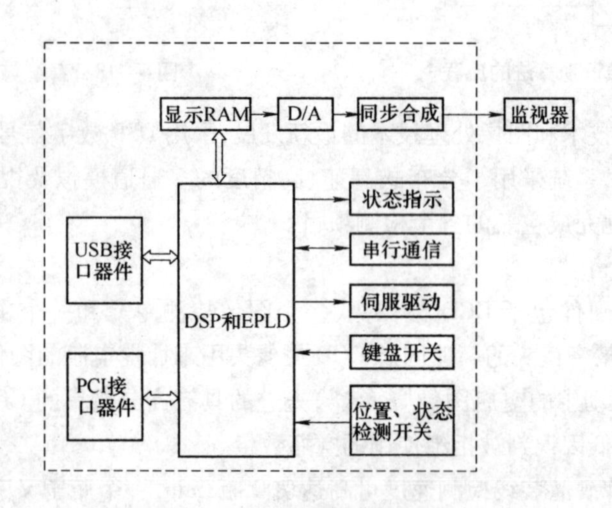

图 4-20 中心处理单元结构图

2) 图像检测单元

在本系统中，图像检测单元的任务主要通过 TMS320C6201 来完成，其功能结构如图 4-21所示。两路高速 A/D(40 M,12 Bit)可同时采集，采样频率可变；输入信号的范围为 ±0.5 V；板上配置了高速同步存储器 SBSRAM(128×32 Bit)和 SDRAM(4 M×32 Bit)；双口 RAM(4 K×32 Bit)缓存 A/D 采样或相关处理结果，同时实现采样数据与 DSP 之间的数据交换。

由于 VLSI 技术和电子设计自动化(EDA)的不断发展，专用集成电路(ASIC)技术的日

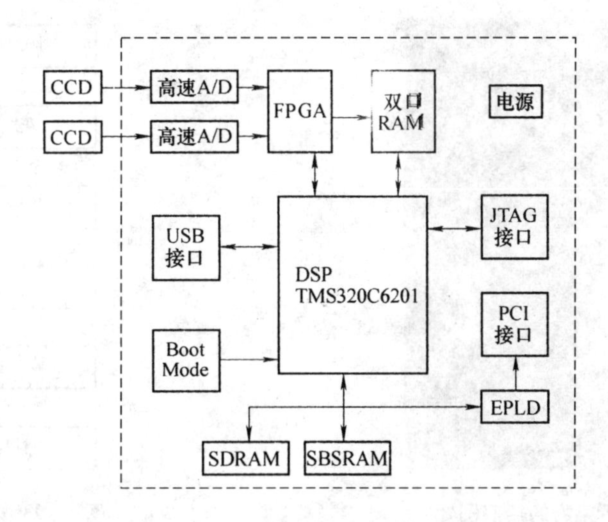

图 4－21　图像检测单元结构图

新月异，电子系统正向单片化、集成化方向发展。现场可编程门阵列（FPGA）具有设计制造快、风险小、使用灵活、能反复修改和在线测试等优点，现场可编程的 FPGA 芯片在工业图像检测系统中显示出很大的应用优越性。本系统利用一片 FPGA 完成了电路的地址译码，行列地址发生、偏移，行场同步控制，多路地址、数据选择以及时序控制的功能，使整个检测单元的体积大大减小。

电源模块可为 TMS320C6201 的 I/O、存储器、EPLD 及接口芯片提供 3 V 电压，同时为 TMS320C6201 提供 1.8 V 的内核电压。EPLD 用来完成 PCI 接口的设计，接口满足 PCILocal Bus Revision 2.1 协议；USB 接口遵守 USB 2.0 协议，可以提供高速传输。

3. 系统软件设计

1）程序流程

中心处理单元的单片机程序主要完成空瓶的位置判断、被测部位的快速锁定，并向各个图像处理单元发送采样命令；将各个图像处理单元的处理结果进行统计、显示等。

图像检测单元的程序主要完成空瓶各部位的图像采集，并通过各种算法对图像进行数字处理、识别以及最终判断等。

灌装线速度可高达 700 瓶/min，而各个图像处理单元是并行处理，这就意味着任何检测单元的处理时间不能高于 85 ms/瓶，所以是否能选用快速、有效的算法是该系统设计成败的关键。空瓶不同部位的图像处理算法各不相同，在此只以瓶底图像的检测为例来介绍。

由于采用由空瓶底部照明、顶部摄取图像的方法，不透明污物、裂纹等在瓶底图像中出现明显可见的暗区域，其灰度值与临近背景灰度值有较明显的差别，如图 4－22 所示。但由于回收的瓶子规格不一致，其底部的厚度、透明度、色度等有较大差异，因而图像灰度分布有较大差异。显然，对不同种类的瓶底图像不能采用同一固定特征门限。此外，每个瓶底自身结构不均匀等因素，使得同一瓶底的不同区域灰度分布有较大差异，因此对同一瓶底的不同区域需采用不同的自适应特征门限，程序流程如图 4－23 所示。

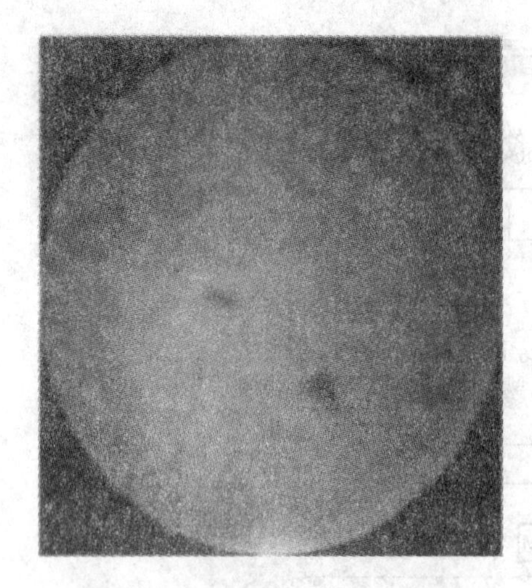

图4-22　带有污染物的瓶底图像

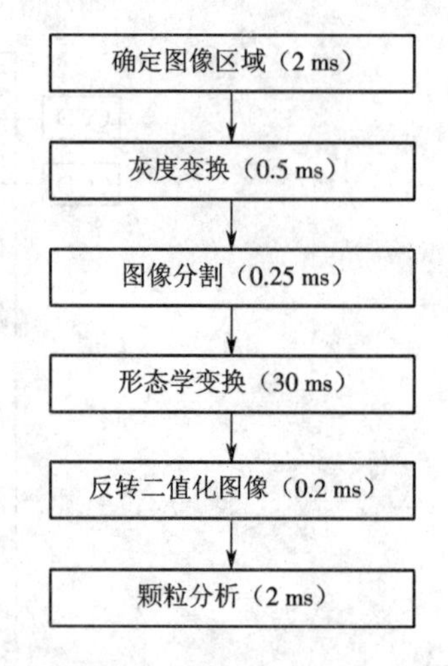

图4-23　瓶底数字图像处理流程及耗时

(1)确定瓶子的种类:由中心处理单元可预先设置瓶子的种类,不同瓶子的特征门限不同。

(2)确定图像区域:选中瓶底中心区域,并屏蔽其他区域。

(3)灰度变换:目的是突出瓶底异物与背景灰度的对比度。

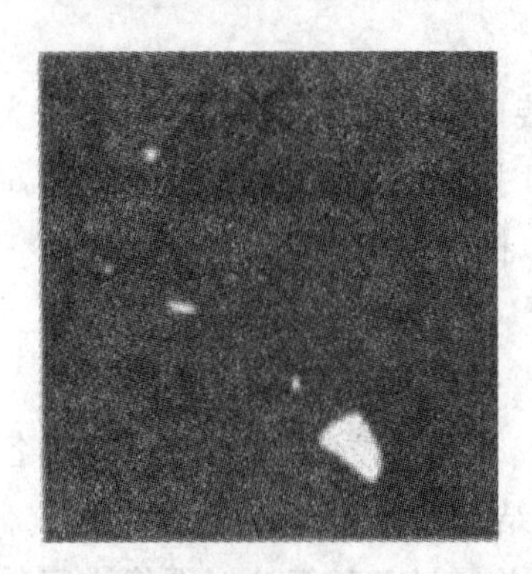

图4-24　瓶底中心区域污物图

(4)图像分割:根据自适应特征门限,将图像二值化。

(5)形态学变换:通过变换,可有效去除干扰信号,同时突出有用图像。

(6)反转二值化图像:背景置0,目标置1。

(7)颗粒分析:判定瓶底异物的准则是异物面积大于一定的尺寸,但是由于按上述方法提取的异物中可能包括由瓶子本身结构形成的伪异物(例如瓶口遮影、瓶底花纹图案等),因此必须附加一些准则以区分出伪异物。

2)瓶底污染物检测结果

图4-24所示为瓶底中心区域的数字图像处理结果,与图4-22对比可很好地检测出污物。

参考文献

[1]　刘铁根.嵌入式图像检测系统[M].北京:机械工业出版社,2008.

[2]　黄勇,李江波,王一兵. 光电色选机介绍[J].现代农业装备,2007(10):60-61.

[3]　纪淑波,刘晶.光电图像动态检测系统应用[J].光电子技术应用,2005(2):7-10.

[4]　刘传才.图像理解与计算机视觉[M].厦门:厦门大学出版社,2002.

[5]　吴立德.计算机视觉[M].上海:复旦大学出版社,1993.

[6]　杨俊,王润生.基于计算机视觉的视频火焰检测技术[J].中国图像图形学报,2008

(7):1222-1234.
[7] 吕立新,丁德锐,杨克玉,等.基于 ARM 和图像识别算法的火灾探测系统设计[J].计算机工程与设计,2008(10):2530-2533.
[8] 探矽工作室.嵌入式系编开发圣经[M].北京:中国铁道出版社,2003.
[9] 蒋庆,蔡晋辉,周泽魁,等.基于 DSP 的空瓶图像检测系统[J].科技通报,2003(5):424-427.

第5章　光电干涉检测技术与系统

5.1　光干涉基本理论

经典干涉理论是分析光的干涉和现代光电干涉系统的基础，经过一百多年的发展已经成熟。在已经产生现代相干理论的今天，经典干涉理论仍可简捷地解决许多干涉问题，而且是现代相干理论的基础。

5.1.1　光波干涉基本公式

1. 基本公式

当两束或多束光波在空间叠加时，叠加区域内出现的稳定的强度重新分布现象，称为光的干涉现象。理想的频率和初始相位角稳定的光波用下式表示：

$$\boldsymbol{E}_1=\boldsymbol{A}_1\cos(\boldsymbol{k}_1\cdot\boldsymbol{r}-\omega t+\delta_1),\boldsymbol{E}_2=\boldsymbol{A}_2\cos(\boldsymbol{k}_2\cdot\boldsymbol{r}-\omega t+\delta_2)$$

两光波叠加后在某点的光强为

$$\boldsymbol{I}=|\boldsymbol{E}_1|^2+|\boldsymbol{E}_2|^2+\boldsymbol{A}_1\boldsymbol{A}_2\cos\delta \tag{5-1}$$

式中：$\delta=\boldsymbol{k}_1\cdot\boldsymbol{r}-\boldsymbol{k}_2\cdot\boldsymbol{r}+\delta_1-\delta_2$ 称为相位差。

显然，光强的极大值条件为

$$\boldsymbol{k}_1\cdot\boldsymbol{r}-\boldsymbol{k}_2\cdot\boldsymbol{r}+\delta_1-\delta_2=2m\pi\quad(m=0,\pm1,\pm2,\cdots)$$

光强的极小值条件为

$$\boldsymbol{k}_1\cdot\boldsymbol{r}-\boldsymbol{k}_2\cdot\boldsymbol{r}+\delta_1-\delta_2=(2m+1)\pi\quad(m=0,\pm1,\pm2,\cdots)$$

两束光波产生干涉应满足三个条件：①频率相同；②振动方向相同；③相位差恒定。

干涉场中某一点附近的条纹清晰程度可用干涉条纹的对比度 K 来度量，其定义为

$$K=\frac{I_{\max}-I_{\min}}{I_{\max}+I_{\min}} \tag{5-2}$$

式中：$I_{\max}$ 和 $I_{\min}$ 分别为该点附近条纹强度的极大值和极小值。

影响干涉条纹可见度的主要因素有两相干光束的振幅比、光源大小和光源的非单色性。

2. 获得相干光的方法及装置

为了产生干涉现象，在具体的干涉装置中，一般要将同一原子（或分子）发出的光波分成两束或多束相干光波，它们经过不同的光程，在某区域相遇时产生干涉现象。产生干涉现象的区域称为干涉场。

将一束光波分成两束或多束相干光波一般有两种方法，即波前分割法和分振幅法。杨氏干涉实验是分波前干涉的最简单、最典型的实验。杨氏干涉实验简图如图5-1所示。

考察屏上某点 P 处的强度分布，r_1、r_2 分别为两小孔 S_1 和 S_2 到 P 点的光程。假设由 S_1 和 S_2 发出的两光波在 P 点的光强度相等，即 $I_1=I_2=I_0$，则 P 点的干涉条纹强度分布为

$$I=I_1+I_2+2\sqrt{I_1I_2}\cos\delta=4I_0\cos^2\delta/2 \tag{5-3}$$

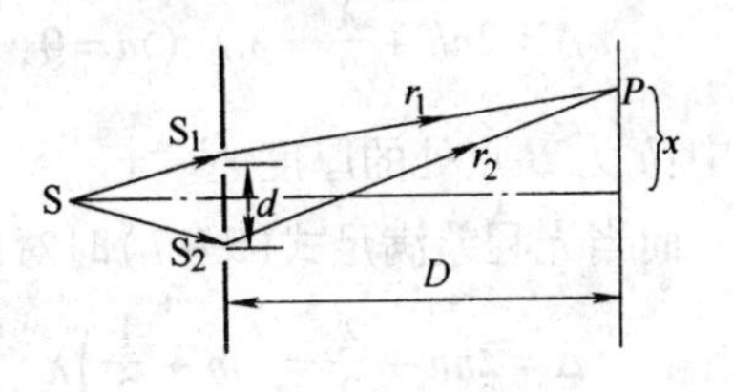

图5－1　杨氏干涉实验简图

当 $x=\frac{m\lambda D}{d}(m=0,\ \pm1,\ \pm2,\cdots)$ 时，屏上光强极大，为亮条纹；

当 $x=\left(m+\frac{1}{2}\right)\frac{\lambda D}{d}(m=0,\ \pm1,\ \pm2,\cdots)$ 时，屏上光强极小，为暗条纹。

相邻两个亮条纹或暗条纹的距离为条纹间距，由亮条纹满足的条件可得条纹间距为

$$e=D\lambda/d \tag{5-4}$$

分波前干涉只能使用有限大小的光源，如果要使用扩展光源来进行干涉测量，可以采用平板的分振幅干涉。它利用平板两个表面对入射光的反射和透射，将入射光的振幅分解成两部分，这两部分光波相遇产生干涉，使得在使用扩展光源的同时，可保持清晰的条纹，解决了分波前干涉中条纹的亮度与可见度的矛盾。常见的平板干涉有等倾干涉和等厚干涉。

图5－2所示为平行平板等倾干涉，扩展光源上的一点S发出的一束光经平行平板的上、下表面的反射和折射后，在透镜后焦面 P 点相遇产生干涉。考虑到半波损，两束相干光在 P 点的光程差为

$$\Delta=2nh\cos\theta_2+\frac{\lambda}{2} \tag{5-5}$$

图5－3所示为楔板产生的等厚干涉，从光源S中心发出经楔板上、下表面反射的两束光交于定域面上某点 P，这两束相干光在 P 点产生的光程差为

$$\Delta=2nh\cos\theta_2+\frac{\lambda}{2}$$

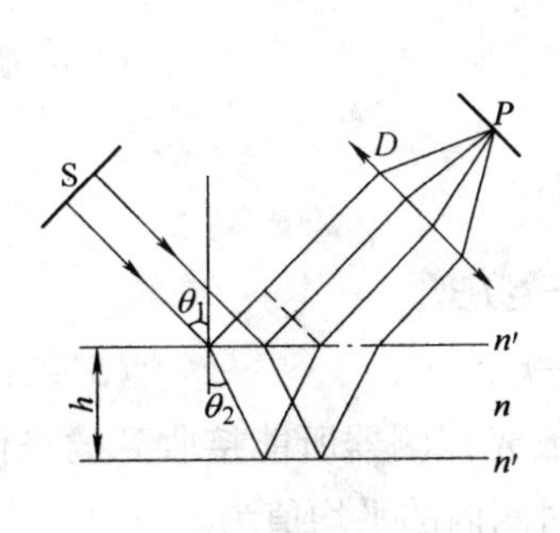

图5－2　等倾干涉

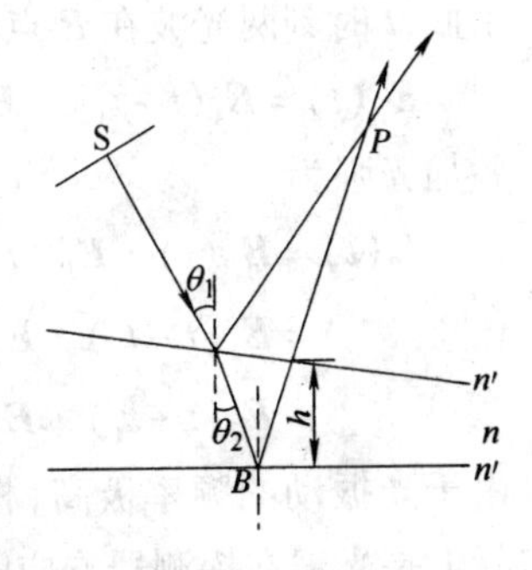

图5－3　等厚干涉

垂直入射时，当平行平板光程差满足式(5－6)时对应亮条纹：

$$\Delta = 2nh + \frac{\lambda}{2} = m\lambda \ (m = 0, \pm 1, \pm 2, \cdots) \tag{5-6}$$

式中:h 为 B 点处的厚度。

而当光程差满足式(5－7)时对应暗条纹:

$$\Delta = 2nh + \frac{\lambda}{2} = \left(m + \frac{1}{2}\right)\lambda \quad (m = 0, \pm 1, \pm 2, \cdots) \tag{5-7}$$

5.1.2 部分相干理论

单色点光源是非常有用的,但是实际上并不存在绝对的理想光源。所有实际的光源都有一定的光谱带宽和尺寸,这会影响光源的相干性。光源上各个点发射的光波之间以及每个点发射的不同频率的光波成分之间是完全不相干的或部分相干的。

1. 非单色扩展光源照明下的杨氏干涉实验

如图5－4所示为典型的非单色扩展光源照明下的杨氏干涉实验,r_1、r_2 分别为两小孔 S_1 和 S_2 到 P 点的光程。

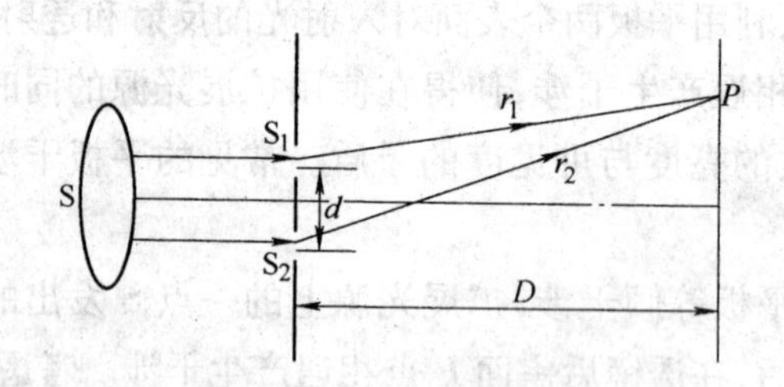

图5－4　非单色扩展光源照明下的杨氏干涉实验

设 t 时刻,位于 S_1 和 S_2 处的光波电矢量分别为 $\boldsymbol{E}_1(t)$ 和 $\boldsymbol{E}_2(t)$,则在 P 点同一时刻与此对应的光波电矢量分别为 $\boldsymbol{E}_{P1}(t-t_1)$ 和 $\boldsymbol{E}_{P2}(t-t_2)$,其中 t_1 和 t_2 分别为光波自 S_1 和 S_2 传播到 P 点所需时间。忽略光波在传播过程中的振幅衰减,则有

$$\boldsymbol{E}_{P1}(t-t_1) = \boldsymbol{E}_1(t-t_1) \tag{5-8}$$

$$\boldsymbol{E}_{P2}(t-t_2) = \boldsymbol{E}_2(t-t_2) \tag{5-9}$$

由此,t 时刻两光波在 P 点叠加的总光振动矢量为

$$\boldsymbol{E}_P(t) = \boldsymbol{E}_1(t-t_1) + \boldsymbol{E}_2(t-t_2) \tag{5-10}$$

叠加光强为

$$\begin{aligned} I_P(t) &= \boldsymbol{E}_P(t) \cdot \boldsymbol{E}_P^*(t) \\ &= \boldsymbol{E}_1(t-t_1) \cdot \boldsymbol{E}_1^*(t-t_1) + \boldsymbol{E}_2(t-t_2) \cdot \boldsymbol{E}_2^*(t-t_2) + \\ &\quad \boldsymbol{E}_1(t-t_1) \cdot \boldsymbol{E}_2^*(t-t_2) + \boldsymbol{E}_2(t-t_2) \cdot \boldsymbol{E}_1^*(t-t_1) \end{aligned} \tag{5-11}$$

由于光振动的频率极高,相位随时间的变化也极快,一般光探测器所能接收到的光信号实际上是光波在探测器响应时间内的平均值,光强在一段时间内的平均值为

$$I_P = \langle I_P(t) \rangle = I_1 + I_2 + 2\mathrm{Re} I_{12} \tag{5-12}$$

式中:$I_1 = \langle \boldsymbol{E}_1(t-t_1) \cdot \boldsymbol{E}_1^*(t-t_1) \rangle$,$I_2 = \langle \boldsymbol{E}_2(t-t_2) \cdot \boldsymbol{E}_2^*(t-t_2) \rangle$,$I_{12} = \langle \boldsymbol{E}_1(t-t_1) \cdot \boldsymbol{E}_2^*(t$

$-t_2))\rangle$。

取 $t_2=0, t_2-t_1=\tau$，则 $t-t_1=t+\tau$，故

$$I_{12}=\langle \boldsymbol{E}_1(t-t_1)\cdot \boldsymbol{E}_2^*(t-t_2)\rangle=\langle \boldsymbol{E}_1(t+\tau)\cdot \boldsymbol{E}_2^*(t)\rangle \tag{5-13}$$

它反映了两叠加光波在 P 点的相干性。定义两叠加光波的互相干函数，用 $\Gamma_{12}(\tau)$ 表示，即

$$\Gamma_{12}(\tau)=I_{12}(\tau)=\langle \boldsymbol{E}_1(t+\tau)\cdot \boldsymbol{E}_2^*(t)\rangle \tag{5-14}$$

互相干函数决定着两叠加光强度的大小和分布特性。当 S_1 和 S_2 重合时，互相干函数变为自相干函数，即

$$\Gamma_{11}(\tau)=I_{11}(\tau)=\langle \boldsymbol{E}_1(t+\tau)\cdot \boldsymbol{E}_1^*(t)\rangle \tag{5-15}$$

$$\Gamma_{22}(\tau)=I_{22}(\tau)=\langle \boldsymbol{E}_2(t+\tau)\cdot \boldsymbol{E}_2^*(t)\rangle \tag{5-16}$$

对互相干函数做归一化处理，可得

$$\gamma_{12}(\tau)=\frac{\Gamma_{12}(\tau)}{\sqrt{\Gamma_{11}(0)\Gamma_{22}(0)}} \tag{5-17}$$

根据复相干度的不同取值，可以将光波场的相干性分为三类，即

$$|\gamma_{12}(\tau)|\begin{cases}=1,\text{完全相干}\\<1,\text{部分相干}\\=0,\text{完全不相干(非相干)}\end{cases}$$

光的互相干度可以看成是两个光场偏离强度叠加程度的量度。

光的相干性常以时间相干性和空间相干性分别描述。时间相干性是指同一点上不同时刻的光振动之间的相关程度，反映光源的单色性程度。空间相干性是指同一时刻两不同点上光振动之间的相关程度，反映光源的有限大小。前者可以根据来自同一点的两光波经一段相对时间延迟后相遇时两者的相关程度来考察，后者可以根据来自同一波面的两光波经一段相对时间延迟后相遇时两者的相关程度来考察。

2. 白光光源部分相干性分析

白光干涉测量法是指利用宽带光谱、相干长度很短的光源，利用干涉产生的干涉条纹对参量进行测量。光源的谱宽一般是指半峰值全谱宽，即光强下降到峰值光强一半所对应的光谱全宽度。光源谱宽的大小将直接影响光源的相干性。在讨论干涉条纹对比度的时候，必须要考虑光源的大小及光谱宽度的影响。由于时间相干性直接与光源的有效带宽相关，因此仅分析谱宽对时间相干性的影响。

光波在一定的光程差下能发生干涉表现了光波的时间相干性，这个光程差就称为光的相干长度，把光通过相干长度所需的时间称为相干时间。显然，同一光源在相干时间内不同时刻发出的光，经过不同的路径相遇时能够产生干涉称为时间相干性。假定与光源相关的实时变化的光场振动用 $E^r(t)$ 表示，且它具有光谱宽度 $\Delta\nu$，则其相应的傅里叶变换可表示为

$$U(\nu)=\mathscr{F}[E^r(t)]=\int_{-\infty}^{\infty}E^r(t)\mathrm{e}^{\mathrm{j}2\pi\nu t}\mathrm{d}t \tag{5-18}$$

式中：$\mathscr{F}[\ ]$ 表示对函数求傅里叶变换。$E^r(t)$ 的解析函数由下式决定：

$$E(t) = 2\int_0^{\infty} U(\nu)\mathrm{e}^{-\mathrm{j}2\pi\nu t}\mathrm{d}\nu \tag{5-19}$$

假设光场是平稳的,即测量结果与测量起始时间无关,则由光源发出的光强 I_0 为

$$I_0 = \langle |E(t)|^2 \rangle = \langle |E(t+\tau)|^2 \rangle \tag{5-20}$$

解析信号 $E(t)$ 的自相关函数 $\Gamma(\tau)$ 称为光扰动的自相干函数,可表示为

$$\Gamma(\tau) = \langle E(t+\tau)E^*(t) \rangle$$

在许多情况下,用归一化的自相干函数处理问题比用自相干函数本身更为方便。由式(5-19)可知,$I_0 = \Gamma(0)$,用 $\Gamma(0)$ 归一化自相干函数得

$$\gamma(\tau) = \frac{\Gamma(\tau)}{\Gamma(0)} = \frac{\Gamma(\tau)}{I_0} \tag{5-21}$$

复相干度 $\gamma(\tau)$ 具有如下重要性质:

$$\gamma(0) = 1, |\gamma(\tau)| \leqslant 1 \tag{5-22}$$

将复相干度写成复指数形式:

$$\gamma(\tau) = |\gamma(\tau)|\exp\{-\mathrm{j}[2\pi\bar{\nu}\tau - \alpha(\tau)]\} \tag{5-23}$$

式中:$\bar{\nu}$ 是光波的中心频率,且 $\alpha(\tau) = \arg\{\gamma(\tau)\} - 2\pi\bar{\nu}\tau$。

对于平稳的光场,这些相干函数与光源的功率谱存在密切的关系。因为 $u(t)$ 是解析信号,它的自相关函数 $\Gamma(\tau)$ 也是一个具有单边频谱的解析信号。当然,它的归一化形式 $\gamma(\tau)$ 也是一个解析信号,具有单边频谱。由统计光学知道,光源的功率谱密度与自相关函数之间构成傅里叶变换对,即有下面关系式:

$$\Gamma(\tau) = \int_0^{\infty} g^{(r,r)}(\nu)\exp(-\mathrm{j}2\pi\nu\tau)\mathrm{d}\nu \tag{5-24}$$

式中:$g^{(r,r)}(\nu)$ 是实数值光扰动 $E^r(t)$ 的功率谱密度。

等效地,也可以用 $g^{(r,r)}(\nu)$ 把复相干度 $\gamma(\tau)$ 表示为

$$\gamma(\tau) = \frac{\int_0^{\infty} g^{(r,r)}(\nu)\exp(-\mathrm{j}2\pi\nu\tau)\mathrm{d}\nu}{\int_0^{\infty} g^{(r,r)}(\nu)\mathrm{d}\nu} = \int_0^{\infty}\hat{g}(\nu)\exp(-\mathrm{j}2\pi\nu\tau)\mathrm{d}\nu \tag{5-25}$$

式中:$\hat{g}(\nu)$ 是归一化功率谱密度,有

$$\hat{g}(\nu) = \begin{cases} \dfrac{g^{(r,r)}(\nu)}{\int_0^{\infty} g^{(r,r)}(\nu)\mathrm{d}\nu} & \nu > 0 \\ 0 & \text{其他} \end{cases} \tag{5-26}$$

由上式可以注意到,归一化功率谱密度与坐标轴围成的图形具有单位面积,即

$$\int_0^{\infty}\hat{g}(\nu)\mathrm{d}\nu = 1 \tag{5-27}$$

知道了 $\gamma(\tau)$ 和 $\hat{g}(\nu)$ 之间的关系后,容易知道不同功率谱密度线型的光所得到的干涉图的形式。下面看几种常见的光波功率谱形式对应的复相干度。

(1)首先来看理想的单色点光源的情况。假设光源频率为 $\bar{\nu}$,其归一化功率谱可写为

$$\hat{g}(\nu) = \delta(\nu - \bar{\nu}) \tag{5-28}$$

其复相干度 $\gamma(\tau)$ 为

$$\gamma(\tau)=\int_0^\infty \hat{g}(\nu)\exp(-j2\pi\nu\tau)d\nu=\int_0^\infty \delta(\nu-\bar{\nu})\exp(-j2\pi\nu\tau)d\nu=\exp(-j2\pi\bar{\nu}\tau) \tag{5-29}$$

式(5-29)与式(5-23)比较可知,$|\gamma(\tau)|=1,\alpha(\tau)=0$。这时的干涉图也就是干涉条纹的强度分布可写为

$$I_D=2K^2I_0(1+\cos 2\pi\bar{\nu}\tau)=2K^2I_0(1+\cos\delta) \tag{5-30}$$

在用理想光源照明的情况下,形成的干涉条纹的对比度最佳,且保持不变,属于完全相干。

(2)如果所用光源的功率谱密度为高斯型谱线,则其归一化功率谱密度为

$$\hat{g}(\nu)=\frac{2\sqrt{\ln 2}}{\sqrt{\pi}\Delta\nu}\exp\left\{-\left(2\sqrt{\ln 2}\frac{\nu-\bar{\nu}}{\Delta\nu}\right)^2\right\} \tag{5-31}$$

式中:$\Delta\nu$ 是半峰值功率带宽。

由式(5-29)可求得复相干度 $\gamma(\tau)$,即

$$\begin{aligned}\gamma(\tau)&=\int_0^\infty \frac{2\sqrt{\ln 2}}{\sqrt{\pi}\Delta\nu}\exp\left\{-\left(2\sqrt{\ln 2}\frac{\nu-\bar{\nu}}{\Delta\nu}\right)^2\right\}\exp(-j2\pi\nu\tau)d\nu\\&=\exp\left\{-\left(\frac{\pi\Delta\nu\tau}{2\sqrt{\ln 2}}\right)^2\right\}\exp(-j2\pi\bar{\nu}\tau)\end{aligned} \tag{5-32}$$

由此可知这时相位 $\alpha(\tau)=0$,所以干涉图包含恒定相位的条纹,但是条纹对比度随着 $|\gamma(\tau)|$ 的减小而减小,且

$$|\gamma(\tau)|=\exp\left\{-\left(\frac{\pi\Delta\nu\tau}{2\sqrt{\ln 2}}\right)^2\right\} \tag{5-33}$$

(3)对于谱线形状为洛伦兹线型的光源,其归一化功率谱密度为

$$\hat{g}(\nu)\approx\frac{2\pi\Delta\nu}{[2\pi(\nu-\bar{\nu})]^2+(\pi\Delta\nu)^2} \tag{5-34}$$

式中:$\bar{\nu}$ 是谱线的中心频率,$\Delta\nu$ 是它的半功率带宽。

相应的复相干度为

$$\begin{aligned}\gamma(\tau)&=\int_0^\infty \frac{2\pi\Delta\nu}{[2\pi(\nu-\bar{\nu})]^2+(\pi\Delta\nu)^2}\exp(-j2\pi\nu\tau)d\nu\\&=\exp(-\pi\Delta\nu|\tau|)\exp(-j2\pi\bar{\nu}\tau)\end{aligned} \tag{5-35}$$

同样,这时相位 $\alpha(\tau)=0$,干涉图包含具有常相位的条纹,但是条纹对比度随着 $|\gamma(\tau)|$ 的减小而减小,其值为

$$|\gamma(\tau)|=\exp(-\pi\Delta\nu|\tau|) \tag{5-36}$$

(4)宽带光源的功率谱密度为矩形,即

$$\hat{g}(\nu)=\frac{1}{\Delta\nu}\mathrm{rect}\left(\frac{\nu-\bar{\nu}}{\Delta\nu}\right) \tag{5-37}$$

通过简单的傅里叶变换可得出相应的复相干度为

$$\gamma(\tau)=\mathrm{sinc}(\Delta\nu\tau)\exp(-j2\pi\bar{\nu}\tau) \tag{5-38}$$

式中：$\mathrm{sinc}\ x = \dfrac{\sin \pi x}{\pi x}$。

这时，干涉图样的包络线由下式给出：

$$|\gamma(\tau)| = |\mathrm{sinc}\ \Delta\nu\tau| \tag{5-39}$$

而相位函数 $\alpha(\tau)$ 并不是对所有的 τ 都为零，更确切地说，当从 sinc 函数的一瓣到另一瓣时，$\alpha(\tau)$ 在 0 和 π 之间跃变。

当中心波长为 1 310 nm 时，三种线型光源的谱宽与相干长度的关系如图 5－5 所示。

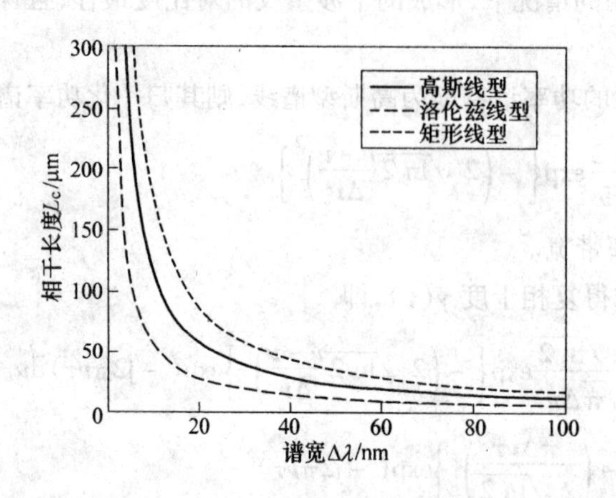

图 5－5　三种线型的光源谱宽与相干长度的关系

5.2　光电干涉检测技术与系统的应用

5.2.1　概述

现代光电干涉检测技术是光干涉理论和现代光电检测技术、信号处理技术、计算机技术和自动控制原理的综合应用。激光的出现开创了光干涉检测技术飞速发展的新时代，激光干涉测量被广泛地用于长度、角度、微观形貌、光谱等领域。现代光电干涉检测技术正朝着以下几个方面发展：所用光源涵盖了从微波到紫外的所有波段；探测器探测灵敏度和响应度也有了极大的提高；在信号处理和适应环境、消除噪声、误差修正处理、测量数据速度和可靠性等方面有明显提高；光学系统的集成和小型化有明显进展。图 5－6 所示为光电干涉检测系统的基本结构。

干涉测量系统中所用的光源涵盖了各波段，根据不同情况可选用高相干性的激光，也可选用白光光源。有些测量为了提高信噪比，可以对光进行调制，这样能有效抑制直流成分。干涉仪作为光电干涉检测系统的核心部分，都是由常见的干涉仪组成的。在光电转换部分，有的光电检测系统提取的是光强信息，有的系统提取的是干涉条纹信息，光电转换器和数据呈现方式有所不同。例如，要提取光强信息，就选用光电二极管将光信号转化为电信号，通过数据采集卡或其他电信号测量仪器测量电信号的电压或电流值，若提取条纹信

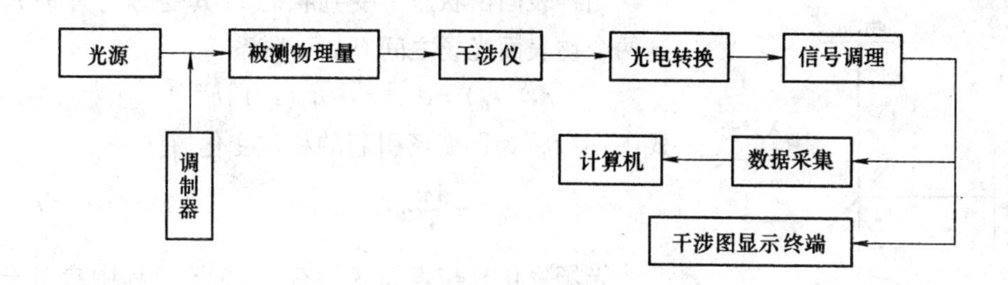

图5-6 光电干涉检测系统基本结构

息,可将CCD采集到的信号通过视频线接到显示器上。下面列举一些具体的光电干涉检测技术及系统应用实例。

5.2.2 激光散斑干涉测量技术工程

从可见光波尺度来看,一般物体表面都是粗糙的,可以看作是由大量无规则分布的面元构成,当相干光照明该表面时,每个面元就相当于一个衍射单元,整个表面则相当于无规则分布的大量衍射单元构成的"相位板"。对较粗糙的表面来说,不同衍射单元给入射光引入的附加相位可达2π的若干倍,因此经过不同面元透射或反射的光在空间相遇时将发生干涉,由于面元的分布是无规律的,所以干涉效果为无规则分布的颗粒状结构,这就是光的散斑现象。

1970年,Leendertz开创了以干涉方法实现信息记录和表征的光学粗糙表面检测的新方法,称为散斑干涉计量,它的信息记录和表征本质上与全息干涉计量相同,形式上更加灵活,尤其是同轴或准同轴形成原始散斑干涉场的特点,使之不仅可以以光学方法实现,还可以以电子学和数字方法实现。在光学方法实现中,原始散斑干涉场以光学胶片记录,以光学信息处理技术实现信息的表征,在电子学和数字方法实现中,原始散斑干涉场以光电器件记录,以电子学和数学信息处理技术实现信息的表征。习惯上,将光学实现方法称为散斑干涉计量,而将电子学和数字实现方法称为电子散斑干涉计量,也有人称为数字散斑干涉计量或电子全息。这里就散斑干涉计量技术及系统做简单介绍。

在散斑干涉计量中,按记录光路的特点,可分为参考束型、双光束型、双光阑型和剪切型四种基本方式,其他记录方法都是在这四种方法的基础上演变出来的。

1. 参考束型信息记录方法

参考束型信息记录方法可分为散斑参考束和平滑参考束两种情况。

散斑参考束型信息记录光路是一种迈克尔孙干涉仪光路,如图5-7所示。相干照明光波被分束镜分为两束分别照射被测物表面$\boldsymbol{r}_0$及与物表面具有类似特性的参考表面$\boldsymbol{r}_p$。由两表面散射出的光场在其共轭像面上叠加形成原始散斑干涉场,该散斑干涉场包含了物光场和参考光场的状态信息。若以$A_{ij}(\boldsymbol{r})$表示像面$\boldsymbol{r}$上的分量光场状态(下标$i=1,2$,分别对应物光和参考光,j表示物光和参考光的某种相对状态),则原始散斑干涉场的强度分布为

$$I_j(\boldsymbol{r}) = |A_{1j}(\boldsymbol{r}) + A_{2j}(\boldsymbol{r})|^2 \tag{5-40}$$

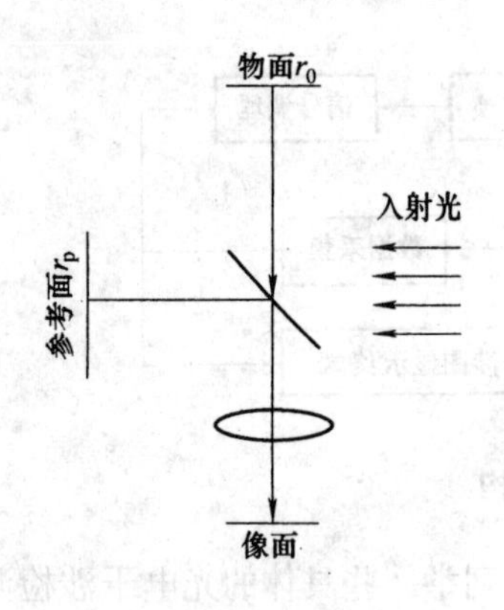

图5-7 散斑参考束型信息记录光路示意图

当物表面由状态1变到状态2,其变形场为$d(r_0)$时,这两个物表面光场之间有如下联系:

$$A_{12}(\boldsymbol{r}_0)=A_{11}[\boldsymbol{r}_0-d_1(\boldsymbol{r}_0)]\mathrm{e}^{\mathrm{j}\Delta(r_0)} \tag{5-41}$$

式中:$\Delta(\boldsymbol{r}_0)$为形变场引起的相位变化,有

$$\Delta(\boldsymbol{r}_0)=\frac{4\pi}{\lambda}\omega(\boldsymbol{r}_0) \tag{5-42}$$

光场变化只与表面变形有关,在该过程中参考光将保持不变,即

$$A_{22}(\boldsymbol{r}_0)=A_{21}(\boldsymbol{r}_0) \tag{5-43}$$

物光场的变化将使原始散斑干涉场$I_2(r)$相对于$I_1(r)$变化,因而物表面的变形信息将隐含在这两个干涉场的变化之中。在该记录光路中,参考光和物光通过相同的成像系统,光瞳函数可表示为

$$H_i(\xi)=\begin{cases}1 & |\xi|\leqslant D/2\\ 0 & 其他(i=1,2)\end{cases} \tag{5-44}$$

平滑参考束型记录光路实际上就是一种同轴像面全息记录光路,由一束与物光相干的平滑波面与物表面共轭像面上的物光场叠加形成原始散斑干涉场。当物表面发生变化时,原始散斑干涉场中隐含着灵敏度矢量方向上的分量场的变化。与散斑参考束型记录光路不同的是,参考光、物光分别通过不同的光路,两光场一为散斑场、一为平滑场。相比之下,平滑参考束型记录方式在系统构成方面比散斑参考束型灵活。物光系统的光瞳函数仍可由式(5-44)表示,原始散斑干涉场的强度分布由式(5-40)表示。

2. 双光束型信息记录方法

双光束型散斑干涉计量术的光路如图5-8所示,两束相干光沿与物面法线对称的方向照明物面,θ为入射光方向与物面法线的夹角,两束相干光经物面反射后,通过物镜在像面上相互干涉,形成散斑干涉光场,像面上两束光的复振幅分布可分别表示为

$$A_1(\boldsymbol{r})=a_1(\boldsymbol{r})\exp(\mathrm{j}\varphi_1(\boldsymbol{r})) \tag{5-45}$$

$$A_2(\boldsymbol{r})=a_2(\boldsymbol{r})\exp(\mathrm{j}\varphi_2(\boldsymbol{r})) \tag{5-46}$$

式中:$A_1(\boldsymbol{r})$,$A_2(\boldsymbol{r})$为两束干涉光在像面上的复振幅分布;$a_1(\boldsymbol{r})$,$a_2(\boldsymbol{r})$为两束干涉光在像面上的振幅分布;$\varphi_1(\boldsymbol{r})$,$\varphi_2(\boldsymbol{r})$为两束干涉光在像面上的相位分布。

像面光强分布可表示为

$$I(\boldsymbol{r})=I(\boldsymbol{r}_1)+I(\boldsymbol{r}_2)+\sqrt{I(\boldsymbol{r}_1)I(\boldsymbol{r}_2)}\cos(\Delta\varphi(\boldsymbol{r})) \tag{5-47}$$

式中:$I(\boldsymbol{r}_1)$为第一束光在像面上的光强分布;$I(\boldsymbol{r}_2)$为第二束光在像面上的光强分布;$\Delta\varphi(\boldsymbol{r})$为两束光之间的相位差。

当物面发生变形时,两束光由于面内变形而产生的相位差发生变化,像面上的光强分布可表示为

$$I(\boldsymbol{r})=I(\boldsymbol{r}_1)+I(\boldsymbol{r}_2)+\sqrt{I(\boldsymbol{r}_1)I(\boldsymbol{r}_2)}\cos(\Delta\varphi(\boldsymbol{r}))+\Delta(\boldsymbol{r})) \tag{5-48}$$

式中:$\Delta(r)$为两束光由于面内变形而产生的相位差变化量,可表示为

$$\Delta(\boldsymbol{r})=\frac{4\pi}{\lambda}|\xi_{p}(\boldsymbol{r})|\sin\theta \tag{5-49}$$

式中：$\xi_p(\boldsymbol{r})$为面内变形量；θ为入射光束与物面法线的夹角。

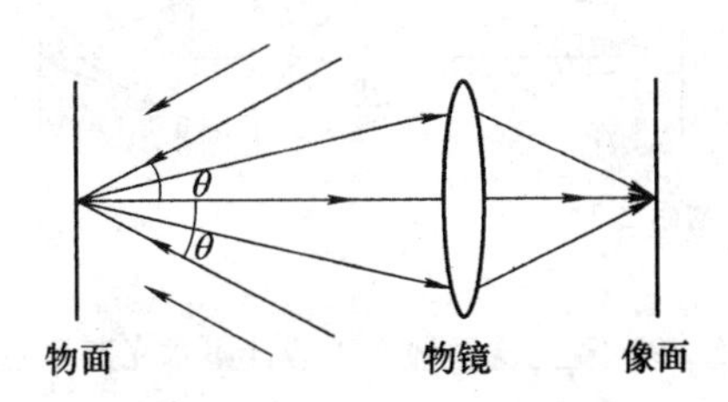

图5-8　双光束型散斑干涉计量术光路示意图

由此可知，两束光之间的相位差的变化量只与面内位移有关，不受离面位移的影响，因此双光束型散斑干涉计量术可用于测量面内变形。变形前后像面散斑光场光强分布由于变形的影响而发生变化。当$\Delta(\boldsymbol{r})=2k\pi(k=0,1,2\cdots)$时，变形后像面散斑光场的光强分布与变形前的光强分布一样，此时称变形前后散斑光场的光强分布是相关的；当$\Delta(\boldsymbol{r})=(2k+1)\pi$时，变形后像面散斑光场的光强分布相对于变形前的光强分布发生逆转，称其是不相关。一般发生变形时，物面各点的变形量并不相同，因此变形后的像面光强分布相对于变形前的像面光强分布可分为相关区域和不相关区域，这两部分的轨迹就构成了散斑图的干涉条纹形状，称为相关条纹。

3. 双光阑型散斑干涉计量术

双光阑型散斑干涉计量术的光路如图5-9所示，一束相干光照明物面，一般物面距离光源比较远，可以认为是垂直照射，经物面反射的光通过两个对称放置的光阑后在像面上相互干涉而形成散斑干涉场，由于两个光阑孔径都比较小，一般忽略其影响。

变形前后散斑干涉光场的光强分布分别用式(5-47)和式(5-48)表示，而相位差变化量由下式决定：

$$\Delta(\boldsymbol{r})=\frac{2\pi d}{\lambda l_i}M|\xi_{p}(\boldsymbol{r})| \tag{5-50}$$

式中：d为两光阑之间的距离；l_i为相距；M为成像物镜的横向放大率。

变形前后的光强分布由于$\Delta(\boldsymbol{r})$的影响也形成相关区域和非相关区域，产生相应的散斑条纹。

4. 剪切型散斑干涉计量术

剪切型散斑干涉光路示意图如图5-10所示，它利用迈克尔孙干涉仪产生散斑剪切干涉，相干光经物面反射后进入迈克尔孙干涉仪，被分束镜分为两束光，然后分别经两反射镜反射后在像面上叠加形成散斑光场。为了产生剪切干涉，将迈克尔孙干涉仪中一个反射镜偏转一个微小角度β，这样物面经两反射镜反射后分别在像面上所成的两个像之间会相互错开一定距离，则两个像的重合部分就会产生剪切干涉，形成剪切散斑光场，两束剪切干涉光之间的复振幅具有如下关系：

$$A_2(\boldsymbol{r}_0)=\sqrt{K}A_1(\boldsymbol{r}_0-\delta_0) \tag{5-51}$$

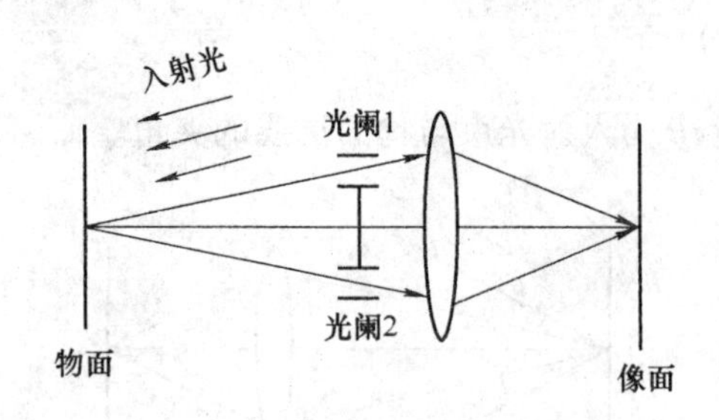

图 5-9　双光阑型散斑干涉计量术光路示意图

式中：K 为两剪切干涉光的分光比；δ_0 为物方剪切量，可表示为 $|\delta_0| = 2l_0\beta$，其中 l_0 为成像物镜的物距，β 为反射镜的偏转角度。

变形前后相位差的变化量与离面位移的梯度和剪切量有关，设像面与 xy 坐标面重合，则相位差的变化量可表示为

$$\Delta(\boldsymbol{r}) = \frac{4\pi}{\lambda}\left(\frac{\partial\xi_z(\boldsymbol{r})}{\partial x}\delta_x + \frac{\partial\xi_z(\boldsymbol{r})}{\partial y}\delta_y\right) \tag{5-52}$$

式中：δ_x，δ_y 分别为像方剪切量在 x，y 方向上的分量。

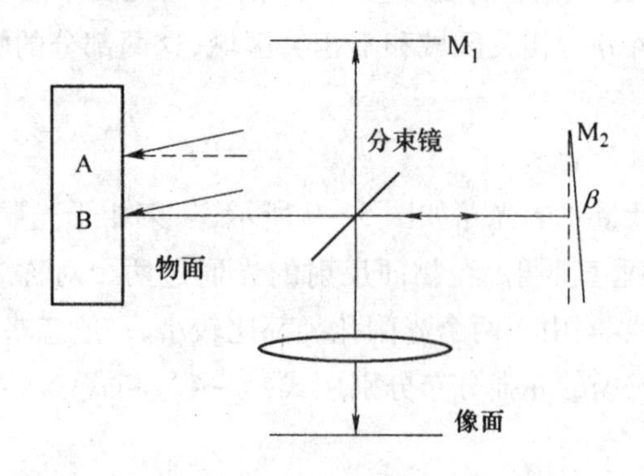

图 5-10　剪切型散斑干涉计量术光路示意图

5. 电子剪切散斑—相移干涉测量系统

电子剪切散斑干涉测量技术是在电子散斑干涉术基础上发展起来的，是位移导数的一种新的测量方法，它与电子散斑干涉术不同的是光学结构，后续的图像处理系统是相同的。它除了具有电子散斑干涉术的许多优点外，还具有可以全场测量、光路简单、调节方便、对环境要求低等特点。另外，它测量的是位移导数，在自动消除刚体位移的同时对于缺陷受载的应变集中十分灵敏，因此被广泛用于无损检测领域。同时，在电子剪切散斑干涉术中引入相移技术而形成的电子剪切散斑—相移干涉测量技术可以直接获得剪切点间相对相位差变化量 $\Delta\varphi(\boldsymbol{r})$，而 $\Delta\varphi(\boldsymbol{r})$ 与物面的离面位移梯度有关。相移技术通过附加相位并探测相应的强度值的方法来提取所需的相位分布。

电子剪切散斑—相移干涉测量系统的结构示意图如图 5-11 所示。相干光照明物面，经物面反射后进入剪切干涉成像系统，相干反射光被分为两束，分别在像面产生两个相互

间有一横向错位的像,这两个像的重合部分就会相互干涉形成散斑剪切干涉光场,相应像面的散斑光强分布可表示为

$$\begin{aligned} I_1(\boldsymbol{r}) &= [A_1(\boldsymbol{r})+A_2(\boldsymbol{r})][A_1(\boldsymbol{r})+A_2(\boldsymbol{r})]^* \\ &= |A_1(\boldsymbol{r})|^2+|A_2(\boldsymbol{r})|^2+A_1(\boldsymbol{r})A_2^*(\boldsymbol{r})+A_1^*(\boldsymbol{r})A_2(\boldsymbol{r}) \end{aligned} \tag{5-53}$$

式中:$A_1(\boldsymbol{r}),A_2(\boldsymbol{r})$为两束剪切干涉光束在像面上的复振幅分布。

物面变形后,相移前像面上两束剪切干涉光的复振幅分布可分别表示为

$$A_1'(\boldsymbol{r}) = A_1(\boldsymbol{r}-\xi_{\mathrm{p}}(\boldsymbol{r}))\exp[\mathrm{i}\varphi(\boldsymbol{r})] \tag{5-54}$$

$$A_2'(\boldsymbol{r}) = \sqrt{K}A_1(\boldsymbol{r}-\delta-\xi_{\mathrm{p}}(\boldsymbol{r}-\delta))\exp[\mathrm{j}\varphi(\boldsymbol{r}-\delta)] \tag{5-55}$$

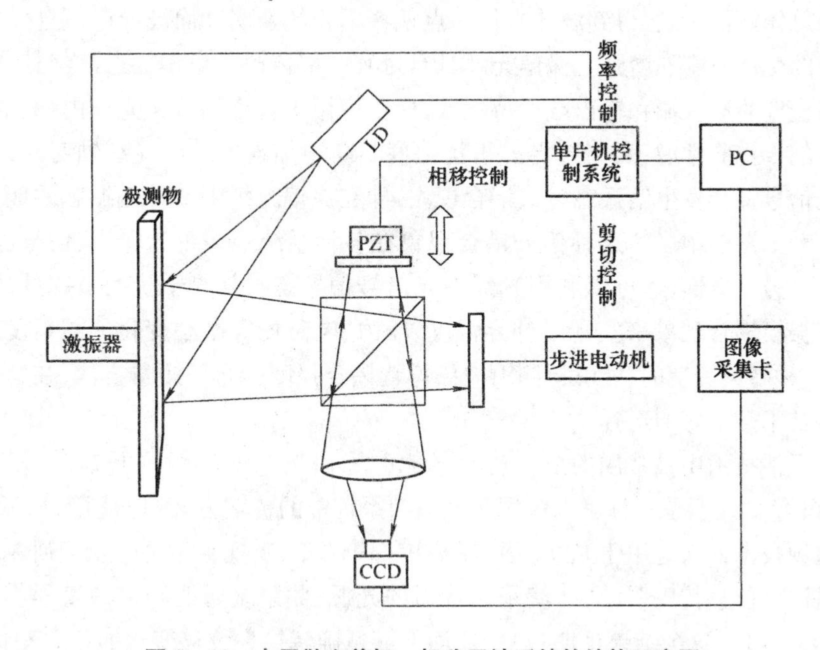

图5-11　电子散斑剪切—相移干涉系统的结构示意图

采用步进式相移技术,每步相移分别对两剪切干涉光束中的一束附加相位,这里假设对$A_1'(\boldsymbol{r})$光束附加相位,附加相位值分别为$0,\sigma,2\sigma,\cdots$,这样每步相移后像面上$A_1'(\boldsymbol{r})$光束的复振幅分别为

$$A_{1k}'(\boldsymbol{r}) = A_1(\boldsymbol{r}-\xi_{\mathrm{p}}(\boldsymbol{r}))\exp[\mathrm{i}\varphi(\boldsymbol{r})+k\sigma] \quad (k=0,1,2,\cdots,N,N\geqslant 3) \tag{5-56}$$

式中:N为步进式相移的总步数。

由此可得变形后每步相移像面上的光强分布分别为

$$\begin{aligned} I_{2k}(\boldsymbol{r}) = {} & |A_1(\boldsymbol{r}-\xi_{\mathrm{p}}(\boldsymbol{r})|^2+K|A_1(\boldsymbol{r}-\delta-\xi_{\mathrm{p}}(\boldsymbol{r}-\delta)|^2+ \\ & 2\sqrt{K}\mathrm{Re}[A_1(\boldsymbol{r}-\xi_{\mathrm{p}}(\boldsymbol{r})A_1^*(\boldsymbol{r}-\delta-\xi_{\mathrm{p}}(\boldsymbol{r}-\delta)\exp(\mathrm{j}\Delta\varphi(\boldsymbol{r})+k\sigma)] \end{aligned} \tag{5-57}$$

通过图像处理的方法提取物面变形前后的相位差即可确定物面的离面位移。

5.2.3　低相干光干涉技术

低相干干涉技术(Low Coherence Interferometry)是以宽谱光源作为相干光源的一种干涉测量技术,光源谱宽较宽,利用宽谱光源的干涉长度较短特性来获得分立的干涉图进而

提取有用信息。与最常用的各类单模或窄频带高相干激光检测设备(如氦氖激光器作为光源的长相干测量系统)相比,使用宽谱光源的低相干干涉技术具有对物理量进行绝对测量、动态范围大、分辨率高等优点。因此,低相干干涉技术在光电检测中被广泛应用。

1. 偏振耦合检测

许多干涉型光纤传感器如光纤陀螺、光纤水听器等是由保偏光纤、保偏无源器件、波导、去偏器等双折射波导构成的。这些波导的偏振耦合大小、波导器件之间连接时的主轴对准度对于干涉仪的精度起着关键作用。传统的评价测量方法是强度法,光波经起偏镜、显微物镜耦合至波导的 X 轴,出射光经透镜、检偏器测量 Y 方向的光强。但是这是对于该波导质量的总体评价,无法得到波导内任一点偏振耦合的强弱。而波导内耦合点的存在可能会因环境的变化而剧烈增强。保偏光纤具有对其内部传播光束偏振态的保持能力,使光的偏振态在光纤的输入端和输出端保持一致,广泛应用于各个领域。光纤内部光信号的偏振态对外界的干扰非常敏感,当外界的干扰强度不断增加且不关于光纤轴对称,在保偏光纤内部的光信号将会发生偏振态模式耦合现象,即在保偏光纤中一种偏振态的能量将会耦合进另外一种偏振态中去。这种偏振耦合现象在各种系统中表现为噪声、信号漂移、信号衰减等现象。另一方面,还可以利用光纤中光信号偏振态对外界干扰的敏感性,通过检测光纤内部偏振模耦合现象来实现对外界温度、压力、电磁场等微小变化的高精度检测。因此,需要有一种高灵敏度的、能够检测沿波导位置耦合强度分布的测量方法,在这种情况下低相干干涉技术是最好的选择。

低相干干涉技术中最常用的是白光干涉测量法,白光干涉测量法的原理在 1975 年已有人提出,1976 年被证明是一种可以应用于光通信系统中的传输方案,但是直到 1983 年才有人报道将这项技术首次应用于光纤传感系统中。1984 年,出现了第一个全面研制的基于白光干涉测量法的位移传感系统,即使采用普通的光源,此系统所能测量的量程与分辨率的比值也高于 $10^4:1$。这个结果证明:对于任何能够精确转换为位移变化的参数变化,都可以使用白光干涉测量法进行检测。在 1985—1989 年期间,陆续出现了多种基于白光干涉测量法的传感器,如压力传感器、温度传感器、张力传感器等。

从 1990 年开始,由于有更多的学者和工程师了解到白光干涉测量法的优点,白光干涉法得到不断发展。对于采用高相干激光光源的传统光纤传感器,绝对测量仍是一个未得到解决的问题,而白光干涉测量法是一种很实用的解决方案。在过去几年里,信号的处理以及传感器的设计、开发和复用都取得了显著的进展。有几种方案大大提高了白光干涉测试仪中信号处理的精度。使用组合光源是光纤传感器信号处理中最重要的方案之一,因为这种方法完全解决了白光干涉测量法的一个关键问题,即白光干涉条纹的中央零级条纹的精确定位。图 5-12 所示分别为使用单个光源和使用组合光源的白光干涉测试仪的干涉图,可以看出组合光源的使用使得干涉图的中央零级条纹更加容易识别,从而可以提高测量精度。许多复用技术也已经应用于白光干涉测量法,使得传感器更加经济。例如利用空分复用技术已经可以复用 32 个传感器,并可以达到 1 nm 的位移分辨率。

下面就采用白光干涉测量法进行保偏光纤偏振耦合测量为例来说明低相干干涉技术在偏振耦合检测中的应用。

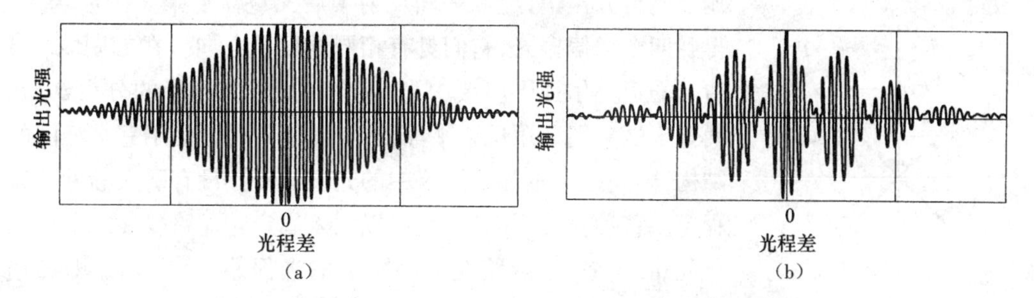

图5-12　单个光源和组合光源的白光干涉图

(a)单个光源　(b)组合光源

对于保偏光纤,当从输入端耦合进一个振动方向沿保偏光纤快轴 x 方向的线偏振光时,假设在保偏光纤内部 L_1 处仅有一个偏振耦合点,在光纤输出端将会得到两个互相垂直的线偏振模,在两个线偏振模之间存在着一定大小的光程差 Δ,其大小为 $\Delta n_{\mathrm{b}} L_1$,$\Delta n_{\mathrm{b}} = n_x - n_y$ 是保偏光纤内部在 x 轴方向和 y 轴方向的折射率差,如图5-13所示。

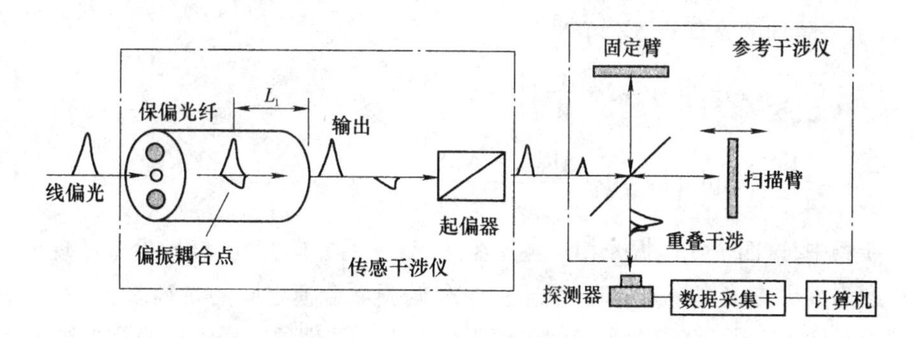

图5-13　测试原理图

设在光纤输出端的主线偏振模 E_x 和耦合线偏振模 E_y 分别为

$$E_x = a_x \exp[\mathrm{j}(\omega t)] \tag{5-58}$$

$$E_y = a_y \exp\left[\mathrm{j}\left(\omega t + 2\pi \frac{\Delta n_{\mathrm{b}} L_1}{\lambda}\right)\right] \tag{5-59}$$

两个线偏振模之间互相垂直,并不发生干涉。a_x 是偏振主模的振幅,a_y 是耦合偏振模的振幅,可以得出耦合强度为 $P = a_x / a_y$。

在光纤输出端设置一个起偏器,通过调整起偏器光轴的角度,使其光轴与 E_x 偏振模和 E_y 偏振模成45°。通过起偏器后,E_x 和 E_y 分别投影在起偏器的光轴上,如图5-14所示。其各自的方程变为

$$E_{x1} = \frac{1}{\sqrt{2}} a_x \exp[\mathrm{j}(\omega t)] \tag{5-60}$$

$$E_{y1} = \frac{1}{\sqrt{2}} a_y \exp\left[\mathrm{j}\left(\omega t + 2\pi \frac{\Delta n_{\mathrm{b}} L_1}{\lambda}\right)\right] \tag{5-61}$$

线偏振光 E_{x1} 和 E_{y1} 现在具有相同的振动方向,进入迈克尔孙干涉仪后,分束器对两个偏

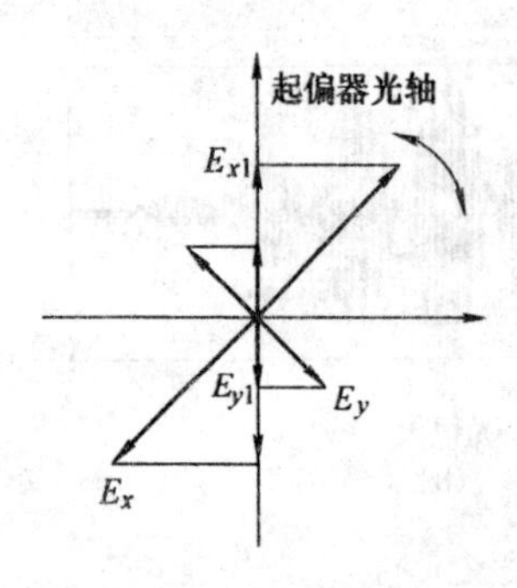

图 5-14 起偏器光轴上入射线偏振光的投影

振模进行分振幅,经过平面反射镜后又重新汇聚于干涉场中,得到四个线偏振光,它们具有相同的振动方向。在如图 5-13 所示的迈克尔孙干涉仪中,分束器采用立方体形的分束器,在两臂末端分别采用反射平面镜,干涉仪的两臂使用完全相同的结构,因此迈克尔孙干涉仪中的光学器件并没有引入额外的光程差。移动扫描平面镜,就可以引入固定臂光路(a 路)和扫描臂光路(b 路)。两路光之间附加的光程差 ΔZ($\Delta Z/2$ 即扫描平面镜平移距离)。在干涉仪的固定臂方向,经过两次分束器:

$$E_{x1a}=\frac{1}{4\sqrt{2}}a_x\exp[\mathrm{j}(\omega t)] \tag{5-62}$$

$$E_{y1a}=\frac{1}{4\sqrt{2}}a_y\exp\left[\mathrm{j}\left(\omega t+2\pi\frac{\Delta n_b L_1}{\lambda}\right)\right] \tag{5-63}$$

在干涉仪的扫描臂方向,经过两次分束器后可以得到两个线偏振光,由于扫描平面镜的移动,由引入附加的光程差 ΔZ 可得

$$E_{x1b}=\frac{1}{4\sqrt{2}}a_x\exp\left[\mathrm{j}\left(\omega t+2\pi\frac{\Delta Z}{\lambda}\right)\right] \tag{5-64}$$

$$E_{y1b}=\frac{1}{4\sqrt{2}}a_y\exp\left[\mathrm{j}\left(\omega t+2\pi\frac{\Delta n_b L_1+\Delta Z}{\lambda}\right)\right] \tag{5-65}$$

在干涉场中,这四个线偏振光相互叠加在一起,振动方向相同,会发生干涉现象。当使用相干长度为 L_c 的白光宽带光源时,偏振主模和偏振耦合模之间的光程差 $\Delta n_b L_1$ 远远大于光源的相干长度 L_c,同一路的两个线偏振模不会发生干涉现象。干涉场的总光能为

$$\begin{aligned}I&=\frac{1}{4}\left[a_x^2+a_y^2+2a_xa_y\left|\gamma\left(\frac{2\pi}{\lambda}\Delta n_b L_1\right)\right|\cos\left(\frac{2\pi}{\lambda}\Delta n_b L_1\right)\right.\\&=(a_x^2+a_y^2)\left|\gamma\left(\frac{2\pi}{\lambda}\Delta Z\right)\right|\cos\left(\frac{2\pi}{\lambda}\Delta Z\right)+\\&\quad a_xa_y\left|\gamma\left(\frac{2\pi}{\lambda}\Delta n_b L_1+\frac{2\pi}{\lambda}\Delta Z\right)\right|\cos\left(\frac{2\pi}{\lambda}\Delta n_b L_1+\frac{2\pi}{\lambda}\Delta Z\right)+\\&\quad\left.a_xa_y\left|\gamma\left(\frac{2\pi}{\lambda}\Delta n_b L_1-\frac{2\pi}{\lambda}\Delta Z\right)\right|\cos\left(\frac{2\pi}{\lambda}\Delta n_b L_1-\frac{2\pi}{\lambda}\Delta Z\right)\right]\end{aligned} \tag{5-66}$$

在上式中,引入了光源的归一化自相干函数 $|\gamma(z)|$,对于白光宽光源和迈克尔孙干涉仪,可以取自相干函数为

$$|\gamma(z)|=\exp\left[-\left(\frac{2z}{L_c}\right)^2\right] \tag{5-67}$$

当 $|\Delta Z|<L_c$ 时,干涉场中发生干涉,光强变为

$$I=\frac{a_x^2+a_y^2}{2}\left[1+\exp\left[-\left(\frac{2\Delta Z}{L_c}\right)^2\right]\cos\left(\frac{2\pi}{\lambda}\Delta Z\right)\right] \tag{5-68}$$

当 $|\Delta n_b L_1-\Delta Z|<L_c$ 时,干涉场中发生干涉,光强为

$$I=\frac{(a_x^2+a_y^2)}{2}\left\{1+\alpha\exp[-(2(\Delta n_b L_1-\Delta Z)/L_c)^2]\cos\left[\frac{2\pi}{\lambda}(\Delta n_b L_1-\Delta Z)\right]\right\} \quad (5-69)$$

在上式中，α 是干涉次极大相对于主极大的衰减系数，与耦合强度 P 有如下关系：

$$P=(1-\sqrt{1-4\alpha^2})/(2\alpha) \quad (5-70)$$

根据干涉场的光强公式和以上分析，得出以下结论：在这四个线偏振模中，当移动扫描透镜时，可以对偏振主模和耦合偏振模间的光程差进行补偿，在干涉场中会依次出现 E_{x1a} 和 E_{y1b}、E_{x1a} 和 E_{x1b}、E_{y1a} 和 E_{y1b}、E_{y1a} 和 E_{x1b} 的干涉图样，干涉图样如图 5-15 所示。

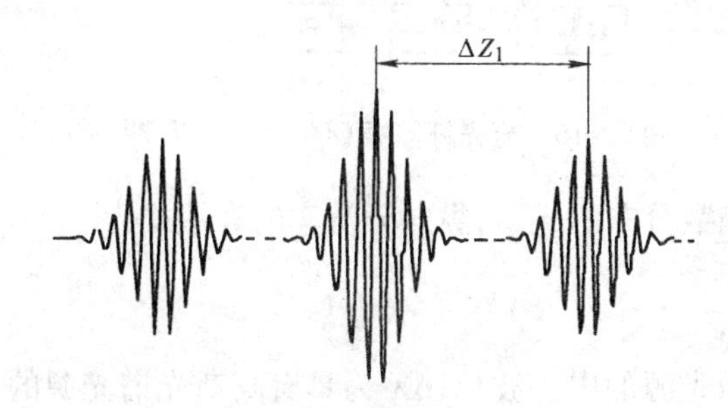

图 5-15　单个耦合点的理想干涉图样

通过检测干涉图中主模干涉的极大点位置和次、主模干涉极大点位置间的差值 ΔZ_1，可以得出偏振主模和耦合次模间的光程差：

$$\Delta n_b L_1=\Delta Z_1 \quad (5-71)$$

根据上式可以求出，偏振耦合点距离光纤输出端的距离 L_1。

系统在对干涉图样进行采集时，由于系统噪声的干扰，经常会出现干涉包络不明显的情况。遇到这类问题时会根据不同情况采用相应的数据处理方法。通常采用的算法有重心法、移相算法、包络曲线拟合法和空间频域算法。

2. 光学相干层析技术

1991 年，美国麻省理工学院的 D. Huang 博士第一次提出了光学相干层析技术（Optical Coherence Tomography，OCT），他们利用一种采用迈克尔孙干涉仪的装置，加上横向轴向扫描，成功地实现了对人眼视网膜的细微结构和动脉壁成像。作为一种新型的光学成像技术，其分辨率可达 1 μm 级，较 CT 和核磁共振术的精度高出上千倍，其独有的特点是能够对生物组织这类强散射介质进行三维成像。OCT 主要用于对活体组织进行无辐射损伤及实时探测和成像、生物组织特性参数的测量、流体测速和双折射特性的测量等。光学相干层析技术基于低相干干涉的原理，结构主要采用迈克尔孙干涉仪。这里介绍一种基于迈克尔孙干涉仪的全光纤偏振 OCT 系统，系统结构如图 5-16 所示。光源发出的低相干光经 2×2 的光纤耦合器后，分别进入放有反射镜的参考端和放有被测样品的信号端。反射镜反射回来的光与样品的背向散射光经光纤耦合器汇合产生干涉信号，被探测器探测，信号的强度反映样品的散射和反射强度，经过解调电路处理后由 A/D 卡采集到计算机并进行数据处理。只有来自样品某一特定深度的散射信号才能与参考光相干，层析分辨率是直接由光源的相干长度确定的。OCT 高性能的成像本领是通过两点来实现的：一是利用了灵敏的外差探测;二是离开焦点的散射光不被探测。

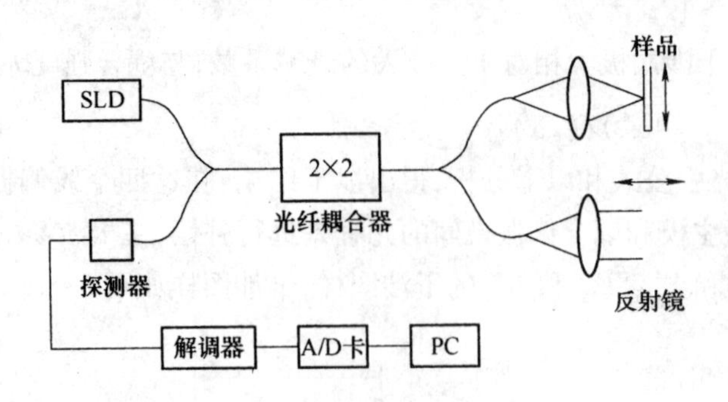

图5-16　全光纤偏振OCT系统结构图

一般光源采用高斯函数分布的光谱,纵向分辨率的表达式为

$$L_c=\frac{2\ln 2}{\pi}\frac{\lambda^2}{\Delta\lambda}\tag{5-72}$$

式中:L_c 为相干长度;λ 为光源的中心波长;$\Delta\lambda$ 为具有高斯光谱光源的半高全宽。

由此可以看出,光源波长越短、带宽越宽,那么相干长度越短,系统的纵向分辨率越高。

系统的横向分辨率与传统的显微镜一样,是由光束焦点的尺寸决定的,横向分辨率表达式为

$$\Delta x=\frac{4\lambda}{\pi}\frac{f}{d}=\frac{2\lambda}{\pi NA}\tag{5-73}$$

式中:λ 为入射光中心波长;f 是物镜的焦距;d 是物镜光斑尺寸;NA 为数值孔径。由此可知,OCT系统的横向分辨率与物镜的 NA 成反比,通常采用提高透镜数值孔径的方法来提高OCT的横向分辨率。

光学相干层析技术是将光学相干技术和激光扫描共聚焦技术相结合而产生的一门新型光学成像技术。通过横向扫描可以得到生物组织二维或三维结构图像,其横向成像原理如图5-17所示。

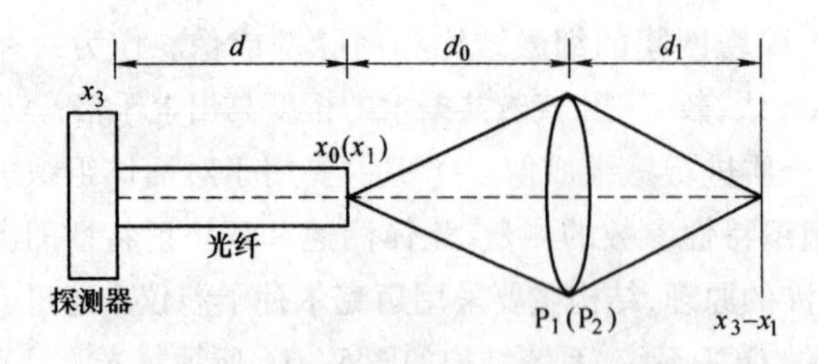

图5-17　OCT横向成像原理图

OCT系统中总的干涉结果是各单色光干涉结果的简单叠加。经推导得出探测器的输出为两函数的二维卷积:

$$I(x)=g(x)*r(x)\tag{5-74}$$

式中：$g(x)=\frac{2a}{M_1}\left(u_1\frac{x}{M_1}*h_1\frac{x}{M_1}\right)f\left(\frac{x}{M_2}\right)*h_2(x)$为有效点振幅扩散函数，$r(x)$为反射面上复振幅反射率分布，$x$代表扫描坐标，$a$为常数，$h_1$和$h_2$分别为照明光学系统及接收光学系统的点振幅扩散函数，$M_1=\frac{d_0}{d_i}$和$M_2=\frac{d_i}{d_0}$为系统的放大倍数，u_1为光纤输出端振幅分布。

式(5-74)表明测量结果与样品反射面上复振幅反射率分布具有线性关系，是一个复振幅的线性平移不变系统，其有效点振幅扩散函数为$g(x)$。

系统的横向相干传递函数为

$$G(l)=\frac{2}{\pi}[1-\exp(-A/d_0^2)]^{-1}\exp(-BM_2^2l^2)\int_0^{\pi}[1-\exp(-4BM_2^2l_0^2)]\mathrm{d}\theta \quad (5-75)$$

式中：a_0为光瞳半径，r_0为芯径，M_2为系统的放大倍数，l为横向空间频率，d_0为光纤与透镜间隔，$A=2\pi a_0r_0/\lambda^2$，$B=\pi^2r_0^2$，$l_0=-(l/2)\cos\theta+[a_0/(\lambda d_1)^2-(l^2/4)\sin^2\theta]^{1/2}$。

纵向成像时，探测器的输出为

$$V(l)=r_0\left(\frac{l}{2n}\right)*\left[\cos\left(\frac{2\pi l}{\lambda}+\theta\right)g\left(\frac{l}{c}\right)\right] \quad (5-76)$$

式中：θ为常数；$g(l/c)$为光源自相干函数的模；λ为光波波长；$r_0(l/2n)$为样品纵向结构；c为光速；l为样品内光程坐标。

式(5-76)表明，系统纵向也是一个线性平移不变系统，其有效点振幅函数为

$$h=\cos(2\pi l/\lambda+\theta)g(l/c) \quad (5-77)$$

由此可得纵向相干传递函数为

$$H(k)=[\delta(k-1/\lambda)+\delta(k+1/\lambda)]/2*g(k) \quad (5-78)$$

式中：k为空间频率；$g(k)$为g的傅里叶变换。

式(5-78)表明，OCT系统的纵向相干传递函数主要由光源决定。

在OCT成像中，光源是至关重要的，OCT系统成像的纵向相干传递函数主要由光源决定，所以设计系统时应通过考虑分辨率、样品的光学性质、信号检测部分的光学性质和实验要求来选择合适的光源。

光探测部分的噪声除了要考虑大多数光电干涉系统都能碰到的诸如量子噪声、热噪声、闪烁噪声、过剩光子噪声外，还必须考虑由于系统采用宽带光源，光源中不同频率相互拍频而形成的光子集束效应引起的拍噪声(beat noise)。

5.2.4　干涉光谱仪

按照分光原理，光谱仪器可以分为三类：棱镜光谱仪、光栅光谱仪和干涉光谱仪。干涉光谱仪的分辨率高、灵敏度高，广泛应用于众多学科领域。干涉光谱仪中尤以傅里叶变换光谱仪应用最为广泛。

干涉光谱技术是利用干涉图与光源光谱图之间的对应关系，通过测量离散干涉图并对干涉图进行傅里叶积分变换计算，反演得到光谱图，从而获取光谱信息。与传统色散型光谱仪相比，傅里叶变换光谱仪以其波数的高精确度、杂散光影响小、分辨本领高、测量光谱范围宽、数字化、测量速度快、结构紧凑等众多优点引起科学界的普遍关注，是分析物质原

子和分子吸收、发射光谱的有效手段,有重要的应用价值。它的理论基础虽然可以追溯到迈克尔孙早年用干涉图的可见度来估算光谱,但是真正的发展是从1957年国际干涉分光会议开始的,特别是之后将傅里叶变换同干涉图结合起来所需的计算机技术的发展,使干涉光谱技术取得了显著的发展。

5.2.4.1 傅里叶变换光谱仪的工作原理及其应用

1. 干涉仪和干涉图

干涉(傅里叶变换)光谱仪通过双光束干涉仪产生的干涉图的傅里叶变换数值计算来测定光谱图。迄今为止,在傅里叶变换光谱仪中,已经发展和使用着多种干涉仪,其中最简单和最基本的是迈克尔孙干涉仪,其他各种形式的干涉仪,尽管在结构上可能与迈克尔孙干涉仪很不相同,但它们的物理原理和所涉及的干涉图的基本理论是一致的。为此通过迈克尔孙干涉仪产生的干涉图的定量分析来阐明干涉光谱学(亦称傅里叶变换光谱学)的基本理论。

设有一振幅为a、波数为σ的理想准直单色光束投射到迈克尔孙干涉仪的无损耗分束片上,分束片振幅反射比为r,透射比为t,它将这一辐射束分成振幅为ar的反射束和振幅为at的透射束。这两束辐射光经固定平面镜和可移动平面镜反射后又回到分束片,第二次经过分束片形成两束相干光束,其中一束返回光源,另一束沿与输入辐射垂直的方向传播并被探测器所接收。探测器接收的信号振幅为

$$A = rta(1 + e^{-j\varphi}) \tag{5-79}$$

信号强度为

$$I_D(\Delta,\sigma) = AA^* = 2rtB_0(\sigma)(1 + \cos\varphi) \tag{5-80}$$

式中:r、t分别为分束片的反射比和透射比;$B_0(\sigma)$是输入光束强度;φ是来自固定镜和移动镜的两光束间的相位差,有

$$\varphi = 2\pi\sigma\Delta \tag{5-81}$$

式中:Δ是光程差。

式(5-80)表示,探测器接收到的信号强度是输入光束强度和两光束间光程差的函数,为一沿光程差方向无限扩展的余弦函数。这即是理想准直的单色辐射通过干涉仪形成的干涉图。

为求得一般情况,即输入辐射具有任意光谱分布情况下的干涉图,可以设想式(5-80)所表达的单色辐射为一具有无限窄线宽$d\sigma$的谱元,式(5-80)可改写为

$$dI_D(\Delta,\sigma) = 2rtB_0(\sigma)[1 + \cos(2\pi\sigma\Delta)]d\sigma \tag{5-82}$$

对所有波数积分,则得

$$I_D(\Delta) = \int dI_D(\Delta,\sigma) = \int_0^{\infty} 2rtB_0(\sigma)(1 + \cos 2\pi\sigma\Delta)d\sigma \tag{5-83}$$

式(5-83)即为一般情况下的干涉图表达式。由该式可知,当$\Delta = 0$时,

$$I_D(0) = \int_0^{\infty} 4rtB_0(\sigma)d\sigma \tag{5-84}$$

当$\Delta \to \infty$时,由余弦函数的振荡性质,式(5-83)中包含余弦函数的这一项的积分必趋

于零，于是有

$$I_D(\infty)=\int_0^{\infty}2rtB_0(\sigma)\mathrm{d}\sigma=I_D(0)/2 \tag{5-85}$$

由式(5－85)可知，调制充分的干涉图，其干涉主极大值应接近于$I_D(\infty)$的2倍。$I_D(\infty)$代表了干涉图的平均值或直流成分。于是可以说干涉图是一叠加在直流成分上的波动信号，而这一直流成分在计算复原光谱时应该减去，因而当令C为常量因子时可以简单地把干涉图表达式(5－83)改写为

$$I_D(\Delta)=C\int_0^{\infty}rtB_0(\sigma)\cos(2\pi\sigma\Delta)\mathrm{d}\sigma \tag{5-86}$$

从而可以式(5－86)作为干涉图的基本表达式来展开讨论。

2. 干涉图的傅里叶变换和光谱的获得

在干涉调制光谱仪中，干涉图和光谱图之间存在着傅里叶余弦变换关系。为了得到光源的光谱，通过计算的余弦傅里叶变换，便可从干涉图中得到光源的光谱，即

$$B(\sigma)=\int_{-\infty}^{\infty}I(\Delta)\cos(2\pi\sigma\Delta\mathrm{d}\Delta) \tag{5-87}$$

这就是光谱技术中的傅里叶变换光谱术。如果光源辐射几个离散的谱线或者是连续的光谱，则干涉图比较复杂，通常要用计算机才能完成这一转换。由于$I_D(\Delta)$是偶函数，因此式(5－87)可写为

$$B(\sigma)=2\int_0^{\infty}I(\Delta)\cos\ (2\pi\sigma\Delta\mathrm{d}\Delta) \tag{5-88}$$

式(5－88)称为傅里叶变换光谱学的基本方程。可以看出，在某一时刻t(对应一个确定的光程差Δ)，对于每一个波数σ，皆可得到一个对应于该波数的光源强度值。这样，欲研究的光源函数$B(\sigma)$便是所记录的干涉强度函数的傅里叶余弦变换。只要对每一个波数重复地进行傅里叶余弦变换，便可以得到光源的光谱分布函数$B(\sigma)$。

3. 分辨率和仪器谱线函数

事实上，式(5－87)和式(5－88)的运算在实际中是不能够完成的，因为实验上光程差不可能在0和$+\infty$之间变化，干涉图只能测量到某一有限的极大光程差Δ_m为止。此即意味着运用式(5－87)和式(5－88)计算复原光谱$B(\sigma)$时，有

$$B(\sigma)=\int_{-\infty}^{\infty}\mathrm{I_D}(\Delta)\cdot T(\Delta)\cos(2\pi\sigma\Delta) \tag{5-89}$$

式中：$T(\Delta)=\mathrm{rect}(\Delta/2\Delta_m)\begin{cases}1 & |\Delta|\leqslant\Delta_m\\ 0 & |\Delta|>\Delta_m\end{cases}$。

式(5－89)表明，截断函数$T(\Delta)$使对干涉图的计算只是在$-\Delta_m$到Δ_m的范围内进行，而截去这一区间以外的干涉图。

按卷积定理，式(5－89)计算出的复原光谱畸变$B_t(\sigma)$为

$$B_t(\sigma)=B(\sigma)*t(\sigma) \tag{5-90}$$

在此，$B(\sigma)$为未畸变的复原谱，$t(\sigma)$是截断函数$T(\Delta)$的傅里叶逆变换，称为仪器谱线函数，或缩写为ILS函数。在$T(\Delta)$为形如上述的矩形函数时，

$$t(\sigma)=\mathscr{F}^{-1}[T(\Delta)]=2\Delta_m\text{sinc}(2\pi\sigma\Delta_m) \tag{5-91}$$

它可以看作是输入光谱为无限窄单色谱线情况下干涉仪计算机系统的输出光谱或响应函数。当两单色谱线间距离略大于 *ILS* 函数的半高线宽($0.6/\Delta_m$)时,它们在傅里叶变换复原谱上可分辨开来。*ILS* 函数和傅里叶变换光谱仪的分辨率是直接相关的。当然,定义分辨率前要确定所采用的判据,最常用的判据是瑞利判据和半高线宽。不论采用何种判据,傅里叶变换光谱仪的分辨率都正比于两相干光束间最大光程差的倒数,即使考虑到切趾函数,分辨率值总介于 $1/2\Delta_m$ 到 $1/\Delta_m$ 之间,最大光程差 Δ_m 越大,分辨率 $\delta\sigma$ 也越高。

4. *切趾-数学滤波*

实际仪器中光程差总是有限的,干涉图函数在光程差达到最大值 Δ_m 处截止,造成仪器谱线函数变宽,并在两旁出现“波瓣”,这个“波瓣”是波数 σ_1 附近虚假光谱信号的来源,而那些强度为负的“波瓣”则又往往掩盖了波数 σ_1 附近的弱光谱信息,造成分辨光谱的困难。这个“波瓣”出现的物理根源在于极大光程差 Δ_m 附近干涉图尖锐的不连续性。消除或抑制这些“波瓣”的基本方法就是用一渐变权重函数来乘干涉图,即通常所说的“切趾”的方法进行数学滤波,以缓和这种不连续性,将引进变换光谱中的虚假“波瓣”压低。

当选择常用的三角形函数 $F(\Delta,\Delta_m)=[1-|\Delta|/\Delta_m]$ 作切趾函数时(见图 5-18),修正后的纯单色光源的干涉图变换成的光谱即仪器谱线函数为

$$B_A(\sigma)=\int_{-\Delta_m}^{\Delta_m}(1-|\Delta|/\Delta_m)\cos(2\pi\sigma_1\Delta)\cdot\cos(2\pi\sigma\Delta)\text{d}\Delta=\Delta_m\text{sinc}^2(Z/2) \tag{5-92}$$

式中:$Z=2\pi\Delta_m(\sigma_1-\sigma)$。

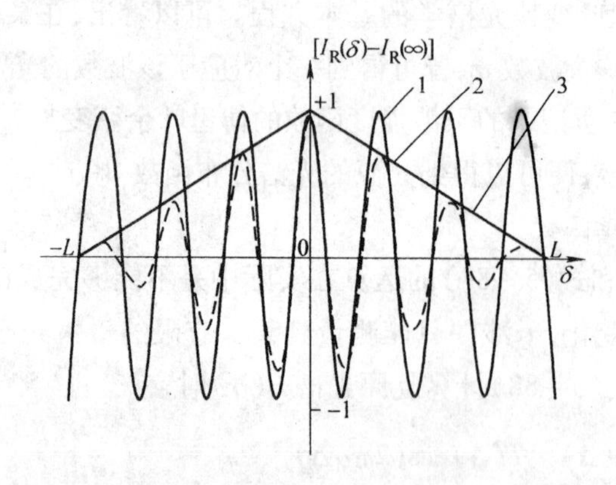

图 5-18 单谱线的干涉图及其切趾过程示意图

1—单色谱线的干涉图;2—切趾后的干涉图;3—三角形切趾函数

切趾前后仪器谱线函数如图 5-19 中曲线所示。比较曲线 1、2 可知,“波瓣”被抑制了,负“波瓣”消失了,这就基本上消除了波数 σ_1 附近出现虚假光谱信号的根源,其代价是复原谱线半高线宽由 $0.6/\Delta_m$ 增加到 $0.89/\Delta_m$。

宽带光谱经这样的傅里叶变换光谱仪测量的复原谱为

$$B_A(\sigma)=\int_{-\Delta_m}^{\Delta_m}(1-|\Delta|/\Delta_m)I_D(\Delta)\text{e}^{-\text{j}2\pi\sigma\Delta}\text{d}\Delta=B(\sigma)*\Delta_m\text{sinc}^2(Z/2) \tag{5-93}$$

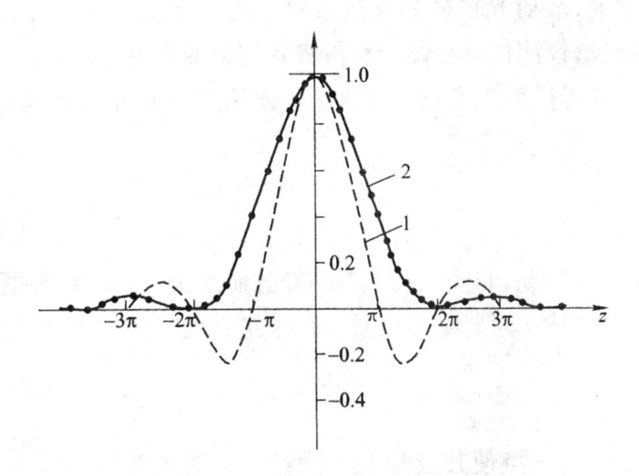

图5-19　切趾前后光谱仪 *ILS* 函数变化

1—仅采用矩形截断函数,*ILS* 函数为 sinc Z;

2—采用三角形切趾函数,*ILS* 函数为 $\mathrm{sinc}^2(Z/2)$

式中:$Z=2\pi\Delta_m(\sigma_1-\sigma)$。

实际中,是否需要采用切趾函数以及采用什么样的切趾函数,应根据实验条件来决定。在扩展源情况下,由于旁轴光线的存在,干涉图等效地被 $\mathrm{sinc}(\Delta\Omega\sigma/2)$ 所调制,当 $\Delta=2\pi/\Omega\sigma$ 时,这一调制函数第一次达到零值,表明干涉图已自然等效地被切趾。还应考虑到,任何实际的实验系统都是一个存在噪声的系统,都有一极限探测能力,干涉图上小于这一极限探测能力的变化将不能被探测出来。所以,总存在一个 Δ 值,当光程差超过这一 Δ 值时,即使是最尖锐的谱线的干涉振荡也降到实验系统的探测能力以下。如果所记录的干涉图的最大光程 Δ_m 和这一 Δ 相近,则干涉图实际上也已被切趾。此时,若再采用如上所述的切趾步骤,只能导致光谱信息的损失和分辨率的退化而无助于抑制"波瓣"。

5. 傅里叶变换光谱仪的应用

1)工业中的在线应用

干涉光谱技术已在工业生产工艺中获得了广泛的应用,诸如化学工业、医药工业等方面。尤其是傅里叶变换光谱技术的测量速度快、灵敏度高,使原先不能进行的许多工艺参数的检测成为可能。

在化学工业中,利用傅里叶变换光谱仪可实现化学气体的在线检测、高温高压聚合物熔液流程控制等。

在医药生产工艺过程的检查和控制方面,傅里叶变换光谱技术作为工艺工程控制传感器发挥着巨大的作用,可实现材料鉴定,保证药品的组成成分,并可对片剂原料的混合均匀性进行检查。

2)食品与农业应用

干涉光谱技术在农业和食品业方面的应用主要是近红外漫反射光谱技术。由于该技术分析速度快、不破坏样品,可用于分析固体、悬浮体及复杂混合物。

干涉仪的光照射到样品上,部分光被样品表面反射,其余光穿入样品后再次穿出样品,在样品表面不规则散射,散射光被样品衰减吸收。由于漫反射效率低,到达检测器的能量小,但用傅里叶变换光谱仪测试样品却可获得极其理想的效果。

傅里叶变换近红外漫反射光谱技术还可测量土壤中的水分及其他成分,对于指导农业生产有重要意义。

3)生物医学应用

近红外光谱常用于对血液化学的研究。在此方面报道的成果有:对血糖进行非侵入测量,监测新生儿血液充氧情况,非侵入技术对脑静脉血红蛋白的氧饱和度的测定等。

此外,利用干涉光谱技术对肾结石、胆结石、尿结石的成因及性质的研究也取得了一定的成果。

4)天文学应用

傅里叶变换光谱仪的优点使其成为人类探索宇宙的重要科学仪器。例如人造卫星中携带的干涉光谱仪,可记录地球和大气层的红外辐射光谱,为气象研究探测大气温度、湿度和臭氧的垂直轮廓分布以及研究大气的辐射透过率、地球表面的辐射性质提供了有力的手段。

5.2.4.2 干涉成像光谱仪

干涉成像光谱技术继承了干涉光谱技术的基本原理,即利用入射相干光束形成的干涉图与入射光谱之间存在的傅里叶变换关系,通过测量干涉图的幅值及空间频率并对其实施傅里叶逆变换反演出被测光的光谱。但与以往非成像干涉光谱技术不同的是,它需要利用阵列探测器,在干涉仪中还要加上成像光学系统,同时得到景物经过干涉仪所成像和像中每一像元的干涉图,进而通过对各像元的干涉图进行傅里叶逆变换而获得每一像元的光谱。因此,干涉成像光谱仪的光学系统要比非成像干涉光谱仪复杂得多,它需要结合干涉和成像光学系统,实现景物的逐像元干涉成像。由于要对逐像元的干涉图进行傅里叶逆变换运算,所以其中的数据量和计算量都是相当大的,这就对数据处理和计算机技术提出了很高的要求。

从20世纪90年代起,干涉型成像光谱仪取得了长足发展,干涉型成像光谱仪在军事、民用上的应用也越来越广泛。干涉型成像光谱仪从其调制方式上来说又可以分为时间调制、空间调制和联合调制三种类型。

1. 时间调制干涉成像光谱仪

干涉型成像光谱仪的研究最早是从20世纪80年代开始的,当时的方案大多是基于迈克尔孙干涉仪的时间调制干涉型成像光谱仪。之所以将其称为“时间调制”干涉成像光谱仪,是因为它的干涉图随着时间的变化而被采集。时间调制干涉成像光谱仪需要内部动镜推扫来得到干涉图,它的优点在于可以获得宽带宽的光谱信息、很高的光谱分辨力,其技术目前已经比较成熟,特别适合远红外光谱的测量。它的缺点是内部推扫镜的运动需要较高的精度,机械加工、调装困难;对外界的振动敏感,对扫描镜的驱动及控制,会增加系统的复杂性和造价;成像过程中,需进行二维扫描,探测器积分时间短,信噪比偏低。

2. 空间调制干涉成像光谱仪

空间调制干涉成像光谱仪,由于没有动件,在某些时候也被称为静态干涉成像光谱仪。

20世纪80年代末90年代初,国外不少单位开始研究静态干涉成像光谱仪(Stationary Imaging Fourier Transform Spectrometer)。通过合理选择干涉仪的分光方式,这种新型成像光谱仪能够使入射狭缝宽度和形状与仪器光谱分辨率无关,在空间分辨率允许的情况下,它具有较高的能量利用率和探测灵敏度,同时还具有可靠性和稳定性好、体积小、质量轻、光谱线性度高、光谱范围宽等优点,适合在飞机和卫星等飞行器上搭载。

3. 联合调制干涉成像光谱仪

以上两种光谱仪中依然存在狭缝,这往往使得进入光谱仪的能量不够,为了同时利用高稳定性和高灵敏度的特点,20世纪90年代中期出现了一种新型成像光谱技术——大孔径静态干涉成像光谱仪(LASIS)。目前,LASIS逐步成为国际上又一个新的研究热点。

LASIS相机主要由五部分组成,包括横向剪切干涉仪、成像系统、探测器与驱动系统、数据采集与处理系统以及定标系统等。LASIS相机实际上是在一个普通摄影系统中加入横向剪切分束器,使最终像面上得到的不再是目标的直接像,而是叠加了干涉条纹后的目标图像,而且在飞行方向上,不同视场的目标单元有不同的干涉光程差。

LASIS相机的原理如图5-20所示。地面目标经过一个前置光学系统,然后经过横向剪切干涉仪,沿垂直光轴方向成两个剪切量为d的相干像,在收集光学系统的后焦面处发生干涉。收集光学系统将剪切后的目标收集到位于其像面的探测器上,于此处发生干涉,干涉条纹方向与剪切干涉仪的剪切方向垂直,干涉光程差与剪切量、探测器有效尺寸成正比,与收集光学系统焦距成反比。仪器通过推扫,面阵探测器便能获得二维空间信息和一维光谱信息。获得干涉图信号后,将其数字化,送入处理器进行处理,最终得到目标的超光谱图像序列。这一过程的主要功能包括干涉图裸数据压缩、传输、解压缩、点干涉图组合、姿态误差修正、带通滤波、位相修正、切趾、光谱复原(傅里叶变换、截断奇异值分解等算法)、光谱响应度定标修正、辐射度定标修正、单谱段图像合成、复色图像合成等。

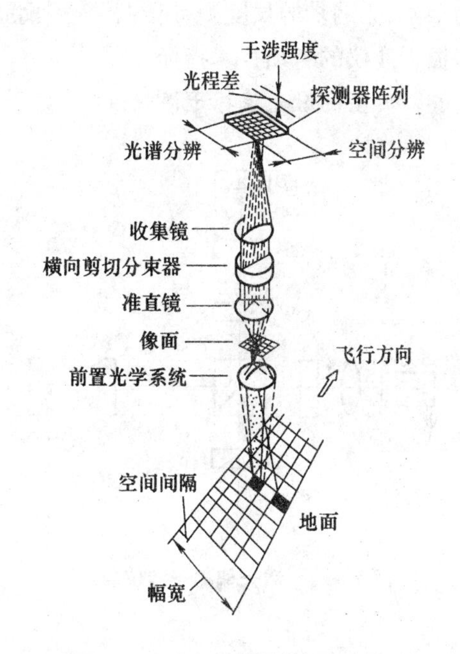

图5-20　LASIS相机的原理图

理论上说,LASIS相机具有大的通量和高的稳定度,它的光通量很大,所以光学系统的口径可以做得很小,从而减轻质量、缩小体积,实现轻型化的目标,它的信噪比也比较高;另外,它具有良好的稳定性,可以适应苛刻的环境,工作寿命也比较长。但是,LASIS获取完整干涉图不是实时进行的,要依靠载体的运动来推扫,所以它对载体姿态的要求比较高,这是LASIS相机最突出的缺点。

在上述干涉成像光谱仪的研究基础上,研究者又提出了新型的偏振干涉成像光谱技术。以往对干涉成像光谱仪的研究通常仅限于对光的干涉特性的利用,即由目标干涉图得到其光谱图,而忽略了其丰富的偏振信息。为了在利用光的干涉特性的同时充分利用光的偏振特性,在原有偏振干涉成像光谱仪的基础上,结合现有的干涉成像光谱技术与偏振探测原理,西安交通大学张淳民等人提出了一种利用现有偏振干涉成像光谱仪获取探测目标的偏振参数(偏振度、偏振方位角等)的新方法。若把以往的偏振干涉成像光谱仪看作是照相机与光谱仪功能的结合,现在则可以将之理解为成像仪、光谱仪、偏光仪功能的一体化。这一方法将偏振测量与干涉成像光谱技术相结合,一方面能提供辐射测量不能提供的物质的偏振信息,另一方面又可获取目标的空间图像和光谱,具有比辐射测量更高的准确度。这种方法具有多种用途,例如可为地球资源的遥感和军事目标微弱信号的检测等提供新的有效手段,为云和大气气溶胶的深入研究提供新的信息来源。

5.2.5 激光偏振干涉仪

作为一种非接触式的精密测量技术,激光偏振干涉仪为大长度、大位移的精密测量提供了有力的手段,在工业测试中的应用已较为成熟,实现了产品化。当前主要研究的方向为纳米、亚纳米的长度测量和无导轨大距离测量。为此研究者提出了多种技术来提高激光偏振干涉仪的各项技术指标。

1. 典型的激光偏振干涉仪

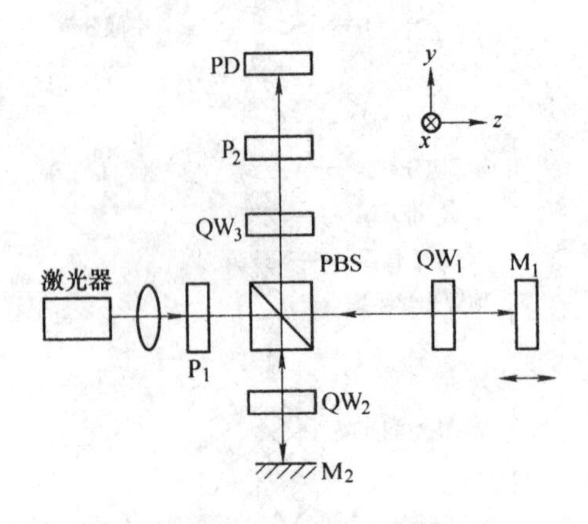

图 5-21 激光偏振干涉仪原理图

典型的激光偏振干涉仪原理图如图 5-21 所示。它由稳频激光光源、偏振分光棱镜(Polarization Beam Splitter,PBS)、1/4 波片(Quarter Waveplate,QW)、参考和测量反射镜等光学元件组成。图中,以平行纸面向上为 y 轴,垂直纸面向内为 x 轴,平行纸面向右为 z 轴,建立平面直角坐标系,假设光束沿 z 轴方向传输。

从偏振片 P_1 出射的线偏振激光的矢量振幅为

$$E = E_0\cos \omega t \tag{5-94}$$

经偏振分光棱镜分为 E_1 和 E_2 两线偏振光。当入射线偏振光振动方向与 x 轴夹角为 α 时,E_1 和 E_2 分别为

$$E_1 = E_x = E_0\cos \alpha\cos \omega t, E_2 = E_y = E_0\sin \alpha\cos \omega t \tag{5-95}$$

当两干涉臂中 1/4 波片快轴(或慢轴)与 x 轴夹角为 45°时,两束光通过 1/4 波片后变成圆偏光,反射后再次通过 1/4 波片,又变成线偏振光,其振动方向相对原振动方向旋转了 90°,且由于两干涉臂光程不同产生了相位差 φ,表示为

$$E_1 = E_y = E_0\cos \alpha\cos(\omega t+\varphi), E_2 = E_x = E_0\sin \alpha\cos \omega t \tag{5-96}$$

为便于实现相位细分,接收光路中放置一个 1/4 波片 QW_3。若其快轴(或慢轴)与 x 轴夹角为 β,并设快、慢轴方向和光传播方向构成 xyz 直角坐标系,并设 $E_0=1$,经过 QW_3 之后的 E_1 和 E_2 在 xyz 坐标系中的坐标为

$$\begin{cases} x_1 = \cos\alpha\sin\beta\cos(\omega t+\varphi) \\ y_1 = \cos\alpha\cos\beta\sin(\omega t+\varphi) \\ x_2 = \sin\alpha\cos\beta\cos\omega t \\ y_2 = -\sin\alpha\sin\beta\sin\omega t \end{cases} \tag{5-97}$$

意味着 E_1 和 E_2 是同频率的左、右旋圆偏振光。若使 $\alpha=\beta=45°$，上式可变为

$$\begin{cases} x = x_1 + x_2 = \cos\dfrac{\varphi}{2}\cos(\omega t+\varphi/2) \\ y = y_1 + y_2 = \sin\dfrac{\varphi}{2}\cos(\omega t+\varphi/2) \end{cases} \tag{5-98}$$

合成光是一个振动方向随 φ 的变化而旋转的线偏振光，振动方向与 x 轴的夹角为

$$\theta = \arctan\frac{y}{x} = \frac{\varphi}{2} \tag{5-99}$$

根据马吕斯定律，透过检偏器 P_2 的光强为

$$I = I_0(1+\cos 2\theta) = I_0(1+\cos\psi) \tag{5-100}$$

ψ 为合成光光强信号的相位，当位移为 L 时，可得

$$\psi = 2\theta = \varphi = \frac{4\pi L}{\lambda} \tag{5-101}$$

式中：λ 为激光波长。

干涉光路的作用是把位移 L 转变为合成光振动方向的旋转角 θ，进而转换成光电信号的相位 ψ，信号处理的作用就是测量出 ψ，从而计算出位移 L。

2. 差分法正交激光偏振干涉仪系统

由于无法避免偏振正交的参考光和测量光之间发生耦合，因此干涉测量将引入非线性误差，这在外差干涉仪中尤为明显。采用单频激光的零差干涉仪，可以对正交偏振光加以严格的限制。与外差激光干涉仪相比，其非线性误差较小。特别是利用差分信号处理方法，通过对基于偏振相移技术的单频激光干涉仪的四路正交干涉信号的相位解调，可以减小或者消除部分非线性误差的影响，实现高速、高准确度的纳米位移测量。正交偏振激光干涉仪如图5－22所示，它由稳频激光光源、偏振分光棱镜（PBS）、消偏振分光棱镜（Non-Polarization Beam Splitter，NPBS）、1/4波片（Quarter Waveplate，QW）、1/2波片（Half Waveplate，HW）以及参考和测量反射镜等光学元件组成的偏振干涉仪与接收装置构成。图5－22中，以平行纸面向右为 x 轴，垂直纸面向外为 y 轴，平行纸面向下为 z 轴，建立平面直角坐标系，假设光束沿 z 轴方向传输。干涉仪的工作原理：由He-Ne激光器发出的单频激光经过准直透镜和偏振片 P_1 变成偏振光，光束经过偏振分光棱镜 PBS_1 分束，偏振 s 分量（偏振方向沿 y 轴）被 PBS_1 反射作为参考光束，再经过1/4波片 QW_1 后变为圆偏振光，经过参考反射镜 M_1，再次经过 QW_1 后变为偏振方向与原方向垂直的线偏振光，即由 s 偏振分量变为 p 分量，然后被 PBS_1 完全透射；入射激光的另一 p 偏振分量（偏振方向沿 x 轴）被 PBS_1 透射后作为测量光束，同样经过1/4波片 QW_2 变为圆偏振光，被测量镜 M_2 反射，再次经过 QW_2 后，同理偏振方向由 p 分量变为 s 分量，经过 PBS_1 被完全反射，参考光束和测量光束在半波

片 HW 处汇合,HW 的作用是使两光束的偏振态发生 45°旋转,被消偏振分光棱镜 NPBS 均匀地分成两束,透射光束经过 1/4 波片 QW_3,在快慢轴之间产生 $\pi/2$ 相移,再经过偏振分光棱镜 PBS_2 的分光,产生两路干涉信号被 PD_1、PD_2 接收;而反射光束直接经过偏振分光棱镜 PBS_3 的分光,也同样产生两路干涉信号被 PD_3、PD_4 接收。根据偏振光的琼斯矩阵理论,得到如下结论。

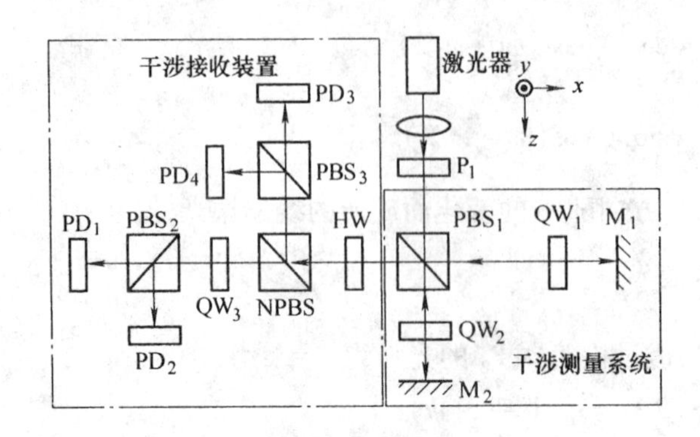

图 5-22　正交激光偏振干涉仪

探测器 PD_1 至 PD_4 接收到互差 90°正交的干涉信号 $I_1 \sim I_4$:

$$\begin{cases} I_1 = |E_{PD_1}|^2 = I_0[1+\sin(\varphi_m-\varphi_r)]/4 \\ I_2 = |E_{PD_2}|^2 = I_0[1-\sin(\varphi_m-\varphi_r)]/4 \\ I_3 = |E_{PD_3}|^2 = I_0[1+\cos(\varphi_m-\varphi_r)]/4 \\ I_4 = |E_{PD_4}|^2 = I_0[1-\cos(\varphi_m-\varphi_r)]/4 \end{cases} \tag{5-102}$$

式中:I_0为光源输入光强;$\varphi_m-\varphi_r=\Delta\varphi$ 为测量光束和参考光束之间的相位差,它由两光束之间光程差决定,即

$$\Delta\varphi=\varphi_m-\varphi_r=\frac{4\pi n\Delta L}{\lambda} \tag{5-103}$$

式中:n 为折射率,在空气中为 1;λ 为激光器的输出波长;ΔL 为干涉仪两臂长度差。

由式(5-102)和式(5-103)可知,采用差分信号处理方法可得

$$\Delta L=\arctan[(I_1-I_2)/(I_3-I_4)]\cdot\lambda/4\pi \tag{5-104}$$

式(5-103)说明,微小被测位移量 ΔL 可以反映在干涉仪相位差 $\Delta\varphi$ 中,利用式(5-104)的信号处理方法,通过对相位差 $\Delta\varphi$ 的解调,可以实现纳米位移的测量,选用上述正交信号干涉仪及其信号处理方案的优点是可以消除共模干扰,诸如光强波动的影响等。

5.2.6　微表面形貌检测技术

随着微细加工技术的不断进步和微电路、微光学元件、微机械以及其他各种微表面的不断出现,迫切需要微表面三维形貌测量的相关技术。表面形貌主要是由机械加工、化学加工、喷镀涂层等工艺过程形成的,主要体现表面的外在特征;同时它与表面的内在特性,如硬度、残余应力、接触刚度、化学成分以及其微观物理机械特性等也密切相关。由于微表

面结构是由微观结构单元组成的三维复杂结构，其测量一般都需要借助直接的或间接的显微放大，要求有较高的横向分辨率和纵向分辨率。同时，与平滑表面的测量不同，微表面形貌的测量不仅要测量表面的粗糙度或瑕疵，还要测量表面的轮廓、形状偏差和位置偏差。因此，微表面形貌的测量相对而言是比较困难的，这也对形貌检测的手段和方法提出了更高的要求。

表面形貌检测技术的研究由早期的定性测量发展到定量测量，直至发展到与现代科学技术相结合的高精度定量测量。尤其是近年来，基于各种原理的非接触表面形貌测量方法不断出现，在测量精度及测量速度上均有了较大的提高。测量微表面形貌的方法可分为光学方法和非光学方法。非光学测量方法有机械探针式、扫描电子显微镜（Scanning Electron Microscope，SEM）、扫描隧道显微镜（Scanning Tunneling Microscope，STM）和原子力显微镜（Atomic Force Microscopy，AFM）。

微表面三维形貌的光学测量方法是以光学成像的方式测量物体表面形貌，且大多为从物体表面轮廓信息载体中提取物面轮廓资料，该信息载体可以是散斑图、相片、全息干板、波面、条纹图等。形貌检测的传统光学方法一般分为几何法和干涉法两大类。其中，几何法包括三角法、条纹投影法、共焦法等，这些方法通常有较大的测量范围，但它们的距离和深度分辨率不高。下面介绍几种常见的干涉测量方法。

5.2.6.1　数字散斑干涉术

数字散斑干涉形貌测量的实质是利用散斑干涉原理产生类似于投影条纹的一系列相互平行的栅线或空间平行线的等高面，这些栅线或等高面被所测物体表面形貌所调制，通过对这些被空间调制的栅线或等高面的解释得到被测物体的表面形貌信息。从形貌信息的表征手段来看，该技术可分为角散斑和双波长散斑等高技术。

角散斑等高技术是在两次散斑干涉图记录之间，物体的照明几何结构发生变化，从而得到被测物体的形貌信息。目前，研究较多的技术可分为被测物体的偏转和入射光束偏转两种情形。

在图5－23中，激光束经过分束器（Beamsplitter，BS）被分成幅度相等的两束照明光束A和B，这两束光束经各自的反射镜反射后被扩束和准直并入射到被测的物体表面。压电陶瓷驱动器被用来引入相位偏移以实现步进相移技术。CCD摄像机完成数字图像的技术并送到主机用于处理和显示。在两次记录之间物体发生微小偏转 φ_t，两幅图像相减的结果显示在监视器上，产生等高条纹。图5－24所示是偏转光束型双光束数字散斑干涉仪，激光束被准直并通过分束器分成两束照明光束，然后经过反射镜 M_1，M_2，M_3 入射到被测物体表面。它与图5－23中偏转物体型数字散斑干涉仪的最大不同是增加了一个反射镜 M_3，它的作用是当光束在分束镜BS前发生偏转时，M_3 能保证入射到被测物体表面的光束沿同一方向移动。在实际操作中，光束的偏转是通过微移准直透镜L实现的，安装在PZT驱动器上的反射镜完成光束方向的改变并引入步进相移。

5.2.6.2　光学干涉显微法

光学干涉法测量微表面形貌可以分为共光路干涉和分光路干涉。共光路指产生干涉的参考光和测量光走过同样的光程，都从被测面上返回，因此抗干扰较好，主要有Nomarski

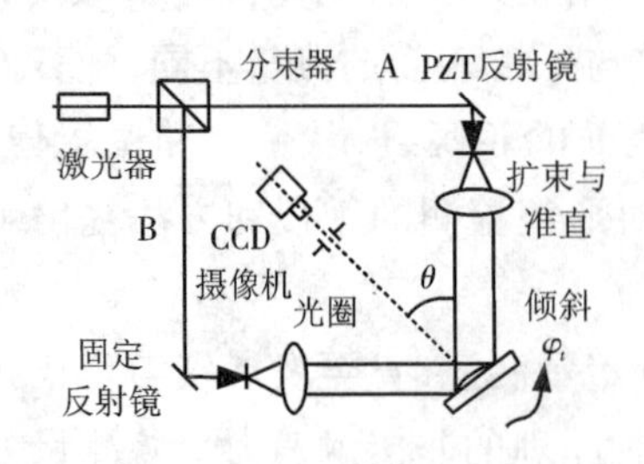

图 5-23 偏转物体型数字散斑干涉仪

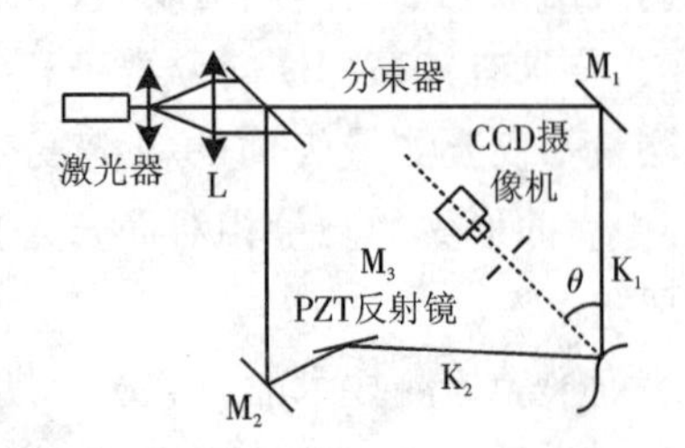

图 5-24 偏转光束型数字散斑干涉仪

微分干涉显微镜和双焦干涉显微镜。

清华大学研制了基于微分干涉相称显微镜的表面显微测量系统。微分干涉相称显微光路结构原理如图 5-25 所示。光源发出的白光经过起偏器后变成线偏振光,经光路转折后进入由两个光轴互相垂直的双折射直角棱镜黏合而成的 Nomarski 棱镜。当来自起偏器的线偏振光第一次通过 Nomarski 棱镜时,在棱镜胶合面上被剪切成振动方向互相垂直的两束分离的线偏振光。当这两束线偏振光由被测物反射并按原路穿过 Nomarski 棱镜时,则被复合。复合光穿过1/4 波片后,在两束光之间产生了恒定的相位差,再穿过检偏器后两束光振动方向相同,满足干涉条件,因此发生干涉。清华大学研制的相移干涉显微测量系统是在微分相称干涉显微镜的基础上,加上波片相移装置和图像采集系统形成的。波片相移装置根据干涉光强与检偏器方位角的线性关系产生等间距满周期的相移。其工作原理:微分相称干涉显微镜形成的干涉图像被成像在 CCD 靶面上,图像采集电路把 CCD 摄像机接收到的图像数字化后送入计算机,并完成一幅干涉图像的采样;计算机控制步进电机驱动检偏器旋转一定的角度以实现对干涉图像的移相,然后图像采集电路完成一幅图像采样。如此依次进行,直到完成所需要的多幅干涉图像的采样,其中的显微镜采用的是 XJC-1 型微分干涉相称显微镜,相移器件为 1/4 波片及检偏器,并采用 36BF-02B 型步进电机带动检偏器旋转来达到更精确的移相精度。

分光路干涉一般可以分为 Michelson, Mirau, Linnik 三种形式。中国科学院上海光学精密机械研究所研制的数字光学轮廓仪选用国产 6JA 型干涉显微镜作为主体,在其参考臂引入 PZT 作为相移器,而目镜部分选用 CCD 作为探测器并有监视器显示干涉图像。国产 6JA 型显微镜源于 Linnik 干涉显微镜。

图 5-26 所示为 6JA 型干涉显微镜光学系统,灯丝 S 发出的光线经聚光镜 O_6 和 O_5 投射到孔径光阑 Q_2 平面上,照明了位于照明物镜 O_7 前面的视场光阑 Q_1,通过照明物镜的光线投射到分光板 T 上,分光板 T 把投射在它上面的光束分成两部分,一部分反射,一部分透射。从分光板 T 反射的光线经物镜 O_1 射向标准反射镜 P_1,再由 P_1 反射,重新通过物镜 O_1 和分光板 T,射向目镜 O_3;从分光板透射的光线,通过分光板 T、补偿板 T_1、物镜 O_2 射向工件的表面 P_2,再由 P_2 反射,重新经过物镜 O_2、补偿板 T_1、分光板 T,射向目镜 O_2,在目镜焦平面上两束光相遇,产生干涉,形成干涉条纹。仪器同时备有干涉滤光片,可以移入或移出光路。S_1 在光路中时,可以从目镜中直接观测干涉条纹。当 S_1 移出光路时,干涉条纹直接成

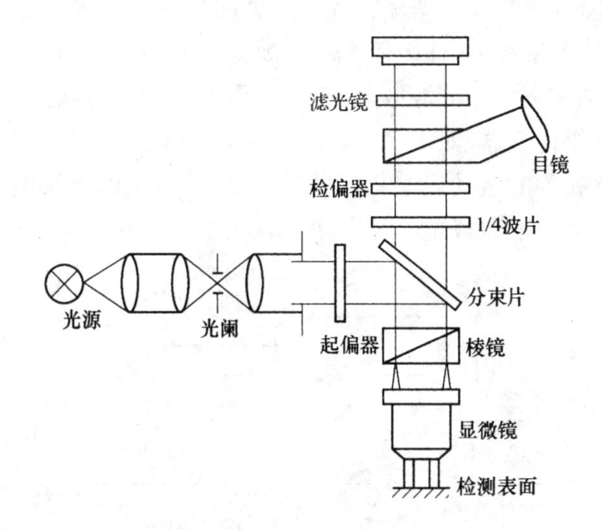

图5-25　微分相称干涉显微光路结构原理

像到照相底片上,现在一般用 CCD 直接接收。上海光机所的数字轮廓仪是在 6JA 型干涉显微镜的基础上,对参考光路进行相移来进行表面粗糙度的检测。PZT 采用开环控制,靠迭代最小二乘拟合相移算法和提出的相移初值确定方法进行标定。

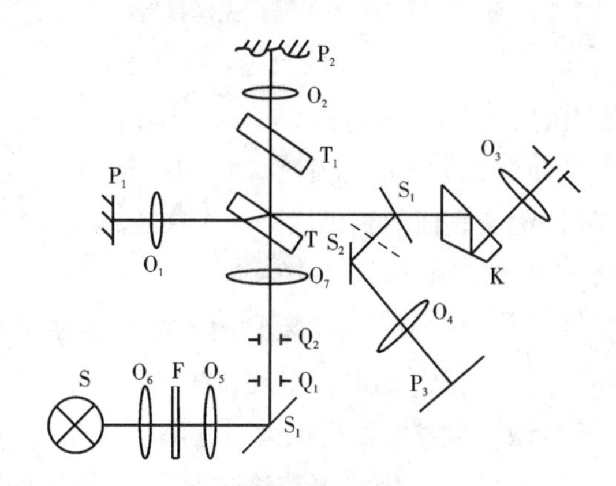

图5-26　6JA 型干涉显微镜光学系统

O_1,O_2—物镜;O_3—目镜;O_4—照相物镜;O_5,O_6,O_7—聚光镜;S_1,S_2,S_3—反射镜;P_1—标准镜;P_2—工件;P_3—照相底片;B—遮光板;T_1—补偿板;T—分光板;S—灯源;F—干涉滤光片;Q_1—视场光阑;Q_2—可变光阑;K—转像棱镜

5.2.6.3　外差干涉法

外差干涉法利用双光束外差干涉原理测量表面形貌。两束干涉光的一束作为测量光束经显微物镜聚集在被测表面上,另一束则作为参考光。采用声光调制器或电光调制器使两束相干光的光波频率产生频差,对两相干光的相位差引入时间调制,用光电探测器检测随时间变化的干涉条纹,再把干涉条纹的光学相位转换成低频电信号的相位,就可用电子相位计进行高精度的测量。在外差术中,消去了直流噪声,提高了图像对比度,使得相位值

的测量精度达到了2π/1 000,即外差干涉光学探针的分辨率可达0.01 ~0.1 nm,精度比传统方法提高了2~3个数量级,并且具有较高的测量速度。但是,外差术对系统硬件要求较为苛刻,它要求探测器带宽大于光波频差,对于点探测器而言,这个带宽较易达到,但对于用数字图像处理的二维传感器,如TV管或CCD数组来说,难以达到带宽要求。此外,该系统对机械振动及扫描机构的运动误差比较敏感,需要更复杂的条纹图电子机械扫描系统。图5-27所示是一种外差干涉型光学探针,其纵向分辨率为0.1 nm,横向分辨率为4 μm。

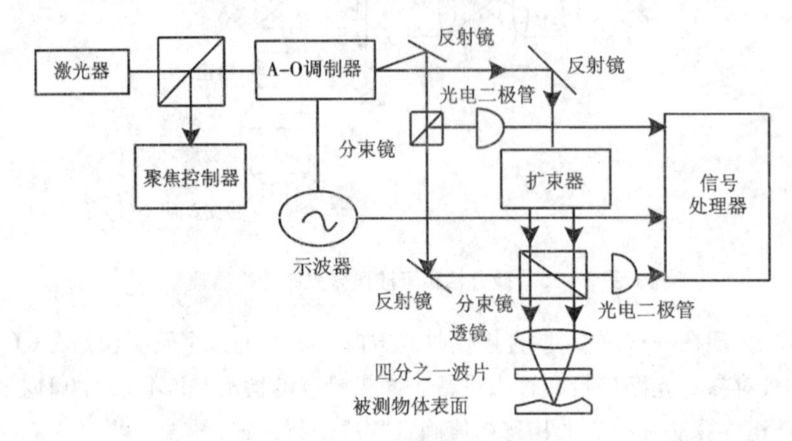

图5-27 外差干涉型光学探针

5.2.6.4 当前表面形貌测量研究热点

上面介绍了表面形貌测量的光学方法的基本原理和结构,虽然现在很多方法已经被实际应用,但是利用光学干涉法测量表面形貌仍然是一个在迅速发展的科学研究领域。当前的研究热点主要集中在以下几个方面。

现代的干涉仪一般用激光作为光源。这主要是由于激光的相干长度长,可以很容易得到干涉条纹,但是同时任何杂散的反射光都会引起寄生的干涉条纹,这些寄生的干涉条纹会导致较大的测量误差,而且激光本身的噪声也会引起测量误差。激光所形成的干涉条纹有着相同的对比度和条纹宽度,一般用相移干涉法对获得的多幅干涉条纹进行处理,通过相应的相移算法得到被测面的三维形貌。但是由于光波振动的周期性,干涉光强中被相位调制的干涉项是被测相位的周期性函数,因此一般情况下只能得到被测相位关于π的模。被测面的相位包裹在三角函数的正切里,为了避免出现相位的不确定性,一般要求表面形貌的深度限定在$\lambda/[2(n-1)]$(透射式测量)或$\lambda/4$(反射式测量)范围内。

为了能够测量深度较大的表面,常常需要选用某一方法解决或部分解决相位的不确定性,以扩大深度测量范围,目前有几种方法可以用来扩大深度测量范围,比如双波长或多波长干涉、白光干涉以及双倾斜因子测量法。

1. 多波长干涉法

根据干涉理论,对于任意结构的表面,如果用波长为λ的光波进行测量,被测表面上任一点的深度h和测出的相位φ之间的关系(对反射式测量)为

$$2h = m\lambda + \frac{\lambda}{2\pi}\varphi \tag{5-105}$$

式中：m 是干涉条纹级次；φ 是测得的相位，且 $\varphi \in [-\pi, \pi]$。

如果 h 较小，干涉级次 $m<1$，那么可以直接用单波长测得的相位 φ 求出被测表面深度 h；但是如果深度较大，干涉级次 m 等于或超过1，那么就无法仅用单波长的测量结果确定真实的深度 h。双波长或多波长测量方法的实质就是利用双波长或多波长测量结果的差异求出干涉级次 m，从而得到被测点的真实深度，达到扩展深度测量范围的目的。

2. 双波长测量方法

双波长测量法是由J. C. Wyant首先提出的，并被用于测量变形非球面。当采用干涉法测量非球面时，如果非球面曲率半径很大，干涉条纹将很密。当条纹密集到一定程度时，干涉条纹的测量变得非常困难甚至不可能。减少干涉条纹的一个办法是使用波长较长的光源，波长增大，干涉条纹间距变大。但是使用长波测量时，测量光路调整困难，图像采集系统缺乏，更为遗憾的是长波不能用于透射测量，这大大限制了它的使用范围。

双波长测量法克服了长波测量的缺陷，它采用两个较短波长的测量结果间接有效地达到长波测量的结果。其基本思想：首先采用波长为 λ_1 的光束进行测量，然后换用波长为 λ_2 的光束（通过更换照明系统中的滤光片实现）再测量一次，利用两次测量得到的 φ_1 和 φ_2 便可计算出被测表面的形貌，其计算公式为

$$h = \begin{cases} \dfrac{\lambda_{eq}}{2}\dfrac{\varphi_2-\varphi_1}{2\pi} + \dfrac{\lambda_{eq}}{2} & \varphi_2-\varphi_1 \in [-2\pi, -\pi] \\ \dfrac{\lambda_{eq}}{2}\dfrac{\varphi_2-\varphi_1}{2\pi} & \varphi_2-\varphi_1 \in [-\pi, \pi] \\ \dfrac{\lambda_{eq}}{2}\dfrac{\varphi_2-\varphi_1}{2\pi} - \dfrac{\lambda_{eq}}{2} & \varphi_2-\varphi_1 \in [\pi, 2\pi] \end{cases} \tag{5-106}$$

式中：λ_{eq} 被称为等效波长。

双波长测量方法虽扩大了深度测量范围，但不能提高测量精度，这是由于双波长测量在扩大测量范围的同时也放大了测量误差。但是这种放大了的测量误差可通过用双波长测量结果校正单波长的测量结果来减小，其思想是将双波长测量结果 h 和单波长测量得到的相位 φ 代入式（5-105）算出干涉级数 m，然后将 m 和 φ 代入式（5-106）算出新的高度。由于计算新高度时使用的是单波长计算公式，测量误差没有放大，因此这个结果比双波长测量结果精确。用双波长测量结果校正单波长测量结果，既扩大了深度测量范围，又保持了单波长测量的精度，提高了双波长测量方法的测量精度。

3. 多波长测量方法

多波长测量方法扩大了深度测量范围，但是随着被测表面越来越深，等效波长要求越来越长。当等效波长很大时，由于误差放大效应，用双波长测量结果校正单波长测量结果将变得越来越困难。为了解决这个问题，可采用三波长或多波长测量方法，其基本思想是用单波长 λ_a，λ_b，λ_c 的相位测量数据来计算相应于最长和最短等效波长 λ_{eql}，λ_{eqs} 的相位数据，然后用这些数据相互校正各等效波长或单波长的测量结果。对于三波长测量方法，λ_a，

λ_b和λ_c(设$\lambda_a < \lambda_b < \lambda_c$)较好的组合是使$\lambda_{eql}/\lambda_{eqs}$和$\lambda_{eqs}/\lambda_b$等于3或4。数据校正分两步进行:首先用$\lambda_{eql}$的测量结果校正$\lambda_{eqs}$,再用$\lambda_{eqs}$的数据校正$\lambda_a$,$\lambda_b$或$\lambda_c$的测量结果。对于更多波长的测量,可采用更多的校正步骤。

4. 可变倾斜因子法

使用倾斜因子扩展深度测量范围的思想是建立在白光显微干涉的干涉条纹间距大于半波长这种倾斜效应的基础上。如果参加干涉的两束光波是平行的,那么干涉条纹之间的间距等于半个波长,但在显微干涉中,由于发生干涉的光波是汇聚的,一个干涉条纹对应的间距已不再精确地等于半个波长,这就是所谓的倾斜效应,其影响可等效为一个倾斜因子OF。为消除倾斜效应对测量的影响,数据处理时光波波长λ应采用倾斜因子校正的有效波长λ_{eff},λ_{eff}和λ之间的关系为

$$\lambda_{eff} = \lambda \cdot OF \tag{5-107}$$

倾斜因子OF是一个综合参数,与光源相干性、照明条件、显微物镜孔径以及被测面的状态等多种因素有关。对于一个实际存在的显微系统,可通过改变孔径光阑的口径来改变倾斜因子的大小,从而达到改变有效波长大小的目的。这种方法实际上就是仿照双波长测量方法,通过在两次测量之间改变显微物镜的倾斜因子达到双波长测量的效果。

其高度计算公式为

$$h = \frac{\lambda_{eq}}{4\pi} \cdot (\varphi_1 - \varphi_2) \tag{5-108}$$

式中:φ_1是第一次测出的相位,对应的倾斜因子是OF_1;φ_2是第二次测出的相位,对应的倾斜因子是OF_2;λ_{eq}是等效波长,由两次测量的有效波长λ_{eff1}和λ_{eff2}决定,且

$$\lambda_{eq} = \frac{\lambda_{eff1} \cdot \lambda_{eff2}}{\lambda_{eff1} - \lambda_{eff2}} = \lambda \cdot \frac{OF_1 \cdot OF_2}{OF_1 - OF_2} \tag{5-109}$$

可以看出,可变倾斜因子法等效于双波长测量法。双波长测量法的两个波长是实际存在的,可变倾斜因子法的两个波长是通过改变倾斜因子模拟得到的,但这两种方法的测量过程及数据处理方法几乎是一样的。

5. 白光干涉法

白光干涉形成的干涉条纹是由各色光干涉图像叠加形成的。被测表面的深度不同,两束光的干涉光强不同,干涉条纹的对比度不同,组成干涉条纹的光谱成分也不同。干涉条纹扫描法扩展深度测量范围的理论根据是被测表面上各点深度不同所形成的干涉光强不同。在双光束干涉显微镜中,如果从分束器到被测表面上某一点的距离等于从分束器到参考面的距离,那么对应的两束干涉光的光程差为零,所形成的干涉光强最小(或最大)。如果用压电陶瓷等微位移驱动器沿着光轴方向移动样品台或参考镜进行扫描,那么干涉图像上每一点的强度将随着变化。在扫描时,如果记录下或计算出被测面上每一点对应的干涉光强达到最小(或最大)时微位移驱动器的位置,那么在完成扫描后整个被测区域的表面形貌就能计算出来。其深度测量分辨率与干涉图像测量系统的分辨率有关,取决于A/D转换器的位数,可达纳米量级,而测量精度则取决于微位移驱动器。恰当的数据处理方法也可以提高分辨率以及测量精度。

5.2.7　激光瞬态干涉仪

以迈克尔孙干涉仪为代表的经典干涉仪至今还是最精密的干涉测量仪器,可用于光学元件加工检验、材料均匀性检测及其他光学特性的测试,基本上属于静态过程的测试。而对于研究像火箭燃气射流场、爆炸流场等恶劣环境条件下瞬态流场时,经典干涉仪就力所不及了。

随着现代科学技术的发展,对瞬态过程的研究至关重要。在航天航空、能源、兵器等工程领域的一些瞬态过程,如火箭喷流、爆炸、高速燃烧、膛口流场等都迫切需要定量测试研究。这些瞬态过程具有以下特点:①速度高,变化迅速;②过程持续时间短,一般为毫秒量级,甚至有的达到微秒量级;③参量不仅随时间变化,而且空间分布复杂;④环境恶劣,常伴随强振动、强冲击和高温等。为此,研究者提出了以干涉测试为基础,将脉冲激光技术、现代干涉计量原理和高速摄影或瞬态记录技术相结合而形成的新型瞬态干涉测试系统,从而满足瞬态过程的各种测试要求。

5.2.7.1　大口径长程F-P型干涉仪

这里介绍一种能用于瞬态过程测试的激光瞬态干涉仪——共光路干涉仪。这是一种具有单通路、抗强干扰、易于做成大口径的适用于瞬态测试的干涉仪。

平行平面镜结构的F-P型干涉仪是一种高精度、高灵敏度的共光路干涉仪,可推广应用到瞬态测试中去,然而在设计思想上需改变传统的关于F-P标准具的局限。首先为了获得足够的信号光强度,必须降低平行平面镜的反射率,提高整机的透过率;其次为了适应瞬态流场高温、强振动等的测试环境,必须增大干涉腔长,使两平行平面镜的距离可达10~30 m。这样就可在两镜之间建立带窗口的隔离实验室,在真实瞬态过程中保证仪器和人员的安全。同时,干涉仪的口径必须做得足够大,以满足大范围的被测流场需求。

瞬态干涉测试要求曝光时间很短,设计要求干涉仪具有较高的透过率以有利于曝光量的增强,但透过率过高,两平面镜的反射率就会很低,条纹锐度和对比度就差,这三者是矛盾的。因此,要根据实际要求选择合适的透过率。

在等厚条纹型F-P干涉仪中,入射的多束相干波面,只是在两镜内表面间来回反射,经过两平面镜基板的光程都是一次,因而由两平面镜材料自身的光学不均匀性带来的波面畸变或相位变化是完全相同的,使得这种等厚型F-P干涉仪对干涉镜有差分干涉消材料均匀性误差的作用,故对材料自身均匀性要求不高,仅对镜面的平面度要求高,相较于泰曼-格林干涉仪和马赫-曾德尔干涉仪,更容易加工成大口径的高精度干涉仪。

5.2.7.2　瞬态干涉图的记录

瞬态干涉图的记录方式可分为间接法和直接法。间接法类似于高速摄影的方法,通过高速记录装置,把瞬态干涉图记录在高速底片或者全息干板上,这种方法不是实时的,要定量分析干涉图,需要对底片进行放大或者翻拍等处理过程,但可以实现对同一瞬态过程的时间序列采样。直接法是利用CCD摄像机,直接记录干涉图并在屏幕上实时显示,但幅数少。

瞬态干涉图的记录要求和普通高速摄影基本相同,如瞬态曝光(即充分短的曝光时间)、高的幅频(即序列多幅)等。但全息干涉图的高速记录方式则完全不同,因其带有参考光束,若不是实时全息干涉,则不能直接利用普通高速摄影装置,目前此问题尚待进一步的解决。

在不同的情况下,瞬态干涉图的记录方式各有不同。

(1)当用序列脉冲激光作为激光瞬态干涉仪的光源时,一般采用扫描式高速摄影仪来记录时间序列干涉图。

(2)由连续激光产生的干涉图,可由分幅式高速摄影仪来记录。它要求干涉仪的光源和分幅式高速摄影仪的入射光瞳是光学共轭以及所研究的区域成像在胶片的感光层上。

(3)对几十纳秒超快过程的记录一般采用偏振光编码分幅摄影技术和光延迟多方向分幅摄影技术来实现。

5.2.7.3 瞬态脉冲波前高精度干涉检测系统

惯性约束聚变系统对激光波前的要求非常高,但是由于其激光脉冲时间短、能量高、畸变量大,通常的波面检测方法不能很好地检测激光波前。浙江大学现代光学仪器国家重点实验室提出了一种可用于瞬态激光波前实时检测的径向剪切干涉体系及数据处理技术。该系统可以以 30~150 mm 的圆瞳和方瞳口径,对纳秒级脉宽的近红外脉冲激光实现共路、无参考面的高精度测量;系统的波前重构理论经过计算机仿真验证,仿真精度超过 $1/1\,000\lambda$;将该系统检测结果与 ZYGO 数字波面干涉仪进行了比对,检测结果均方根值优于 $1/15\lambda$,并有很好的重复性。目前,该系统已在惯性约束聚变系统中使用,并得到了高精度的测量结果。

1. 瞬态波前径向剪切干涉原理及数据处理流程

瞬态波前径向剪切干涉系统原理及数据处理流程如图 5-28 所示。环形径向剪切系统由分光板 S、反射镜 M_1 及 M_2 和一个伽利略系统组成,其中伽利略系统产生的虚焦点可以防止高能激光产生电离,并有利于系统装调。图中,被测波前经分光板分成两路进入由一伽利略望远系统构成的环形径向剪切干涉系统,透射光路(虚线)经 S—M_2—M_1—L_2—L_1 直接透过分光板,由于 $f_1' > f_2'$,形成扩束光束;而经分光板反射的一路光束(实线)逆向传播后再由分光板反射形成缩束光束。至此,两扩缩束光束形成径向剪切波面 $\varphi_0(\rho,\theta)$:

$$\varphi_0(\rho,\theta) = W(\rho,\theta) - W(\beta\rho,\theta) \tag{5-110}$$

式中:W 为被测波前;ρ 和 θ 为极坐标的极径和极角;β 为径向剪切比,且 $\beta = f_2'/f_1'$。

此时,分光板 S 的倾斜角度 α 就决定了空间相位调制载波的大小 f_0,这是一种线性载波方式,剪切波面信息便加载到了载波上,该带有线性载波的条纹信息经成像系统成像在 CCD 上,图像采集系统将灰度信号转换成数据量送入计算机,得到径向剪切干涉图的数据。

通常,干涉图的强度分布可表示为

$$i(x,y) = a(x,y) + b(x,y)\cos[2\pi f_0 x + \varphi(x,y)] \tag{5-111}$$

式中:$a(x,y)$ 和 $b(x,y)$ 为光强变量;$\varphi(x,y)$ 为由干涉图所表征的相位信息;f_0 为由两个波前的倾角 θ 决定的空间载波频率,且 $f_0 = \sin\theta/\lambda$。

空间载波频率 f_0 的引入,可以有效地抑制噪声,提高信噪比。f_0 的选择从理论上来讲,上限受奈奎斯特采样定理限制,下限受被检波前经傅里叶变换在频谱面上产生的一级谱宽

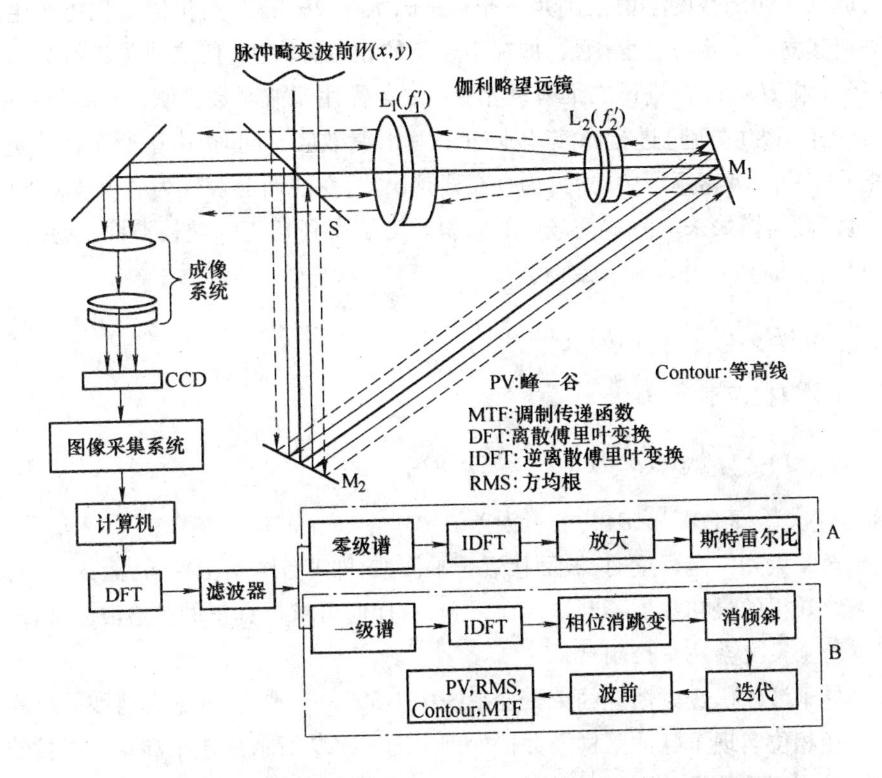

图5-28　瞬态波前径向剪切干涉系统原理及数据处理流程

度限制。同时,f_0 的增大可以提高承载信息的能力,但会影响测量精度。所以,选择合适的 f_0 是很重要的。

根据全息理论式(5-111)可写为

$$i(x,y)=a(x,y)+c(x,y)\exp(\mathrm{j}2\pi f_0x)+c^*(x,y)\exp(-\mathrm{j}2\pi f_0x) \tag{5-112}$$

式中:$c(x,y)=\frac{1}{2}b(x,y)\exp[\mathrm{j}\varphi(x,y)]$;* 表示取共轭复数。

$i(x,y)$ 对 x 的傅里叶变换为

$$I(f,y)=A(f,y)+C(f-f_0,y)+C^*(f+f_0,y) \tag{5-113}$$

式中:右边第一项为未经波面调制的背景光,第二及第三项为含有相位信息中心在 $\pm f_0$ 处的频谱。利用带通滤波器取出正一级分量,运用傅里叶变换平移定理,将一级频谱移至中心并作傅里叶逆变换,得

$$c(x,y)=\mathscr{F}^{-1}\{C(f,y)\} \tag{5-114}$$

即得到剪切波面相位为

$$\varphi_0(x,y)=\arctan\left\{\frac{\mathrm{Im}[c(x,y)]}{\mathrm{Re}[c(x,y)]}\right\} \tag{5-115}$$

式中:Im 和 Re 表示取复数的虚、实部。

式(5-112)至式(5-114)的过程即完成了图5-28中离散傅里叶变换→滤波→移频→提取一级谱→逆离散傅里叶变换的处理过程。由于剪切波面相位是用傅里叶变换的反

正切求得，而反正切函数的主值范围是 $-\pi \sim +\pi$，大于 2π 的波面相位变化将产生相位跳变，所以需要建立一个相位补偿函数，加在不连续的相位分布上，使之成为连续分布。由于干涉图孔径有限，$i(x,y)$ 在进行二维傅里叶变换之前需用滤波函数汉明(Hamming)函数(圆瞳)或二维三角函数(方瞳)进行滤波，以防止频率泄漏效应。同时，由于所有计算量都是离散的，在把 $C(f-f_0,y)$ 移频到中心时，仍存在移频误差，在波面上表现为一个微小的倾斜，所以需要通过消倾斜模块来消除剪切波面的倾斜。为了得到真正的被检波面，应用迭代算法将式(5-110)不断乘 β 并求和，最终得

$$\sum_{i=0}^{n} \varphi_0(\beta^i \rho,\theta) = W(\rho,\theta) - W(\beta^{n+1}\rho,\theta) \tag{5-116}$$

于是，得到被检波前

$$W(\rho,\theta) = \sum_{i=0}^{n} \varphi_0(\beta^i \rho,\theta) + W(\beta^{n+1}\rho,\theta) \tag{5-117}$$

式中：n 为迭代次数；$W(\beta^{n+1}\rho,\theta)$ 为测量误差。

当迭代至 n 大到一定程度时，波面接近于平面波，即 $W(\beta^{n+1}\rho,\theta)\to 0$，而 $\varphi_0(\beta^i\rho,\theta)$ 可通过由干涉条纹获得的最初数据不断迭代而得到，这样便可求得真正的被检波面 $W(\rho,\theta)$。

2. 惯性约束聚变系统中检测结果

该近红外干涉仪已经对惯性约束聚变系统中 1 053 nm 波段、脉宽为纳秒量级的近红外激光波前畸变相位实现了脉冲采样及数据处理。图 5-29 所示是该干涉仪在惯性约束聚变系统中实际检测到的数据。图 5-29(a)为干涉仪测得的径向剪切干涉图；图 5-29(b)为按图 5-28 中 B 框图部分处理而恢复出来的惯性约束聚变系统中瞬态激光脉冲波面相位的三维分布；图 5-29(c)为按图 5-28 中 A 框图部分处理而恢复出来的惯性约束聚变系统中瞬态激光的振幅分布。该系统仅通过一幅干涉图就可以以极高精度恢复出激光波前相位和振幅，给出激光的波前相位三维图形、等高图、波前畸变的峰谷值、均方根值、均方根梯度值和激光束的斯特雷尔(Strehl)比等，同时还可以给出系统的调制传递函数、点扩展函数等系统参量。系统良好的抗干扰性、重复性和稳定性为脉冲波前的检测和校正提供了可靠的数据依据。

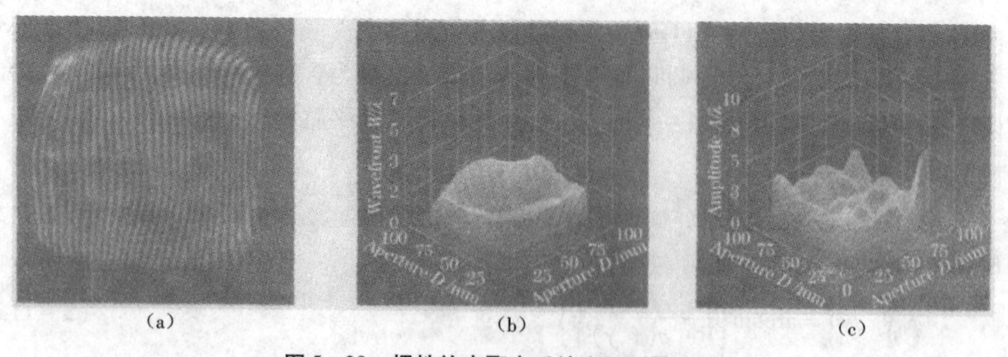

图 5-29　惯性约束聚变系统实际测量结果

(a)干涉图　(b)被测激光波面相位　(c)被测激光振幅

思考题

1. 如何理解光场的时间相干性和空间相干性？光源的单色性和几何尺寸对光场的时空相干性有何影响？在具体的实验中，怎样判断一个光源的时间相干性和空间相干性？

2. 从普通光源获得空间相干性较好的光场，最简单的办法是什么？

3. 说明互相干函数 $\Gamma_{12}(\tau)$ 的物理意义。如何利用杨氏干涉条纹测量准单色波场某两点之间的复相干度 $\gamma_{12}(\tau)$？

4. 假设照明迈克尔孙干涉仪的光源发出波长为 λ_1 和 λ_2 的两个单色光波，$\lambda_2=\lambda_1+\Delta\lambda$，且 $\Delta\lambda \ll \lambda_1$，这样当平面镜 M_1 移动时，干涉条纹呈周期性地消失和再现，从而使条纹可见度作周期性的变化。试求：①条纹可见度随光程差的变化规律；②相继两次条纹消失时，平面镜 M_1 移动的距离 Δh；③对于钠灯，设 $\lambda_1=589.0$ nm 和 $\lambda_2=589.6$ nm 均为单色光，求 Δh 值。

5. 观察迈克尔孙干涉仪，看到一个由同心明、暗环所包围的圆形中心暗斑。该干涉仪的一个臂比另一个臂长 2.5 cm，且 $\lambda=500$ nm，试求中心暗斑的级数以及第六个暗环的级数。

6. 用白光点光源直接照明迈克尔孙干涉仪时，为什么很难找到干涉条纹？如何解决这个问题，白光干涉有何意义？

7. 能否用迈克尔孙干涉仪测量透明介质薄板或液体的折射率？如果能，试设计出相应的测量光路并讨论其测量原理。

8. 试述利用迈克尔孙干涉仪实现光位相调制的原理，并给出一个应用实例。

9. 已知汞绿线的超精细结构为 546.075 3 nm，546.074 5 nm，546.073 4 nm，546.072 8 nm。用 F-P 标准具分析这一结构时应如何选取标准具的间距？（设标准具面的反射率为 0.9）。

10. F-P 干涉仪常用来测量波长相差较小的两条谱线的波长差。设干涉仪两板的间距为 0.5 mm，它产生的 λ_1 谱线的干涉环系中第二环和第五环的半径分别为 3 mm 和 5 mm，λ_2 谱线的干涉环系中第二环和第五环的半径分别为 3.2 mm 和 5.1 mm，两谱线的平均波长为 550 nm，试决定两谱线的波长差。

11. 简述激光散斑干涉中散斑产生的两个条件。

12. 为什么在光源较弱的红外光谱区，傅里叶变换法占据统治地位？傅里叶光谱仪的分辨率由什么决定，能不能达到无限大？

参考文献

[1] 郁道银，谈恒英. 工程光学[M]. 北京：机械工业出版社，1998.

[2] 方强，陈加璧. 全息散斑计量学[M]. 北京：科学出版社，1995.

[3] 景超. 电子散斑剪切——相移干涉术的研究[D]. 天津：天津大学，2006.

[4] BEHEIM G, FRITSCH K. Fiber-linked interferometric pressure sensor[J]. Review of Scientific Instruments, 1987, 58(9):1655-1659.

[5] BOSSELMANN T. Multimode fiber coupled white-light interferometric position sensor[C]. Optical Fiber Sensors, NATO ASI Series. Series E: Applied Sciences, 1987(132): 429-432

[6] 张靖华,王春华.光源功率谱对白光干涉测量的影响[J].光学技术,1997(5):30-35.

[7] DELISLE C, CIELO P. Application de la modulation spectrale a la transmission de l' information[J]. Canadian Joumal of Physics, 1975, 53(11): 1047-1053.

[8] 唐锋.白光干涉法保偏光纤偏振耦合测试及其应用[D].天津:天津大学,2005.

[9] HUANG D, SAWANSON E A, LIN C P, et. al. Optical coherence tomography[J]. Science, 1991,254(5035):1178-1181.

[10] 朱永凯,赵宏,王昭. 基于谱分析的高分辨率白光 OCT 的研究[J]. 半导体光电,2006,27(3):337-341.

[11] 殷纯永.现代干涉测量技术[M].天津:天津大学出版社,1999.

[12] 金锡哲.干涉成像光谱技术研究[D].长春:中国科学院长春光学精密机械与物理研究所,2000.

[13] 杜述松,王咏梅,王英鉴.空间应用干涉成像光谱仪的研究[J].光学仪器,2008,30(3):77-82.

[14] 简小华,张淳民,祝宝辉,等.利用偏振干涉成像光谱仪进行偏振探测的新方法[J].物理学报,2008, 57(12):7565-7570.

[15] 杨军,刘志海,苑立波.波片对偏振激光干涉仪非线性误差的影响[J].光子学报,2008, 37(2):364-369.

[16] 包学诚,周志尧. 非接触式表面微观形貌光学测量技术的进展[J].现代科学仪器,1999(6):8-10,

[17] 高志山,陈进榜,表面微观形貌的显微干涉检测原理及干涉显微镜发展现状[J].光学仪器,1999,21(6):36-42.

[18] 许谊,徐毓娴,惠梅,等. 微分相衬干涉显微镜定量测量表面形貌[J].光学精密工程,2001,9(3):221-230.

[19] JOENATHAN C, PFISTER B, TIZIANI H J. Contouring by electronic speckle pattern interferometry employing dual beam illumination[J]. Applied Optics, 1990(29): 1905-1911.

[20] PAOLITTI D, SPAGNOLO G S. Automatic digital speckle pattern interferometry contouring in artwork surface inspection[J]. Optical Engineering, 1995,32(6):1348-1353.

[21] 卓永模,杨甬英,徐敏,等. 双焦干涉表面微观轮廓检测[J].仪器仪表学报,1993,14(2):148-153.

[22] 罗忠生,杨建坤,张美敦,光学外差法检测超光滑表面粗糙度[J].上海交通大学学报,1999,33(1):53-56.

[23] WYANT J C. Use of an ac heterodyne lateral shear interferometer with real-time wavefront correction systems[J]. Applied Optics, 1975, 14(11): 2622-2626.

[24] CHENG-CHUNG HUNAG. Optical heterodyne roughness measurement system[J]. United States Patent, 1989(4):848,908.

[25] YEOU-YEN CHENG, WYANT J C. Multiple-wavelength phase-shifting interferometry [J]. Applied Optics, 1985, 24(15): 804-807.

[26] KATHERINE CREATH, YEOU-YEN CHENG, WYANT J C. Contouring aspheric surface using two-wavelength phase-shifting interferometry[J]. Optica Acta, 1985, 32(12): 1455-1464.

[27] 张红霞. 用于微表面形貌检测的纳米级白光相移干涉研究及仪器化[D]. 天津:天津大学,2004.

[28] 贺安之,阎大鹏. 激光瞬态干涉度量学[M]. 北京:机械工业出版社,1993.

[29] 刘东,杨甬英,夏佐堂,等. 近红外瞬态脉冲波前高精度干涉检测技术[J]. 光子学报,2006, 26(9):1372-1376.

第6章　光电衍射检测技术与系统

6.1　激光衍射检测原理

衍射是波在传播途中遇到障碍物而偏离直线传播的现象。光学中的衍射现象早被人们所熟知，由于光的波长较短，只有当光通过很小的孔或狭缝，很小的屏或细丝时才能明显地观察到衍射现象。激光出现以后，其高亮度、相干性好等优点使光的衍射现象得到了广泛的应用。1972年，加拿大国家研究所的T. R. Pryer提出了激光衍射检测方法。这是一种利用激光衍射条纹的变化来精密测量长度、角度、轮廓的一种全场检测方法。这种方法与干涉检测法、全息检测法、莫尔条纹法相比，具有简单、快速、精密以及价廉的优点。因此，多年来受到各方面的重视，逐步发展为一种专门的检测技术学科。

激光衍射检测的基本原理是激光下的夫琅禾费衍射效应。图6-1所示是衍射检测的原理图。

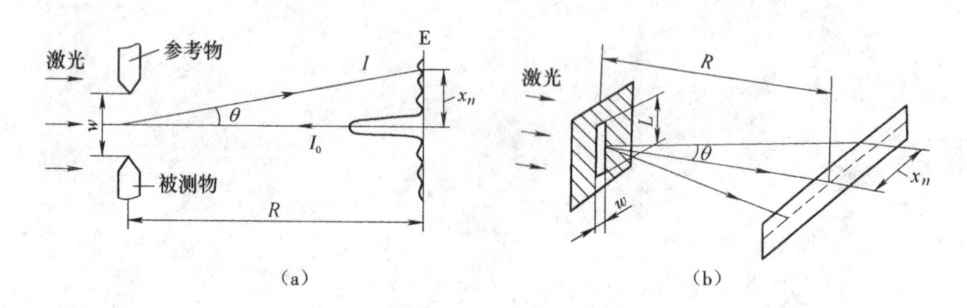

图6-1　衍射检测基本原理图

(a)计量原理　(b)等效衍射

衍射检测是利用被测物与参考物之间的间隙所形成的远场衍射来完成的。当激光照射被测物与参考的标准物之间的间隙时，就相当于单缝远场衍射。当入射平面波的波长为λ，入射到长度为L，宽度为w的单缝上($\lambda < w < L$)，并与观察屏距离$R \gg w^2/\lambda$时，在观察屏E的视场上将看到十分清晰的衍射条纹。这时，在观察屏E上的衍射条纹光强分布为

$$I = I_0 \frac{\sin^2\beta}{\beta^2} \tag{6-1}$$

式中：$\beta = \frac{\pi w}{\lambda}\sin\theta$，$\theta$为衍射角；$I_0$是$\theta = 0°$时的光强，即光轴上的光强度。

式(6-1)说明衍射光强是随$\sin\beta$的平方而衰减的，衍射条纹是平行于单缝方向的。

当$\beta = \pm\pi, \pm 2\pi, \pm 3\pi, \cdots, \pm n\pi$时，出现一系列$I = 0$的暗条纹。利用暗条纹作为测量指标，就可以进行检测。

因为$\beta=\frac{\pi w}{\lambda}\sin\theta$，对暗条纹则有

$$\frac{\pi w}{\lambda}\sin\theta=n\pi$$

即

$$w\sin\theta=h\lambda\quad(n=1,2,3,\cdots)\tag{6-2}$$

当θ不大时，从远场条件有

$$\sin\theta\approx\tan\theta=\frac{x_n}{R}$$

式中：x_n为第n级暗条纹中心距中央零级条纹中心的距离（见图6-1）；R为观察屏距单缝平面的距离。

因此，式(6-2)可以写成

$$w\frac{x_n}{R}=n\lambda$$

最后写成

$$w=\frac{Rn\lambda}{x_n}\tag{6-3}$$

式(6-3)就是衍射检测的基本公式。检测时已知λ和R(或f)，数出n，测量x_n，由式(6-3)就可计算出w的精确尺寸，这就是衍射检测的基本原理。

如图6-1(a)所示，当被测物尺寸改变δ时，相当于狭缝尺寸w改变δ，衍射条纹的位置随之改变，由式(6-3)，则

$$\delta=w-w_0=n\lambda R\left(\frac{1}{x}-\frac{1}{x_0}\right)\tag{6-4}$$

式中：w_0，w分别为起始缝宽和最后缝宽；x_0，x分别为起始时衍射条纹中心位置和变动后衍射条纹中心位置（条纹n不变）。

由一个狭缝边的位置用式(6-4)就可以推算另一边的位置。这意味着被测物尺寸或轮廓完全可以由被测物和参考物之间的缝隙所形成的衍射条纹位置来确定。

6.2　激光衍射计量技术

6.2.1　激光衍射计量技术基本方案及其分析

利用衍射条纹进行精密测试，其基本方法归纳起来可分为两大类：

(1)记录固定点衍射强度的方法（图6-2(a)中的A和B点）；

(2)记录衍射分布特征尺寸（指衍射分布极值点之间的距离或角度大小）的方法（图6-2(b)中的t）。

为选择上述测量方法的一种作为仪器的最完善方案，必须从测量要求的灵敏度、尺寸变化的动态范围、线性、被测物体可能的空间位置变化等方面对上述两类基本方法进行分

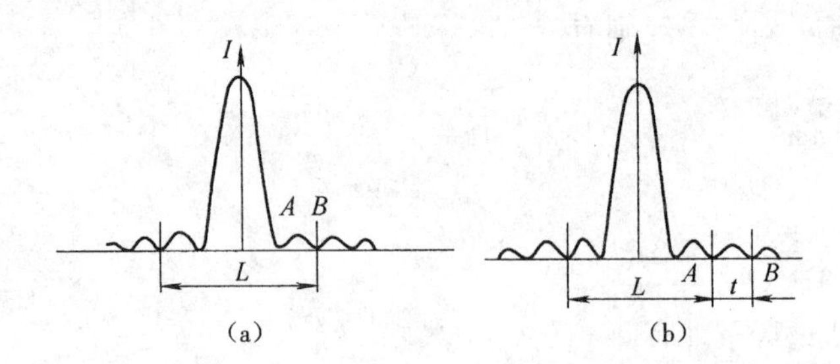

图 6-2 衍射光强分布的记录方法

(a)记录固定点衍射强度 (b)记录衍射分布特征尺寸

析,得到应用可能性的合理结论。

下面就以狭缝作为被测物体,对上面两种方法做全面的分析。

(1)记录固定点衍射强度的方法,在记录点(即衍射角 θ 为常数的点),设被测物尺寸为 ω,$I'=\dfrac{I_0}{\omega}$ 为正比于激光功率的光强度,则由工程光学的知识可以得到,ω 与最大灵敏度的关系式:

$$S(w)|_{\theta=\theta_i}=2I'w\sin(\pi k_i)/(\pi k_i) \tag{6-5}$$

式中:$k_i=1.430,2.459,3.470,\cdots(i=1,2,3,\cdots)$。

式(6-5)的结论是:①灵敏度随 ω(被测物尺寸)的减少而变小,影响小尺寸的精密测量;②灵敏度随 I'增大而变小,即记录点远离衍射中心时,灵敏度变小,因而希望记录传感器尽量靠近中心极大值处;③灵敏度与激光功率有关,要求功率稳定的激光器与限制被测物体的空间位移。

对于第一种基本方案的动态范围,同样可由工程光学的知识知道,设动态范围为 Δw,则

$$\Delta w=\frac{\lambda}{2\sin\theta} \tag{6-6}$$

式(6-6)说明,当 θ 增大(衍射级次增加)时,动态范围减小,因此接近中央零级处具有最大的动态范围。

在实际应用中使用第一种方法进行测量时,考虑到动态范围和灵敏度都必须在适当的范围内,而这个范围又较小,仪器将十分复杂。因此,出现了第二种测量基本方案。

(2)记录衍射分布特征尺寸的方法,通常是用最小强度(暗纹)之间的角度 θ_{mn} 来表示,即

$$\theta_{mn}=|\arcsin m\lambda/w-\arcsin n\lambda/w| \tag{6-7}$$

式中:m,n 分别表示二维衍射条纹极小值的衍射级次,$m,n=\pm1,\pm2,\pm3,\cdots$。

由工程光学知识,可以得到如下结论:①测量灵敏度随被测尺寸的减小而很快增加,而且,衍射级次大,更为有利;②灵敏度与激光强度无关,不要求功率稳定,而且允许被测物体空间移位而不影响测量。

以上的分析表明,测衍射条纹的间距比测衍射条纹的光强在方法上有利得多。而且从

式(6－7)看出，记录的角度尺寸 θ_{mn} 与 ω 的关系是单调函数，因而测量范围原则上不受限制。目前在实际应用中得到发展的技术方案大多属此种基本方案。

6.2.2　激光衍射计量技术具体方法及其分析

上节提到，激光衍射计量技术主要分为两种方法，而由于种种原因在实际应用中得到发展的技术方案大多属于第二种方案，这些技术方案归纳起来主要有：间隙计量法、反射衍射法、分离间隙法、互补测定法、爱里圆测定法。

下面就这些方法，详细介绍其计量原理、计算公式以及应用特点。

6.2.2.1　间隙计量法

间隙计量法是衍射技术的基本方法，本节将详细介绍，其主要适合于三种用途，如图6－3所示。

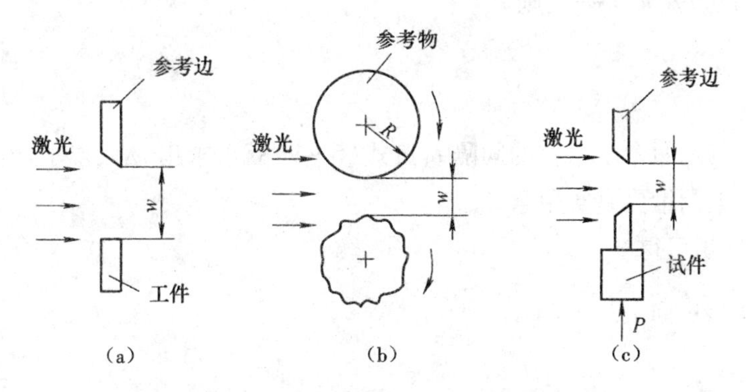

图6－3　间隙计量法的应用

(a)作尺寸的比较测量　(b)作工件形状的轮廓测量　(c)作应变的传感器使用

间隙法作比较测量时(见图6－3(a))，先用标准尺寸的相对参考边的间隙作为零位，然后放上工件，测定间隙的变化量而推算出工件尺寸。间隙法作轮廓测量时(见图6－3(b))，同时转动参考物和工件，由间隙变化得到工件轮廓相对于标准轮廓的偏差。间隙法用作应变传感器时(见图6－3(c))，当试件上加载 P 时，由单缝的尺寸变化，用衍射条纹的自动监测来反映应变量。这三种用途的基本装置如图6－4所示，其中1表示激光器；2表示柱面扩束透镜，用以获得一个亮带，并以平行光方式照明狭缝；狭缝是由工件3与参考物4所形成；5表示成像物镜；6表示观察屏或光电器件接收平面；7表示微动结构，用于衍射条纹的调零或定位。由于采用激光作为光源，柱面透镜作为聚光镜，光能高度集中在狭缝上，因此能获得明亮而清晰的衍射条纹，当 $R\gg 2w/\lambda$ 时，观察屏离开工件较远，这时还可取消物镜5，直接在观察屏6上测量衍射条纹。观察屏上的衍射条纹可直接用尺测量，也可用照相记录测量或光电测量。

间隙法的计算可按式 $w=\dfrac{n\lambda R}{x_n}$ 进行，测量 x_n 来计算 w，但更方便的计算是设

$$\frac{x_n}{n}=t \tag{6-8}$$

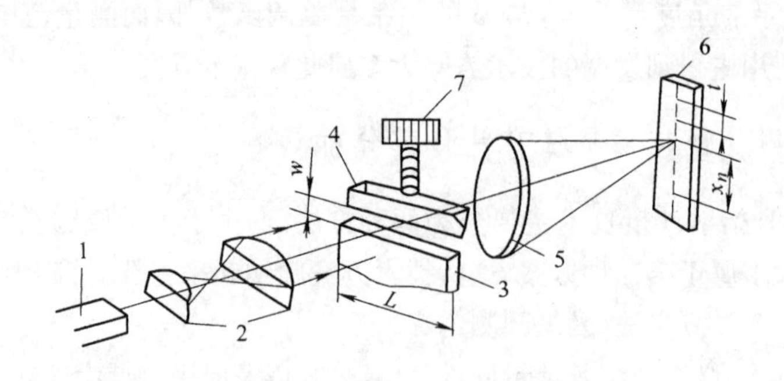

图 6-4 间隙计量法的基本原理图

式中:t 为衍射条纹的间隔。

将式(6-8)代入式 $w=\frac{n\lambda R}{x_n}$,则

$$w=\frac{R\lambda}{t} \tag{6-9}$$

已知 R 和 λ,测定两个暗条纹的间隔 t,按式(6-9)就可求出 w。这对于生产具有实际意义,特别是对光电测量更有实用意义。

由工程光学知识可得

$$w\sin\theta=(2n+1)\frac{\lambda}{2}$$

计算得表 6-1。

表 6-1 远场衍射条纹的位置及光强

衍射级 / 亮条纹位置、强度	$n=\pm1$	$n=\pm2$	$n=\pm3$	$n=\pm4$
$w\sin\theta$ 的近似位置	$\pm1.5\lambda$	$\pm2.5\lambda$	$\pm3.5\lambda$	$\pm4.5\lambda$
$w\sin\theta$ 的严格位置	$\pm1.43\lambda$	$\pm2.46\lambda$	$\pm3.47\lambda$	$\pm4.48\lambda$
条纹光强	$0.047I_0$	$0.017I_0$	$0.008I_0$	$0.005I_0$

表 6-1 中的结果说明:

(1)条纹级次越高,实际测得的条纹位置与理论上的条纹位置越趋于一致;

(2)各级衍射条纹的间隔是近似等距的,$n=4$ 时误差为 $0.02\lambda(\lambda/50)$,此误差很小,可以略去,因此直接测定条纹间隔用式(6-9)计算是精确的;

(3)随着衍射级次的增加,亮条纹的光强迅速衰减,只有利用功率的激光器才能获得高级次的衍射条纹。

间隙法作移位和应变测量时,有以下两种基本计量方法。

(1)绝对法位移或应变值 δ 相当于 w 的变化值,即:

$$\delta = w - w' = \frac{n\lambda R}{x_n} - \frac{n\lambda R}{x'_n} = nR\lambda\left(\frac{1}{x_n} - \frac{1}{x'_n}\right) \tag{6-10}$$

测量位移前后 n 级衍射条纹中心距中央零级条纹中心的位置 x_n 及 x'_n 就可以求得位移量。

(2)增量式,即:

$$\delta = w - w' = \frac{n\lambda}{\sin\theta} - \frac{n'\lambda}{\sin\theta} = (n - n')\frac{\lambda}{\sin\theta} = \Delta N\frac{\lambda}{\sin\theta} \tag{6-11}$$

式中:$\Delta N = n - n'$。

测量 $\Delta N = n - n'$的方法是首先通过某一固定的衍射角 θ 来记录条纹的变化数,再通过对干涉条纹的计数得到。

在实际问题中,间隙测量法应用十分广泛。

(1)可以精确测量金属线的膨胀系数。设波长为 λ 的单色平行光垂直入射到宽度为 b 的单狭缝上,透镜 L 使单狭缝衍射图案成像在其焦平面 H 上,根据单狭缝衍射的半波带理论,对于远场衍射,暗条纹出现的条件为:

$$b\sin\theta = k\lambda \tag{6-12}$$

由于 θ 较小时,对于远场($L \gg b^2/\lambda$)有:

$$\sin\theta \approx \tan\theta = x_k/L \tag{6-13}$$

式中:x_k为第 k 级暗条纹中心到中央主极大中心的距离;L 为单狭缝到光屏的距离。

所以,由式(6-12)和式(6-13)得

$$b = kL\lambda/x_k \tag{6-14}$$

根据式(6-14),若已知 λ 和 L,读出 k,测出 x_k即可计算出狭缝宽 b 的值。

测量膨胀系数的原理如图6-5所示。先以第三级暗条纹作为标准,用测微仪直接测定纹间距 x_k后,即可计算出 b 的值。

将装置在加热器中的铜棒一端固定,另一端和参考物构成一个缝宽可随铜棒温度变化而变化的单狭缝。在光屏上产生对应条纹移动,由于铜棒因温度变化而导致的长度变化 Δl 与缝宽变化 Δb 相同,即

$$\Delta l = \Delta b = b_n - b_{n+1}$$

调节测微仪,根据光探测器接收到的光强大小,判定条纹中心位置。当光强最大时即对应单狭缝中央亮条纹中心,可把它选为原点。

(2)用间隙法测薄膜厚度。其测量思路如图6-6所示,通过测量有无薄膜两种状态下轧辊和参考刃边形成的狭缝的宽度,间接测量出薄膜的厚度。实验装置中的氦氖激光器发出波长为632.8 nm的激光,此激光经过光学平台上试件的准直、扩束等处理,形成平行光束,照射到试件平台的狭缝上,产生衍射,衍射光束经过成像透镜,最终照射到光电接收器件 CCD 上,CCD 将接收到的光信号转换为电信号传输到计算机的图像采集卡上,采集卡将传输来的模拟电信号转换为数字信息传入计算机,计算机再将图像信息采集到内存进行处理,运行事先编辑好的图像处理程序对内存中的图像进行处理,得到计算结果,计算出薄膜厚度。

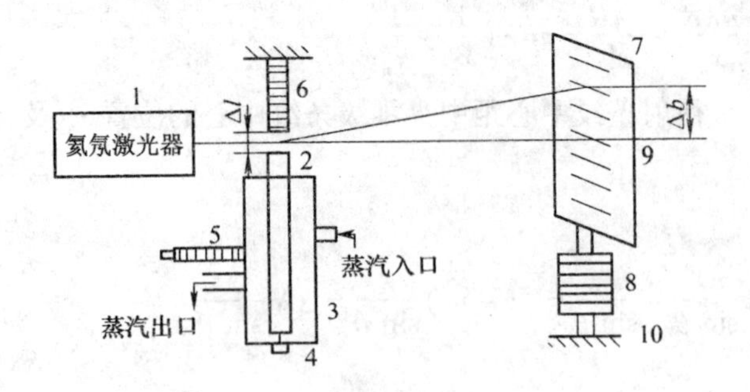

图 6－5　膨胀系数测量原理图

1—氦氖激光器；2—铜棒；3—加热器；4—固定螺钉；5—温度计；
6—参照物；7—光屏；8—测微仪；9—光探测器；10—光具座

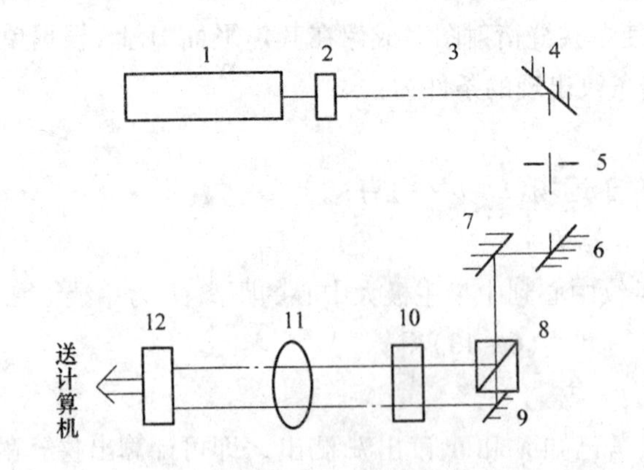

图 6－6　薄膜厚度测量原理图

1—氦氖激光器；2—衰减器；3，5 —定向孔；4，6，7，9—反射镜；8—分束镜；
10—衍射试件平台；11—成像透镜；12—光电接收器（CCD 图像传感器）

光源发出 632.8 nm 的激光，经过衰减器、定向孔、反射镜到达分束镜，一束光被分成两束光继续向前传播，两束光照射到衍射试件平台的狭缝上（如图 6－7 所示），光束 A 照射到轧辊和参考边形成的狭缝上，符合远场衍射条件，发生夫琅禾费衍射，衍射光线通过成像透镜最终成像于接收器件 CCD 上，CCD 将接收到的衍射条纹图传入计算机进行处理。分光后，光束 B 照射到轧辊的外边缘，部分光束被遮挡，会在 CCD 上形成一条亮条纹图像，此亮条纹的位置将用来确定轧辊在转动中的偏心程度。

根据工业生产的现场情况对此光路稍加改动，将 1 至 9 集成一体化，然后将其安装在薄膜生产线上，就可进行在线检测。在薄膜生产中，测量的对象薄膜是缠绕在轧辊上处于运动状态的，相应地就会出现新的问题，即转动中心时常会偏离原静止圆心，对所测得的狭缝宽度的准确性产生影响。为了消除这种影响，就要应用数据处理软件对图 6－7 中的这两种测量方式的测量结果进行处理，对测得的薄膜厚度进行修正，得到准确的结果。为了解决这些问题，达到准确测量，实验中器件 10（衍射试件平台）如图 6－7 所示。图 6－7（a）中，轧辊处于静止状态，上面没有缠绕薄膜，光束 A 照射到轧辊和参考边形成的狭缝上，形成衍射,CCD 接收到衍射条纹,计算出缝宽;光束 B 照射到轧辊的下边缘,因为轧辊的边缘会遮挡部分光束,所以 CCD 会接收到一个亮条纹,该亮条纹的边界位置被用来确定轧辊转动过程中的偏心量。图 6－7(b)中,轧辊处于转动状态,上面缠绕有薄膜,光束 A 照射到狭缝上,形成衍射,得出狭缝宽度,与图 6－7(a)中的缝宽相减,得到薄膜厚度;光束 B 同样照射到轧辊的下边缘,形成一个亮条纹,由于轧辊转动过程中存在偏心现象,此亮条纹的边界位置和图 6－7(a)中亮条纹的边界位置是不同的,二者的差值就是偏心量,用来对薄膜厚度结果进行修正。

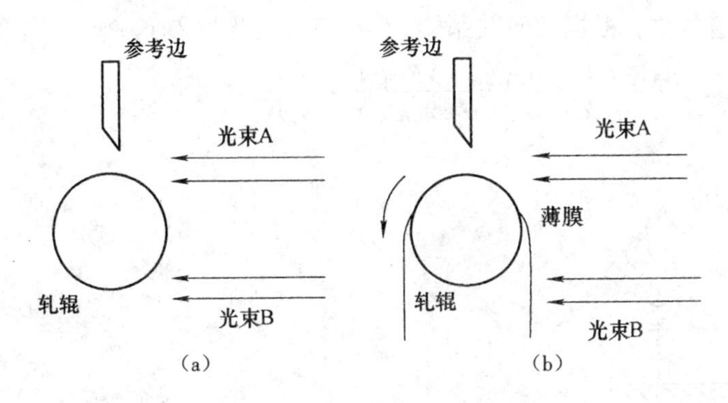

图 6－7　衍射试件平台示意图

6.2.2.2　反射衍射法

反射衍射法从原理上说,主要是用反射镜形成狭缝。图 6－8 所示是反射衍射法的原理图,狭缝由刀刃 A 与反射镜 B 组成。反射镜的作用是形成 A 的像 A′。这时,相当于以 φ 角入射的,缝宽为 $2w$ 的单缝衍射。显然,当光程差满足下式时,出现暗条纹:

$$2w\sin\varphi - 2w\sin(\varphi-\theta) = n\lambda \tag{6-15}$$

式中:φ 为激光对平面反射镜的入射角;θ 为光线的衍射角;w 为试件 A 的边缘与反射镜之间的距离。

按三角级数将式(6－15)展开,则

$$2w\left(\cos\varphi\sin\theta + 2\sin\varphi\sin^2\frac{\theta}{2}\right) = n\lambda \tag{6-16}$$

对远场衍射,则

$$\sin\theta = \frac{x_n}{R}$$

代入式(6－16),则有

$$\frac{2wx_n}{R}\left(\cos\varphi + \frac{x_n}{2R}\sin\varphi\right) = n\lambda$$

整理后得

$$w = nR\lambda \Big/ \left[2x_n\left(\cos\varphi + \frac{x_n}{2R}\sin\varphi\right)\right] \tag{6-17}$$

式(6－17)说明:

(1)给定 φ,已知 R 和 λ,选定衍射条纹级次 n,测定 x_n,就可求得 w;

(2)由于反射效应,装置的灵敏度提高一倍左右。

反射衍射技术在传统上有以下三个方面的应用:

(1)表面质量的评价;

(2)直线性测定;

(3)间隙测定。

图 6-9 所示是反射衍射计量——间隙计量的例子。从前面分析可以看出,当满足式(6-16)时,出现暗条纹。根据几何关系,当 $\theta=\varphi$ 时,缝宽为 $2w\cos\varphi$,又由前面知识有

$$\delta = w - w_0 = \frac{n\lambda R}{l}\left(\frac{1}{x}-\frac{1}{x_0}\right) = \frac{n\lambda R}{2\cos\varphi}\left(\frac{1}{x}-\frac{1}{x_0}\right)$$

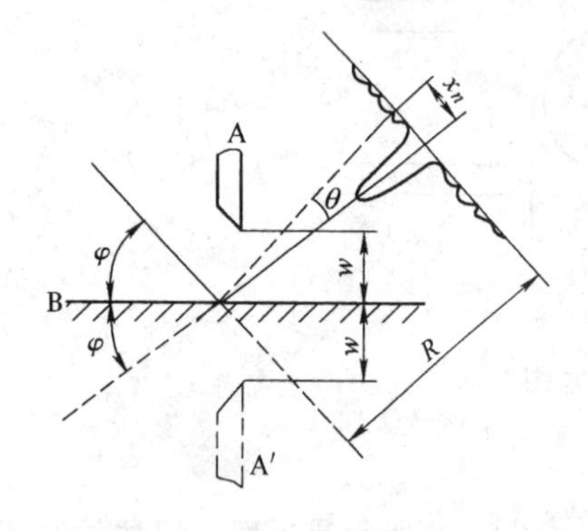

图 6-8　反射衍射法的原理图

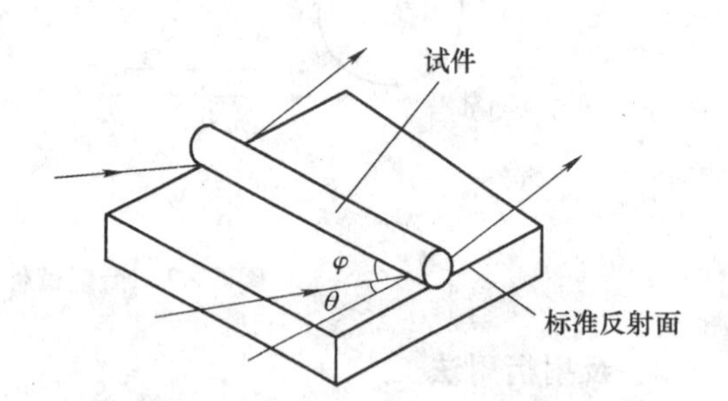

图 6-9　反射衍射计量——间隙计量

图 6-10 所示是刃边与反射镜形成的狭缝宽度变化时的衍射图。图 6-10(a)表示刃边与标准反射镜面平行,形成矩形狭缝时的衍射图样。图 6-10(b)表示刃边与标准反射镜面形成的狭缝为梯形时的衍射图样,图中条纹边缘的锯齿形状清楚地表现了刃边的不直度。该实验表明,可以用非接触的方法获得直线上的信息,并且还能得到较高精度的测量结果。由此可见,这种方法在实际应用中非常有用。

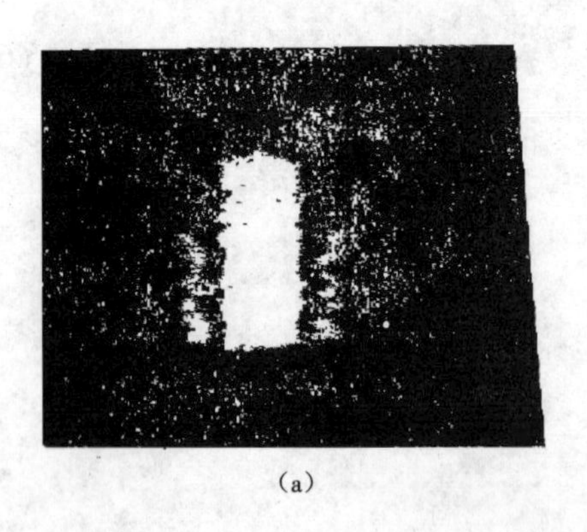

(a)

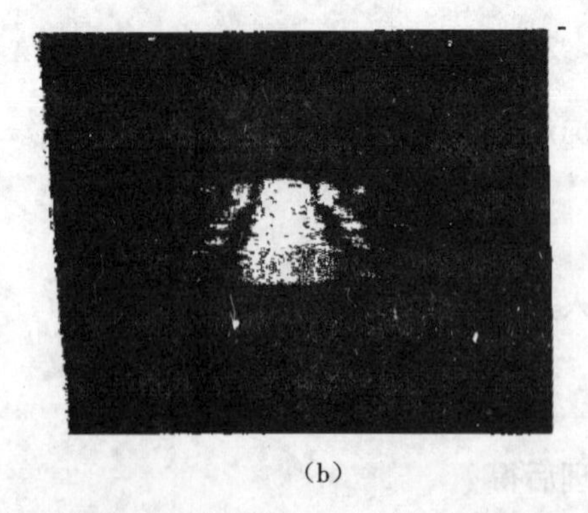

(b)

图 6-10　直线性测定

(a)狭缝为矩形时的衍射图样　(b)狭缝为梯形时的衍射图样

从上面这些应用来看，其特点是可使检测工作实现自动化，灵敏度达 0.025 ~ 2.5 μm，这对生产自动线上零件检测是很有价值的。

6.2.2.3　分离间隙法

分离间隙法是利用参考物和试件不在一个平面内所形成的衍射条纹来进行精密计量的方法。在实际测量中，为安装试件方便，往往要求组成单缝的两个边不在同一平面上，这就形成分离间隙的衍射计量方法。

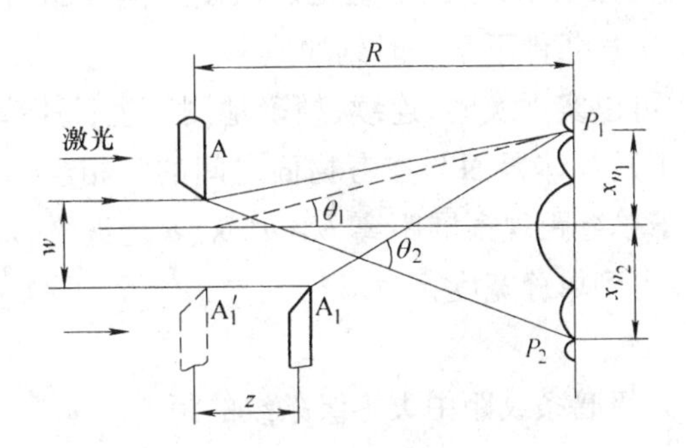

图 6-11　分离间隙法原理图

分离间隙法的原理如图 6-11 所示。分离间隙的衍射特点在于出现的衍射条纹是不对称的。图 6-11 中组成单缝的两边不在同一平面内，设狭缝的一边为 A，另一边为 A_1，错开（分离）的距离为 z，A_1' 与 A 在一个平面内，这时的缝宽为 w，衍射角为 θ_1 的观察屏上，对应于这一级次的条纹位置为 P_1。显然，对称于光轴（即中央的零级条纹中心）的同一级次条纹为 P_2，衍射角为 θ_2。由于分离 z 的存在，使 $\theta_2 \neq \theta_1$，出现衍射条纹光强呈不对称分布的现象。经过简单的数学推导，可得分离间隙法的缝宽公式为

$$w = \frac{n_1 R\lambda}{x_{n_1}} - \frac{z x_{n_1}}{2R} = \frac{n_2 R\lambda}{x_{n_2}} + \frac{z x_{n_2}}{2R} \tag{6-18}$$

由式(6-18)，测定 x_{n_1} 和 x_{n_2}，数出 n_1 及 n_2，已知 R 和 λ，就可求得分离值 z，由 z 就可计算 w。

当测定相同级次的衍射条纹，即

$$n_1 = n_2$$

则

$$x_{n_2} > x_{n_1}$$

所以，当狭缝两个边缘不在同一平面上时，将出现中心条纹两边的衍射条纹不对称现象。条纹间距增大的一边，就是 z 值所在的一边。分离间隙法的应用例子如图 6-12 所示，其是利用分离间隙法测定薄膜材料厚度和表面涂层厚度的装置原理图。

图 6-12 中，1 是玻璃棒，在激光照射下就形成狭亮带；2 是被测薄膜，由传送带滚轮 3 输送；4 是位置可调的刀口，4 与 3 组成一对分离间隙；衍射条纹由物镜 5 成像到光电器件 6 上，进行条纹自动计数。检测时间隙尺寸一般小于 0.1 mm，放置试件困难。用图 6-12 的方法，可测定 0.3 ~ 0.5 μm 的尺寸变化，它是一种控制塑性物体尺寸的有效方法。

分离间隙法还有一个重要应用，就是对晶体生长的研究。

在晶体生长动力学的研究工作中，生长速率是一个极为重要的参数，人们一直希望能够在晶体的实际生长状态下，精确、连续地测得晶体的生长速率及其变化，为研究反应历程和反应机制，进而掌握晶体生长规律提供可靠的实验依据。

晶体生长速率是指晶体界面在其法线方向上单位时间内移动的距离，一般因晶面不同而异，同时受生长温度、组分分压和过饱和度等诸多因素的影响。以往的测试方法常常以单位时间内晶体质量的改变为依据，不能准确地反映出晶体各晶面的生长速率及差异，而且大都不能测定晶体实际生长条件下某一时刻的速率。

用激光衍射计量技术可以实现实时、连续、精确地测定生长速率，实验装置如图 6－13 所示。选取一参考物面，于是晶体界面与参考物面之间的隙相当于一单狭缝，当平行光通过狭缝时形成远场衍射，当单缝距观察屏距离 $L \gg a^2/\lambda$（a 为缝宽，λ 为衍射光波长）时，由屏上的衍射条纹即可计算得到单缝宽度：

$$a = Ln\lambda / x_n \tag{6-19}$$

式中：n 为衍射级；x_n 为第 n 级暗条纹距中央零级条纹的距离。

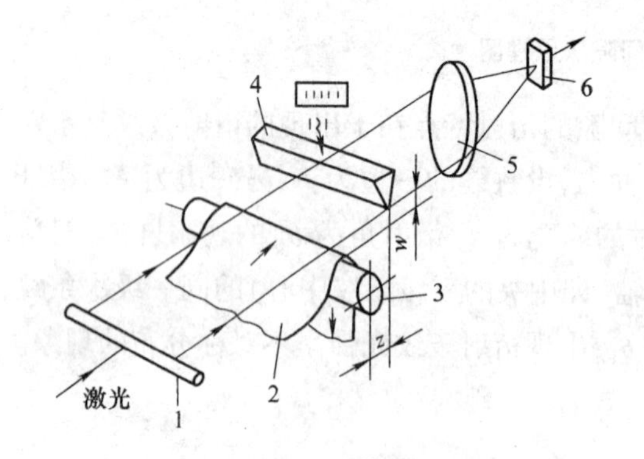

图 6－12 分离间隙法的应用例子

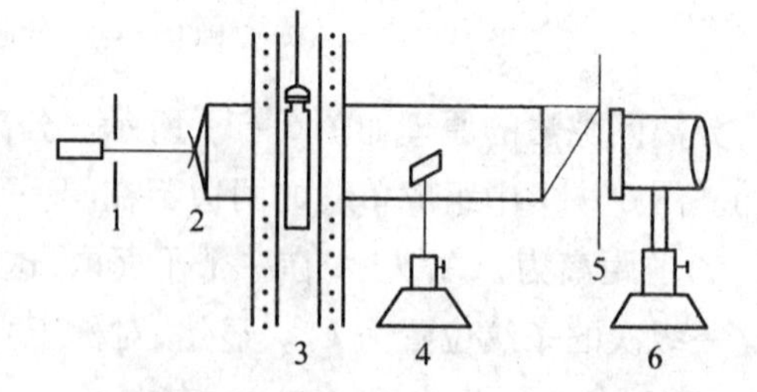

图 6－13 激光衍射计量技术测定生长速率光路图

1—激光器；2—扩束准直镜；3—单晶生长炉；4—参考物面；5—记录屏；6—显微相机

晶体生长时，若参考物面不动，则狭缝宽度的变化就反映了晶体生长界面的移动，这样即可在晶体实际生长条件下，由观察记录屏上衍射条纹的变化实时而又精确地测定各晶面的生长速率。

由于参考物面和晶体界面不在同一平面，中心条纹两侧并不形成对称分布的条纹图样。这样由式(6－19)得到分离狭缝的缝宽计算公式为

$$a = \frac{nL\lambda}{x_n} + \frac{lx_n}{2L} \tag{6-20}$$

式中：l 为晶体与参考面的分离距离。

实验中所用光源为 He-Ne 激光器，经过扩束、准直成一束平行光，通过晶体生长炉及生长安瓶的平行窗口，成像物镜成像在显微相机焦平面上并记录下来。

根据式(6－20)可推知，若 x 的测量精度为 0.5 mm，则缝宽可精确到 1 μm，那么生长速率可精确到 μm/s。

6.2.2.4　互补测定法

激光衍射互补测定法的原理是巴俾涅(Babinet)定理。此定理的原理如图6－14所示。设一个任意形状的开孔,在平面波照射下,在接收屏上的复振幅用 U_1 表示,用同一平面波照射其互补屏时,在接收屏上其复振幅用 U_2 表示,当互补屏叠加时,开孔消失,在接收屏上的光强分布也应消失,即合成复振幅应为零,即

$$U = U_1 + U_2 = 0$$

即

$$\left.\begin{aligned} U_1 &= -U_2 \\ |U_1|^2 &= |U_2|^2 \end{aligned}\right\} \tag{6-21}$$

式(6－21)说明,两个互补屏所产生的衍射图形,其形状和光强完全相同,仅相位相差π/2,这就是巴俾涅定理。对激光衍射条纹来说,这意味着原来是亮条纹的位置上互补时将出现暗条纹。利用这个互补原理,就可以测定各种细丝和薄带的尺寸。

图6－15所示是利用互补法测量细丝直径 d 或薄带截面尺寸的原理图。这相对于缝宽为 d、长度为无限大的单缝衍射。

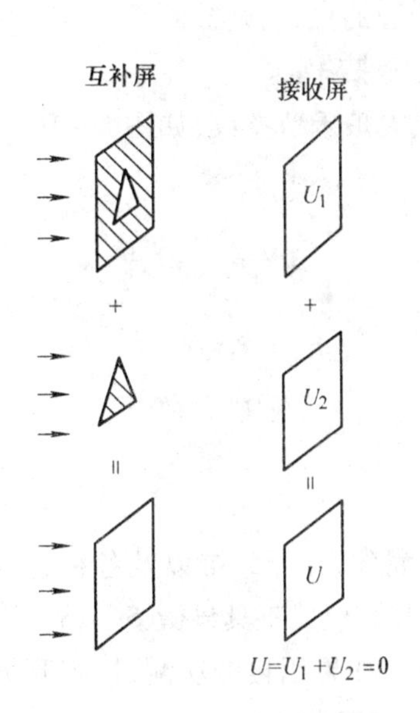

图6－14　巴俾涅定理原理

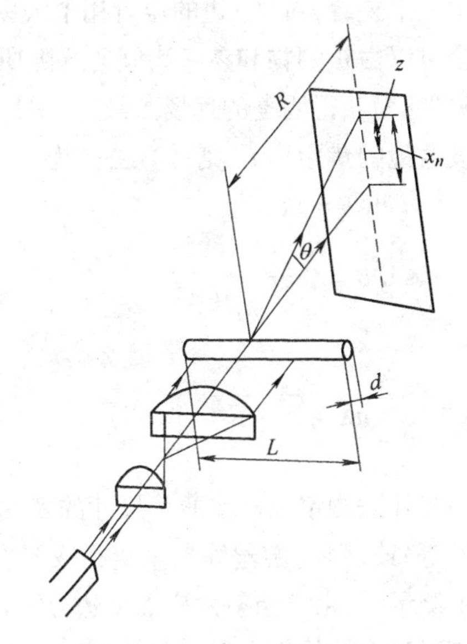

图6－15　互补法测量细丝直径原理

一般情况下,为获得远场条纹,必须满足

$$L \gg \frac{d^2}{\lambda}, R \gg \frac{d^2}{\lambda}$$

式中:L 为细丝长度;d 为细丝直径。

当 $d=0.1$ mm时,激光用 $\lambda=0.063$ μm,如果 $R=400$ mm,则 $L>16$ mm。也就是说,为获得清晰的夫琅禾费条纹,在投射屏距细丝400 mm时,细丝的长度必须大于16 mm。

根据夫琅禾费衍射理论,衍射图样的光强分布为

$$I = I_0 \left(\frac{\sin(\pi d \sin\theta/\lambda)}{\pi d \sin\theta/\lambda} \right)^2$$

形成暗纹条件为：

$$d\sin\theta = k\lambda \quad (k = 1, 2, 3, \cdots)$$

当 θ 很小（即 f 很大）时，$\sin\theta \approx \tan\theta = x_k/f$，得到衍射计量基本公式为

$$d = k\lambda f/x_k = \lambda f/S$$

式中：d 为被测细丝直径或缝宽；k 为衍射图样的暗纹级数；λ 为单色光波长；f 为成像物镜焦距；θ 为衍射角，即被测细丝到第 k 级暗纹的连线和光线主轴的交角；x_k为第 k 级暗纹到光轴的距离；S = 暗纹距离，$S = x_k/k$，而且各级暗纹间距是相等的。

已知 λ 和 f，测定两个暗纹间距 S，就可以计算出 d 的精确尺寸。当被测物尺寸改变 σ 时，相当于狭缝尺寸 d 改变 σ，衍射条纹中心位置随之改变，则

$$\sigma = d - d_0 = k\lambda f\left(\frac{1}{x_k} - \frac{1}{x_{k0}}\right)$$

式中：d_0 和 d 分别是起始缝宽和最后缝宽；x_{k0}和 x_k 分别是起始时衍射条纹中心位置和变动后衍射条纹中心位置（条纹 n 不变）。

由一个狭缝（细丝）边的位置用上式就可以推算出另一个边的位置，则被测物尺寸或轮廓完全可以由被测物和参考物间的缝隙所形成的衍射条纹位置来确定。

另外，为获得明亮的远场条纹，一般用透镜在焦面上形成夫琅禾费条纹，如图 6－16 所示。设透镜的焦距为 f'，则计算公式为

$$d\sin\theta = n\lambda$$

$$\sin\theta = \frac{x_n}{\sqrt{x_n^2 + f'^2}}$$

故

$$d = \frac{n\lambda\sqrt{x_n^2 + f'^2}}{x_n} \qquad (6-22)$$

用互补法测定细丝或薄片尺寸的实用意义是当细丝（金属丝、光导纤维以及各种合成纤维丝等）或薄片（游丝等），其直径或厚度 $d \leqslant 0.1$ mm 时，在投影仪或工具显微镜等精密测量仪上测量时，由于衍射效应而使边界不清，造成测不准现象。如果用接触法测量，则测力会使变形过大。使用衍射计量法就可以克服这些缺点，而且可实现自动计量。

例如，钟表工业中的游丝、电子工业中的各种金属薄片，由于宽度小于 1 mm，厚度一般仅为几个 μm，相当于一种柔性丝带，这给测量带来困难。利用互补原理，测量宽度为 b 的薄带，相当于测量缝宽为 b 的无限长狭缝。计算公式为 $b = \frac{n\lambda R}{x_n}$，其中 x_n为第 n 级衍射条纹到中央零级条纹中心距离。当用一级暗条纹作为测量对象时，测出 $n = \pm 1$ 级的两条暗条纹间距 x，则有 $x = 2t$（t 是条纹间距），于是可得计算公式为

$$b = \frac{2\lambda R}{x}$$

薄带尺寸测量原理如图 6－17 所示。游丝宽度及发条厚度的测量结果见表 6－2。

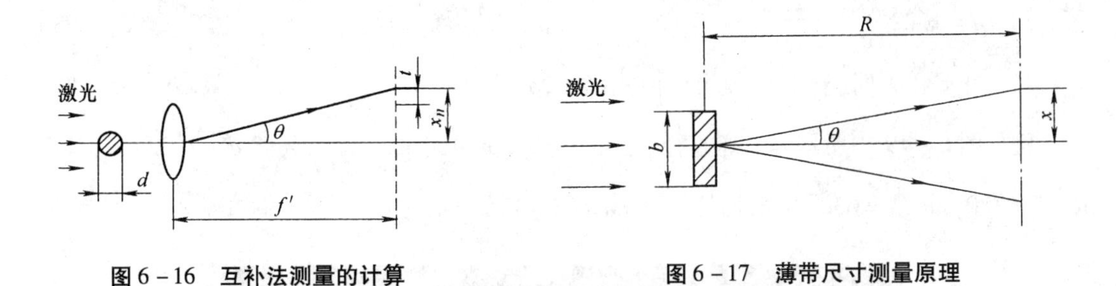

图 6－16　互补法测量的计算　　　　图 6－17　薄带尺寸测量原理

表 6－2　游丝宽度及发条厚度的测量结果

	n	x_n	b		n	x_n	b
游丝宽度	2	2.900 0	0.131 5	发条厚度	2	2.710 0	0.140 8
		2.875 0	0.132 7			2.700 0	0.141 3
		2.875 0	0.132 7			2.625 0	0.145 3
		2.850 0	0.133 8			2.650 0	0.143 9
	$f'=301.390\,0$		$b'=0.133\,4$		$f'=301.390\,0$		$b'=0.142\,5$

用互补法测定细丝和薄带的尺寸时，要求细丝的直线性必须很好，否则细丝的空间扭曲会使得不同直径处发生的衍射难以汇聚在同一焦面上，或者使条纹彼此交叉或错位，造成不同界面处的衍射条纹互相重叠。在测量薄带宽度时，要求薄带表面尽量和光轴垂直，否则测量不出真实的尺寸。

互补测量法在生产和科研上有广阔的应用前景，进一步使该技术仪器化自动化是今后的努力方向。

6.2.2.5　爱里圆测定法

由物理光学可知，平面波照射的开孔不是矩形孔而是圆孔时，其远场的夫琅禾费衍射像是中心为一圆形亮斑，外面绕着明暗相间的环形条纹。这种环形衍射像称为爱里圆，如图 6－18 所示。

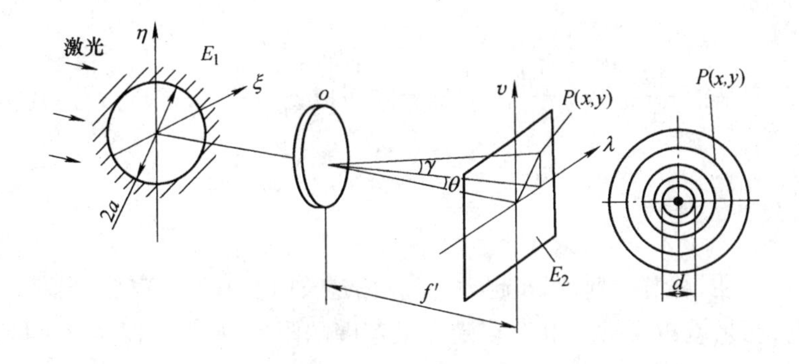

图 6－18　圆孔衍射

当用图 6－18 的坐标时，由工程光学知识可以得到爱里圆中心亮斑的直径 d 为：

$$d = 1.22\frac{\lambda f'}{a} \tag{6-23}$$

当已知f'和λ时，测定d，就可以由式(6－23)求取a值。

例如图6－19中所示爱里斑直径，已知$a = 0.230\ 400$ mm，代入公式$d = 1.22\frac{\lambda f'}{a}$，其中$R = f' = 180$ mm，$\lambda = 632.8$nm，计算得$d = 0.603\ 137\ 5$ mm。

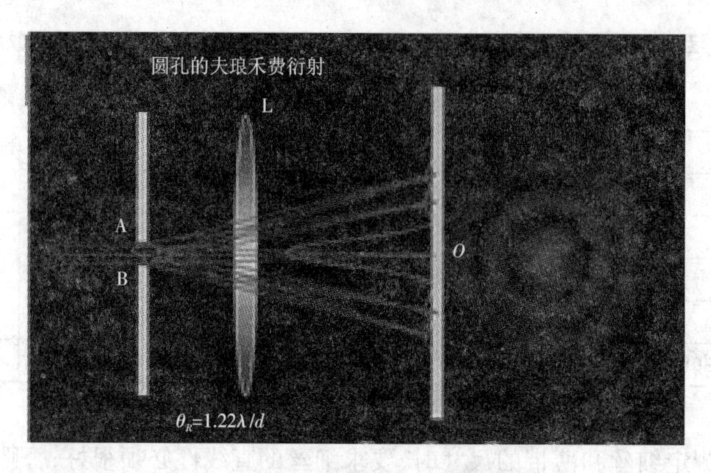

图6－19　环形衍射像——爱里圆

因此，测定或研究爱里圆的变化可以精密地测定或分析微小内孔的尺寸。这对人造纤维、玻璃纤维等制造用的喷头上的微孔以及其他无法测量的微孔是很有用的测定手段。

6.2.2.6　测量精度与最大量程

下面讨论激光衍射技术可能达到的灵敏度和测量精度以及测量范围，即量程，这对选择应用这种技术是一个必要的前提。

1. 测量分辨率

测量分辨率就是测量能达到的灵敏度，也就是激光衍射技术能分辨的最小量值，从计量基本公式

$$w = \frac{Rn\lambda}{x_n}$$

可知，测量分辨率是指$\frac{dw}{dx_n}$。令$t = \frac{d\omega}{dx_n}$，并把上式写成$x_n = \frac{Rn\lambda}{w}$，进行微分，则衍射测量的分辨率为

$$t = \left|\frac{dw}{dx_n}\right| = \frac{w^2}{nR\lambda} \tag{6-24}$$

式(6－24)表明，缝宽w越小、R越大、光波长越长以及所取衍射级次越高，则t越小，测量分辨率越高，测量就越灵敏。由于w受测量范围的限制，R受仪器尺寸的限制，n受激光器功率的限制，因此实际上t是可近似确定的。设$R = 100$ mm，$w = 0.1$ mm，$n = 4 \sim 8$，$\lambda = 0.63$ μm，代入式(6－24)，则

$$t = \frac{1}{25} \sim \frac{1}{50}$$

这就是说通过衍射，使 w 的变化量放大了 25 ~ 50 倍。对 $w = 0.1$ mm 的缝宽来说，测量的灵敏度是 0.2 ~ 0.4 μm。

2. 测量精度

衍射技术的测量精度主要由 $w = \frac{nR\lambda}{x_n}$ 所决定，即由测量 x_n，R 以及 λ 的精度所决定。由仪器误差与精度理论可知，衍射计量能达到的精度是先对 $w = \frac{Rn\lambda}{x_n}$ 进行偏微分，然后用随机方法进行处理，其结果是

$$\Delta w = \pm\sqrt{\left(\frac{nR}{x_n}\Delta\lambda\right)^2 + \left(\frac{n\lambda}{x_n}\Delta R\right)^2 + \left(\frac{nR\lambda}{x_n^2}\Delta x_n\right)^2} \tag{6-25}$$

式中：$\Delta\lambda$ 为激光器的稳定度；ΔR 为观察屏的位置误差；Δx_n 为衍射条纹位置的测量误差。

对 He-Ne 激光器，稳定度一般可优于 $\frac{\Delta\lambda}{\lambda} = 1 \times 10^{-4}$；观察屏距误差一般不超过 0.1%；当 $x_n = 10$ mm 时，$\Delta x = \pm 0.01$ mm。

将 $R = 1\ 000$ mm，$\lambda = 0.63$ μm，$w = 0.19$ mm，$n = 3$，$x_n = 10$ mm 代入式(6-25)，则

$$\Delta w = \pm 0.3\ \mu\text{m}$$

3. 最大量程

改变式 $w = \frac{Rn\lambda}{x_n}$ 的写法，表示为

$$x_n = \frac{nR\lambda}{w} \tag{6-26}$$

对式(6-26)微分，则

$$\mathrm{d}x_n = -\frac{nR\lambda}{w^2}\mathrm{d}w \tag{6-27}$$

由式(6-26)及式(6-27)，设 $R = 1\ 000$ mm，$n = 4$，$\lambda = 0.63$ μm，可以计算得到表 6-3。此表说明：

表 6-3　缝宽与条纹位置、灵敏度的关系

缝宽 w/mm	灵敏度 $\frac{\mathrm{d}x_n}{\mathrm{d}w}$/放大倍数	条纹中心位置 x_n/mm($n=4$)	条纹图示 $n=4$
0.01	-26 000	250	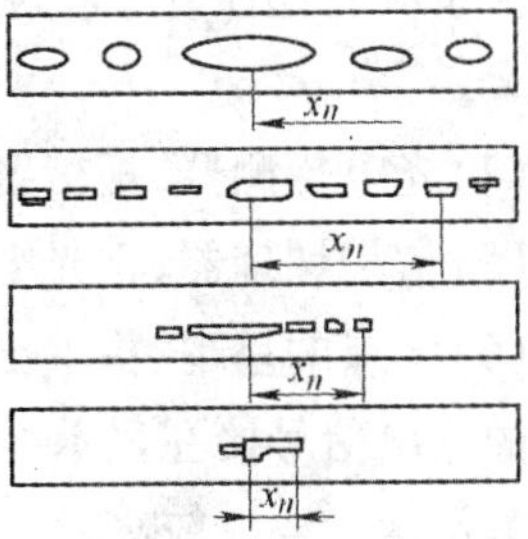
0.1	-250	25	
0.5	-10	5	
1	-2.5	2.5	

(1) 缝宽 w 越小，衍射效应越显著，光学放大比越大；

(2)缝宽 w 越小,衍射条纹拉开,光强分布减弱,由于 w 小,原先进入狭缝的能量就少,现在散布范围变大,因此光能变得非常弱,造成高级次条纹不能测量;

(3)缝宽 w 越大,条纹密集,测量灵敏度低,实际上 $w \geq 0.5$ mm,就失去使用意义。

衍射计量的最大量程是0.5 mm,绝对测量的量程是0.01~0.5 mm。因此,衍射计量主要用于小量程的高精度测量上。

6.3 激光衍射检测系统

6.3.1 概述

在激光衍射计量技术中讨论了一些测量系统,虽然这些不同形式的测量系统具体构架有所不同,但基本结构形式都具有共性。本节从激光衍射检测系统出发,在光、机、电、算一体化方面讨论实际的激光衍射检测系统的基本组成。

图6-20所示是激光衍射测量系统的功能组合框图。一台实际的衍射测量系统必须由以下六部分组成。

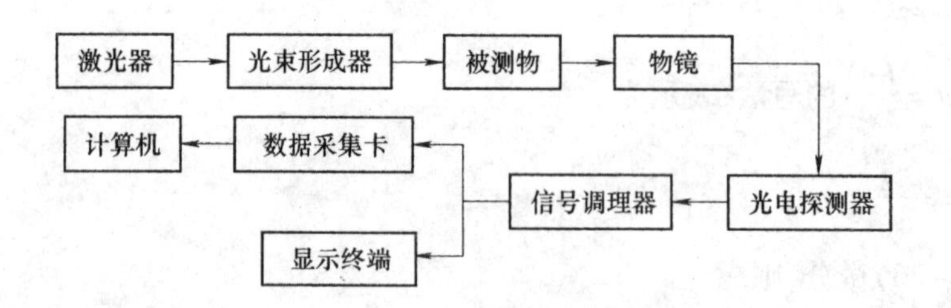

图6-20 激光衍射测量系统的基本结构

(1)激光器,通常用He-Ne激光器作为衍射光源。

(2)光束形成器,用来得到照明被测物最有效的光束形状,通常用柱面透镜组获得这种光束形状。

(3)物镜,用来获得远场条纹的成像,保证记录平面上所要求的条纹的尺寸,必要时由一组不同焦距的物镜组成。被测物体放在物镜前面,由于接收平行光,物体位置移动不影响衍射条纹的光强分布。没有物镜也可以,这时衍射条纹的尺寸由观察距离决定,所占空间较大。

(4)光电探测器,把衍射条纹的光强变换成电信号。

(5)信号调理器,把光电信号加工处理,提取有用信息,并把它转换成测量方便的形式。

(6)结果的呈现,指示出被测尺寸的数量。常用的有两种显示方法:一是直接将信号调理器的输出信号接在显示终端上,比如将CCD采集到的信号通过视频线接到显示器上;二是当测量精度要求较高时,往往用数据采集卡采集待测信号并通过计算机进行数据处理并呈现测量结果。

对大多数衍射测量系统,根据被测物理量的不同,图6-20中的被测物有所不同,并且光电探测器的类型、结构和数量也有所不同。光电探测器的类型主要有 CCD 和光电二极管，根据测量需要，有些测量系统需要多个光电二极管以获取不同点的光强值，有些测量系统需要特殊的光电探测器，如多象限探测器、探测器阵列等。例如在有些粒度分析仪中就采用环形光电二极管来测量不同区域的光强值。

由式(6－3)可知，要提高测量系统的精度，关键在于测定条纹位置的精度。在实际工作中主要采用以下几种办法：①小尺寸高灵敏的光电探测器；②在光电探测器前放置狭缝；③调制激光光强；④移动光电探测器的机构精度要高于 0.05 mm。这里介绍一种典型激光衍射技术在实际中应用的例子。

液体表面对其他各层的分子压力所引起的各种现象，取决于液体表面的特性，可以通过表面张力的作用来研究。研究测试表面张力的方法很多，这里介绍用反射衍射法对其进行测定。

其基本原理是用相关装置在待测液面产生一维表面张力驻波，将其看作理想的反射式正弦光栅，在激光的作用下产生线阵分布的衍射光斑，通过 CCD 精确测取 ±1 级衍射光斑中心间距，进而实时、准确地测算出液体表面张力的值。

因为一维表面张力波是沿液面垂直于直线状振源传播的，其波形呈平行分布的正弦形结构。因此，可将其视为一种理想的反射式正弦光栅，其张力可表示为

$$\sigma = \frac{w^2\rho}{(2\pi/d)^3}$$

如图 6－21 所示，当用波长为 λ 的 He-Ne 激光入射到表面张力波正弦反射式光栅上时，±1 级衍射光满足的条件为

$$d[\cos\theta - \cos(\theta+\varphi)] = \lambda$$

$$d[\cos\theta - \cos(\theta-\varphi)] = -\lambda$$

两式相减得

$$d\sin\theta\sin\varphi = \lambda$$

所以液体表面张力波反射式光栅衍射的定量关系式为

$$\sigma = \frac{w^2\rho}{[(2\pi/\lambda)\sin\theta\sin\varphi]^3}$$

借此可知表面张力的值。

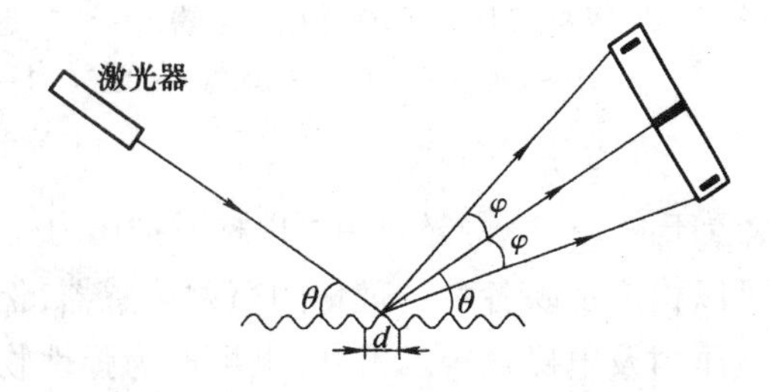

图 6－21　液体表面正弦驻波光栅衍射图

6.3.2　激光衍射技术与系统的实际应用

激光衍射技术是一种高精度、小量程的精密测试技术。根据这一特点,该技术适用于下列几个方面。

6.3.2.1　微小尺寸的测量及传感器的构造

根据单缝衍射的原理,激光衍射可以对细丝直径、薄带厚度、微小位移和间隙进行测量。典型的测量装置如图 6－22 所示。

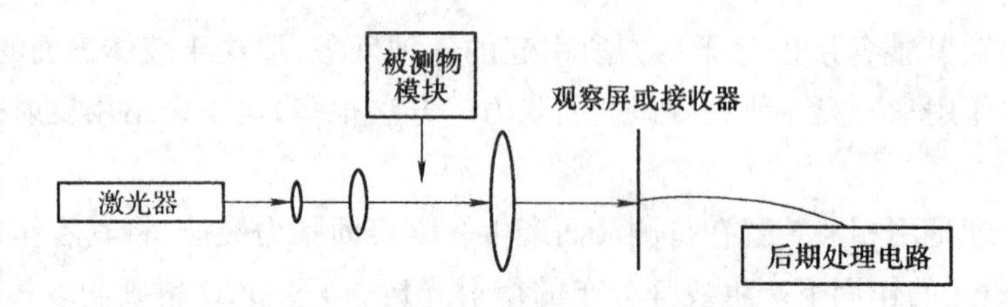

图 6－22　激光衍射测量装置图

通过更换不同的被测物体模块,基于衍射原理就可以得到相应的物理量。将微小狭缝置于光路中就能够测量微小间隙的大小。如果将细丝或薄带作为被测物体模块垂直于光束放置于光路中,则可以测量细丝直径或薄带厚度。

将图 6－23 所示模块置于图 6－22 中的光路中可形成一个温度传感器,它是利用双金属片把温度转换成位移值的一种衍射传感器。将图 6－24 所示模块置于图 6－22 的光路中可以构成测定变形或膨胀系数的衍射传感器。

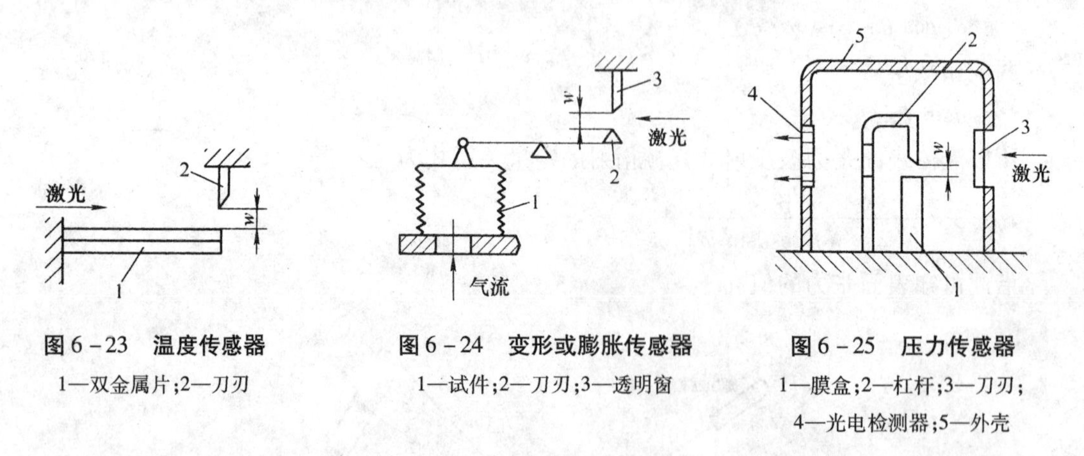

图 6－23　温度传感器
1—双金属片;2—刀刃

图 6－24　变形或膨胀传感器
1—试件;2—刀刃;3—透明窗

图 6－25　压力传感器
1—膜盒;2—杠杆;3—刀刃;
4—光电检测器;5—外壳

将图 6－25 所示模块置于图 6－22 的光路中可以构成把压力变成直线位移的衍射传感器。利用上述这些方法可以构成反映各种物理量的衍射传感器,例如质量、温度、流量、折射率、加速度、湿度、液面、压力及电磁场等。另外,也可作为弹性物体的变形、地震或重力加速度变化的灵敏传感器使用。

6.3.2.2　液体表面波特性检测

利用表面声波对物质性质进行研究是一种重要的手段,利用激光衍射研究液体表面波的性质具有非接触、无损等优点，而且可实现光栅变频。

液体表面波测量示意图如图6－26所示。低频信号发生器的输出驱动表面波激发器，信号发生器的输出频率在几百赫兹频段，表面波激发器在液体表面上产生表面波。液体样品为蒸馏水。He-Ne激光束被分束器分为两束，一束用来监控激光输出的稳定度，另一束直接照射到表面波上。因为是斜入射，所以液面上的光斑呈椭圆形，调整激光的入射方向，使得光斑长轴方向和波的传播方向一致。为了得到清晰的衍射图样，需要选择合适的入射角和观察距离。实验中可以通过调节激发器的输入功率，来调节表面波的振幅。

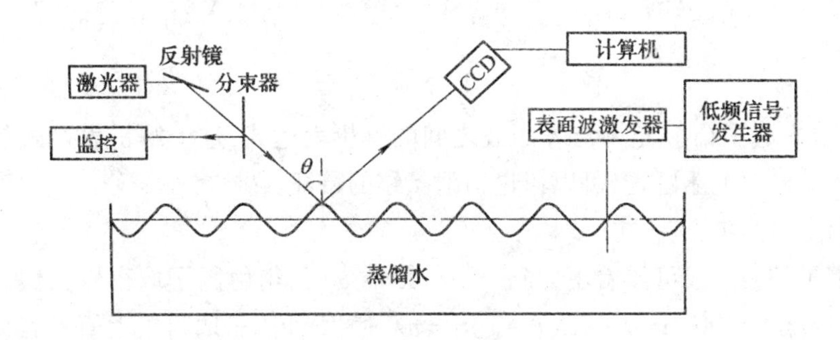

图6－26　液体表面波测量示意图

虽然实际上液体表面粒子的运动较为复杂，但在振幅不太大时，通常把这种运动近似为正弦波，可写为

$$y = h\sin(\omega t - kx) \tag{6-28}$$

式中：y为纵坐标，表示表面波的振动方向；x为横坐标，表示表面波的传播方向；h为表面波的振幅；ω为表面波的角频率；k为波矢量，且$k=2\pi/\Lambda$，Λ为表面波的波长。

如图6－26所示，入射光与竖直方向的夹角为θ，入射到液面的激光光斑覆盖多个周期的表面波波面。每个周期的波面，都对入射到其表面的光起调制作用，入射光经过波面后发生衍射，衍射光与竖直方向的夹角为$\theta-\varphi$，衍射因子用$I_m(\varphi)$表示。在斜入射的情况下，一个波面调制后的光场分布可表示为

$$u(x) = \exp\left[\mathrm{j}\,\frac{4\pi h\cos\theta}{\lambda}\sin\left(\omega t - \frac{kx}{\cos\theta}\right)\right]\mathrm{rect}(x/\Lambda) \tag{6-29}$$

式中：λ为入射激光束的波长；Λ为表面波的波长。

观察屏CCD到入射点间的距离远大于入射光斑的宽度，此衍射可近似为夫琅禾费衍射，所以观察屏上的光场分布是表面波调制后光场的傅里叶变换。令$\beta=\dfrac{4\pi h\cos\theta}{\lambda}$，可得衍射区的光场分布为

$$A(x') = \frac{\exp[\mathrm{j}\pi(2z^2+x'^2)/2z\lambda]}{\mathrm{j}\lambda_z}\Lambda\sum_n J_n(\beta)\,\mathrm{sinc}\left[\Lambda\left(\frac{x}{\lambda_z} - \frac{n}{\Lambda\cos\theta}\right)\right] \tag{6-30}$$

式中：x'是观察平面上的坐标；z为入射点到观察屏的距离。

当φ很小时，衍射因子$I_m(\varphi)$可表示为

$$I_m(\varphi) = \sum_n J_n^2(4\pi h\cos\theta/\lambda)\,\mathrm{sinc}^2\left(\frac{\Lambda\varphi}{\lambda} - \frac{n}{\cos\theta}\right) \tag{6-31}$$

干涉因子可表示为

$$H(\varphi)=\left(\frac{\sin\left\{\frac{N\pi\Lambda}{\lambda}[\sin\theta-\sin(\theta-\varphi)]\right\}}{\sin\left\{\frac{\pi\Lambda}{\lambda}[\sin\theta-\sin(\theta-\varphi)]\right\}}\right)^2 \tag{6-32}$$

观察屏上的相对光强分布可用下式来表示：

$$I(\varphi)=\sum_n J_n^2(4\pi h\cos\theta/\lambda)\,\mathrm{sinc}^2\left(\frac{\Lambda\varphi}{\lambda}-\frac{n}{\cos\theta}\right)\left[\frac{\sin\left\{\frac{N\pi\Lambda}{\lambda}[\sin\theta-\sin(\theta-\varphi)]\right\}}{\sin\left\{\frac{\pi\Lambda}{\lambda}[\sin\theta-\sin(\theta-\varphi)]\right\}}\right]^2 \tag{6-33}$$

这样，就建立起了衍射光场与表面波之间的解析表达式，这个解析表达式包括衍射因子和干涉因子。根据上述原理，可以讨论衍射条纹的特征。

1. 条纹的空间分布

由衍射因子的表达式可以看出，当 $\varphi=n\lambda/\Lambda\cos\theta$ 时，衍射因子取得极大值。由干涉因子表达式可以看出，当 $\Lambda[\sin\theta-\sin(\theta-\varphi)]=n\lambda$ 时，干涉因子取得极大值。当 φ 不大时，$\varphi=n\lambda/\Lambda\cos\theta$。干涉因子主极大的中心和衍射因子主极大的中心均在 $\varphi=n\lambda/\Lambda\cos\theta$ 方向上。因此，条纹中心在 $\varphi=n\lambda/\Lambda\cos\theta$ 方向上。相邻条纹主极大中心间的角距离为 $\lambda/\Lambda\cos\theta$，各级条纹的空间位置由表面波波长 Λ 确定。

2. 条纹的半角宽度

根据衍射因子表达式，$\pi\left(\frac{\Lambda\varphi_{\max}}{\lambda}-\frac{n}{\cos\theta}\right)=0$ 时，即 $\varphi_{\max}=\frac{n\lambda}{\Lambda\cos\theta}$，衍射因子取得极大值；当 $\pi\left(\frac{\Lambda\varphi_{\min}}{\lambda}-\frac{n}{\cos\theta}\right)=-\pi$ 时，即 $\varphi_{\min}=\frac{n-\cos\theta}{\Lambda\cos\theta}\lambda$，衍射因子取得第一最小值。对于衍射因子而言，主极大中心到其第一最小值之间的角距离 $\Delta\varphi=\varphi_{\max}-\varphi_{\min}=\frac{\lambda}{\Lambda}$。

根据干涉因子，$\frac{\pi\Lambda}{\lambda}[\sin\theta-\sin(\theta-\varphi'_{\max})]=n\pi$ 时，即 $\varphi'_{\max}=\frac{n\lambda}{\Lambda\cos\theta}$，干涉因子取得主极大值；$\frac{\pi\Lambda}{\lambda}[\sin\theta-\sin(\theta-\varphi'_{\min})]=n\pi-\frac{\pi}{N}$时，即 $\varphi'_{\min}=\frac{n\lambda}{\Lambda\cos\theta}-\frac{\lambda}{N\Lambda\cos\theta}$，干涉因子取得第一最小值。对于干涉因子而言，主极大中心到其第一最小值间的角距离 $\Delta\varphi'=\varphi'_{\max}-\varphi'_{\min}=\frac{\lambda}{N\Lambda\cos\theta}$。

3. 条纹的强度特征

由光强分布 $I(\varphi)$ 可知，n 级条纹的相对强度由 $J_n^2(4\pi h\cos\theta/\lambda)$ 确定。θ 和 λ 为已知量，$J_n^2(4\pi h\cos\theta/\lambda)$ 只是表面波振幅 h 的函数。因此，表面波振幅 h 确定了条纹的相对强度。

4. 谱线的缺级

在表面波衍射光谱中，存在谱线的缺级现象，包括零级缺级现象。根据光强分布 $I(\varphi)$ 可知，n 级条纹的相对强度取决于 $J_n^2(4\pi h\cos\theta/\lambda)$。当表面波振幅 h 满足 $J_n^2(4\pi h\cos\theta/\lambda)$

=0 时，n 级条纹缺级。

此外，利用这一技术可以测量表面波的波长、液体表面张力系数、液体表面波振幅及其衰减特性。

6.3.2.3　粒度分布的测量

在医药、化工、冶金、电子、机械、轻工、建筑及环保等领域中，存在大量与粒度分布密切相关的技术问题。因此，有关粒度分布的测试研究受到人们的普遍重视，已经逐渐发展成为现代测量学中的一个重要分支。激光衍射法测量粒度分布由于其测量速度快、重复性好、适于在线非接触测量等特点而被广泛应用。激光衍射粒度分析仪主要是利用光衍射原理，通过环形光电探测器上接收到的光能与理论计算值相比较，采用最优化方法对计算值与实测值进行最佳拟合，从而反推出颗粒的尺寸分布。

激光粒度分析仪测试原理如图 6-27 所示，He-Ne 激光器的一束窄光束经扩束系统扩束后，平行地照射在粒子槽中的被测颗粒上，由颗粒产生的衍射光经汇聚透镜汇聚后在焦面上形成衍射图，利用位于焦平面上的一种特制的环形光电探测器进行信号的光电变换，并通过信号放大、A/D 变换、数据采集送到计算机中，通过预先编制的优化程序，即可快速地求出颗粒群的尺寸分布。当测量区中有一直径为 D 的颗粒时，按夫琅禾费衍射理论，光电探测器上的前向光强分布为

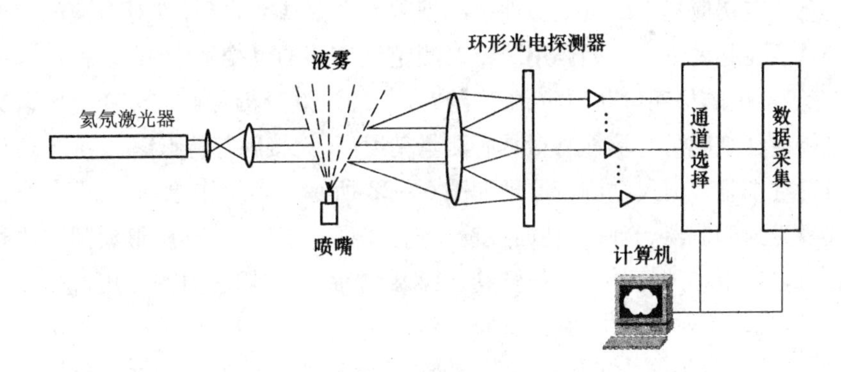

图 6-27　激光粒度分析仪测试原理图

$$I(S)=I_0\frac{\pi^2D^2}{16f^2\lambda^2}\left[\frac{2J_1(X)}{X}\right]^2 \tag{6-34}$$

式中：J_1 为 Bessel 函数；f 为汇聚透镜的焦距；λ 为激光波长；I_0 为入射光强；S 为环形探测器的径向半径，$X=\pi DS/\lambda f$。

探测器由多元同心半圆环状的光敏二极管构成，由此可得到光电探测器上的第 n 环（环半径从 S_n 到 S_{n+1}）的光能量，即对式(6-34)进行积分，得到

$$e_n=\int_{S_n}^{S_{n+1}}I(S)2\pi S\mathrm{d}S \tag{6-35}$$

将式(6-34)代入式(6-35)中并利用 Bessel 函数递推公式得

$$e_n=\frac{\pi D^2}{4}I_0\left[J_0^2(X_n)+J_1^2(X_n)-J_0^2(X_{n+1})-J_1^2(X_{n+1})\right] \tag{6-36}$$

式中：J_n 为 n 阶 Bessel 函数；$X_n = \pi D S_n / \lambda f$。

当测量区内有 N 个大小相同的颗粒时，假定这些颗粒无规则分布，则只要 N 足够大，N 个颗粒产生的总衍射光将是单个颗粒衍射光的 N 倍。一般颗粒群总是由许多大小不同的颗粒组成，假定直径为 D_i 的粒子有 N_i 个，其重量百分比为 W_i，则颗粒群在光电探测器第 n 环上的总衍射能量为

$$e_n = \frac{3I_0}{2\rho} \sum_i \frac{W_i}{D_i} [J_0^2(X_{i,n}) + J_1^2(X_{i,n}) - J_0^2(X_{i,n+1}) - J_1^2(X_{i,n+1})] \tag{6-37}$$

式中：ρ 为颗粒密度；$X_{i,n} = \pi D_i S_n / \lambda f$。

在式(6-37)中，能量 e_n 可通过测量得到，所求的是重量粒度分布 W_i，直接对方程组求解是很困难的，甚至是不可能的。因此，实际应用时采用逆向求解方法，即先适当地给出初始的 W_i 值，利用式(6-37)可以计算出探测器每环上的理论光能分布值 e_n，再与分析仪实际测量得到的实测值 e'_n 相比较，通过控制目标函数采用不同的优化方法进行拟合，最后确定颗粒的尺寸分布：

$$f = \sum_{n=1}^{k} (e_n - e'_n)^2 = \min \tag{6-38}$$

6.3.2.4 红细胞几何尺寸的测量

红细胞在一定切应力下的可变形性是红细胞的主要功能之一，它对血液的流变特性和微循环的有效灌注起着决定性的作用。精确测定红细胞的可变形性，对多种血液病和缺血性心、脑血管等疾患的早期诊断预防、临床治疗、药理疗效分析及血液流变学的研究有重要意义。激光衍射红细胞可变形性测量具有测量精度高、无接触等特点。

激光衍射红细胞几何尺寸测量原理如图 6-28 所示。其工作原理为：由激光器发出的激光束依次经光强调制器、光阑和转向棱镜，垂直照射置于内、外杯所形成间隙中稀释的全血试液。直流电机带动外杯相对内杯转动，红细胞受到流体切应力的作用产生相应形变并定向排列，在激光的照射下产生衍射，反映红细胞形状信息的综合叠加衍射图像为 CCD 所接收，CCD 将光谱信号转换为电信号，经数据采集卡将所得数据送到计算机进行数据处理并显示测量结果。

作用在红细胞上的流体切应力 τ 按下式计算：

$$\tau = \eta \frac{\pi D n}{60\Delta} \tag{6-39}$$

式中：Δ 为内外杯间隙，即试液层厚度；D 为内杯外径；η 为介质黏度；n 为主轴转速。

被测红细胞衍射图的计算公式为

$$D_i = 2L\Delta\theta_i$$
$$\Delta\theta_i = \begin{cases} 1.22\lambda/d & (i=1) \\ 2.33\lambda/d & (i=2) \end{cases} \tag{6-40}$$

式中：D_i 为第 i 个衍射暗环半径；$\Delta\theta_i$ 为第 i 个衍射暗环半径的衍射半角；λ 为激光波长；L 为衍射图像接收长度；d 为红细胞沿某一方向的平均直径。

以第一个暗环半径测量为例，可得红细胞平均直径为

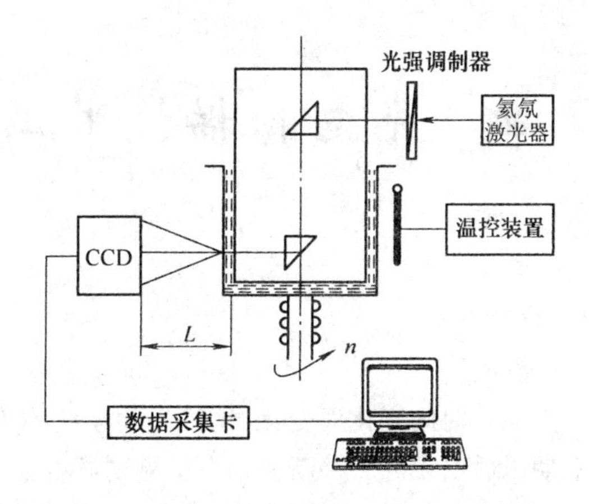

图6-28　激光测量红细胞几何尺寸测量原理

$$d = \frac{2.44L\lambda}{D_i} \tag{6-41}$$

红细胞变形系数为 $\varepsilon = d_0/d$，其中 d_0 为静态红细胞平均直径，d 为产生形变红细胞短轴直径。

参考文献

[1]　王言军. 金属线胀系数的测量[J]. 经济技术协作信息，2002，13：30-30.

[2]　李波欣. 薄膜厚度测量方法的研究与实现[D]. 沈阳：辽宁师范大学，2004.

[3]　张凤林，卢岚. 激光衍射技术在精密测试中的应用[J]. 光学仪器，1990，12(2)：25-32.

[4]　杨柏梁，张传平，黄锡珉，等. 用激光衍射计量技术对 CdTe 单晶生长的研究[J]. 半导体学报，1991，12(10)：596-600.

[5]　郁道银，谈恒英. 工程光学[M]. 北京：机械工业出版社，2005.

[6]　杨国光. 近代光学测试技术[M]. 浙江：浙江大学出版社，1997.

[7]　许忠宇，邢凯. 用光栅衍射法测试液体表面张力[J]. 大学物理，2003，22(9)，23-24.

[8]　苗润才，罗道斌，朱峰，等. 低频液体表面波激光衍射条纹的特征[J]. 光子学报，2007，36(11)：2134-3137.

[9]　张以谟，毛义，田学飞. 粒子尺寸分布的激光衍射测量研究[J]. 光电工程，1990，17(1)：1-8.

[10]　刘庆纲，朱鸿锡，叶声华，等. 红细胞几何尺寸和动态应变参数激光衍射自动分析仪[J]. 光电子・激光，1990，3(1)：144-149.

第7章　光电扫描技术工程

7.1　概述

光学系统的光束传播方向随时间变化而变化,这种光学系统称为光学扫描系统。扫描技术是20世纪70年代中期以后出现的一种新的动态检测测试技术。它主要利用白光或激光形成对被测对象的扫描运动,配合光电器件、电子技术与计算机,构成各种精密测试方法。这种技术适合精密自动检测与远距离检测,特别适用于对弹性体、柔性体、高温物体作精密测量。近年来,这种光扫描技术发展很快,其主要原因如下:

(1)激光器的商品化,即价格大幅度降低,寿命大大增加,在产品上完全可能应用;

(2)光电子技术的迅猛发展,如数字显示、微计算机的大批量生产与应用;

(3)体积小,作业效率高。

目前,从高精度的自动定位、三维尺寸检测、表面疵病检查一直到超级市场的自动售货都开始应用光扫描技术。随着电视技术、计算机技术的普及,光扫描技术有着更广阔的发展前景。

7.2　光电扫描关键器件

本节的主要内容包括两部分:光学扫描镜和光电扫描器件。在光学扫描镜中,主要介绍$f-\theta$物镜和球面反射镜。在光电扫描器件中,主要介绍包括多面体、振子扫描器件、声光偏转器和压电类扫描器件在内的多种扫描器件。

7.2.1　光学扫描镜

1. 扫描物镜——$f-\theta$物镜

$f-\theta$物镜又称为线性成像物镜,是激光扫描系统中一种常用的具有特殊要求的透镜系统。根据扫描器和聚焦透镜的位置不同,可分为透镜前扫描(图7-1(a))和透镜后扫描(图7-1(b))两种。

透镜前扫描就是扫描器位于透镜前面,扫描后的光束以不同方向射入聚焦透镜,在其焦面上形成扫描像。为此,要求聚焦透镜是一个大视场、小相对孔径的物镜,并且应是线性成像物镜。透镜后扫描就是扫描器位于透镜后面,激光器发出的光束首先被聚焦透镜聚焦,置于焦点前的扫描器使焦点像呈圆弧运动。这类聚焦透镜通常是小视场、小相对孔径的望远镜。前者物镜设计困难,其他问题的处理则很简单。后者物镜的设计是简单的,但由于像面是圆弧的,处理就很困难。因此,要求高的扫描装置通常采用透镜前扫描。

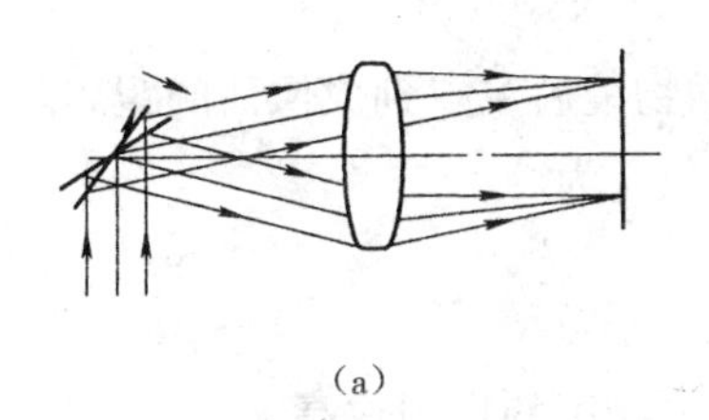
(a)

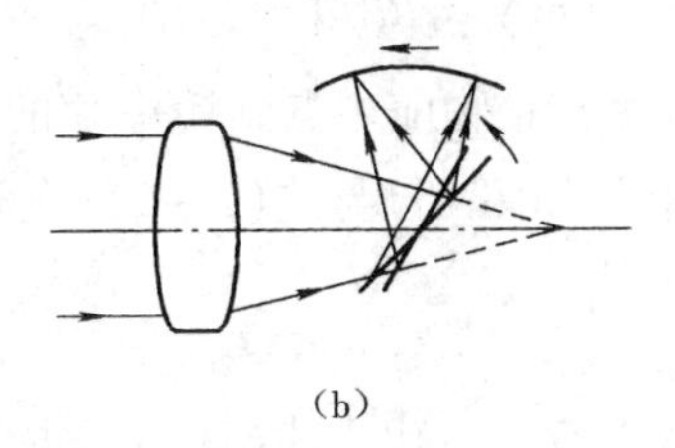
(b)

图 7-1　扫描的两种形式

(a)透镜前扫描　(b)透镜后扫描

扫描物镜与一般物镜设计不同,专用于光学扫描系统的物镜,其作用是获得等速的光扫描运动,下面讨论 $f-\theta$ 物镜的设计。

如图 7-2 所示,设点光源为 S,旋转反射镜为 M,S 点经 M 反射后的共轭像为 S′,S 点经物镜 L 成像后的像点为 S_0。当反射镜 M 作旋转摆动时,摆动特性是

$$\varphi=\varphi_0\sin\omega t \tag{7-1}$$

式中:φ 为反射镜的转角;φ_0为反射镜摆动的最大振幅;ω 为摆动的角速度;t 为摆动时间。

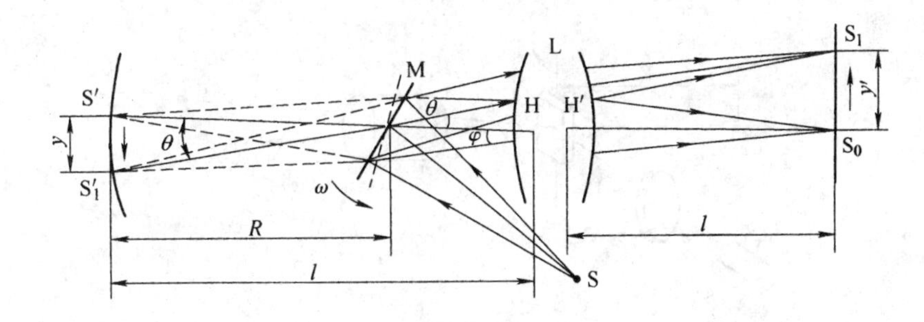

图 7-2　扫描物镜的扫描原理

反射镜转动 θ 角时,镜像 S′移动到 S_1',移动的圆弧半径为 R,光束相对于光轴的转角是 θ,则

$$\theta=2\varphi=2\varphi_0\sin\omega t \tag{7-2}$$

当 $t=0$ 时,设光束的中心线在扫描物镜 L 的光轴上,S′经扫描物镜 L 成像为扫描光点 S_0。为保证光扫描的正确性,光点 S_0应等速移动,像高 y'为

$$y'=kt \tag{7-3}$$

式中:k 为与光学系统有关的扫描常数。

为求 k,将式(7-2)代入式(7-3),则

$$y'=\frac{k}{\omega}\arcsin\left(\frac{\theta}{2\varphi_0}\right) \tag{7-4}$$

当光束转角 θ 很小时,式(7-4)可写成

$$\lim_{\theta\to 0}y'=\frac{k}{2\omega\varphi_0}\cdot\theta \tag{7-5}$$

由图 7-2 所示的扫描系统,在扫描物镜的成像面上,有

$$\lim_{\theta \to 0} y' = Rl'l\theta \tag{7-6}$$

式中：l 为扫描物前主点到镜像 S′的距离；l'为扫描物镜后主点到成像面的距离。

对照式(7-5)与式(7-6)，光学系统扫描常数 k 为

$$k = 2\omega\varphi_0 \frac{Rl'}{l} \tag{7-7}$$

将式(7-7)代入式(7-4)，得等速扫描时扫描物镜的理想像高 y'为

$$y' = 2\varphi_0 \frac{Rl'}{l} \arcsin\left(\frac{\theta}{2\varphi_0}\right) \tag{7-8}$$

当 θ 很小，φ_0很大时，式(7-8)成为

$$y' = \frac{Rl'}{l}\theta \tag{7-9}$$

当采用图 7-3 所示的准直光学扫描系统时，使

$$\frac{Rl'}{l} = f$$

式中：f 为扫描物镜的焦距。

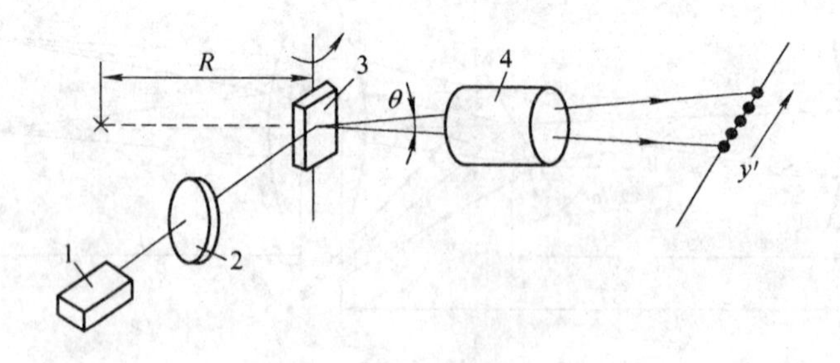

图 7-3 准直光学扫描系统

1—半导体激光器；2—成像物镜；3—动镜；4—$f-\theta$ 物镜

因此，最后有

$$y' = f\theta \tag{7-10}$$

符合式(7-10)理想像高的物镜称为 $f-\theta$ 物镜。当 φ_0为有限值时，符合式(7-10)理想像高的扫描物镜称为反正弦物镜。$f-\theta$ 物镜是最常用的扫描物镜。

线性成像物镜还应具有像方远心光路。在透镜前扫描系统中，入射光束的偏转位置一般置于物镜前焦点处，构成像方远心光路，像方主光线与光轴平行。如果系统校正了场曲，就可在很大程度上实现轴上、轴外像质一致，使像点精确定位，而且提高了边缘视场的分辨率与照度的均匀性。

目前，大多数扫描采用前置扫描。设光束扫描的长度为 L，扫描光束的光斑直径为 d，那么扫描分辨率 N 的定义是

$$N = \frac{L}{d} \tag{7-11}$$

对激光来说，高斯光束的束腰直径是

$$d^2 = d_0^2\left[1 + \left(\frac{4\lambda x}{\pi d_0^2}\right)^2\right] \tag{7-12}$$

式中：d 为距束腰中心 x 处的光束直径；d_0为束腰直径。

式(7－12)中各符号意义如图 7－4 所示。可以导出：

$$R = x\left[1 + \left(\frac{\pi d_0^2}{4\lambda x}\right)^2\right]$$

$$d_0 = \frac{2\lambda}{\pi u} \approx \frac{2\lambda}{\pi NA} \approx \frac{4\lambda}{\pi}F \tag{7-13}$$

式中：NA 为激光束的数值孔径；F 为激光束相对孔径的倒数，即 F 数。

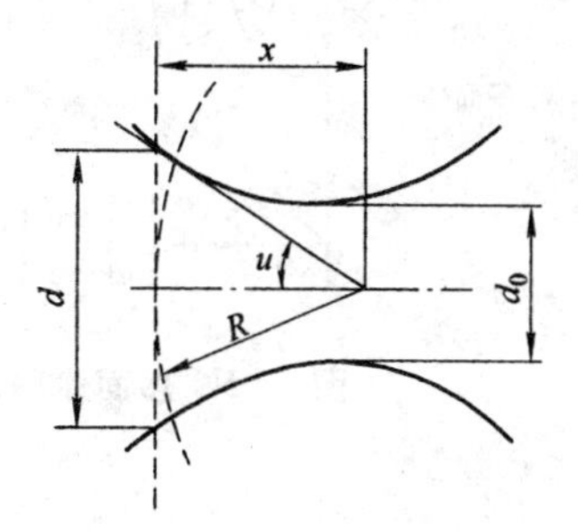

图 7－4　激光的光斑计算

当 $\lambda = 0.633\ \mu m, x = 200$ mm 时，有

$$R - x \approx \frac{16\lambda^2 F^4}{\pi^2 x} \tag{7-14}$$

对不同的 F 数，得表 7－1。

表 7－1　激光的 F 数与 $(R-x)$ 的关系

F	$(R-x)$/mm
50	0.020
100	0.325
200	5.19
400	83.1

表 7－1 说明 $F > 100$，则 $R-x$ 值急剧增大，对应平面波失真越小。因此，对激光扫描系统，一般取 $F > 100$ 为好。

激光束经过扫描系统后的光斑直径为

$$d = 1.27\lambda\frac{f}{d_0} = 1.27F_0 \tag{7-15}$$

式中；λ 为激光束波长；f 为扫描物镜的焦距；F_0为扫描物镜的焦距与激光束腰直径的比数。

另一方面，从衍射角度，即窗口存在的情况下，得衍射光斑的直径为

$$d = k\lambda\frac{f}{D} = k\lambda F_D \tag{7-16}$$

式中：f 为扫描物镜的焦距；D 为扫描物镜的口径；F_D为扫描物镜的 F 数。

使式(7－15)与式(7－16)相等，在$\frac{D}{d_0} \geqslant 2$ 时，有

$$k = 1.27\frac{D}{d_0} \tag{7-17}$$

实际的扫描系统，更多的是采用多面体的旋转扫描，如图 7－5 所示。这时，扫描长度为

$$L = 2f\theta_0 \tag{7-18}$$

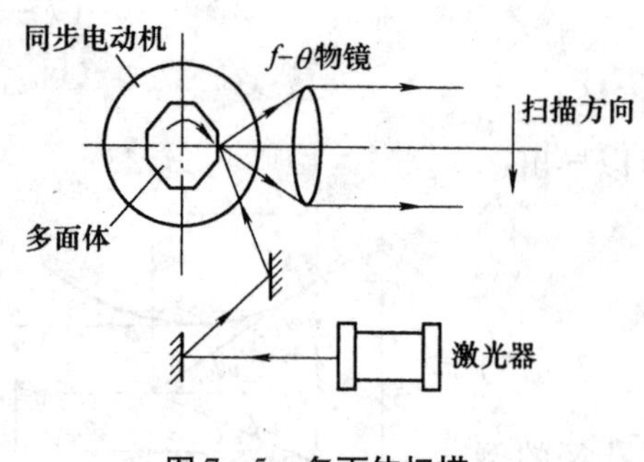

图 7-5 多面体扫描

式中：θ_0为多面体的面角，有

$$\theta_0=\frac{2\pi}{n} \tag{7-19}$$

式中：n 为多面体的面数，一般 $n=6\sim24$。

采用多面体扫描的优点是扫描物镜的 f 可以小，从而获得小的亮斑，提高扫描分辨率。

2. 球面反射镜

球面反射镜是简单而且有用的光学部件。由于其本身是一个反射镜，所以它成的像是没有色差的，这就为系统的设计提供了很大的方便。因此，球面反射镜可以用于紫外到红外的整个频谱范围中，而不改变聚焦的位置。与折射光学部件相比，反射镜的球差很小。

球面反射镜分为凹球面镜和凸球面镜两种。同心光束（见理想光学系统）经球面镜反射后严格来说反射光并不交于同一点，因而球面镜不能理想成像。但对傍轴光线，反射光可近似看成同心光束，故在傍轴条件下球面镜可作为成像元件。球面镜受光部分的中心点称为顶点，顶点与球心的连线称为主光轴。沿主光轴入射的平行光束经球面镜反射后汇聚于一点，称为焦点。凹面镜的焦点为实焦点，凸面镜的焦点为虚焦点。焦点至顶点的距离称为焦距，用 f 表示。球面反射镜傍轴成像公式为

$$\frac{1}{S}+\frac{1}{S'}=\frac{1}{r} \tag{7-20}$$

球面反射镜由于其像焦距与入射光在同侧，所以接收原件必定挡住部分的入射光。如果“离轴”使用，可以避免遮挡，但也会引起新的问题，即反射镜倾斜使物点发出的光线沿主光线成像在不同的位置（见图 7-6），就会产生像散，它是孔径光阑位置、反射镜倾斜度、物距和反射镜曲率的函数。

1）科丁顿方程

像散最初是由科丁顿在 19 世纪早期提出的，他用逼近法跟踪围绕着一条通过光学成像系统的主光线的弧矢光线和子午光线来决定像散和场曲。

对于径向光线

$$\frac{N'}{S'}=\frac{N}{S}+\varphi \tag{7-21}$$

而对于子午光线

$$\frac{N'}{t'}\cos^2 l'=\frac{N}{t}\cos^2 l+\varphi \tag{7-22}$$

式中：φ 表示表面的倾斜率，用下式表示

$$\varphi=\frac{1}{R}(N'\cos I'-N\cos I) \tag{7-23}$$

式中：N 为折射率；I 为在表面的入射角度；R 为光学表面半径；s 和 t 为弧矢点和子午点沿主

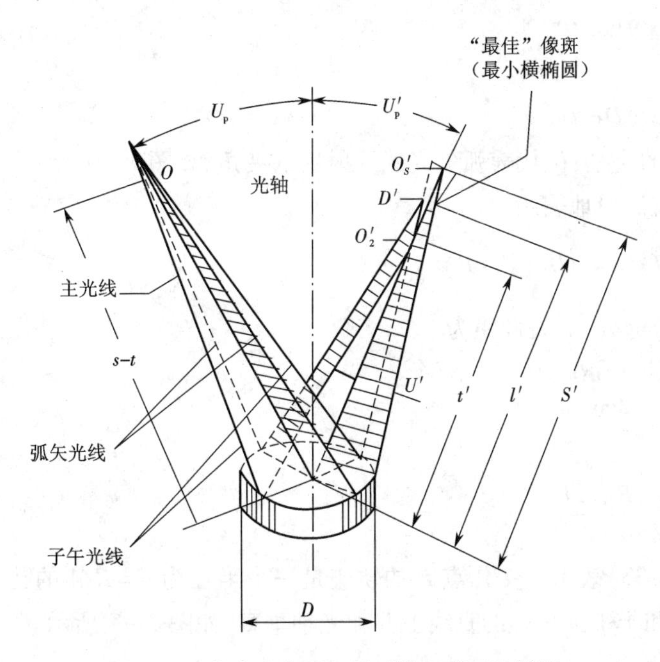

图7-6　物点在有限远处时的凹球面反射镜

光线的距离。不加撇的表示物空间量,加撇的表示像空间量。图7-6表示应用于凹球面反射镜,物点在有限距离 s 时方程中的各个量。

2)像散分析

当像在有限远处时,就反射镜而言,折射率 $N=N'=1$,$I'=-I$,反射镜作为光阑,主光线的角度 U_p 等于入射角 I。因此,所涉及的表面只有一个,s 和 t 相等,代表由反射镜发出的光线沿主光线的距离。

科丁顿方程变换为

$$\frac{1}{s'}=\frac{2\cos U_p}{R}-\frac{1}{s} \tag{7-24}$$

$$\frac{1}{t'}=\frac{2}{R\cos U_p}-\frac{1}{s} \tag{7-25}$$

弧矢像距为

$$s'=\frac{Rs}{2s\cos U_p-R} \tag{7-26}$$

子午像距为

$$t'=\frac{Rs\cos U}{2s-R\cos U_p} \tag{7-27}$$

可以得出,最佳弥散斑大约位于弧矢线像和子午线像之间距离的一半位置处。这种弥散斑也称为最小弥散斑,距离为

$$l'\cong\frac{t'+s'}{2} \tag{7-28}$$

弥散斑的大小近似为

$$b \cong (t'-s')\tan U' \tag{7-29}$$

或

$$b \cong (t'-s')D/2l' \tag{7-30}$$

式中:D 为反射镜的直径;U'代表弧矢光线反射后的夹角,如图 7-6 所示。

这个角弥散斑简单地表示为

$$\beta = -\frac{b}{l'}(s'-t')D/(s'-t') \tag{7-31}$$

对于像在无限远处,弧矢像距为

$$s'_{\infty} = -f_s = \frac{R}{2\cos U_{\rm p}} \tag{7-32}$$

子午像距为

$$t'_{\infty} = -f_t = \frac{R\cos U_{\rm p}}{2} \tag{7-33}$$

可看出式(7-33)表示子午焦点 F_t的轨迹是一个半径为 $p=R/4$ 的圆,式(7-32)表明弧矢焦点 F_s位于和子午圆相切的直线上并和光轴垂直,如图 7-7 所示。

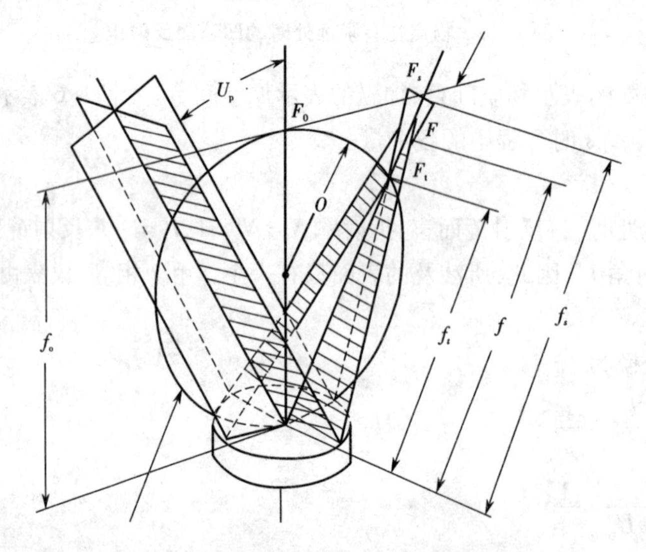

图 7-7 像点在无限远处的凹球面反射镜

最佳像点或焦点的距离近似为

$$l'_{\infty} = -f = \frac{R}{4}\left(\frac{1}{\cos U_{\rm p}} + \cos U_{\rm p}\right) \tag{7-34}$$

值得一提的是,当 $U_{\rm p}=0$ 时,在大多数情况下,可以假定 l'_{∞} 为 $R/2$,而且等于基本焦距 f_0。在 $U_{\rm p}$不超过 30°的范围内,这种假定的误差仅为 1%;在 35°的情况下,误差也只有 2%;而 40°时,误差将增长为 3.5%。弥散斑的大小为

$$b_{\infty} \cong D\tan^2 U_{\rm p}/2 \tag{7-35}$$

用角量表示为

$$\beta_{\infty} \cong \tan^2 U_{\rm p} D/2f \tag{7-36}$$

7.2.2　光电扫描器件

1. 多面体

激光扫描在遥感遥测、光学文字识别、高速打印、信息存储、三维激光扫描测量等领域有着广泛的应用。能够实现光束空间扫描运动的关键部件称为扫描器，目前多采用旋转多面体作为扫描器。其具有扫描速度快、回扫快、稳定性高、扫描角度大等特点。在以多面体为扫描器的激光扫描成像系统中，常将多面体置于成像物镜之前，被调制的激光束经多面体扫描器和成像物镜在探测面上形成扫描图像或图样。

如图 7－8 所示，被某种信息调制了的激光束入射到多面体扫描器上，多面体的高速旋转改变了其在空间的方向，再经过透镜汇聚，在探测面上形成一维或二维扫描图像，整个系统通常构成像方远心光路，以保证出射光束的轴向平行性。在理想情况下，多面体每转过一个反射面，反射光可实现 $4\pi/N$ 的扫描角度，其中 N 为多面体反射面的面数。

以多面体的中心转轴为坐标原点，建立直角坐标系 Oxy，令光学系统的光轴与 x 轴平行，将光轴所在位置定为一个扫描周期中反射光的中间位置，设 r 为多面体的外接圆半径，直径为 D 的激光束以相对于光轴偏角 2α 的方向入射到多面体扫描器的一个反射面上，P 点是入射点，反射光线沿光轴出射的情形如图 7－9 所示。

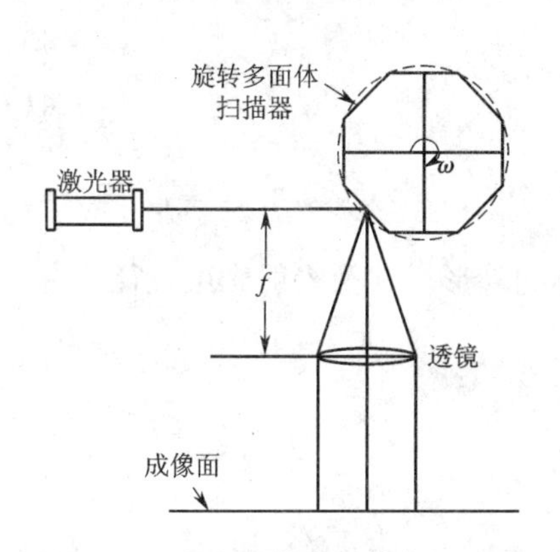

图 7－8　激光扫描成像技术原理图

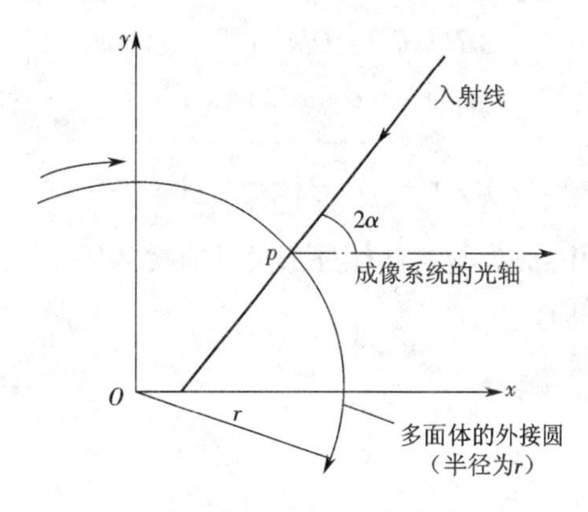

图 7－9　激光束入射到多面体的示意图

根据约定，在一个扫描周期中的中间位置处，反射光束与 x 轴平行，因此画一条平行于 x 轴且直径为 D 的光束代表该反射光，如图 7－10 所示。其中，OQ 为过原点（多面体的中心转轴）的一条直线，与 x 轴的夹角为 2α，对应于入射光的入射方向；OH 为角 QOx 的角平分线，与外接圆的交点为 H 点，则该角平分线应为反射光沿光轴出射时多面体反射面的法线方向。反射光束的中心光线（光束的中心轴线）与 x 轴平行，交角平分线 OH 于 C 点，高度为 $y_C = D/2$，过 C 点作线段 ab 垂直于角平分线 OH，分别过 a 点和 b 点作角平分线 OH 的平行线，交多面体外接圆于 E 点和 F 点，则线段 EF 与线段 ab 平行且等长并与角平分线 OH 垂直相交于 G 点。

由图 7－10 可得

$$ab = EF = \frac{D}{\cos\alpha} \tag{7-37}$$

$$EG = GF = \frac{D}{2\cos\alpha} \tag{7-38}$$

当多面体的外接圆半径 r 及多面体反射面的面数 N 确定时，则多面体每一反射面的宽度(线度) W 可表示为

$$W = 2r\sin(\varphi/2) = 2r\sin(\pi/N) \tag{7-39}$$

式中：φ 为反射面所对应的顶角，它与多面体反射面面数的关系为 $\varphi = 2\pi/N$。

在多面体的外接圆上作出多面体的一个反射镜面 AB，分别交外接圆于 A，B 两点，根据约定易知，角平分线 OH 为反射面 AB 的中垂线，它与 AB 的交点为 M(M 是 AB 的中点)，如图 7-11 所示。分别过 E，F 点作直线 EI 和 FJ 均平行于入射光线光轴交反射面 AB 于 I 点和 J 点，则 EI 和 FJ 之间的距离恰为入射光束的口径宽度 D，即 EI 和 FJ 可视为入射光束的两条边界光线，IJ 则为入射光在反射面 AB 上的照亮范围，入射光束的中心轴线与 EI (FJ) 平行且通过 G 点，它与反射面 AB 交于点 P，因此 P 点就是当光以偏离光轴 2α 角度入射到反射面上，反射光沿光轴出射时的入射点，显然它偏离反射面的中点 M。入射光的两条边缘光线同样被多面体的反射面反射，相应的反射光线平行于光轴。

令 $MH = m$，$GH = g$，由图 7-11 得

$$MH = OH - OM \tag{7-40}$$

$$m = r - r\cos(\varphi/2) \tag{7-41}$$

$$g = r - \sqrt{r^2 - \left(\frac{D}{2\cos\alpha}\right)^2} \tag{7-42}$$

式中：m 为与多面体外形尺寸有关的因子；g 为与多面体的外形尺寸及入射光束直径均有关的因子。

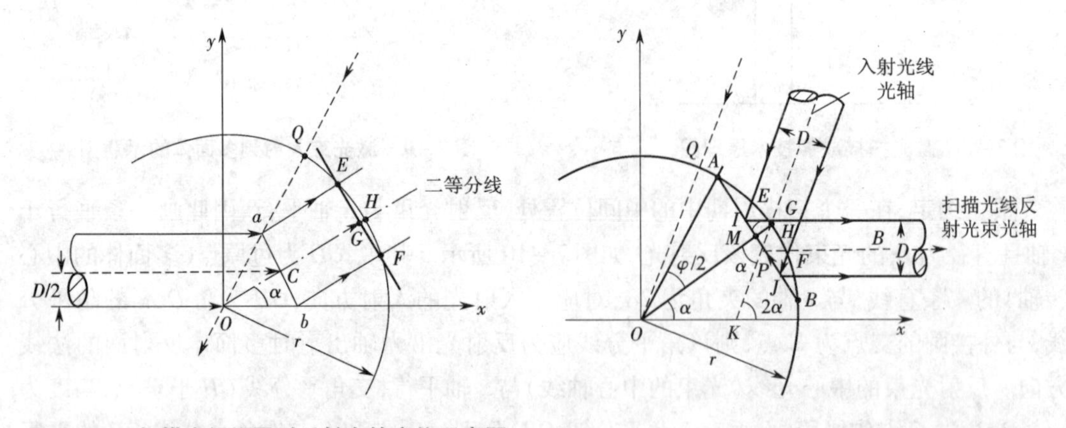

图 7-10　扫描中间位置时反射光的方位示意图　　图 7-11　入反射光在反射面上的位置示意图

多面体后的成像光学系统光轴是一条过 P 点且平行于 x 轴的直线，因此确定了 P 点的位置坐标也就确定了成像光学系统的光轴与多面体中心转轴之间的相对位置关系。图 7-12 所示是光学系统光轴与 P 点位置之间几何关系的放大示意图。

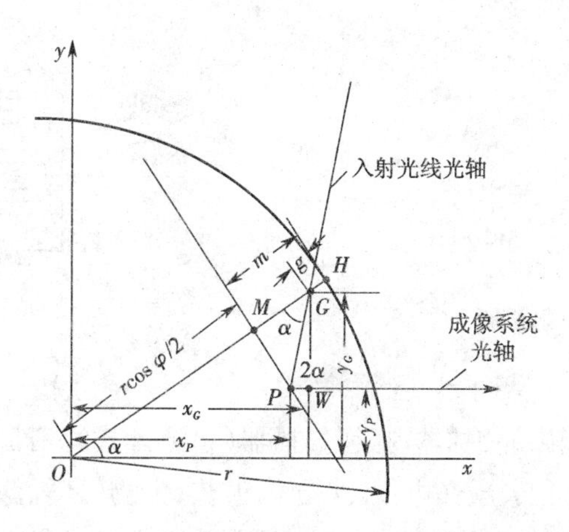

图 7－12　光学系统光轴与 P 点位置之间的几何关系

由图 7－12 得 P 点坐标为$\left((r-g)\cos\alpha-\dfrac{(m-g)\cos 2\alpha}{\cos\alpha},(r-g)\sin\alpha-\dfrac{(m-g)\sin 2\alpha}{\cos\alpha}\right)$。

2. 振子扫描器件

扫描振镜主要由电磁驱动部分和位置传感器两部分组成。对扫描振镜有很高的动态特性要求,在振镜的任意位置都可以加载正负向力矩,振镜的任意位置都有相同的动态特性,因此振镜的电磁驱动部分必须具有低惯量、大转矩和很宽的频率响应。

振镜是一种高精度、高重复性的光学扫描器,因此振镜驱动电路是高精度伺服闭环系统,它包括两大部分:一是使振镜偏转的驱动电路,二是控制驱动电路驱动精度的伺服电路。伺服控制信号取自与振镜连在一起的位置传感器。振镜附有的位置传感器位于振镜内部,当转子的角度发生变化时,位置传感器输出一个不平衡小电容,给出转子和定子间相对角度变化的信息,经滤波放大后,就获得了对应于偏角的精确电平,此电平即为振镜的位置信号。位置信号在振镜系统里很重要,因为它一方面作为伺服控制的信号电压,另一方面又直接反映了振镜的偏转角度和扫描位置。

3. 声光偏转器

当超声波在一段玻璃材料中传播时,在玻璃的两端来回反射形成驻波,玻璃的折射率会因为驻波的形成而改变,折射率分布和驻波的分布一致,这样就形成一种光栅结构,当光垂直声波的方向入射,会因光栅的衍射效应而发生偏转,即声光偏转。

参数品质因数 Q 决定相互作用机制,有

$$Q=\frac{2\pi\lambda_0 L}{n\Lambda^2} \tag{7-43}$$

式中:λ_0 为激光束的波长;n 是晶体的折射率;L 是光束穿过声波的距离;Λ 是声波波长。

(1)$Q\ll 1$:Raman-Nath 衍射机制,如图 7－13 所示。光束大致垂直入射声波束,会出现一些衍射条纹,其强度可由 Bessel 函数得出。

(2)$Q\gg 1$:Bragg 衍射机制,如图 7－14 所示。以特定角 θ_B 入射,只有一条衍射条纹,其他条纹通过干涉相互抵消。

(3)在中间情况下,单独的分析处理是不可能的,要通过计算机完成一系列分析。

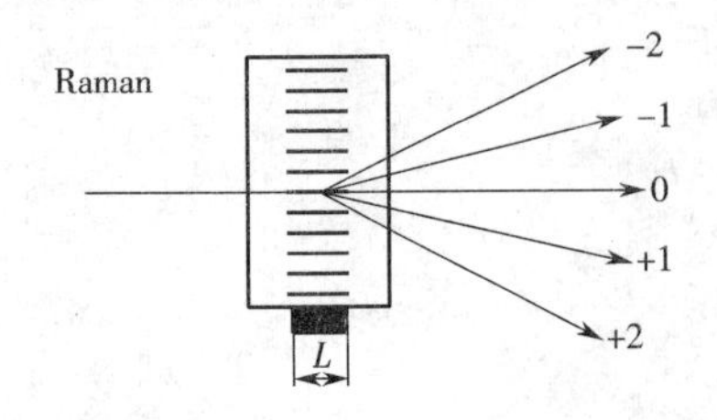

图 7 - 13 Raman-Nath 衍射机制

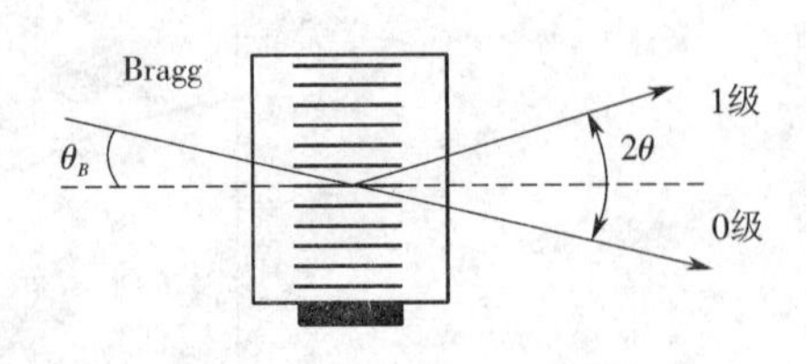

图 7 - 14 Bragg 衍射机制

4. 压电类扫描器件

激光扫描器,如多面转镜扫描器、振镜扫描器(检流计式)、音圈电机扫描器和压电扫描器等,在激光投影、激光加工、激光电视、半导体工艺、生物医学、激光雷达等领域应用比较广泛。多面转镜扫描器虽然具有扫描速度快、扫描角度大、回扫快和速度稳定性高等优点,但也有半径差引起的非线性误差和各小面不平行度引起的塔形误差,会影响扫描精度。振镜扫描器在高频扫描(几百赫兹以上)时,扫描最大角度和线性度都会严重下降。另外,上述两种扫描器都有转动惯量大、功耗大、有摩擦等缺点,难以实现高速灵巧扫描,在空间领域应用也受限。音圈电机扫描器扫描角度较大,但是扫描频率较低、功耗较大。

压电光学扫描器采用压电陶瓷驱动器直接驱动,多用于自适应光学补偿,扫描器频率较高,但是由于压电陶瓷驱动位移量小, 扫描角度小,限制了在其他领域的应用。为了弥补压电陶瓷驱动位移量小的缺点, 国内外研究者设计了多种位移放大结构,主要采用杠杆放大原理,该原理在多种微位移驱动机构里得到了应用。

7.3 激光扫描检测技术工程

7.3.1 表面特征检测扫描技术

利用激光扫描还可以有效地检查表面的特征。例如表面的疵病检查、异物探测以及形状不良检测等。过去检查表面疵病的方法是在显微镜下目视作业,方法比较落后。由于工业生产的高速化以及表面上图形的细微化,直接用眼睛和光学仪器的组合检测已不能适应工业和科学技术上的要求。而利用光扫描可以达到高速化、区别缺陷的分辨率高以及自动化的要求。常用的检测方法有反射式和干涉式两种。

1. 反射式

图 7 - 15 所示是反射光扫描检测的原理。激光通过旋转的反射镜入射到被测表面上,利用表面有缺陷时反射光有明显变化来检测表面缺陷。这种方法适合于自动检测直径在 0.1 ~ 1 mm 的缺陷,例如薄板、具有反射特性的纸张等表面。图 7 - 16 是两种检查表面缺陷的装置原理图。

图 7 - 16(a)所示为飞点成像式,它在被检表面的行进方向上(x 方向)用旋转的多面体相当于 y 向上对被检面进行扫描,照明方向与成像方向成 90°的关系,并在被测面的像面上设置针孔以检测表面各点上来的反射光的变化,从而评定表面是否有损伤划痕。

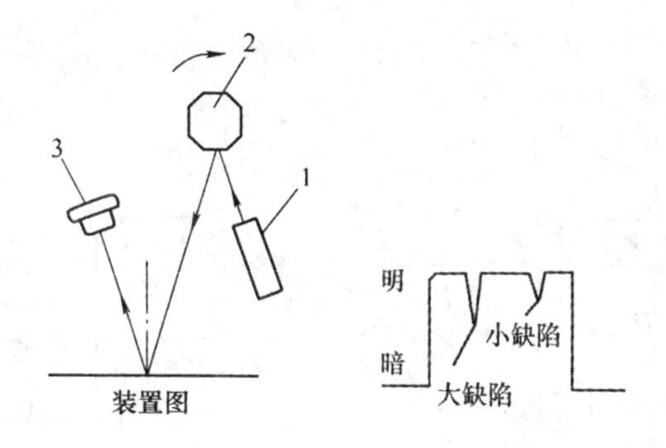

图 7 - 15　反射光扫描检测

1—激光器;2—旋转多面体;3—光电器件

图 7 - 16(b)所示是飞点扫描式,它直接利用激光束来扫描表面,扫描方向与被检表面行进方向成直角关系。

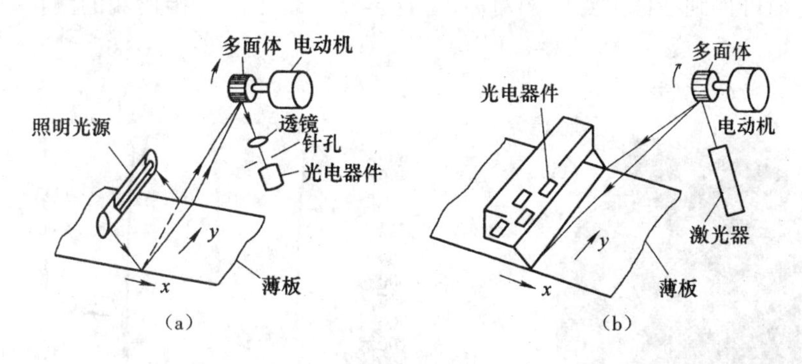

图 7 - 16　检测表面缺陷的扫描装置

(a)飞点成像式　(b)飞点扫描式

2. 干涉式

图 7 - 17 所示是干涉法原理测量系统利用 Mirau 相移干涉。光束经显微物镜后通过参考镜,再由分光镜的半透半反膜分成两束,一束透过分光镜投射到被测面上,反射后经分光镜和参考镜回到显微镜;另一束被分光镜反射到参考镜上表面中心的反射区域,透过参考镜回到显微镜,两束光在显微物镜处相遇而发生干涉。在利用白光干涉测量表面三维形貌的过程中,对于被测表面上某一点来说,为了定位其零光程差位置,采用垂直扫描的方式改变被测表面的位置,以此来获得该点光强变化的离散数据,然后依据白光干涉的典型特征来判别并提取最佳干涉位置。

测量时通过计算机输出信号控制步进电机和 PZT,驱动 z 向工作台做定长的位移带动被测工件的进给,这样被测工件表面的不同高度平面就会逐渐进入干涉区,如果在充足的扫描范围内进给,被测工件表面的整个高度范围都可以通过最佳干涉位置。每一次位移都可获得一幅干涉图像,用 CCD 摄像机接收干涉条纹并将接收到的光强信号转换成电信号送至图像卡进行信号放大,经 A/D 转换后存储于计算机中,利用与被测面对应的各像素点相关的干涉数据,采用某种最佳干涉位置识别算法对干涉图样数据进行分析处理,提取出特

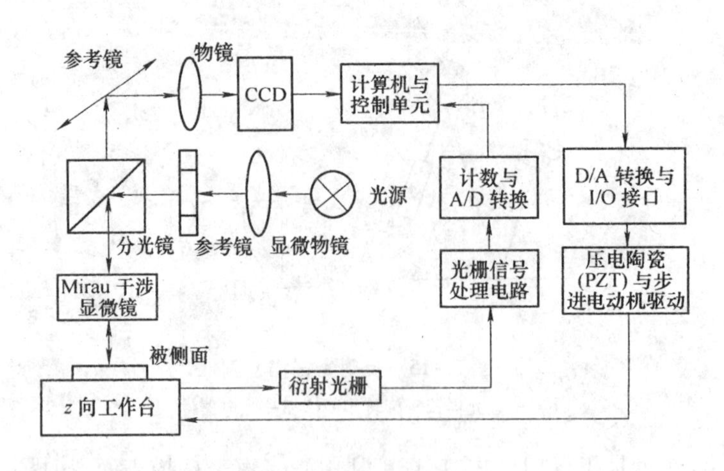

图 7－17 干涉法测量原理图

征点位置，进而可得到各像素点的相对高度，这样便实现了对三维形貌的测量，如图 7－18 所示。

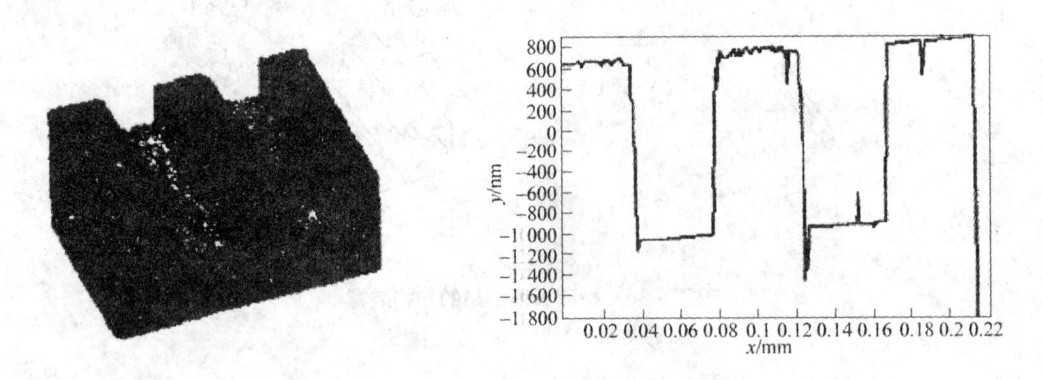

图 7－18 试样及其检测结果

7.3.2 三维激光扫描技术的工程应用

1. 点的三维坐标查询

三维激光扫描获取的点云数据实质上是由数以万计的三维坐标点所组成的，查询点云数据中某个点的三维坐标值是三维扫描技术中一个最基本的功能。在工程应用中，点的坐标查询主要是获取扫描目标体的特征点的三维坐标。

锦屏一级水电站位于四川省凉山彝族自治州盐源县和木里县境内，是雅碧江干流上的重要梯级电站。坝区河谷狭窄、谷坡陡峻，自然边坡高达 1 000 余米，EL. 1 900 m 以下斜坡斜度 60°～80°，EL. 1 900 m 以上斜坡斜度变缓至 45°～50°，但仍分布有陡坡和悬崖。坝区整体上处于由砂板岩和大理岩构成的紧闭向斜部位，右岸为顺倾坡，岩性成分较单一，主要为不同性状的大理岩；左岸为反倾向坡，岩性构成复杂，坡体下部为大理岩，中部是砂板岩互层，上部又出现大理岩。

坝区内坡体经历了地质历史时期的长期考验，而且不会受到施工扰动的强烈影响，边坡的整体稳定性条件是较好的，但是在长期风化、卸荷影响之下，边坡浅表层的“局部稳定性”问题，即“危岩体”问题还是存在的，尤其是高悬于枢纽建筑物上部的危岩体，哪怕是局部很小范围的危岩体失稳都会对施工及电站的运营安全带来重大威胁。因此，及时开展锦屏一级水电站高位边坡的危岩体调查具有重要意义。

由于所要调查的危岩体都位于高程EL.1 950 m以上，很多部位都处在高陡边坡甚至是悬崖之上，对于这类危岩体的调查，传统办法除了现场抵近调查外几乎无能为力，但这样增加了调查人员的人身安全问题。将三维激光扫描技术应用于本次的危岩体调查有着明显的优势，如无接触测量、快速、准确。

整个调查过程对危岩体分布范围都进行了三维激光扫描，获得了坝区危岩体分布的空间三维数据，利用点坐标查询功能获取了危岩体的分布位置、高程、分布范围等资料，为锦屏一级水电站高位边坡危岩体调查、险情排查及处理工作提供了可靠的资料，是传统调查方法难以实现的。

2. 三维尺寸及角度测量

在处理软件Polyworks8.0中，有多种量测工具，包括量测距离（水平、垂向、两间、任意方向、点到线）、角度（水平、垂向、任意）、半径及方位角等，利用众多的量测工具能够满足一般工程需要。

在上面介绍的锦屏一级电站坝址区危岩体几何尺寸量测高位危岩体调查中，对于高陡边坡上人员难以抵近的危岩个体的几何尺寸调查，三维激光扫描技术的应用发挥了重要作用，其危岩体几何尺寸量测如图7－19所示。此技术实现了不用现场实地测量而获取危岩体的真实数据资料，既减少了调查工作的工作量，又大大降低了调查人员在复杂地形条件下的危险系数。

3. 地形剖面及等高线的生成

吉鱼水电站位于四川省阿坝州茂县境内茂县至汉川的岷江干流上，由于工程设计变更，增加了两台发电机组，需在引水隧洞出口增设一条引水支洞，并采用明洞开挖。在明洞开挖及厂房修建的过程中，对引水隧洞出口边坡（见图7－20）坡脚进行了大规模的开挖。2006年3月起，边坡开始出现数次不同规模的垮塌，每次垮塌之后都对堆积土体进行清除，坡脚一次次往里推进，坡度变陡，结果不仅完全改变了边坡的原始坡面形态，而且彻底改变了坡体的受力状态。2006年6月，该边坡再次发生大规模的变形破坏，在EL.1 523 m左右处出现了明显的下错裂缝，下错距离约2 m；下部引水隧洞出现严重坍塌，自洞口以内约45 m长的洞段由于坡体变形错落而垮塌，某些部位的拱顶塌空区的规模已达6～8 m，引水隧洞及其附属工程的施工被迫停工。

由于边坡原有地形经过开挖与支护并出现多次垮塌，初始的地形数据与现实条件有很大的出入。及时获得目前边坡的地形数据对边坡灾害的治理具有重要意义，传统的地形测绘方法对此边坡而言耗时、费力，而且施工工期不允许。三维激光扫描技术的应用解决了以上难题。

根据工程边坡现场地形及建筑物布置条件，选取了4个扫描机位点，力求扫描范围涵盖研究区内详尽的地形、地貌特征。现场扫描工作耗时3 h左右，采集点云数据9 949 507个，

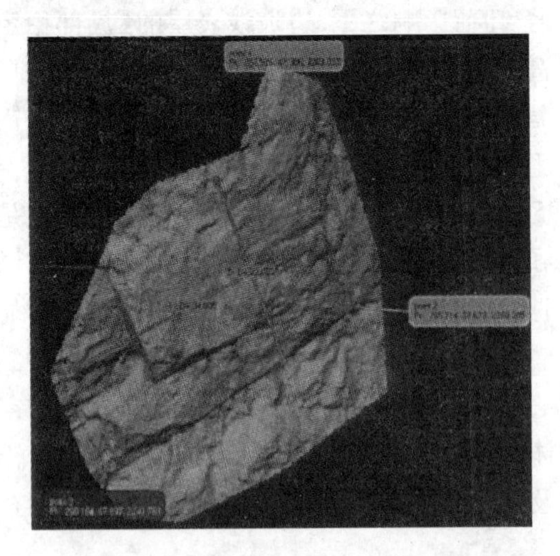

图 7 - 19　危岩体几何尺寸的测量

图 7 - 20　吉鱼水电站引水洞出口边坡

共得到了 9 幅不同视角的扫描点云数据，设定厂房外侧转角等处的大地坐标标记点 3 处。在对点云数据的拼接、坐标转换完成后，接下来的工作是对三维数据的后期处理，将所获取的点云数据进行去噪，点云图像采集到了施工现场的脚手架、施工器械、电线、植被、房屋等信息，这些都成为后期处理的干扰信息，对于这些点云数据应尽可能地删除。拼接完成后的点云图像如图 7 - 21 所示。

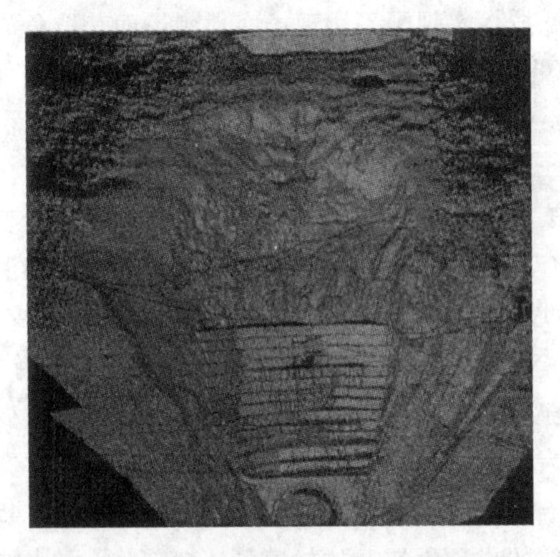

图 7 - 21　拼接完成后的点云图像

图 7 - 22　软件处理后的图像

采用 Polyworks 软件 IMhispeet 模块进行 DEM 的生成，等高线间距 1 m，采样间距 0. 2 m，将获得的地形等高线数据以. dxf 格式导出，以便在常用软件 AutoCAD 中打开再编辑。对于坡表加固支护部分，为防止等高线采样遗失，软件中直接将加固部分的外观转折线描取导出到 AutoCAD 中，叠加在地形线上。对导出的地形文件用 AutoCAD 打开，其中每一高程的地形线都以一图层形式存在，由于原始数据删除了干扰信息，因此局部没有数据，同时植被的影响等造成生成的等高线数据局部缺失、扭曲不光滑等，根据使用需要，本次对这些数据进行人工再编辑。在AutoCAD中建一新图层用多义线重新描取地形线,手工消除植被造成的扭曲粗糙线段、补全缺失线段部分,然后对重新描绘的线进行高程赋值,完成DEM的生成。软件处理后的图像如图7-22所示。

7.4　激光三维打印技术工程

3D打印(3D Printing)又称增材制造(Additive Manufacturing),属于快速成形技术的一种。它是一种以数字模型文件为基础的直接制造技术,几乎可以制造任意形状三维实体。3D打印运用粉末状金属或塑料等可黏合材料,通过逐层堆叠累积的方式来构造物体,即“积层制造”。

与传统的机械加工相比,3D打印具有如下优点:

(1)节省材料,不用剔除边角料,提高材料利用率,通过摒弃生产线而降低成本;

(2)能做到很高的精度和复杂度,可以表现出外形曲线上的设计;

(3)不再需要传统的刀具、夹具和机床或任何模具,就能直接从计算机图形数据中生成任何形状的零件;

(4)可以自动、快速、直接和精确地将计算机中的设计转化为模型,甚至直接制造零件或模具,从而有效缩短产品研发周期;

(5)3D打印能在数小时内成型,使设计人员和开发人员实现了从平面图到实体的飞跃;

(6)能打印出组装好的产品,因此大大降低了组装成本,甚至可以挑战大规模生产方式。

3D打印技术种类很多,其中激光技术也发挥着重要的作用。在目前的3D打印技术中有3种与激光有关的,分别是:立体光固化快速成型工艺(SLA)、选择性激光烧结技术(SLS)、分层实体制造技术(LOM)。其中,SLA快速成型机用激光束使液态光敏树脂固化成型;SLS快速成型机使用激光束烧结粉材成型;LOM快速成型机用激光束刻写纸(或塑料薄膜)成型。

7.4.1　激光三维打印技术基本原理

1.激光固化快速成型机

SLA快速成型机中SLA的英文全称为Stereo Lithography Apparatus,直译为立体平板印刷设备。为突出其特点,本书将这种3D快速成型机称为激光固化快速成型机。它是机械工程、计算机辅助设计及制造技术(CAD/CAM)、计算机数字控制(CNC)、精密伺服驱动、检测技术、激光技术及新型材料科学技术的集成。

图7-23所示是SLA快速成型机的原理。这种成型机由液槽、工作台、激光器、扫描振镜和计算机数控系统等组成。其中,液槽中盛满液态光致敏树脂,有许多小孔的工作台浸没在液槽中并可以沿高度方向往复运动。激光器为紫外(UV)激光器,如NdYVO4(半导体泵浦)、HeCd(氦镉)激光器和氩离子激光器。扫描振镜能根据控制系统的指令,按照成型

件截面轮廓的要求作高速往复摆动，从而使激光发出的激光束反射到液槽中光敏树脂的上表面，并沿此面作 x-y 方向的扫描运动。在这一层受到紫外激光束照射的部位，液态光敏树脂发生聚合反应而快速固化，形成相应的一层固态的成型件截面轮廓薄片和支撑结构。

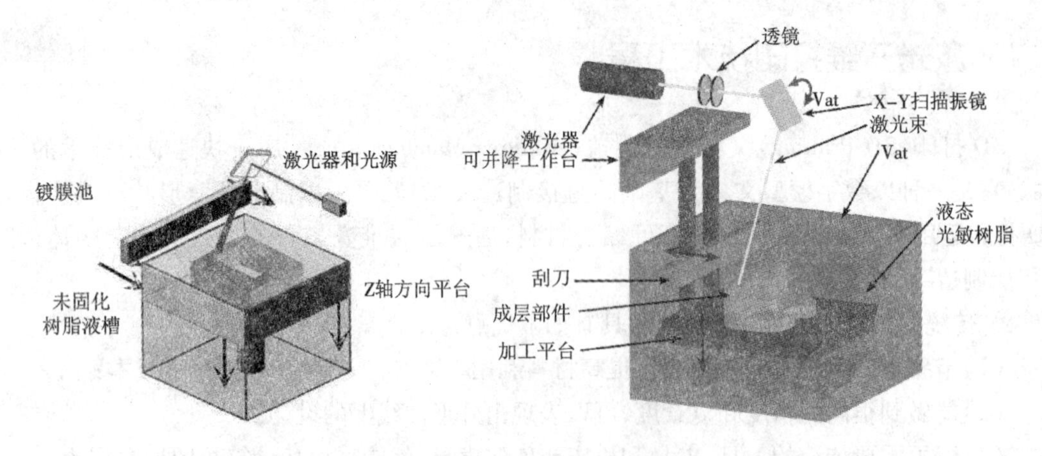

图 7－23 SLA 快速成型机原理

激光固化成型工艺的成型过程如下(见图 7－24)：液槽中盛满液态光敏树脂，氦镉激光器或氩离子激光器发出的紫外激光束在控制系统的控制下按零件的各分层截面信息在光敏树脂表面进行逐点扫描，使被扫描区域的树脂薄层产生光聚合反应而固化，形成零件的一个薄层。一层固化完毕后，工作台下移一个层厚的距离，在原先固化好的树脂表面敷上一层新的液态树脂，刮板将黏度较大的树脂液面刮平，然后进行下一层的扫描加工。新固化的一层牢固地黏结在前一层上，如此重复直至整个零件制造完毕，得到一个三维实体原型。当实体原型完成后，首先将实体取出，将多余的树脂排净。之后去掉支撑，进行清洗，然后再将实体原型放在紫外激光下整体固化。

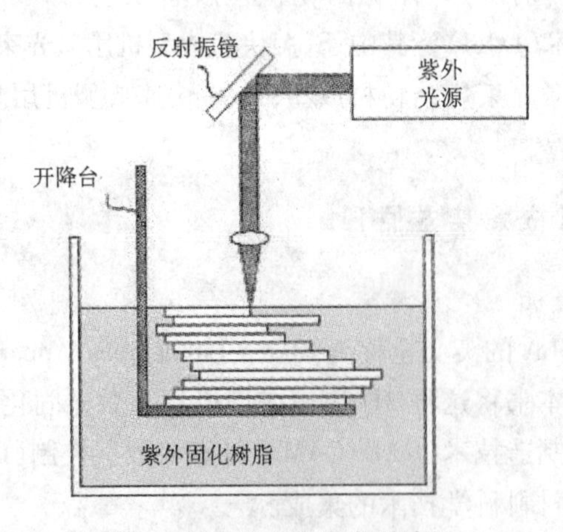

图 7－24 激光固化成型过程

由于树脂材料的高黏性，在每层固化之后，液面很难在短时间内迅速流平，这将会影响实体的精度。采用刮板刮切后，所需数量的树脂便会被十分均匀地涂敷在上一叠层上，这样经过激光固化后可以得到较好的精度，使产品表面更加光滑和平整，并且可以解决残留体积的问题。

2. 激光烧结快速成型机

SLS 快速成型机中 SLS 的英文原文为 Selective Laser Sintering，直译为选区激光烧结。为突出其特点，本书将这种 3D 打印机称为激光烧结快速成型机。

激光烧结技术成型系统的主体结构是一封闭成型室，室中装有两个活塞机构，一个用于供粉，另一个用于成型，如图 7－25 所示。成型开始，供粉活塞上移一定量，铺粉滚筒将粉末均匀地铺在加工平面上，激光束在计算机的控制下透过激光窗口以一定的速度和能量密度扫描。激光束的开关与待成型零件的第一层信息相关。激光束扫过之处，粉末被烧结成一定厚度的片层，未扫过的地方仍然是松散的粉末，这样零件的第一层就制造出来了。这时成型活塞下移一定距离，这个距离与设计零件的切片厚度一致，而供粉活塞上移一定量。铺粉滚筒再次将粉末铺平后，激光束开始依照设计零件第二层的信息扫描。激光扫过后，形成的第二片层也烧结在第一层上。如此反复，一个三维实体就制造出来了。

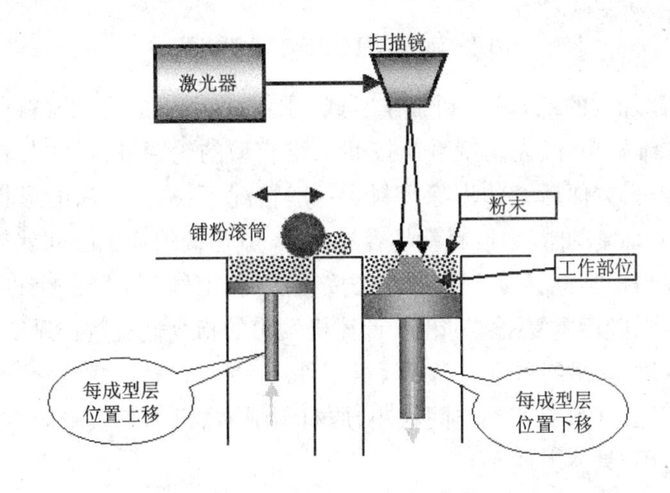

图 7－25　激光烧结快速成型机原理图

3. 分层实体制造技术

LOM 快速成型机中 LOM 的英文全称为 Laminated Object Manufacturing，有的资料称为贴片刻写快速成型，本书将这种 3D 成型机称为分层实体制造技术。

分层实体制造技术原理可以概括为以下内容：首先通过造型软件得到产品的几何模型，然后根据相关的工艺要求，把实体模型进行分成，也就是把三维模型分解为多个二维模型，随后利用这些二维模型的信息，结合加工参数，控制成型机顺序加工每个二维模型，并将彼此贴合，最终可以获得产品的几何模型，也就是最初设计的产品的原型，得到的产品进行相应的打磨得到最终零件。下面通过叠纸的快速成型机来说明 LOM 的工作原理，如图 7－26 所示。

加工系统包括运送及原材料存储机构、计算机、热碾压机构、可升降工作台、激光切割系统和数控系统等相关部件。在这些部件中，计算机存储以及接收产品的 CAD 模型，通过计算机离散产品的二维模型，并且控制整个加工。原材料运送及存储机构可以把原材料

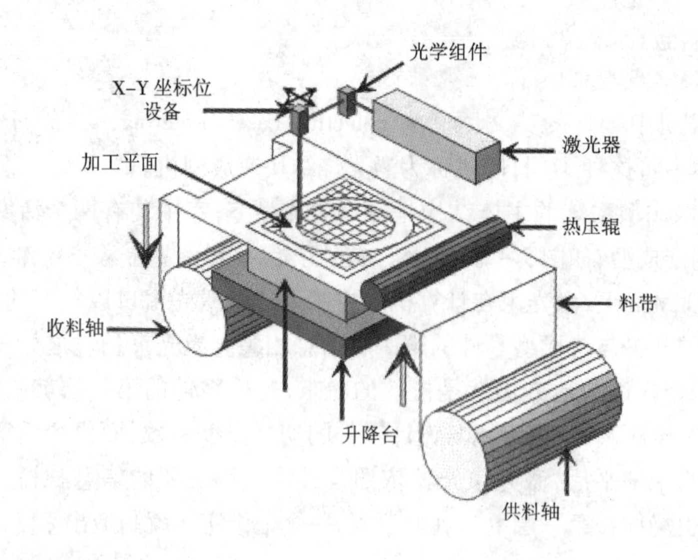

图 7-26 LOM 快速成型机原理

(如带有胶及相应添加剂的纸)输送到工作区域。随后热碾压机构把材料积压到一起。根据提取的产品的二维模型,激光切割系统按照二维模型的轮廓进行切割,轮廓区域外的部分切割成微小的方格,方便后续的剔除废料。一般情况下,根据产品的形状复杂程度来决定切割网格的大小,切割的越小,废料就越容易剔除,但花费的加工时间就越久,否则反之。通过工作台的升降来控制每层的成型,当加工完一层后,工作台下降一个材料的厚度(通常选为 0.1 ~0.2 mm),随后重复上述过程。计算机发出的指令通过数控系统来具体执行,重复加工二维模型的过程,最终可堆积形成所需工件。

与其他方法相比,LOM 技术在空间大小、原材料成本、机加工效率等方面独特的优点,使其得到广泛的应用,具体表现如下。

(1) LOM 技术在成型空间大小方面的优势。LOM 工作原理简单,一般不受工作空间的限制,可以制造较大尺寸的产品。

(2) LOM 技术在原材料成本方面的优势。相对于 LOM 技术,其他的加工系统都对其成型材料有相应的要求。例如,SLA 技术需要液体材料并且材料可光固化,SLS 技术要求较小尺寸的颗粒形粉材。不仅在种类和性能上这些成型原材料有差异,而且在价格上也各不相同。从材料成本方面来看,SLA 技术所需的材料价格较高,SLS 技术的材料价格比较适中,相比较而言 LOM 技术的材料最为便宜。

(3) LOM 技术在成型工艺加工效率方面的优势。相对于其他快速成型技术,LOM 技术以面为加工单位,因此这种加工方法有最高的加工效率。

7.4.2 激光三维打印技术工程应用

下面以德国激光增材制造设备厂商 Concept Laser 生产的 M2 Cusing 金属 3D 打印机为例介绍激光 3D 打印技术在工程上的应用。

M2 Cusing 是基于 Concept Laser Cusing 技术的世界上第一套能够用于钛合金、铝合金等反射性金属材料激光加工的设备。它根据防爆防火条例,装备了相应的传感元件以及测量技术,保证了系统安全。M2 同样带有粉末操作装置,新一代的光纤激光加上室温下操作的 Laser Cusing 专利技术,保证了被生产元件的高分辨系数和杰出的力学性能。M2 是医疗行业生产元件相当理想的选择,同时也适用于航天工业领域的部件生产。

M2 Cusing 设备生产技术的独特之处在于遵从随机曝光策略,即岛型原理。激光在每一工作层面上被分段,即所谓的岛型,并连续作用。这一技术大大降低了原件在生产过程中应力的产生,可实现庞大的零件和大体积零件的迅速启动。M2 Cusing 使用 3D CAD 数据,在融化的过程中利用随机曝光技术,会生成层层堆积的复杂的集合构件。图 7-27 所示是 M2 Cusing 金属 3D 打印机,表 7-2 是 M2 Cusing 的设备数据。

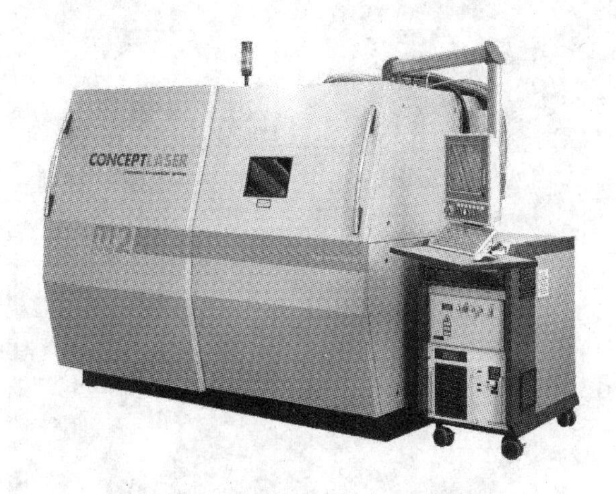

图 7-27 M2 Cusing 金属 3D 打印机

表 7-2 M2 Cusing 设备的技术参数

成型尺寸	250 mm×250 mm×280 mm(x,y,z)
熔铸厚度	20~80 μm
生产速度	2~20 cm^3/h(因材料而变),最高可选 400 W
激光系统	200 W
扫描速度	7 m/s
光斑直径	50~200 μm
夹具系统参考	瑞士爱路华 3R 夹具
联接负载	耗能 7.4 kW,电源三相交流 400 V,32 A
惰性气体供应	压缩气体 5 bar(即 0.5 MPa),提供两种惰性气体,氮气发生器(可选)
惰性气体消耗	<1 m^3/h
设备尺寸	2 400 mm×1 630 mm×2 354 mm(长×宽×高),2 000 kg
运行环境温度	15~35 ℃

M2 Cusing 可以加工多种金属,包括 CL 20ES 不锈钢(1.4404)、CL 30AL 铝(AlSi12)、

CL 40 钛合金(TiAl6V4)、CL 40Tl ELI 钛合金(TiAl6V4 ELI)、CL 50WS 热作钢(1.2709)、CL91RW 不锈钢热作钢、CL 100NB 镍合金(Inconel 718)、CL 110CoCr 镍铬铸造合金(F75)等金属与合金。

M2 Cusing 能够经济直接地加工齿科部件,如牙冠、牙桥、支架。采用钴铬合金、钛合金或其他贵金属合金制造出高质量和密合度的假牙,这几乎在一夜之间便可完成。同时也可以用于加工生物相容性植体或表面开孔结构的修复体以及独特的植入和医疗器械的原型或试样等。图 7 - 28 所示是用 M2 Cusing 加工的用于航空灯的机械零件。

图 7 - 28 M2 Cusing 加工的机械零件

7.4.3 激光三维打印相关实例

3D 打印通常是采用数字技术材料打印机来实现的。康奈尔大学(Cornell University)副教授、该校创意机器实验室(Creative Machines Lab)主任霍德·利普森(Hod Lipson)说:“3D 打印技术正悄悄进入从娱乐到食品、再到生物与医疗应用等几乎每一个行业。”过去其常在模具制造、工业设计等领域被用于制造模型,现正逐渐用于一些产品的直接制造,已经有使用这种技术打印而成的零部件。该技术在珠宝、鞋类、工业设计、建筑、工程和施工(AEC)、汽车、航空航天等领域得到广泛应用。

美国弗吉尼亚大学的学生史蒂芬·伊斯特(Steven Easter)和乔纳森·图尔曼(Jonathan Turman)通过 3D 打印技术制造出了一架飞机模型(见图 7 - 29)并成功试飞。飞机翼展达 6.5 英尺(约 2 m),所有零部件都是通过 3D 打印机制造出来的,而且任何破损的部件都能够打印出来进行替换。通用电气航空集团(GE Aviation)使用 3D 打印机制造飞机喷气引擎。3D 打印的另一个优势是可以制造出更轻的零件,帮助飞机节省燃料。许多制造商早就开始使用 3D 打印制造零件原型,它比传统模具制造更廉价和更具有灵活性。

在惯常的制鞋程序中,设计、做模型、做鞋子要花去很长时间。耐克公司(Nike)鞋类创

图7-29　3D打印的飞机和飞机喷气引擎

新副总裁托尼·比格内尔(Tony Bignell)表示,制作出一款与设计构思完全相符的鞋子,可能要试上成百上千次。现在耐克已经将3D打印技术应用于模型设计,并在产品设计开发阶段助力设计师提速良多。

耐克抛弃传统制鞋的过程,使用3D打印制造的Vapor Laser Talon鞋子,工艺与众不同,这样才有可能在短时间内突破限制,制造出帮助运动员在赛场上"飞"起来的鞋子。耐克公司结合摩擦力及轻量化频繁地调整和改进产品。最终,一只Vapor Laser Talon鞋(见图7-30)仅重5.6盎司(158.7 g),相当于3枚鸡蛋的重量。结合反求工程的3D打印技术使耐克公司能够在短时期内完成设计制造舒适的鞋子,缩短了鞋子的生产周期,也提高了其生产效率。

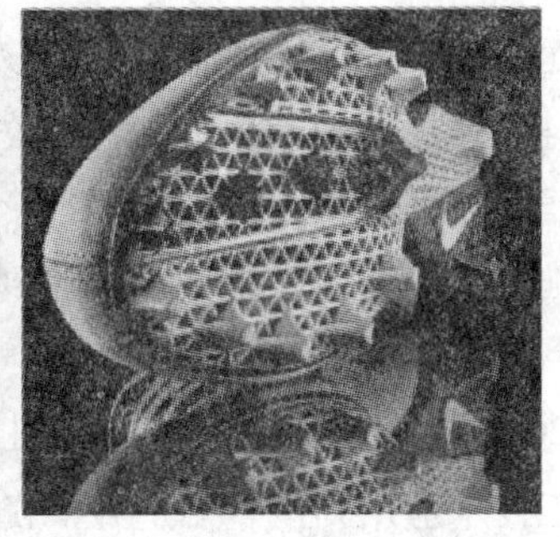

图7-30　Vapor Laser Talon鞋子

医学是3D打印应用的一个重要领域。由于各种原因,有相当数量的人需要装配义肢(见图7-31),但是每个人的身材都是不同的,必须进行完全个性化的定制。美国的梅约诊所已经为一位病人制造了一个3D打印的一次性髋关节(见图7-31),使他们能更好地适应植入物。医疗器械公司Lima使用3D打印制造了4万个多孔钛合金人造髋关节。未来数年内,打印出的质量更好的骨骼替代品将帮助外科手术医师进行骨骼损伤的修复,或牙科治疗和矫正,甚至帮助骨质疏松症患者恢复健康。这种骨骼支架的主要材料成分是磷酸钙,其中还额外添加了Si和Zn以增强其强度。它被植入人体内可以暂时起到骨骼的支撑作用,帮助正常骨骼细胞生长发育并修复之前的损伤,随后这种材料可以在人体内自然溶解。3D打印技术在未来某一天有可能使定制药物成为现实,缓解(如果不能消除的话)器官供体短缺的问题。3D打印机打印的医用"人体组织"已经问世。目前,科学家研发的全新3D打印机,可以直接利用水和脂肪合成的特定材质打印出与人体组织十分相似的柔质材料。研究人员表示,未来可被用于美容或是填补由事故造成的人体组织缺失,同时这种“水珠”还可以协助外科医生为病人重塑受损的神经通路。该项技术将很有可能被用来向人的体内输送药物,或者直接取代已经坏死的器官,最终演变成一种新的治愈癌症的方式也不是没有可能。所以,这项新技术将在临床医学中发挥革命性的作用。

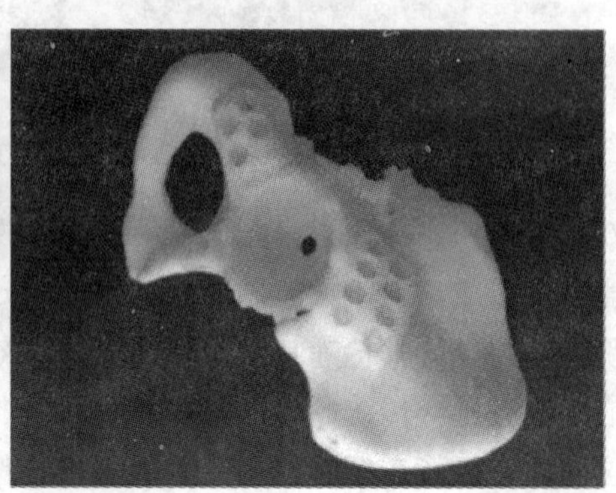

图7-31 3D打印的装配义肢和髋关节

7.5 激光三维加工技术工程

激光加工技术是利用激光束与物质相互作用的特性对材料(包括金属与非金属)进行切割、焊接、表面处理、打孔雕刻及微加工等的一门加工技术。而激光三维加工是涉及光学、机械学、电子学、计算机控制等多个学科的三维加工技术,利用计算机绘制三维加工图,通过三维控制软件控制激光束聚焦到被加工工件表面进行三维扫描,从而完成对工件的三维加工。

自20世纪70年代激光三维加工开始研究,80年代日本、美国等发达国家已经将激光三维加工技术应用到汽车制造业。随着几十年的发展,激光三维加工已经广泛应用到汽车制造、航空航天、军品加工等领域,在向大尺寸加工方向发展的同时也向着微纳领域发展,如应用于医学及电子领域。而激光加工系统也从传统的三维五轴CO2/YAG激光加工系统发展为光纤激光加工系统、激光机器人系统及微纳激光加工系统。

激光加工与其他加工技术相比有其独特的优势,主要表现如下。

(1)非接触加工。激光属于非接触加工,切割不用刀具,切边无机械应力,没有刀具磨损和替换、拆装问题,缩短加工时间。利用光的无惯性,在高速加工过程中可以急停和快速启动。

(2)对于加工材料的热影响区小。激光加工过程中,激光束能量密度高,加工速度快,并且是局部加工,对非激光照射部位没有或影响极小。

(3)加工灵活。激光束易于导向、聚焦、实现方向变换,极易与数控系统配合,对复杂工件进行加工,是一种极为灵活的加工方法。

(4)微曲加工。激光束不仅可以聚焦,而且可以聚焦到波长级光斑,使用这样小的光斑可以进行微曲加工。

(5)可以通过透明介质对密封容器内的工件进行各种加工。

(6)可以加工高硬度、高脆性及高熔点的金属、非金属材料。

下面以 PRIMA 激光三维切割机为例,对三维激光切割的原理、特点以及在航空制造业中的发展和应用进行简要的介绍。

1. 激光切割三维空间曲线的技术难点

(1)激光束的方向。为了保证切割的精度和切口的质量,无论是在平面切割还是在三维切割中,激光束的方向要始终和被切割的对象保持垂直,即在加工过程中激光束要处在曲线的法向或与曲线所在的面保持垂直。在二维切割中,由于曲线是在同一个平面内,激光束始终和曲线所在平面保持垂直,因此这一点很容易做到。但在三维切割中,曲线处在不同的面内,而且曲线的方向是不固定的,在加工过程中其方向始终都在变化。如图 7-32(a)所示,*AB* 为空间内任意一曲线,在加工中要保证激光束始终与曲线保持垂直,如何使激光束始终和被切割的曲线保持垂直是解决三维空间曲线切割的一个重要问题。

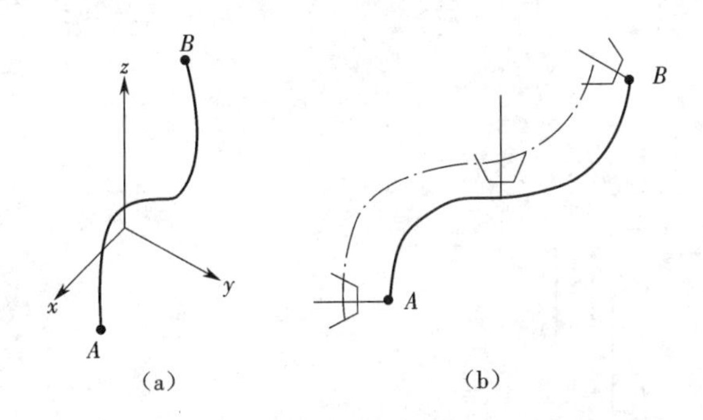

图 7-32　切割任意曲线激光头的方向和路径示意图

(a)激光束与曲线保持垂直　(b)喷嘴和零件表面距离保持一致

(2)在切割过程中要保证激光切割焦点的位置。焦点和零件表面的相对位置保持不变,即喷嘴和零件表面的距离始终保持一致,如图 7-32(b)所示。在二维切割中,所要加工曲线始终在一个平面内,这一点很好保证;而在三维加工中,由于构成空间曲线的特征处在不同的曲面中,如何使喷嘴中心和零件表面的距离保持不变是需要解决的另一个重要问题。

(3)将空间曲线的特征转化为激光切割数据。与二维曲线不同,三维空间曲线是由处在不同面内的多段特征组成的,各个特征之间也没有太大的联系,在加工过程中可能要先后在多个面内进行切割,如何简单快捷地反映三维曲线的特征并将其转换为激光切割数据是三维激光切割所要解决的最重要的问题。这也是三维激光切割技术在实际应用中最复杂的一步。

2. 三维激光切割机床的特点

(1)三维激光切割机床的主要结构。三维激光切割机采用的是飞行光路设计,即加工过程中工件不动,靠激光头运动来完成。其传感器结构采用的是非接触式的电容传感器,激光头和零件分别作为两极。激光头是三维五轴联动的,即 x、y、z 三个基本坐标轴和 A、B 两个旋转轴以及用于调整焦点的 C 轴(见图7-33)。从图中可以看到同二维激光切割机有所不同,三维激光切割多出了两个旋转轴,其中 A 轴可以作 360°旋转,B 轴则可以在 ±135°范围内摆动。此外还提供了用于三维编程的手执盒。

(2)三维切割时机床的运动方式。机床的主要运动方式有三种:ABS、ROB、TCP。其中,ABS 通常并不使用,ROB 主要应用在二维平面切割上,TCP(Tip Center Point)则是应用在三维切割中。在进行 TCP 运动时,激光头的运动并不遵循普通的运动方式,而是激光头部分的坐标系统发生了变化,形成一个新的机械参考坐标系(见图7-34),机床坐标系为 x_m、y_m、z_m,T_{cp}为当前喷嘴中心所在点,此时参考坐标系的 z 方向并不和机床 z_m 一致,而是将参考坐标系统进行了一定的变换,该参考系是以光路的反方向为 z 方向,x、y 的方向也随之变化,即图中的 x_{tcp}、y_{tcp} 和 z_{tcp} 方向,此时移动 x、y、z 机床将沿新的机械参考坐标系移动,而不是机床坐标系。还有一点比较特殊的是,此时当旋转 A 轴或 B 轴时喷嘴中心点 T_{cp}在机床坐标系坐标中的坐标保持不变,即喷嘴中心不动,激光头围绕喷嘴中心运动。只有移动 x_{tcp}、y_{tcp}或 z_{tcp}时喷嘴中心才可以移动。设置 TCP 运动方式主要是为了便于对空间曲线上目标点的操作。

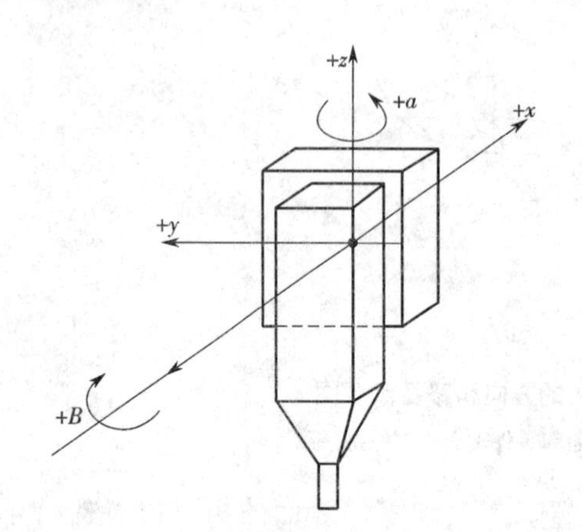

图7-33 三维激光切割机激光头结构

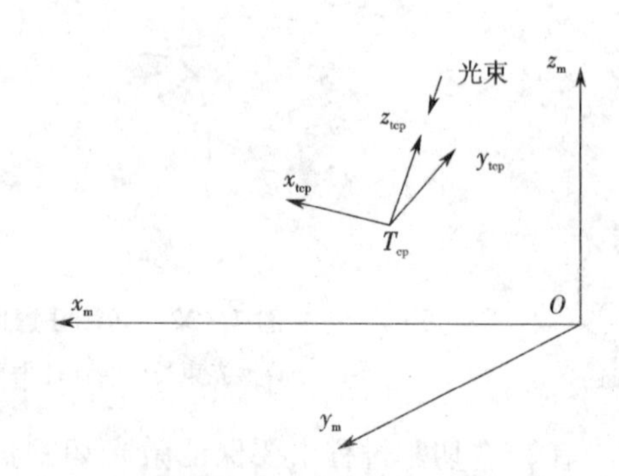

图7-34 TCP 运动方式原理

(3)三维激光切割还具有自动找正曲线法线的功能,即 AUTOSQUARE 指令。找到目标点后,执行 AUTOSQUARE 指令,传感器将自动在目标点周围找出若干个点来确定当前点周围的空间曲面形状,并计算出该点的方向坐标(A、B 轴坐标),同时自动将激光头调到法线方向。由于采用的是 TCP 运动方式,且调整的只是方向坐标,因此在调整激光头方向时喷嘴中心的位置坐标并不改变。

根据所介绍的传感器结构、三维运动方式和自动找正法线功能,可以很容易解决前两个技术难点。利用自动找正法线来保证激光束和曲线保持垂直,利用传感器使喷嘴中心和零件表面的距离始终保持一致。

3. 激光切割空间曲线的主要思路和指令介绍

(1)加工空间曲线的主要思路。一般情况下,大多数空间曲线都是由处在不同平面内的直线、圆弧以及相贯线等组成,其他类型的曲线也都可以用圆弧和直线拟合而成,相贯线也是如此,因此通过对空间中直线和圆弧的拟合就可以得到所需要的空间曲线。三维激光切割的基本思想也是这样,即将空间曲线看成是由多段直线和圆弧所构成的,这样只需要圆弧和直线指令就可以实现三维曲线的切割。因此,在三维切割中用到的指令绝大多数都是直线和圆弧指令。

(2)三维曲线加工中的主要指令。通过对加工空间曲线主要思路的分析,发现只需要利用直线和圆弧就可以拟合出空间曲线,因此只需要直线和圆弧指令即可。

通过以上对三维曲线加工思路的分析,为解决如何将空间曲线特征转化为激光切割数据这一难点提供了技术基础。

4. 三维空间曲线的切割步骤和应用实例

对于三维曲线的加工步骤,可以通过实例来进行说明。图 7 - 35 所示为一简单而又比较典型的三维空间特征的零件,要在零件上切割出图中所示的一个异形孔,该孔的轮廓由一条闭合的空间曲线构成。要完成对该曲线的加工,必须遵循以下几个步骤,这也是利用激光加工三维曲线的最基本步骤。

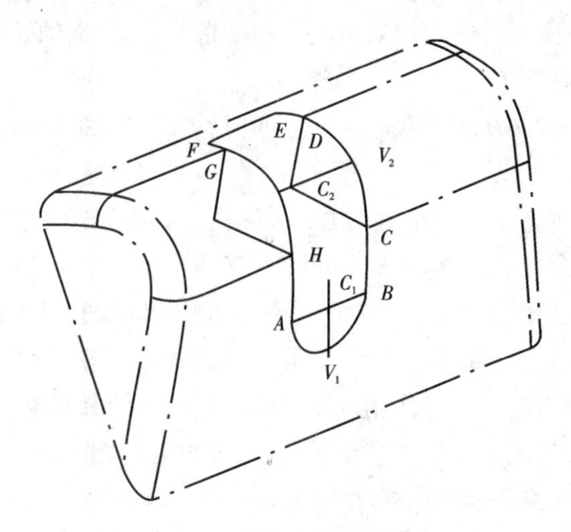

图 7 - 35　三维曲线加工的实际应用

(1)对零件的空间特征进行分析,找出构成三维曲线的基本特征。通过分析可以看到,所要切割的异形孔主要由以下几个部分构成:圆弧 *AB*、直线 *BC*、圆弧 *CD*、直线 *DE*、直线 *EF*、直线 *FG*、圆弧 *GH* 和直线 *HA*,共由 8 段直线和圆弧组成,这 8 段特征又分别位于 4 个不同的平面内,其中 *HABC* 段是处在一个已知的平面内,*DEFG* 段也是如此,但是 *CD* 和 *GH* 段圆弧所在的平面并不能直接得到,这也是该空间曲线的主要特征。

(2)确定曲线的加工方法。

①确定切割的起始点。起始点的选择原则是最好选择在某一段特征的端点,而且该特征最好位于空间某一已知平面内,同时还要方便切割。从以上分析可以发现,构成该曲线的各点都可以作为曲线的起点,但 *A* 点相对比较方便切割,因此可以选择 *A* 点作为起始点进行切割。这里还要注意应加入引入点来防止在 *A* 点处预穿孔造成 *A* 点穿透缝隙过大,将引入点放在所要切割的轮廓内部,这里选择圆弧 *AB* 的圆心 C_1 点,将喷嘴中心移动到 C_1

点,在程序中加入开启激光指令和预穿孔指令,切割开始。从 C_1 点到 A 点是一段直线,必须调用直线指令,并将 A 点坐标输入其中,即 MOVE _ LIN(A 点 X、Y、Z、A、B 坐标)。

②根据构成曲线的各部分特征选择合适的加工指令。在这个过程中值得注意的是,要保证激光束在加工过程中始终和曲线保持垂直,就必须在每一个特征点处找出该点的法向。在该零件中,通过上述分析可以看到,圆弧 AB 所处的平面为空间中已知平面,并且圆弧 AB 的圆心也已经确定,圆心角为180°,根据指令介绍,可以使用 MOVE _ ARC 指令来完成,这就必须确定经过其圆心 C_1 点且垂直于圆弧所在面的 normal 点坐标。具体方法是:将喷嘴中心移动到 C_1 点,自动找正该点法线方向,在确定了法线方向后,z 轴(即 z_{tcp})沿法向移动到法线上任意一点作为 normal 点,这样就可以完全确定 AB 圆弧所在的平面。

③结束了 AB 段圆弧切割后,进入直线 BC 段。直线切割相对比较简单,只需要知道终点 C 的坐标即可,该段可以直接利用直线指令来完成。

④CD 段又是一段圆弧。该圆弧与 AB 段有很大的区别,主要是无法直接找到该圆弧所在的空间平面,也无法直接找出其圆心 C_2 的坐标,可以直接找到的只有圆弧的起点、终点和圆弧的中间点。对于该圆弧就应该采用三点圆弧指令,即根据圆弧的起点 C、终点 D 和中间点 V_2 来形成所要的圆弧。

⑤后续的 DE、EF、FG、GH、HA 特征也和上述几个特征的加工方法类似,在此不再一一叙述。

(3)加入切割参数确定了三维曲线的加工方法后,需将切割参数输入程序中。切割参数包括焦点、喷嘴到零件表面的安全距离、功率、气体类型、压力、脉冲形式等,参数主要是由材料的类型和规格决定的,因此三维切割参数可选择相同材料的二维切割参数。

随着光纤技术的发展,光纤激光技术取得了极大发展,光纤激光器与机器人技术的结合在三维加工中起到越来越重要的作用。下面简单介绍光纤激光器三维加工系统。

光纤激光机器人加工系统如图 7－36 所示,主要由光纤激光器、光纤传导系统、工装夹具、水冷系统、机器臂、切割头和控制终端等组成。

光纤激光器加工系统是集水、气、光、机、电、算于一体的复杂控制系统,主要包括激光器控制、机器人通信、切割头随动控制、夹具控制、水温与气体压力控制以及碰撞保护监测等。

光纤激光机器人切割系统要进行三维激光切割,必须保证激光束按工件的加工要求运动,同时要保证激光的入射方向与工件表面垂直,还要求机器人根据工具的表面轮廓不断调整激光头的姿态。要实现激光机器人三维切割的离线自动编程,就必须结合数字模型,在 3D 软件平台上找出三维工件的边界轮廓线以及轮廓线上的法线,然后控制机器人沿法线方向走出轮廓的运动轨迹。

机器人激光切割作为一个独立的开环系统,是光纤激光机器人切割系统的关键部件,焦点自动跟踪直线运动、激光束准直单元、激光束聚焦单元、碰撞保护装置、水气接口与密封、辅助气体喷嘴、机器人激光切割头的运动精度与定位精度直接影响到激光的最后加工精度,且辅助气体喷嘴与激光聚焦装置安装精度影响到激光切割质量。图 7－37 所示为激光加工头的光路系统。

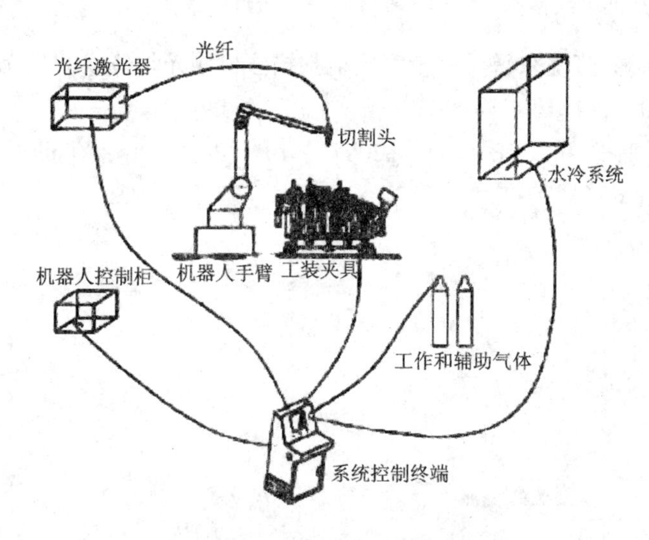

图7-36　光纤激光机器人加工系统

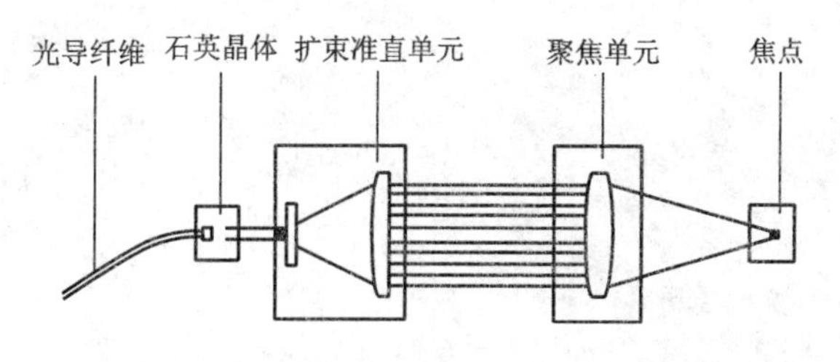

图7-37　激光加工头的光路系统

参考文献

[1] 杨国光. 近代光学测试技术[M]. 浙江:浙江大学出版社,2005.

[2] 刘丽人,王利娟,栾竹,等. 卫星激光通信终端跟踪检测的数理基础[J]. 光学学报,2006,26(9):1329-1334.

[3] 徐敏,胡家升. 激光扫描成像中旋转多面体的分析计算[J]. 中国激光,2008,35(5):782-787.

[4] 王先起,廖胜,黄建明. 扫描振镜幅频特性测试及位置标定的研究[J]. 光电工程,2004,31(S1):73-75,79.

[5] 吴琼雁,王强,彭起,等. 音圈电机驱动的快速控制反射镜高带宽控制[J]. 光电工程,2004,31(8):15-18.

[6] 孙艳玲. 一种基于白光扫描干涉法表面形貌测量仪的研究[J]. 中国仪器仪表,2006(4):45-50.

[7] 李勇. 反射式激光扫描检测系统的研究[J]. 吉林工程技术师范学院学报,2005,21(6):27-32.

[8] 许熙平,张国玉,安志勇,等. 反射式激光扫描检测系统的研究[J]. 兵工学报,2002,23

(3):341-344.

[9] 甘荣兵,林理彬,蒋晓东,等.用投射反射扫描法检测光学薄膜的激光损伤[J].强激光与粒子束,2002,14(1):45-48.

[10] 激光彩色打印机[EB/OL].[2007-10-26].http://baike.baidu.com/view/1220682.htm.

第 8 章　光纤传感检测技术与系统

8.1　概述

自 20 世纪 70 年代以来,传感器技术得到了迅猛的发展,光纤传感器由于极高的灵敏度和精度、固有的安全性、良好的抗电磁场干扰能力、高绝缘强度以及耐高温、耐腐蚀、轻质、柔韧、宽频带等优点逐渐得到发展与应用。由于其具有常规传感器所无法比拟的优点和广阔的发展前景,很多国家不遗余力地加大对光纤传感器的研究力度。近年来,光纤传感器被认为是传感技术发展的一个主导方向,其产业也被国内外公认为最具有发展前途的高技术产业之一。在机械、电子仪器仪表、航天航空、石油、化工、生物医学、环保、电力、冶金、交通运输、轻纺、食品等国民经济各领域的生产过程自动控制、在线检测、故障诊断、安全报警以及军事等方面有着广泛的应用。

光纤传感检测系统由光源、入射光纤、出射光纤、光调制器、光探测器及解调器组成。其基本原理是将光源的光经入射光纤送入调制区,光在调制区内与外界被测参数相互作用,光学性质(如强度、波长、频率、相位、偏振态等)发生化学变化而成为被调制的信号光,再经出射光纤送入光探测器、解调器获得被测参数。光纤传感器按传感原理可分为两类:一类是传光型(或称非功能型)传感器,另一类是传感型(或称功能型)传感器。在传光型光纤传感器中,光纤仅作为光的传输媒质,对被测信号的感应是靠其他敏感元件来完成的。这种传感器中出射光纤和入射光纤是不连续的,两者之间的调制器是对光谱变化的敏感元件或其他性质的敏感元件。在传感型光纤传感器中,光纤兼有对被测信号的传输作用,将信号的"感"和"传"合而为一,因此这类传感检测中光纤是连续的。

光纤传感技术及其相关技术的迅速发展,满足了各类控制装置及系统对信息的获取与传输提出的更高要求,使得各领域的自动化程度越来越高,对作为系统信息获取与传输核心器件的光纤传感器的研究非常重要。目前光纤传感器技术发展的主要方向如下。

(1)多用途。即一种光纤传感器不仅只针对一种物理量,要能够对多种物理量进行同时测量。

(2)提高分布式传感器的空间分辨率、灵敏度,降低其成本,设计复杂的传感器网络工程。注意分布式传感器的参数,即压力、温度,特别是化学参数(碳氢化合物、一些污染物、湿度、pH 值等)对光纤的影响。

(3)新型传感材料、传感技术等的开发。

(4)在恶劣条件下(高温、高压、化学腐蚀)低成本传感器(支架、连接、安装)的开发和应用。

(5)光纤连接器及与其他微技术结合的微光学技术。

光纤传感器的应用范围很广,几乎涉及国民经济的所有重要领域和人们的日常生活,尤其可以安全有效地在恶劣环境中使用,解决了许多行业多年来一直存在的技术难题,具有很大的市场需求,主要表现在以下几个方面。

(1)城市建设中桥梁、大坝、油田等的干涉陀螺仪和光栅压力传感器的应用。在混凝土中嵌入光纤传感器或加强性光纤凝结物,在飞机场用干涉型光纤震动传感器系统监测交通。

(2)在电力系统,需要测定温度、电流等参数。如对高压变压器和大型电机的定子、转子内的温度检测等,由于电类传感器易受强电磁场的干扰,无法在这些场合使用,只能用光纤传感器。

(3)在石油化工系统、矿井、大型电厂等,需要检测氧气、碳氢化合物、一氧化碳等气体,采用电类传感器不但达不到要求的精度,更严重的是会引起安全事故。因此,研究和开发高性能的光纤气敏传感器,可以安全有效地实现上述检测。

(4)在环境监测、临床医学检测、食品安全检测等方面,由于环境复杂、影响因素多,使用其他传感器达不到所需要的精度,并且易受外界因素的干扰,光纤传感器具有很强的抗干扰能力和较高的精度,可实现对上述各领域生物量的快速、方便、准确地检测。目前,我国水源的污染情况严重,临床检验、食品安全检测手段比较落后,光纤传感器在这些领域具有极好的市场前景。

(5)医学及生物传感器。医学临床应用光纤辐射剂量计、呼吸系统气流传感系统;圆锥形微型光纤应变传感器 FOS 测量氧气浓度及其他生物参数;用 FOS 探测氢氧化物及其他化学污染物,光纤表面细胞质粒基因组共振生物传感器;生物适应 FOS 系统应用于海水监测、生化技术、医药等。

表 8-1 列出光纤传感检测技术的一些应用及目前所能达到(或理论预测)的水平。由此可以看出光纤传感检测技术是一项极有发展前景的新技术,本章将基于以上内容扼要简述光纤传感检测技术与系统的工作原理、应用及目前发展现状。

表 8-1 光纤传感检测技术的应用与目前达到的水平

应用项目	应用形式	目前水平
转动(陀螺)	位相干涉型	理论灵敏度优于 10^{-6}°/h(机械型 10^{-2}°/h,激光型 10^{-4}°/h) 实际:短期漂移 0.01°/h 长期漂移 0.1°/h
压力(水声)	光强调制型	70~80 dB/μPa(相对于 1 μPa70~80 dB)
	位相干涉型	1 m 长光纤制成的传感器,灵敏度优于最好的压电陶瓷声呐 H56(<20 dB/μPa),可望用更长的光纤改进至优于 -25 dB/μPa
	传光型	0~34.5 kPa,动态范围 115 dB
		95 Pa~2 MPa,动态范围 86 dB
核辐射	光强调制型	10 mR~10^6R(伦琴),比一般玻璃核辐射计的功率高 10^4 倍,具有实时计量及不需电源的累计计量功能,已用于 NTS-2 型导航技术卫星

续表

应用项目	应用形式	目前水平
位移	光强调制型	最小可测位移 0.8Å,动态范围 110 dB
温度	传光型	−10 ~ 300 ℃, ±1 ~ ±3 ℃,响应时间 2 s
	位相干涉型	灵敏度 100 ~ 300 rad/(℃·m)
磁场	位相干涉型	实际已达 $10^{-13}T$ 理论极限 $10^{-17}T$(室温下工作) 传统方法:室温 $10^{-10}T$ 超低温(4 ~ 10 K)$10^{-14}T$
加速度	传光型	10^{-5} ~ 2.5g(重力加速度)
	位相干涉型	$<1\times10^{-6}g$,理论极限 10^{-10} ~ $2\times10^{-8}g$
电流(超高压电路)	光强调制型	5 ~ 2 000 mA
	偏振态变化型	50 ~ 1 200 A 优于 0.2 级仪表标准
	传光型	SF−6 冕玻璃,当磁场为 1 592 ~ 39 809 A/m 即 20 ~ 5 00 Oe(奥斯特)时,振幅误差 ±5%,位相误差 ±25′,温度灵敏度小于 ±10%(−25 ~ 80 ℃)
		BSO 晶体,振幅误差 0.23%(55 732 A/m)温度灵敏度小于 ±10%(−25 ~ 85 ℃)

8.2　光纤的传输理论

8.2.1　光纤的结构和分类

1. 光纤的发展

光纤技术的发展,大致可分为以下三个阶段。

第一阶段,光纤的早期研究阶段——主要是研究透明材料对光线和图像的传播。

希腊的玻璃工人很早就发现了玻璃这种材料可以传送光,并制造了各种装饰用的玻璃器皿。1713 年,R. de Reaumur 制作玻璃纤维。1790 年,法国人 C. Chappe 发明光学电话。1841 年,D. Colladonz 在射流导光实验中观察到光的全反射原理,即光线能够沿着盛水的弯曲通道通过全反射而传播,光从小孔对面的玻璃窗口射入水中,当水从小孔流出时,可清楚地看到光线沿弯曲水柱传播。1927 年,英国人 J. G. Baird 提出利用光的全反射现象制成的石英光纤可用来传递图像。1930 年,德国人 H. Lamm 提出把柔软的光学纤维集合成束可以传送光学图像,他把直径为 40 μm 的石英光学纤维有规则地排列起来,做成了肠胃检查镜。在此后 20 年内,由于技术和材料的限制,光纤的研究进展缓慢。

第二阶段,光纤研究的蓬勃发展阶段——主要是对光纤工艺、光纤传光和传像的研究。

1951 年,荷兰的 A. C. S. Van Heel 和英国的 H. H. Hopkins 与 N. S. Kapang 用 10 μm 的细光纤捆扎成束以传递图像。1953 年,Van Heel 将一种折射率为 1.47 的塑料涂敷在玻

璃纤维上,制造出了玻璃(芯)-塑料(涂层)光纤,但涂层难以均匀,效果不理想。1954 年,美国的 J. S. Courteypratt 提出用光纤制作熔融面板作为电子束管屏的想法。1955 年,美国的 B. I. Hirschowitz 把高折射率的玻璃棒插在低折射率的玻璃管中放在高温炉中拉制,得到了玻璃(芯)-玻璃(包层)光纤,初步解决了光纤的漏光问题,为今天的光纤制造工艺奠定了基础。1957 年,研制出了闪烁发光光纤,这种光纤可用于高能粒子探测。1958 年,卡帕提出了拉制复合光纤的新工艺,使纤维面板进入了实用化阶段。1960 年,光纤束传像研究得以突破,制造出了可弯曲、高分辨率的光纤传像束,这种光纤传像束在医疗仪器中得到了广泛的应用。1961 年,研制出了红外和紫外波段使用的光纤,并且用钕玻璃制造出了激光光纤。1956 年,英国的 N. S. Kapany 提出了纤维光学,基础是传统几何光学。这段时期建立和完善了光纤理论,光纤的制造工艺有了很大的改进,光纤和光纤元件(光纤面板、光纤光束)的质量明显改善,光纤在生产和生活中有广泛的应用。

第三阶段,光纤的新发展阶段——光纤通信的迅猛发展。

1966 年,英国标准电信研究所英籍华人高锟和 G. A. Hockham 发表了具有重大历史意义的论文,指出可利用带有包层材料的石英玻璃光纤作为光通信传输介质。1970 年,美国 Corning 公司的 F. P. Kapron, D. B. Keck 和 R. D. Maurer 研制出了阶跃折射率多模光纤,该光纤对 630 nm 波长的光,损耗小于 20 dB/km,这使光纤进行远距离信息传输成为可能。在室温下连续工作的半导体激光器和低损耗光纤是技术上的重大突破,1970 年也因此而被称为光纤通信元年。

1972 年,随着光纤原材料提纯、制棒和拉丝技术的提高,梯度折射率多模光纤的损耗降至 4 dB/km。1976 年,美国芝加哥成功地进行了世界上第一个 44.736 Mbit/s 传输 110 km 的光纤通信系统的现场实验,使光纤通信进入实用化阶段。1976 年, M. Horiguchi 和 H. Osanai 在 1 550 nm 附近打开第三窗口。

20 世纪 70 年代的光纤通信系统主要是用多模光纤,应用光纤的短波长(850 nm)波段。20 世纪 80 年代以后逐渐改用长波长(1 310 nm),光纤逐渐采用单模光纤。20 世纪 90 年代掺铒光纤放大器与光纤光栅的相继应用,进一步推动了光纤通信的迅速发展。到 20 世纪 90 年代初,通信容量扩大了 50 倍,达到了 2.5 Gbit/s。进入 20 世纪 90 年代以后,传输波长又从 1 310 nm 转向更长的 1 550 nm,并且开始使用光纤放大器、波分复用器(WDM)等新技术。光通信容量和中继距离继续不断增长。在这一阶段,光纤广泛地应用于市内电话中继和长途通信干线,成为通信线路的骨干,促进了光通信的发展。

以几何光学中的 Fermat 原理和分析力学中的 Hamilton 原理的等价性为基础建立起来的 Hamilton 光学的基本概念和方法被用来处理光线在光纤中的传播问题,实现了几何光学的力学化,形成了纤维光学的光纤理论。同时,以 Maxwell 的电磁波理论为基础形成并发展的光波导理论,完善了纤维光学理论。随着通信容量的提高,人们越来越多地面对光纤非线性效应的种种问题,光纤光子学作为一门新的学科分支已经趋于成熟。

由于把半导体工艺引入了光纤的制造中,低损耗、低色散光纤问世,同时应运而生的光纤成缆、光无源器件和性能测试及工程应用仪表等技术的日渐成熟,为光纤作为新的通信传输媒质奠定了良好的基础,从而引发了光纤通信领域的革命。

在传输光的过程中，光纤易受到外界环境因素的影响，如温度、压力、电磁场等外界条件的变化都将会引起光纤传输的光波参数（如光强、相位、频率、偏振状态等）的变化。利用光纤的这一特性，可研制成光纤传感器。通过测量光纤中传输光波参数的变化，来测量导致光波参数变化的各种物理量的大小。近年来，光纤传感技术发展十分迅速，开拓了光纤应用的领域。

2. 光纤的结构

光纤传感中使用的光纤是截面很小的可挠透明长丝，它在长距离内具有束缚和传输光的作用。

图 8－1 所示是光纤的横截面图。从图中可以看出，光纤主要由纤芯、包层、涂覆层构成。纤芯是由高透明的材料制成的；包层的折射率略小于纤芯，从而造成一种光波导效应，使大部分的电磁场被束缚在纤芯中传输；涂覆层的作用是保护光纤不受水汽的侵蚀和机械的擦伤，同时又增加光纤的柔韧。在涂覆层外，往往加油塑料外套。

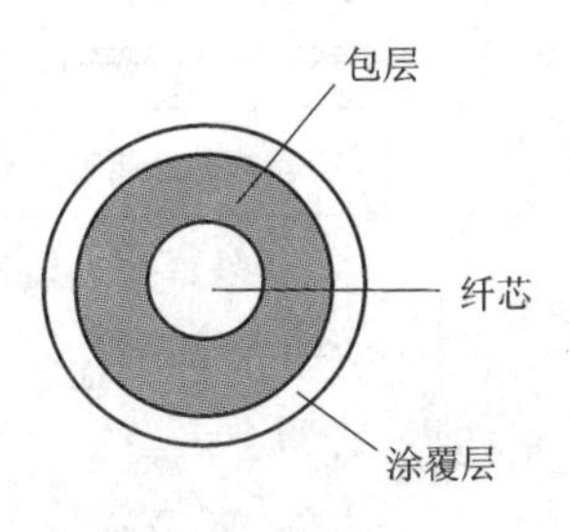

图 8－1　光纤的结构

3. 光纤的分类

按光纤的原材料不同，光纤可以分为以下四类。

（1）石英系光纤。这种光纤的纤芯和包层是由高纯度 SiO_2 掺杂有适当的杂质制成，例如用 GeO_2-SiO_2 和 P_2O_5-SiO_2 做芯子，用 S_2O_3-SiO_2 做包层。目前，这种光纤的损耗最低、强度和可靠性最高、应用最广泛，但价格也最高。

（2）多组分玻璃纤维。如用钠玻璃（SiO_2-Na_2O-CaO）掺有适当杂质制成。这种光纤的损耗较低，但可靠性尚存在一些问题。

（3）塑料包层光纤。这种光纤的芯子是用石英制成，包层是硅树脂。

（4）全塑光纤。这种光纤的芯子和包层都由塑料制成。塑料光纤的价格低于石英光纤，但损耗大、可靠性尚存在一定问题。

根据光纤截面上折射率分布的情况来分类，光纤可分为以下两类。

（1）阶跃型多模光纤（阶跃折射率光纤）。其纤芯的折射率分布是均匀的，在纤芯和包层的界面上折射率发生突变。

（2）渐变型光纤（或梯度型光纤）。渐变型光纤的芯径跟阶跃型相同，但折射率不是常数，而是从纤芯到纤芯边缘按抛物线减小。这样渐变型光纤中光线行进轨迹便不像阶跃型中呈锯齿形或呈蛇形曲线轨迹。

根据光纤中的传输模式数量分类，光纤又可分为多模光纤和单模光纤。在一定的工作波长下，多模光纤能传输许多模式的介质波导，而单模光纤只传输基模。

多模光纤可以采用阶跃折射率分布，也可以采用渐变折射率分布；单模光纤多采用阶跃折射率分布。因此，石英光纤大致上可以分为多模阶跃折射率光纤、多模渐变折射率光纤和单模折射率光纤三种，它们的结构、尺寸、折射率分布及光传输的示意图如表 8－2 所示。

表 8－2 三种主要类型的光纤

光纤类型与折射率分布、光的传输	芯径/μm	包层直径/μm	频带宽度	接续与成本
(a)多模阶跃折射率光纤	50	125	较大 <200 MHz·km	接续容易 成本最小
(b)多模渐变折射率光纤	50	125	大 200 MHz·km ~3 GHz·km	接续较易 成本费最大
(c)单模阶跃折射率光纤	<10	125	很大 >3 GHz·km	接续容易 成本费较小

此外,光纤的种类还包括一些特种光纤,如保偏光纤、色散补偿光纤、掺铒光纤、光子晶体光纤等。

8.2.2 光纤中光的传输及性质

8.2.2.1 光纤中光的传输

1. 多模阶跃折射率光纤中光的传输

可以用射线光学理论分析多模光纤中光的传输问题。在多模阶跃光纤的纤芯中,光按直线传播,在纤芯和包层的界面上光发生反射。由于包层的折射率 n_2 小于纤芯的折射率 n_1,所以存在临界角 φ_c,如图 8－2 所示。当光线在界面上入射角 φ 大于 φ_C 时,将发生全反射现象;当 φ 小于 φ_c 时,入射光有一部分反射,另一部分通过界面进入包层,经过多次反射以后,光能量很快衰减。因此,只有满足全反射条件的光线才能携带能量传向远方。

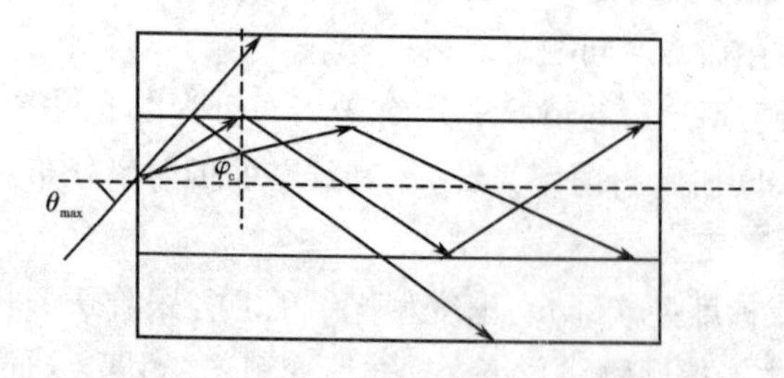

图 8－2 多模阶跃折射率光纤的子午光线

临界角 φ_c 由下式决定:

$$\varphi_c = \arcsin \frac{n_2}{n_1} \tag{8-1}$$

若光源发射的光经空气耦合到光纤中,那么满足光纤中全反射条件的光的最大入射角 θ_{max} 满足

$$\theta_{max} = n_1 \sin(90° - \varphi_c) = \sqrt{n_1^2 - n_2^2} \tag{8-2}$$

定义光纤的数值孔径为

$$NA=\sqrt{n_1^2-n_2^2} \tag{8-3}$$

数值孔径表示光纤的集光能力。

实际上,光的全反射现象远非射线光学描述的那么简单。全反射仅仅是能量全反射,在靠近界面的包层介质中仍具有电磁波,只是透射波的场分量沿垂直于界面的方向按指数规律衰减,即所谓的倏逝波。而且透射波的波矢量有平行于界面的分量,从而构成了表面波。Goss-Hanchen 的实验证实了光表面波的存在,证明并不是入射波抵达界面时就在该点反射,而是反射点离入射点有一段距离。

在多模阶跃折射率光纤中,满足全反射,但入射角不同的光线的传输路径是不同的,不同的光纤所携带的能量到达终端的时间不同,从而产生了脉冲展宽,这就限制了光纤的传输容量。为了减小多模光纤的脉冲展宽,人们制造了渐变折射率光纤。

2. 多模渐变折射率光纤中光的传输

渐变折射率光纤的折射率在纤芯中连续变化。适当地选择折射率的分布形式,可以使不同入射角的光纤有大致相等的光程,从而大大减小群时延差。渐变折射率光纤的脉冲展宽可以减小到仅有阶跃折射率光纤的1%左右。

光纤的光学特性决定于它的折射率分布。在渐变折射率光纤中,纤芯中的折射率分布是变化的,而包层中的折射率通常是常数,用 n_a 表示。

故渐变折射率光纤的折射率分布可以表示为

$$n(r)=\begin{cases}n_0\left[1-\Delta\left(\dfrac{r}{a}\right)^g\right] & r<a\\ n_a & r\geqslant a\end{cases} \tag{8-4}$$

式中:g 是折射率变化的参数;a 是纤芯的半径;r 是光纤中任意一点到轴心的距离;Δ 是渐变折射率光纤的相对折射率差,即

$$\Delta=\frac{n_0-n_a}{n_0} \tag{8-5}$$

阶跃折射率光纤也可以认为是 $g=\infty$ 的特殊情况。使群时延差减至最小的最佳的 g 在2左右,称为抛物线分布。

3. 单模光纤中光的传输

20世纪80年代以后,光纤通信已经逐渐从短波长(0.85 μm)的多模光纤的应用转向长波长(1.3~1.55 μm)单模光纤的应用。发展单模光纤的重要意义还在于它在通信以外的广阔领域也有重要的应用,尤其是传感领域的应用。单模光纤的基模相位,对于各种外界的微扰,如磁场、转动、振动、加速度、温度等极其敏感,而相位的变化可以引起电场极化的旋转。利用这一特性,可以制作各种高灵敏度的光纤传感器,如磁场计、光陀螺、声呐、加速仪、流量计、温度计等。另外,单模光纤的非线性效应引起的受激拉曼散射及受激布里渊散射在制作各种激光放大器以及光纤测量方面也有重要应用。

单模光纤是在一定工作波长下,传输基模的光纤。若单模光纤的折射率分布是理想的阶跃型,光纤的归一化频率 $V<2.405$ 时,光纤中只有两个相互正交的LP01模。

单模光纤的截止波长为

$$\frac{2\pi}{\lambda_c}n_0 a\sqrt{2\Delta}=2.405 \tag{8-6}$$

当传输光波长大于 λ_c 时,便满足在这种光纤中单模传输的条件。

对于阶跃折射率光纤的单模光纤,其模场直径可以由以下经验公式得出:

$$\frac{w_g}{a}=0.65+1.619V^{-\frac{3}{2}}+2.879V^{-6} \tag{8-7}$$

理想的单模光纤的轴线应是直的,横截面是圆形,横截面的尺寸及折射率分布沿轴线处处均匀,没有畸变。然而,实际的光纤总是存在一定的不完善性,如光纤的弯曲、光纤的椭圆度、内部的残余应力等,导致光纤内部产生双折射现象,限制了单模光纤的一些应用。

保偏单模光纤可以解决以上问题,能够确保双折射很小或者偏振态保持恒定。保偏光纤通过加强光纤内部应力来增强双折射,使两个基模的传输系数之差很大,使光纤微扰产生的耦合作用很小,当光纤输入端发起某一个偏振方向的基模时,可以在较长的距离里保持其主导地位,从而得到单模偏振传输。常用的几种保偏单模光纤的结构如图 8-3 所示。

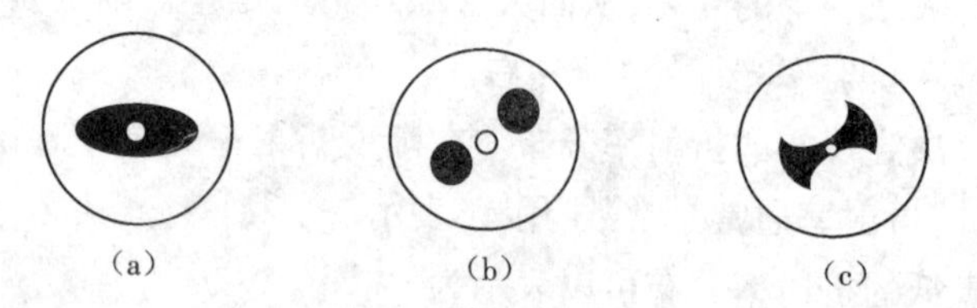

图 8-3 几种保偏单模光纤的结构

(a)老虎型 (b)熊猫型 (c)领结型

8.2.2.2 光纤的传输性质

损耗和色散是光纤的两个主要的传输特性。

1. 光纤的损耗

传输损耗是光纤很重要的一项光学性能,它在很大程度上决定着传输系统中的中继距离,损耗的降低依赖于工艺的提高和对石英材料的研究。但在光纤传感领域除了远距离的传感系统,光纤的损耗对传感影响不会很大,可以通过加大输入光强来补偿光纤损耗。

光纤的损耗机理可以分为两种:①石英光纤的固有损耗机理,如石英材料的本征吸收和瑞利散射,这些机理限制了光纤所能达到的最小损耗;②材料和工艺引起的非固有损耗机理,可以通过提纯材料或改善工艺而减小甚至消除其影响,如杂质的吸收、波导的色散等。

1)石英光纤的固有损耗

石英材料的本征吸收和本征散射是光纤的固有损耗机理,光纤材料的本征吸收有两个频带:一个在红外波段,其吸收峰在 8~12 μm 波长区域;另外一个在紫外波段,其尾巴会拖到 0.7~1.1 μm 的波段,对光纤传感会产生一定影响。

图 8-4 所示是典型的石英光纤的频谱损耗曲线,从图中可以看出各种固有损耗机理在不同波长时的影响,可见在长波长(1.3~1.5 μm)光纤的损耗是很小的。

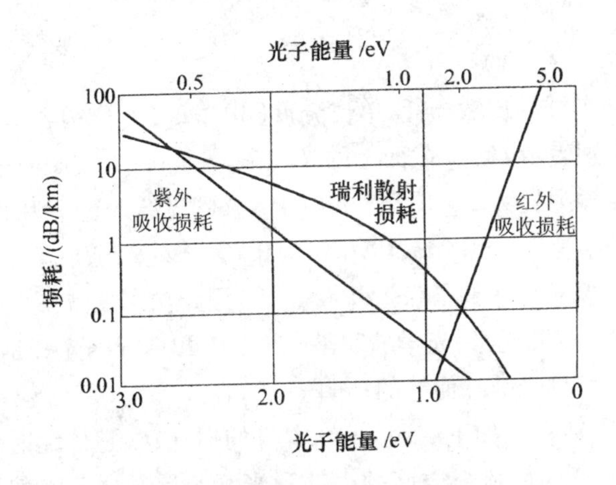

图 8-4　掺锗石英光纤固有损耗机理

2）非固有损耗

非固有损耗主要是由于杂质吸收，光纤中的金属离子和 OH^- 离子都有自己的吸收峰和吸收带，从而增加光纤的损耗。此外，光纤波导宏观上的不均匀性也会增加光纤的损耗，称为波导色散损耗。另外，光纤的弯曲会产生一定的辐射损耗。光纤在铺设或绞合的过程中，总存在一定的弯曲，若处理不当，会因为光纤的微弯而产生较大的附加损耗。

所有这些非固有损耗可以通过对光纤的精心设计和精心制作减小到可以忽略的程度。随着光纤制造工艺的改进，光纤的传输损耗逐年降低。

0.85 μm、1.3 μm 和 1.55 μm 左右是光纤中常用的低损耗窗口（见图 8-5）。0.85 μm 的窗口是最早开发的，因为首先研制成功的半导体激光器（GaAlAs）的发射波长刚好在这一区域。随着对光纤损耗机理的深入研究，人们发现在长波长（1.3 μm 和 1.5 μm）光纤的传输损耗更小，因此长波长光纤受到重视并得到迅猛的发展。实际上，对高纯度的石英光纤，在 1.1～1.6 μm 的整个波段内，光纤的传输损耗都可以达到很低。

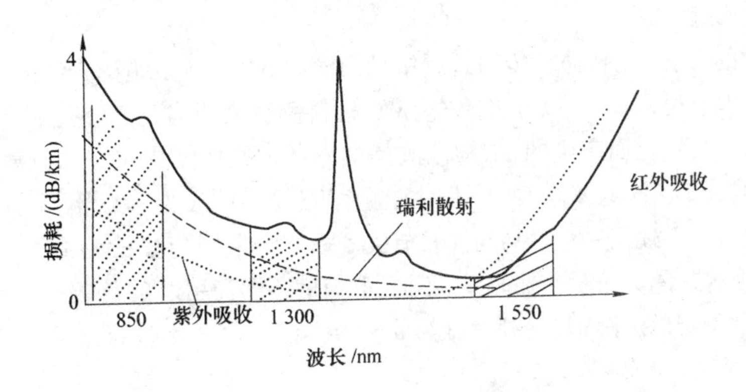

图 8-5　光纤的损耗特性

光纤之所以能获得应用，原因之一是传输损耗越来越小。

光纤的传输损耗的分贝值，可按下式计算：

$$a(\lambda)=\frac{10}{L_2-L_1}\lg\frac{P_1(\lambda)}{P_2(\lambda)} \tag{8-8}$$

式中:$a(\lambda)$是不同波长光纤的传输损耗,单位分贝(dB);L_1,L_2 分别表示光纤截面距起始点的长度(km);P_1,P_2 分别表示 L_1,L_2 截面上的光功率。

1970 年前,光纤传输损耗为 1 000 dB/km(1 km 长的光纤透过率为 1/10 100)。1972 年下降到 7 dB/km,1973 年为 2.5 dB/km,1976 年为 0.47 dB/km,随后渐变折射率光纤的损耗达到了 0.35 dB/km,单模光纤达到了 0.2 dB/km。若用光功率衰减一半(相当于损耗 3 dB)的长度来表示,普通玻璃是几厘米,光学玻璃是几米,20 dB/km 的光纤是 150 m,而 0.2 dB/km 的光纤可达 15 km,可见光纤是何等的透明。

光纤传输损耗的物理机理如下:一是光纤本身的损耗;二是传输时使用条件产生的损耗。前一种又可分为光纤的原材料方面的损耗和光纤几何结构不完整所产生的损耗。后一种有连接损耗、弯曲损耗以及放射线辐射使吸收增加所产生的损耗等。图 8-6 所示为光纤传输损耗示意图。在纤维光学传感器中常应用弯曲等损耗使通过光纤的光强发生变化而进行精密测量。光纤微弯引起光纤中传输模式的变换,弯曲半径越小,损耗越大,光纤连接时存在错位或间隙也会增大损耗。

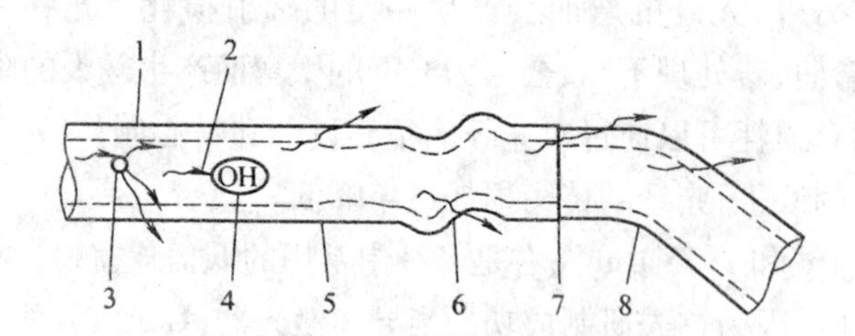

图 8-6 光纤传输损耗分类

1—包层;2—纤芯;3—瑞利散射;4—离子吸收;5—结构参数在长度方向上产生损耗;
6—不规则弯曲;7—连接损耗;8—整体弯曲损耗

2. 光纤的色散

由于色散的存在,光脉冲在传输过程中被展宽,这极大地限制了光纤的传输容量或传输带宽。从机理上说,色散可以分为模式色散、材料色散及结构色散。其中,材料色散是光纤的折射率随波长变化而产生的;结构色散是由光纤的几何结构决定的色散,它是模式本身的色散,对光纤某一个模式本身,在不同的频率下(即不同波长)β_{mn}不同,从而引起色散,也称作波导色散。上述两种色散均与波长有关。模式色散则与波长无关,它是在多模传输下,光纤中各模式在同一波长传输时β_{mn}不同,群速度不同而引起的色散。真空中光速为 c,在折射率为 n_0的介质中平面波传播速度为 $v=c/n_0$,以 θ 角全反射的光线,沿波导 z 轴方向能量的传播速度为

$$v_g=v\cdot\cos\theta=\frac{c}{n_0}\cos\theta \tag{8-9}$$

这一速度称作群速度,它也是脉冲波的传播速度。如果用前面求出的 N 次模的角度 θ_N 来表示:

$$\theta_N \approx \sin\theta_N \approx \frac{\pi}{2n_0k_0a}(N+1) \quad (N=0,1,2,\cdots) \tag{8-10}$$

当光线在光纤内以临界角全内反射时

$$N_{\max}+1=V/\frac{\pi}{2}$$

$$v_{gN}=\frac{c}{n_1}\cos\theta_N \approx \frac{c}{n_1}\left[1-\Delta\left(\frac{\pi}{2}\right)^2\frac{(N+1)^2}{V^2}\right]$$

$$\approx \frac{c}{n_1}\left[1-\Delta\left(\frac{N+1}{N_{\max}+1}\right)^2\right] \tag{8-11}$$

式中:$N_{\max}$为光纤中允许存在的最高次模式。

显然各模的群速度 v_{gN} 因模式 N 不同而异,高次模传输比低次模慢。θ 越大,曲折次数越多,光路越长,传输越慢。在渐变型光纤中,由于折射率分布中心高、边缘低,因此与近轴处低次模对应的光线速度慢;相反与远轴处高次模对应的光线速度快,减小了模式之间的速度差,甚至能使它们相等,所以渐变型光纤的模间色散比阶跃型小得多。对多模传输,一般以模式色散为主,材料色散与结构色散大致相当。对单模传输,没有模式色散,而以材料色散为主,结构色散比材料色散一般要小一两个数量级。

8.3　光纤传感检测技术

8.3.1　光纤传感检测原理

1. 光纤传感检测技术的发展

光纤传感检测技术是以传感器中的功能材料来命名的,即用光纤作为功能材料的传感器称为光纤传感器。光纤不但具有良好的传光特性,而且其本身就可用来进行信息传递,无须任何中间媒体就能把待测量值与光纤内的光特性变化联系起来。与传统的传感技术相比,光纤传感器的优势是本身的物性特性而不是功能特性。因此,光纤传感技术的重要应用之一是利用光纤质轻、径细、强抗电磁干扰、抗腐蚀、耐高温、信号衰减小、集信息传感与传输于一体等特点,解决常规检测技术难以完全胜任的测量问题。

自 20 世纪 70 年代光纤传感器出现以来,已过去了 40 来年。通常,传感器的开发周期为 10 年,因此我们拟以 10 年为周期,将光纤传感技术的发展划分为以下三个主要阶段。

(1)第一阶段,基础实验阶段。

20 世纪 70 年代中后期,人们开始意识到光纤本身可以构成一种新的直接交换信息的基础,无须任何中间级就能把待测量和光纤内的导光联系起来。1977 年,自美国海军研究所(NRL)开始执行光纤传感器系统(FOSS)计划以来,光纤传感器的概念在全世界的许多实验室里变为现实,比如:C. D. Kissinger 等人利用光纤和透镜改善非接触的位移测量;W. F. Jacobsen 等人利用光纤和光传感器检测液位;L. Reynolds 等人利用光纤传输研究血液的漫反射系数;G. Pircher 等人研究基于 Sagnac 干涉仪的光纤旋转传感器;C. D. Butter 等人研制的光纤应变仪等。

由于光纤具有独特的性能和灵活性，因此光纤传感器一出现，就受到了世界各国有关学术界和研究机构的高度重视。随着光纤传感器的研制，国际间的学术交流活动日益增多。从1983年4月在英国伦敦召开了第一届光纤传感器会议(International Conference on Optical Fiber Sensors)后，定期召开。

我国对光纤传感器技术的研究也很重视，从20世纪70年代末就开始了这方面的研究工作，1983年国家科委新技术局在杭州召开了光纤传感器的第一次全国性会议。

(2)第二阶段，技术开发阶段。

单模光纤的出现，促进了光纤传感技术的快速发展。这一时期的主要特点是强度调制、相位调制、波长调制、偏振调制、时分调制、频率调制、光栅调制等多种光纤调制技术的发展。到20世纪80年代中后期，光纤传感器已达近百种，在国防军事部门、科研部门以及制造工业、能源工业、医学、化学和日常消费部门都得到实际应用。主要的研究计划除光纤传感器系统(FOSS，NRL)外，还包括现代数字光纤控制系统(ADOSS，NASA)、光纤陀螺仪(FOG，NASA)、核辐射监控(NRM)、飞机发动机监控(AEM，NASA)、民用研究计划(CRP)等。

光纤传感技术的商业开发条件也日益成熟，一些光纤传感仪器开始投入实际应用，出现了一批光纤传感器产品，比如Herga的基于微弯调制的分布式光纤传感器，Honeywell的液位传感器，Fiso Technologies开发并通过Roctest进行商业运作的Fabry-Perot干涉仪，York Sensors的分布式Raman温度传感器等。

(3)第三阶段，工程应用阶段。

20世纪90年代中后期，光纤传感技术呈产业化发展，形成了五个应用领域：①医学和生物；②电力工业；③化学和环境；④军事；⑤智能结构。

2. *光纤传感检测技术的主要分类及其原理*

按光纤在光学纤维传感及检测技术内所起的作用可分为两大类：一类是传光型，也称非功能型光纤传感器；另一类是传感型，或称功能型光纤传感器。前者多数使用多模光纤，以传输更多的光量；而后者是利用被测对象调制或改变光纤的特性，所以只能用单模光纤。

1)传光型(非功能型)光纤传感器

在传光型光纤传感器中，光纤仅作为传播光的介质，对外界信息的传感功能是依靠其他物理性质的功能元件来完成的。传感器中的光纤是不连续的，其间有中断，中断的部分要接上其他介质的敏感元件，如图8-7所示。

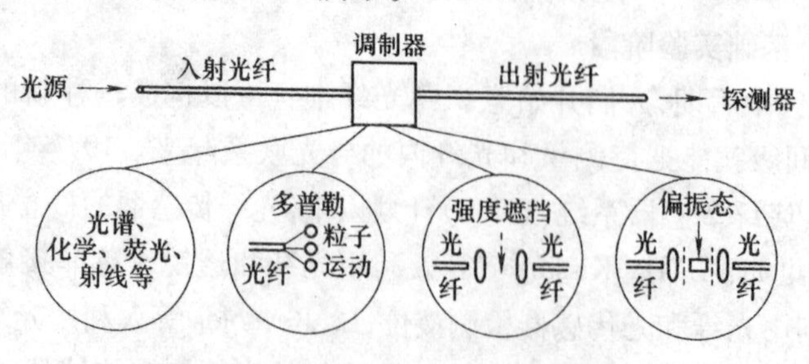

图8-7 传光型光纤传感器

传光型光纤传感器主要利用已有的其他传感技术,其敏感元件是用别的材料制成,这样可充分利用现有的优质敏感元件来提高传感器的灵敏度,而传光用的光纤可采用通信单模光纤甚至普通的多模光纤。

2)传感型(功能型)光纤传感器

传感型光纤传感器是利用对外界信息具有敏感能力和监测功能的光纤(或特殊光纤)作为传感元件,将"传"和"感"合为一体的传感器。在这类传感器中,光纤不仅起传光的作用,还利用其在外界因素作用下,光学特性(如强度、相位、偏振、频率、波长等)的变化来实现传和感的功能。传感型光纤传感器中光纤是连续的,如图8-8所示。

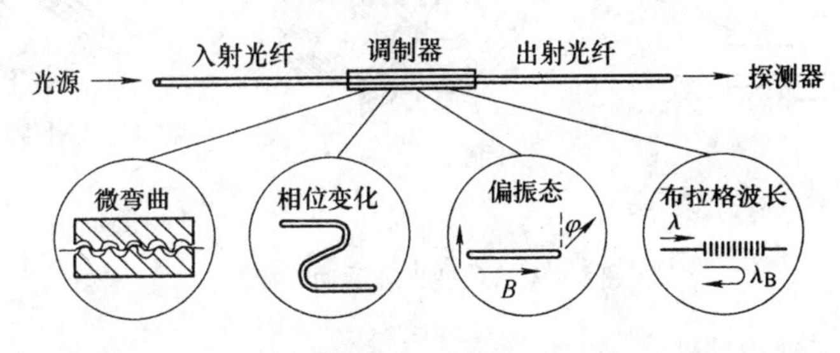

图8-8 传感型光纤传感器

在功能型光纤传感器中,为了实现光纤对外界物理量的变化,往往需要采用特殊光纤来作探头,这样就增加了传感器制造的难度。随着对光纤传感器基本原理深入的研究,随着各种特殊光纤的大量问世,高灵敏度的传感型光纤传感器必将得到更广泛的应用。

8.3.2 光纤无源器件

一个完整的光纤传感系统,除光纤、光源和光检测器外,还需要许多其他光器件,特别是无源器件。这些器件对光纤传感系统的构成、功能的扩展或性能的提高,都是不可缺少的。虽然对各种器件的特性有不同的要求,但是普遍要求插入损耗小、反射损耗大、工作温度范围宽、性能稳定、寿命长、体积小、价格便宜,许多器件还要求便于集成。本节主要介绍光纤无源器件的类型、原理和主要性能。

1. 光纤连接器

光纤连接器是使一根光纤与另一根光纤之间可活动连接的器件。连接器是光纤传感系统中应用广泛的一种无源器件,主要用于光纤线路与光发射机输出或光接收机输入之间,或光纤线路与其他光纤无源器件之间的连接。连接器件是光纤通信领域最基本、应用最广泛的光无源器件。光纤连接器的使用必定会引入一定的插入损耗而影响传输性能。对光纤连接器的一般要求是插入损耗小、可重复插拔、寿命长、互换性好、拆卸方便等。连接器是实现光纤与光纤之间可拆卸(活动)连接的器件,光纤活动连接器的种类很多,其中使用最多的是非调心型对接耦合式光纤活动连接器,如平面对接式(FC)光线活动连接器、直接接触式(PC)光纤活动连接器。

1)FC 型光纤活动连接器

FC 型光纤活动连接器如图8-9所示。连接器主要是由带微孔的插针体 a、插针体 b

与用于对中的套筒等几部分构成。插针体 a 装有发射光纤、插针体 b 装有接收光纤。将插针体 a、b 同时插入套筒中，再将螺旋拧紧，就可以完成光纤的对接耦合。两端插针体相互对接，其对接面抛磨成平面。外套有一个弹簧对中套筒，使其压紧并精确对中定位。

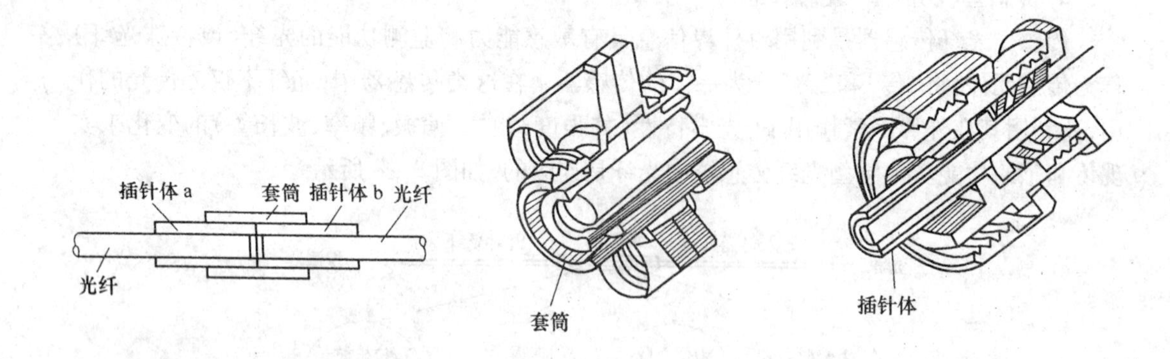

图 8－9 FC 型光纤活动连接器

2）PC 型光纤活动连接器

FC 型光纤活动连接器所连接的两根光纤的接触处于平面接触状态，端面间难免会有很小的空气间隙，这就会在光纤和空气中产生菲涅尔反射，其反射光会引起额外的损耗、噪声和波形失真。PC 型光纤活动连接器把插针体端面抛磨成凸球面，两光纤端面直接接触，实现 PC（物理接触）结构。PC 型光纤活动连接器的插入损耗小、反射损耗大、性能稳定，特别适用于在高速光纤传感中使用。

2. 光纤耦合器

耦合器的功能是把一个输入的光信号分配给多个输出，或把多个输入的光信号组合成一个输出。这种器件对光纤线路的影响主要是附加插入损耗，还有一定的反射和串扰噪声。耦合器大多与波长无关，与波长相关的耦合器专称为波分复用器/解复用器。

（1）T 形耦合器：这是一种 2×2 的 3 端耦合器，见图 8－10（a），其功能是把一根光纤输入的光信号按照一定比例分配给两根光纤，或是把两根光纤输入的光信号组合在一起，输入一根光纤。这种耦合器主要用作不同分路比的功率分配器或功率组合器。

（2）星形耦合器：这是一种 $n \times m$ 耦合器，见图 8－10（b），其功能是把 n 根光纤输入的光功率组合在一起，均匀地分配给 m 根光纤，m 和 n 不一定相等。这种耦合器通常用作多端功率分配器。

（3）定向耦合器：这是一种 2×2 的 3 端或 4 端耦合器，见图 8－10（c），其功能是分别取出光纤中不同方向传输的光信号，光信号从端 1 传输到端 2，一部分由端 3 输出，端 4 无输出；光信号从端 2 传输到端 1，一部分由端 4 输出，端 3 无输出。定向耦合器可用作分路器，不能用作合路器。

（4）波分复用器/解复用器：这是一种与波长有关的耦合器，见图 8－10（d）。波分复用器是把多个不同波长的发射机输出的光信号组合在一起，输入到一根光纤；解复用器是把一根光纤输出的多个不同波长的光信号，分配给不同的接收机。

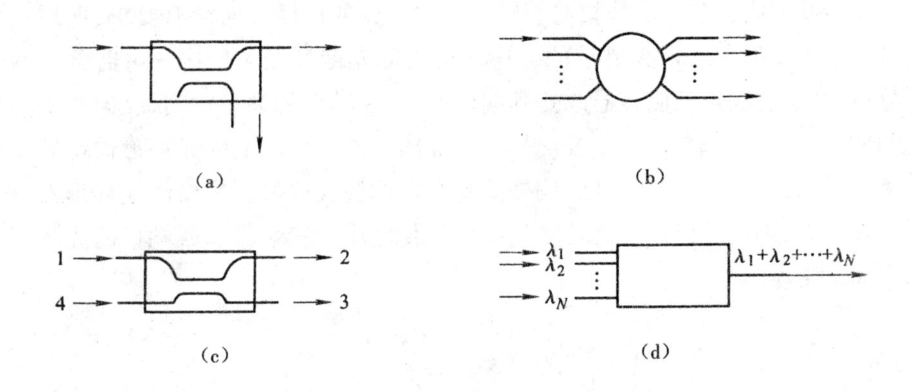

图 8-10　耦合器的基本类型

(a)T 型耦合器　(b)星型耦合器　(c)定向耦合器　(d)波分复用器/解复用器

3. 光环形器

耦合器和其他大多数光纤无源器件的输入端和输出端是可以互换的,称为互易器件。然而在许多实际光通信系统中通常也需要非互易器件。环形器就是一种非互易器件,它能够把光信号流按一个方向从一个端口送到另一个端口,防止光信号沿错误的方向传播而引起不必要的串扰。环形器在使用中通常是端口 1 输入的信号由端口 2 输出,端口 2 输入的信号由端口 3 输出。光环形器的这些优点使它在光传输的双向路由中有广泛的应用。首先,它的损耗小,不像光功率分束器那样增加了 3 dB 的损耗。其次,光环形器相邻端口的隔离度很高,不需要另外的隔离器。如今,光环形器的应用已经深入到光学实验和光纤传感系统的各个方面。

光环形器根据性能要求有不同的结构,当选择一个用于优化系统性能的光环形器时,必须考虑到端口数目、工作波长、偏振敏感、端口的隔离度和结构的封装等。光环形器有三四个或多个端口的结构,还有不同隔离度的等级。实际上,光环形器对所有标准的波长范围都可以实现偏振不敏感或保偏。光环形器一个最有用的性能是它能实现全双向的光信号的传输。例如它能区别处理在端口 2 的输入和输出光信号,在端口 2 的输入信号由端口 3 输出,端口 2 的输出信号是由端口 1 输入的。光环形器的另一个显著优势是它的插损很小。典型的 3 端口的插损小于 1 dB,而功率耦合器的 50:50 分束比的损耗至少有 3 dB。光环形器的另外一个特点就是能够做成一个集成的隔离器。连续的端口之间可以看作有一个高隔离度的隔离器。因此,用光环形器的两个端口分别作输入和输出可以起到很好的消除回波干扰的效果。与这个性能相关的一个极好的应用是用于掺铒光纤放大器 EDFA 放大时的泵浦信号的输入。

光环形器的基本原理和结构是比较简单的。采用多种不同的设计方法是为了尽量减小信号的插损,增加端口间的隔离度和提高制造过程中的可靠性。光环形器的基本结构包括偏振分束器(PBS)、法拉第旋转器、半波片、棱镜和准直器。偏振分束器把两个正交偏振态的光分开或者融合到一起。法拉第旋转器和半波片用来改变任意偏振态输入光的偏振态。沿光束传播方向的前一个法拉第旋转器对输入光的传播方向没有要求,而后一个法拉第旋转器对光的传播方向是有要求的。这样输入的光信号经过偏振分束器分成两个正交的偏振分量,又经过法拉第旋转器改变其偏振态,并在其后的端口输出,反向则因为偏振态是正交的所以不能被传输,这样回波信号就被隔离。现在市场上的光环形器都要求达到高的隔离度、低的插损、低的串扰、低的偏振敏感和低的模式色散。最新的光环形器在制造中避免采用环氧胶,因而可以用在高功率的光信号传输中。三端口和四端口的光环形器的示意图如图 8 - 11 所示。

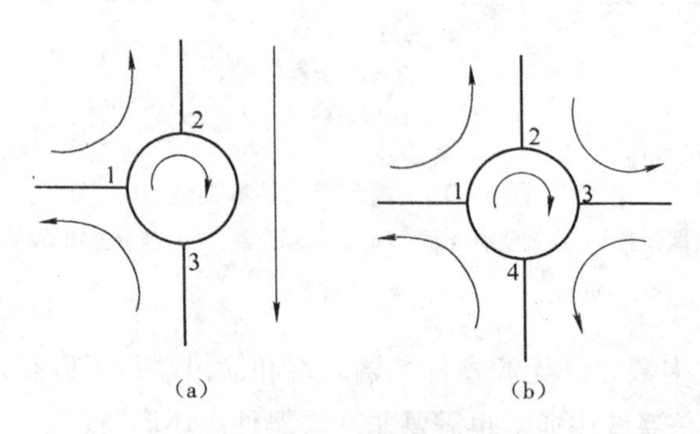

图 8 - 11 光环形器示意图

(a)三端口 (b)四端口

4. 光衰减器

光衰减器允许用户降低光信号电平,例如在特定波长上(通常是 1 310 nm 或 1 550 nm)经过精确处理步骤,最高衰减能达到 60 dB(相当于10^6)。

目前,常用的衰减器主要采用金属蒸发膜来吸收光能,实现光的衰减,故衰减量的大小与膜的厚度成正比。光衰减器可分为固定衰减器和可变衰减器,其结构如图 8 - 12 所示。

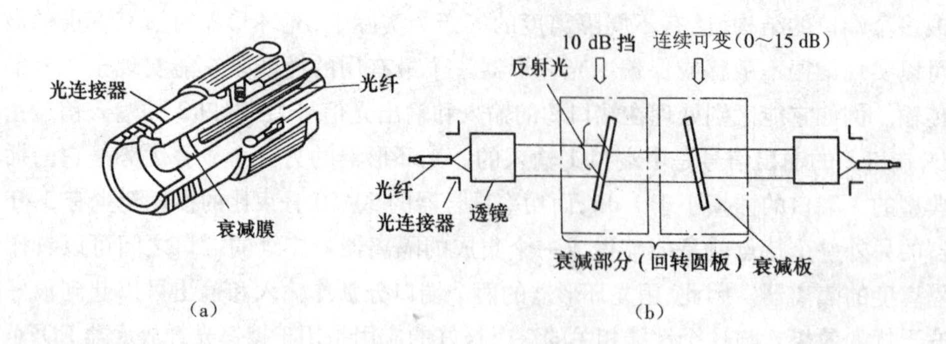

图 8 - 12 衰减器示意图

(a)固定衰减器 (b)可变衰减器

图 8 - 12(a)所示为固定衰减器,可以制成活动接头的形式,在光纤端面上按要求镀上一定厚度的金属膜即可实现光的衰减。它的衰减量是一定的,用于调节传输线路中某一区间的损耗,要求体积小、质量轻。具体规格有 3 dB,6 dB,10 dB,20 dB,30 dB,40 dB 的标准

衰减量,要求衰减量误差小于10%。另外,也有用空气衰减的,即在光的通路上设置一个几微米的气隙,即可实现光的固定衰减。

图8-12(b)所示为可变衰减器。光纤输入的光经过自聚焦透镜变成平行光束,平行光束经过衰减片再送到自聚焦透镜并耦合到输出光纤中。衰减片通常是表面蒸镀了金属吸收膜的玻璃基片。为了减小反射光,衰减片与光轴可以倾斜放置。连续可调光衰减器一般采用旋转式结构,衰减片不同区域的金属膜厚度不同,这种衰减器可分为连续可变和分挡可变两种。通常将这两种可变衰减器组合起来使用,衰减范围可达60 dB以上,衰减量误差小于10%。

光可变衰减器的主要技术指标是衰减范围、衰减精度、衰减重复性以及原始插入损耗等。

5. 法拉第旋转镜(Faraday Rotator Mirror)

光纤法拉第旋转镜在传感领域、通信领域都有较广泛的应用。其工作原理是通过一个反射镜将输出光的偏振态在输入光的偏振态的基础上旋转90°。基于这种独特的特性,可以使光路中的任何一点上,输入方向上的光的偏振态与输出方向上的光的偏振态实现正交,从而有效消除光纤的双折射,实现光纤系统中的偏振不敏感性。例如,在迈克尔孙干涉仪和光纤陀螺中,可以将法拉第旋转镜作为光纤干涉仪两臂的反射镜,使从光纤入射的光在经反射镜反射后产生90°的偏振态旋转,有效消除光纤中的偏振态的随机变化,确保干涉信号较高的可见度。

8.4　分立式光纤传感检测系统

8.4.1　半导体吸收光纤温度传感检测系统

半导体吸收型光纤温度传感器是一种传光型光纤传感器,兴起于20世纪80年代,其中以日本的研究最为广泛。1981年,Kazuo Kyuma等人在日本三菱电机中心实验室,首次研制成功了采用GaAs和CdTe半导体材料的吸收型光纤温度传感器。随着人们对半导体材料认识的不断深入以及半导体制造和加工工艺水平的不断提高,类似的研究进展不断。在20世纪90年代前后,出现了以硅材料作为温度敏感材料的光纤温度传感器。

国内对半导体吸收型光纤温度传感器的研究起步较晚,兴起于20世纪90年代后期,主要集中在一些高等院校。他们对这种传感器的探头特性和系统结构进行了大量的实验研究,但与国外在该领域的研究水平仍有较大差距。目前,人们对半导体式光纤温度传感器的研究主要集中在三个方面:一是对温度敏感的半导体材料的研究,除了GaAs、CdTe和单晶硅外,更多的半导体材料被应用到半导体式光纤温度传感器中;二是对系统结构和调制技术的研究,为了克服环境因素对系统的影响,需要设立某种形式的光路补偿和强度参考;三是产品化、实用化的研究,即从实际应用出发,对能满足特定要求、应用于特定场合的光纤温度传感器实际系统的研发。

半导体吸收型光纤温度传感器是一种强度调制型传感器,它对被测参数的调制是通过敏感元件 GaAs 来实现的。

1. 半导体吸收的温度特性

半导体 GaAs 的透射率曲线形状不随温度的改变而改变，只是随温度的升高（降低）向长（短）波长方向移动，透过 GaAs 的光强随温度上升而变弱。在光源的光谱辐射强度不变的前提下，GaAs 总透射率随温度发生变化，温度越高，总透射率越低；温度越低，总透射率越高。

因此，透射率曲线随温度变化左右移动导致透过半导体的光信号能量发生变化，通过检测透过光信号强度的变化量，就可以得出温度的变化量。通过研磨抛光将 GaAs 加工成很薄的薄片，其入射光和出射光用光纤耦合，出射光纤导出的光强变化即反映所测温度的变化，这即是砷化镓材料的温度传感机理。

2. 常见的探头结构介绍

作为传感器的核心，探头的重要性是毋庸置疑的。探头的结构不合理，不仅会直接影响到测量的精度，而且还会使检测距离大大缩短，甚至整个系统不能工作。所以，探头的设计是传感器的关键。对探头制作的研究也很多，根据结构探头可以分为透射式和反射式两种。

透射式探头的光通过入射光纤从 GaAs 片一端射入，透过 GaAs 片后从另一端射出，进入出射光纤。典型的透射式探头结构如图 8－13 所示。跟许多光纤通信中使用的 FC 型连接器类似，透射型探头一般采取套管对中和微孔插针配合的结构，入射光纤、GaAs 片和出射光纤在一条直线上。套筒既起固定的作用，又起导热的作用。这种探头的优点在于容易制作、耦合效果好，缺点在于体积大，不便于安装在狭小的空间。

反射式探头的光从同一侧进出，入射光和出射光共用一根光纤，它的结构如图 8－14 所示。整个探头被金属外壳包裹，GaAs 片一面涂透射膜，另一面涂反射膜。入射光纤的光透过 GaAs 片后在涂有反射膜的端面发生反射，又透过 GaAs 片后经出射光纤返回。这种结构的探头体积小、易安装，且工作可靠，能够应用到空间狭窄的工作场合。其缺点是对 GaAs 片要求很高，因为光两次经过 GaAs 片，它的厚度相当于增加了一倍，光的衰减很大，转换为电信号后的值很小，不利于信号的检测和处理。而且，这种结构需要较高的工艺才能保证光纤和 GaAs 片的垂直耦合。

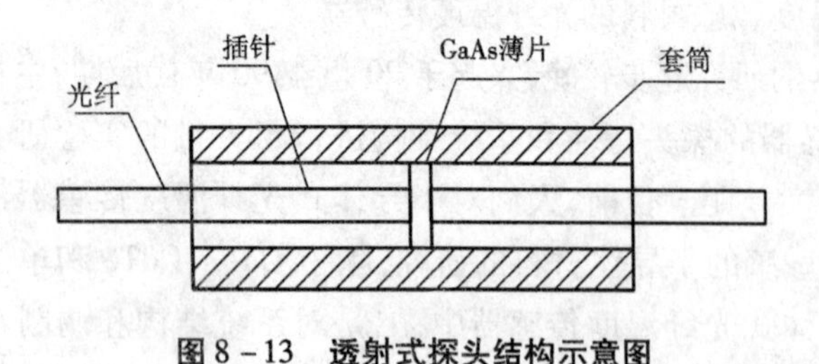

图 8－13 透射式探头结构示意图

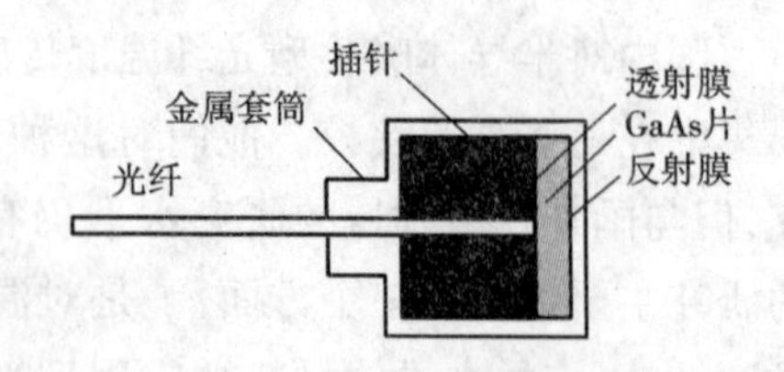

图 8－14 反射式探头结构示意图

3. 检测系统结构

一个完整的光纤温度传感系统应包括光源、光纤、温度敏感探头、光电检测器等主要模块，如图 8－15 所示。目前，半导体光源主要有发光二极管（LED）和半导体激光二极管

(LD)两大类,有时候还会用到固体激光器。系统对光源的要求是发光光谱必须覆盖半导体GaAs吸收波长的变化范围,并且具有一定宽度的光谱分布;对探测器的要求是要使其光谱响应度$R(\lambda)$与光源的峰值波长相对应,最好使其峰值响应度对应的波长与光源的峰值波长一致,以获得最大的输出;而对于半导体材料,在实际应用中应尽量选择厚度比较小的材料,以便于信号的解调处理。

图8-15所示是最基本的半导体吸收式光纤温度传感器系统结构,它仅仅能用于建模分析,或进行理论研究。在实际应用中,半导体吸收式光纤温度传感器同一般的传感器一样,除了对被测物理量敏感外,还受其他环境参数、漂移和噪声的影响,这对传感器的测量精度和稳定性有直接的影响。所以,这种简单的结构有抗干扰差和稳定性低的缺点。为了提高测量精度,更好地将半导体吸收式光纤温度传感器应用到实际中,需要采用更复杂的测温方案。测温方案包括光路补偿和探头结构等内容。下面将介绍几种常见的补偿方案和探头结构。为了克服以上因素的影响,有效的办法是建立某种形式的强度参考。其基本思想是:利用两路光,即测量光和参考光,使之受到相同的外界影响,而被测参数只对其中的测量光进行调制,这样通过较为简单的信号处理,便可消除上述诸因素的影响。因为环境和漂移对输出光强引起的误差主要是乘性的,所以一般的处理方法是使用除法器。到目前为止,常见的补偿方案有以下几种。

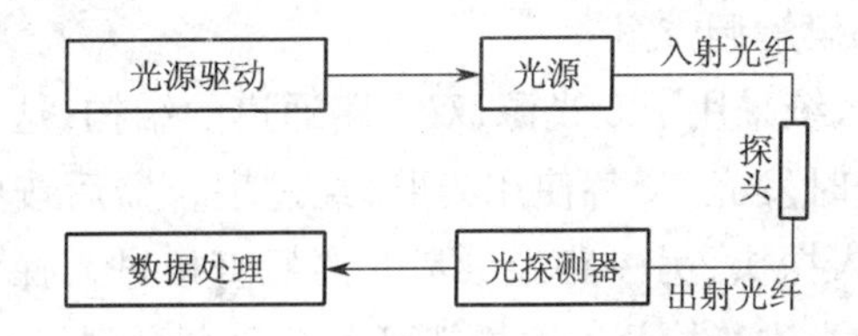

图8-15 半导体吸收式光纤温度传感器系统结构示意图

1)双光路补偿方案

图8-16所示为双光路补偿解调方案。与图8-15所示系统不同的是,该系统中采用了单光源、双光纤、对称的双光探测器。光源发出的光经过分束器后分为两路进入光纤,一路经过探头,另一路不经过探头,但所处环境和所经路线都是相同的,因此外界干扰因素对传输光纤产生的影响是相同的,经除法器处理两路数据后理论上可以消除干扰,提高测量精度。实际上,这种方案只能补偿光源波动和传输光纤的影响,并不能补偿光探测器漂移的影响,具有一定的局限性,是一种粗略的补偿方案。

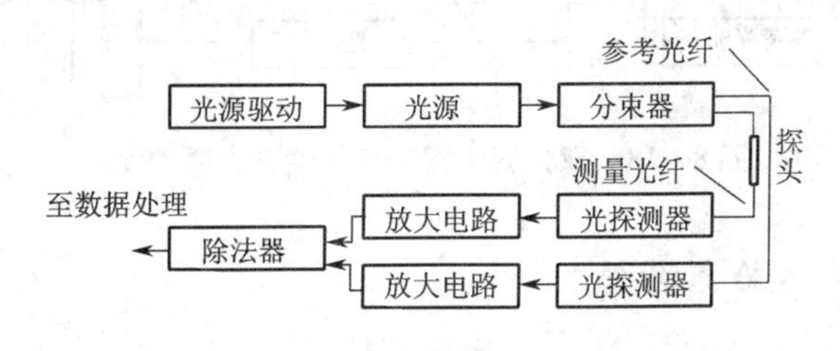

图8-16 双光路补偿方案原理图

2）双光源补偿方案

图8－17所示是典型的双光源补偿解调方案。该系统采用了两个独立光源，两者在脉冲发生器的控制下交替发出光脉冲，经耦合器送入探头。这两个光源是不同波长的，一个较短波长的可以被GaAs吸收，并且随温度变化而变化；另一个较长波长的几乎不被GaAs吸收，可以当作参考光路。两路光进入同一个光探测器，经过采样保持以及除法器，同双光纤型的一样可以消除干扰，提高准确度。

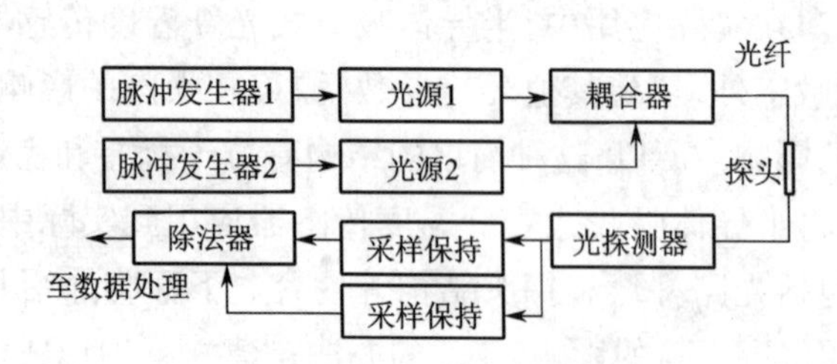

图8－17 双光源补偿方案原理图

同双光纤参考通道方案一样，这也是一种不完全的补偿方式。在这个系统中，两路光使用相同的光纤和光探测器，所以它可以补偿传输光纤和光探测器带来的影响，但是不能提供对光源波动的补偿，它的补偿效果也不能令人十分满意。

3）双光源＋双光路补偿解调方案

如图8－18所示，该系统采用了双光源、双光路通道的结构，这种系统可以看作前两种的综合。两个独立光源分时发光，交替使用光路，经过耦合器后按照一定的分光比分成两路光，一路经传感光路进入探头，另一路经参考光路后直接进入探测器。探测器分别对两种光源发出的不同波长的光进行检测。这样就可以在两个时刻得到4路光信号，它们加载的信号是不同的。设A为信号光源的光强波动信号，B为传感光路的扰动信号，C为温度调制信号，D为探测器的漂移信号，E为参考光源的光强扰动。则当信号光源发光时，从传感光路得到的信号包含A、B、C、D四个信号，从参考光路得到的信号包含A、D两个信号；当参考光源发光时，从传感光路得到的信号包括B、D、E三个信号，从参考光路得到的信号包括D、E两个信号。通过对这4路光信号的处理，可以最终抵消相关干扰，得到更高精度的只含C的有用信号，其代价是系统的复杂化和成本的提高。

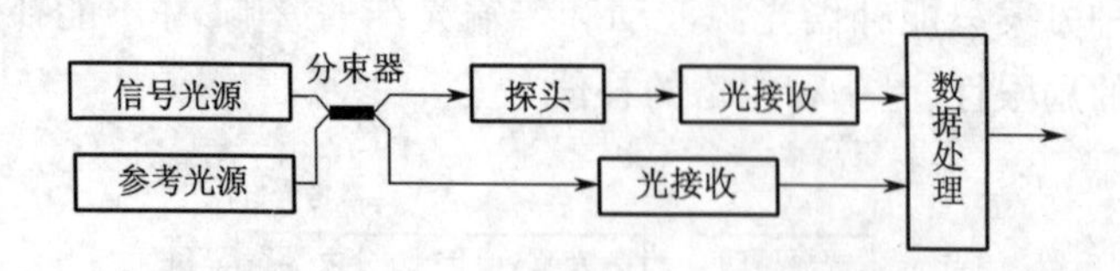

图8－18 双光源＋双光路补偿方案原理图

8.4.2 光纤光栅传感检测系统

1978年，K. O. Hill在研究掺锗光纤的非线性特性时，意外发现掺锗光纤具有光敏性，他们用488 nm和514.5 nm的氩离子激光器成功地在掺锗光纤中生成了折射率系数沿光纤长度方向周期变化的光栅,该光栅被称为“Hill”光栅。但由于制作困难,随后的研究进展缓慢,直到十年后 Meltz 等人发明了从侧面对光纤进行全息干涉紫外曝光生成光栅的技术,这一局面才得到改变。侧面全息写入技术不但提高了光栅写入效率,而且可通过调节两相干光束间的角度,获得较大变化范围的 Bragg 波长,这使得光纤光栅的发展离实际应用靠近了一大步,而 1993 年 Hill 又提出了利用相位模板制作光纤光栅,使得光纤光栅的大规模生产成为可能,从而加速了光纤光栅在光纤传感和光纤通信中的应用研究。

8.4.2.1　三种基本类型的光纤光栅传感器

1. 光纤 Bragg 光栅传感器

光纤 Bragg 光栅(FBG)传感器是目前应用研究最多的光纤光栅传感器,在整个光纤光栅长度内,周期和折射率是均匀的,Bragg 谐振反射波长为

$$\lambda_B = 2n\Lambda \tag{8-12}$$

式中:Λ 为光栅周期;n 为纤芯有效折射率。

外界待测量如应变的扰动会引起光纤光栅的折射率和光纤光栅周期的变化,进而使光纤光栅的 Bragg 反射波长漂移。通过测取波长的漂移量即可获知待测量的变化信息。

2. 啁啾光纤光栅传感器

啁啾光纤光栅是指沿光纤光栅长度方向,光栅周期、平均折射率或两者同时在变化。1993 年,K. C. Byron 等人首先利用具有锥度和不同的有效折射率的光纤制作成啁啾光纤光栅。啁啾光纤光栅最初只是用于光纤通信中的色散补偿,随后人们发现它在应变和温度测量方面的应用潜力。

1)利用反射谱谱宽和中心波长测量

M. A. Putnam 等人利用仅包层具有锥度的掺锗光纤在一定张力作用下形成的应力梯度获得光纤光栅周期的啁啾。这种方式制作的啁啾光纤光栅在应变作用下,反射谱展宽和中心波长漂移,在温度作用下,则仅影响中心波长的漂移。因此,通过测取反射谱的展宽和波长漂移可以获知温度和应变信息。

2)利用反射系数的变化测量

利用啁啾光纤光栅反射谱的非对称性,将传感器反射谱制作成具有单边斜波的谱型,为保证应变作用时反射谱型保持不变,光纤光栅的长度要短,一般为 50 μm。当用一窄带光源入射时,应变变化导致的谱漂移将引起反射系数的变化。利用 OTDR 测量该系数,可以推算出待测量。

3)利用光纤光栅栅内特性测量

这种光纤光栅传感器实质采用均匀光纤光栅,但光栅长度在 5 mm ~ 10 cm。当较长的均匀光纤光栅置于非均匀应变场 $\varepsilon(z)$ 或温度场 $T(z)$ 时,则变成啁啾光纤光栅。由于该长光纤光栅可以认为是由一系列短且均匀光纤光栅串接而成,局部的待测量将调制对应于该处的小段均匀光纤光栅,所有小段光纤光栅的反射谱的综合构成传感器的反射谱。通过分析该反射谱可以得到沿光纤传感器的应变或温度分布。根据利用反射谱的方式不同,又可分为以下四种传感方式。

(1)基于强度的啁啾光纤光栅传感,该方法只需利用强度反射谱 $R(\lambda)$,但是只能测量

单调变化的应变场或温度场，也不能给出梯度的变化方向。

（2）基于相位的啁啾光纤光栅传感，当光纤光栅具有较大的单调啁啾梯度时，沿光纤光栅轴向方向的局部小段光纤光栅分别具有满足 Bragg 条件的局部反射波长，这就导致了不同反射波长具有不同的群时延。利用光纤迈克尔孙干涉仪获得各反射波长的相位，就可求出群时延，进而得到局部反射波长 λ_i 的位置 $z(\lambda_i)$。该方法也只能应用于单调变化的应变场和温度场，但相比于基于强度的啁啾光纤光栅传感，它可以确定待测量梯度变化方向，也不需要准确地知道折射率沿光纤光栅轴向的变化值。

（3）基于傅里叶变换的啁啾光纤光栅传感，在弱光纤光栅条件下，复耦合系数 $\kappa(z)$ 与光纤光栅的复反射谱成傅里叶变换关系，复耦合系数 $\kappa(z)$ 的角度 $\theta(z)$ 与应变场具有如下关系：

$$\varepsilon(z) = -\frac{\Lambda_0}{2\pi G_f}\frac{d\theta(z)}{dz} \tag{8-13}$$

式中：Λ_0 为应变前的光纤光栅周期；G_f 是应变常量；z 为位置坐标。

该方法由于利用同时测取的强度谱和相位谱，因而可以计算任意的应变场分布。

（4）基于低相干干涉的啁啾光纤光栅传感。该传感方式 1996 年由 Volanthan 等人提出，1997 年他们对该传感系统进一步做了改进。其原理是利用低相干干涉仪选择啁啾光纤光栅的局部位置，而用可调谐滤波器测取该处的局部反射波长。

3. 长周期光纤光栅传感器

1995 年 Vengsarkar 等人首次利用振幅模板制作成通常意义上的长周期光纤光栅。长周期光纤光栅的周期一般为几百微米，光栅总长为 1 ~ 3 cm，折射率的调制强度在 10^{-4} 量级或更高，其谐振条件为

$$\lambda_i = (n_{01} - n_{\text{clad}}^i)\Lambda \tag{8-14}$$

式中：n_{01} 为纤芯的有效折射率；n_{clad}^i 为第 i 个轴向对称包层模的有效折射率；Λ 为光栅周期。

当光波波长满足谐振条件时，光波将从纤芯中耦合到包层中，由于包层与空气接触界面的损耗，这些光波能量很快消逝，从而在纤芯的导模中形成一系列的波长阻带。当应变和温度的影响改变纤芯包层的折射率差时，将会引起传输阻带的中心波长的漂移，通过选择不同的纤芯和包层参数，可获得不同的应变和温度响应。目前报道的温度响应在 -0.2 ~ 0.15 nm/℃的范围，应变响应在 -0.000 7 ~ 0.001 5 nm/με 的范围。除了通常的轴向传感外，Y. Liu 等人的研究表明长周期光纤光栅的横向负载灵敏度比光纤 Bragg 光栅高两个数量级，且谐振波长随负载呈线性变化，可用于制作横向负载传感器。Patrick 等人则利用谐振波长随着弯曲曲率呈线性变化的特性，制作成光纤弯曲曲率传感器。

8.4.2.2 主要的解调方法

对于一个完整的传感系统来说，采用什么样的解调方法将决定它的性能及应用范围。迄今为止，人们已经提出了多种解调方法，常用的解调工具有光谱仪、单色仪，但这些仪器价格昂贵且不易携带。近年来，滤波法、干涉扫描法和可调光源扫描法等解调方法被提出来。

1. 滤波法

滤波法,就是FBG的输出为滤波器的输入,FBG的反射光谱和滤波器的输出光谱具有一定关系,通过检测透过滤波器的光功率,进而推导出光波长的改变量。

1)边沿滤波法

如图8-19所示,此方法是利用边沿滤波器的光谱透射率与入射光功率谱密度呈线性关系的这一特性进行滤波的。作用在传感器上的物理量的变化影响FBG反射光的中心波长λ_B,FBG的反射光进入耦合器后分为两束:一束光通过边沿滤波器后,其光强度I_F与信号的中心波长漂移成对应关系;而另一束光作为参考光,其强度I_R保持不变。因此,通过I_F与I_R的比值,即可求得FBG反射光的中心波长处的实际透射率,进而确定λ_B的漂移量。确定λ_B的公式为

$$\frac{I_F}{I_R}=A\left[\lambda_B-\lambda_0+\frac{b}{\sqrt{\pi}}\right] \tag{8-15}$$

式中:A和λ_0分别为边沿滤波器的倾斜度和波长初始值;b为FBG的半高全宽。

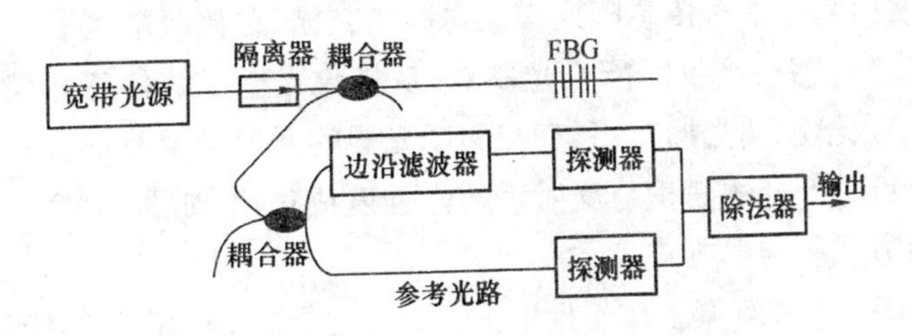

图8-19　边沿滤波法结构示意图

引入的参考光强I_R可以消除光源和光纤连接器引起的光强波动对测量结果的影响。这种边沿滤波法构成的系统成本低、响应速度快并且使用方便,但是受器件传输特性的影响,该方法测量的分辨率较低。

2)可调谐光纤F-P滤波解调法

如图8-20所示,宽带光源经FBG反射,再经耦合器进入可调导通频带的可调光纤F-P滤波器(FFP),通过电控压电陶瓷改变滤波器中F-P腔长来改变其导通频带。当FFP导通中心波长与某一光纤光栅的布拉格波长重合时,FFP的透射光最大,此时探测器探测到的极大值对应于这个FBG的反射光的中心波长。由于滤波器的透射谱是FBG反射信号与FFP的导通频带的卷积,因而带宽增加、分辨率减小。在扫描电压上加一高频抖动信号,可大大提高系统的分辨率。根据探测经混频器和低通滤波器后的输出信号的抖动频率,在信号为零时,所测值为光栅的反射峰值波长。

气体吸收器是利用气体的吸收光谱作为波长标准的器件。气体振动转动光谱的吸收峰仅与可跃迁的振动转动能级间的能量间隔有关,而分子能级的漂移又有对温度、压强等外界环境不敏感的特性。因此,引入气体吸收器作为波长标定标准器件将会大大提高解调系统设备的测量精度及稳定性。这种利用可调谐F-P滤波解调技术,结合波分、空分复用技术,同时利用气体吸收器作为标准波长参考,可实现1 550 nm波段的高精度、高稳定度的光

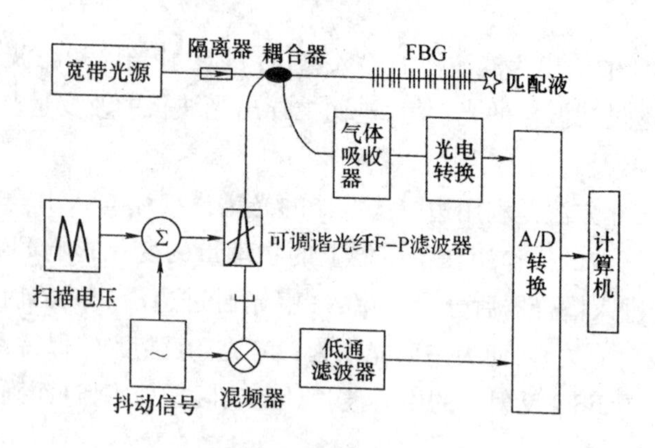

图 8-20 可调谐光纤 F-P 滤波解调法

纤光栅传感系统，波长测量范围 40 nm，测量精度可以达到 1.3 pm。

3）匹配光栅滤波法

匹配光栅滤波检测是指对传感阵列中的每一个光栅，在接收端都有一个特性和参数完全一致的光栅组成“传感—接收匹配”光栅对，从接收光栅了解传感光栅的情况。传感光栅的输出反射谱输入给解调光栅时，只有与两个光栅的反射谱重叠部分对应范围内的光波才可能被反射，而重叠部分的面积与反射谱的光强度成正比，如图 8-21(a) 所示。其工作方式有两种：反射方式和透射方式。

分布式匹配 FBG 滤波解调工作于反射方式时（见图 8-21(b)），匹配光栅（$G_{1t} \sim G_{4t}$）跟踪作为敏感元件的传感光栅（$G_{1s} \sim G_{4s}$）的反射波长的变化。4 个匹配光栅被夹持在 1 个由压电陶瓷（PZT）驱动的调节架中。当 1 个跟踪光纤光栅的布拉格波长与它相对应的敏感光纤光栅的布拉格波长相匹配时，对应的探测器将接收到信号。当这两个布拉格波长完全对准时，探测器接收到的信号将增至最大，从而获得传感光栅的中心反射波长。

本系统在调节架下连接一光栅尺，用来读出系统的输出。当调节架由 PZT 驱动拉伸调节 4 个跟踪光纤光栅时，调节架同时推动光栅尺的测量头，这样光栅尺的输出与调节架推动测量头的位移成正比，由此推算出中心反射波长。光栅尺的光栅周期为 10 μm，并经过 1 000 倍细分，所以，光栅尺的测量分辨率为 10 μm/1 000 = 0.01 μm。所以本系统的测量分辨率可达到 0.5 μm 应变量。

当其工作于透射方式时（见图 8-21(c)），各匹配光栅由不同的 PZT 进行独立波长调谐，并且串联成滤波光栅阵列，信号光进入此阵列后由同一探测器接收透射光，依次对各匹配光栅单独调谐，当接收光强最小时，由 PZT 的电压-波长调谐关系即可获取各传感光栅上的待测物理量。

2. 干涉扫描法解调

干涉扫描法，就是基于扫描干涉仪来检测 FBG 波长的改变量的一种方法，主要用于高灵敏度的动态和准静态的压力测量。

1）非平衡马赫-曾德干涉仪法

如图 8-22 所示，该方法利用非平衡马赫-曾德干涉仪作为波长扫描仪对传感光栅的

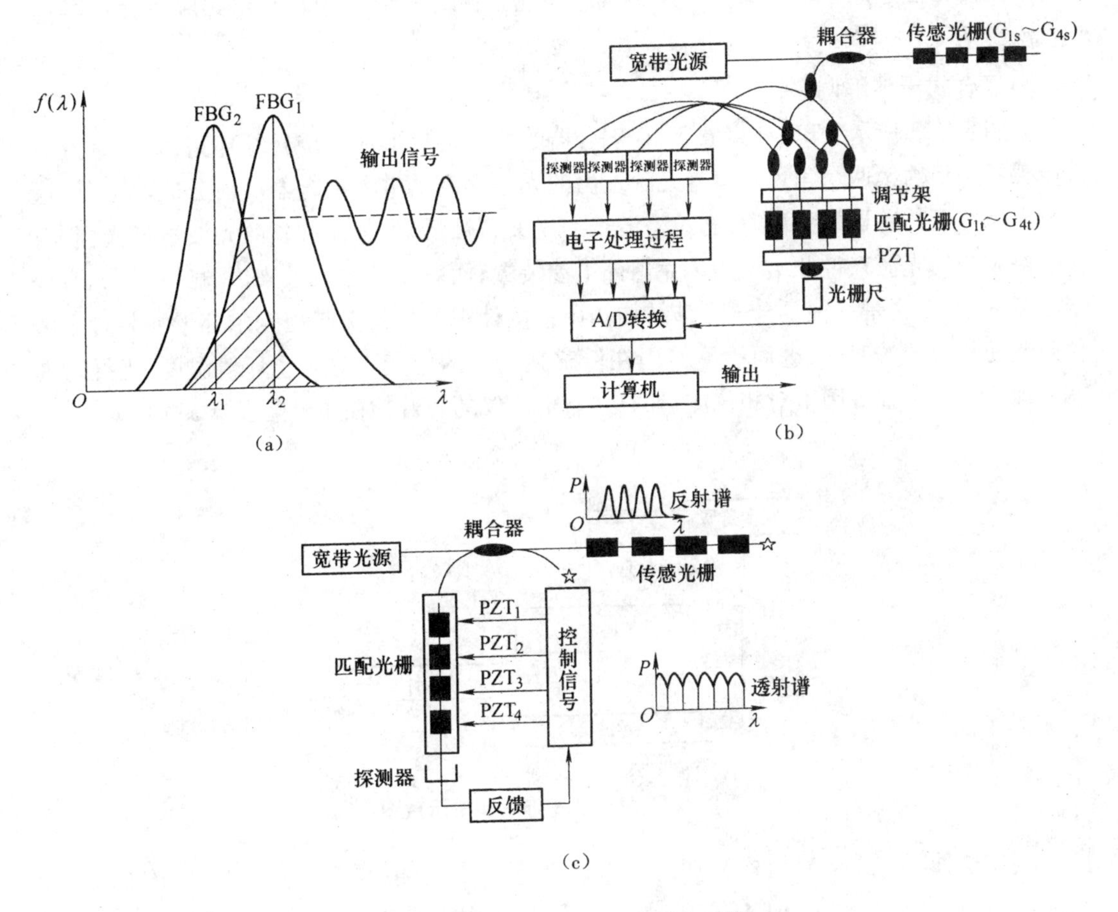

（a）　　（b）　　（c）

图 8－21　匹配光栅滤波法解调系统

（a）匹配光纤光栅解调原理示意图　（b）反射方式　（C）透射方式

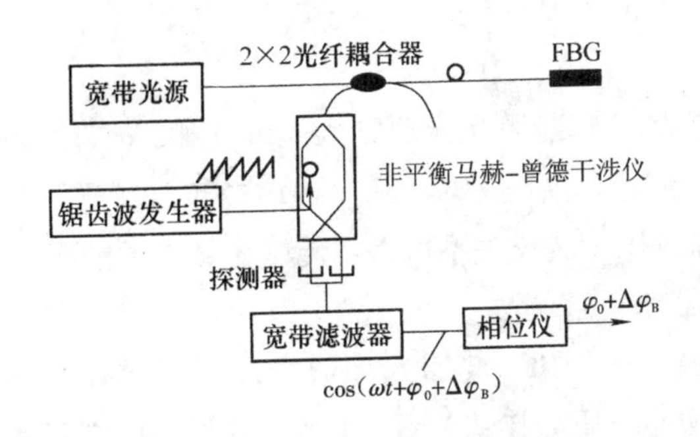

图 8－22　非平衡马赫－曾德干涉仪法解调原理图

反射谱进行动态的应变检测。BBS 发出的光经耦合器进入传感光栅阵列，反射后的光被送入不等臂长的马赫－曾德干涉仪，干涉仪把 FBG 反射波长的漂移变化转化为相位的变化，当入射干涉仪的光波长变化 $\Delta\lambda\sin\omega t$ 时，输出相位变化为

$$\Delta\varphi(\lambda) = -2\pi nd\Delta\lambda\sin\omega t/\lambda^2 \tag{8-16}$$

因此，通过检测 $\Delta\varphi$ 的大小就可获知 FBG 反射波长的变化情况，从而得到外界物理量

的大小。该方法适用于动态参量的高分辨率的应变测量(大于 100 Hz),其应变分辨率达 0.6 $n\varepsilon/\sqrt{Hz}$。

2)复合式干涉解调法

如图 8-23 所示,FBG 连接着 3 dB 耦合器的两个端口形成一个光纤环路,它同时扮演着传感器和反射镜两个角色。宽带光源发出的光经隔离器进入耦合器后被分成两部分,这两束光波传至传感器(FBG)时,布拉格波长的光波将被反射,其他波长的光波透过光栅,对布拉格波长的光波来说此结构为迈克尔孙干涉装置,而对于其他波长来说此结构为 Sagnac 干涉装置,所以这是一种复合式干涉结构。用相位计观测波长引起迈克尔孙干涉装置干涉仪两臂间相位差的变化,进而检测作用在传感光栅上的应变。为防止环境温度、光纤弯曲及振动等随机干扰等因素对相位测量的影响,干涉仪的短臂粘在压电陶瓷上。

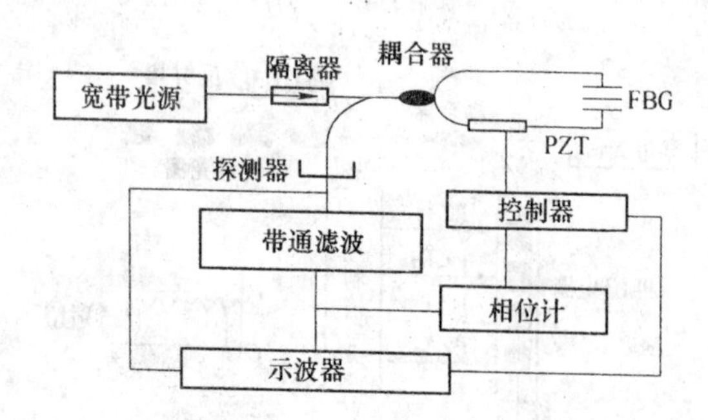

图 8-23 复合式干涉解调法示意图

利用这种复合式干涉结构成功地对微应变进行了监测,系统传感灵敏度的实验值为 1.58 Deg/με,与理论值 1.61 Deg/με 基本吻合,且系统具有 0.39 με 的分辨能力。该系统设计简单、体积小、成本低、分辨率高,可广泛应用于桥梁、建筑、海洋石油平台、油田及航空、大坝等工程的健康监测。

3. 可调光源解调法

可调光源扫描法,是用可调谐激光光源输入光纤光栅,周期性地扫描光纤光栅得到反射谱(或透射谱),当激光波长调谐至 FBG 反射峰值波长时,探测器处接收到的反射信号光强最大,由激光器的扫描电压-波长关系可得到传感光纤光栅的中心反射波长。

1)环行腔光纤激光器激射解调法

可调谐光纤 F-P 滤波器(FFPF)被加入环形光纤激光器中用来选择激射波长,如图 8-24 所示。环形腔内增益介质为掺铒光纤,其所在的那段构成环形反射器。激光腔的另一端反射器由传感阵列中的光栅构成,这些光栅的布拉格波长各不相同,都处于掺铒光纤的增益带宽 c 波段内。调节 F-P 使其通带为某个布拉格波长时,激光器选择此波长激射,通过选择激光波长,就可以跟踪监测任何一个光栅的布拉格波长及其变化。该方法的应变分辨率仅为 25 με,适合波分复用传感阵列的解调。

2)有源时域解调法

该方法是在环形腔光纤激光器的腔中加入压电陶瓷(PZT)驱动的起滤波作用的光栅,

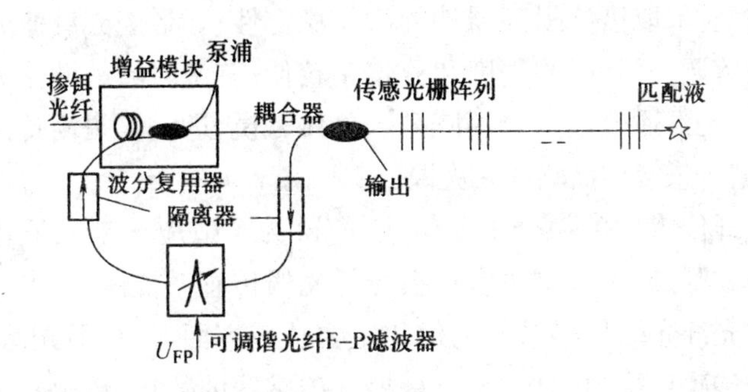

图8－24　环行腔光纤激光器分布式传感解调系统

将传感光栅用作环形腔光纤激光器的另一端反射器，正弦电压信号驱动PZT时，观察同一驱动周期中激光功率谱的两谷值在时域中间隔的大小，就可判断待测应变的值。

如图8－25所示，半导体激光器的泵浦光经波分复用器（WDM）耦合至长度为L的掺铒光纤进行放大，经3 dB耦合器到达传感光栅FPG_1，经布拉格反射后耦合至起带阻滤波作用的滤波光栅FPG_2。当传感光栅与滤波光栅的反射中心波长一致时，FBG2将光波全部反射，输出端无激光输出；而当两个光栅的反射中心波长相偏离时，滤波光栅的反射率将骤减，输出端将辐射出传感光栅布拉格波长的激光。PZT的驱动电压是交变的，只要电压参量取值合适，同一驱动周期中将出现两次激光输出为零，这两次输出为零的脉冲在时域中的间隔就是所测微应变的量度。实验测得该系统的传感分辨率为118 με，灵敏度为881 152 με/ms，感测结果在0～60 ℃范围内几乎不受环境温度的影响。其简单、实用，具有推广使用的价值。

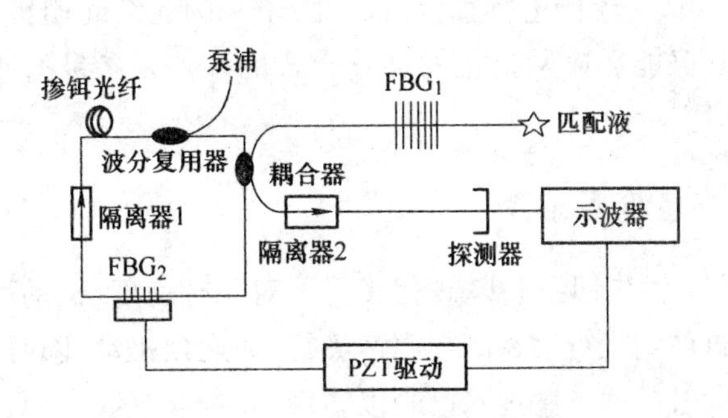

图8－25　有源时域解调法示意图

本节综述了光纤光栅传感信号的几种解调方案及工作原理。其中，边沿滤波法不仅信号处理简单，而且结构紧凑、便携灵巧，但测量的分辨率很低；性能最好的是可调谐F-P滤波法，该方法可以直接将波长信号转换成电信号，体积小、灵敏度高、光能利用率高、操作简单，适用于工程应用的大波长范围、较大位移和应变检测；干涉扫描解调法具有精度高的优点，对传感光栅的波长信息进行解码，并能对应变进行感测，用这种方法解调可以大大提高传感分辨率；复合式干涉解调系统设计简单、体积小、成本低、分辨率高，可广泛应用于桥梁、建筑、海洋石油平台、油田及航空、大坝等工程的健康监测。但由于FBG对环境温度较为敏感,实际应用中应采取措施提高器件的工作稳定性;环形腔光纤激光器激射法适合波分复用传感阵列的解调,但是解调精度和分辨率较低;有源时域解调法分辨率和灵敏度都较高且简单实用,但是不适合波分复用阵列。总体来说,进一步提高传感解调分辨率和精度,仍然是光纤光栅传感解调面临的一大课题。

光纤光栅是光纤传感中的一个重要组成部分,为了适应未来光纤光栅传感系统网络化、大范围、准分布式测量,许多研究者正在光纤光栅传感系统的各方面进行不断的研究,使系统得到优化。光纤光栅传感系统的优化主要从三方面考虑,即光源、光纤光栅传感器及信号解调。对于传感系统的优化,主要是根据传感器的数目、传感器的灵敏度和解调系统的分辨力,根据实际的测量需要,配置不同的光源、传感器和解调系统,使得成本低、测量误差小、测量精度高。针对未来光纤光栅传感系统网络化的要求,应使用稳定性好、宽带、高输出功率的光源,掺铒、掺铁、掺镱等离子的光源是今后发展的重点。光纤光栅传感器既能实现单参量的测量,又能实现多参量的测量。当单参量测量时,应提高传感器的灵敏度和测试精度。在实际应用中,要注意传感器的灵敏度和量程之间的折中。灵敏度高了,量程自然小了。这是因为光纤光栅的应变有一个极限值,超过这个极限值光栅就会被破坏。为实现准分布式测量,传感器复用数目较多,在布置传感器时,有时一个点要布置灵敏度不同的多个传感器,以实现温度和压力的大范围测量。由于传感量主要以微小波长偏移为载体,所以一个实用的信号解调方案必须具有极高的波长分辨力。其次,要解决动态与静态信号的检测问题,尤其是二者的结合性检测已成为光纤光栅传感实用解调技术中的难点。光纤光栅传感系统应用最大的优势在于很好地进行传感器的复用实现分布式传感,如美国的 Micron Optics 公司新推出的 FBGSLI 采用可调激光扫描方法,利用时分技术,可以同时对四路光纤多达 256 个 Bragg 光栅进行查询。因此,未来的光纤光栅传感系统将既能满足单点高精度的实时测量,又能适应网络化的准分布式的多点多参量的测试要求,在未来的传感领域发挥更大的作用。

8.4.3　光纤法珀传感检测系统

随着航空飞行器技术的不断进步,现代飞行器对飞行速度、机动性、隐身性等方面的要求不断提高,面对先进航空飞行器在高超声速飞行、大迎角机动、隐身性能等方面日益严苛的要求,传统探针式大气数据传感技术已难以实现实时准确的大气数据测量。作为航空大气数据信息中最重要的基本参量,大气压力信息的实时、准确测量,对航空飞行器的飞行控制和导航都起到非常重要的作用,是充分发挥飞行器机动性能、确保飞行器安全运行的关键。

大气压力值是航空大气数据信息中最重要的基本参量,获取的压力信息是否快速准确,将直接关乎飞行器的安全。目前,航空飞行器中采用的压力传感技术主要分为振动筒压力传感技术、硅微压力传感技术以及光纤压力传感技术三大类。

光纤压力传感器是目前研究最早、最具前景的光纤传感器之一,研究人员利用压力调制光纤中传输光的强度、相位、波长、偏振态,并通过对这些变化的监测实现对压力的测量,基于光纤布拉格光栅(Fiber Bragg Grating,FBG)和光纤法珀(Fabry-Perot,F-P)技术的光纤压力传感器是目前应用最为广泛的两类光纤压力传感器。

8.4.3.1　**传感原理**

光纤法珀压力传感技术通过压力作用于法珀腔产生的腔长变化对压力参量进行传感，法珀腔为光纤法珀压力传感器的核心敏感元件，入射光在法珀腔的两个端面形成反射，产生干涉信号，干涉信号随着法珀腔长的改变而发生变化，通过对法珀腔返回的干涉信号进行解调即可实现对压力参量的传感。近年来，随着 MEMS 技术和光纤传感技术的不断进步，多种基于 MEMS 的法珀压力传感器被相继报道。按照不同的法珀腔构成方式，可以将光纤法珀压力传感器分为本征型（Intrinsic Fabry-Perot Interferometer，IFPI）和非本征型（Extrinsic Fabry-Perot Interferometer，EFPI）两大类别。

本征型光纤法珀传感器也称为内腔式传感器，由 Lee 等人于 1988 年首次制作成功，是最早进行研究的一种光纤法珀传感器。其与非本征型光纤法珀传感器最大不同点就是法珀腔由光纤本身构成，光始终在纤芯中传播。图 8－26 所示为一种典型的本征型光纤法珀传感器结构，法珀腔的两个反射端面外侧可以是空气介质也可以是光纤介质。除采用在光纤两端镀反射膜的方式制作法珀腔外，通过在光纤中间熔接不同反射率光纤的方式也可以构成本征型光纤法珀传感器，例如将蓝宝石光纤与单模光纤熔接在一起，或在两段单模光纤中间熔接一段多模光纤。本征型光纤法珀传感器的法珀腔长通常在 3～20 mm，本征型光纤法珀传感器的法珀腔具有较大的热光系数，对温度敏感，除温度参量外，外界压力、应变等参量作用于法珀腔时，同样会影响法珀腔光纤介质的折射率，产生多参量交叉敏感问题，且无法判定压力的方向性。因此，本征型光纤法珀传感器并不适用于航空高精度压力传感，常用作较低精度的温度敏感元件。

非本征型光纤法珀传感器由于具有测量灵敏度高、动态范围大、温度不敏感的优点，成为光纤法珀压力传感器的研究重点，是目前光纤法珀传感器中应用最为广泛的一种传感器。非本征型光纤法珀传感器由 Murphy 等人于 1991 年通过使用环氧树脂将导入光纤、反射光纤分别与准直毛细管固定在一起的方式首次研制成功。非本征型光纤法珀传感器的法珀腔不再是光纤本身，而是空气或其他介质。图 8－27 所示为一种典型的非本征型光纤法珀传感器结构。非本征型光纤法珀传感器的制作方式是重点研究问题，国内外研究人员对制作法珀腔结构提出了多种方案，主要包括光纤端面直接刻蚀微腔、采用毛细管封装微腔和基片蚀刻微腔等。

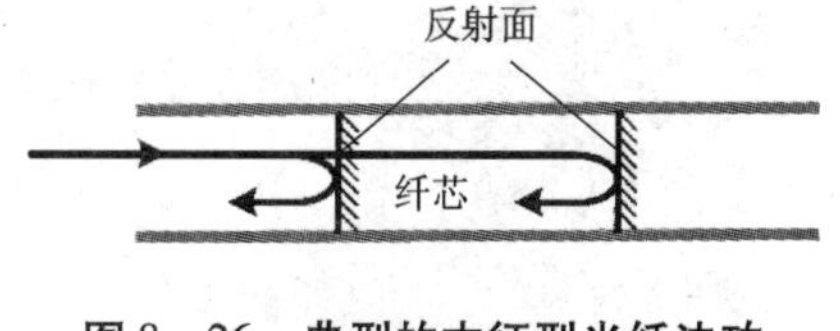

图 8－26　典型的本征型光纤法珀传感器结构图

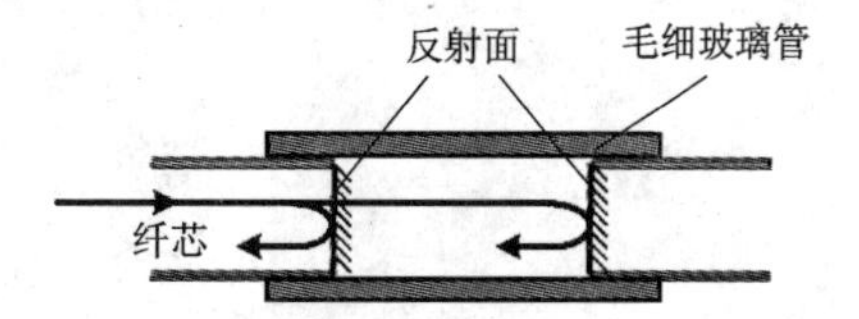

图 8－27　典型的非本征型光纤法珀传感器结构图

除具有普通光纤传感器的优点外，非本征型光纤法珀传感器还具有制造工艺灵活、受外界其他参量影响较小、对横向压力不敏感等特点，因此非常适于恶劣应用环境下的高精度压力传感。近年来,随着光纤传感技术的不断进步,国外研究机构和学者已开始进行用于航空领域的非本征型光纤法珀压力传感技术的研究。

8.4.3.2　光纤法珀压力解调方法

光纤法珀传感系统中,经过压力调制的光信号需要相应的解调方法进行解调,解调方法的选择直接决定光纤法珀压力传感器的适用范围和解调精度,是决定光纤法珀压力传感系统性能的关键。光纤法珀压力传感信号的解调过程就是从受调制的光信号中提取出对应的法珀腔长,从而解调出压力信息,主要分为强度解调方法、光谱解调方法以及低相干干涉解调方法三大类。

1. 光纤法珀压力强度解调方法

光纤法珀压力强度解调法使用单色光源,光源的波长 λ 为常量,光信号经过光纤法珀传感器调制后,可以近似为双光束干涉,调制后的光信号强度随法珀腔长变化形成周期振荡的干涉条纹,如图 8－28 所示。光纤法珀压力强度解调方法通过直接获取光强信息的方式解调法珀腔长。干涉项中光源波长、法珀腔长与输出的光信号强度的关系可以表示为

$$I(h)=1-\cos(4\pi h/\lambda) \tag{8-17}$$

式中:$I(h)$为输出的光信号强度;h 为法珀腔长。

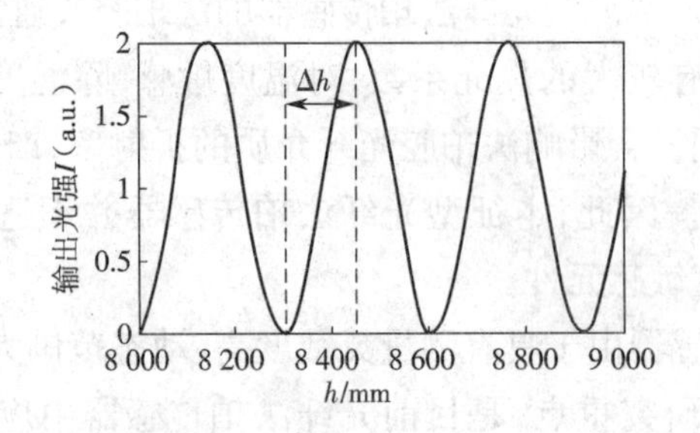

图 8－28　光信号强度与法珀腔长关系曲线

由于只需要探测光的强度信号,光纤法珀压力强度解调方法对应的系统结构简单、响应速度快,是早期用于光纤法珀压力传感解调的一种方法。图 8－29 所示为典型光纤法珀压力强度解调方法对应的系统结构图。

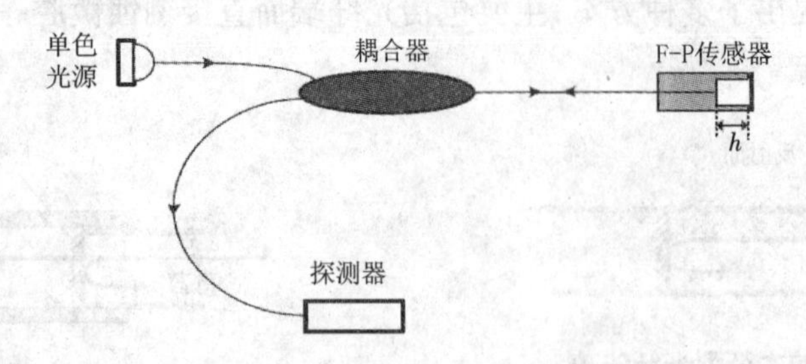

图 8－29　典型光纤法珀压力强度解调方法对应的系统结构图

然而,光纤法珀压力强度解调方法存在测量范围受限、传感器制作过程中腔长控制精度以及光源稳定性要求过高的问题。要保证测量到的光信号强度与法珀腔长的一一对应关系,就必须将法珀腔长的变化范围控制在干涉条纹的半个周期内,如图 8－28 中标识的区

域范围 Δh,即腔长变化范围不能大于 $\lambda/2$,这使强度解调方法只能用于小量程的测量,限制了强度解调方法的使用范围。而要保证腔长变化范围落在干涉条纹半个周期内,就必须对传感器初始腔长精确控制,这对传感器的制作工艺提出了很高的要求,增加了传感器的制作难度。此外,在某一固定腔长条件下,光信号强度的稳定性与光源强度和光源波长 λ 的稳定性直接相关,而激光光源的波长和功率容易受到温度等因素影响。因此,要实现高精度的解调,必须使用具有高稳定性的单波长光源,这会大大增加系统的复杂程度,提高整个系统的成本。除光源部分外,整个系统中光纤、耦合器、探测器等各个环节都有可能引起光信号强度的变化,导致解调结果的偏离,影响最终的解调结果。

因此,在实际应用中为提高光纤法珀压力解调精度、降低系统中光源及光路波动产生的影响,通常需要采取一定的补偿措施。例如,2001 年 Wang 等人提出了一种基于信号强度自补偿光纤传感器的解调方法,降低了外界环境对光信号强度的影响;2005 年王婷婷等人提出了基于双波长双通道的解调方法,并对所选取的波长进行优化设计,通过比值处理方法消除了系统中与波长无关的波动引起的测量误差。

2. *光纤法珀压力光谱解调方法*

光纤法珀压力光谱解调方法使用宽带光源,光源波长 λ 的范围为 $[\lambda_1,\lambda_2]$,通过获取受光纤法珀压力传感器调制的光信号的光谱信息,对法珀腔长进行解调。

此时,在光谱信息中,每个波长对应的强度可以表示为

$$I(\lambda,h)=C(\lambda)[1-\cos(4\pi h/\lambda)] \tag{8-18}$$

式中:$I(\lambda,h)$ 为腔长为 h 时,波长 λ 对应的强度信息;$C(\lambda)$ 为归一化的光源光谱强度。

可以看出,在光源光谱范围不变的条件下,不同的腔长对应不同的光谱强度分布,即系统输出的光谱分布与法珀腔长存在一一对应的关系。与强度解调方法相比,光谱解调法中光源波长 λ 不再是一个固定的常量,系统输出的光谱分布所包含的信息量要远大于强度解调方法中单一输出光强的信息量,更多参考量的使用有利于提高解调精度。光纤法珀压力光谱解调方法具有更高的解调精度,在光纤法珀传感器的解调中得到了广泛的应用。图 8 - 30 所示为典型光谱解调方法对应的系统结构图,与强度解调方法相比,光谱解调方法的探测装置不再是简单的获取强度的光电探测器,而是更为复杂的光谱获取系统,例如图 8 - 30(a)所示的光谱仪或图 8 - 30(b)所示的基于可调谐法珀滤波技术的光谱获取系统。

光纤法珀压力光谱解调方法是利用系统输出的光谱分布特性对法珀腔长解调的一种解调方法,其具体的解调算法可以分为三类:谱峰追踪法、条纹计数法和傅里叶变换光谱法。

(1)谱峰追踪法:始终追踪系统输出光谱分布中的一个波峰或波谷峰值,通过计算该波峰或波谷的相移解调出对应的腔长变化量。这种方法原理简单、精度较高、便于工程实现,但由于其只能测量到腔长的变化量而不是腔长的绝对值,故只能用于相对测量,且测量范围小。

(2)条纹计数法:通过输出光谱分布中两个或者多个谱峰的位置关系,结合对应的波长信息对法珀腔长进行解调。与谱峰追踪法相比,条纹计数法不再受到测量范围的限制,能够测量腔长绝对值,且通过增加谱峰的数量,能够提高谱峰级次确定的准确性和解调精度。例如 2012 年,姜丽娟等人提出了一种基于双峰计算及多波长干涉级次拟合的解调算法,实

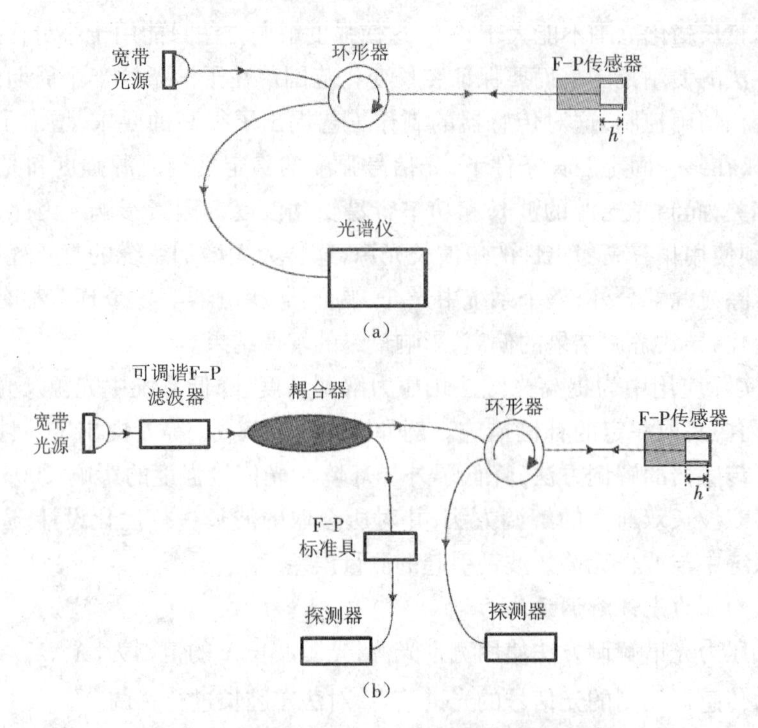

图 8-30 典型光谱解调方法对应的系统结构图

(a)基于光谱仪 (b)基于可调谐法珀滤波技术

现了对复合式法珀腔长的解调。谱峰追踪法和条纹计数法的解调精度取决于谱峰位置取值的准确性,光源波动和波长分辨率都会对解调精度造成影响。

(3)傅里叶变换光谱法:通过傅里叶变换的方法将系统输出的光谱分布转换到频率域,利用频率与腔长的关系进行解调。傅里叶变换光谱法的基本原理建立在均匀分布的理想光源和等间隔频率采样的前提条件下,但在实际应用中这两个假设条件都很难满足,例如宽带光源多为高斯分布的光源,而光谱分布的采样也是基于波长的均匀采样,而不是基于频率的均匀采样。因此,重庆大学的研究团队研究通过三次样条插值、高斯插值等插值方法对高斯光源和频率非均匀采样的问题进行优化,插值的方法虽然改善了频率非均匀采样带来的问题,但同时又引入了插值计算本身的误差。此外,北京理工大学的江毅等人也对傅里叶变换光谱法在相频函数方面进行了深入的研究,通过对数运算、相位展开方法等获得频域上的相位信息,通过获取的相位信息对法珀腔长进行解调。但傅里叶变换光谱法需要获取干涉谱分布,其光谱获取系统本身造价普遍很高,且受到光源光谱分布不平坦造成的直流分量的影响,当法珀腔长小于一定数值时,会在频率域与直流分量频谱混叠,因此测量范围受到一定的限制。

3. 光纤法珀压力低相干干涉解调方法

1983 年,Al-Chalabi 等人首次在光纤传感领域提出了光纤低相干干涉解调方法,由于低相干干涉技术能够有效测量绝对距离,任何能够转换为距离参量的物理量都能够通过低相干干涉技术进行测量,因此光纤低相干干涉技术很快被广泛应用于三维形貌测量、低相干层析技术以及一切能够转换为距离信息的物理量测量,一批基于光纤低相干干涉技术的压力传感器先后被报道。光纤法珀压力低相干干涉解调法对应的系统结构如图8-31所示，主要由宽带光源、传感模块和解调模块三部分组成。对光纤法珀压力传感而言，传感模块就是由光纤法珀压力传感器的两个反射面构成，在反射率较低的情况下，可以将其近似为双光束干涉。解调模块可以分为时间扫描型和空间扫描型两类，最终目的是在时间轴或空间轴上产生一系列的光程差，当解调干涉仪产生的某个光程差与传感干涉仪产生的光程差相匹配时，会获得低相干干涉条纹的最大值，通过解调这个峰值对应的位置，就能够得到传感模块的光程差，从而解调得到法珀腔长信息。

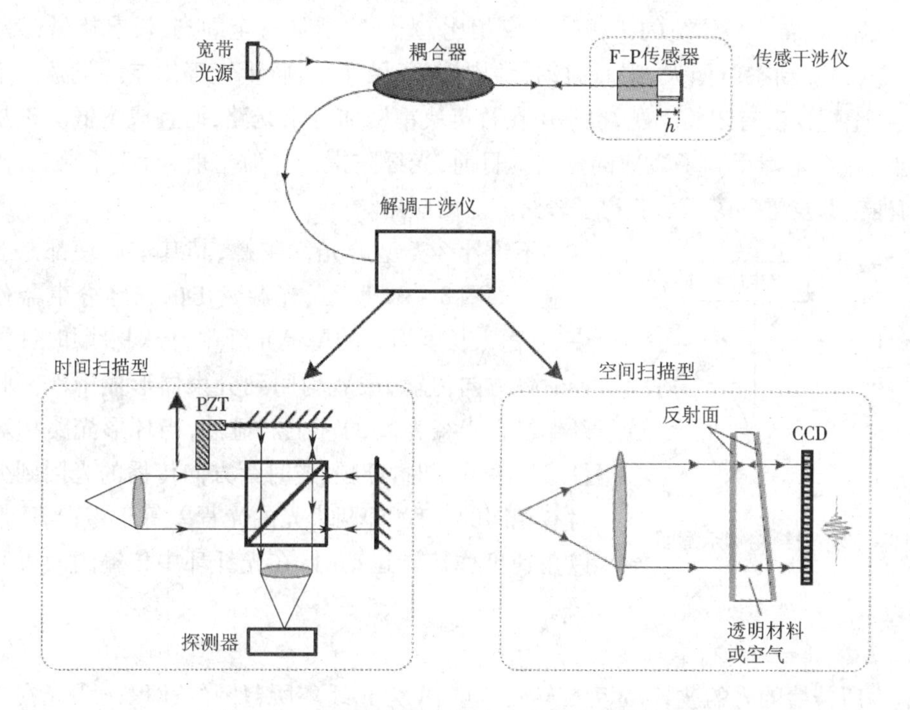

图8-31　低相干干涉解调方法对应的系统结构图

时间扫描型解调干涉仪主要包括Michelson干涉仪、Mach-Zehnder干涉仪和Mirau干涉仪。其基本原理都是通过压电陶瓷(Piezo-electric Transducer,PZT)扫描器移动其中一个臂，实现移动臂与参考臂之间产生连续变化的光程差。空间扫描型解调干涉仪基本原理是在空间上形成一个连续变换的光程差，通过空间扫描的方式利用光电探测器阵列对干涉条纹进行采集，如图8-31所示的电荷耦合器件(CCD)采集方式，其系统结构中无移动部件。相比时间扫描型解调干涉仪，空间扫描型解调干涉仪结构更加紧凑、测量结果更精确、稳定度更强、可靠性更高。

空间扫描型解调干涉仪包括改进的Michelson型干涉仪、改进的Mach-Zehnder型干涉仪、杨氏干涉仪以及偏振双折射光楔型干涉仪。其中改进的Michelson型干涉仪中光楔的楔角通常非常小，对楔角精度要求非常高，这就对加工提出了很高的要求，而改进的Mach-Zehnder型干涉仪和杨氏干涉仪系统结构较为复杂，同样受到加工精度的制约，因此上述三种类型的空间扫描型解调干涉仪在实际工程应用中较难实现，大多用于实验室研究。相比之下，偏振双折射型干涉仪系统结构简单，其基本原理是利用双折射光楔中寻常(ordinary,O)

光与非寻常(extraordinary,E)光的折射率差产生光程差,较小的折射率差使得系统中对O光和E光的几何光程尺寸设计得到放大,因此双折射晶体光楔的楔角相比空气楔或普通晶体光楔的楔角大得多,这使得双折射晶体光楔更易于加工制作及安装调试,且系统整体结构简单、稳定、无移动部件,特别适合在航空领域使用。

8.4.4 光纤陀螺传感检测系统

自1976年V. Vali和R. W. Shorthill提出光纤陀螺的概念以来,光纤陀螺仪的研究和研制得到了迅猛发展。与传统的机械陀螺仪相比,光纤陀螺具有全固态、没有旋转部件和摩擦部件、寿命长、动态范围大、瞬时启动、结构简单、尺寸小、质量轻等优点。与激光陀螺仪相比,光纤陀螺仪没有闭锁问题,也不用在石英块精密加工出光路,而且成本低。正是由于以上优点,光纤陀螺得到了飞速的发展。目前,光纤陀螺已在航空航天、武器导航、机器人控制、石油钻井及雷达等领域获得了较为广泛的应用。

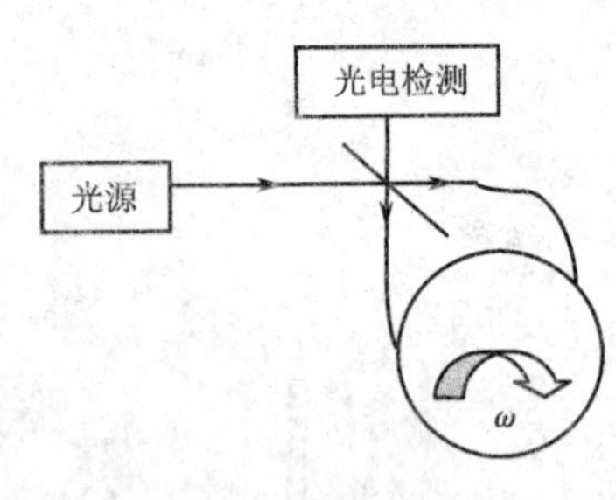

图8-32 光纤陀螺示意图

不论什么类型的光纤陀螺,其基本原理都是Sagnac效应。如图8-32所示,光源发出的光经分束器分为两束后,送入长度为L的单模光纤中,分别沿顺时针方向及逆时针方向传输,最后均回到分束器形成干涉。假定光纤缠绕在半径为R的环上。显然,当环形光路相对于惯性参照系静止时,经顺、逆时针方向传播的光回到分束器时有相同的光程,即两束光的光程差等于零;当环形回路以角速度作旋转运动时,在光纤环中传输的两束光会产生光程差,即

$$\Delta\Phi = 8\pi\omega A/c\lambda_0 \tag{8-19}$$

式中:λ_0为所传播的光的波长;ω为旋转角速度;A为光纤环所包围的面积;c为光在光纤中传播的速度。

若光纤的匝数为N,则式(8-19)可修正为

$$\Delta\Phi = 8\pi\omega A/c\lambda_0 N \tag{8-20}$$

通过相位解调提取出$\Delta\Phi$,即可利用上式求出ω。

基于Sagnac效应的光纤陀螺典型结构如图8-33所示,半导体激光器产生的光经过Y波导分为相向传输的两束光进入光纤环,在光纤环敏感轴方向上发生的旋转将产生Sagnac相位差,这种光路中的相位变化可通过光电探测器PIN-FET来检测。

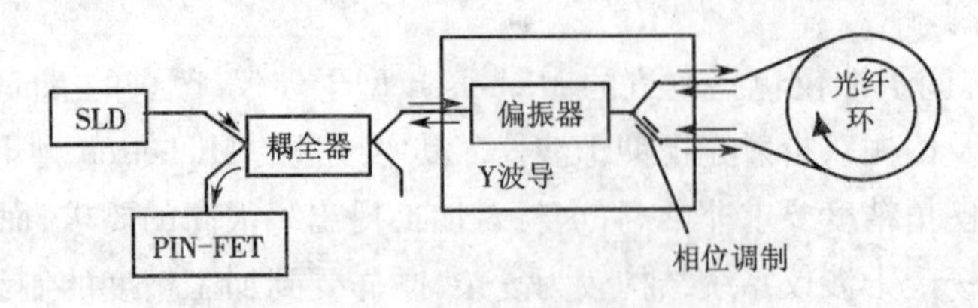

图8-33 光纤陀螺的主要结构

8.5　分布式光纤传感检测系统

8.5.1　光纤拉曼温度传感检测系统

20世纪70年代末，Rogers提出了基于偏振光时域背向散射技术（POTDR）的温度探测方法，该方法通过检测探测光的偏振态来解调温度场信息，这是一种最早利用光纤实现分布式温度检测的系统。而后，Hartog和Pagure于1982年设计实现了采用液芯光纤作为传感光纤和基于瑞利散射光的温度特性的分布式温度传感检测系统。1983年，J. P. Dakin研究了基于光纤中拉曼背向散射实现温度检测的可能性。1987年，英国York公司生产出了温度测量范围为－50～25 ℃的基于拉曼的分布式光纤温度传感检测设备（Distributed Temperature Sensor，DTS）。此后，日本、美国、中国等的科研单位以及企业对DTS系统进行了研究、发展和改进，并将其广泛地应用于基础设施、生产安全、国防建设等众多领域中。

8.5.1.1　光纤拉曼温度传感器的类型

1. 基于反斯托克斯和斯托克斯效应的分布式拉曼温度传感器

这种方案是目前最普遍的，利用了光纤中自发的拉曼散射效应。由于反斯托克斯光比斯托克斯光对温度的敏感性要高很多，为了减小光纤局部弯曲损耗、激光器输出起伏、光纤耦合损耗等对温度解调的影响，用斯托克斯光来解调反斯托克斯光，从而得到整条光纤上的温度场信息。

2. 光纤色散与损耗光谱自校正分布式光纤拉曼温度传感器

在光纤中存在光谱效应，即不同波长的光的损耗是不同的。对于拉曼散射效应，因为存在13.2 THz的频移，所以斯托克斯和反斯托克斯散射光的波长具有很大的差别。根据光纤的色散特性，其时域反射曲线会产生不同步的现象，对温度解调的误差产生极大的影响，系统的测温精度和分辨率都会下降。为了解决这个问题，Chung E. Lee于2007年提出了双光源校正的方案：主激光器产生的背向反斯托克斯光波长等于副激光器的斯托克斯散射光波长，用副激光器的斯托克斯光来解调主激光器的反斯托克斯光，从而得到没有色散偏差的实际温度曲线，如图8－34所示。这种设计的不足之处在于双光源增加了系统的不稳定性。

3. 脉冲编码调制光源的分布式光纤拉曼温度传感器

为了提高系统的信噪比，往往要增加激光器的光功率，但增加的光功率受到非线性效应的阈值限制，并且为了获得高的空间分辨率而采用窄脉冲宽度，导致每一次脉冲的背向拉曼散射光强非常微弱。通常采用的技术是累加平均技术，但是随着次数的增加，得到的信噪比已无法进一步提高。而采用对脉冲激光器编码解码，可以在不影响系统空间分辨率的情况下，提高发射信号的光子数，并增强背向散射信号强度，从而提高信噪比。采用N位序列脉冲编码解码可以获得的信噪比为

$$SNR_N=\frac{1}{2}\sqrt{\frac{\sigma^2}{N}}\bigg/\sqrt{\frac{\sigma^2}{(N+1)^2}}=\frac{N+1}{2\sqrt{N}}$$

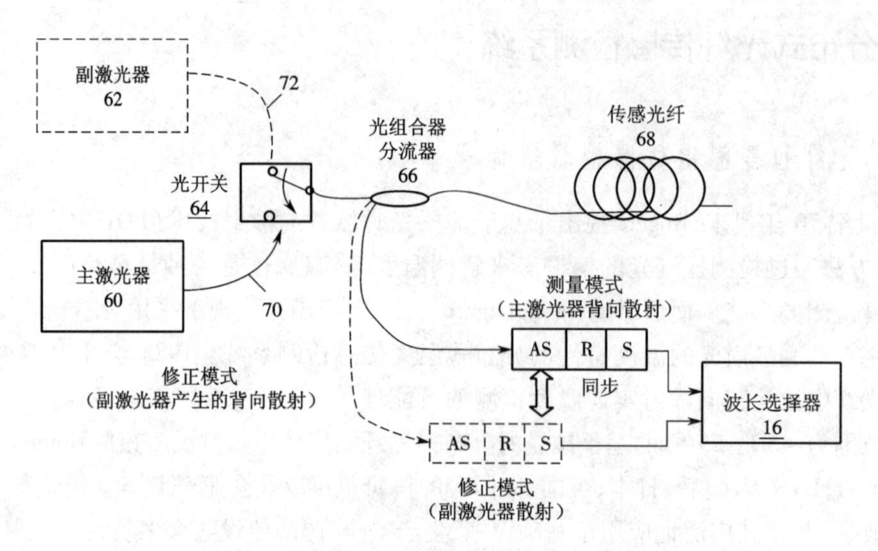

图 8－34 双光源系统图

当 $N=255$ 时，信噪比为 8 左右。

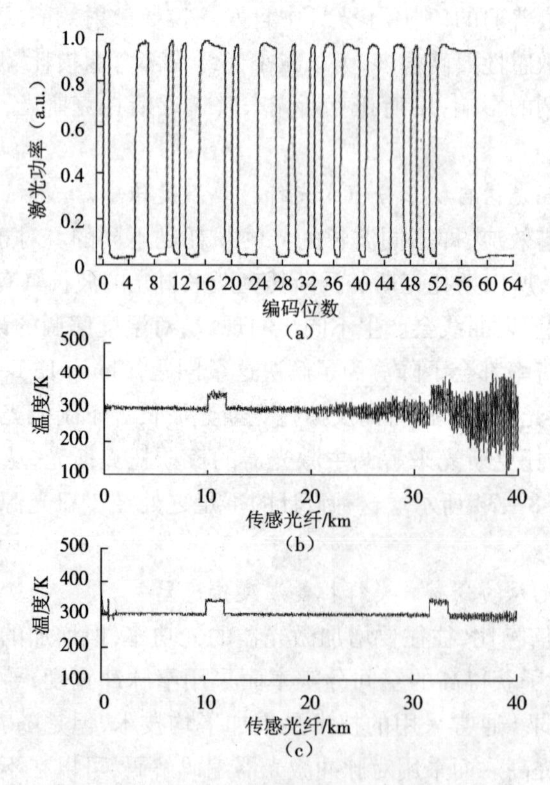

图 8－35 基于脉冲编码的温度传感示意图

(a)激光的脉冲编码 (b)不带脉冲编码的温度传感曲线

(c)带脉冲编码的温度传感曲线

8.5.1.2　光纤拉曼温度传感检测系统的原理

拉曼散射的产生是由于入射光光子与介质中独立的分子或原子的电子结构的能量转换。入射光子吸收一个光学声子,成为反斯托克斯光子,或者放出一个光学声子,成为斯托克斯光子。光纤振动能级的粒子束分布服从玻耳兹曼热分布规律,拉曼散射光强度与光纤振动能级的离子束分布有关,因此拉曼散射的光强度与光纤的温度状态有关,如图 8-36 所示。

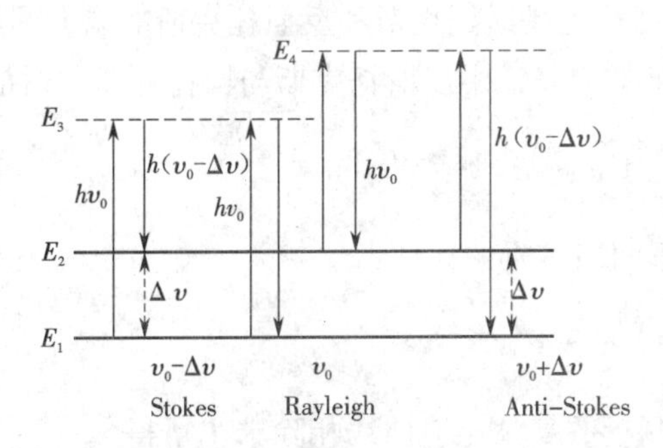

图 8-36　拉曼散射能级图

假设入射光频率为 υ_0,当发生非弹性碰撞时,光子与分子间存在能量交换。当处于低能级 E_1 的分子受到入射光子激发跃迁到虚能级 E_3 后向下跃迁至高能级 E_2 时,会散射出频率为 υ_s 的光子,即为斯托克斯散射:

$$\upsilon_s=\upsilon_0-\frac{E_2-E_1}{h}=\upsilon_0-\Delta\upsilon$$

同样地,当处于高能级 E_2 的分子受到入射光子激发跃迁到虚能级 E_4 后向下跃迁到低能级 E_1 时,会散射出频率为 υ_{as} 的光子,即为反斯托克斯散射:

$$\upsilon_{as}=\upsilon_0+\frac{E_2-E_1}{h}=\upsilon_0+\Delta\upsilon$$

式中:$\Delta\upsilon$ 为拉曼频移,只与构成光纤的材料有关,分布式系统中常用的石英光纤中 $\Delta\upsilon=13.2$ THz。

此外,能级上的粒子数在热平衡状态下遵循玻耳兹曼分布,所以斯托克斯和反斯托克斯散射光强度可以用下面的公式表达:

$$I_s\propto\frac{1}{e^{\frac{h\Delta\upsilon}{kT}}-1}$$

$$I_{as}\propto\frac{1}{1-e^{\frac{-h\Delta\upsilon}{kT}}}$$

式中:k 为玻耳兹曼常量;T 为绝对温度。

两者相比可得

$$\frac{I_s}{I_{as}}\propto e^{\frac{h\Delta\upsilon}{kT}}$$

8.5.1.3　基于反斯托克斯和斯托克斯散射光比值的双路解调原理

当入射光在光纤中传播时,产生的背向斯托克斯和反斯托克斯散射光强可以表示为

$$P_s = \frac{P_0 K_s v_s^4 R_s(T)}{e^{(\alpha_0+\alpha_s)L}}$$

$$P_{as} = \frac{P_0 K_{as} v_{as}^4 R_{as}(T)}{e^{(\alpha_0+\alpha_{as})L}}$$

式中：P_0为入射光功率；K_s和 K_{as}分别为与斯托克斯和反斯托克斯散射截面有关的系数；α_0、α_s和α_{as}分别为入射光、斯托克斯光与反斯托克斯光在光纤中传播的损耗系数；R_s与 R_{as}为与粒子数分布有光的系数，同时也是斯托克斯和反斯托克斯的温度调制函数。

在参考温度 T_0下测量整段光纤中反斯托克斯与斯托克斯散射信号的比值：

$$\frac{P_{as}(T_0)}{P_s(T_0)} = \frac{K_{as}}{K_s}\left(\frac{v_{as}}{v_s}\right)^4 e^{-\frac{h\Delta v}{kT_0}} e^{-(\alpha_{as}-\alpha_s)L}$$

再求得任意温度 T 下两路信号的比值：

$$\frac{P_{as}(T)}{P_s(T)} = \frac{K_{as}}{K_s}\left(\frac{v_{as}}{v_s}\right)^4 e^{-\frac{h\Delta v}{kT}} e^{-(\alpha_{as}-\alpha_s)L}$$

将在温度 T_0和 T 下测量的亮条比值曲线相除求 T 可得

$$\frac{1}{T} = \frac{1}{T_0} - \frac{k}{h\Delta v}\ln\frac{P_{as}(T)/P_s(T)}{P_{as}(T_0)/P_s(T_0)}$$

上式即为双路解调的温度场解析式。由于此方法可以有效地减弱光源输出功率的起伏对系统精度的影响以及光线弯曲损耗、接头损耗等不确定因素的影响，提高了系统的稳定性，因此获得广泛的应用。

8.5.2 光纤布里渊应变传感检测系统

1919—1922 年，法国科学家布里渊首次发现光纤中的布里渊散射现象，从此科学家们开始对这种特殊的散射效应进行研究，并发现了光纤所受应力和温度与布里渊频移之间的关系。目前，基于布里渊效应的光纤应变传感仍然是科学研究的热点问题，并开始应用于各种特殊需求的场合。

布里渊散射属于非弹性散射，散射过程中频率会发生变化，这是由声学声子引起的。布里渊散射在不同的入射光功率下，分为自发布里渊散射和受激布里渊散射两种表现形式，根据这两种不同的现象，光纤布里渊传感检测系统主要分为 BOTDA 和 BOTDR 两种。

8.5.2.1 光纤布里渊应变传感器的类型

1. 基于自发布里渊散射的分布式光纤布里渊传感检测系统

该系统依靠 OTDR 技术实现空间位置定位，依据布里渊频移量和功率的变化量与应变的关系，实现光纤沿线应变的解调。这种技术的特点是在光纤的一端就可以实现对光纤沿线应变的检测。目前，BOTDR 光纤检测系统通常采用相干外差检测技术进行传感检测，如图 8－37 所示。

2. 基于受激布里渊散射的分布式光纤布里渊传感检测系统

基于受激布里渊散射的分布式光纤布里渊传感检测系统根据解调方式和传感特性的不同，又细分为 BOTDA、BOFDA 和 BOCDA。这里针对具有代表性的 BOTDA 进行分析，其

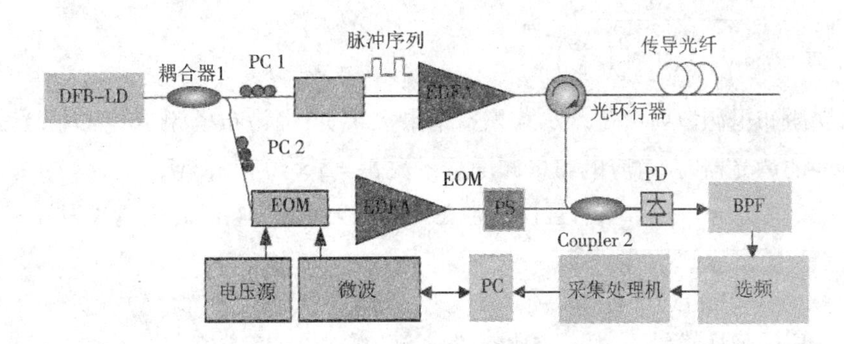

图8-37　采用EOM频移的BOTDR外差传感检测系统

又可分为增益型和损耗型。增益型布里渊光纤传感器由于脉冲光不断衰减，所以传感距离较短，适合短距离的应变检测。而损耗型布里渊光纤传感器采用连续光与脉冲光同时传播，从而增大了传感距离，可以实现长距离的应变检测。图8-38所示为BOTDA的一般性系统结构。

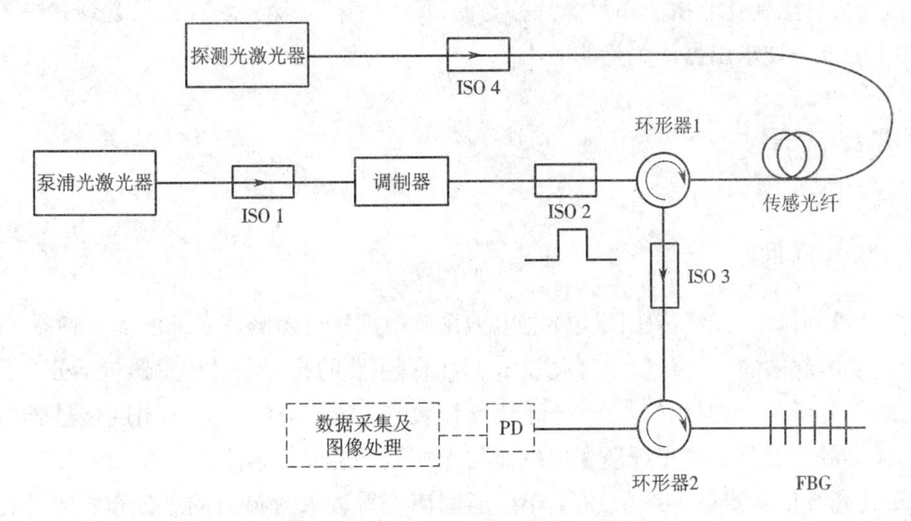

图8-38　BOTDA的一般性系统结构

8.5.2.2　基于受激布里渊散射原理的光纤布里渊应变传感检测系统的解调原理

常见的BOTDA系统采用连续光光源，按一定比例进入泵浦光分支和探测光分支。泵浦光通过EDFA放大器放大，并被MZM调制成脉冲光，脉冲光的宽度决定了系统空间分辨率的极限。探测光的频移则通过微波发生器(RF)和直流电压进行控制，信号强度由EDFA和VOA进行放大和缩小。脉冲光和探测光在光纤中发生布里渊散射，采用环形器将背向散射光从光纤中抽取，再光电转换成电信号进行解调。

假设光纤的声波按指数衰减，布里渊散射增益谱常用洛伦兹(Lorentzian)曲线形态表示：

$$\delta_B(\nu)=\frac{(\Delta v_B)^2}{(v-v_B)^2+\left(\frac{\Delta v}{2}\right)^2}\delta_0$$

式中:δ_B为受激布里渊散射增益;Δv_B为增益谱最大半宽;v_B为布里渊中心频率,当入射光源为 1 550 nm 的激光器时,对应的布里渊增益系数 $\delta_0=5\times10^{-11}$ m/W。

布里渊频率 $v_B=2nv+A/\lambda_p$,且仅发生在背向散射中,声速 v_A的表达式为

$$\nu_A=\sqrt{\frac{(1-\mu)E}{(1+\mu)(1-2\mu)\rho}}$$

式中:E 为介质的弹性模量;μ 为介质比;ρ 为密度。

这三者会随着温度和应变的变化而影响声速,因为可以表示为温度和应变的函数,同时温度和应变通过热效应和弹光效应使折射率发生变化:

$$v_B(T,\varepsilon)=2n(T,\varepsilon)\sqrt{\frac{(1-\mu(T,\varepsilon))E(T,\varepsilon)}{(1+\mu(T,\varepsilon))(1-2\mu(T,\varepsilon))\rho(T,\varepsilon)}}/\lambda_p$$

当光纤受到温度或者应变的影响时,布里渊增益谱发生平移,增益谱峰值所对应的布里渊频移也会发生变化。由于布里渊频移与温度和应变具有耦合关系,只有令其中一个变量恒定,才能准确地求出另一个量的大小。

8.6 典型应用

8.6.1 电力应用

电力电子领域中,光纤传感网主要对电力系统温度进行监测。光纤温度传感器是 20 世纪 70 年代发展起来的一门新型的测温技术。目前,主要的光纤温度传感器包括分布式光纤温度传感器、光纤光栅温度传感器、光纤荧光温度传感器、干涉型光纤温度传感器等。其中,应用最多的当属分布式光纤温度传感器与光纤光栅温度传感器。

分布式光纤传感器最早是在 1981 年由英国南安普敦大学提出的。分布式光纤传感技术是最能体现光纤分布优势的传感测量方法,它是基于光纤工程中广泛应用的光时域反射(OTDR)技术发展起来的一种新型传感技术。分布式光纤传感器具有抗电磁场干扰、工作频率宽、动态范围大等特点,可以准确地测出光纤沿线上任一点被测量场在时间和空间上的应力、温度、振动和损伤等的分布信息,且不需构成回路。分布式光纤传感器经历了从最初的基于后向瑞利散射的液芯光纤分布式温度监控系统,到基于光时域拉曼散射的光纤测温系统以及基于光频域拉曼散射的光纤测温系统(ROFDA)等。目前,分布式光纤温度传感器主要基于拉曼散射效应及光时域反射技术实现连续分布式测量,如 York Sensa、Sensornet 等公司的产品。目前,在国际、国内市场已出现该类传感器的一些产品,其空间分辨率和温度分辨率已分别达到 1 m 和 1 ℃,测量范围为 4 ~ 8 km。基于布里渊散射光时域及光频域系统也是当前光纤传感器领域研究的热点,LIOS、MICRION OPTICS 等公司已有相应的产品。

光纤光栅传感网络的结构形式主要取决于适于传感器调制和定位的方法,因此光纤光栅传感网络的核心部分是光纤光栅的调制解调系统,其关键技术是多个传感光栅的复用定位技术。光纤光栅传感器具有小巧的感温头,可直接安装到被测物体表面,应用于高压开关柜接头、高压母线接头的温度测量。而变压器的高电压、强磁场环境,可以运用光纤传感器对变压器油温进行实时监测,将光纤光栅内嵌于绕组中对绕组温度和应变进行多点测量。光纤光栅传感技术可以通过光纤 Bragg 光栅传感器对输电线路的导线温度、拉力、微风振动、舞动、覆冰、杆塔状态等进行实时监测,且传感信号可通过光纤复合架空地线(OPGW)进行传输。该种监测方式具有耐高压、抗电磁干扰、无源监测等特点。法国的 CEA-LETI、EDF 和 Framatome 研制了光纤 Bragg 光栅变形测量仪用于核电厂的混凝土测量,将光纤光栅传感器安装在核壳体表面或埋入核壳体中,对高性能预应力混凝土核壳大墙进行监测。英国 BICC Cable 公司组织了一个联盟,开发了一种具有温度补偿的分布式监测系统,此系统能复用多个光纤光栅应变传感器对 550 ℃的高温部件进行实时监测。2003 年武汉理工光科股份有限公司首次将光纤光栅传感器系统用于清江水布垭水电站大坝周边渗漏与坝体大应变长期监测,并取得很好的效果。随后光纤光栅监测系统成功用于云南省澜沧江糯扎渡水电站的导流洞堵头及左岸泄洪洞的安全监测。由于光纤光栅寿命能达到 70 年,与被监测对象寿命相当,因此光纤光栅传感器在结构健康监测领域具有广阔的应用前景。光纤拉力、应变等传感器可以镶嵌于变电站的挡土墙、抗滑桩等结构中,对变电站的地质结构进行实时监测;而运用光纤应变传感器、光纤倾角传感器等可以对变电站侧的电力铁塔的运行状况进行监测。

随着电力系统的发展,对电力设备的温度监测将会越来越受到重视。光纤测温系统成本的降低以及测温精度等指标的提高,必将促使其在电力系统中的应用更加广泛与深入。下面将详细介绍在电力电子领域光纤传感器组网的具体应用实例。

1. *光纤传感器在高压设备在线测温系统中的应用*

电力系统网络结构复杂、分布面广,在高压电力线和电力通信网络上存在着各种各样的隐患,因此对系统内各种线路、网络进行分布式监测显得尤为重要。如何实时监测这些故障隐患,直接关系到电力系统的生产安全与运行稳定。近年来,光纤凭借其损耗低、带宽资源丰富、耐高压、抗电磁干扰等优点,已在有线通信中特别是主干通信网中占有绝对优势,这一点在电力通信网中也是如此。目前,采用分布式光纤传感器进行温度与应变的测量在国外已经得到广泛应用,在国内采用分布式光纤传感器对高压电力线在线测温以及对建筑、堤坝、桥梁进行应变测量等也受到了广泛的关注。

电气设备在高电压、大电流的状态下运行时,需要对发热这个关键问题加以关注,因为其会严重影响设备的工作可靠性。针对实时监测系统的温度状态,尤其是高压和强磁场的工作环境,可以采用基于空分和波分复用的光纤传感器,利用瑞利散射信号来解调反斯托克斯信号,可以大大提高信噪比。同时,由于系统中的光纤同时作为传感器和信号通道可以使终端机远离测量现场,从而在根本上避免了强电磁场的干扰。由于光纤本身具有不带电、抗电磁干扰、防燃、抗腐蚀、耐高压、耐辐射,能在各种恶劣环境中工作的能力,因此对提高高电压电气设备运行的可靠性乃至电力系统运行的可靠性都具有相当的使用价值。

按照光时域反射仪原理,典型的分布式光纤传感器及其系统如图8-39所示,主要由激光二极管(LD)、光纤波分复用器、光电接收和放大组件、信号采集与处理系统等单元组成。半导体激光器发出一系列光脉冲,经过光纤耦合器进入光纤,来自被测光纤的部分后向散射光再次经过耦合器传输到雪崩光电二极管转换为电信号。

光纤传感器通过和室内光缆熔接后连接到信号处理器,信号处理器通过通信口与后台计算机相连,后台计算机把测量到的温度数据保存起来并在屏幕上显示,从而实现了对接头温度的监视,如果接头出现温度异常,系统将自动报警。

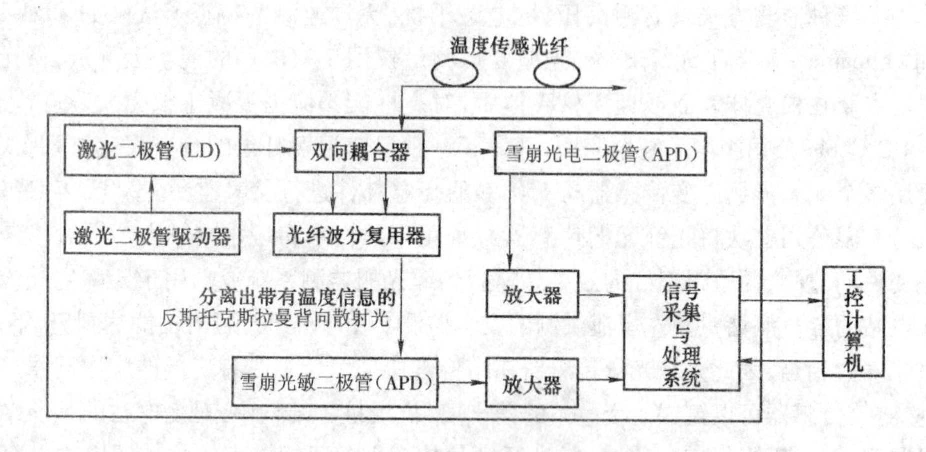

图8-39 分布式光纤温度监测系统

2.基于拉曼散射技术的温度传感系统在电力行业中的应用

电力系统应用的电力设备运行的环境特点是高电压、强电场、热负荷运行(特别是过压、过流、突波、雷击)、点多面广、大区域分布且大多无人值守等。电力系统中设备故障的预兆基本上与异常发热相关。所以,在保障电网的安全运行中,电网设施的运行温度是一个重要的因素。由于大多烟感探测器、温感探测器、烟温复合式探测器、管道吸气式感烟、可燃气体探测器、红外对射探测器、感温电缆均是采用电探测工作方式,不太适合于强电磁环境的变电站火灾自动报警,容易造成火灾误报警,从而给变电站的管理带来困扰。所以,具有长距离、连续、高精度测温及精确定位的独一无二的优势以及抗电磁干扰和耐环境腐蚀优异性能的ROTDR技术得到了更多的重视。

ROTDR技术在电网系统中有着广阔的应用空间,主要包括长距离电缆隧道、电缆竖井、电缆沟、电缆夹层、地下管道内敷设的高压电力电缆的温度检测与火灾报警。以下分别介绍不同电力环境的ROTDR系统应用方案。

1)热电厂圆形煤场和电厂燃料输送系统温度探测方案

为了保护环境,控制煤粉飞扬污染和减少损失,目前新建的热电厂都已开始将原先的露天堆煤场改为室内储煤场。但在圆形煤仓、煤斗附近的封闭区域内和筒仓区域内,因为煤自身发热会产生既有毒也有爆炸危险的气体,为防止煤堆自燃引起的灾害发生,应装设能够监测圆形煤场内部立体温度分布状况的温度探测装置,用以监测圆形煤场内的煤堆自身发热和危险的情况。

带式输送机是目前火力发电厂燃料输送系统广泛采用的一种连续运输的主要运输设备。随着胶带输送机作为高效运输工具在火力发电厂的普及,滚筒打滑、托辊超温、大矸石落到胶带下面摩擦起火等均会引起火灾隐患。一旦发生故障,将直接影响生产,甚至造成人身伤亡。

采用 ROTDR 方案具有测温不用电和本质防爆特点,可对光缆所敷设区域进行高精度的定位测温。通过在圆形煤场内壁的不同高度镶嵌多圈温度探测光缆,就可监测圆形煤场内部下、中、上层的煤堆四周温度分布状况。通过在电厂燃料输送系统的胶带输送机下部两侧的滚筒托辊处,沿胶带输送机长度敷设温度探测光缆,就可监测燃料输送廊道内部的输送机等设备运行温度分布状况。同时,因采用防砸型全封闭免维护铠装温度探测光缆,所以适合充满粉尘、煤块、水气等污染的工作环境。

2)变电站内故障检测与火灾报警

变电站是电网重点配套基础设施,确保其安全运行事关重大。为此,根据变电站设备结构布置以及 ROTDR 的特点,兼顾目前在变电站已设计的火灾自动报警方案,提出了在能够充分体现光纤温度探测器优势的局部区域(整个回路绝缘母线、一二次电缆竖井桥架、干式变压器、接地电阻等设备和设施),应用 ROTDR 温度异常监测与自动报警系统的总体设计方案。分别对变电站中的电缆母线(见图 8-40)、变压器(见图 8-41)、电容器(见图 8-42)等设备和设施部位进行有效在线温度监测。

图 8-40　电缆母线

图 8-41　变压器

在变电站电气设备正常运行时,ROTDR 将采集记录变电站内各区域一年四季的温度变化状况,通过变电站的通信通道传输相关数据,供设备运行管理人员作为维修依据,供调度人员作为电力负荷调度参考。

在变电站电气设备温度(温差)出现异常时,根据 ROTDR 温度监测系统特性,系统监测到的是探测光缆沿线的温度分布情况。因此,在事故发生之前,系统已经进行了长期有效的温度监测,并可利用经验值根据温度情况作出合理判断,ROTDR 温度探测器及时将发生温度(温差)异常的位置及数据发送给变电站值班显示屏幕,提醒有关人员前往察看,以消除可能发生火灾的隐患。

3)电缆隧道

电缆隧道一般均为承载着大区域供电职能的高压电力电缆。特别是 110 kV 以上的高

图 8-42 电容器

压电缆,由于电压等级较高,常规的温度传感器不能满足安全的要求,低温、强电场、潮湿环境运行电缆沟内火灾的发生主要是电缆接头制作的质量不良和环境腐蚀致使电缆老化所造成。根据多次事故分析发现,从电缆过热到事故的发生,其发展速度比较缓慢、时间较长,通过以 ROTDR 技术组成的电缆过热故障早期在线监测预测系统完全可以防止、杜绝此类事故的发生。

新加坡电网安装的光纤温度传感系统,监测着发电站的配电室与 Ayer 变电站、Labrador 变电站及 Java 变电站之间的400 kV 和230 kV 地下电力电缆的温度。光纤传感系统监测整条24 千米以上传输线路,该系统用于定位并报告温度变化,实时评估电缆短时间过负荷能力,保障电缆的安全使用和电缆传输能力的优化利用,达到既充分利用电缆输送能力,又确保电缆安全的目的。从而使电网公司能最优化配置其电缆资产,确保为新加坡的用户提供可靠的电力供应。

4)电缆载流量监测技术方案

本测温系统(见图 8-43)的 ROTDR、工控机、光开光、显示器、键盘、网络交换机、UPS、光纤终端盒全部集成于一个标准屏柜(2 360 mm×800 mm×550 mm)内,便于维护和管理。ROTDR 将测得的温度信息发送至工控机,由工控机对所测数据进行进一步处理。

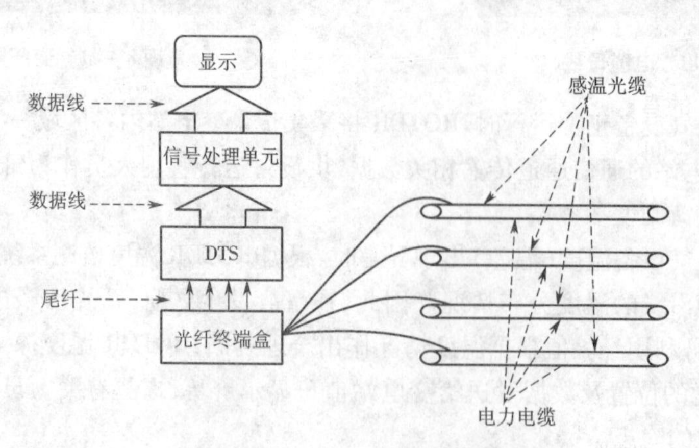

图 8-43 系统的网络结构

当有满足预先设定的报警条件的数据时,系统会给出声光报警,并将报警信息根据报警级别通过短信方式发送给相关人员;系统还具有历史数据查询、统计功能,并可按照电力公司规定的数据格式将数据发送至指定的数据库内。

8.6.2 航空航天应用

光纤传感器具有体积小、质量轻、测量灵敏度高、复用能力强、抗电磁干扰、易于嵌入材料内部等诸多优点,非常适合航空航天极端环境下温度、应变、压力、声振动以及角速度等多种参量的测量。

1. 温度、应变检测系统

使用 FBG 传感器作为敏感元件对温度和应变参量进行传感,根据 FBG 反射回的中心波长变化量对温度和应变进行测量,FBG 中心波长的变化量与温度和应变之间的关系可以表示为

$$\frac{\Delta\lambda_B}{\lambda_B}=K_\varepsilon\varepsilon+K_TT$$

式中:λ_B代表 FBG 中心波长;$\Delta\lambda_B$代表中心波长的变化量;K_ε和 K_T分别代表光纤的应变和温度灵敏度系数;ε 为应变量。

2. 压力检测系统

研究基于 EFPI 的高精度压力传感器,以实现高精度的绝对压力测量,所研制的 EFPI 压力传感器结构如图 8-44(a)所示。传感头芯片玻璃基底上腐蚀有微型圆浅坑,其底部镀反射膜,在真空条件下,通过阳极键合技术将硅膜片与玻璃基底封装构成传感头芯片。此时,硅片内表面和镀膜面构成一个法珀干涉仪,可近似视为双光束干涉仪,光纤穿过玻璃毛细管,与玻璃基底的另一面接触,用于光信号的传输,将传感头芯片通过激光热熔方式固定在玻璃毛细管,实现 EFPI 压力传感器的封装。封装好的压力传感器实物图如图 8-44(b)所示。当压力施加在圆形硅膜片表面时,其中心位置处的形变量 Δh 可以表示为

$$\Delta h=\Delta P\frac{d^4}{256D}$$

式中:ΔP 为压力变化量;$D=Et^3/3(1-v^2)$,E 和 v 分别为硅的杨氏模量和泊松比;d 和 t 分别为圆形硅膜片的直径和厚度。

因此,从上式可以看出,EFPI 压力传感器的法珀腔长 h 与压力值成线性关系。

为实现绝对压力值的高精度测量,将 EFPI 传感器与低相干干涉技术相结合,构建基于偏振低相干干涉技术的压力传感系统,主要包括传感模块、解调模块以及数据处理模块,其中解调模块以 Dandliker 等人提出的结构为基础改进得到。EFPI 压力检测系统原理如图 8-45所示。

3. 声振动检测系统

声振动频率成分复杂,变化速度快,所产生的压力一般在微帕至毫帕量级,故研制了薄膜式 EFPI 传感器,以薄膜为敏感元件对高速交替变化的压力信号进行测量,实现对声振动参量的传感。为了获得较高的探测灵敏度,使用厚度 1.2 μm 的超薄聚合物薄膜作为光纤

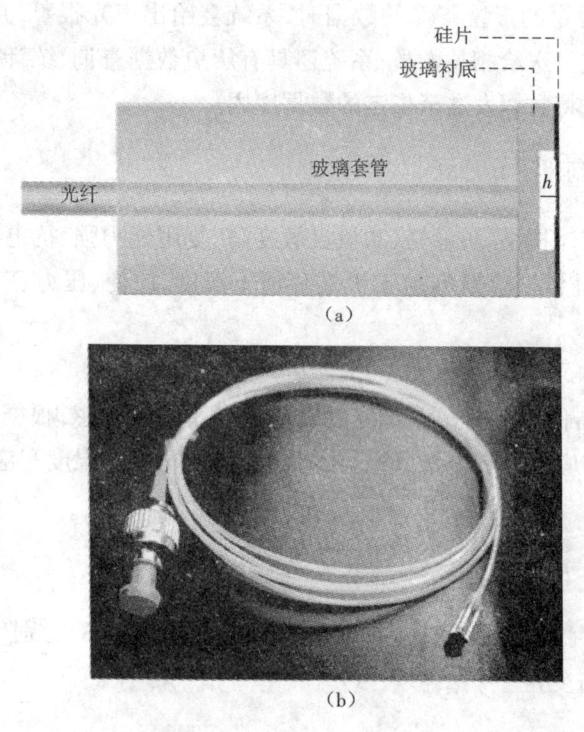

（a）

（b）

图 8-44　光纤压力传感器

（a）示意图　（b）实物图

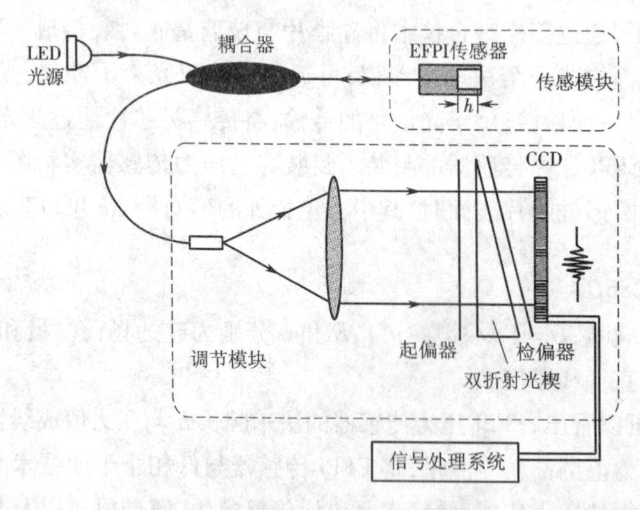

图 8-45　EFPI 压力检测系统原理图

声振动传感器的膜片材料，对传感膜片预拉伸后进行固定，通过控制预张力的大小设置膜片的谐振频率点，以满足不同的传感要求和应用场合。同时，传感膜片作为另一个反射界面与光纤端面共同构成了法珀微腔结构，可以近似为双光束干涉。以高硼硅 D 型毛细管作为传感器主体，形成光纤准直结构，实现光纤与膜片中心的对准，封装好的光纤声振动传感器实物如图 8-46 所示。

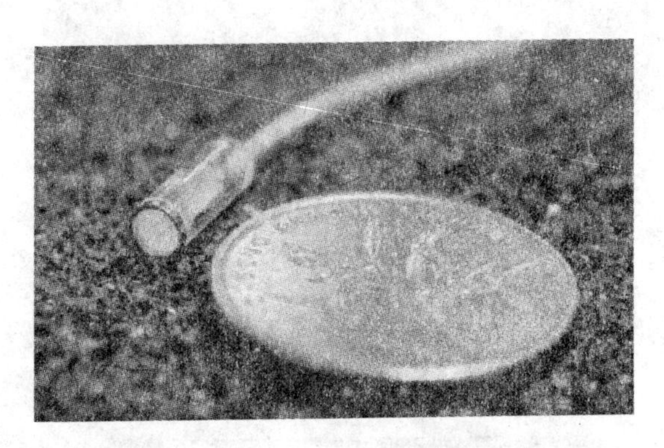

图8-46　光纤声振动传感器

传感膜片在声压作用下发生弹性形变，使得光纤端面与膜片之间的距离发生改变，即法珀微腔腔长变化，变化的腔长对入射光进行相位调制，改变输出光信号的强度，针对声振动信号强度小、频率高的特点，选择强度解调方法对采集到的信号进行解调，实现对声振动信息的传感。薄膜式EFPI声振动传感器测量范围为0.1～20 kHz，其灵敏度为93 mV/Pa，线性度可达99.8%。

4.航空大气压力测量实验

大气压力值是航空大气数据信息中最重要的基本参量，全压、静压、动压、飞行高度、空速和马赫数等大气数据都需要基于大气压力数据计算得到。因此，利用EFPI压力传感技术实现航空大气压力的高精度测量，对航空飞行器的飞行控制和导航都有非常重要的作用。

以EFPI压力传感系统为核心单元，配以具有航空级控制精度的压力控制设备、压力舱、温控箱等，构建大气压力测试实验系统，用于航空大气压力测量实验，搭建的大气压力测试实验系统如图8-47(a)所示，压力控制设备实物图如图8-47(b)所示。使用气管将大气压力控制设备与小型密封压力舱连接，将EFPI传感器放置于压力舱中，EFPI传感器通过压力舱外壁上的高气密性法兰与外界连接。

使用构建的大气压力测试实验系统控制大气压力以4 kPa为间隔从5 kPa单调增大到173 kPa，使用色散补偿解调方法对采集到的实验数据进行处理，解调结果如图8-48所示。从图中可以看出，在整个测量范围内解调结果保持了非常高的线性度，大气压力最大测量误差小于0.1 kPa。

5.航空大气压力测量实验

航天水升华器是航天热控系统中的重要组成部分，其主要工作原理是通过物质在蒸发或升华过程中吸收热量这一性质，实现航天环境中的冷却或降温，多用于航天员的宇航服中。水升华器正常工作状态为周期模式，在此过程中，水升华器不断排出升华的水蒸气，当水升华器发生故障时，会发生喷冰现象。由于航天水升华器工作在热真空环境下，现有监测手段都无法实现对水升华器的实时有效监测。将多种传感系统相结合，通过多种参量联合传感的方式，可以准确诊断出航天水升华器的多种工作状态，实现热真空环境下对水升华器的实时监测。

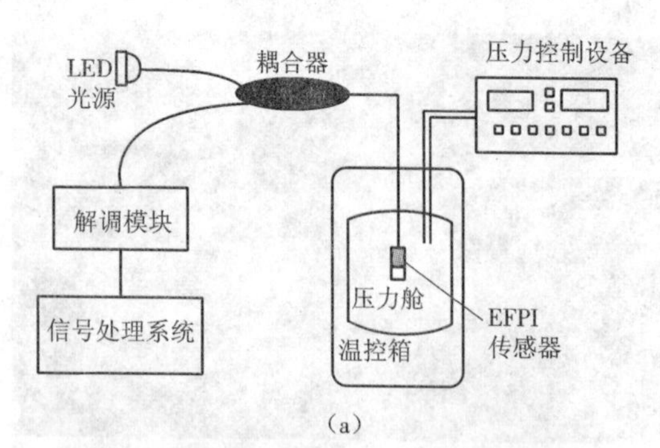

(a)

(b)

图 8-47 大气压力测试实验系统

(a)原理图 (b)实物图

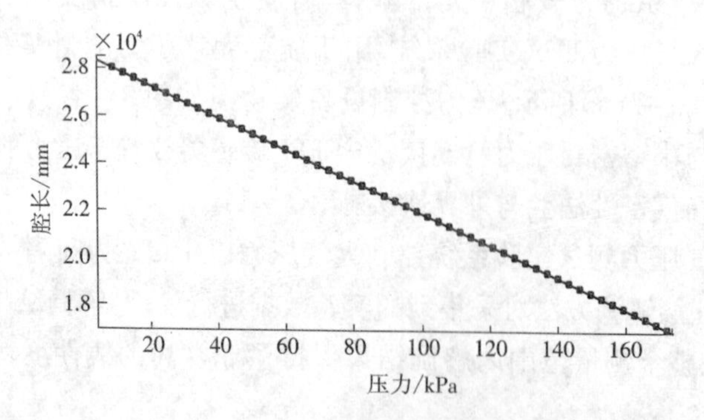

图 8-48 基于 EFPI 传感器的大气压力测量实验结果

在空间环境模拟器中,最低环境温度达到约 -196 ℃,最低气压达到 1 mPa。如图 8-49 所示,振动传感器稀疏的振动信号即为细小冰渣碰撞产生的结果,这种微弱喷冰现象是视频监测设备无法观测到的,由于视频监测设备无法适应热真空环境,其在工作过程中一直处在保温设备中,而光纤传感器能很好地适应热真空环境。

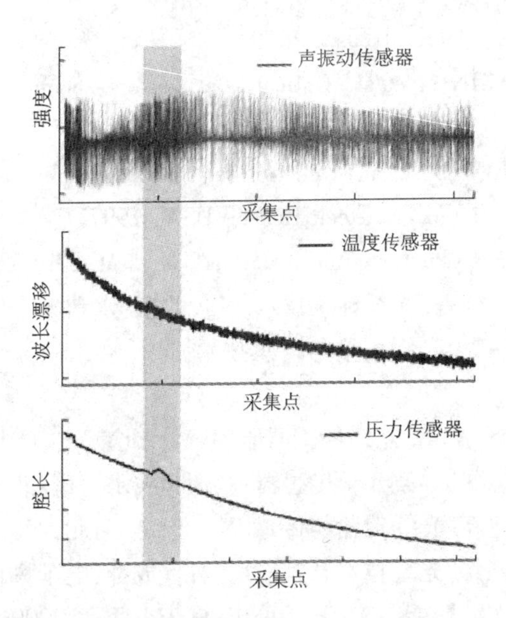

图 8－49　航天水升华器工作过程中多参量传感信号

参考文献

[1] KAPANY N S. Fibre optics: principles and applications [M]. New York: Academic Press, 1967.

[2] KAO K C, HOCKHAM G A. Dielectric-fibre surface waveguides for optical frequencies [J]. Proceeding of the IEEE, 1966, 113 (7): 1151-1158.

[3] KAPRON F P, KECK D B, MAURER R D. Radiation losses in glass optical waveguides [J]. Applied Physics Letters, 1970, 17(10): 423- 425.

[4] HORIGUCHI M, OSANAI H. Spectral losses of low-OH-content optical fibers [J]. Eletronics Letters, 1976, 12: 310-312.

[5] MEARS R J, REEKIE L, JUANCEY I M, et al. Low-noise Erbium-doped fiber amplifier operating at 1.54 mm [J], Electronics Letters, 1987, 23(19): 1026-1028.

[6] GILES C R. Lightwave applications of fiber Bragg gratings [J]. Journal of Lightwave Technology, 1997, 15(8): 1391-1404.

[7] SNYDER A W, LOVE J D. Optical waveguide theory [M]. London, UK: Chapman and Hall, 1983.

[8] GOVID P A. Nonlinear fiber optics [M]. New York: Academic Press, 2001.

[9] GOVID P A. Applications of nonlinear fiber optics [M]. New York: Academic Press, 2001.

[10] DAKIN J, CULSHAW B, et al. Optical fiber sensors: principles and components, volume 1[M]. USA: Artech House, 1988.

[11] CULSHAW B, DAKIN J, et al. Optical fiber sensors: systems and applications, volume

2 [M]. MA, USA: Artech House, 1989.

[12] CULSHAW B, DAKIN J, et al. Optical fiber sensors: components and subsystems volume 3 [M]. MA, USA: Artech House, 1996.

[13] DAKIN J, CULSHAW B, et al. Optical fiber sensors: applications, analysis, and future trends volume 4 [M]. MA: Artech House, USA, 1997.

[14] CULSHAW B. Smart structures and materials [M]. MA, USA: Artech House, 1996.

[15] 张国顺,何家祥,肖桂香. 光纤传感技术[M]. 北京:水利电力出版社,1988.

[16] 孙圣和,王延云,徐影. 光纤测量与传感技术[M]. 哈尔滨:哈尔滨工业大学出版社,2000.

[17] 张志鹏,GAMBLING W A. 光纤传感器原理[M]. 北京:中国计量出版社,1991.

[18] 靳伟,廖延彪,张志鹏. 导波光学传感器:原理与技术[M]. 北京:科学出版社,1998.

[19] 薛国良,王颖,郭建新. 光纤传输与传感[M]. 保定:河北大学出版社,2004.

[20] 刘德明,向清,黄德修. 光纤技术及其应用[M]. 成都:电子科技大学出版社,1994.

[21] 涂亚庆,刘兴长. 光纤智能结构[M]. 重庆:重庆出版社,2000.

[22] 蔡德所. 光纤传感技术在大坝工程中的应用[M]. 北京:中国水利水电出版社,2002.

[23] 李川,张以谟,赵永贵,等. 光纤光栅:原理、技术与传感应用[M]. 北京:科学出版社,2005.

[24] 李川,吴晟,邹金彗,等. 光纤传感器的复用与数据融合[J]. 信息技术,2003,27(11):26-28.

[25] CHUAN LI, YI-MO ZHANG, TIE-GEN LIU, et al. Distributed optical fiber Bi-directional strain sensor for gas trunk pipelines [J]. Optics and Lasers in Engineering, 2001, 36: 41-47.

[26] CHUAN LI, YI-MO ZHANG, HUI LIU, et al. Distributed fiber-optic bi-directional strain-displacement sensor modulated by fiber bending loss [J]. Sensors and Actuators A: Physical, 2004, 111: 236-239.

[27] OTANI S, HIRAISHI H, MIDORIKAWA M, et al. Development of smart systems for building structures [C]. SPIE, 2000, 3988: 2-9.

[28] BONALDI P. Developments in automated dam monitoring in Italy [J]. International Journal on Hydropower & Dams, 1997, 4(2): 60-63.

[29] SCHULZ W L, SEIM J, UDD E, et al. Traffic monitoring/control and road condition monitoring using fiber optic based systems [C]. SPIE, 1999, 3671: 109-117.

[30] NELLEN P M, FRANK A, BRONNIMZNN R, et al. Optical fiber Bragg gratings for tunnel surveillance [C]. SPIE, 2000, 3986: 263-270.

[31] 李川,张以谟,丁永奎. 光纤智能结构的传感研究 [J]. 飞通光电子技术,2001,1(4):193-197.

[32] KISSINGER C D, SMITH R L. Improved noncontact fiber optics/lens displacement measuring system [J]. Journal of Vacuum Science and Technology, 1973 (18 - 20):

372-378.
[33] JACOBSEN W F, MISRA P K. Multi compartment discrete liquid level sensing system using fiber optics and optical sensors [J]. NTG-Fachberichte, 1975 (11 - 13): 692-698.
[34] REYNOLDS L, JOHNSON C, ISHIMARU A. Diffuse reflectance from a finite blood medium: applications to the modeling of fiber optic catheters [J]. Applied Optics, 1976, 15(9): 2059-2067.
[35] PIRCHER G, LACOMBAT M, LEFEVRE H. Preliminary results obtained with a fiber optic rotating sensor (FORS) [C]. SPIE, 1978, 157: 212-217.
[36] BUTTER C D, HOCKER G P. Fiber optics strain gauge [J]. Applied Optics, 1978, 17: 2867-2869.
[37] GHOSH T K, BATRA S K, BARKER R L. The Bending behaviour of plain-woven fabrics Part II: The case of linear thread-bending behaviour [J]. Journal of the Textile Institute, 1990, 81(3): 255-271.
[38] FOGG B R, LII W V M, LESKO J J, et al. Analysis of macro-model composites with Fabry-Perot fiber-optic sensors [C]. SPIE, 1991, 1588: 14-25.
[39] DAKIN J P. Analogue and digital extrinsic optical fibre sensors based on spectral filtering techniques [C]. SPIE, 1984, 468: 219-226.
[40] FILIPPOV V N, KOTOV O I, NIKOLAYEV V M. Light polarization modulation in single-mode optical fibres [J]. Optical and Quantum Electronics, 1993, 25: 429-449.
[41] BLANCHARD P, ZONGO P H, FACQ P, et al. Very low optical return loss measurement using OTDR technique [J]. NIST Special Publication, 1990, 792: 31-38.
[42] MORGAN R D, ANDERSON D J, JONES J D C, et al. Design of fibre optic beam delivery system for particle image velocimetry [C]. SPIE, 2052: 675-682.
[43] KERSEY A D, DAVIS M A, PATRICK H J, et al. Fiber grating sensors [J]. Journal of lightwave technology, 1997, 15(8): 1442-1463.
[44] Internet source: microgravity. grc. nasa. gov/MSD/MSD _ htmls/sams-ff _ sensor. html.
[45] Internet source: nasa. gov/vision/earth/livingthings/arterial _ remodel. html.
[46] TRACEY P M. Intrinsic fiber-optic sensors[J]. IEEE Transactions on Industry Applications, 1991, 27(1): 96-98.
[47] HARTOG A. Distributed fibre-optic temperature sensors: technology and applications in the power industry [J]. Power Engineering Journal, 1995, 9(3): 114-120.
[48] MAKHINE V, BRUCH R F. FEW-FTIR spectroscopy applications and computer data processing for noninvasive skin tissue diagnostics in vivo [C]. SPIE, 1999, 3596: 140-151.
[49] TUBB A J C, PAYNE F P, MILLINGTON R B, et al. Single-mode optical fibre surface plasma wave chemical sensor [J]. Sensors and Actuators, B: Chemical, 1997, B41: 71-79.

[50] OGBONNA J, SOEJIMA T, TANAKA H. Integrated solar and artificial light system for internal illumination of photobioreactors [J]. Journal of Biotechnology, 1999, 70(1): 289-297.

[51] WILSON M L, HERB W R, BURNS D W, et al. Distributed micromachined sensor networks [C]. SPIE, 1997, 3007: 92-98.

[52] BOIARSKI A A, PILATE G, FINK T, et al. Temperature measurements in power plant equipment using distributed fiber optic sensing [J]. IEEE Transactions on Power Delivery, 1995, 10(4): 1771-1778.

[53] RAO Y J. Recent progress in applications of in-fibre Bragg grating sensors [J]. Optics and Lasers in Engineering, 1999, 31(4): 297-324.

[54] YANG Y, WALLACE P A, CAMPBELL M. Distributed optical fiber chemical sensor [C]. SPIE, 1996, 2594: 233-242.

[55] TUBB A J C, PAYNE F P, MILLINGTON R, et al. Singlemode optical fibre surface plasma wave chemical sensor [J]. Electronics Letters, 1995, 31(20): 1770-1771.

[56] TUBB A, PAYNE F P, MILLINGTON R, et al. Lowe, Broadband single-mode optical fiber surface plasma wave chemical sensor [C]. SPIE, 1996, 2676: 179-189.

[57] JAROSZEWICZ L R, KIEZUN A, SWILLO R. Sensing applications of fiber-optic Sagnac interferometer [J]. Optica Applicata, 1999, 29(1): 139-162.

[58] HALSKI D J, FLASH fly-by-light flight control demonstration results overview [C]. SPIE, 1996, 2840: 58-70.

[59] MOORE K. Military, an early user of fiber, keeps finding new applications [J]. Photonics Spectra, 1994, 28(6): 84-90.

[60] SHEHATA E. Intelligent sensing for innovative bridges [J]. Journal of Intelligent Material Systems and Structures, 2000, 10(4): 304-313.

[61] JOHANNESSEN K. Smart structures for sea, land, and space [C]. SPIE, 1997, 3099: 300-304.

[62] UDD E. Fiber optic smart structures [J]. Proceedings of the IEEE, 1996, 84(1): 60-67.

[63] FUHR P L, HUSTON D R. Fiber optic smart civil structures [C]. SPIE, 1995, 2574: 6-13.

[64] KAGEYAMA K, KIMPARA I, SUZUKI T, et al. Smart marine structures: An approach to the monitoring of ship structures with fiber-optic sensors [J]. Smart Materials and Structures, 1998, 7(4): 472-478.

[65] UTTAMCHANDANI D. Fibre-optic sensors and smart structures: developments and prospects [J]. Electronics & Communication Engineering Journal, 1994, 6(5): 237-246.

[66] 方宏,秦曦,裴丽,等. 光纤传感器中光源的选用及比较[J]. 传感器世界,2004,10(11):13-15.

[67] 李履信. 光纤通信系统[M]. 北京:机械工业出版社,2003.
[68] 蒋玲. 光纤通信技术及应用[M]. 武汉:华中师范大学出版社,2006.
[69] 吴磊. 光环形器——光网络中的关键无源器件[J]. 世界宽带网络,2001,8(12):24-25.
[70] 匡绍龙,朱学斌. 分布式光纤温度传感器原理及其在变电站温度检测中的应用[J]. 电力自动化设备,2004,24(9):79-81.
[71] 孟庆民. 高压开关设备的温度在线监测研究[J]. 高压电器,2006,42(5):352-354.
[72] 时斌. 光纤传感器在高压设备在线测温系统中的应用[J]. 高压电技术,2007,33(8):169-171.
[73] HEE M R, IZATT J A, SWANSON E A, et al. Optical coherence tomography of the human retina [J]. Archives of Ophthalmology, 1995, 113(3): 326-332.
[74] BOPPART S A, BREZINSK M E, BOUMP B E, et al. Investigation of developing embryonic morphology using optical coherence tomography [J]. Developmental Biology, 1996, 177(1): 54-64.
[75] IZATT J A, KULKAMI M D, WANG H W, et al. Optical Coherence Tomography and Microscopy in Gastrointestinal Tissues [J]. IEEE Joumal of Selected Topics in Quantum Electronics, 1996, 2(4): 1017-1028.
[76] PAN Y, LANKENAU E, WELZEL J, et al. Optical coherence-gated imaging of biological tissues [J], IEEE Journal of Selected Topics in Quantum Electronics, 1996, 2(4): 1029-1034.
[77] 单夫惟,马乐梅. 光纤陀螺发展及应用[J]. 光电子技术与信息,2004,17(4):12-14.
[78] 周海波,刘建业,赖际舟,等. 光纤陀螺仪的发展现状[J]. 传感器技术,2005,24(6):1-3.
[79] KERSEY A D. Multiplexed fiber Bragg grating strain-sensor system with a fiber Fabny-Perot wavelength fiber[J]. Optics Letters,1993,18(16):1370-1372.
[80] KERSEY A D, MOREY W. Multi-element Bragg grating based fiber laser strain-sensor [J]. Electronics Letters,1993,29(1):112-114.
[81] KERSEY A D. Multiplexed Bragg grating fiber-laser strain-sensor system with mode-locked interrogation[J]. Electronics Letters,1993,29(1):964-966.
[82] 徐宁,赵洪,张剑,等. 利用波分复用器实现 FBG 动态传感解调[J]. 哈尔滨理工大学学报,2006,11(2):127-134.
[83] 李志全,李亚萍,朱丹丹,等. 基于滤波法的光纤光栅传感解调方案[J]. 应用光学,2006,27(4):327-331.
[84] 王敏,乔学光,贾振安,等. 光纤布拉格光栅传感系统信号解调技术研究[J]. 激光与光电子学进展,2004,41(12):54-58.
[85] ZHAO YONG, LIAO YAN-BIAO. Discrimination methods and demodulation techniques for fiber Bragg grating sensor[J]. Optics and Lasers in Engineering,2004(14):1-18.

[86] YU YOU-LONG,ZHAO HONG-XIA. A novel demodulation scheme for fiber Bragg grating sensor system[J]. IEEE Photonics Technology Letters,2005,17(1):166-168.

[87] 李国利,赵彦涛,李志全. 分布式光纤光栅传感系统信号解调技术[J]. 光机电信息,2006(1):44-51.

[88] 余有龙,红霞,盛春,等. 光纤光栅传感系统有源时域解调技术[J]. 中国激光,2004,31(8):984-987.

[89] 刘铁根,王双,江俊峰,等. 航空航天光纤传感技术研究进展[J]. 仪器仪表学报,2014,35(8):1681-1692.

[90] DANDLIKER R, ZIMMERMANN E, FROSIO G. Electronically scanned white-light interferometry: a novel noise-resistant signal processing [J]. Optics Letters, 1992, 17(9):679-681.

[91] 赵鹏,刘铁根,江俊峰,等. 用于水升华器监测的光纤声振动传感器研究[J]. 光学学报,2014,34(01):56-60.

[92] WANG S, LIU T, JIANG J, et al. Birefringence dispersion compensation demodulation algorithm for polarized low-coherence interferometry [J]. Optics Letters, 2013, 38(16): 3169-3172.

[93] 李森,任建勋. 水升华器工作过程的数值模拟与分析[J]. 工程热物理学报,2011,32(2):291-294.

[94] 黄本诚. KM6 载人航天器空间环境实验设备[J]. 中国空间科学技术,2002,22(3):1-5.

第9章 光谱检测技术与系统

9.1 激光拉曼光谱检测技术

9.1.1 激光拉曼光谱原理

激光与拉曼光谱学的结合,不仅复兴了这一经典光谱学分支,而且使之发生了巨大的变革,形成了激光拉曼光谱学这一新分支。随着电子技术、计算机技术的应用,在线性的激光拉曼光谱学领域产生了许多新的技术和测量方法,如样品表面扫描技术、双通道技术、差示光谱术、导数光谱术、光纤技术等,这不仅提高了线性拉曼光谱学的灵敏度,而且极大地扩展了它的应用范围。此外,基于激光相干性好这一特点而创立了拉曼微探针技术,把脉冲激光和多通道探测技术结合而建立了快速拉曼光谱技术,可调谐激光器促进共振拉曼光谱技术的发展等,使人们能够用拉曼光谱方法对微量、微体积或瞬间变化的样品进行深入的研究,从而获得了用经典的拉曼光谱学方法无法获得的信息。

激光技术对拉曼光谱学的深远影响,还在于由激光的多种特性发现了许多新的光谱现象,产生了相干拉曼光谱学。例如基于强光的非线性效应产生了受激拉曼效应、超拉曼效应、逆拉曼效应、拉曼感应克尔效应以及相干反斯托克斯拉曼效应,后者常被称为 CARS 技术,已经获得了广泛的应用。在这一节中,将简要地介绍拉曼效应的基本原理和一些发展得比较成熟或已有商品的实验技术和装置。要更深入地研究这个领域,可参阅有关的专著。

拉曼效应的基本原理是当单色光作用于试样时,除了产生频率和入射光相同的称为瑞利散射光以外,还有一些强度很弱的,频率和入射光不同的散射光对称分布在瑞利光的两侧。这种散射光被称为拉曼散射光,在瑞利光低频一侧的叫斯托克斯线(stokes 线),高频一侧的叫反斯托克斯线(antistokes 线)。这种散射效应被称为拉曼散射效应。入射频率不变的瑞利散射光的强度与激发光的强度有关,同理拉曼散射光的强度也与入射光的强度有关,对于同一类物质,激发光的频率改变,相应的散射光频率也会发生改变。但拉曼光谱的位移是一个常数,即拉曼位移只与物质有关,所以可以根据拉曼光谱的位移对物质进行判断。

拉曼散射可以看成一个入射光子 $h\omega_i$ 和一个处于初态 E_i 的分子作非弹性碰撞。在碰撞过程中,光子和分子之间发生能量交换,光子不仅改变运动方向,还把一部分能量传递给分子,或从分子取得一部分能量。因此,在碰撞后被检测到的光子 $h\omega_s$,其能量比原来的或低些或高些。

$$h\omega_i + M(E_i) \longrightarrow M^*(E_f) + h\omega_s \tag{9-1}$$

式中:$M(E_i)$,$M^*(E_f)$分别是分子在碰撞前后的能量状态。

能量差 $E_f - E_i = h(\omega_i - \omega_s)$。当分子的终态能级 E_f 高于初态 E_i 时,光子损失能量,这相当于斯托克斯线;而当分子的初态能级 E_i 高于终态 E_f 时,光子获得能量,相当于反斯托克斯线。拉曼散射过程也可用能级图作定性的说明,如图 9-1 所示。

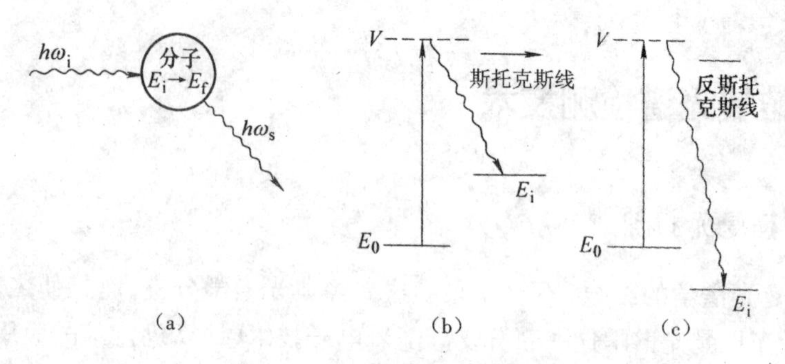

图 9-1　拉曼散射的能级图解

(a)拉曼散射　(b)斯托克斯辐射　(c)反斯托克斯辐射

拉曼散射的特征量主要包括频移、散射截面、散射光强、退偏比。

1. 频移

频移是指散射光相对于入射光频率的变化,是非弹性散射最主要的特征量,单位是波数,即 cm^{-1}。其大小取决于介质内部的结构,而与激发光源的种类(功率、激发线)无关;对于不同类型、不同物质,频移量有不同的计算公式。一般情况下,首先确定原子间的互作用势,再从该势在平衡位置的平衡条件 $U'' = k(r = r_0)$,求出力常数 k,进而求出频移量的大小。对不同的材料,或同种材料不同的振动、转动模式及不同元激发,其拉曼频移都不一样。但同一个拉曼频移,与所用的激光线无关。

2. 散射截面

只要有粒子流受到某一源的作用转变为其他的粒子或偏离原粒子流路径,就存在散射和散射截面的问题。散射截面的单位是 cm^2,其意义是以面积为单位表示入射光的散射率。散射截面直接关系到散射强度大小。不同过程散射截面相差甚远,非弹性散射的散射截面最小;米氏散射的散射截面变化范围最大,即参与散射粒子的尺度分布最广。

3. 散射光强

光电磁波入射到偶极分子上,可把永久振荡偶极子看作一个辐射子,一个感生偶极子也可以看作为一个辐射子。此时,总的辐射强度为

$$I = \frac{16\pi^4 \upsilon^4}{3c^2} M_0^2 \tag{9-2}$$

式中:υ 是感生偶极子的振荡频率,也就是散射光的频率;M_0是感生偶极矩的振幅;c 是光速。

沿正交坐标系(x,y,z)中任一轴方向,单位立体角内的散射强度为

$$I = \frac{2\pi^3 \upsilon^4}{c^3} M_{0i}^2 \quad (i = x, y, z) \tag{9-3}$$

假设入射光沿着 y 轴传播，其电矢量偏振方向沿 x 轴，振幅为 E_0，这时在粒子（原子、分子其他结构）中的感生偶极矩振幅为

$$M_{0x}=\alpha_{xx}E_0, M_{0y}=\alpha_{yx}E_0, M_{0z}=\alpha_{zx}E_0 \tag{9-4}$$

沿 x 轴方向（平行于入射光电矢量方向）测得一个粒子的散射光总强度为

$$I=\frac{2\pi^3\upsilon^4}{c^3}(M_{0y}^2+M_{0z}^2)=\frac{2\pi^3\upsilon^4}{c^3}(\alpha_{yx}^2+\alpha_{zx}^2)E_0^2 \tag{9-5}$$

利用电磁场辐射理论的结果，则有

$$I=\frac{16\pi^4\upsilon^4}{c^4}I_0(\alpha_{yx}^2+\alpha_{zx}^2) \tag{9-6}$$

在前面的计算中，仅考虑了单个偶极子散射的情况，而实际测量的是大量分子体系的平均，极化率张量与偶极子在空间的取向有关，而单个分子的取向是任意的。因此，求解大量分子的总散射光强必须对个别分子的所有可能的取向求平均，然后再乘上分子总数。

4. 退偏比

拉曼散射光的偏振性能的变化与分子结构的对称性和简正振动模式的对称性有关。为了描述拉曼谱带的偏振性能变化的程度，引进了退偏比的概念。退偏比也称退偏振度，是指与入射光电矢量 E 偏振方向垂直的散射强度与平行于 E 的散射强度之比。它表示散射物体各向异性的程度，不仅与极化率的平均值有关，而且与极化率的各向异性有关。非全对称振动所对应的拉曼散射是完全退偏的，对于气体来说，退偏比通常为 10^{-2} 的量级。

9.1.2　典型激光拉曼光谱技术

1. 微区拉曼光谱技术

微区拉曼光谱技术是 20 世纪 70 年代中期开始发展，到 80 年代初逐渐完善的。它是利用激光相干性好，激光束可以汇聚成非常小的光斑，能量可以集中到很小的面积（线尺寸为 2 ~3 μm）上这一特点来检测体积极小的粒子，或不均质物体中的夹杂物，从拉曼光谱的研究中获得有关分子结构的信息，鉴定其化学组成，还能给出样品中某物质的分布情况，得知其区域浓度。

研究微区拉曼光谱的装置有两种类型。一种称为拉曼微区分光计，是美国国家标准局研制成功的。这台装置是用一个显微物镜把激光束聚焦在样品上，而被激发的拉曼散射光用椭球反射镜收集并导入分光计。为此采用了特殊的样品支架使样品置于椭球镜的一个焦点上。在分光计的光栅扫描时就能记录样品上此微区的拉曼光谱。另一种称为拉曼微探针（Molecular Optical Laser Examiner，MOLE），是由法国国家科学研究中心和里尔大学研究成功，并由 JOBIN-YVON 公司生产的，其工作原理如图 9 -2 所示。其中的照明分为点照明和全视场照明。

1）点照明

单通道或多通道检测：利用显微镜的亮视场照明系统，用同一物镜把激光束聚焦在样品待鉴定的部位上，并把散射光汇聚后送入分光计。单通道检测则用光电倍增管作为探测器，这种工作模式所得到的都是被照明微区的拉曼光谱。

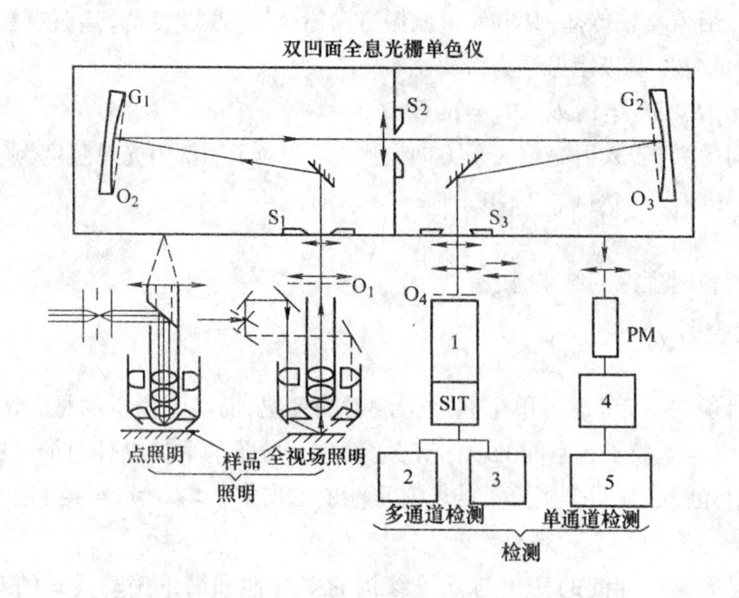

图 9-2　拉曼微探针工作原理图

1—像增强器;2—监视器;3—示波器;4—光子计数器或直流放大器;5—记录仪

2)全视场照明

拉曼光成像:转动激光束使之通过暗视场照明装置,这时样品上直径为 150～300 μm 的范围被照明,显微物镜的孔径光阑和分光计的狭缝共轭,样品成高倍放大的像在硅加强靶光导摄像管的光电阴极上。在拉曼光谱中挑选表征样品中某特殊成分的谱线,将分光计的输出调到对应的波长并固定,这时光电阴极上的"像"就是由该特定波长构成的单色"像"。将这些信息读取出来可在电视监视器上得到该波长的光强分布图,实际就是被照明面积中该拉曼谱线所代表的成分的分布图,称为拉曼显微图。

要获得高的空间分辨率,显微物镜的数值孔径要大(*NA* 可大至 0.95)。而这时由于聚焦范围极小,为避免激光能量烧坏样品,所用的激光功率应衰减到 0.1～10 μW。

这种装置和电子、离子探针不同,它能提供以振动谱线为基础的多原子团结构和化学键的信息,因而又被称为分子微探针。在多数情况下,对质量为 10^{-12}～10^{-9} g 的微量样品,不必进行预处理就可以分析,而且不拘形状、大小和透明与否。各类有机、无机和生物样品,如矿物、电子元器件、动植物生理组织切片、处在空间的微小粒子或尘埃都可用这一技术做无损检测,其适用范围很广。图 9-3 所示是用 MOLE 得到的微区光强分布图。

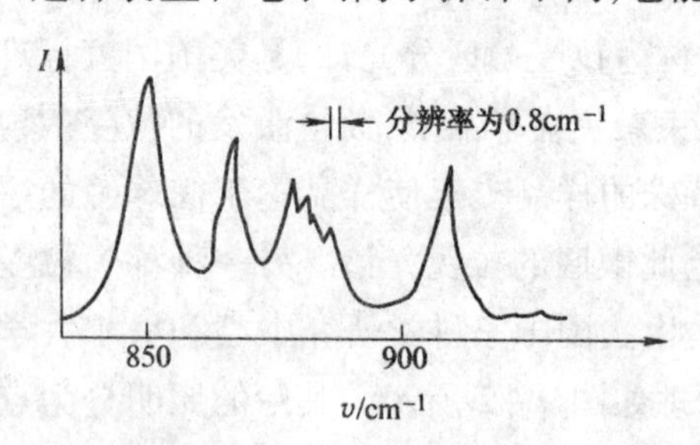

图 9-3　用 MOLE 得到的微区光强分布图

现在有好几个厂家提供光学显微镜和光路耦合的附件,以便使用者按上述第一种工作方式研究样品的微区拉曼光谱。

2. 快速拉曼光谱技术

越来越多的研究工作需要了解拉曼光谱随时间的快速变化,或是获取关于极短暂的瞬间现象的信息。这就对光谱技术提出了时间分辨的要求,从 ms 到 ps 甚至亚 ps 量级,然而用传统的机械扫描光谱的方法是无法满足上述要求的。为此,必须采用短脉冲或超短脉冲激光器作为激发光源,用响应时间极快的可同时记录大量谱线的多通道探测器以及相应的控制和信号处理系统,才能得到快速变化过程的时间分辨光谱。

法国国家科研中心和里尔大学的 M. Bridoux 和 M. Delhaye 等人在这方面做了许多工作,促使快速拉曼光谱技术日趋成熟。他们进行研究工作的一些装置都是自行组建的。图 9－4 所示是他们运用快速拉曼光谱技术诊断火焰燃烧的装置框图。

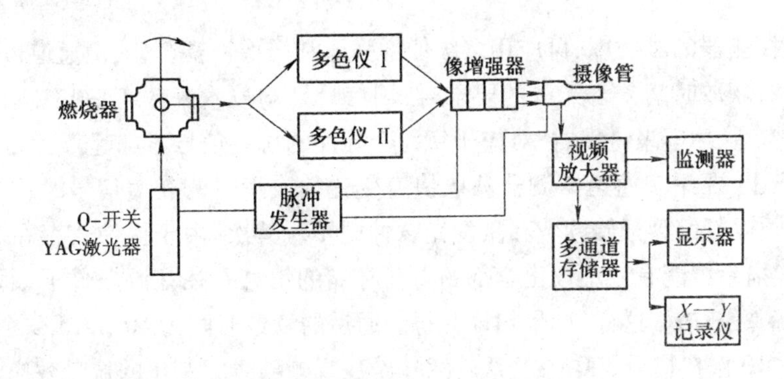

图 9－4　多通道脉冲激光拉曼光谱技术装置图

从 Q－开关 YAG 激光器输出的脉冲激光经倍频后,用长焦距透镜($f=1.2$ m)汇聚在火焰中,散射体积长约 10 mm,直径 100 μm。采用 90°照射工作方式,用放大系数 1.5 的聚光系统将拉曼散射光汇聚在多色仪的入射狭缝处。多色仪的工作原理类似于通常的摄谱仪,经色散后的整段拉曼光谱成像在多色仪的焦平面上。用光学系统把谱线像耦合到四级 EMI 像增强器的靶面上,而后再转换到硅靶摄像管的靶面上变换成电荷存储图像。由电子束扫描将每一通道上的电荷存储信息读出来,经放大处理后即可得到在激光脉冲照射的瞬间所激发的拉曼谱图。以一定的时间间隔使激光照射样品并读取该瞬间的拉曼信息,就能得到时间分辨光谱。

这个装置所用的激光,其脉冲宽度为 20 ns,每一脉冲能量约为 500 mJ。两台多色仪都用凹面全息光栅作色散元件,分辨率和每次可覆盖的光谱范围不同,其特性见表 9－1。

表 9－1　两白多色仪的特性

多色仪	衍射光栅	线色散	可分析光谱最大值
Ⅰ低分辨率	凹面全息光栅 1 500 线/mm,$f/3$	80 cm^{-1}/mm	1 500 cm^{-1}
Ⅱ中等分辨率	凹面全息光栅 2 000 线/mm,$f/10$	20 cm^{-1}/mm	350 cm^{-1}

在读取信息时间利用选通技术时,由脉冲发生器控制像增强器和摄像管的接通时间,

前者大约200 ns,后者约1 μs,可以很好地抑制火焰的发光背景。这种诊断火焰的方法主要优点是对燃烧过程没有干涉,没有由于探头的干扰而产生误差。

应用快速拉曼光谱技术研究和观测自发拉曼辐射,必须避免任何非线性效应。如果引起受激拉曼散射,必将掩盖所需要的信号,使结果难以解释。过高的激发功率还会使样品产生自聚焦。为此,对每一被研究对象都需确定其产生非线性效应的阈值,然后确定激发光束的辐照度而不使之超过。然而,自发拉曼信号很弱,在不能随意增加激发光束辐照度的条件下,要从下述三方面来提高信噪比。

(1)增加到达探测器的拉曼散射光子数。为此,要精心设计耦合光路系统使散射体积增大;选用光透过率高的多色仪,常采用凹面全息光栅作色散元件,以减少仪器内的光损失。

(2)增加探测器的灵敏度,可应用多级像增强器和摄像管耦合,或微通道板。

(3)在没有获取时间分辨光谱的要求时,用信号平均技术来改善信噪比。这时可用锁模激光器的整个脉冲串来激发,把对应于每一个脉冲的拉曼信号累加起来。

还必须指出,在用多通道探测器获取快速变化的或瞬时的光谱信号时,要获得最大的读出效率,必须使摄像管开始读数和激发光脉冲同步。其次,由于摄像管存在着滞后现象,电子束一次扫描不可能有效地读出全部的电荷存储的信息。在室温条件下,通常认为最好是进行10~15次扫描。这样,如果扫描时每个通道的读数时间为60 μs,500个通道扫描一次需要30 ms,10次扫描需300 ms。这就意味着在观测随时间变化的拉曼效应时,激光脉冲的重复率不能超过获取一次脉冲所产生的光谱信号所需的总扫描时间,如上例最高重复率不能大于3 Hz。

快速拉曼光谱技术可用于瞬变态或分子激励态的研究,也可在化学反应过程中分析形成的寿命极短的中间产物的成分。上述研究包括液相反应、光分解作用和光化学作用反应、温度跃迁和辐射所引起的反应、气相内燃反应(温度和浓度的时间和空间分布)等。近两年,光学多通道分析器已有商品供应,改进型的分析器是可编程的,用户可根据实验的要求自编扫描程序进行控制,并且可和任何一种16位计算机接口。现在也有好几个厂家生产激光拉曼分光计设备的接口,可直接配光学多通道分析器,这就使进行快速拉曼光谱研究极为方便。

前面介绍的四种新技术都比较成熟,现在已有附件或专用仪器供应。此外,为了增强拉曼散射信号,还在研究光学纤维技术和全内反射技术。

应用长而低损耗的液芯光纤能够增强线性拉曼散射,并提高收集拉曼散射光的效率,这是由G. E. Walrafen和J. Stone首先发现和证实的。他们应用折射率为$n_2=1.46$的熔融石英制的毛细管状空心光纤,光纤长20 m,绕在直径为12 cm的鼓轮上,其输入和输出端装置的原理如图9-5所示。光纤芯内充以折射率n_1大于n_2的液体苯。由于$n_1>n_2$,激发光和拉曼散射光由于全反射在芯内传输前进,然后由输出端出射。所得到的苯的拉曼谱图证实这种技术增益很高。他们记录了苯在1 300~1 900 cm^{-1}间的反斯托克斯一侧的拉曼光谱,所达到的信噪比比用常规技术得到的苯在斯托克斯一侧的拉曼光谱要好。Howard. B. Ross等人在1981年发表了直接比较光纤技术和常规技术的结果。他们用同样的激光、分光计、检测系统，在同样的操作条件下，用两种技术记录 0.25 m 反式均二苯代乙烯（frans-stibene）在苯中的拉曼光谱。他们所用的空心光纤也是由石英制成，内径约为 60 μm，长 1 m。用氩离子激光器的波长为 530.9 nm 谱线激发，所得到的拉曼散射约比常规技术的增强了 248 倍。这些研究都说明应用光纤技术可以提高拉曼信号的检测灵敏度 2 ~3 个量级。这种技术的缺点是不能测量退偏比，可测的样品受到折射率需大于 1.46 的限制。

全内反射技术特别适合于研究薄膜，或者可以直接涂镀在全内反射元件上形成薄膜的样品，原理如图 9 -6 所示。当入射角越接近全内反射元件的临界角时，拉曼散射信号的增强越大。Reikichi Iwamoto 等人于 1981 年报告了他们的实验，把聚苯乙烯薄膜涂在蓝宝石的全内反射元件上，薄膜厚度为 0.70 μm。蓝宝石的临界角为 64.8°，在入射角 θ 接近临界角时，信号大约增强了 40 倍。

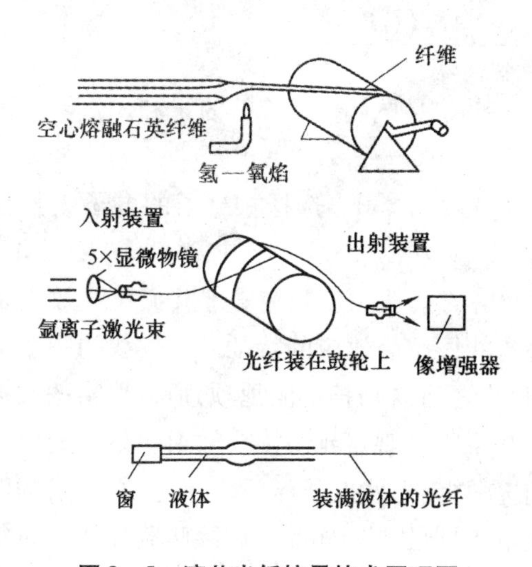

图 9 -5　液芯光纤拉曼技术原理图

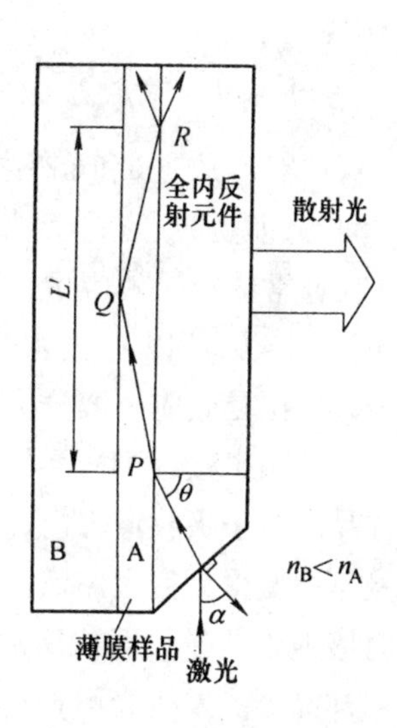

图 9 -6　全内反射法增强薄膜样品的拉曼信号原理

3. 共振拉曼光谱技术

在基本原理一节中提到过，如果分子受到激发后跃迁到受激虚态上，而这一虚态和分子的本征态之一相符合，就产生共振拉曼效应。它的特征是激发光线的频率接近于或完全落在样品的电子吸收带内，所产生的共振拉曼散射光的强度比通常的非共振拉曼散射光增强了 $10^4 \sim 10^6$ 量级。共振和非共振这两种散射过程可用能级图定性比较，如图 9 -7 所示。其中，i 和 f 代表在分子的电子基态上的振动态（i 是初态，f 是终态）。在共振拉曼散射的情形下，频率选择得接近于拉曼频移的频率 v_n，其光强度能够大幅度提高，这可以从拉曼谱带的强度表示式解释：

$$I_{i,f} = \frac{2^7 \pi^5}{9C^4} I_0 (v_0 - v_{i,f})^4 \sum |(\alpha_{\rho\sigma})_{i,f}|^2 \qquad (9-7)$$

式中：I_0 是激发光的强度；v_0 为入射光的频率；$\alpha_{\rho\sigma}$ 是极化率张量的 $\rho\sigma$ 分量。

式（9 -7）中的 $(\alpha_{\rho\sigma})_{i,f}$ 可写成：

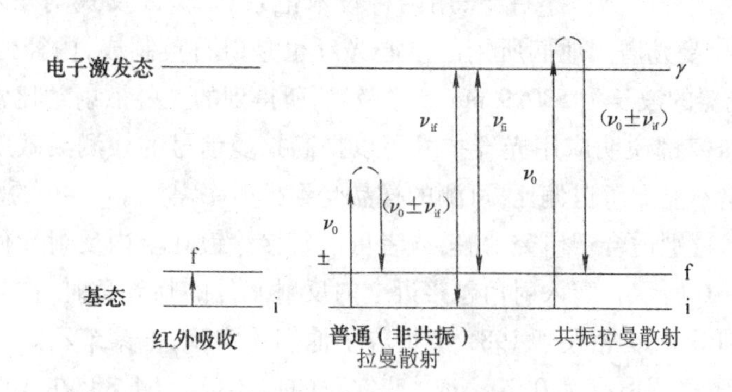

图 9-7 拉曼散射的图解

$$(\alpha_{\rho\sigma})_{i,f}=\frac{1}{h}\sum_{r}\left[\frac{\langle i|R_{\sigma}|r\rangle\langle r|R_{\rho}|f\rangle}{v_{ri}-v_{0}}+\frac{\langle i|R_{\rho}|r\rangle\langle r|R_{\sigma}|f\rangle}{v_{ri}+v_{0}}\right] \tag{9-8}$$

式中：$\langle i|R|r\rangle$是在 i 和 r 态之间的电子跃迁距；R_σ 和 R_ρ 是电偶极矩算符的 σ 和 ρ 分量；r 代表中间态，即受激虚态。

在通常的拉曼效应中，分母比零大得很多，即 $v_n - v_0 \gg 0$。选择在分子的电子吸收范围，$v_n - v_0 \approx 0$，所以 $I_{i,f}$变得非常大。

共振拉曼效应一般分为准共振拉曼效应和严格的共振拉曼效应。准共振拉曼效应是激发线的频率接近于样品的电子吸收带，而严格的共振拉曼效应的特征是激发线的频率落在样品的电子吸收谱带内。因为式(9-7)的分母中还有省略掉的阻尼项，所以严格的共振拉曼不会变得无穷大。然而，共振拉曼效应通常并不容易观察到。因为散射辐射可能由于同时增强了的吸收而被反常地衰减；或可能被重叠的荧光发射所淹没。还有，在照射的时间内样品可能发生光解作用，并且最终产生吸光度不同的未知样品。解除吸附作用也可能严重干扰对吸附样品的测量。

为此，在研究共振拉曼光谱时，在实验方法上必须采取措施消除荧光干扰。最方便的方法是选择适当的激发光频率，使不产生荧光而只激发拉曼光；或使产生的荧光不致影响干扰拉曼谱。为此，需要有一个功率足够的、谱线频率稳定的、线宽和频率连续可变的可调谐激光器。但如果荧光出现在很宽的可见光波段内，就必须使用其他技术。如在能产生荧光的样品中加入荧光淬灭剂，使荧光熄灭；或利用拉曼散射光和荧光产生的时间不同，采用时间分辨技术把它们分开。当用超短脉冲激光器产生一个脉冲激发样品，在 10^{-14} ~ 10^{-12} s 的时间内就产生拉曼光信号。这时用有电子开关的探测器如时间平均积分器(Boxcar)在激光脉冲发生后的 10^{-12} s 时间内记录拉曼信号，由于荧光的产生慢得多，需 10^{-9} ~ 10^{-8} s，这样就避免了荧光的干扰。在研究表面的共振拉曼谱时，对吸附物质产生的荧光，可用在实验以前在氧气中加热数小时，而后在高于 0.013 332 2 Pa 真空度下排气的方法清洁表面来消除。

要避免样品局部过热导致光解，可用前面的旋转样品技术、样品扫描技术，也可把样品浸于液体中或冷却样品。在研究表面、界面时可用内反射的方法。

共振拉曼光谱技术是研究生物高分子化合物和固体表面上的吸附物质很重要的工具。

由于拉曼散射强度增加了好几个量级,检测灵敏度提高了很多。生物上一些重要分子的研究,如血红蛋白、细胞血素C、维生素$B_{1,2}$等,用这些物质浓度很低的稀水溶液($10^{-5}\sim10^{-3}$ mol/L)就可得到共振拉曼光谱。因为浓度很低,消除了分子间的相互作用,符合通常的生理状况。再者,在共振拉曼效应中,增强的拉曼谱线局限于产生跃迁的原子团如生色团,而生物大分子内的生色团经常在生物活性的位置,大分子的其他振动由于吸收而被削弱。这样,利用这一技术就有可能研究复杂的生物大分子内具有生物活性的局部结构。

4. 表面增强拉曼散射技术

除了上述的共振拉曼光谱技术,表面增强拉曼散射技术(SERS)是另一种有效的对拉曼散射信号进行增强的技术。SERS技术方案中信号的增强主要来自于激发光与金属之间的电磁场作用,这种电磁作用使得激发光的强度得到极大增强,常用来增强分子信号。由于SERS是一种表面光谱技术,所以分子必须吸附在金属表面,信号高达$10^4\sim10^7$倍的增强是由金属基底上的等离子体共振造成的。拉曼光谱增强技术中,SERS技术的出现使拉曼技术的灵敏度和检测范围在原有基础上得到了质的飞跃,这种新型光谱增强技术使得拉曼技术可以应用到常规拉曼光谱无法检测的系统中。图9-8所示为SERS技术在拉曼增强中与物质的相互作用原理。

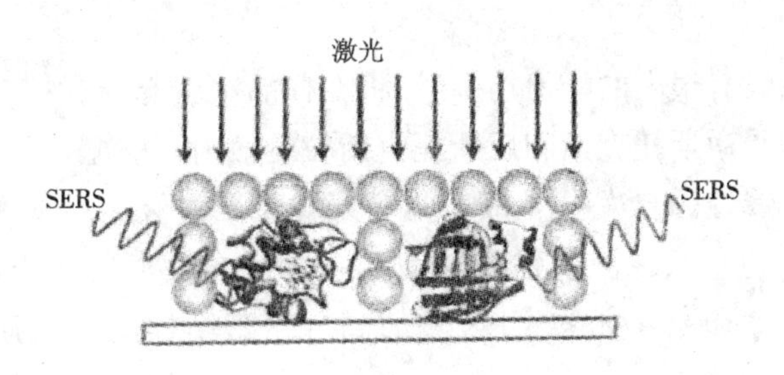

图9-8　SERS技术的工作原理

现阶段对表面增强拉曼散射的理论模型分为两种:物理机制和化学机制。大多数物理增强模型认为SERS起源于金属表面局域电场的增强,它们之间的不同在于所提出的局域电场增强的模型不同。这类模型并不需要在衬底材料和吸附分子之间有特殊的化学键,因此无法说明不同吸附分子的SERS差异。但它们一般能解释为什么在金、银和铜表面上有较强的SERS效应,只有在粗糙的金属表面才能观察到SERS现象,在离衬底材料表面较远距离时也能观察到SERS增强作用,SERS增强对入射光的入射角的依赖关系等。化学增强模型则认为SERS现象与分子的极化率改变有关,金属表面与吸附分子之间发生了化学作用,产生电荷转移。主要的理论模型有活位模型和电荷转移模型。总体来说,SERS的电磁增强机理虽然已经得到了广泛承认,但在实验中有许多实验结果用物理增强模型并不能解释清楚,而化学增强模型却能很好地解释,因此在实际应用中往往将两种模型配合使用。

需要注意的是,可观的增强因子与SERS的实验条件是紧密联系的。这些实验条件包括:选择合适的衬底材料,对衬底材料的表面粗糙化,合适的被吸附分子离衬底材料表面的距离,合适的激发光频率等。银是最容易观察到增强效应的材料,且增强因子最大,有人认为这是由于其介电常数的虚部最小(在其等离子共振区域)。但至今学者们对最佳粗糙度方面还没有统一的看法,有的研究者认为 50 ~ 100 nm 范围的宏观粗糙度能产生最大的增强;而有的认为由吸附原子、原子簇和表面缺陷所造成的亚微观和微观粗糙度是最重要的;有的研究者还提出不同粗糙度的结合是必要的,微观粗糙度在化学增强中起作用,而亚微观或宏观粗糙度能产生物理增强。一般情况下,SERS 强度随被吸附分子离衬底材料表面距离的增加而迅速降低。许多实验证明,SERS 强度随激发光频率降低而增强,一般在黄光或红光区达到最大,然后随激发光频率降低而减弱。

5. 相干反射斯托克斯拉曼光谱技术

自发拉曼散射光的强度是相当弱的,这给测量带来了许多困难。自发拉曼效应是一阶线性极化效应,但是实验研究发现,随着激光功率的提高,由强激光电场诱导的二次以上的高阶极化现象越来越显著,产生了一些新的拉曼散射现象。这些拉曼散射光具有良好的方向性与相干性,所以称它们为相干拉曼散射。相干拉曼散射现象有受激拉曼散射(SRS)、受激拉曼增益散射(SRGS)与逆拉曼散射(IRS)、相干斯托克斯拉曼散射(CSRS)与反斯托克斯拉曼散射(CARS)、拉曼诱导克尔效应(RIKES)等。这些新的拉曼散射现象的共同特点是信号强度大,可比自发拉曼散射光的强度提高 10^9 量级。用相干拉曼散射进行光谱测量,发现了一些用自发拉曼散射无法发现的光谱信息。此外,相干拉曼散射还有其他一些重要应用。

当激发的激光束具有很高的峰值功率时,将在样品中引起受激拉曼效应。曾观察到许多液体和高压气体的受激斯托克斯和反斯托克斯拉曼散射,这些散射光具有激光的一切特征,且强度非常高,比线性的自发拉曼散射光高好几个数量级。但是这一效应对分子光谱学没有什么用处。因为它只在激发强度的阈值以上才能被观察到,而这一阈值取决于样品——拉曼介质的增益和激发区的长度,一般高分子密度样品的最强拉曼谱线才能被激发。

相干反斯托克斯拉曼散射是利用非线性光学技术产生的效应。它把受激拉曼效应的优点(信号是相干的、高强度的)和自发拉曼效应的长处(普遍可用性)结合起来。虽然这种效应早在十几年前就已被发现,但直到最近几年,具有高峰值功率的可调谐脉冲激光器才实用化,使利用 CARS 的技术得以实现。

相干反斯托克斯拉曼散射是一种四波混频过程。两束泵浦激光频率为 ω_L,一束光波为斯托克斯频率 ω_2,这三束光波在样品中由于介质的非线性极化而发生混频,产生新的频率为 $\omega_\alpha = 2\omega_L - \omega_2$ 的反斯托克斯相干光波。类似地,也可以产生一个新的频率为 $\omega_S = 2\omega_L - \omega_2$的斯托克斯光波。当频率差 $\omega_L - \omega_2$ 非常接近于介质的拉曼活性的振动共振频率时,混频被极大地增强。变化扫描过全部的振动频率,可得到一个具有通常线性拉曼光谱所包含的全部信息的光谱。

四波混频要获得最高的效率,必须满足相位匹配条件,各波波矢量之和为零,即 $\Delta K = 0$。在气体样品内进行混频产生 CARS 信号的过程中,由于差频 $\omega_L - \omega_2$ 等于分子的振转频率,其值和 ω_L 相比很小,一般气体的色散可以忽略。这时采用共线相位匹配就可满足要求,如图 9 - 9(b)所示所产生的相干反斯托克斯波和入射光束方向相同。在液体样品中,色散的影响大,这时必须采用非共线相位匹配,使各波波矢量间关系符合条件 $2K_L + K_2 + K_\alpha =$

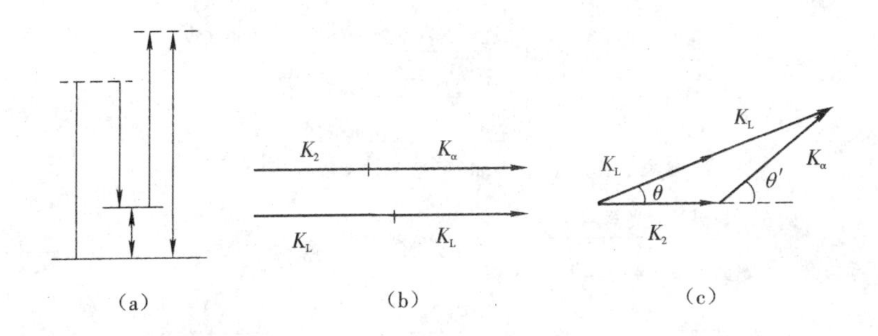

图9-9 产生CARS信号的能级图解和相位匹配图解

(a)能级示意图 (b)共线相位匹配后的波矢图 (c)非共线相位匹配后的波矢图

0,也就是使两束入射光束 ω_L 和 ω_2 交叉的角度符合上式确定的相位匹配角 θ,如图9-9(c)所示。从这里也可以看出,对于CARS光谱技术来讲,为保持相位匹配条件从而保持信号的稳定,对调整两束光线入射方向的装置要求是很高的。

9.1.3 激光拉曼光谱技术应用

1. 激光拉曼分光计

线性激光拉曼光谱研究和分析用的实验装置——激光拉曼分光计不仅已经商品化,而且结构日趋完善。20世纪80年代初,多数厂家都为之配上微型计算机,使仪器的性能提高、功能增多。典型的仪器通常由激发光源、前置光路(或称外光路)、单色仪、探测放大系统和微型计算机系统5个基本部分组成,如图9-10所示。

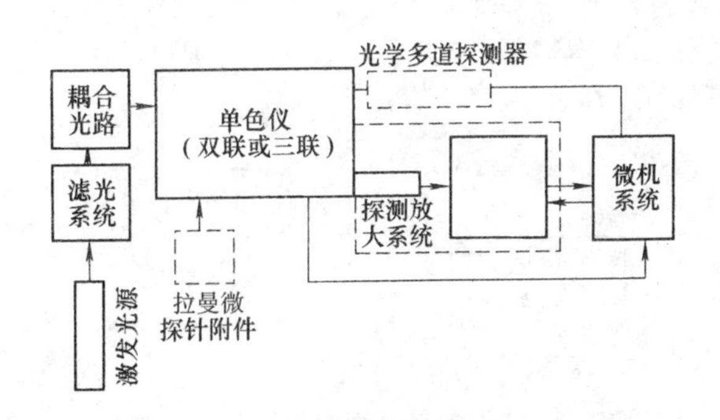

图9-10 激光拉曼分光计组成框图

1)激发光源

激发光源通常采用连续波气体激光器,它们的单色性和稳定性较好。最常用的有氩离子激光器、氦氖激光器和氪离子激光器等。作为激光光源应满足以下要求:

(1)单线输出功率在10~1 000 mW;

(2)工作在TEM00模;

(3)输出功率稳定,变动不大于±1%;

(4)有足够长的寿命。图9-11所示为常用激光器类型、输出功率和拉曼光谱范围。

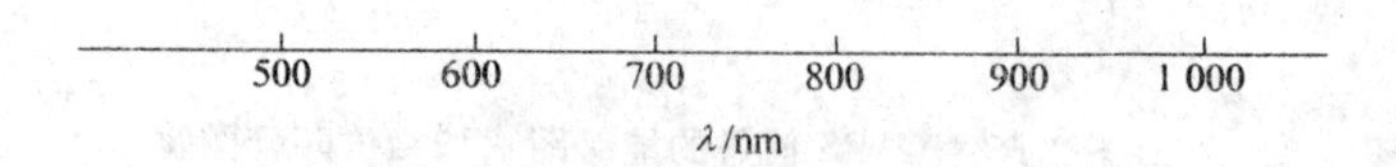

图 9－11　常用激光器类型、输出功率和拉曼光谱范围

2）前置光路

前置光路是从激光器输出端到单色器入射狭缝前各种元件组合的总称，一般包括激光滤光系统、耦合光路、适于测试各种状态的样品用的样品池及其池座和多种照明。对前置光路的要求是：

（1）能够获得最佳照明；

（2）最有效地收集和利用拉曼散射光；

（3）最大限度地抑制杂散光；

（4）有足够大的样品空间，便于安放各种样品池座和多种附件。

图 9－12 所示是 90°照射方式下的 Z 形前置光路图。

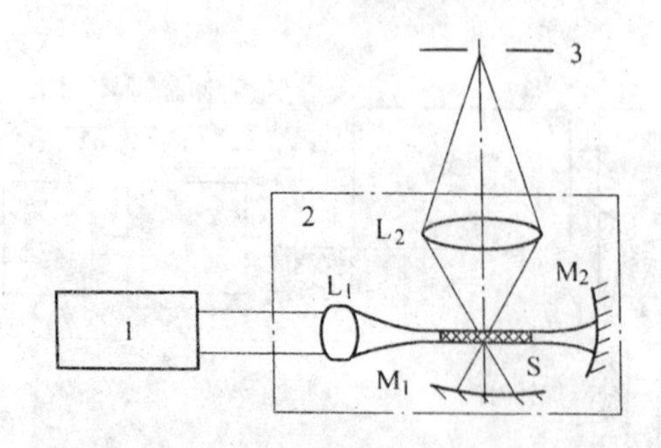

图 9－12　90°照射方式下的前置光路图

1—激光滤光系统；2—耦合光路程；3—单色仪的入射狭缝

3）单色仪

单色仪是激光拉曼分光计的核心部件，决定着整台仪器的基本性能。

拉曼散射光谱位于可见光区，对于某一激发谱线来说，整个光谱的扫描范围最大为 4 000 cm^{-1}。以常用的氩离子激光器波长 5 145 Å 的谱线为例，4 000 cm^{-1} 只相应于 1 333 Å。就目前可应用的激发光源的波长范围而言，要求单色仪能工作在可见光区，一般为 4 000 ~9 000 Å，也有向短波方向延伸到 3 000 Å 的。然而，对单色仪的要求比一般在可见光工作的仪器要高得多。对分辨率和波数精度要求很高，一般为 0.2 ~2 cm^{-1}，这在波长为

5 000Å 处。

由于拉曼散射光强度很弱，一般仅为伴随的瑞利散射光强度的 $1/10^4$，甚至到 $1/10^6$。工作时又往往需要探测位于离瑞利线很近的所谓低波数区的拉曼谱线。因此，不仅要求单色仪聚光本领强，有大的相对孔径，其数值一般在 1/7 ~ 1/5；而且对抑制杂散光提出特别苛刻的要求，通常杂散光的相对强度在离瑞利线 20 cm^{-1} 处应为 10^{-12} ~ 10^{-9}，有的厂家宣称已达到 10^{-13}。

为了满足上述高分辨率、强聚光本领，尤其是低杂散光的要求，通常把两个单色器串联成双单色仪，串联的方式可以是色散相加的或色散相减的。从理论上讲，后者可以很好消除光栅不完善所形成的杂散光。但由于它的色散率只相当于一个单色仪，不利于提高分辨率，因此一般都采用色散相加的形式。也有的仪器可以根据需要由使用者方便地把相加型改为相减型或反之。如 JOBIN-YVON 公司的 U－1000 型单色仪，其系统简图如图 9－13 所示。

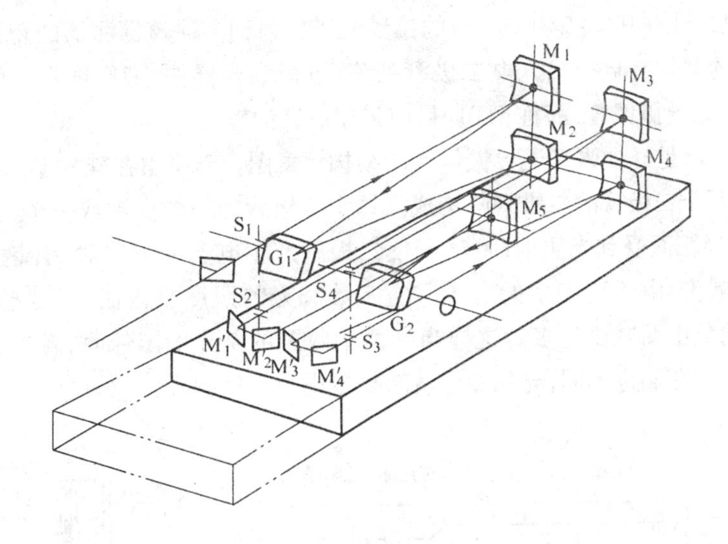

图 9－13　U－1000 型的单色仪系统简图

4）探测放大系统

拉曼分光计的灵敏度标志着仪器所能探测的最小光信号。它除和光学系统的聚光本领及杂散光有关外，还取决于探测和放大系统的灵敏度和噪声。由于拉曼散射光极弱，一般估计当激发光的功率为 1 W 时，到达探测器的散射光功率仅为 10^{-11} ~ 10^{-10} W，甚至更低。因此，对探测放大系统最主要的要求就是高灵敏度和高信噪比，以便把被噪声所干扰甚至是淹没在噪声中的有用微弱信号检测出来。光电转换元件和弱信号探测技术上的新进展有效地满足了上述要求，促进了拉曼光谱技术的发展。

在拉曼光谱的单通道或双通道测量技术中，应用宽的光谱响应范围、高灵敏度和极低噪声的光电倍增管作探测器。光电倍增管的噪声除外界干扰和光源起伏引起以外，主要的来源是光电阴极的热电子发射、各倍增极的热电子发射以及阴极和倍增极、阳极间的漏电流。为降低光电倍增管的噪声，首先致力于减少光电阴极的热电子发射，从而把暗电流减到最小。目前,被普遍采用的措施有两个:①改进管子本身的结构,专供弱光检测用的光电倍增管,其光电阴极表面的尺寸很小,可减少热电子发射面积;②在使用时普遍采用制冷技术,可以在 -20 ~ 30 ℃的温度下工作,这样可进一步减少热电子发射,提高信噪比约 2 个数量级。如 ITT 公司的产品 FW - 130,其接收面直径为 2.55 mm,或为 6.3 mm × 0.35 mm 的长方形,在 -20 ℃时暗背景计数小于 2.5 光子/s。这类光电倍增管中,RCA 公司研制出的Ⅲ-Ⅴ族砷镓光电阴极的 C31034,其阴极尺寸是 10 mm × 1 mm;灵敏度为 100 A/lm 时,暗电流为 3×10^{-9}A;光谱响应范围宽,为 2 000 ~ 9 000Å,而且在 4 000 ~ 8 500Å 波段内绝对灵敏度几乎相等,被公认是性能最好的器件。

在拉曼光信号较强,光电流大于 10^{-9}A 时,几乎都用低噪声、低漂移的直流放大器;对于光电流在 10^{-9}A 以下的信号,则采用光子计数技术。实现拉曼光谱信号的多通道分析是拉曼光谱技术上的重大进展之一。近年来,拉曼分光计大都可配用光学多通道分析器(简称 OMA),工作时只要把双单色仪的后几个狭缝变换成宽缝,成为多色器,就如同摄谱仪一样能把一定波数范围(100 ~ 250 cm^{-1})的拉曼光谱投射到多通道探测器的靶面上。可作为多通道探测器的器件有自扫描光电二极管列阵、电荷耦合器件、带像增强器的硅靶摄像管(称为硅加强靶光导摄像管,简称 SIT),目前采用后者的较多。

图 9 - 14 所示是硅加强靶光导摄像管的结构示意图。硅靶由在硅片上用半导体集成技术制成的几十万个二极管的二维列阵构成。每个二极管为一个像素或一个通道,通常含有 500 × 500 个。当靶面受到光照射时,光子使二极管产生电子 - 空穴对,引起储存二极管 P 层内负电荷的减少,由于所产生的电子 - 空穴数和光的照度成正比,照度越大,空穴数越多,则 P 层内的负电荷减少越多。这样当靶面接收到的是光的图像时,各二极管受到的光照度不同,电荷的存储也不同,光的图像就转换成电荷存储图像。

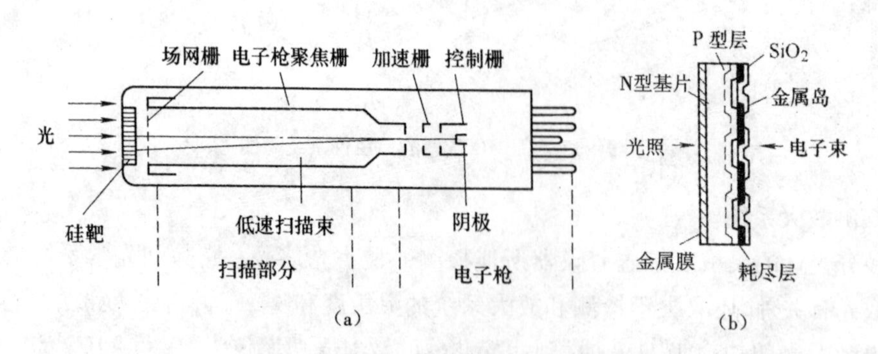

图 9 - 14 硅加强靶光导摄像管原理图

(a)硅靶摄像管截面图 (b)硅靶结构图

2. *激光拉曼光谱在气体检测上的应用*

分子气体散射的拉曼光的探测灵敏度,可以通过多次通过样品腔(一种微失调的球面镜腔)而得到提高,如图 9 - 15 所示。让非偏振的激光通过反射镜上的小孔进入腔内,并在腔中往返反射 70 次以上,这时空腔内的功率密度与激光腔内基本相同。六个探测器安装在垂直于腔轴中心平面的周围,间隔 60°。腔内分子散射的拉曼光汇聚镜将足够大接收角内的光能汇聚到每个探测器，探测器前面装有不同的干涉滤光片，以选定不同的拉曼线。因此，可同时探测六条不同的拉曼线，即可探测样品中六种不同的分子或原子。

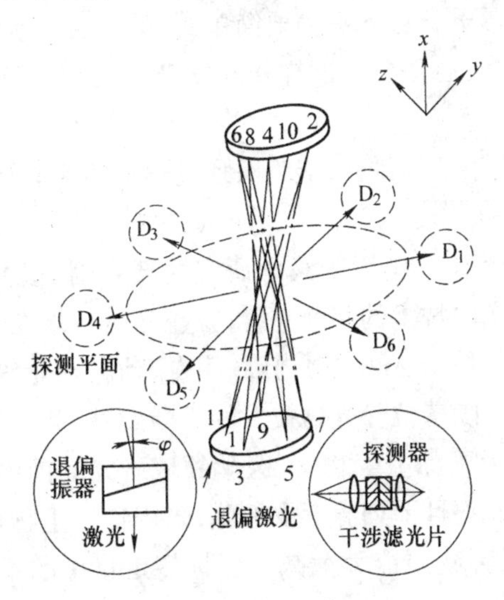

图 9－15　用于灵敏探测的多次通过样品腔

3. 激光拉曼光谱在生物学中的应用

拉曼光谱是研究分子振动的有力工具，部分原子团的结构和键的配置对振动频率很敏感，当分子内部的结构发生变化和内部相互作用改变时，都会对拉曼光谱的频率和强度有影响。这表明生物分子的拉曼光谱中包含着关于这些分子的结构和动力学的信息。例如，发色团的结构变化对生物分子的影响，可通过拉曼光谱的变化而检测出来。而用其他的光谱技术去研究生物分子的振动结构，如红外光谱技术，会受到水的干扰。例如，许多人们感兴趣的振动频率，正好落在水的强吸收带光谱范围内，而水在细胞中总是存在的，这必然会妨碍用红外光谱技术对分子的振动结构进行研究。而用可见光或紫外光作为激发波长的拉曼光谱技术就没有这一缺点，因水的拉曼散射截面很小，不会起干扰作用。但是，普通拉曼光谱仍有灵敏度低的缺点，如果采用共振拉曼效应，则可大大提高其灵敏度。当激发波长与分子的电子跃迁一致时，分子振动与电子跃迁相耦合而大大增强拉曼散射的强度。不过为了实现共振拉曼散射，就必须提高泵浦激光的功率，但这对大多数生物分子会迅速引起光化学变化，如光分解作用，而使实验样品变成各种各样分解后的分子组成的混合物。

如果采用让生物分子快速流过激光作用区的技术，类似于染料激光器中染料溶液的高速射流技术，使生物分子在激光作用区内停留的时间足够短，就可能测出尚未分解的分子的共振拉曼光谱。

4. 激光拉曼光谱在医学及诊断上的应用

在医学上，拉曼光谱可反映出疾病引起组织、体液和细胞分子组成的变化，在分子和细胞水平上诊断疾病。在医学中的应用，与其他诊断技术相比，拉曼光谱技术在许多方面有着明显的优势，可归纳如下。

(1) 相比于其他诊断技术通常采用纯净、单一的试样，拉曼光谱能用于多种试样形态，如固体、悬浮液、沉淀物等，而医学试样一般为体液、软组织和矿物质的混合物，因而拉曼技术在医学领域有独特的优势。

(2)作医学诊断时，拉曼光谱技术只需要简单的试样准备，有利于在近乎生理条件下保留医学试样；而其他诊断方法通常要对试样作较复杂的处理，可能导致其发生理化性质的改变，影响诊断结果。

(3)拉曼光谱技术可用于活体试样，能为医疗过程中的实时诊断提供可能性，这一特点其他技术一般不具备。

国外早些年将拉曼光谱技术应用于医学研究主要是对乳腺癌和皮肤癌等外部癌变。近年来随着科技的进步和实验技术的逐渐完善，拉曼光谱技术在国内外的应用领域有所拓宽，在其他诸如风湿性关节炎、结石病、白内障、病毒、动脉硬化等疾病的研究方面，拉曼光谱技术也起着重要的作用。随着拉曼光谱技术的不断发展，关于定量拉曼光谱技术对于癌症早期诊断方面的研究成为国际上生物学、医学领域研究的前沿和热点。例如采用 SERS 定量测量研究人体内良性及恶性前列腺上皮细胞，采用特异生物标签的拉曼信号来鉴别癌与非癌细胞，直接定位于某种物质能大大减少癌标签定量中的不确定性，对指示为癌的标签进行定量测量。

5. 激光拉曼光谱在其他方面的应用

激光拉曼光谱还在宝石鉴定和文物考古等方面有着重要应用。由于每一种物质都有特定的拉曼光谱，它是物质基本化学成分和结构的“指纹”，因此在宝石鉴定中由分子振动引发的拉曼光谱可用于鉴别宝石内部的各种物质。拉曼光谱仪和激光拉曼探针测试的微区可达 1.2 μm^2，在宝石鉴定中具有明显的优势，能够探测宝石中极其微小的杂质、显微内含物和人工掺杂物，适于测定晶体、熔体、液体和气体各态物质，特别有利于探测水溶液中的溶解物和各种有机化合物，且能满足宝石鉴定所必需的无损、快速分析的要求。从金钱和历史角度考虑，许多宝石、玉石及其制品都有极其高的价值，而且这些文物大部分都是无备份的，所以与其他需要切片取样的鉴定方法相比，在这类样品的研究上，无损拉曼光谱研究具有很大优势。

9.2 荧光光谱检测技术

9.2.1 荧光光谱的基本原理

原子蒸气的荧光现象早在 19 世纪末期和 20 世纪初期就有人研究过，聚焦作为激发源，试管中装有要检查的试样，用肉眼来检测在太阳光激发后试样所发出的荧光，以辨识新的化合物，此后荧光测量装置逐步发展并完善起来。但是，因为长期没有得到荧光强度和试样浓度之间的线性关系，所以这种分析法到 20 世纪 40 年代末还不能认为是可以信赖的。一直到灵敏的光电倍增管出现，并用于探测荧光之后，荧光分析方法才开始真正建立起来。1950 年之后开始出现了商品荧光光谱仪，这种装置采用两个单色仪，一个用来选择激发光的波长，另一个用来分析样品受激发后发出的荧光波长。

荧光光谱分析法是对辐射能激发出的荧光辐射强度进行定量分析的发射光谱分析方法。物体经过较短波长的光照,把能量储存起来,然后缓慢放出较长波长的光,放出的这种光就叫荧光。如果把荧光的能量 - 波长关系图作出来,那么这个关系图就是荧光光谱。

高强度激光能够使吸收物中相当数量的分子提升到激发量子态,因此极大地提高了荧光光谱的灵敏度。以激光为光源的荧光光谱适用于超低浓度样品的检测,例如用氮分子激光泵浦的可调染料激光器对荧光素钠的单脉冲检测限已达到10^{-10} mol/L,比用普通光源得到的最高灵敏度提高了 1 个数量级。

荧光光谱有很多,如 1905 年发现了原子光谱,Wood 首先报道了用含有 NaCl 的火焰来激发盛有钠蒸气的玻璃管,并得到了 D 线的荧光,被 Wood 称为共振荧光。在 Mitchell 及 Zemansky 和 Pringsheim 的著作里讨论了某些挥发性元素的原子荧光。火焰中的原子荧光则是 Nichols 和 Howes 于 1923 年最先报道的,他们在 Bunsen 焰中做了 Ca、Sr、Ba、Li 及 Na 的原子荧光测定。从 1956 年开始,Alkenmade 利用原子荧光量子效率和原子荧光辐射强度的测定方法以及用于测量不同火焰中钠 D 双线共阵荧光量子效率的装置,预言原子荧光可用于化学分析。1964 年,美国的 Winefordner 和 Vickers 提出并论证了原子荧光火焰光谱法可作为一种新的分析方法。同年,Winefordner 等人首次成功地用原子荧光光谱测定了 Zn、Cd、Hg。有色散原子荧光仪和无色散原子荧光仪的商品化,极大地推动了原子荧光分析的应用和发展,使其进入一个快速发展时期。

荧光光谱包括激发谱和发射谱两种。激发谱是荧光物质在不同波长的激发光作用下测得的某一波长处的荧光强度的变化情况,也就是不同波长的激发光的相对效率;发射谱则是某一固定波长的激发光作用下荧光强度在不同波长处的分布情况,也就是荧光中不同波长的光成分的相对强度。

9.2.2　X 射线荧光光谱检测技术

伦琴在 1895 年发现 X 射线。其后,1927 年用 X 射线光谱发现化学元素 Hf,证实可以用 X 射线光谱进行元素分析。第二次世界大战后,1948 年美国海军实验室首次研制出波长色散 X 射线荧光光谱仪。20 世纪 50 年代,只是在西方的一些大学和研究所中就此项技术的理论和实验进行研究。20 世纪 60 年代中期,西方才开始在工业部门推广这项技术,我国在那时开始引进刚开始商品化的早期 X 射线荧光光谱仪。20 世纪 70 年代我国科学院、一机部、冶金部、地质部都曾组织力量研制过国产 X 射线光谱仪,并设立丹东射线集团等专业组织。由于半导体探测器的出现,20 世纪 70 年代开始出现能量色散 X 射线光谱仪。微型计算机的出现,20 世纪 70 年代末到 80 年代初,使 X 光谱分析技术无论在硬件、软件还是方法上都有突飞猛进的发展。进入 20 世纪 90 年代以来,我国出现一些民营的研制、生产射线仪器的小企业,各个研究所和大学也在 X 光谱分析的各个领域进行深入的研究,如 X 射线吸收端精细结构分析、全反射 X 光谱分析、X 射线聚焦元件的研制以及 PIXE、同步辐射等,都取得了一定的成绩。国家也有科技创新基金等各种基金扶植新仪器的研发。与此同时,在西方发达国家,随着空间、生物、医学、环境和材料科学的发展,其需求进一步刺激 X 射线光谱学的发展,主要体现在各种新探测器、新激发源及相关元器件的开发上,新器件的优越性又促成新的测试技术。X 射线光谱学又面临一个大发展的局面。这方面 Van Grieken 等人已做详细的介绍。

X 光谱分析装置除了样品室外，主要由激发和探测系统组成。大致分为波长色散型(WD)和能量色散型(ED)。波长色散型是由色散元件将不同能量的特征 X 射线衍射到不同的角度上，探测器需移动到相应的位置上来探测某一能量的射线。而能量色散型，去掉色散系统，是由探测器本身的能量分辨本领来分辨探测到的 X 射线。波长色散型能量分辨本领高，而能量色散型可同时测量多条谱线。X 射线荧光光谱检测系统的相关技术如图 9-16 所示。

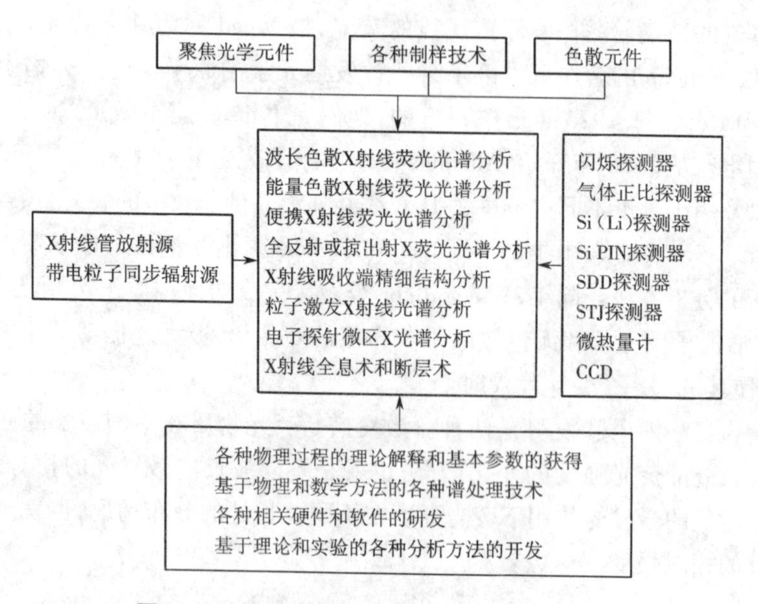

图 9-16 X 射线荧光光谱检测系统的相关技术

1. X 射线管

传统波长色散 X 光谱仪需 3~4 kW 大功率的 X 射线管，所用的 X 射线管一般在 200~400 W，且不需要水冷，风冷就够。能量色散仪器因去掉色散系统，探测器离样品很近且增大探测立体角，故只需几瓦到几十瓦功率的 X 射线管就够。其功率低、散热少，只需自然冷却或风冷。随着新型电制冷半导体探测器的出现及大规模集成电路的发展，能量色散型 X 光谱仪可以做得越来越小，因而刺激了小型 X 光管的发展。此类小型 X 光管最近几年不断出现，并多采用新技术，如以激光代替热灯丝、将靶材镀在铁窗后面的透射靶等。其体积只有花生大小，功率只有几瓦，甚至不到 1 W。瑞典的一项专利声称，用 X 射线聚焦元件把小 X 射线管发出的射线从硅漂移阵列(SDD)探测器中间的小孔导出可制成把激发和探测集成到一起的 X 射线笔。几种市售的手持式 X 光谱仪已可得到。

2. 同步辐射源

同步辐射源可产生极强的单能 X 射线，为一些探测信号非常弱的应用领域提供了有力的激发源，为微区分析及后面将提到的 X 射线全息术和断层术提供了有力的保证。正在研究的第四代同步辐射源——自放大受激发射无电子 X 射线激光，同步辐射束由一系列极强的相干 X 射线脉冲(100 fs)构成,每个脉冲可能有很大的涨落,但亮度上较第三代同步辐射源会有更多个数量级的提高。

3. 聚焦光学器件

单个及多个毛细管(capillary)已引入 X 射线光谱作为标准的光学器件,用以形成或聚焦 X 射线束,从而增强 X 射线通量。解释毛细管工作机理的研究,不仅考虑几何光学原理,还要考虑物理光学(衍射)。根据该理论可以得出计算焦点大小和 X 射线通量增益的方法。

4. 探测器

X 射线光谱分析检测技术中使用过的探测器主要包括 Si(Li)探测器、Si PIN 探测器、SDD 探测器以及 CCD,还有超导探测器和微热量计。其中,超导探测器成为近几年的研究热点,微热量计是基于对热敏元件在极低温度下吸收 X 射线造成温度上升的灵敏测量来工作的。

9.2.3　激光原子荧光光谱检测

荧光光谱分析中很重要的一类方法是原子荧光分析。原子荧光是一种辐射的去活化过程。其机理是原子受到某一合适波长的辐射(能量)激发,接着辐射去活化而发出辐射——荧光。荧光的波长可以和激发的波长相同,也可以不同。不同时多为荧光波长比激发波长长,荧光波长比激发波长短的情况极少。荧光波长和激发波长相同的荧光称为共振荧光。荧光波长与激发波长不同的称为非共振荧光。由于相应于原子的激发态和基态之间的共振跃迁的概率一般比其他跃迁的概率大得多,所以这种共振跃迁产生的谱线是对分析最有用的共振荧光线。也有人建议把这类荧光称为激发态共振荧光。原子也可以处在由热激发产生的较低的亚稳能级,共振荧光也可从亚稳能级上产生。这种荧光称为热助共振荧光。非共振荧光的两个主要类型是直跃线荧光和阶跃线荧光。一个原子受光辐照而被激发(通常从基态)到较高的激发电子态,然后直接跃迁到高于基态的亚稳能态,这时发射的荧光称为直跃线荧光。而当激发线和发射线的高能级有差异时,就产生阶跃线荧光。当荧光的波长比激发波长短时,就称为反斯托克斯荧光。这时光子能量的不足通常由热能补充,所以这种荧光也是一种热助荧光。此外,还有一种荧光称为敏化荧光。它的产生机理是被外部光源激发的原子或分子通过碰撞把自己的激发能转移给待测原子,然后待测原子通过辐射去活化而发出原子荧光。当两个或多个光子激发同一个原子时,此原子跃迁到较高的激发态,然后去活化而跃迁回到基态,这时产生的荧光称为多光子荧光,最常产生的是双光子荧光,其波长是激发波长的二分之一。

原子荧光光谱分析是一种新的微量分析方法。它的灵敏度非常高。对于许多化合物,它的检测下限为$10^{-9}\sim10^{-6}$ nm,特别适用于痕量分析。要得到最好的检测极限,通常应该有大的激发辐射,投射到检测器上的散射光应该尽可能小,火焰有足够高的温度,检测荧光的分光计要有大的聚光本领。在采用激光作为激发光源之前,光源大多采用氙灯、空心阴极灯、无极放电灯和金属蒸气灯等。要得到单色辐射还要经过一个单色器,因此光谱能量不高,而且光谱宽度较宽。用可调谐染料激光器作为激发光源,不仅不需要激发单色仪,而且因为它具有很高的峰值功率和很窄的线宽,特别是采用脉冲可调谐染料激光时,脉宽窄,具有很低的占空因子,因而大大提高了信噪比。虽然到现在为止还没有找到波长低于300 nm的高效率的激光染料,但是利用ADP,KDP,KB5等倍频晶体可以得到波长约为211 nm的紫外激光,完全可以满足激发光源的要求。利用激光作为激发光源可以获得更高的检测灵敏度、较高的信号功率,并可以实现选择激发。例如用非发射的均匀气体介质代替火焰,1972年Jenhings和Keller用一台连续的染料激光器测定了2×10^{6}个钠原子/cm^{2};而同年Hansch和Schawlow甚至测定了1×10^{2}个钠原子/cm^{2},这相当于4×10^{-15} μg。特别是使用脉冲可调谐激光器,由于提高了信噪比,检测灵敏度大大提高。

图9-17所示为现在国内用得最多的MPF-4型光学荧光光度计的光学系统图。从图中可以看到原子荧光检测装置一般由光源、激发单色器、样品室、发射单色器和探测记录系统等部分组成。图9-18所示是一台激光原子荧光检测装置的各部分示意图。

从以上两个简图的对比可以看到:激光原子荧光检测装置与光学原子荧光检测装置的不同,只在于前者用可调谐染料激光器代替了后者的光源和激发单色器,其他如样品室、发射单色器和荧光检测显示系统都是仍然需要的。

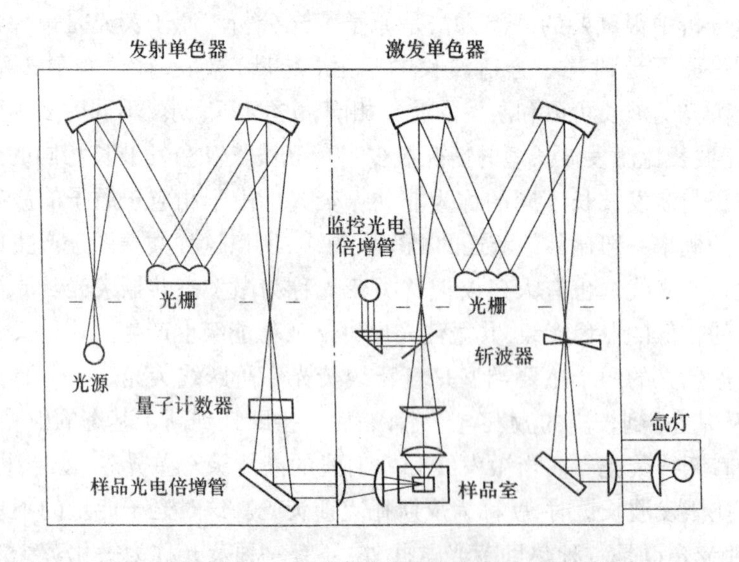

图9-17 MPF-4型光学荧光分光光度计光学系统图

样品室实际上就是一个原子化器。它与分析原子吸收光谱所用的原子化器相同,主要可分为火焰法与电热装置两种。前者有空气-乙炔、一氧化二氮-乙炔火焰等,后者包括石墨管与碳棒等。在分析时采用何种原子化器为宜,在原子吸收分光测量中介绍,在此不再赘述。虽然众多的激光原子荧光分析采用火焰作为原子化器,但是由于激光光源的稳定性至今还不能做到和光学荧光分析中所用的空心阴极灯和无极放电灯那样稳定,加上火焰法产生的荧光背景很强,影响了激光荧光火焰光度法的分析灵敏度的提高。而采用石墨原子化技术,则可以进一步提高其分析灵敏度,而且还可以直接分析固体样品。

作为激发光源的激光器可以是脉冲染料激光器(泵浦源为倍频红宝石激光、倍频掺钕YAG激光、氮分子激光或用闪光灯泵浦)或者连续波染料激光器。用连续波染料激光器作为激发源对钠和钡进行研究,已经得到了很好的探测极限,但是这种激光器可以用的波长

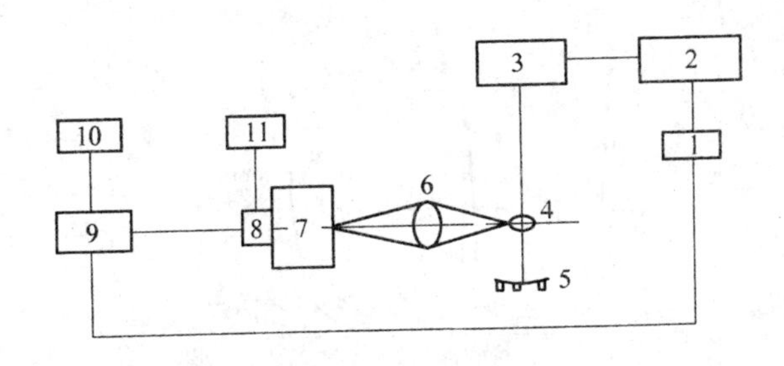

图9-18 激光原子荧光分析装置系统组合图

1—激光电源;2—氮分子激光器;3—染料激光器;4—火焰原子化器;
5—聚光镜;6—透镜;7—单色器;8—光电倍增管;9—Boxcar积分器;
10—记录器;11—光电倍增管电源

范围迄今还限于520 nm以上的比较长的可见光区域。用闪光灯泵浦的倍频染料激光器研究了镁(在285.2 nm处)和铅(在283.3 nm处),它们也有很好的探测极限,但是都要比较大容积的染料溶液。到现在为止用于激光原子荧光最有效的激光器是脉冲氮分子激光泵浦的可调谐染料激光器,主要是因为它有高的峰值和宽的可用波长范围(220~950 nm)。

激光激发原子荧光的探测系统通常由光电倍增管和采样示波器或者Boxcar积分器耦合组成。将高的光谱辐射的脉冲光源和门探测电路结合起来,构成一种接近于最佳的分析系统,可以使信噪比大大提高。因为探测器仅在激光工作的那个时刻"打开"或者有一个很短的延时,因此背景噪声只在"打开"的短时间内起作用。也就是说,脉冲激发和门探测电路组合的优点是高的峰值功率和低的占空因数组合的结果。

对于共振荧光,影响信噪比的噪声主要是瑞利散射发射噪声;而对于非共振荧光,影响探测极限的噪声有暗电流噪声、放大器噪声、火焰背景发射噪声和分子荧光背景噪声。

由于并非所有元素都有足够强的非共振荧光,所以较好的分析装置应该尽可能设计成对于共振荧光和非共振荧光都能获得最佳的信号,以满足分析的需要。由于激光的光谱带宽极窄,典型的例子如图9-19所示,用激光扫描观察到的钠在589.0 nm和589.6 nm处荧光发射线的半宽度仅为0.03 nm,而用单色仪扫描观察到的半线宽为1.6 nm,两者竟差50多倍,再加上使用门探测电路,因此可以用较大口径的光学系统,以得到大的信号。

一系列的研究表明,如果用扩展的或不扩展的光束,使原子蒸气激发到近饱和的状态,荧光信号将随被辐照的体积成正比增加,这也可以得到大的探测信号和有比较大的线性动态范围。从上面的分析可以看到,不管在什么情况下,原子发射噪声都应大大限制,因此采用扩展光束、减少散射、用专用的光收集器和挡光板等措施,将大大减少噪声,改善分析的品质因素。

9.2.4 激光离子荧光光谱检测

离子荧光光谱(IFS)分析是在现代原子光谱(AFS)分析的基础上发展起来的。20世纪60年代,J. D. Winefordne首次将原子荧光应用于分析化学,开创了原子荧光光谱分析新领域。多年来,研究工作者一直在努力寻求新的激发源和原子化器。1976年,Montaser和Fas-

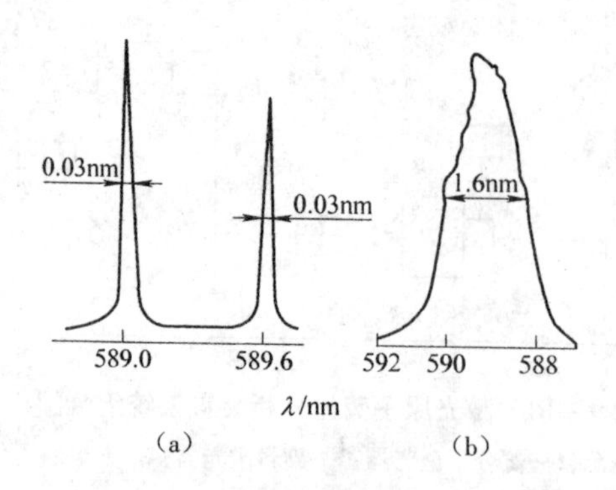

图 9-19 钠 D 线的荧光激发线和发射轮廓(狭宽约为 800 μm)

(a)扫描激光器观察到的轮廓 (b)扫描单色仪观察到的轮廓

sal 首次将等离子发射光谱仪(ICP)作为原子化器应用于荧光分析,使原子荧光光谱分析的原子化器有了较大改进。20 世纪 80 年代初出现了以空心阴极灯(HCL)为激发的 ICP 原子荧光商品仪器(Plasma/AFS2000,美国)。近年来,激光技术在原子光谱分析中的应用越来越广泛。尤其是激光调谐和倍频技术的提高,以激光为激发源的离子/原子荧光光谱分析的研究时有报道。目前,已对多种元素的离子/原子荧光光谱进行过系统研究,得到满意的检测结果。

在以 ICP 为离子/原子化器的荧光分析系统中,被测物质经熔融、解离后进行原子化和离子化。ICP 的温度比火焰高得多,电子密度高,元素间的电离干扰也较小。这就为荧光光谱分析的研究提出了新的问题:能否在一定范围内利用 ICP 的离子化优势,使处于离子状态的元素受激发后跃迁,产生离子荧光信号,以此改善某些元素的检测灵敏度。对这一问题的研究具有实际意义,由 Demers 和 Baird 公司发展并商品化的 HCL-ICP-AFS 分析系统所使用的氩 ICP 前置功率较低(一般为 600 ~ 800 W),观察高度多在尾焰区。这些条件有利于原子荧光信号的测量。ICP 尾焰周围空气的渗入,使难熔元素形成氧化物的可能性增大,检出限变差。如果在 ICP 的高温区中观察离子荧光,并使用较大的前置功率,可克服金属形成难熔氧化物的可能,有助于检测灵敏度的改善。因此,近年来离子荧光,尤其是以激光为激发源的激光诱导离子荧光光谱研究越来越受到人们的关注。

1. 离子荧光光谱的原理及实验装置

从原理上讲,离子/原子荧光都是粒子(离子、原子)吸收高频率的光子后跃迁至高能态,然后再自发辐射出相同频率(共振荧光)或不同频率(非共振荧光)的各向同性光子的过程,如图 9-20 所示为原子/离子荧光光谱示意图。

离子荧光光谱与原子荧光光谱的实验装置相似,由激发源、离子化器以及光学、检测和记录系统组成,研究中因使用不同的激发源和离子化器,而使不同的荧光测量系统各有特色。常见的离子荧光光谱检测实验装置如图 9-21 所示。

离子荧光的激发源与原子荧光的要求一样,除满足线光源这一条件外,光输出功率的大小直接影响荧光信号的强弱。目前,研究者们追求的多是高强度输出光源,在实际应用中因为染料激光器易调谐而使用较多。染料激光器多采用脉冲方式的氮分子激光器,氩离

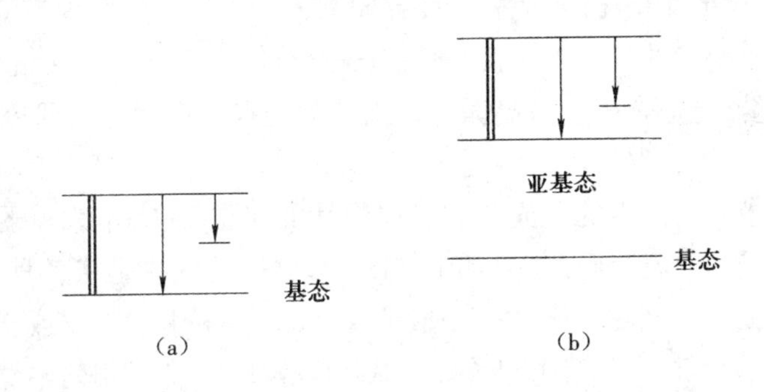

图9-20　原子和离子荧光光谱示意图

(a)原子荧光光谱　(b)离子荧光光谱

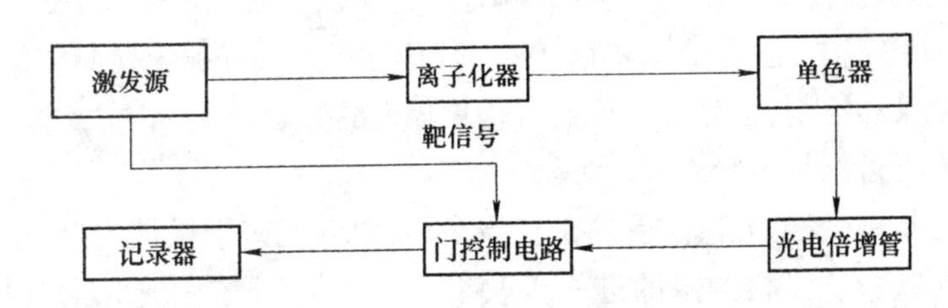

图9-21　离子荧光光谱检测实验装置图

子激光器以及半导体激光器作泵浦源,使用Nd:YAG和准分子激光器作泵浦源的染料激光器可获得更好的离子荧光信号,特别是采用二步激发的双共振荧光技术。空心阴极灯和无极放电灯则应用于原子荧光测量中。Demers等人用HCl(氯化氢)作激发源,对大部分元素的原子荧光给出了较好的检测灵敏度,而对离子荧光信号的测量则较差,这与HCl在一定供电条件下的光谱输出特性有关。黄历本等曾详细研究过一些元素的商品空心阴极灯在短脉冲和大电流(几十安培,微秒级脉宽)供电时的光谱特性,发现其与HCl在直流供电和常规(毫秒级脉宽)供电时的光谱特性有较大差异。如Ca 1 393.3 nm,1 396.8 nm与1 422.7 nm强度之比为2:2:1,离子线强度比直流供电时强度要提高10^5倍以上。近年来,随着半导体激光器件制造水平的提高以及控温、电流等调谐技术的进一步完善,其在原子光谱分析中的应用范围在不断扩大。Groll和Niemax以及Sjostrom论述了半导体激光器在荧光光谱和原子吸收光谱分析技术作多元素同时测定的应用。目前,半导体激光器仅应用于碱金属的荧光分析,半导体激光器输出功率的提高及倍频技术的发展,将使其在原子光谱中应用的波长覆盖范围扩展为红外到紫外的整个区域,为原子和离子荧光光谱分析最佳谱线选择提供了条件。

离子荧光分析研究使用的许多原子化器中,最常见的是ICP和火焰。在火焰中对Ba的离子荧光检测结果表明,在无其他大量易电离元素存在时,离子荧光可望获得较好的检测限,但当有大量易电离物质存在时,火焰中电子浓度提高,抑制了电离过程,因此使用该系统对Ba进行离子荧光的测量是不合适的。正是因为易受电离和化学干扰的影响,限制了火焰离子/原子化系统的应用。ICP作为荧光光谱分析的离子/原子化器,因具有高激发温度和样品在其中较长的滞留时间,使样品可有效离子化。高的蒸发效率可减少激发辐射的散射,也减少了分子引起的荧光淬灭;较高的电子密度减少了基体产生的电离干扰。此外,用ICP作为离子化器更适合于进行高激发态离子荧光和热助荧光的研究。因而,ICP作为离子荧光研究中的离子化器具有许多优势。

离子/原子受激发后产生的荧光具有各向同性的特点,使得本来就弱的荧光信号更难收集,分析灵敏度受到收集荧光的立体角限制,许多光路的安排是将各种反射镜置于离子/原子化器周围,以提高荧光收集效率。一般地说,荧光分析中单色仪或干涉滤光片和光电倍增管(或其他光敏元件)是必不可少的,为提高信噪比,通常使用门电路检测装置作信号测量。由于荧光分析的激发器具有选择性激发的特点,形成的荧光光谱较简单,对单色仪的要求可不必像发射光谱那样严格,用干涉滤光片仍能得到满意结果。对使用PMT作光电转换的荧光测量系统,使用脉冲供电PMT可克服直流供电时因信号过强产生的饱和现象,扩大PMT线性动态范围,也可能使PMT产生的白噪声降低,有利于检测限的改善。用计算机对测量进行记录和控制,也是分析仪器自动化程度的标志。

2. 离子荧光光谱分析的特点及应用

原子光谱分析中,发射光谱所受的干扰最多,其中以光谱干扰最为严重;而原子吸收光谱则受基体的干扰影响了检测限的进一步改善。在离子/原子荧光光谱分析中,使用选择性激发的激发源,形成的原子光谱简单,使分析的选择性提高,用ICP作离子/原子发生器时,基体干扰也减少。从理论上讲,提高激发源的强度,可使荧光信号增强,从而改善方法的检出限。这也是分析工作者努力寻求高强度激发源的原因。

在常用的激光诱导离子荧光测量中,选择合适的激发波长,可克服谱线重叠引起的干扰,需要考虑的仅是来自激发源和离子/原子化器的散射光以及仪器光学系统引起的光散射。这一因素在共振荧光测量中首先应该考虑。克服散射光影响的常用方法是用非共振荧光测量技术,用该方法对稀土元素的离子/原子荧光的测量,通过选用多条非共振荧光谱线进行测量,降低或消除了散射光的影响,所得检测限在ng/mL量级。Omenetto等人提出的双共振离子/原子荧光技术可有效地抑制共振和非共振荧光测量时散射光的影响,该技术的原理如图9-22所示。使用波长分别为从λ_1和λ_2的两台激光器进行激发,当关闭第一台激光器时,即没有第一步激发(λ_1)时,测量到的波长为λ_2'的荧光信号应为零,在此条件下测量得到的仅是散射光的影响,真正的荧光信号是第一步激发(λ_1')与第一步不激发时测得的荧光信号(波长为λ_2')的差值,这样就消除了散射光的影响。此外,双共振荧光测量技术还提供了优异的选择性,可以选择较多的离子荧光跃迁谱线进行测量。

在原子/离子荧光光谱分析中,影响检测限的因素有激发源的强度、荧光线的自发跃迁概率以及原子/离子在各能级的分配系数。各种元素的荧光检测具有不同的灵敏度,在提高激发源输出功率的前提下,选择合适的能级和荧光谱线,可望获得较好的检测灵敏度。在ICP中研究Ba的离子荧光时,发现Ba离子荧光检测限优于原子荧光。Boumans和Deboer曾讨论过离子/原子荧光谱线强度问题,Uchida等人详细研究了ICP中Ba、Ca、V、Y四种元素的离子荧光分析检测限。为了得到满意的检测限,Omenetto和Human等人选择了原子荧光检测时灵敏度稍差的一些元素进行了系统的研究,对从217 nm到近红外光谱范围内

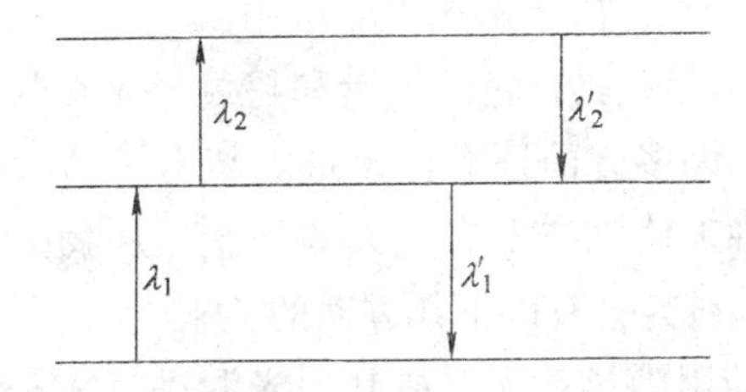

图 9－22　双共振荧光离子/原子荧光光谱检测图

被测元素的多种可能跃迁，给出了最佳测定条件。研究的十四种元素检出限为 0.4～20 ng/mL，与 Fassal 和 ICP-AES 检出限相比改善了 1～2 个数量级，这为离子荧光光谱分析的进一步研究奠定了基础。近年来，以激光作激发的离子/原子荧光分析的报道表明，荧光光谱分析技术对痕量和超痕量元素的分析以及微量样品的分析提出了挑战。图 9－23 列出了近年来报道的一些元素的离子荧光检测限。

元素	激发转换	荧火转换/nm	检测极限/(ng/mL)
Ca	$\lambda_1=396.847$ $\lambda_2=370.603$	373.690	0.007
Sr	$\lambda_1=407.771$ $\lambda_2=430.545$	416.180	1
Ba	$\lambda_1=455.403$ $\lambda_2=416.600$	389.278	1
Mg	$\lambda_1=279.553$ $\lambda_2=279.806$	279.079	0.05
Ba		455.4	1
Ca		393.4	1
Sc		364.3	30
Sr		407.8	0.5
V		390.3/290.9	10000
Y		371.0	10
Zr		431.7/349.6	600
La	403.169	379.083	170
Dy	407.798	394.470	400
Gd	407.844	354.580	75
Ce	407.585	401.239	400
Er	404.835	374.265	260
Nd	406.109	408.452	470
Pr	406.134	405.654	240
Tb	403.306	400.557	650
Lu	302.054	295.332	85
Tm	301.530	313.136	140
Yb	303.111	297.056	25
Eu	305.494	290.668	72

图 9－23　一些元素的离子荧光光谱检测限

3. 荧光光谱的进展

离子荧光光谱分析技术是独具特色的痕量和超痕量元素分析的有力工具，但作为一种实用的光谱分析技术，它在许多方面还有待改进。与电子学、计算机以及激光技术的新发展相结合，可望在不远的将来使该技术有较大的飞跃。从我国目前的仪器制造现状出发，离子/原子荧光光谱分析的研究会有以下几方面的突破。

(1)激发源。目前多使用染料激光器或其他光源进行离子/原子荧光光谱研究。但染料激光器系统复杂，用于实际分析有较大差距。最新研究表明，半导体激光器调谐技术和更短波长激光器制造工艺的突破，将使半导体激光器在原子(离子)光谱分析中得到广泛应用，在多元素同时检测方面将有更多的潜力。另外，原子光谱分析中最常用的线光源荧光分析的应用，可使其对离子/原子荧光分析技术有新的贡献。

(2)新的离子/原子化器以及新型检测器件的应用和开发。发展新的离子/原子化器是研究工作者的任务之一，应用 HCl 或 GD(钆)进行微量样品分析的荧光方法有许多报道。最新型的检测器件 CCD 和 CID 在原子光谱分析中的应用正在商品化。研究这些器件在离子/原子荧光分析中的应用是提高我国分析仪器水平的工作之一。

(3)光导纤维在信号传递方面的应用。目前，大多数离子/原子荧光分析系统追求的是最佳元素检测限，如何发挥该技术的优势进行多元素同时检测，也是该方法需要注意的方向。

9.3 THz 光谱检测技术

9.3.1 THz 辐射

1. THz 辐射的产生

太赫兹(terahertz，THz)辐射是对一个特定波段的电磁辐射的统称。相干 THz 波是频率从 0.1 ~ 10 THz(对应的波长为 3 ~ 10 μm)的相干电磁辐射，如图 9 - 24 所示。它介于微波和远红外光波之间，在它的长波方向是传统电磁学(电子学)的领域，而在其短波方向则是光学的研究范围。THz 波段在电磁波谱所处的位置决定了其在科学研究中所遭遇的困难。由于技术手段的限制，虽然 THz 技术在过去几十年中有了长足的进展，但是仍然是一个尚不成熟的领域。近年来，飞秒(10^{-15} s)激光技术的发展和成熟为 THz 波的研究提供了有效激励源。与此同时，现代科学技术的发展对 THz 波的迫切需要，唤起了人们对 THz 波研究的极大兴趣。如同飞秒激光高次谐波产生相干 X 射线，飞秒激光激发 THz 波的产生及其应用是飞秒激光技术向相干毫米波段的延伸。

目前，产生脉冲 THz 辐射的主要方法是利用超短激光脉冲去激发 THz 辐射源，通常有两种方案：光导激发机制和光整流效应。

光导激发机制是利用超短激光脉冲泵浦光导材料(如 GaAs 等半导体)，使在其表面激发载流子，这些载流子在外加电场作用下加速运动，从而辐射出 THz 电磁波，如图 9 - 25 所示。THz 电磁辐射发射系统的性能决定于三个因素：光导体、天线几何结构和泵浦激光脉冲

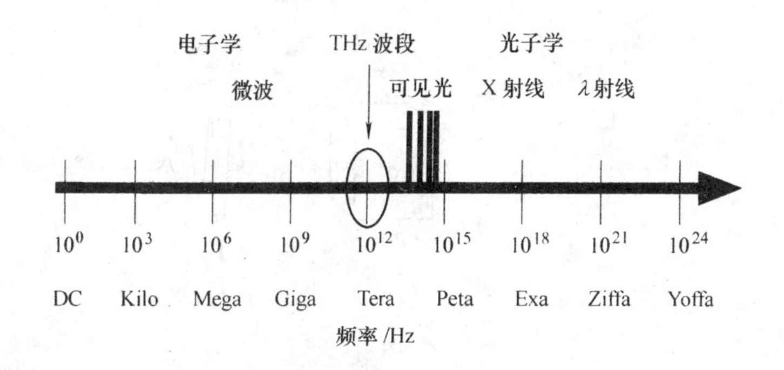

图9－24　THz 电磁辐射波

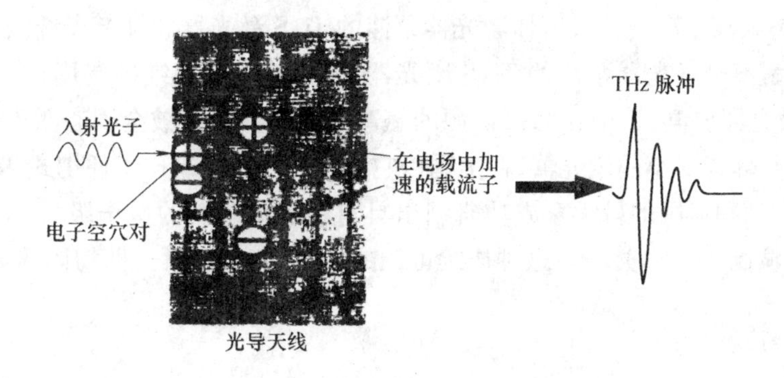

图9－25　光导天线受击示意图

宽度。光导体是产生 THz 电磁波的关键部件，性能良好的光导体应该具有尽可能短的载流子寿命、高的载流子迁移率和介质耐击穿强度。常见的光导体有 Si、GaAs、InP 等。目前，在 THz 技术中用得最多的是 Si 和低温生长的 GaAs 材料。天线几何结构通常有基本的赫兹偶极子天线、共振偶极子天线、锥形天线、传输线以及大孔径光导天线等。大多数实验中采用基本偶极子天线，其结构相对比较简单。

光整流效应是一种非线性效应，是利用激光脉冲（脉冲宽度在亚皮秒量级）和非线性介质（如 ZeTe 等）相互作用而产生低频电极化场，此电极化场辐射出 THz 电磁波，如图9－26所示。电磁波的振幅强度和频率分布取决于激光脉冲的特征和非线性介质的性质。常用的非线性介质有 $LiNbO_3$、$LiTaO_3$、有机晶体 DAST、GaAs 和 ZnTe 等，用得最多的是 ZnTe 和 GaAs。另外，DAST 是一种很有潜力的有机介质，是非线性效应最强的物质之一。

两种产生 THz 电磁波的方法中，用光导天线辐射的 THz 电磁波能量通常比用光整流效应产生的 THz 波能量强。因为光整流效应产生的 THz 波的能量仅仅来源于入射的激光脉冲的能量，而光导天线辐射的 THz 波的能量主要来自天线上所加的偏置电场，可以通过调节外加电场的大小来获得能量较强的 THz 波。例如，用功率为 2 mW 的激光脉冲入射光导天线可以产生平均功率为 3 μW 的 THz 波，用功率为 175 mW 的激光脉冲激发非线性介质，通过光整流效应产生 THz 波的平均功率只有 30 nW。但是，光导天线产生的 THz 电磁波的频率较低，而光整流产生的 THz 电磁波的频率较高。

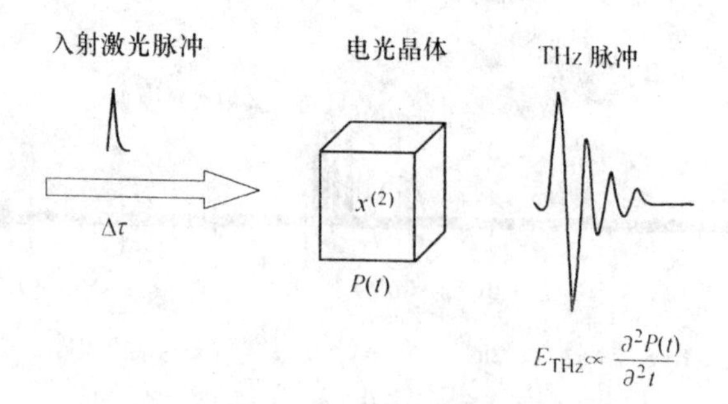

图 9-26　光整流效应

飞秒激光源通常有三种：半导体泵浦的 Li:SAF 飞秒激光器(脉宽小于 100 fs，平均功率大于 100 mW)；氩离子激光器或固体激光器泵浦的 Ti:S 激光器和锁模光纤激光器。其中，体积最大的是氩离子激光器泵浦的 Ti:S 激光器，而且其使用和维护费用比半导体泵浦的 Li:SAF 飞秒激光器要高，目前作为泵浦源的氩离子激光器正在被全固态激光器所取代；锁模光纤激光器是体积最小的激光器，在美国以它为泵浦源已经制成了便携式 THz 频谱仪。

另外，意大利和英国的科学家成功研制出具有超晶格结构的量子级联 THz 激光器，可以产生连续可调的 THz 电磁波。这种连续可调的 THz 电磁波，对于把物体的不同成分进行分别成像很重要。

2. THz 辐射的探测

脉冲 THz 辐射的探测主要有两种方法：光导天线法和电光取样技术。光导天线是最早用于探测 THz 脉冲的方法，利用光导偶极子天线和远红外相干技术来探测自由空间传播的 THz 电磁辐射场，所探测到的 THz 信号波形和所用的光导天线的共振响应函数有关，有时会得不到准确和真实的 THz 电磁场波形。通过远红外相干技术得到的 THz 信号仅是真实 THz 电磁辐射波形的一个相关函数波形，不包含 THz 信号的相位信息。后来人们又探索了一种基于线性电光效应的新型电光探测技术。

线性电光效应又称帕克尔效应，即电光晶体的折射系数与外加电场成比例的改变现象，它是光整流效应的逆效应，是三个波束非线性混合的过程。通过电光取样技术可以得到 THz 电磁辐射场的波形。可采用的电光晶体主要有 ZnTe、ZnSe、CdTe、$LiTaO_3$、$LiNbO_3$ 等。其中，利用 ZnTe 电光晶体进行探测的灵敏度、测试带宽和稳定性等方面优于其他电光晶体。有机电光晶体 DAST 也可用来探测 THz 波。

光导天线探测 THz 波由于产生光电流的载流子寿命较长，其探测带宽较窄。电光取样技术的时间响应只与所用的电光晶体的非线性性质有关，有较高的探测带宽。目前，用电光取样探测到的频谱已超过 37 THz。同时，这种探测方法具有光学平行处理的能力和好的信噪比，使它在实时二维相干远红外成像技术中具有很好的应用前景。美国的 Y. Cai 等人对这两种探测方法进行了研究。

此外，也有利用空气探测 THz 辐射的电场等方法来实现对 THz 的探测。

3. THz 辐射的特性

THz 技术之所以引起人们广泛的关注，首先是因为该波段电磁波的重要性，物质的 THz

光谱(包括发射谱、透射谱和反射谱)包含有非常丰富的物理和化学信息,研究材料在这一波段的光谱对于物质结构的探索具有重要意义;其次,THz 脉冲光源与传统光源相比具有很多独特的性质。

(1)瞬态性:THz 脉冲的典型脉宽在皮秒量级,不但可以方便地对各种材料(包括液体、半导体、超导体、生物样品等)进行时间分辨的研究,而且通过取样测量技术,能够有效地抑制背景辐射噪声的干扰。目前,辐射强度测量的信噪比可以大于 10^{10},远远高于傅里叶变换红外光谱技术,而且其稳定性更好。

(2)宽带性:THz 脉冲源通常只包含若干个周期的电磁振荡,单个脉冲的频带可以覆盖从 GHz 至几十 THz 的范围,便于在大的范围里分析物质的光谱性质。

(3)相干性:THz 的相干性源于其产生机制。它是由相干电流驱动的偶极子振荡产生,或是由相干的激光脉冲通过非线性光学差频效应产生。THz 技术的相干测量技术能够直接测量电场振幅和相位,可以方便地提取样品的折射率、吸收系数,与利用 Kramers-Kronig 关系的方法相比,大大减少了计算和不确定性。

(4)低能性:THz 光子的能量只有毫电子伏特,与 X 射线相比,不会因为电离而破坏被检测的物质。

(5)光谱分辨本领:尽管 THz 辐射的光子能量相对较低,这一波段仍然包含了丰富的光谱信息。大量的分子,尤其是有机分子,由于其转动和振动(包括集体振动)的跃迁,在这一频段表现出强烈的吸收和色散特性。

(6)THz 辐射对于很多非极性物质,如电介质材料及塑料、纸箱、布料等包装材料有很强的穿透力,可用来对已经包装的物品进行质检或者用于安全检查。

(7)大多数极性分子如水分子、氨分子等对 THz 辐射有强烈的吸收,可以通过分析它们的特征谱研究物质成分或者进行产品质量控制。同时,许多极性大分子的振动能级间的间距和转动能级间的间距正好处于 THz 频带范围内,使 THz 光谱技术在分析和研究大分子方面有广阔的应用前景。

THz 光谱技术不仅信噪比高,能够迅速地对样品组成的微细变化作出分析和鉴别,而且是一种非接触测量技术,能够对半导体、电介质薄膜及材料的物理信息进行快速准确的测量。以上这些特点决定了 THz 技术在很多基础研究领域、工业应用领域、医学领域、军事领域及生物领域中有重要的应用前景。

9.3.2 THz 时域光谱探测技术

在脉冲 THz 波的探测中所记录的是 THz 脉冲电场随时间的演化 $E(t)$。对 THz 脉冲时域波形进行傅里叶变换,可以得到该电磁脉冲在频率域的分布:

$$\tilde{E}(\omega) = A(\omega)\exp[-\mathrm{i}\varphi(\omega)] = \int E(t)\exp(-\mathrm{i}\omega t)\,\mathrm{d}t \tag{9-9}$$

一般情况下,在频率域中表示的电场强度是一个复数,包含电场的振幅和相位。THz 脉冲只包含有限个电磁波振荡周期,所以它包含宽带的频谱分布。利用脉冲 THz 技术,可以测量 THz 脉冲所包含的频谱范围内的光谱。由于脉冲 THz 技术在测量光谱信息时直接测量的是时域的电场强度,因此这种光谱技术被称为 THz 时域光谱技术。

对于 THz 时域系统中的 THz 脉冲测量,就需要使用相干探测器。相干探测器是 20 世纪 90 年代初发展起来的一种新型光谱测量技术,使用频率介于远红外和微波之间的相干电磁辐射脉冲(超快激光脉冲)作为探测源,利用光电导取样或自由空间的电光取样的方法直接记录 THz 辐射电场的振幅时间波形,由傅里叶变换得到其振幅和相位的光谱分布。这种技术简单、可靠、测量精度高。这两种方法都用光学延迟时间范围的倒数来确定光谱分辨率,且都很容易达到约 $0.1\ cm^{-1}$的分辨率。这两种技术采用的相敏同步和定时开启的探测方法,对热背景不敏感,对于高温实验极其有利,如对于高温物质的大量远红外辐射测量,傅里叶变换光谱学中使用的非相干热探测器则难以应付。探测噪声等效功率约为 $10^{-16}\ W \cdot Hz^{1/2}$,信噪比远高于傅里叶变换红外线光谱技术,可达到 10^4:1以上。

1. THz 光电导相干探测技术

光电导天线是最早应用于探测 THz 脉冲的相干探测工具,现在在 THz 光谱学仍然广泛使用。其基本原理是使用半导体光电导赫兹天线作为 THz 接收元件,利用探测光在半导体上产生的光电流与 THz 驱动电场成正比的特性,测量 THz 瞬间电场。如用与光电导发射天线相同的装置和在电极上加不同偏置电压,对 THz 电场激发的电流进行放大和测量,以得到瞬态电流的大小。用这种方法已得到了高达60 THz 的宽波段 THz 测量结果,但是这种探测技术存在一种内在的 Hertzian 偶极子共振特性,所探测的 THz 电磁辐射信号波形与所用的光导天线的共振响应函数有关,以至于得不到准确和真实的 THz 电磁辐射波形,而且由于其探测时产生光生电流的载流子寿命较长,所以探测带宽较窄。

2. THz 电光探测技术

而基于线性电光效应和适用于自由空间的 THz 探测技术是线性电光效应,又称帕克尔(Pockels)效应,即电光晶体的折射系数与外加电场成比例的改变的现象。通过电光取样可得到包含振幅和相位的整个真实 THz 电磁辐射波形信息,探测装置如图 9-27 所示,大概过程如下。

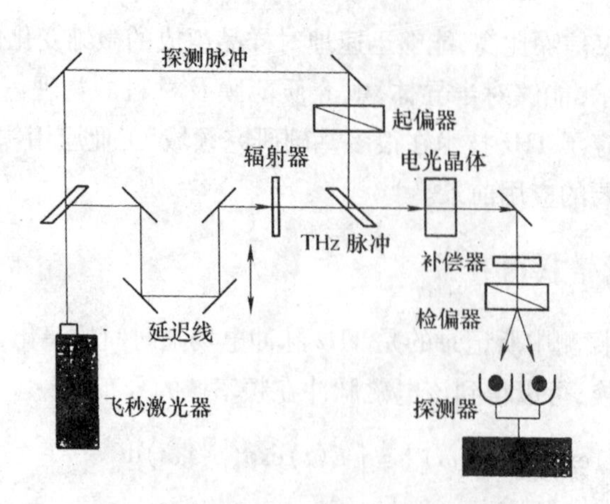

图 9-27 探测自由空间传播的 THz 电磁辐射场的实验装置图

将钛宝石激光器提供的具有飞秒脉宽的激光脉冲分成两束,一束较强的作为泵浦光,激发 THz 发射元件产生 THz 电磁波,其中的发射元件可以是利用光整流效应产生 THz 辐射的非线性光学晶体,或是利用光电导机制发射 THz 辐射的赫兹偶极天线;另一束作为探测光与 THz 脉冲汇合后同步通过电光晶体,合理地选择 THz 电磁场和探测光之间的偏振方向和传播方向夹角、电光晶体的光轴方向以及调制偏振器(图 9 - 27 中的起偏器)和补偿器,可以把 THz 辐射在电光晶体上引起的折射率变化转变成探测光强的变化,用平衡二极管接收并输入锁相放大器,然后再由计算机进行处理和显示。其中,通过延迟装置改变探测光与泵浦光之间的光程差,使探测光在不同的时刻对 THz 脉冲的电场强度进行取样测量,从而获得其时间波形。

其中,电光晶体最常用的是 ZnTe 晶体,因为 ZnTe 晶体很容易实现 THz 波与探测光的相位匹配,使探测光的群速度与 THz 波的相速度相等。目前,在使用薄的探测器情况下已获得 100 THz 的宽频带探测结果。基于 <110> ZnTe 电光晶体优良的 THz 探测特性,甚至可不用锁相放大器而直接把电光信号从光电二极管输入通常的示波器中显示。当每秒扫描 40 个 THz 波形且每个 THz 波形带有 35 ps 时域窗口的快速扫描条件下,得到了优于 40: 1 信噪比的 THz 波形。

这种电光探测技术克服了光生载流子寿命的限制,时间响应只与所用的电光晶体的非线性性质有关,所以具有更短的时间响应、较高的探测带宽、优越的探测灵敏度和信噪比。因而获得了广泛的应用,典型的如 THz 时域光谱测量、成像技术,将待测样品置于脉冲和探测器之间,分别测量通过样品前后的 THz 时域波形,作其傅里叶频谱曲线,分析处理就可得到被测样品的折射率时域波形、介电常数、吸收系数和载流子的浓度等物理信息,这就是简单的 THz 时域光谱测量过程。THz 测量技术的高信噪比和单个 THz 脉冲所包含的宽频带,能够迅速对材料组成的微细变化作出分析和鉴定。其非接触测量的性质具有独特的优势,能够对半导体和电介质薄膜及材料的吸收率和折射率进行快速、准确的测量。THz 辐射同样可以作为物体成像的信号源,利用成像系统把成像样品的透射谱或反射谱记录的信息(包括振幅和相位的二维信息)进行分析处理,就可得到样品的 THz 图像(见图 9 - 28),比 THz 时域光谱多了图像处理和扫描控制系统。THz 成像技术除了可以测量由材料吸收而反映的空间密度分布外,还可以通过相位测量得到折射率的空间分布,这是 THz 时域光谱的独特优点。此外,THz 信号源的光子能量极低,没有 X 射线的电离性质,不会对材料造成破坏,有望成为安全检查和医学检查手段。THz 波作为一种电磁波,金属对它完全是透明的,可以穿透大部分干燥的非金属和非极性物质,如衣服、塑料、包装物和非极性有机物。如 2008 年 12 月 16 至 17 日在澳大利业阿得雷德大学召开的一年一度的太赫兹国际研讨会上,日本科学家提出讨论甚至已拟用三维 THz 成像检测系统来检查机场海关等通关的旅客、行礼、包裹、物品等,可以即刻准确地查出隐藏的爆炸品、枪支和生化武器,排除潜藏的危险。

然而,用电光晶体测量也存在一些问题。如待测场在电光晶体中的非均匀分布和新主轴方向的不可知性,使辐射场与测量值的关系复杂化,从而对精确测量与分析增添了困难。相关文献对这些问题进行了深入的研究,给出了不考虑探测光的色散效应时辐射场中非主轴坐标系下的相位差 $\Delta\varphi[E_0(t)]$ 与待测值 $E_0(t)$ 的普遍关系式:

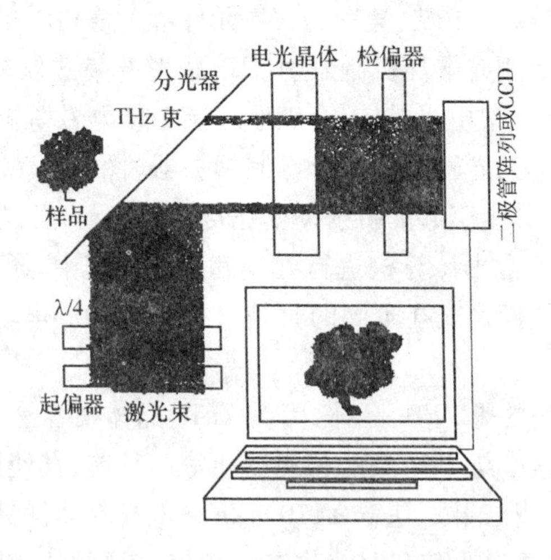

图 9-28 把频率从 GHz 到 THz 范围内的时间和空间的电磁辐射场分布转换成光学像的探测系统

$$\Delta\varphi[E_0(t)] = \int_0^{\infty} I(\omega)\Delta\varphi(\omega)\mathrm{d}\omega - \int_0^{\infty} I(\omega)\mathrm{d}\omega \tag{9-10}$$

无须确定晶体新主轴的方向就可以获得待测值，群速度失配效应源于色散效应，一定程度上限制了电光测量精度，群速度失配产生影响的大小取决于探测光的波长与探测器晶体的类型。常用的 ZnTe 晶体群速度失配效应较小（1 ps/mm），但其电光系数很小（4.04 pm/V），又影响了测量灵敏度，难于兼顾。文中以频率响应函数形式给出的修正公式提供了设计选择的理论依据。

9.3.3 THz 相关探测技术

这种电光探测技术通常由探测脉冲对抽运脉冲的时间延迟来逐点测量，最终获得 THz 辐射的整体时间波形，被称为 THz 时间扫描技术。它的时间分辨率高、信噪比高，但是需要通过平移台的移动逐点进行测量，所以测量速度慢，无法满足某些场合快速实时测量的要求。而啁啾脉冲（chirped pulse）加光谱仪的探测方法可以弥补上述技术测量速度的缺陷，但是光谱仪的使用引入了傅里叶变换，导致存在时间分辨率极限。而利用互相关法探测无须借助频谱分析，分辨率与传统的时间扫描技术相当，且具有单脉冲法一次测量 THz 波形的独特优点。

1. 啁啾脉冲光谱仪 THz 探测技术

啁啾脉冲加光谱仪的探测基本原理如图 9-29 所示，光栅对将飞秒级激光短脉冲展宽为皮秒级的长脉冲（啁啾脉冲），经过 ZnTe 晶体和偏振元件后，啁啾脉冲便携带了 THz 时间波形信息，最后光谱仪将被调制的啁啾脉冲在空间展开，CCD 可一次记录下 THz 辐射的时间波形。这种方法原则上可记录单脉冲 THz 波形，而并非多个脉冲的取样波形，这在有些场合极其必要；还可以快速得到 THz 信号，此特点在 THz 成像技术中可大大缩短成像时间。

但是，这种光谱仪法无论从理论上还是实验上都被证明存在时间分辨率极限，即此方法得到的 THz 时间波形将发生畸变。相关文献从理论上给出了用光谱仪法得到的信号并

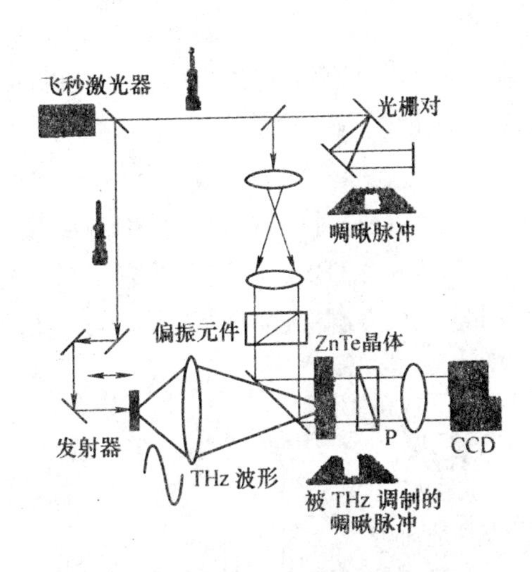

图 9－29　啁啾脉冲加光谱仪探测法实验装置

非 THz 时域电场本身，而是它和另一个与探测光特性有关的函数的卷积。而实验结果也证实用光谱仪法测量出的 THz 信号出现边缘的振荡，实际已经携带了 G 函数的痕迹，其时间分辨率受到限制，如图 9－30 中曲线 c 使用光谱仪法得到的 THz 时域波形。

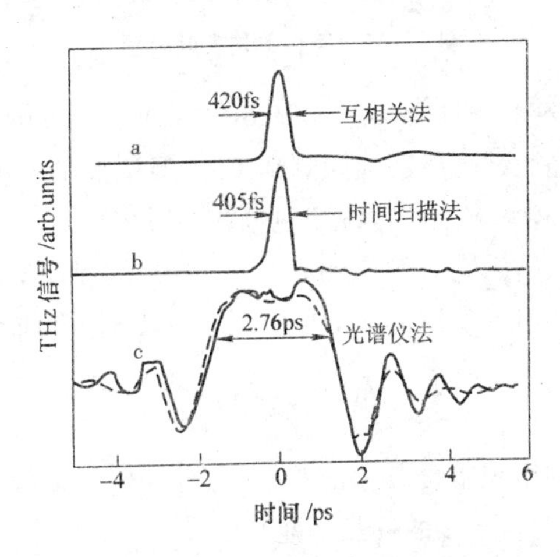

图 9－30　三种方法测量结果比较（实线为实验结果，虚线为理论计算结果）

2. 啁啾脉冲互相关法 THz 探测技术

将 THz 的时间波形镶嵌在探测啁啾脉冲的不同波长中是啁啾脉冲 THz 辐射探测的关键，而在光谱仪的使用中引入了傅里叶变换带来时间分辨率问题，导致在所测的 THz 信号中出现 G 函数。相关文献提出了一种非共线的二次谐波互相关法，利用单脉冲非共线互相关获得二次谐波信号，且其中镶嵌了 THz 时间波形，无须借助频谱分析，得到的二次谐波信号可表示为

$$s(x) \propto \int_{-\infty}^{+\infty} I_1(t-\tau) I_2(t+\tau)\,\mathrm{d}t = G_2(2\tau) \propto I_2(\tau) \tag{9-11}$$

式中：$I_1(t)$ 和 $I_2(t)$ 为两基波光强，$I_1(t)$ 为断脉冲光强，$I_2(t)$ 为含 THz 时间波形的啁啾脉冲

光强。

由式(9-11)可见,二次谐波的空间部分可以反映出基波的时间分布,且所对应的时间窗口由两基波的光束宽度和夹角决定。

用互相关法探测 THz 辐射的实验装置如图 9-31 所示。其探测的 THz 时间信号如图 9-30 中曲线 a 所示,b 是用 THz 时间扫描技术对同一个 THz 波源进行测量的结果。比较图中的三个测量结果,可见互相关法测量 THz 时间波形具有与时间扫描技术相同的时间分辨率。此外,这种啁啾脉冲互相关 THz 探测法还具有单脉冲法一次测量 THz 波形的优点。

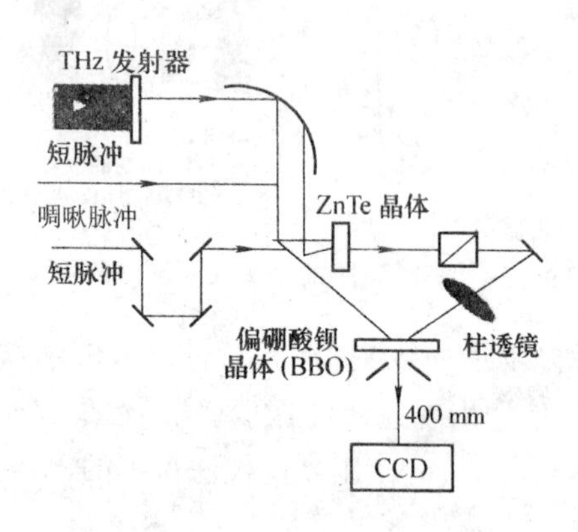

图 9-31 互相关法实验装置

最近,C. Otani 等人研究的 STJ(Superconducting Tunnel Juncting)宽频带 THz 辐射波探测器吸引了众多的目光,经测试已成功地探测到 1~2 THz 范围的 THz 辐射脉冲,输出信号的时间响应为 15~20 μs,频率响应与传统的热电探测器相当。

此外,人们还在积极研制低维半导体的 THz 探测器,从理论上研究了 THz 辐射和低维半导体的相互作用规律,提出了设计低维半导体 THz 探测器的可能性。

9.3.4 THz 技术展望

首先,由于大部分生物组织中含有丰富的水分,而水对 THz 辐射吸收很强,大大降低了生物样品成像的灵敏度。对含水多的样品不能成清晰的像,特别是厚的样品不能进行透射成像,这严重限制了 THz 成像在生物医学上的应用。

其次,目前大部分采用飞秒激光器所产生的 THz 波的平均能量只有纳瓦数量级,对单点探测可以达到 100 000 或更高的信噪比,但是实时二维成像的信噪比却很低。成像要获得高的信噪比,需要有更高的能量源。用光导天线辐射的 THz 电磁波能量尽管较强,但其辐射的 THz 信号带宽太窄。而光整流产生的 THz 辐射带宽较宽,但能量很低。德国的科学家利用二极管激光器激发 THz 源,使其产生连续可调的 THz 电磁波,一方面可以大大降低成本消耗,同时可以连续调节频率范围,这对于清晰地分辨生物组织中的不同成分很重要,通过用不同频率范围的 THz 波进行成像,可以得到生物组织的不同成分的像。但是由于使用低频来成像,空间分辨率较低,信噪比也只有几十,需要进一步的研究。

再次,由于 THz 波的波长较长,限制了 THz 成像系统的空间分辨率,尽管利用"动态孔径”技术大大提高了空间分辨率,但是要在生物样品(如生物细胞或生物组织)上加上一层控制材料是很困难的。

在数据处理方面,提取样品参数的方法还不太成熟,处理过程尽管已经比较复杂但是仍然有一些问题没有考虑进去(如散射问题)。各个实验室处理数据的方法不尽相同,没有一个成熟统一的处理方案,处理得到的结果有时存在歧义。另外,大部分物质在 THz 波段的特性还有待研究,国际上没有一个完整的生物医学光谱数据库可以对照,还有大量的工作要做。

目前,大多数实验获取数据时间较长,这一特点除了降低工作效率以外,对于生物样品随着实验进行的时间延长可能还会有样品的变性问题。Nagel 等人采用二维电光取样技术大大提高了成像速度,但是却降低了原有的信噪比。张希成等人采用啁啾方法使 THz 频带展宽,使得利用单个取样脉冲即可获得完整的时间波形,提高了实验速度,但在信噪比和数据处理方面仍需要进一步探索。

现有的 THz 时域光谱系统及成像系统的设备不仅价格昂贵,信息处理过程也很复杂,有待进一步实用化。为了在医学上应用 THz 技术,还要使 THz 系统向微型化发展。特别是在国内,关于 THz 技术的研究处于起步阶段,有大量的工作需要进一步的开展。

9.4　其他光谱技术

9.4.1　激光光声光谱技术

光声光谱技术最常被应用到气体检测方面。光声气体检测原理是利用气体吸收强度随时间变化的光束被加热时所引起的一系列声效应。当某个气体分子吸收频率为 v 的光子,从基态 E_0 跃迁到激发态 E_1,则两能量级的能量差为 $E_1 - E_0 = hv$。受激气体分子与气体中任何一分子相碰撞,经过无辐射弛豫过程而转变为相撞的两个分子的平均动能(即加热),通过这种方式释放能量从而返回基态。气体通过这种无辐射的弛豫过程把吸收的光能部分地或全部地转换成热能而被加热。如果入射光强度调制的频率小于该弛豫过程的弛豫频率,则光强的调制就会在气体中产生相应的温度调制。根据气体定律,封闭在光声腔内的气体温度就会产生与光强调制频率相同的周期性起伏。也就是说,强度时变的光束在气体试样内激发出相应的声波,也就是得到了光声信号。通过例如微音器这样的敏感元件对此光声信号进行检测,并将它转换成电信号,即可进行记录和显示。在采用激光作为激光源之前,其他光源的单色性和强度都远远不够激励被测气体的分子以产生可以获得足够灵敏度的信号,因此近百年来这种技术没有多大发展。有了可调谐激光这种高强度、高单色性的光源之后,光声光谱技术才有了迅速的发展。

图 9-32 所示为激光光声分光计的原理示意图。因为声波的振幅与气体分子的吸收系数、气体分子的浓度以及入射光束的强度成正比,这样只要以标准浓度进行定标,就可以检测待测定的信号,并进行定性和定量光谱分析。光声光谱的实质是测定分析样品的吸收率。

现在光声光谱技术不仅可以用于检测气体样品,而且可以用于检测固体、粉末、液体和薄膜等样品,特别可以用于其他光谱或化学方法难于分析的样品。

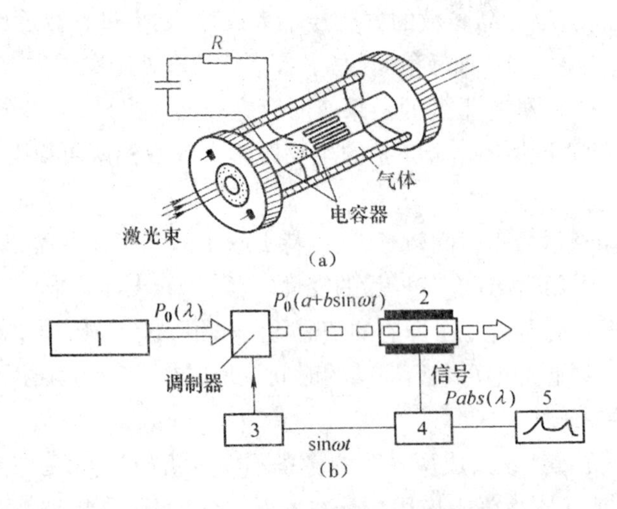

图 9-32 激光光声分光计原理图

(图中 Pabs 表示以 bar,kPa,psi 的形式显示,显示值单位为 Pabs)

(a)所用的电容式传声器 (b)原理图

1—可调谐激光器;2—光声池;3—参考振荡器;4—锁相放大器;5—记录器

迄今为止,光声光谱方法主要是利用分子的红外振动跃迁,因此作为激光光声光谱技术的光源,可以是一氧化碳、二氧化碳激光器,参量振荡器,可调谐半导体激光器,但是现在也开始研究采用连续可调谐染料激光器进行光声光谱研究,例如英国里斯托尔大学的 R. N. Dixon 等人曾用氩离子泵浦的可调谐染料激光器作为激励源,研究过二氧化碳、铬酸氯、亚硝基甲烷、二氯化铯(Cl_2CS)、硫甲醛(H_2CS)和氧化二硫(S_2O)的光声光谱。美国贝尔实验室的 N. Patel 等人用一台脉冲染料激光器和浸在液体里的压电换能器以及选通光声检测结合起来,得到的可检测极限是每厘米长吸收的光能是 10^{-9} J。从而首次精确地测定了水及重水的可见光谱和在有机溶液中 C-H 伸缩膜的高谐波吸收光谱。

由于光声光谱具有很高的灵敏度,而且可以分析其他方法不能分析的样品,因此光声光谱技术将是很有发展前途的新的光谱技术。图 9-33 所示是由 Hinkley 提供的乙烯常规吸收光谱和用半导体激光器得到的光声光谱的比较,所用激光器是 $Pb_{0.88}Sn_{0.12}Te$ 半导体激光器,运转在 10 μm 波长附近。

9.4.2 超短光脉冲光谱技术

由于锁模技术的发展,1975 年已经有研究从同步泵浦的可调谐染料激光器得到 ps 的光脉冲,甚至突破了 ps 界限达到亚 ps 范围。这种光源用于研究光谱信息,在时间分辨上是极其巨大的突破,这使得人们有可能获得极其快速变化过程中的光谱信息,它可以用来研究各种量子系统的弛豫和激励转换过程。例如,在物理学中用来研究多光子的相互作用、振动弛豫和辐射弛豫;在化学中用来研究分子间的能量转换、转动弛豫、光能作用、电荷转移和内系统的能量交叉;在生物学中可以用来进行光合作用以及血红蛋白吸收氧的过程的

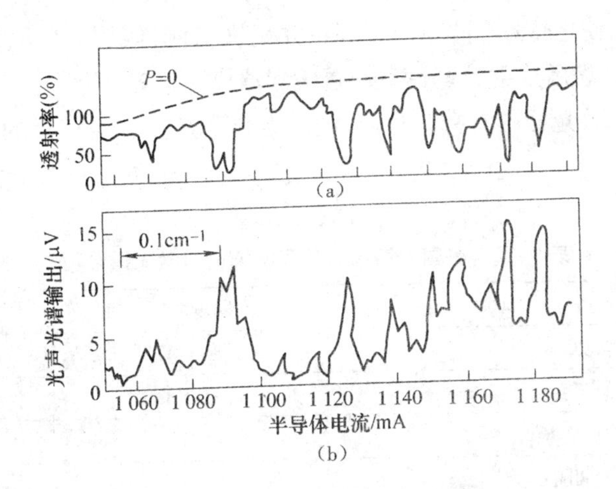

图 9－33　由半导体激光器得到的乙烯常规光谱

研究和视觉中视紫红质的研究以及 DNA 结构的研究等。

图 9－34 所示为一种 ps 吸收光谱学的实验装置。这种装置的激光器输出的是由大约 100 个脉冲组成的脉冲束，每个脉冲的脉宽为 5～10 ps，脉冲间隔为 5～10 ns。由泡克尔盒和偏振器引出单个脉冲，放大后产生单个的二次谐波脉冲(530 nm)，一部分在水池中连续。

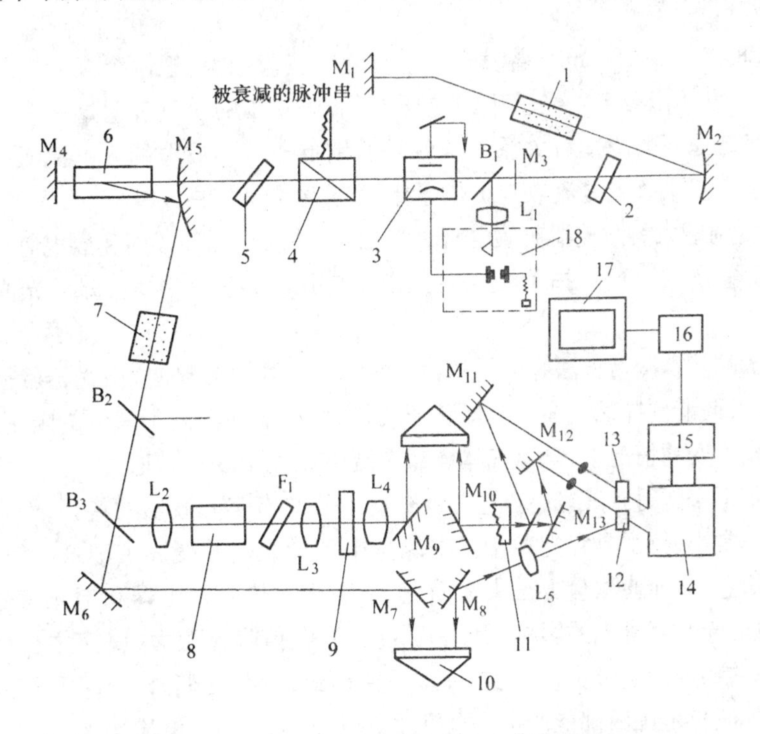

图 9－34　用于 ps 吸收光谱学实验装置简图

1—振荡器；2—饱和吸收体；3—泡克尔盒；4—偏振器；5—鉴别器染料；6—放大器；
7—二次谐波发生器晶体；8—水池；9—漫射体；10—可变延迟器；11—阶梯光轴；
12—样品池；13—参比池；14—摄谱仪；15—电视照相机；16—视频磁盘；17—电视监视器

连续脉冲用阶梯光栅使之依时间先后而色散，并用来探测样品的变化，然后记录时间分辨光谱。M、B、L、F 分别表示反射镜、分束镜、透镜和滤光片。表 9－2 是美国光谱物理公司生产的商品化锁模染料激光器的参数。目前，利用染料激光器已经获得的最短的超短光脉冲脉宽已可达 0.2 ps。

表 9－2　美国光谱物理公司锁模染料激光器参数

参数	同步泵浦	同步泵浦，腔倒空
平均功率	80 mW	30 mW 重复率 1 MHz
脉冲宽度	<10 ps	<20 ps
脉冲重复率	82 MHz	可变 1～4 MHz
脉冲间隔	12 ns	自选
能量/脉冲	10 nJ	30 nJ
峰值功率	>90 W	>1.5 kW
调谐范围（用 514 nm 波长氩离子激光泵浦若丹明 6 G）	580～620 nm	580～620 nm

9.4.3　光电流光谱技术

早在 1928 年，F. M. Penning 曾发表一个有趣的实验结果：把两个氖放电管相互对着辐射，结果在放电管的阳极产生光感生的电压变化，进一步的研究表明这一现象与放电管中长寿命的亚稳态原子的浓度有关系。这就是所谓低压气体放电的光电流效应。激光的出现和应用为进一步研究光电流效应提供了十分有效的辐射源。1976 年，R. B. Green 和 W. Bridges 利用可调谐染料激光器对放电管进行辐照，从而得到了很多和放电管中所充的气体元素有关的分立谱线。这开拓了激光在光谱学应用上的另一领域，即激光光电流光谱技术。

这种技术的基本测量方法是用一连续可调谐（或可调谐脉冲）激光器辐照电离气体样品，当激光波长调谐到样品气体的允许跃迁波长时，放电的等离子气体的阻抗发生变化；在维持放电电流不变的情况下，电离气体样品两端电压发生变化。通过锁相放大器和笔式记录仪把它记录下来就得到其光电流光谱。这些谱线具有荧光光谱的特征，而且背景和散射光的影响都非常小，特别是它把通常光谱测量中记录光信号变成了记录电信号，再由它来反映光谱的信息，从而使测量方法大为简化，不需要光信号探测器和把光信号再转换为电信号，不受散射光和背景光的影响，因此灵敏度很高、信噪比很大（噪声主要由电学系统产生，光学系统的噪声影响极小）。现在许多研究已经证明，在紫外、可见和红外区以及微波区的相当宽的波长范围内都能产生光电流效应，从而记录到光电流光谱。

光电流光谱技术可以直接研究各种气体。气体离子化方法可以有多种：易挥发的金属可以用加热炉，难挥发金属可以用低压气体放电灯、空心阴极灯和金属蒸气放电灯等。图 9－35 所示是一个可以同时测量和定标的光电流光谱装置。图 9－36 所示是用氖的标准光谱定标的 NH_3 分子的光电流光谱图。

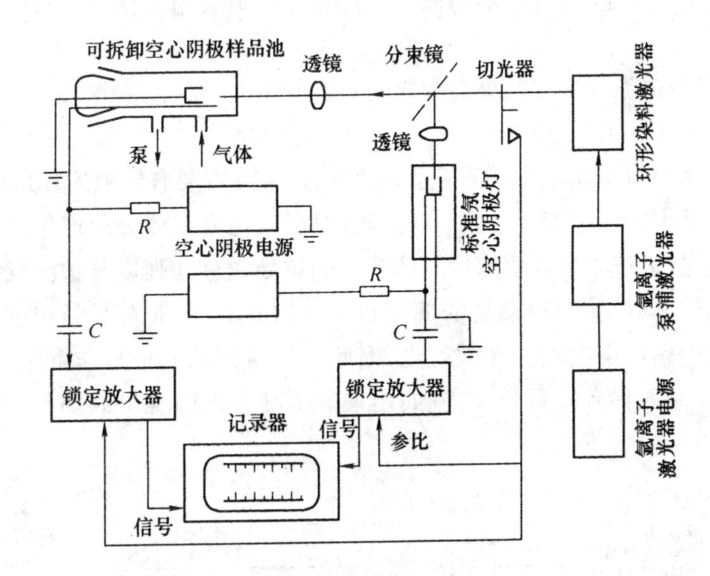

图 9-35　光电流光谱实验装置示意图

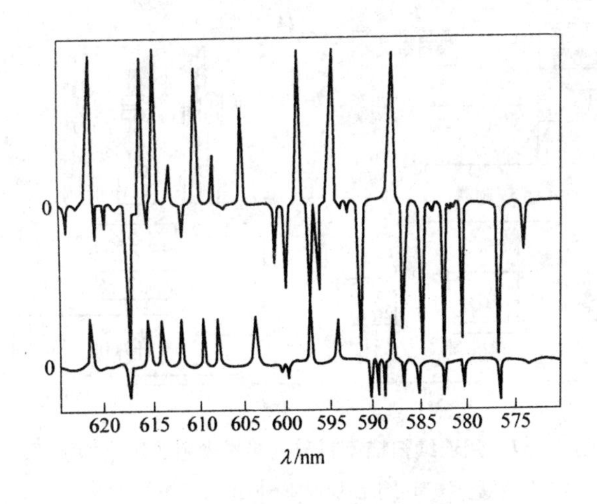

图 9-36　典型的光电流光谱图

光电流光谱由于检测灵敏度高,信噪比大,用来研究无多普勒增宽的饱和吸收光谱、单光子跃迁、双光子跃迁和里德堡光谱都非常有效,大分子光谱学上还可以用来研究稳定分子的电子光谱,并可以用于化学分析。

9.5　激光光谱在大气污染监测中的应用

用激光来进行大气污染监测的优点是:由于激光的强度高和方向性好,因而探测灵敏度高,探测的距离比较远,探测目标准确;由于激光的谱线线宽比较窄,因而探测的分辨率高;激光连续可调的范围大,因而同一台仪器可以探测的污染气体的个数多;而且还可以测定污染物的空间分布和定时检测，不用取样；与微波、毫米波相比，激光的频率高，因此多普勒效应显著。

目前，比较成熟的激光大气污染监测方法有以下三种。

1. 激光拉曼雷达技术

激光拉曼雷达的原理如图9－37所示。通常，这种装置要有较强的激光辐射，它利用可调谐染料激光器发出的高强度单色光照射待测的气体，污染气体分子产生的拉曼散射为探测望远镜所接收，将大气中各种固有的气体分子的拉曼频移和强度与被测气体得到的拉曼频移和强度相比较，则可测得污染物的成分和污染物的浓度，而对污染物进行定性和定量分析。由于利用的是污染物的拉曼散射光，因此可能得到的光信号非常弱，故它可以测定的距离较短，现在一般只有几百公尺，例如用来测定高大烟囱排出的烟和各种机动车辆排出的废气等。

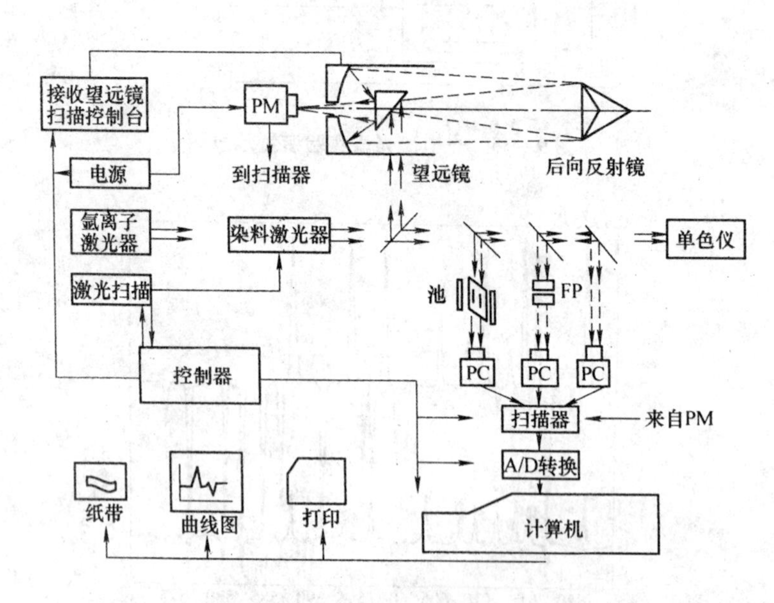

图9－37　用连续扫描染料激光器作光源的污染检测系统

FP—法布里干涉仪；PM—偏振光；PC—电脑

2. 共振荧光激光大气污染监测

利用极强的可调谐激光照射污染气体的分子或原子，使之受到激励，受激励的污染物分子向激励光的来源方向发出共振荧光，检测共振荧光的波长和强度也就能探测出污染物的成分和浓度。图9－38所示是这类装置的示意图。

如果利用其分子共振荧光，则使用的激光器调谐在红外辐射区，可用可调谐半导体激光器、可调谐光参量振荡器以及一氧化碳泵浦的自旋反转——拉曼激光器等作为光源。在红外区有许多大气窗口，而且分子的红外跃迁共振荧光，红外吸收的谱线较窄，且是每种污染分子所特有。因此，用这个区域的激光可测定的距离较大，通常能达到几千米至几十千米。早在1971年就有报道说用能量为1 J、波长为4.7 μm、线宽为0.1 cm^{-1}的脉冲可调谐光参量振荡器发射的红外激光探测100 m外的CO，精度达到2×10^{-6} nm。也曾有报道说当

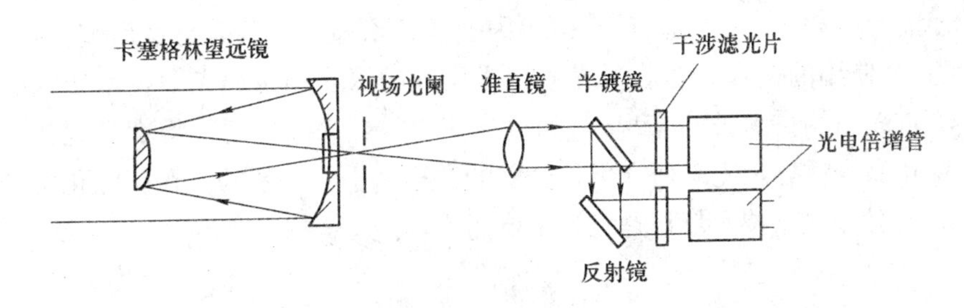

图 9 – 38　激光荧光大气污染监测装置示意图

原子浓度达 10^3/ cm^3时，可在 90 km 远处发现钠原子和钾原子，利用污染物的电子跃迁也可以进行大气污染监测，这时可以采用可调谐染料激光器发射的激光。例如曾经用可调谐染料激光器探测 1 km 外大气中的 NO_2，测得的浓度为 5×10^{-6} g/L，使用的激光能量为 1 mJ，接收望远镜的孔径为 0.01 m。而且用这种激光器还可探测高空中的 As、Be、Cu、Zn、Na 和 Hg。

3. 用可调谐激光对大气污染物直接进行吸收检测

用这种方法进行检测，灵敏度高，需要的功率较低，既可以遥测，也可以作取样测量。

例如，用电流调谐的 $Pb_{0.88}Sn_{0.812}Te$ 半导体激光器波长为 10.6 μm，探测 NH_3、C_2H_4、SF_6 等污染物分子，探测浓度极限为 3×10^{-8} g/L。在 1 km 处，测得的气体污染物浓度为 10×10^{-10}g/L；用可调谐 $PbS_{0.60}Se_{0.40}$半导体激光器在 5.2 μm 波长上可探测 NO，用一氧化碳激光器泵浦的自旋——反转拉曼激光器在 1 881 cm^{-1}波长处也可探测 NO。1976 年开始有人研制用准二元合金的窄禁带 Pb1 – xSnxTe 半导体激光器，在 6.5 ~ 32 μm 的波长范围内准连续调谐，连续输出功率为 1 W，脉冲功率为 10 W，线宽约 54 kHz，用这种激光器对 SO_2、C_2H_4、NH_3等污染气体进行探测，能分辨的浓度对 SO_2为 1400×10^{-6}g/L。在 610 m 距离上测得 CO 的含量达 500×10^{-10}g/L，对 SO_2、NO、NO_2及 CO 等大气污染物能分辨的浓度都比经典方法测得的高 4 个数量级。曾经有人在可调谐染料激光器 463.1 nm 和 465.8 nm 两个波长上测量 NO_2污染气体，测定的浓度达到 5×10^{-10}g/L。图 9 – 39 所示是 SO_2污染气体测得的光谱记录。

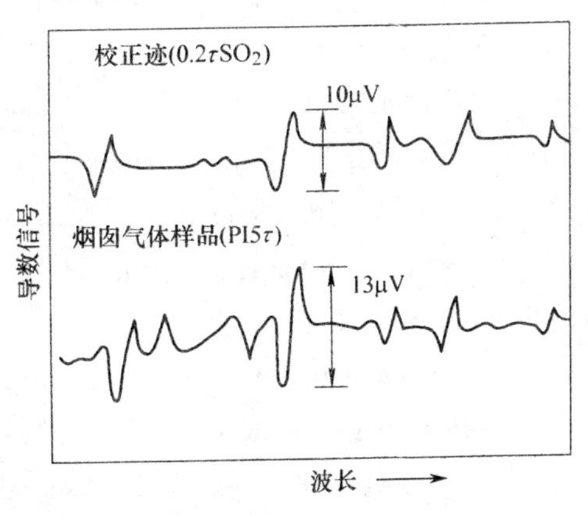

图 9 – 39　用半导体测定 SO_2得到的导数光谱

激光光谱测量技术是一个非常广阔的领域,这里所概括的只是已经研究得比较充分,或者是已可正常使用的技术。随着激光光谱学研究的深入和激光光谱技术研究的进一步发展,还会有许多新的技术被开拓出来,而且应用也将越来越广泛。特别是现在生物工程非常活跃,而用激光诱导荧光来研究生物分子的结构是十分有效的。在研究化学和生物过程的动力学中,激光光谱技术都将是极为重要的工具。

参考文献

[1] Török S B, Lábár J, SCHMELING M, et al. X-ray spectrometry[J]. Analytical Chemistry, 1998, 70(12): 495-518.

[2] Szalóki I, Török S B, RO C U, et al. X-ray spectrometry[J]. Analytical Chemistry, 2000, 72(12): 211-234.

[3] NORMAN D. Prospects for X-ray absorption with the super-bright light sources of the future[J]. Journal of Synchrotron Radiation, 2001, 8(2): 72-75.

[4] 王虎,路来金,孔祥贵,等. 微区拉曼光谱法区分周围神经束性质[J]. 中国临床康复, 2006,10(8):104-106.

[5] WALRAFEN G E, STONE J. Intensification of spontaneous Raman spectra by use of liquid core optical fibers[J]. Applied Spectroscopy, 1972, 26(6): 585-589.

[6] BROWN M. Advances in infrared and Raman spectroscopy Vol 1[J]. Physics Bulletin, 1976, 27(12): 554.

[7] NIBLER J W, KNIGHTEN G V. Coherent anti-stokes Raman spectroscopy[J]. Applied Spectroscopy Reviews, 1978, 25(1): 387-390.

[8] 吴捷. 几种维生素的 FT-Raman 光谱及其表面增强拉曼散射 (SERS)研究 [D]. 重庆:西南大学, 2009.

[9] WEST G A, WESTON JR R E, FLYNN G W. Deactivation of vibrationally excited SO_2 by O (3P) atoms[J]. The Journal of Chemical Physics, 1977, 67(11): 4873-4879.

[10] LASCOMBE E J. Raman spectroscopy: linear and nonLinear[M]. Hoboken, New Iersey: John Wiley & Sons,1982.

[11] DEMERS D R. Hollow cathode lamp-excited ICP atomic fluorescence spectrometry—an update[J]. Spectrochimica Acta Part B: Atomic Spectroscopy, 1985, 40(1): 93-105.

[12] GROLL H, NIEMAX K. Multielement diode laser atomic absorption spectrometry in graphite tube furnaces and analytical flames[J]. Spectrochimica Acta Part B: Atomic Spectroscopy, 1993, 48(5): 633-641.

[13] AUSTON D H, SMITH P R. Generation and detection of millimeter waves by picoseconds photoconductivity [J]. Applied Physics Letters, 1983,43(7):631-633.

[14] WU L, ZHANG X C, AUSTON D H . Terahertz beam generation by femtosecond optical pulses in electro-optic material [J]. Applied Physics Letters, 1992,61(15):1784-1786.

[15] 赵尚弘,陈国夫. THz 射线产生技术及应用最新进展[J]. 激光技术,2000,24(6):

351.

[16] ZHANG X C, JIN Y, MA X F. Coherent measurement of THz optical rectification from electro-optic crystals [J]. Applied Physics Letters, 1992, 61(23): 2764-2766.

[17] ZHANG X C, MA X F, JIN Y, et a1. Terahertz optical rectification from a nonlinear organic crystal [J]. Applied Physics Letters, 1992, 61(26): 3080-3082.

[18] HAN P Y, TANIani M, PAN F, et al. Use of the organic crystal DAST for terahertz beam applications [J]. Optics Letters, 2000, 25(9): 675-677.

[19] 金少琴. 近红外线激光拉曼光谱用于胃癌诊断的研究[D]. 广州:南方医科大学, 2013.

[20] CHEN Q, ZHANG X C. Polarization modulation in optoelectronic generation and detection of terahertz beams [J]. Applied Physics Letters, 1999, 74(23): 3435-3437.

[21] MICKAN S, ABBOTT D, MUNCH J, et al. Analysis of system trade-offs for terahertz imaging [J]. Microelectronics Journal, 2000, 31: 503-514.

[22] KUKHLEVSKY S V, FLORA F, MATINAI A, et al. X-ray Spectrum [J]. Applied Physics Letters, 2000(29): 354-359.

[23] CAI Y, BMNER I, LOPMA J, et al. Design and performance of singular electric field terahertz photoconducting antennas[J]. Applied Physics Letters, 1997, 71(15): 2076-2078.

[24] BONVALE A, JOFRE M, MARTIN J L, et al. Generation of ultrabroadband femtosecond pulses in the mid-infrared by optical rectification of 15 fs light pulses at 100 MHz repetition rate [J]. Applied Physics Letters, 1995, 67(20): 2907-2909.

[25] CAI Y, BRENER J, LOPATA J, et al. Coherent terahertz radiation detection: Direct comparison between free-space electro-optic sampling and antenna detection [J]. Applied Physics Letters, 1998, 73(4): 444-446.

[26] WINEFORDNER J D, VICKERS T J. Atomic fluorescence spectroscopy as a means of chemical analysis[J]. Analytical Chemistry, 1964, 36(1): 161-165.

[27] WINEFORDNER J D, SVOBODA V, CLINE L J, et al. A critical comparison of atomic emission, atomic absorption, and aomic fluorescence flame spectrometry[J]. Critical Reviews in Analytical Chemistry, 1970, 1(2): 233-272.

[28] 吕振国,吴起,张希成,等. THz 电磁场的新型电光探测技术及应用[J]. 物理, 1997, 26(1): 51-54.

[29] WU Q, ZHANG X C. Free-space electro-optic sampling of terahertz beam [J]. Applied Physics Letters, 1995, 67(24): 3523-3525.

[30] NAHATA A, AUSTON D H, HEINZ T F, et al. Coherent detection of freely propagating terahertz radiation by electro-optic sampling [J]. Applied Physics Letters, 1996, 68(2): 150-152.

[31] JEPSEN P U, WINNEWISSER C, SCHALL M, et al. Detection of THz pulses by phase retardation in lithium tantalite [J]. Physical Review E, 1996, 53(4): R3052-R3054.

[32] WU Q, ZHANG X C. Electro-optic sampling of freely propagating THz field [J]. Optics&Quantum Electronics, 1996, 28:945.

[33] WU Q,ZHANG X C. Ultrafast electro-optic field sensors [J]. Applied Physics Letters, 1996,68(12):1604-1606.

[34] 许景周,张希成. 太赫兹科学技术和应用[M]. 北京:北京大学出版社,2007.

[35] WU Q, LITZ M, ZHANG X C. Broadband detection capability of ZnTe electro-optic field detectors[J]. Applied Physics Letters,1996,68(21):2924-2926.

[36] GALLOT G,GRISCHKOWSKY D. Electro-optic detection of terahertz radiation[J]. Optical Society of America B Optical Physics,1999,16(8):1204-1212.

[37] WINNEWISSER C,UHD JEPSEN P,SCHALL M,et al. Electro-optic detection of THz radiation in $LiTaO_3$,$LiNbO_3$ and ZnTe[J]. Applied Physics Lettters,1997,70:3069-3071.

[38] WU Q,ZHANG X C. Free-space electro-optics sampling of mid-infrared pulses[J]. Applied Physics Letters,1999,71(10):128-130.

[39] HAN P Y,TAN I M,USAMI M,et al. A direct comparison between terahertz time-domain spectroscopy and far-infrared Fourier transform spectroscopy[J]. Journal of Applied Physics,2001,89(4):2357.

[40] 王少宏,许景周,汪力,等. THz 技术的应用及展望[J]. 物理,2001,30(10):612-615.

[41] AUSTON D H,SMITH P R. Generation and detection of millimeter waves by picosecond photoconductivity[J]. Applied Physics Letters,1983,43(7):631-633.

[42] 卜凡亮,行鸿彦. 太赫兹光谱技术的应用进展[J]. 电子测量与仪器学报,2009,23(4):1-6.

[43] WU L,ZHANG X C,AUSTON D H. Terahertz beam generation by femtosecond optical pulses in electro-optic materials[J]. Applied Physics Letters,1992, 61(15):1784-1786.

[44] 吕振国, 吴起. THz 电磁场的新型电光探测技术及应用[J]. 物理,1997,26(1):51-54.

[45] XU L, ZHANG X C, AUSTON D H, et al. Internal piezoelectric fields in GaIn/InAs strained-layer superlattices probed by optically induced microwave radiaion[J]. Applied Physics Letters, 1991,59(27):3562-3564.

[46] HUBER R,TAUSER F,BRODSCHELM A,et al. How many-particle interactions develop after ultrafast excitation of an electron-hole phasma[J]. Letters to nature,2001,414(15):286.

[47] NEMEC H,PASHKIN A,KUZAL P,et al. Carrier dynamics in low-temperture grow GaAs studied by THz emission spectroscopy[J]. Journal of Applied Physics,2001,90:1303.

[48] JIANG Z, ZHANG X C. Single-shot spatiotemporal terahertz field imaging[J]. Optics Letters, 1998, 23(14): 1114-1116.

[49] 沈京玲,张存林,胡颖,等. 啁啾脉冲互相关法探测 THz 辐射[J]. 物理学报,2004,53(7):2212-2215.

[50] 曹俊诚. 太赫兹辐射源与探测器研究进展[J]. 功能材料与器件学报,2003,9(2):111-117.

[51] OTANI C,TAINO T,NAKANO R,et al. A Broad-band THz radiation detector using a Nb-based superconducting tunnel junction[J]. IEEE,2005,15(2):591-594.

[52] MITTLEMAN D M, GUPTA M, NEELAMANI R, et al. Recent advances in terahertz imaging[J]. Applied Physics B, 1999, 68(6): 1085-1094.

[53] TOBIN M C. Institut national supérieur de chimie industrielle (France). Laser Raman Spectroscopy[M]. New York: Wiley-Interscience, 1971.

[54] LONG D A. Raman spectroscopy[J]. Optical & Laser Technology, 1977: 1-12.

[55] VALAT P, TOURBEZ H. On the possibility of recording picosecond spontaneous Raman spectra[J]. Journal of Raman Spectroscopy, 1979, 8(3): 139-144.

[56] ROSS H B, MCCLAIN W M. Liquid core optical fibers in Raman spectroscopy[J]. Applied Spectroscopy, 1981, 35(4): 439-442.

[57] IWAMOTO R, OHTA K, MIYA M, et al. Total internal reflection Raman spectroscopy at the critical angle for Raman measurements of thin films[J]. Applied Spectroscopy, 1981, 35(6): 584-587.

[58] YAMADA H. Resonance Raman spectroscopy of adsorbed species on solid surfaces[J]. Applied Spectroscopy Reviews, 1981, 17(2): 227-277.

[59] WEEKS S J, HARAGUCHI H, WINEFORDNER J D. Improvement of detection limits in laser-excited atomic fluorescence flame spectrometry[J]. Analytical Chemistry, 1978, 50(2): 360-368.

[60] JACOBS S, SARGENT III M, SCOTT J F, et al. Laser applications to optics and spectroscopy[J]. Laser Applications to Optics and Spectroscopy, 1975, 1:199.